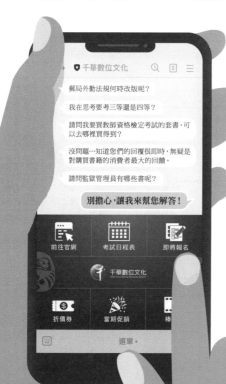

108課綱 升科大／四技二專

數學(C)工職 完全攻略 4G051141

作為108課綱數學(C)考試準備的書籍，本書不做長篇大論，而是以條列核心概念為主軸，書中提到的每一個公式，都是考試必定會考到的要點，完全站在考生立場，即使對數學一竅不通，也能輕鬆讀懂，縮短準備考試的時間。書中收錄了大量的範例與習題，做為閱讀完課文後的課後練習，題型靈活多變，貼近「生活化、情境化」，試題解析也不是單純的提供答案，而是搭配了大量的圖表作為輔助，一步步地推導過程，說明破題的方向，讓對數學苦惱的人也能夠領悟關鍵秘訣。

基本電學(含實習) 完全攻略 4G211141

本書特請國立大學教授編寫，作者潛心研究108課綱，結合教學的實務經驗，搭配大量的電路圖，保證課文清晰易懂，以易於理解的方式仔細說明。各章一定要掌握的核心概念特別以藍色字體標出，加深記憶點，並搭配豐富題型作為練習，讓學生完整的學習到考試重點的相關知識。另外為了配合實習課程，書中收錄了許多器材的實際照片，讓基本的工場設施不再只是單純的紙上名詞，以達到強化實務技能的最佳效果。

電機與電子群

共同科目

書號	書名	作者
4G011141	國文完全攻略	李宜藍
4G021141	英文完全攻略	劉似蓉
4G051141	數學(C)工職完全攻略	高偉欽

專業科目

類別	書號	書名	作者
電機類	4G211141	基本電學(含實習)完全攻略	陸冠奇
	4G221141	電子學(含實習)完全攻略	陸冠奇
	4G231132	電工機械(含實習)完全攻略	鄭祥瑞、程昊
資電類	4G211141	基本電學(含實習)完全攻略	陸冠奇
	4G221141	電子學(含實習)完全攻略	陸冠奇
	4G321122	數位邏輯設計完全攻略	李俊毅
	4G331113	程式設計實習完全攻略	劉焱

目次

第4章　直流網路分析

第5章　電容與靜電

第6章　電感與電磁

第7章 直流暫態

第8章 交流電

第9章 基本交流電路

第10章 交流電功率

第11章 諧振電路

第12章 交流電源

第13章 實習基本知識

第14章 直流電路量測與實驗

第15章 交流電路與功率實驗

第16章　用電設備

第17章　最新試題

解答與解析

改版核心與研讀策略

根據108課綱（教育部107年4月16日發布的「十二年國民基本教育課程綱要」）以及技專校院招生策略委員會107年12月公告的「四技二專統一入學測驗命題範圍調整論述說明」，本書改版調整，以期學生們能「結合探究思考、實務操作及運用」，培養核心能力。

基本電學此一考試科目包含的範圍相當廣泛，從基本的電性、直流電路、交流電路、諧振到三相電源等等均包含在內。乍看之下不易準備，但因課程範圍廣泛，可供命題的重點多，為求出題分布均勻，反不易出現艱深偏僻之題目，使得考試難易度並不如想像中的困難。此科目出題的年代相當久遠，只要將歷屆試題多予演練、加以分析，很容易找出考題的範圍。而基本電學實習雖然與基本電學分列，但其考試範圍和內容卻相當類似，一起準備可收事半功倍之效，故本書將此兩科目一併收錄，以便同學使用。雖然近幾年的基電實習出現冷僻艱深之試題，但在各界反應，相信未來出題方向會較合理。

本書希望以最精簡的篇幅，輔助學生考上理想的目標學校，去蕪存菁，刪除不曾考過或極少出現的內容，期待同學能以最有效率的方式，以有限的時間及精力事注在曾經考過以及可能會再考的範圍上。乍看之下，同學可能會認為本書內容非如坊間一般以厚取勝的參考書豐富，但若能熟讀，效果必定有過之而無不及。

整體而言，此科目要考滿分並不困難，但是天下事沒有不勞而獲的，正所謂一分耕耘，一分收獲，各位讀者除藉由本書掌握重點外，建立正確的讀書方法，充分且有效規劃您的複習計劃，努力不懈，才能事半功倍，邁向成功。

陸冠奇

113年6月

高分準備秘訣

對於有相當程度的學生來說，準備此科目較佔便宜，若已瞭解各項基本公式及定理時，可將重點放在釐清觀念，分辨清楚各精選試題中所希望考出的重點，加強演算答題速度，力求滿分。

至於程度稍次的學生，無需灰心，因考題中仍包含許多記憶性試題以及相當簡易的固定計算。此時考生應先著重在基本觀念的建立，因為基本電學所用的各項基本公式及定理均為前人經年累月實驗或推導的結晶，有其固定的來源及應用。接著則從各精選試題中，演練熟悉觀念，將書本中的知識，深刻的記憶在腦海裏，如此必能獲得高分。

以本人多年來參加聯考、研究所、技師及高考的經驗來看，考試獲得高分的重點並非在於建立完整的知識或廣博的學問，而是如何在短時間內將考試範圍內所要的答案完整快速的正確回答。欲達成此目標，不外乎是多看及多寫。

多看：多看並非是眾覽群書，因為準備考試並非如同學者作學問，求廣又求精。相反的，是要挑到一本好書，而且最好是薄薄的一本好書，然後精讀、熟讀、反覆地多次讀之，如此才能將考試內容深刻的記憶在腦中。

多寫：考試要拿高分，不只是讀懂讀會而已，還要知道如何在有限的時間內快速的作答，此唯有靠平日多加演練才能完成。因此，各位讀者在研讀此書時，除先將各章重點精要熟讀之外，應一面拿著紙筆計算演練歷年試題，方能得知學習的效果。

只要各位讀者能秉持上述方法多加練習，此科目並不難準備，只要平日準備充分，以平常心應考，即使要拿到接近滿分的高分亦不困難。最後，期勉諸君能更上一層樓，順利上榜。

113年命題分析

科目	章次	111題號	112題號	113題號
基本電學	第1章　電學概論	1	1	1
	第2章　電阻	2	2, 18	2, 19
	第3章　串並聯電路	3	3, 4, 24	3, 4, 5
	第4章　直流網路分析	4, 5, 6, 7	5, 6, 7, 19, 25	6, 8, 8, 20
	第5章　電容與靜電	8	8	23
	第6章　電感與電磁	9	9	9
	第7章　直流暫態	—	10, 20	10
	第8章　交流電	10, 26	11	11, 12
	第9章　基本交流電路	11, 12, 13, 14, 15	12, 15	13, 14, 17
	第10章　交流電功率	16, 18	13, 14	18
	第11章　諧振電路	24, 25	16, 17	15
	第12章　交流電源	17	22, 23	16
基本電學實習	第13章　實習基本知識	19, 21, 22	21	21, 22
	第14章　直流電路量測與實驗	20	—	—
	第15章　交流電路與功率實驗	—	—	24
	第16章　用電設備	23	—	25

在電子電機相關課程中，基本電學是一門成熟且穩定的課程。在111年初次換新課綱的考試中，各章節命題比例與以往差距較大，而今年的命題比例則相當合理，是一份值得未來考生練習的好題本。與過去幾年相比，以下三點值得考生留意：

一、各單元命題比重合理，交直流並重。

二、實驗相關試題約佔兩成，不像112年那麼少，屬相對合理的數量。

三、難度與過往變異不大，好準備，尤其在資電類，想在專業科目(一)拿高分比專業科目(二)容易，更值得投入。

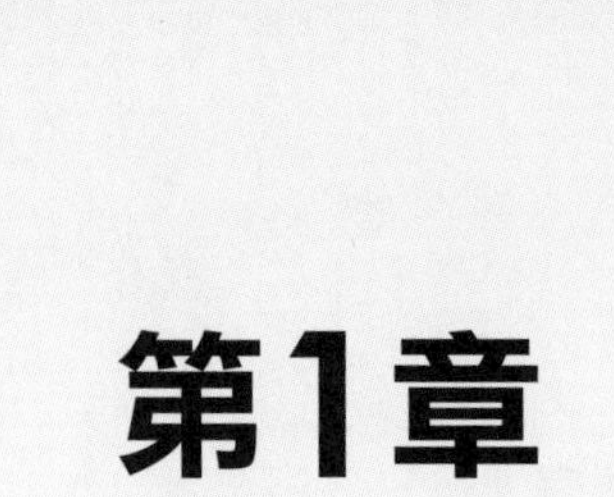

第1章　電學概論

第一節 定義與單位

電路是由電路元件連接組成，且其中至少須有一個封閉迴路。

電路元件是指實驗室或工廠中常見之實際元件，如：電阻、電感器、電容器、二極體、電晶體、以及電源（電池、電動機、發電機）等。

分析電路時，必須採用標準單位系統，以使所求得的數據，例如電流、電壓、功率、能量等符合量測的意義，通常採國際單位系統，簡稱 SI 制。

單位表

	單位	符號
電荷	庫侖	C
電流	安培	A
電壓	伏特	V
電阻	歐姆	Ω
電能	焦耳	J
電功率	瓦特	W
電感	亨利	H
電容	法拉	F
磁通	韋伯	Wb

常用冪次代號表

乘積	字首	符號
10^{12}	萬億（Tera）	T
10^{9}	十億（Giga）	G
10^{6}	百萬（Mega）	M
10^{3}	仟（Kilo）	K
10^{-3}	毫（milli）	m
10^{-6}	微（micro）	μ
10^{-9}	奈（nano）	n
10^{-12}	微微（pico）	p

觀念加強

( ) **1** 有一電容器的電容值為 10nF，其中英文字母 n 代表的數值是：(A)10^{-3} (B) 10^{-6} (C) 10^{-9} (D) 10^{-12}。

第二節 電荷與電流

一切物質均由原子所構成，而原子又分別由質子（正電荷）、電子（負電荷）及中子（中性，不帶電）所組成。一個正電荷或負電荷的帶電量均為 1.6×10^{-19} 庫侖（C），1庫侖相當於 6.25×10^{18} 個正電荷的帶電量。

電荷之間的電力大小可由庫侖定律求得：

$$F=\frac{Q_1Q_2}{4\pi\varepsilon R^2}=k\frac{Q_1Q_2}{R^2}=9\times10^9\frac{Q_1Q_2}{R^2}\text{ 牛頓（nt）}$$

電荷的移動形成電流，電流為每單位時間（秒）內通過某一截面積的電荷量（C）即：

$$i=\frac{dq}{dt}\text{ 安培（A）}$$

在時間 t_0 和 t 之間進入某一元件的全部電荷為：

$$q_T=q(t)-q(t_0)\int_{t_0}^{t} i\,dt\text{ 庫侖（C）}$$

觀念加強

(　　) **2** 當原子失去電子或獲得電子後稱為： (A)中子　(B)電荷　(C)離子　(D)介質。

第三節 電壓、能量和功率

電壓為移動 1 庫侖電荷，從元件之一端點移至另一端點所作的功，其單位為伏特（V）。在元件上移動 1 庫侖電荷若須作功 1 焦耳，則代表此元件上有 1V 之電壓，亦即 1V＝1 J/C，電壓又稱為電位差或電壓降。

若正電流進入元件電壓正端點，則外力必須推動電流，供給能量給元件，或視作元件吸收能量；若正電流從元件電壓正端點流出（進入負端點），則元件釋放能量給外接電路。

元件吸收能量：

$$\Delta w = v\Delta q \text{ 焦耳（J）}$$

能量消耗功率即為功率（p）的定義：

$$p = \frac{dw}{dt} = vi \text{ 瓦特（W）}$$

功率的單位為 J/S，通常稱為瓦特（W），另一常用之單位為馬力，1 馬力等於 745.7 瓦特。

能量的單位為焦耳（J），亦可表示為瓦特-秒（W-s）或度。1 度電為千瓦-小時（kW-hr），此為電力公司計算電費的單位，需熟記。此外，1 度約為 3428BTU。

能量與功率亦可透過下式換算：

$$w = pt \text{ 焦耳（J）}$$

輸入能量與輸出能量之比率為效率，可表示為：

$$\eta = \frac{P_{out}}{P_{in}}$$

觀念加強

( ) **3** 下列與電相關的敘述，何者錯誤？ (A)使電荷移動而作功之動力稱為電動勢 (B)導體中電子流動的方向就是傳統之電流的反方向 (C) 1度電相當於1千瓦之電功率 (D)同性電荷相斥、異性電荷相吸。

( ) **4** 1仟瓦一小時的能量，相當於多少 BTU 的熱量？ (A) 3428BTU (B) 1055BTU (C) 252BTU (D) 4.185BTU。

( ) **5** 下列何者是能量的單位？ (A)庫侖 (B)安培 (C)電子伏特 (D)法拉。

( ) **6** 電功率的單位是瓦特（W），其等效單位是下列何者？ (A)焦耳(J) (B)焦耳(J)／庫侖(C) (C)焦耳(J)／秒(s) (D)庫侖(C)／秒(s)。

( ) **7** 一仟瓦小時相當於多少焦耳？ (A) 1 焦耳 (B) 1000 焦耳 (C) 3600 焦耳 (D) 3.6×10^6 焦耳。

( ) **8** 下列何者不是電壓的單位？ (A)庫侖／法拉 (B)焦耳／庫侖 (C)安培・秒 (D)伏特。

第四節 被動元件與主動元件

一個元件若無法供給能量，稱為被動元件，否則為主動元件。被動元件所消耗的能量符合下式：

$$w(t)=\int_{-\infty}^{t} p(t)dt=\int_{-\infty}^{t} vi\,dt\geq 0$$

電阻、電容及電感皆為被動元件。

電容器上儲存的能量為：

$$w_c(t)=\frac{1}{2}Cv^2(t)\geq 0$$

電感器上儲存的能量為：

$$w_L(t)=\frac{1}{2}Li^2(t)\geq 0$$

而在電阻器上能量消耗的功率為：

$$p(t)=v(t)i(t)=\frac{v^2(t)}{R}=i^2(t)R\geq 0$$

試題演練

經典考題

(　　) **1** 有一抽水馬達輸入功率為 500 瓦特，若其效率為 80 %，求其損失為多少？　(A) 100 瓦特　(B) 200 瓦特　(C) 400 瓦特　(D) 500 瓦特。

(　　) **2** 將一個 10^{-2} 庫侖之正電荷，自無窮遠處移至電場 A 點，若其作功 10 焦耳，則 A 點電位為多少？　(A) 1 伏特　(B) 10 伏特　(C) 100 伏特　(D) 1000 伏特。

(　　) **3** 將 3 庫侖的正電荷由 A 點移至 B 點，需作功 3 焦耳，則 A 與 B 兩點間的電位差為多少？　(A)-2 伏特　(B) 1 伏特　(C) 2 伏特　(D) 9 伏特。

(　　) **4** 若以奈米（nano meter）為長度計算單位，則 170公分 為多少奈米？　(A) 1.7G　(B) 1.7M　(C) 1.7k　(D) 1.7。

(　　) **5** 一個額定 12V、50AH 的汽車蓄電池，理想情況下，充滿電後蓄電池儲存之能量為多少焦耳？　(A) 2.16×10^{-6}　(B) 2.16×10^{6}　(C) 0.6×10^{-3}　(D) 0.6×10^{3}。

(　　) **6** 額定為200V/2000W之均勻電熱線，平均剪成3段後，再並接於50V的電源，則其總消耗功率為何？　(A)667W　(B)875W　(C)1125W　(D)1350W。

(　　) **7** 一具4kW、4人份之儲熱式電熱水器，每日熱水器所需平均加熱時間為30分鐘。若電力公司電費為每度2.3元，則每人份每月（30日）平均之熱水器電費為何？　(A)138.0元　(B)57.5元　(C)34.5元　(D)30.7元。

(　　) **8** 下列何者的單位不是伏特？　(A)電壓　(B)電動勢　(C)電荷　(D)電位差。

(　　) **9** 某手機待機消耗功率為 0.036W，其電池額定 3.6V、900mAH。理想情況下若電池充飽電，則可待機多少小時？　(A) 90　(B) 70　(C) 50　(D) 30。

( ) **10** 有一用戶其用電設備及用電時間如下：1000 瓦電熱器 1 只，平均每天用 4 小時，100 瓦電燈 5 只，平均每天用 5 小時，200 瓦電冰箱 1 只，平均每天用 8 小時，求每月用電若干度？（以 30 日計算）(A) 243 度 (B) 342 度 (C) 324 度 (D) 432 度。

( ) **11** 以一個 2000 瓦特的電鍋煮飯 3 小時，若電費每度為 2.5元，則需付之電費為： (A) 15 (B) 18 (C) 20 (D) 25 元。

( ) **12** 某導線上之電流為 3A，則在 10 分鐘內流過該導線之電量是多少？(A) 30 庫侖 (B) 90 庫侖 (C) 300 庫侖 (D) 1800 庫侖。

( ) **13** 有一電熱器連續使用半小時，共耗電 3度，求此電熱器電功率為：(A) 2kW (B) 4kW (C) 6kW (D) 8kW。

( ) **14** 某電阻器之電阻值標示為 10GΩ，若將之換算成 mΩ，則應為多少？(A) 10^{-6}mΩ (B) 10^{-5}mΩ (C) 10^{13}mΩ (D) 10^{12}mΩ。

( ) **15** 如右圖所示，此方塊為某一電路元件，其端電壓為 v(t)，端電流為 i(t)，$t<0$ 時，$i(t)=0$，且 $v(t)=0$；$t\geq 0$ 時，$i(t)=10e^{-2000t}$ A，且 $v(t)=50e^{-2000t}$V，試問 $0\leq t\leq\infty$ 間傳送到此電路元件的總能量為多少？

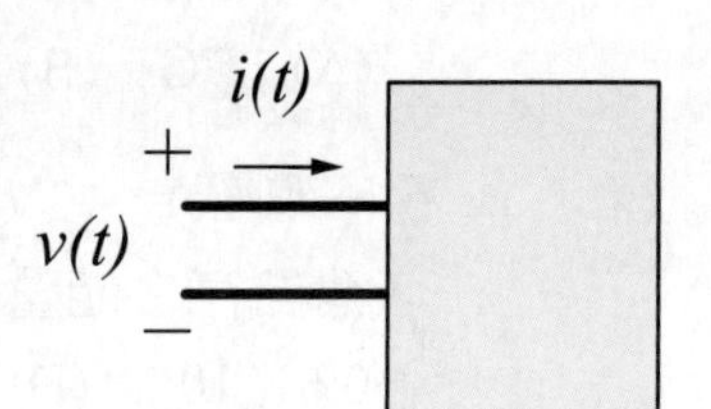

(A) 75mJ (B) 100mJ
(C) 125mJ (D) 150mJ。

( ) **16** 某一系統的能量轉換效率為 80 %，若損失功率是 400瓦特，則該系統的輸出功率是多少瓦特？ (A) 3200W (B) 2000W (C) 1600W (D) 500W。

( ) **17** 將 4 庫侖的電荷通過一元件作功 20 焦耳，則元件兩端的電位差為多少？ (A) 4V (B) 5V (C) 10V (D) 20V。

( ) **18** 有一 1500 瓦特的電熱水器，連續使用 2 小時，如果每度電費為 2 元，則應繳電費多少元？ (A) 3 元 (B) 4 元 (C) 5 元 (D) 6 元。

模擬測驗

(　) **1** 使用 100V 電壓，5A 電流之電熱器，欲將 2400 公克之水由 20℃加熱至 65℃ ，須多少分鐘？ (A)10 (B)15 (C)18 (D)20。

(　) **2** 某導線通過直流 3 安培之電流，在 10 分鐘內流過該導線之電荷量為多少庫侖？ (A)30 (B)180 (C)300 (D)1800。

(　) **3** 3000W 之電熱水器，每日僅使用 1 小時，若每度之電費 2 元，則每月以 30 天計，共需電費多少元？ (A)270 (B)90 (C)180 (D)360。

(　) **4** 某電動機輸出功率為 5kW，效率為 80%，則此電動機的損失為多少 kW？ (A)1 (B)1.25 (C)1.5 (D)4。

(　) **5** 100 瓦特燈泡使用 20 小時，耗用電力為多少度？ (A)0.1 (B)0.2 (C)1 (D)2。

(　) **6** 某設備的實際輸出功率是 3600W，而損失功率是 400W，則該設備的效率是： (A)10% (B)36% (C)72% (D)90%。

(　) **7** 一蓄電池從完全沒有電開始充電到含 600 庫侖的電荷，共花了 10 分鐘，假設充電電流保持一定，則充電電流為多少安培？ (A)600A (B)60A (C)10A (D)1A。

(　) **8** 以一額定為 12 伏特，40 安培小時之蓄電池，供應一個 1 瓦特的燈泡，最多可點亮該燈泡多少小時？ (A)480 (B)48 (C)40 (D)12。

(　) **9** 有一導線的截面積為 $0.13mm^2$，其所通過之電流為 0.16安培。1 秒鐘內通過該導線某截面積之電子數為： (A)10^{18} (B)2.6×10^{18} (C)10^{19} (D)1.6×10^{19}。

(　) **10** 某一系統係由三種裝置串聯組成，第一個裝置之輸出為第二個裝置之輸入，第二個裝置之輸出為第三個裝置之輸入，此三種裝置之效率均為 0.90，則整個系統之效率約為： (A)0.73 (B)0.90 (C)2.70 (D)0.30。

第2章　電阻

第一節　電阻與電導

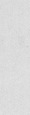

電阻器上的電壓與電流之間的比例常數為電阻

$$R=\frac{v}{i}=\rho\frac{\ell}{A}\quad \text{歐姆（}\Omega\text{）}$$

電阻的單位（V/A）稱為歐姆（Ohm），以希臘字母 Ω 表示。公式中 ρ 為導電率，ℓ 為電阻長度，A 為電阻截面積。可知電阻與電阻率與電阻長度成正比，與導電率或截面積成反比。

常見金屬的導電率，依高低順序排列為：銀 > 銅 > 金 > 鋁 > 鎢 > 鐵 > 鉑（白金）> 錫 > 鋼。此順序不需死背，僅需記得銀的導電率最佳，但因價格的關係，故電線採用導電率次佳之銅線。

常見金屬導電率表

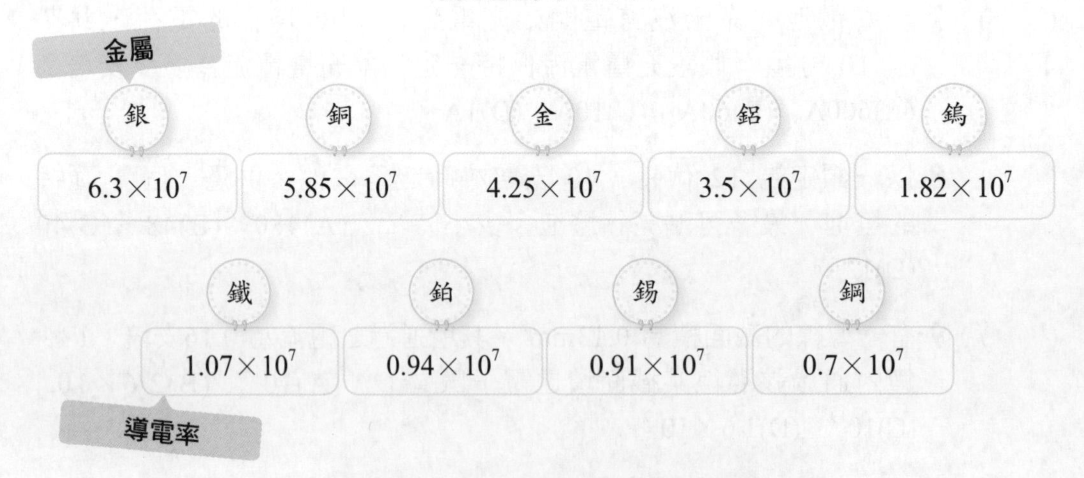

此外，分析電路時也常使用電導表示電流與電壓之間的關係，電導的定義為電阻的倒數，即

$$G=\frac{1}{R}=\frac{A}{\rho\ell}\quad \text{姆歐}$$

電導單位為（A/V）稱為姆歐（Mho）或西門子（簡寫 S）。

觀念加強

(　　) **1** 材質均勻的導線，在恆溫時，其電導值與導線的：
(A)長度成反比，截面積成正比
(B)長度成正比，截面積成反比
(C)長度成正比，截面積成正比
(D)長度成反比，截面積成反比。

(　　) **2** 電導的單位為：
(A)歐姆（ohm）　(B)安培
(C)西門子（siemens）　(D)焦耳（Joule）。

第二節 電阻器

電阻器若依電阻值是否容易改變可分為：

1. 固定電阻：最常使用，其電阻值固定不變。
2. 可變電阻：可隨需要在某範圍內任意改變其電阻值，例如收音機的音量控制，調整方式有轉動或滑動等。
3. 半可變電阻：可微調電阻值，但調整後便不再輕易改變，通常由技術人員調校電路功能用。

若依其組成可分為：

1. 碳質電阻：利用石墨、碳粉等電阻係數大的物質加上膠合劑加壓而成。其製造成本最低，但穩定性差、電阻誤差大。
2. 碳膜電阻：最早也最普遍使用的電阻器，由陶瓷棒及碳膜構成，外層塗上環氧樹脂密封保護。其阻值誤差大，但價錢便宜，故仍廣泛使用，是目前電子、電機、資訊產品最基本的零組件。
3. 金屬膜電阻：將碳膜換成金屬膜，較貴，但精確度高、溫度係數小且雜訊低，故用於較精密或高價的產品設備內。
4. 金屬氧化膜電阻：在瓷棒上面燒附一層金屬氧化薄膜，然後於外層噴塗不燃性塗料。在高溫下仍保持安定性，兼備低雜音、穩定、高頻特性好的優點，可長期在高溫的環境下操作。

5. **水泥電組**：採用電阻較大的合金電阻線繞在耐熱瓷件上，外面加上耐熱、耐濕、無腐蝕之材料保護而成。優點是阻值精確、雜訊低、散熱佳、**可承受大功率消耗**，通常使用於放大器功率級部份；缺點是**阻值小**、成本高、不適合高頻電路使用。

6. **晶片電阻**：電阻體是高可靠的玻璃釉材料經高溫燒結而成，電極採用銀鈀合金。優點是**體積小**、**精密度高**、**穩定性佳**、**高頻性能好**，適用於高精密電子產品的PCB基板上。

因通常的電阻器體積很小，不適合在其上標示出規格，為方便辨識電阻器的阻值，在其表面上有環狀的色碼，常見的電阻器有四個色碼，精密電阻有五個色碼，較特殊者為僅有三個色碼的電阻器。

五碼電阻的前三碼表示數值，第四碼表示次方，第五碼表示誤差；四碼電阻的前兩碼表示數值，第三碼表示次方，第四碼表示誤差；而三碼電阻類似四碼電阻，以前兩碼表示數值，第三碼表示次方，但誤差固定為 20%。各顏色所代表的意義如下：

電阻器色碼表

色碼	黑	棕	紅	橙	黃	綠	藍	紫	灰	白	金	銀
數值	0	1	2	3	4	5	6	7	8	9		
次方	10^0	10^1	10^2	10^3	10^4	10^5	10^6	10^7	10^8	10^9	10^{-1}	10^{-2}
誤差		1%	2%			0.5%	0.25%	0.1%	0.05%		5%	10%

觀念加強

(　) **3** 某色碼電阻只有三環，表示其誤差為：

(A) 5%　(B) 10%

(C) 15%　(D) 20%。

第三節 歐姆定律

若電壓 v(t) 加在一電阻器 R 兩端，並有電流 i(t) 流過 R ，則由歐姆定律可得

$$v(t)=Ri(t) \text{ 或 } R=\frac{v(t)}{i(t)} \text{ 或 } i(t)=\frac{v(t)}{R}$$

第四節 電阻溫度係數

導體的電阻會隨溫度的變化而變化，稱為電阻溫度係數，以 α_1 表示，其係溫度每升高1℃ 所增加的電阻與原電阻之比。通常金屬的電阻值隨溫度上升而增加，然而半導體的電阻值則隨溫度上升而減少。

$$\alpha_1=\frac{\frac{R_2-R_1}{t_2-t_1}}{R_1}$$

理論上，以絕對溫度表示時，導體電阻值正比於絕對溫度值。若以 α_0 表示在攝氏零度時的電阻溫度係數，則絕對溫度零度可表示為攝氏 $T=-\frac{1}{\alpha_0}$ 度，故在不同溫度下的電阻值比例可表示為

$$\frac{R_1}{t_1-T}=\frac{R_2}{t_2-T} \text{ 或 } \frac{R_1}{t_1+\frac{1}{\alpha_0}}=\frac{R_2}{t_2+\frac{1}{\alpha_0}}$$

觀念加強

(　　) **4** 下列何種材料在溫度升高時，其電阻值會下降？
(A)金　(B)鋁
(C)銅鎳合金　(D)矽。

(　　) **5** 影響導體電阻大小的因素，除了導體長度及截面積外，尚有那些因素？
(A)溫度及電導係數　(B)電壓及電導係數
(C)材料及電流　(D)溫度及電流。

第五節 焦耳定理

電流通過電阻時，所產生之熱量與電流平方與導體電阻及時間成正比，稱之為焦耳定理，$P=I^2R$。但通常會利用歐姆定理轉換成其他形式：

$$P=IV=I^2R=\frac{V^2}{R}$$ 瓦特（W）

請注意，此公式適用於直流電源，或使用於電源有效值時，若用於交流電源需適度修正之。

功率的單位為 J/S，通常稱為瓦特（W），另一常用之單位為馬力，1 馬力等於 745.7 瓦特。

能量為功率的積分：

$$w(t)-w(t_0)=pt=vit$$ 焦耳（J）

另一常見的能量單位為用於熱量的卡，熱量與能量的換算稱為熱功當量，即 **1 卡等於 4.18 焦耳，或 1 焦耳等於 0.24 卡。**

觀念加強

(　　) **6** 小新幫媽媽修理電熱爐，不慎將其內部的電熱線剪掉一部分，變成原來的四分之三；若此電熱爐在原額定電壓下使用，將會發生何種情況？ (A)功率減少 (B)電流減少 (C)電阻增加 (D)發熱量增加。

(　　) **7** 100 伏特 100 瓦特燈泡之電阻，其數值比 100 伏特 200 瓦特燈泡之電阻： (A)相等 (B)小 (C)大 (D)無法比較。

(　　) **8** 一電阻線消耗的功率與其外加電壓的大小之關係為何？ (A)無關 (B)成正比 (C)成反比 (D)平方成正比。

試題演練

經典考題

(　　) **1** 有一家用 110 伏特、60 瓦特的燈泡，接於 110伏特 的交流電源，求流過燈泡的電流為多少？　(A) 60mA　(B) 545mA　(C) 1833mA　(D) 6600mA。

(　　) **2** 有一 1kW 的電熱水器，內裝有 10 公升的水，加熱 10 分鐘，求水溫上升多少？　(A) 6.2℃　(B) 10.6℃　(C) 14.4℃　(D) 18.9℃。

(　　) **3** 如右圖所示之電路，R_1、R_2、R_3 所消耗之功率比值依序為何？
(A) 1：2：3
(B) 1：4：9
(C) 3：2：1
(D) 6：3：2。

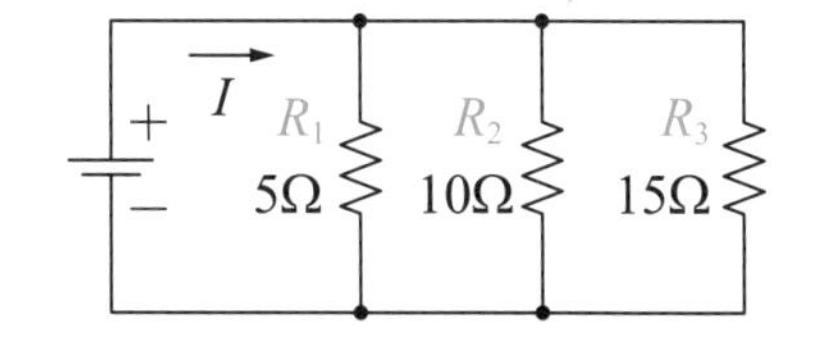

(　　) **4** 某直徑為 1.6mm 單芯線的配線迴路，其線路電壓降為 6%；若將導線換成相同材質的 2.0mm 單芯線後，其線路電壓降約為多少？　(A) 3.8%　(B) 4.8%　(C) 5.8%　(D) 6.8%。

(　　) **5** 如右圖所示之電路，流經5Ω電阻之電流與其所消耗之功率各為何？
(A)4A，80W
(B)6A，180W
(C)10A，500W
(D)14A，980W。

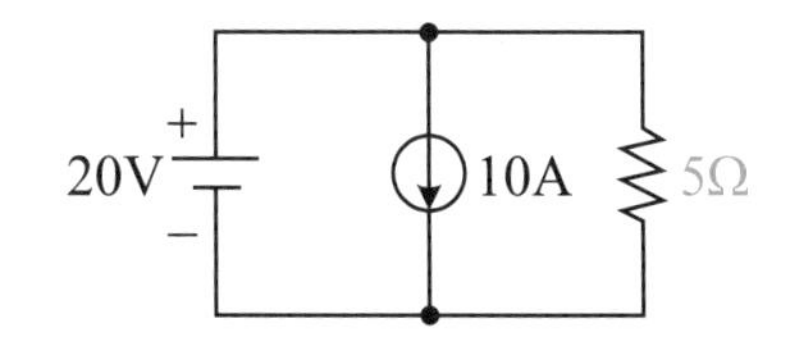

(　　) **6** 有甲、乙兩個燈泡，額定電壓均是 110V，甲燈泡額定功率 100W，乙燈泡額定功率 10W；今將兩燈泡串聯後，接在 220V的電源上，則下列何種情況最可能發生？
(A)甲燈泡先燒壞
(B)乙燈泡先燒壞
(C)甲、乙兩燈泡同時燒壞
(D)甲、乙兩燈泡可正常使用，都不會燒壞。

( ) **7** 某一包含 R_1、R_2、R_3、R_4 四個電阻，及直流電壓源 V_S 之串聯電路，已知電阻比 $R_1:R_2:R_3:R_4=1:2:3:4$，若最大的電阻為 8Ω，且其消耗之功率為 200 W，則電壓源 V_S 之電壓為何？ (A) 50V (B) 100V (C) 150V (D) 200V。

( ) **8** 色碼依序為紅紫金銀的電阻器其值為： (A) 0.27±5%Ω (B) 0.27±10%Ω (C) 2.7±5%Ω (D) 2.7±10%Ω。

( ) **9** A、B 兩圓形導線以同材料製成，A 導線的長度為 B 導線的一半，A 導線的線徑為 B 導線之兩倍，若 A 導線電阻 R_A=10Ω，則 B 導線電阻 R_B=？ (A) 10Ω (B) 20Ω (C) 40Ω (D) 80Ω。

( ) **10** 有一電阻器在 20℃ 時為 2Ω，在 120℃ 時為 3Ω，求此電阻器在 20℃ 時之溫度係數為多少？ (A)0.004 (B)0.005 (C)0.006 (D)0.008。

( ) **11** 有一電阻器為 1kΩ，額定功率為 0.5瓦特，求所能承受的最大電流應接近多少？ (A) 88 (B) 66 (C) 44 (D) 22 mA。

( ) **12** 有一長 10cm 之導體，其電阻值為 20Ω；若將其拉長，使此導體之長度為 40cm，則此導體之電阻可能為： (A) 20Ω (B) 80Ω (C) 160Ω (D) 320Ω。

( ) **13** 大多數家庭所使用的實心銅電線直徑為 1.63m，求出此種直徑的實心銅電線 50m 的電阻值為：（銅的電阻率為 1.723×10^{-8}Ω-m） (A) 0.412Ω (B) 0.523Ω (C) 0.769Ω (D) 0.913Ω。

( ) **14** 將 15 伏特的電壓加在一色碼電阻上，若此色碼電阻上之色碼依序為紅、黑、橙、金，則下列何者為此電阻中可能流過之最大電流？ (A) 789μA (B) 889μA (C) 999μA (D) 1099μA。

( ) **15** 在電路上，有 4A 的電流流過一個 5Ω的電阻，試求電阻消耗的電功率為多少？ (A)20W (B)40W (C)80W (D)100W。

( ) **16** 有一電阻值為 3Ω的導線，若將其拉長使其長度為原來的兩倍，求拉長後之電阻值為多少？ (A) 12Ω (B) 10Ω (C) 8Ω (D) 6Ω。

模擬測驗

(　　) **1** 有一具電爐，若供給電壓提高 5%時，則輸出功率約：　(A)增加 10%　(B)減少 10%　(C)增加 5%　(D)減少 5%。

(　　) **2** 有一浸入式電熱器，其電阻為 20Ω，通過電流為 5A，今有初始溫度為 20℃ 的水 3600 公克，以電熱器加熱 5 分鐘，假設電熱器產生熱量完全為水吸收，則最後水溫將為多少℃？　(A) 30　(B) 40　(C) 50　(D) 60。

(　　) **3** 將 10 個材質相同且電阻值約為 50Ω 之電阻並聯，且接於 80 伏特之電源，則其總電流為多少安培？　(A) 1.6　(B) 8　(C) 5　(D) 16。

(　　) **4** 茲有一個 1kΩ 電阻，其所能承受之最大功率為 0.256W，則該電阻所能承受之最大安全工作電壓為多少？　(A) 10V　(B) 16V　(C) 20V　(D) 30V。

(　　) **5** 設一電器之電阻為 5 歐姆（Ω），通以 10 安培之電流，試求電器每秒產生多少熱量？　(A) 60 卡　(B) 120 卡　(C) 240 卡　(D) 480 卡。

(　　) **6** 將 10 伏特電壓加在棕黑紅金之色碼電阻上，則該電阻可能通過最大電流應為多少毫安培（mA）？　(A) 9.52　(B) 10.01　(C) 10.53　(D) 11.12。

(　　) **7** 5 歐姆大小的電阻器一個，若外加 100伏特的電壓，則流過的電流和消耗的功率分別為：　(A) 20A，1000W　(B) 100A，2000W　(C) 10A，1000W　(D) 20A，2000W。

(　　) **8** 某額定為 100V／1000W 的電爐，因斷線而減去 20%，求其修剪後的消耗功率為何？　(A) 200W　(B) 800W　(C) 1250W　(D) 2000W。

(　　) **9** 一個 2W，5kΩ 的電阻器，在不損壞該電阻器的條件下，可通過該電阻器的最大電流為多少 mA？　(A) 10　(B) 20　(C) 25　(D) 30。

(　　) **10** 某電阻元件外加 10 伏特電壓時，流過的電流為 0.5 安培。今若有 2 安培的電流流過該元件，則其消耗的功率為多少瓦特？　(A) 20　(B) 40　(C) 60　(D) 80。

(　　) **11** 一規格為 110V，800W 之電鍋與一規格為 110V，100W 之燈泡並聯接於 110V 之電源上，則流經電鍋之電流 I_1 與流經燈泡之電流 I_2 之比為：　(A) $I_1：I_2=\sqrt{8}：1$　(B) $I_1：I_2=4：1$　(C) $I_1：I_2=7.27：1$　(D) $I_1：I_2=8：1$。

第3章　串並聯電路

第一節　電路型態及其特性

若電路中所有元件均流過同一電流，則此電路稱為串聯電路。當兩個電阻 R_1 及 R_2 串聯時，分配至元件 R_1 和 R_2 的電壓正比於其電阻值，跨於 R_1 和 R_2 上的電壓是電源電壓的分數，而此分數為該電阻與總電阻的比值，此即分壓定理。

$$V_1 = \frac{R_1}{R_1+R_2} V$$

$$V_2 = \frac{R_2}{R_1+R_2} V$$

兩電路等效是指它們在端點具有相同的電壓電流關係，N 個串聯電阻的等效電阻等於各別電阻的總和，可表示為：

$$R_S = R_1+R_2+\ldots\ldots+R_N = \sum_{n=1}^{N} R_n$$

當電路中所有元件均跨接於同一電壓時，稱為並聯電路。當電阻 R_1 及 R_2 並聯時，分配至電阻上的電流正比於其電導值，此即分流定理：

$$i_1 = \frac{G_1}{G_P} i，\ldots\ldots，i_N = \frac{G_N}{G_P} i$$

其等效電阻為：

$$\frac{1}{R_P} = \frac{1}{R_1} + \frac{1}{R_2} + \ldots\ldots + \frac{1}{R_N} = \sum_{n=1}^{N} \frac{1}{R_n}$$

當只有兩電阻並聯時，電阻上的分流及等效電阻，可利用下列公式快速計算，需熟記：

$$i_1 = \frac{R_2}{R_1+R_2} i；i_2 = \frac{R_1}{R_1+R_2} i$$

$$R_P = \frac{R_1 R_2}{R_1+R_2}$$

觀念加強

(　　) **1** 某電路如右圖所示，四個電阻器其電阻值，分別為 R_1，R_2，R_3，R_4（歐姆），試問在下列何種條件下，電壓降 V_1>電壓降 V_2？

(A) $\frac{R_1}{R_2}>\frac{R_4}{R_3}$　(B) $\frac{R_1}{R_3}>\frac{R_2}{R_4}$

(C) $\frac{R_1}{R_3}>\frac{R_4}{R_2}$　(D) $\frac{R_2}{R_1}>\frac{R_4}{R_3}$。

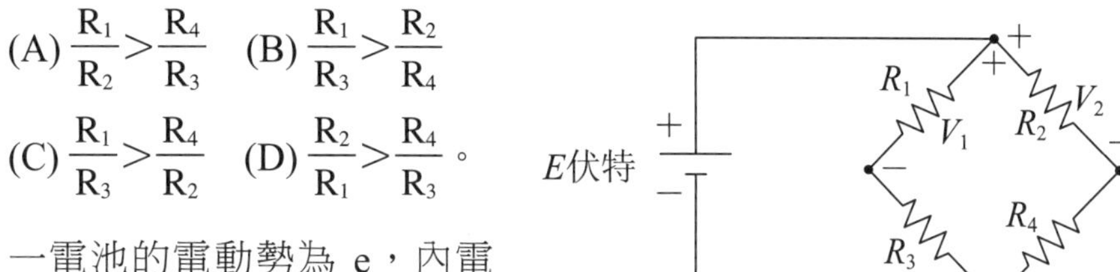

(　　) **2** 一電池的電動勢為 e，內電阻為 r，連接一外電阻 R，則通過的電流是多少？　(A) $\frac{\varepsilon}{r+R}$　(B) r+R　(C) $\frac{\varepsilon}{r}$　(D) $\frac{\varepsilon}{R}$。

(　　) **3** 將一理想直流電壓源與一可變電阻器並聯後，再與一 20Ω 之電阻器並聯。當可變電阻器調整，使可變電阻器之電阻值增加時 (A)20Ω 電阻器上的電流與可變電阻器之電阻值成反比　(B) 20Ω 電阻器上的電流不變　(C) 20Ω 電阻器上的電流減少　(D) 20Ω 電阻器上的電流增加。

(　　) **4** 如右圖所示電路，當開關 S 閉合後，電流 I 應為多少？

(A) 10A

(B) 8A

(C) 5A

(D) 0A。

(　　) **5** 如右圖所示之電路，下列何者為 V 之電壓值？

(A) 18V

(B) 16V

(C) 12V

(D) 0V。

(　　) **6** 一大一小之兩電阻器並聯時，總電阻之數值：　(A)小於小電阻　(B)等於小電阻　(C)大於大電阻　(D)介於大電阻與小電阻之間。

(　　) **7** 將 100 伏特／100 瓦特、100 伏特／60 瓦特及 100 伏特／20 瓦特三燈泡並聯後加上 100 伏特電源，哪一個燈泡較亮？　(A)一樣亮　(B) 20 瓦特　(C) 60 瓦特　(D) 100 瓦特。

第二節 電壓源及電流源

1. 電壓源：電壓源可提供電路元件兩端點間的電壓，理想的電壓源可在兩端點間提供恆定 v 伏特的電壓，其電壓調整率為零。
   依電源之極性變化可分為：
   (1) 直流電壓源：電源電壓的正負極性不隨時間而改變。
   (2) 交流電壓源：電源電壓的正負極性隨時間而改變。
2. 電流源：電流源可提供通過電路元件之電流，理想的電流源可提供恆定 i 安培的電流，其電流調整率為零。
   依電流源所提供之電流方向變化可分為：
   (1) 直流電流源：電流之方向不隨時間而改變。
   (2) 交流電流源：電流之方向隨時間而改變。

理想的電壓源可提供恆定的電壓，而理想的電流源可提供恆定的電流，但實際的電源卻非如此。

實際的電壓源可用一理想電壓源與串聯電阻 R_s 描述之，R_s 稱為內阻或電源電阻。當 R_s 愈小電壓源愈接近理想電壓源。理想電壓源之 $R_s=0$。

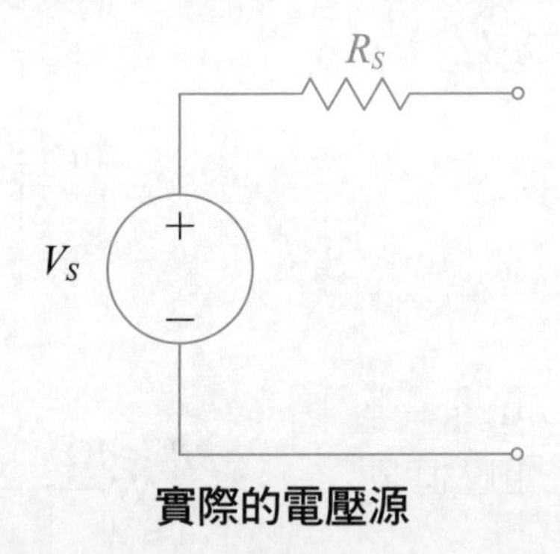

實際的電壓源

實際的電流源可用一理想電流源與並聯電阻 R_g 描述之，內阻 R_g 愈大則愈接近理想電流源。理想電流源之 $R_g=\infty$。

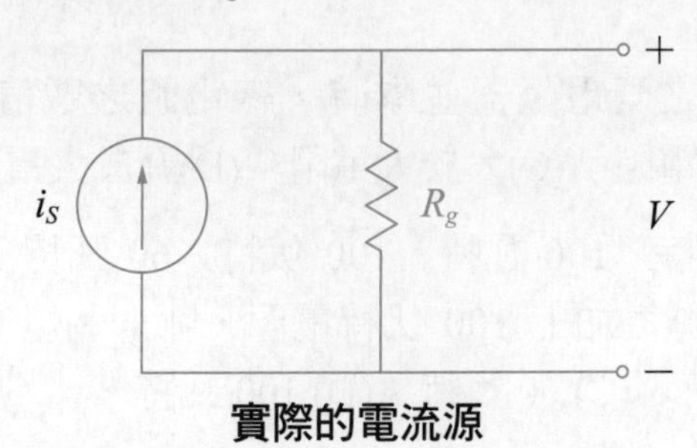

實際的電流源

假若兩個電源對任意選取之某個負載所造成的效應是相同的，則我們定義對於此負載，這兩個電源為等效的。對於實際的電壓源與實際的電流源而言，可透過下列式子互換：

$$v_s=i_sR_g \quad 或 \quad i_s=\frac{V_S}{R_S}$$

$$R_s=R_g$$

將一電壓源或電流源改以另一等效之電流源或電壓源取代，此種轉換一般稱為電源變換。

觀念加強

(　　) **8** 下述有關理想電壓源的特性敘述，何者正確？
(A)電流保持恆定值　(B)輸出呈電感性
(C)電源內阻等於零　(D)電源內阻無限大。

(　　) **9** 下列敘述何者正確？
(A)理想電壓表的內阻為零
(B)理想電流源的內阻為零
(C)理想電壓源的內阻為無限大
(D)理想電流表的內阻為零。

(　　) **10** 諾頓（Norton）與戴維寧（Thevenin）等效電路中的電源轉換，可用下列何種觀念表達？　(A)歐姆定律　(B)亨利定律　(C)法拉第定律　(D)克希荷夫定律。

第三節　克希荷夫電壓定律

克希荷夫電壓係用來描述環路上電壓之間的關係，其定義為：**環繞任一環路的電壓代數和等於零；環繞任一環路上電壓升之和等於電壓降之和**。

觀念加強

(　　) **11** 環繞任何迴路上電壓降之和等於電壓升之和，此為：
(A)分壓定律　(B)克希荷夫電壓定律
(C)克希荷夫電流定律　(D)分流定律。

第四節 克希荷夫電流定律

1. **集中參數電路**：在此種電路中，假設連接電路元件的導線電阻為零，允許電流自由流過且不累積電荷和能量。

2. **節點**：兩個或更多個電路元件接在一起的接點。

3. **環路**：由元件所組成的封閉路徑。

克希荷夫電流係用來描述節點上電流之間的關係，其定義為：
進入任一節點的電流代數和為零；或進入任一節點的電流和，等於離開這節點的電流和。

此外，克希荷夫電流可推廣至：進入任何封閉面的電流代數和為零。

觀念加強

(　　) **12** 右圖的電路中，各電阻均為2kΩ，則 I_1+I_2 等於多少？
(A) 1.7A
(B) 2.2A
(C) 3A
(D) 4.1A。

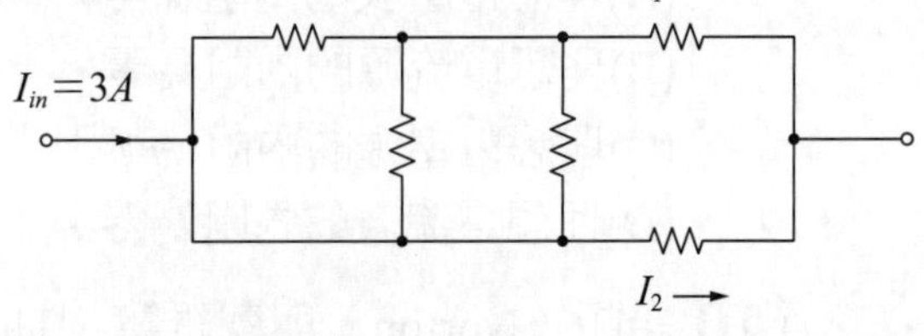

(　　) **13** 如右圖所示的電路，其中的 I_1 及 I_2 各為何？
(A) I_1=8A，I_2=10A
(B) I_1=6A，I_2=8A
(C) I_1=4A，I_2=6A
(D) I_1＝2A，I_2＝4A。

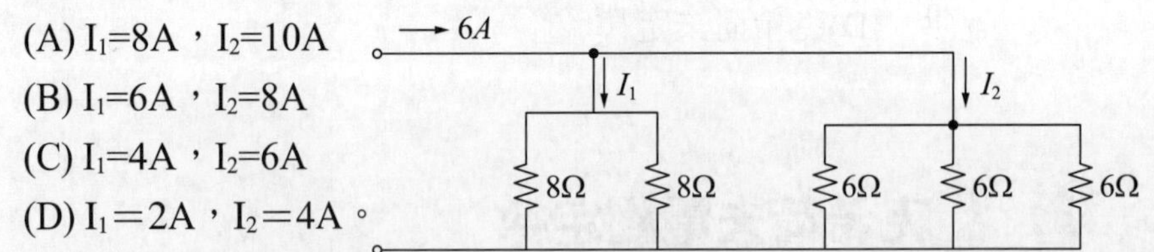

(　　) **14** 若將每個大小均為 12 安培（A）且相同的 10 個電流源串聯在一起，則此串聯之電流源組合所能提供的等效電流大小為：
(A) 1.2 安培　(B) 12 安培
(C) 60 安培　(D) 120 安培。

(　　) **15** 某電路如右圖所示，4 個電阻器 R_1，R_2，R_3，R_4 之電阻值均相同，則流過各電阻器之電流何者最大？
(A) I_1　(B) I_2　(C) I_3　(D) I_4。

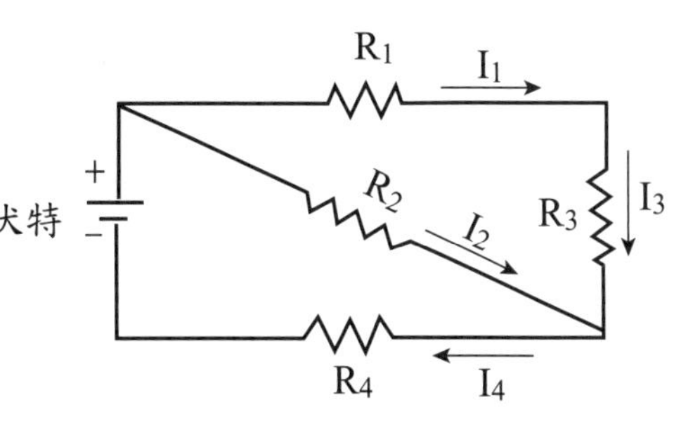

第五節 惠斯登電橋

惠斯登電橋係利用電阻平衡時，電位相等的原理測得待測電阻值。如下圖，其中 R_A 與 R_B 為固定電阻，R_S 為可變電阻，R_X 則為待測電阻，當調整可變電阻 R_S 使電流計 G_A 偏轉至零時，電路達平衡，可得

$$\frac{R_A}{R_X}=\frac{R_B}{R_S} \text{ 或 } R_X=\frac{R_A}{R_B}R_S$$

或者是在電阻達成上述條件時，中間的電流為零，兩端為等電位。

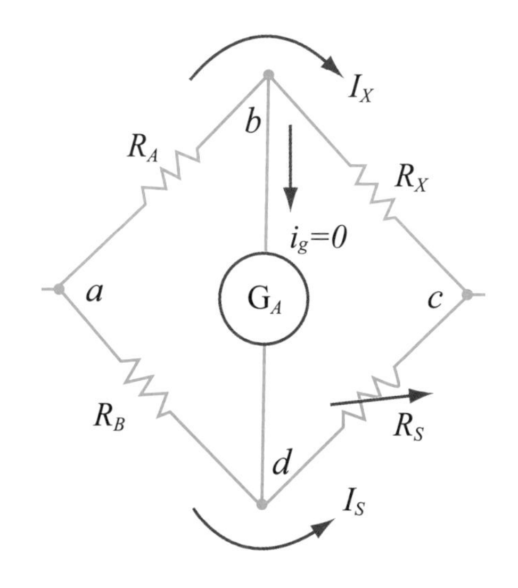

惠斯登電橋電路示意圖

考試時要小心的是類似惠斯登電橋的電路並不一定處在平衡狀態，此時即無法用上述的觀念直接求出兩端的電位，利用戴維寧定理為較佳的方法。

第六節 Y接與Δ接網路轉換定理

Y 接網路亦稱 T 接網路，而 Δ 接網路亦稱 π 接網路。

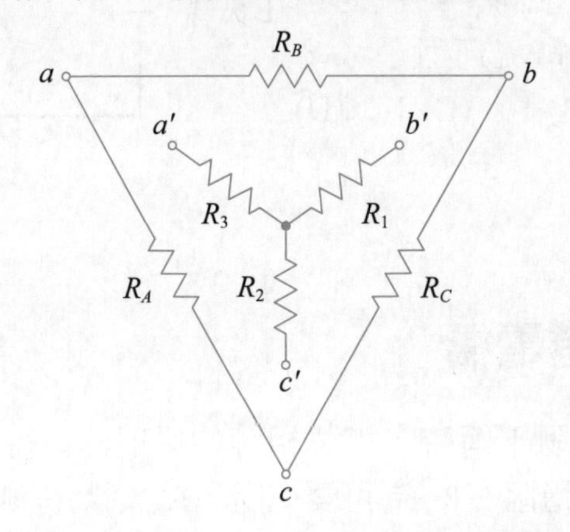

Y－Δ 轉換以及 Δ－Y 轉換的電阻關係圖

若已知 Y 接網路電阻之值，則其等效 Δ 接網路之電阻值：

$$R_A=\frac{R_1R_2+R_2R_3+R_3R_1}{R_1}，R_B=\frac{R_1R_2+R_2R_3+R_3R_1}{R_2}，R_C=\frac{R_1R_2+R_2R_3+R_3R_1}{R_3}$$

當 Y 接網路三個電阻值相同 $R_1=R_2=R_3=R_Y$ 時，可得 $R_\Delta=3R_Y$。

若已知 Δ 接網路電阻之值，則其等效 Y 接網路之電阻值：

$$R_1=\frac{R_BR_C}{R_A+R_B+R_C}，R_2=\frac{R_AR_C}{R_A+R_B+R_C}，R_3=\frac{R_AR_B}{R_A+R_B+R_C}$$

當Δ接網路三個電阻值相同 $R_A=R_B=R_C=R_\Delta$ 時，可得 $R_Y=\frac{R_\Delta}{3}$。

觀念加強

(　　) **16** A、B、C 三點的Δ與 Y 之等效電路如下圖所示，令 $G_a=\frac{1}{R_a}$，$G_b=\frac{1}{R_b}$，$G_c=\frac{1}{R_c}$，$G_1=\frac{1}{R_1}$，$G_2=\frac{1}{R_2}$，$G_3=\frac{1}{R_3}$，則下列哪一項不正確？

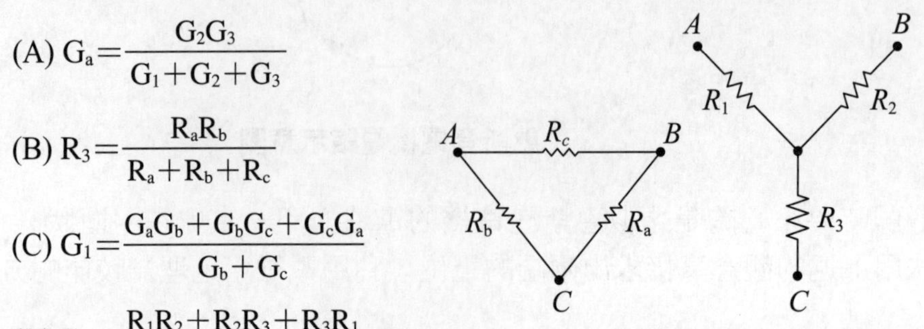

(A) $G_a=\frac{G_2G_3}{G_1+G_2+G_3}$

(B) $R_3=\frac{R_aR_b}{R_a+R_b+R_c}$

(C) $G_1=\frac{G_aG_b+G_bG_c+G_cG_a}{G_b+G_c}$

(D) $R_b=\frac{R_1R_2+R_2R_3+R_3R_1}{R_2}$。

試題演練

經典考題

(　　) **1** 將三個額定功率分別為 10W，50W，100W 的 10Ω負載電阻串聯在一起，則串聯後所能承受的最大額定功率為：　(A) 10W　(B) 30W　(C) 60W　(D) 150W。

(　　) **2** 如右圖所示，求 E_3=？
(A) 40V
(B) 60V
(C) 80V
(D) 100V。

5Ω　$I=10A$
$E_1=200V$　E_3
10Ω
$E_2=50V$

(　　) **3** 設有兩個電阻 R_1 與 R_2 串聯接於 100V 之電源，其中 R_1 消耗功率為 20W，R_2 消耗功率為 80W，則 R_1 及 R_2 之值分別為
(A) 30Ω，120Ω　　(B) 25Ω，100Ω
(C) 20Ω，80Ω　　(D) 10Ω，40Ω。

(　　) **4** 一個規格為 100Ω、100W 的電熱器，與另一個規格為 100Ω、400W 的電熱器串聯之後，再接上電源，若不使此兩電熱器中之任何一個之消耗功率超過其規格，則電源之最高電壓為何？
(A) 500V　　(B) 400V
(C) 300V　　(D) 200V。

(　　) **5** 將規格為 100V/40W 與 100V/60W 的兩個相同材質電燈泡串聯接於 110V 電源，試問哪個電燈泡會較亮？
(A) 40W 的電燈泡較亮
(B) 60W 的電燈泡較亮
(C)兩個電燈泡一樣亮
(D)兩個電燈泡都不亮。

(　　) **6** 兩個規格分別為 1Ω/1W 及 2Ω/4W 的電阻器串聯後，相當於幾歐姆幾瓦的電阻器？
(A) 3Ω/5W　　(B) 3Ω/4W
(C) 3Ω/3W　　(D) 2Ω/3W。

(　　) **7** 如右圖所示，試求流經 3Ω的電流為多少？
(A) 1A
(B) 2A
(C) 3A
(D) 4A。

4Ω
18V　6Ω　3Ω

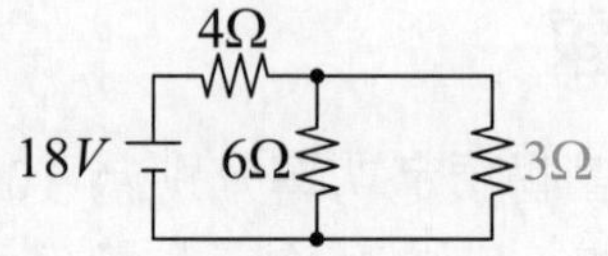

(　　) **8** 有 4 個電阻並聯，此 4 個電阻之值分別為 24kΩ、24kΩ、12kΩ、6kΩ，已知流入 4 個並聯電阻之總電流為 240mA；則 6kΩ 電阻上之電流為
(A) 180mA　(B) 120mA
(C) 60mA　(D) 30mA。

(　　) **9** 兩電阻值相等的電阻器，將其並聯後，連接到一理想電流源的兩端，已知此二電阻共吸收 10 瓦特之功率。如將此二電阻改為串聯後再連接到同一理想電流源的兩端，則此二電阻將共吸收多少瓦特之功率？
(A) 2.5W　(B) 5W
(C) 10W　(D) 40W。

(　　) **10** 兩個相同之電阻並聯後，由一理想電壓源供電，此兩電阻共消耗 200W 之功率，若將此兩電阻改為串聯，則兩電阻共消耗多少功率？
(A) 50W　(B) 100W
(C) 200W　(D) 400W。

(　　) **11** 如右圖所示之電路，試求出圖中電流 I 為多少安培？
(A) 1A
(B) 2A
(C) 3A
(D) 4A。

4Ω
18V　5Ω　I　6Ω　3Ω

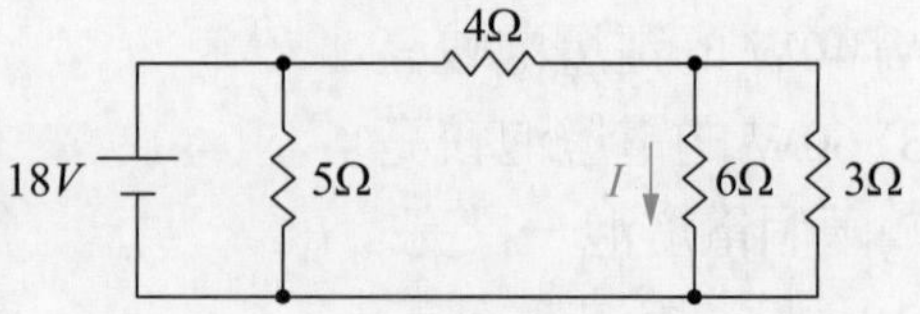

(　　) **12** 如右圖，求電壓 V_0=？
(A) 14.4V
(B) 24.4V
(C) 34.4V
(D) 44.4V。

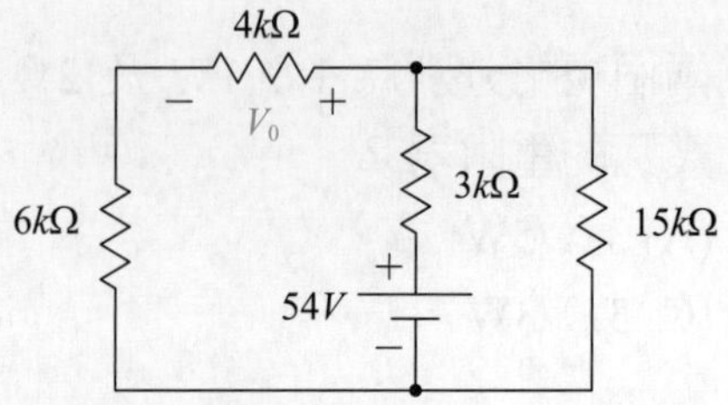

4kΩ
−　V_0　+
6kΩ　3kΩ　15kΩ
+
54V
−

(　　) **13** 如右圖所示電路，求電流 I=？

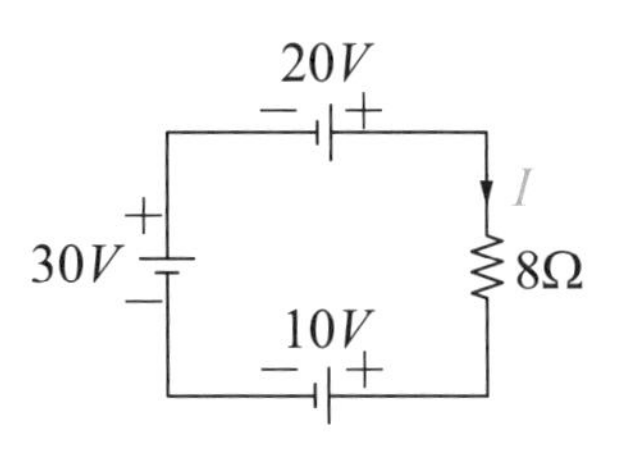

(A) 7.5A
(B) 6.25A
(C) 5.0A
(D) 3.75A。

(　　) **14** 如右圖所示電路，求電壓 V=？

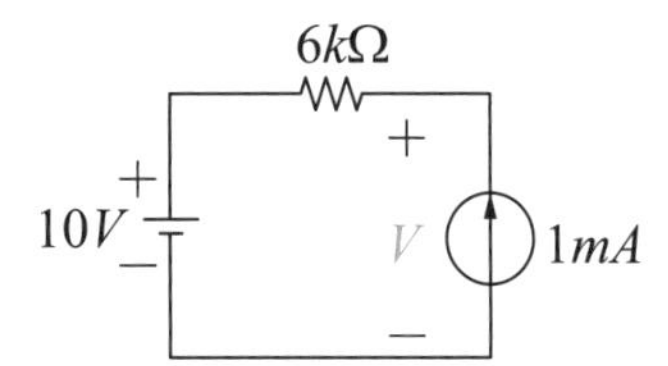

(A) 4V
(B) 6V
(C) 10V
(D) 16V。

(　　) **15** 如右圖所示，求 I=？

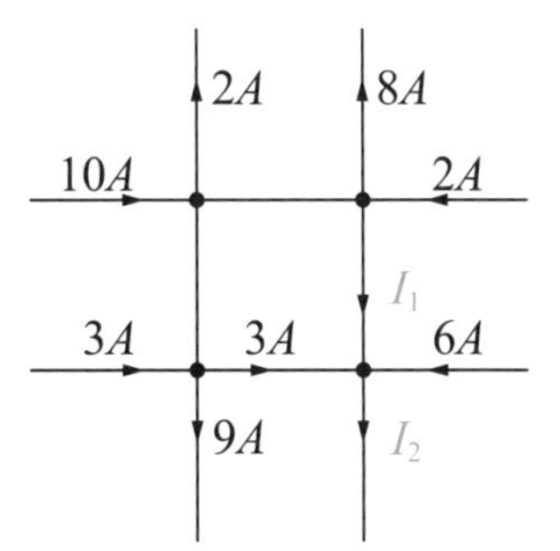

(A) 1A
(B) 2A
(C) 3A
(D) 4A。

(　　) **16** 如右圖所示，求 R_{ab}=？

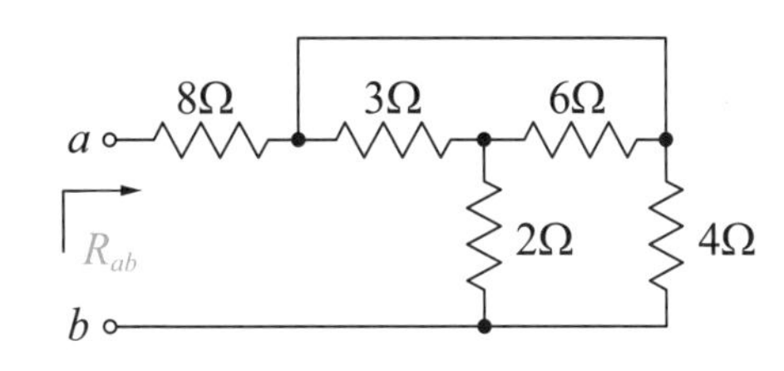

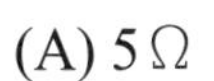
(A) 5Ω
(B) 20Ω
(C) 15Ω
(D) 10Ω。

(　　) **17** 如右圖所示，I_1 及 I_2 之值分別為

(A) 2A，7A
(B) 7A，2A
(C) 2A，11A
(D) −7A，2A。

(　　) **18** 如右圖所示，求 R_{ab} 值為多少？

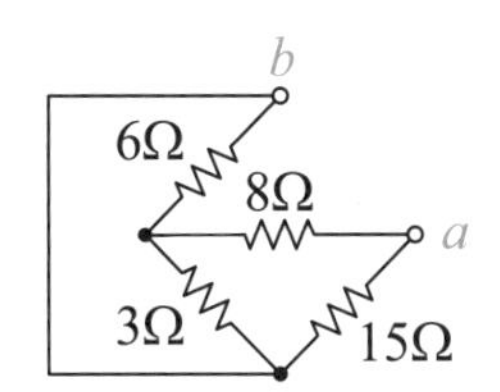

(A) 6
(B) 8
(C) 10
(D) 12　Ω。

(　　) **19** 如右圖所示電路，求電流 I=？
(A) 12A
(B) 9A
(C) 6A
(D) 3A。

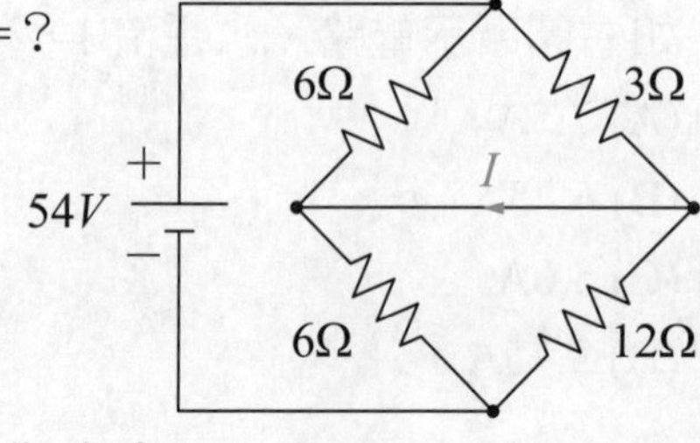

(　　) **20** 如右圖所示電路，則電流 I_2 為多少？
(A) 6A
(B) 8A
(C) 9A
(D) 10A。

(　　) **21** 如右圖所示電路，則電流 I 約為多少？
(A) 5A
(B) 3.25A
(C) 2.5A
(D) 1.67A。

(　　) **22** 如右圖所示電路，則電流 I 為多少？
(A)−2A
(B)−1A
(C) 0A
(D) 1A。

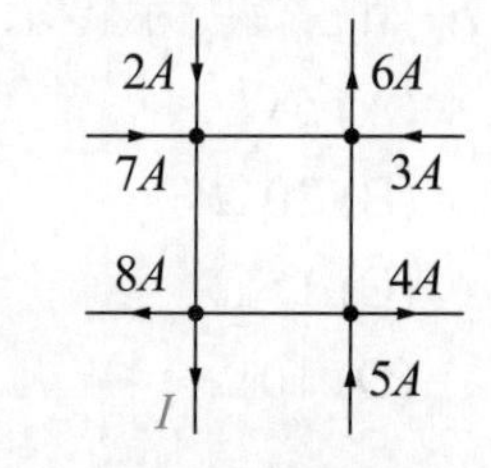

(　　) **23** 如右圖所示電路，若電流 I 為 2A，則電源電壓 E 為多少？
(A) 10V
(B) 14V
(C) 16V
(D) 18V。

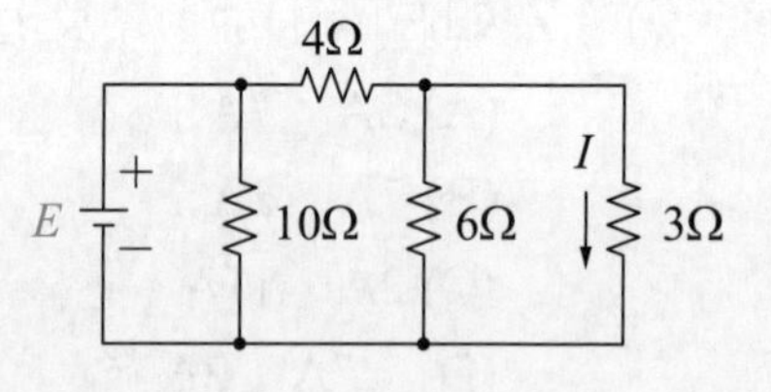

(　　) **24** 如右圖所示之電路，若 V_1=4 伏特，I=7 安培，則電阻 R 為何？
(A) 4Ω
(B) 5Ω
(C) 8Ω
(D) 10Ω。

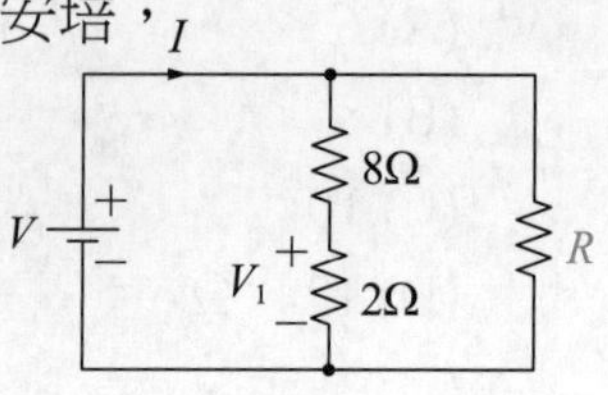

(　　) **25** 有三個電阻並聯的電路，其電阻值分為 5Ω、10Ω、20Ω，如果流經 20Ω 電阻的電流為 1A，則此電路總電流為多少？ (A) 3A (B) 5A (C) 7A (D) 9A。

(　　) **26** 如右圖所示電路，求流經 2Ω 電阻的電流 I 為多少？
(A) 8A
(B) 4A
(C) 2A
(D) 1A。

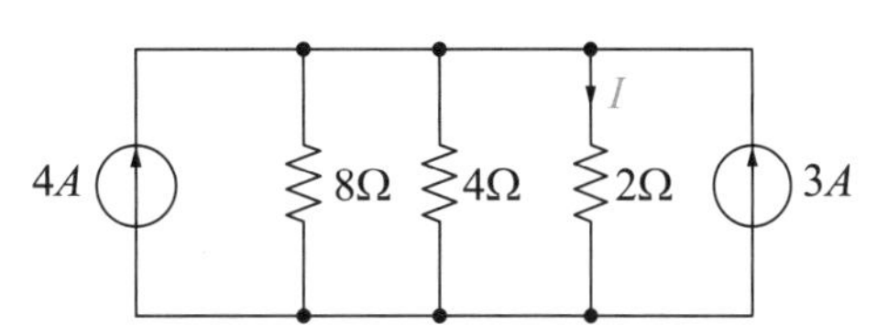

(　　) **27** 如右圖所示電路，求電阻 R=？
(A) 4Ω
(B) 6Ω
(C) 9Ω
(D) 14Ω。

(　　) **28** 如右圖所示電路，求電流 I=？
(A) 3A
(B) 5A
(C) 7A
(D) 10A。

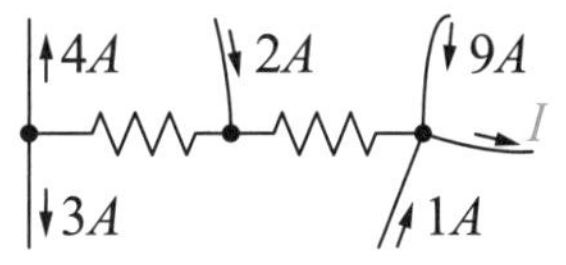

(　　) **29** 如右圖所示電路，求電流 I=？
(A) 3A
(B) 4A
(C) 5A
(D) 6A。

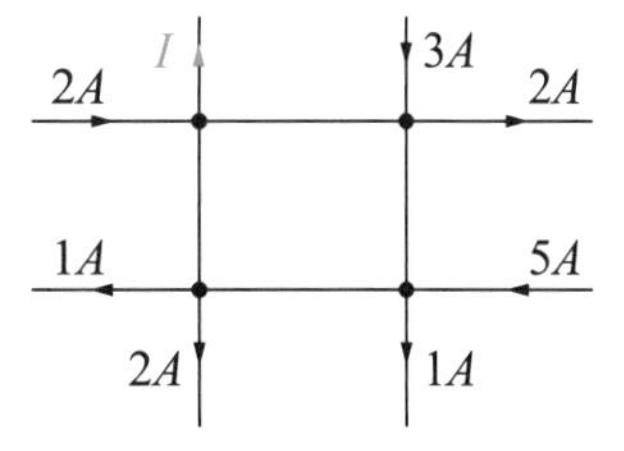

(　　) **30** 如右圖所示電路，求 a、b 兩端的等效電阻 R_{ab}=？
(A) 3Ω
(B) 6Ω
(C) 9Ω
(D) 12Ω。

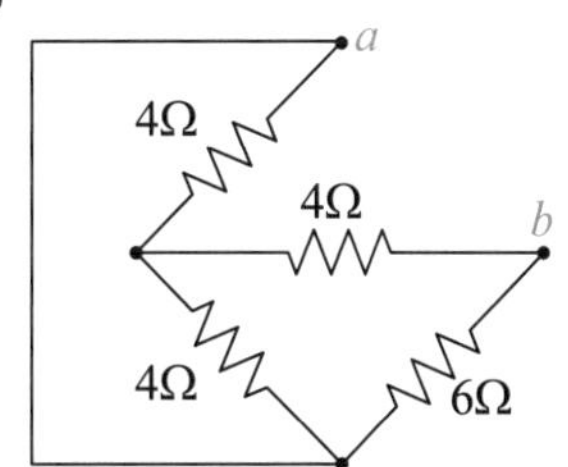

(　　) **31** 如右圖所示之電路，若 V_1=4 伏特，I=7 安培，則電阻 R 為何？
(A) 4Ω
(B) 5Ω
(C) 8Ω
(D) 10Ω。

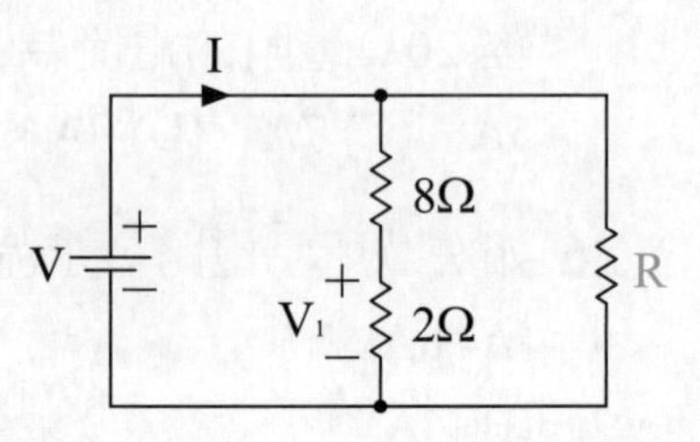

(　　) **32** 如右圖所示之電橋電路，設 R_1=100Ω，R_2=300Ω，R_3=200Ω，當電橋平衡時，則 R_x=？
(A) 200Ω
(B) 600Ω
(C) 100Ω
(D) 300Ω。

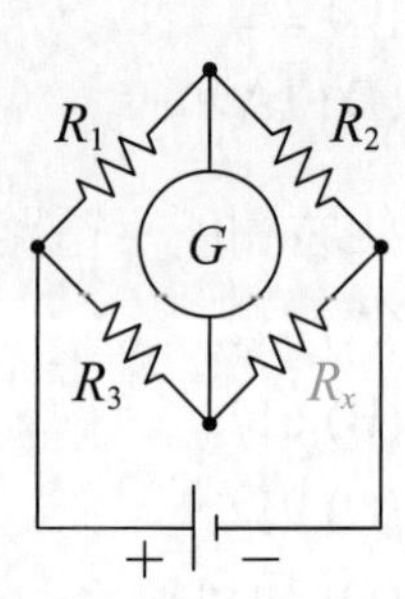

(　　) **33** 如右圖，將 Δ 電路換成等效的 Y 電路，求 R_1＝？
(A) 30Ω
(B) 20Ω
(C) 10Ω
(D) 5Ω。

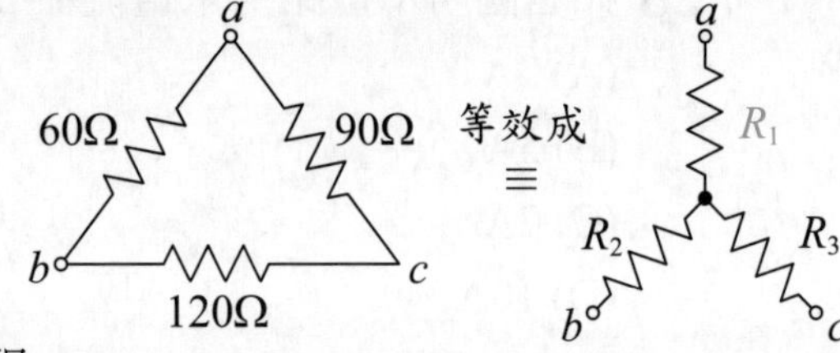

(　　) **34** 如右圖所示電路，若所有電阻皆為 4Ω，則電流 I 為多少？
(A) 1A
(B) 1.5A
(C) 2A
(D) 2.5A。

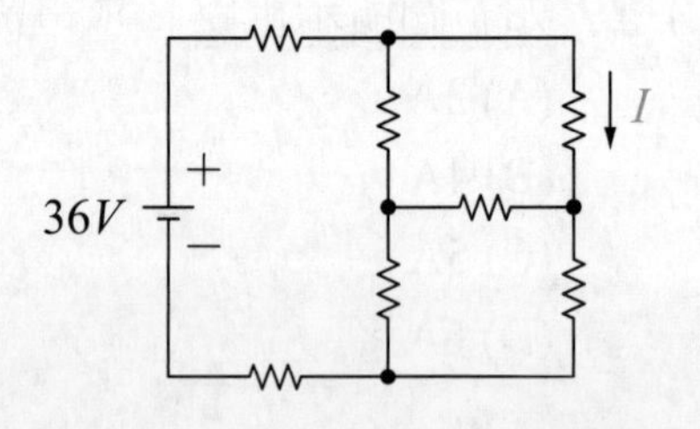

(　　) **35** 若電路中無相依電源，於應用戴維寧定理求戴維寧等效電阻時，須將電路中之電源如何處理？
(A)電壓源開路、電流源短路
(B)電壓源開路、電流源開路
(C)電壓源短路、電流源短路
(D)電壓源短路、電流源開路

(　　) **36** 如右圖所示之電路，電流 I 的大小為何？

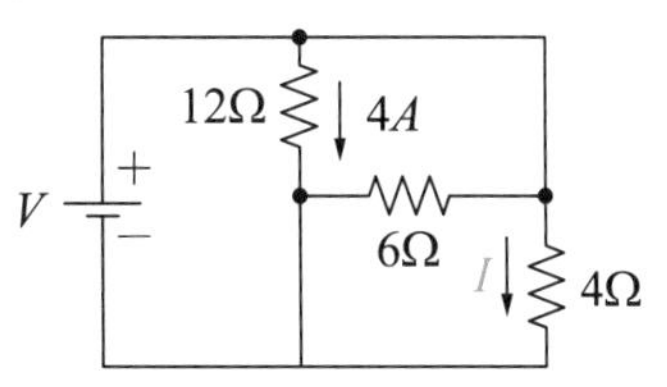

(A) 6A
(B) 9A
(C) 12A
(D) 15A。

(　　) **37** 如右圖所示之電路，電流 I 為何？

(A)2A
(B)3A
(C)4A
(D)5A。

(　　) **38** 如右圖所示之電路，電流I_1及I_2為何？

(A)I_1＝1A，I_2＝0A
(B)I_1＝1A，I_2＝1A
(C)I_1＝2A，I_2＝0A
(D)I_1＝2A，I_2＝1A。

(　　) **39** 如右圖所示之電路，則 a、b 二點間之電位差為何？

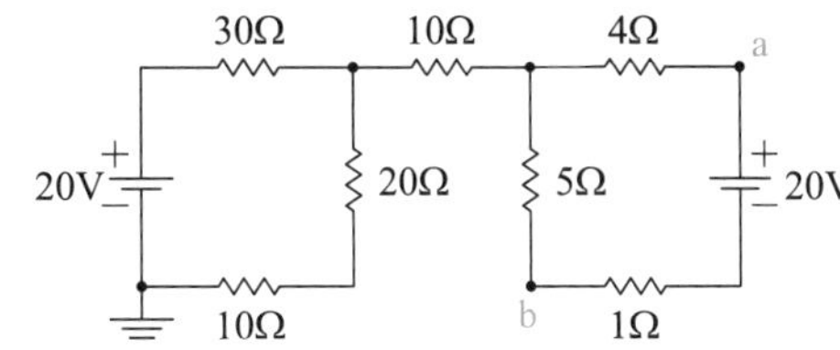

(A) 9V
(B) 18V
(C) 20V
(D) 23V。

(　　) **40** 如右圖所示之電路，已知 I=10A 及 $I_{R2}=\frac{5}{3}$A，則 R_3 為何？

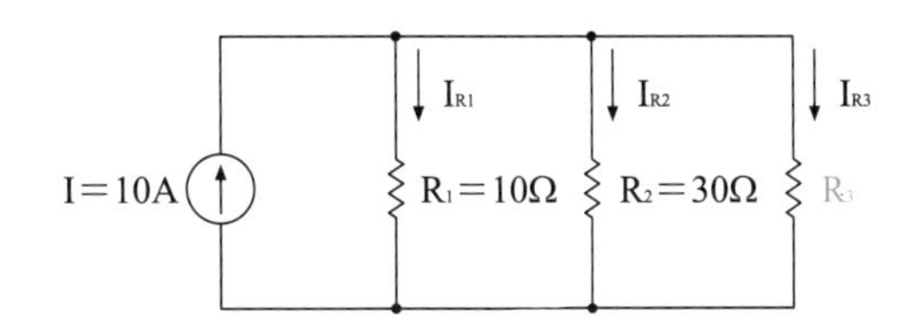

(A) 7.5Ω
(B) 10.0Ω
(C) 12.5Ω
(D) 15.0Ω。

(　　) **41** 如右圖所示之電路，則 6Ω 電阻消耗之功率為何？

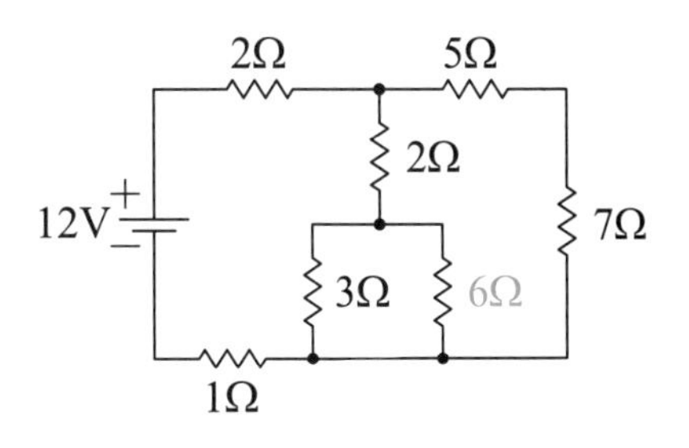

(A) 1.5W
(B) 2.5W
(C) 4.5W
(D) 6W。

模擬測驗

(　　) **1** 若將一大小為 60 伏特之直流電壓源加至兩個大小分別為 10 歐姆及 5 歐姆且串聯之電阻電路，試求流出此電壓源的電流大小為多少安培？

(A) 6　　(B) 4

(C) 12　　(D) 18。

(　　) **2** 如右圖所示電路，計算 x 點對接地點之電壓為多少伏特？

(A) ＋4

(B) －4

(C) ＋5

(D) －5。

(　　) **3** 將 25 歐姆、35 歐姆、40 歐姆等三個電阻串聯後，接於 200 伏特之直流電壓源，則 25 歐姆電阻所消耗之功率為多少瓦特？

(A) 100　　(B) 120

(C) 140　　(D) 160。

(　　) **4** 如右圖，若量得 V_1 之電壓值為 40 伏特，試求 R_1 之歐姆值為多少 kΩ？

(A) 4

(B) 6

(C) 1

(D) 3。

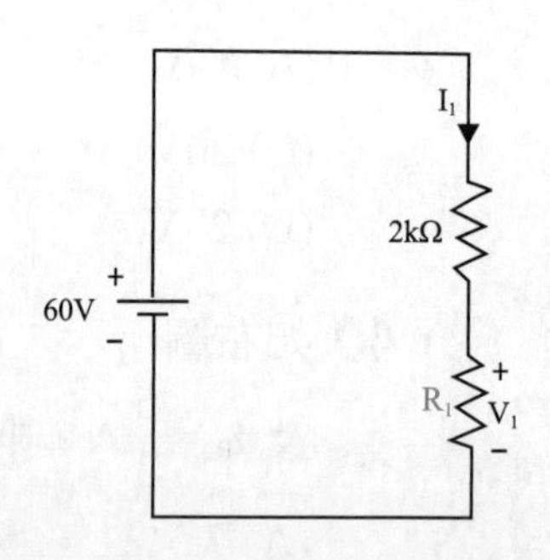

(　　) **5** 如右圖所示，試求電流 I_1 為多少安培？

(A) 0.6

(B) 1.8

(C) 1

(D) 1.5。

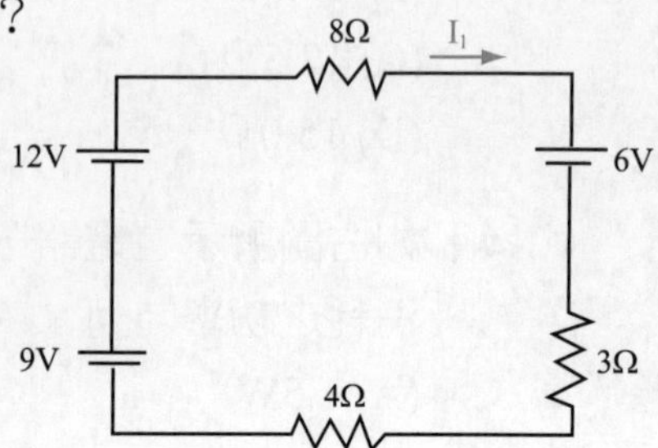

(　　) **6** 若電阻 R_1 及電阻 R_2 串聯接上電源 40 伏特，又已知電阻 R_1 之值為電阻 R_2 之5 倍，則 R_2 電壓降為 R_1 電壓降之多少倍？

(A) 5　(B) $\frac{1}{5}$　(C) 10　(D) $\frac{1}{10}$。

(　　) **7** 某電路如右圖所示，若電流 I=0.1 安培，則此時電源 E 所提供之電功率為多少 W？

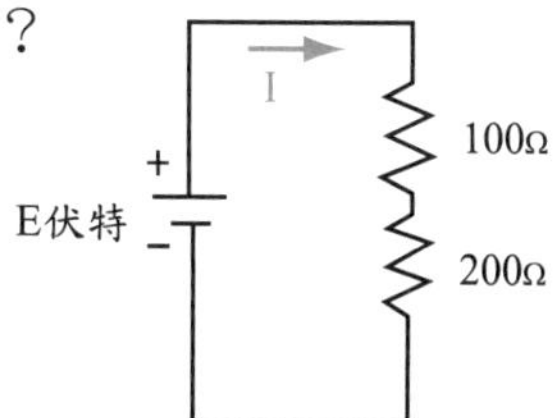

(A) 3　(B) 10　(C) 20　(D) 30。

(　　) **8** 某電路如右圖所示，若 R_3 電阻器上之電位差 V_3=1 伏特，則總電阻 $R_T=R_1+R_2+R_3+R_4$ 為多少Ω？

(A) 1　(B) 3　(C) 4.5　(D) 9。

(　　) **9** 某電路如右圖所示，已知電阻值比 $R_1：R_2$=1：2，則端電壓 V_A 與電源 E 之比值 $\frac{V_A}{E}$ 為：

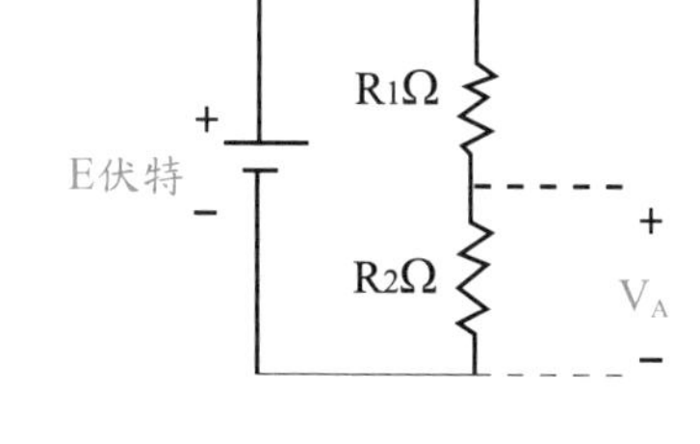

(A) $\frac{1}{3}$　(B) $\frac{1}{2}$　(C) $\frac{2}{3}$　(D) 2。

(　　) **10** 如右圖所示電路，試求 V_a-V_b 為多少伏特？

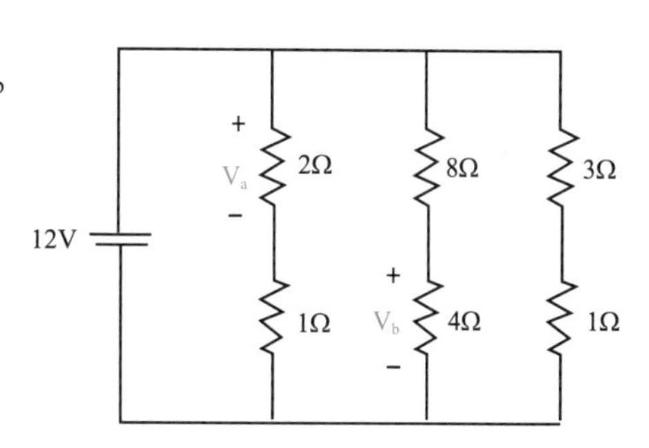

(A) 4　(B) 6　(C)-2　(D)-4。

(　　) **11** 某電路如右圖所示，電流 I 為多少安培？

(A) 0.25
(B) 0.5
(C) 1
(D) 2。

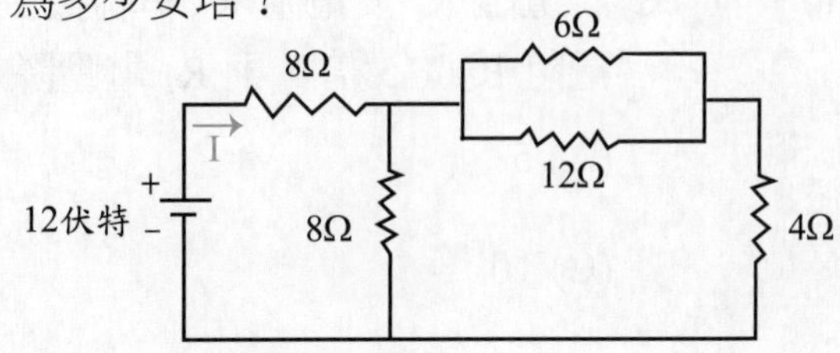

(　　) **12** 如右圖所示之電路中，電阻 R_1 為多少歐姆？

(A) 2
(B) 3
(C) 4
(D) 6。

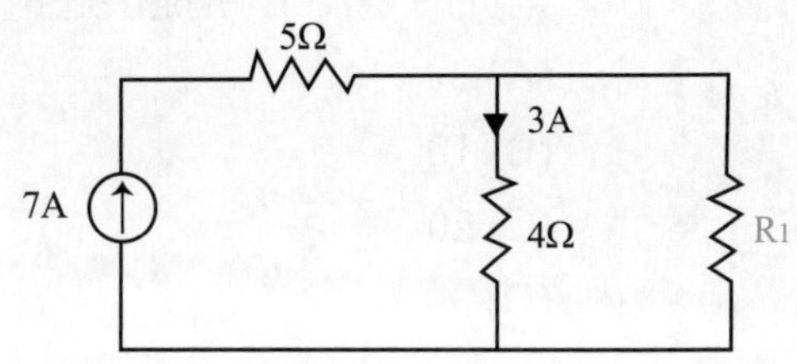

(　　) **13** R_1 與 R_2 之兩電阻器，分別接成串聯及並聯電路，假設外加相同電壓源，則其所消耗之功率比為：

(A) $\frac{R_1+R_2}{R_1R_2}$　　(B) $\frac{R_1R_2}{R_1+R_2}$

(C) $\frac{R_1R_2}{(R_1+R_2)^2}$　　(D) $\frac{1}{R_1+R_2}$。

(　　) **14** 如右圖所示，試計算電阻 R=100Ω 上之消耗功率為多少瓦特？

(A) 0.5
(B) 0.25
(C) 0.16
(D) 1。

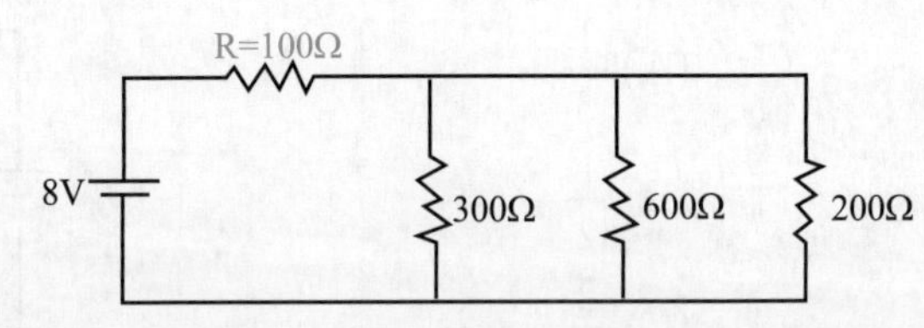

(　　) **15** 如右圖所示，試計算 ac 兩點間電壓 V_{ac} 為多少伏特？

(A) 16
(B) 36
(C) 24
(D) 12。

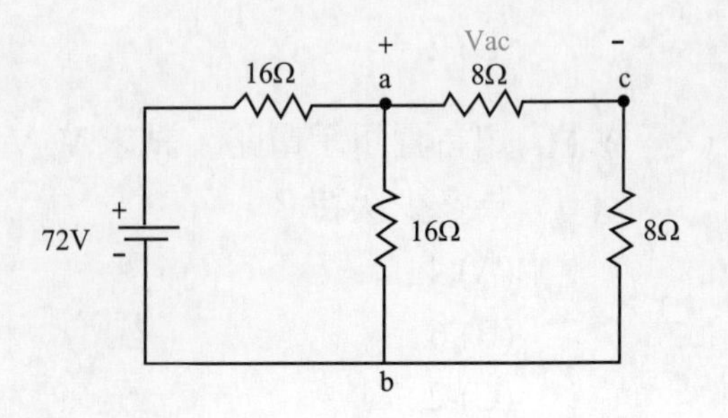

(　　) **16** 某電路如右圖所示，已知 I_1=0.5 安培，I_2=2 安培，則電流 I 為多少安培？

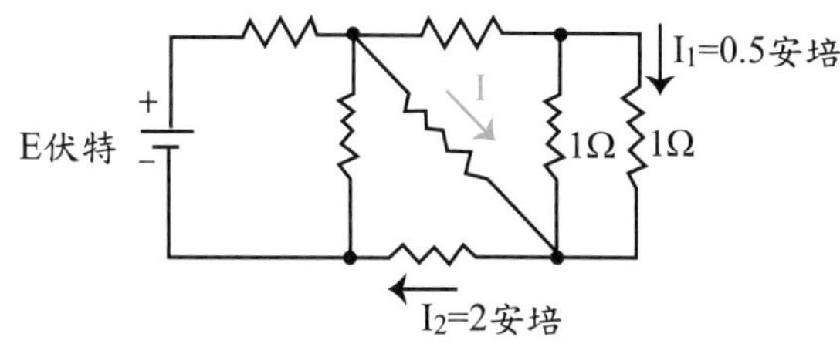

(A) 0.5
(B) $\frac{2}{3}$
(C) 1
(D) 1.5。

(　　) **17** 在某電路中，有 3 個電阻器並聯在一起，其電阻值分別為 10 歐姆、30 歐姆及 60 歐姆，若已知流經 60 歐姆電阻器之電流為 1 安培，則流經此 3 個電阻器之總電流為多少安培？

(A) 1.66　　(B) 6
(C) 9　　(D) 10。

(　　) **18** 某電路如右圖所示，3 個電阻電阻值各為 RΩ，若此 3 個電阻消耗之總功率為 3W，則 R 之電阻值為多少Ω？

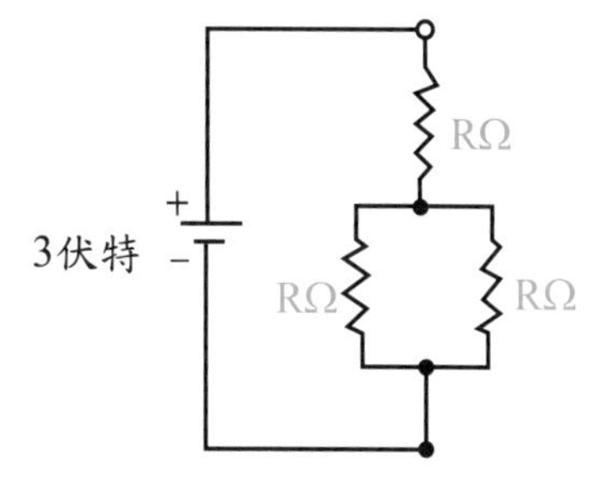

(A) 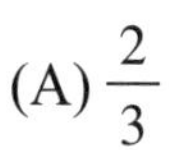 $\frac{2}{3}$
(B) 1
(C) 2
(D) 3。

(　　) **19** 如右圖所示，試求等效電阻 R_{AB} 之值：

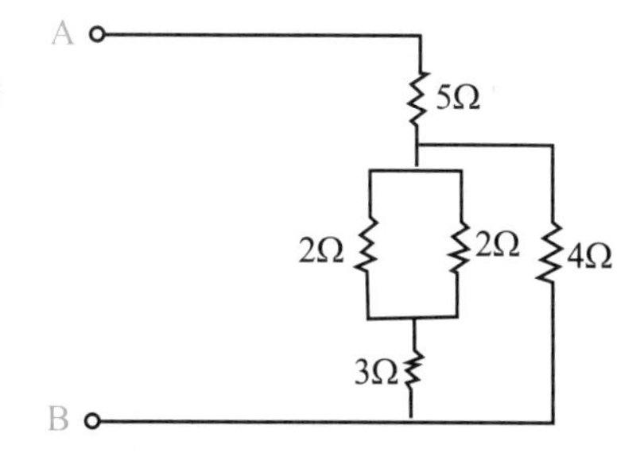

(A) 6 歐姆
(B) 7 歐姆
(C) 8 歐姆
(D) 9 歐姆。

(　　) **20** 3 個電阻值各為 RΩ 之電阻器，並聯後接於電源 E 上，如下圖所示，若此 3 個電阻器消耗之總功率為 108W，且已知電流 I=9 安培，則電源 E 之伏特值及 R 之電阻值為：

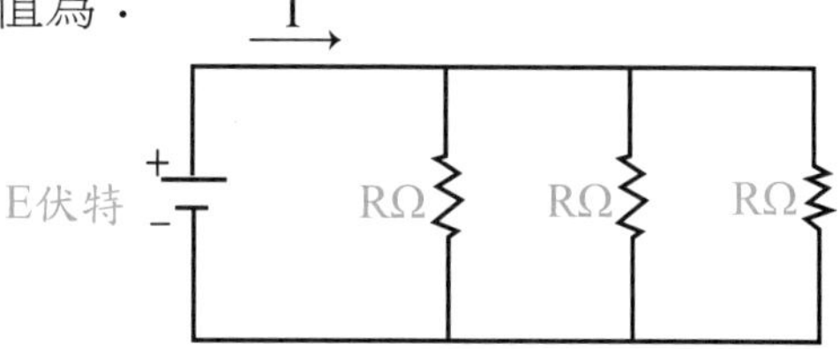

(A) E=6V，R=4Ω
(B) E=9V，R=3Ω
(C) E=12V，R=4Ω
(D) E=18V，R=3Ω。

(　　) **21** 如右圖所示之電路，ab 端之等效電阻為多少歐姆？

(A) 6
(B) 4
(C) 3
(D) 2。

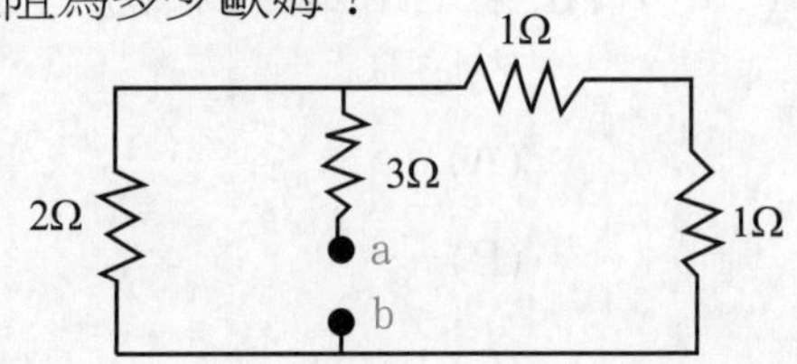

(　　) **22** 如右圖所示，V_1、V_2 及 V_3 為電壓源，電流 I_1 等於 2 安培，試求 V_2 之電壓值為多少伏特？

(A) -15
(B) 30
(C) 45
(D) 5。

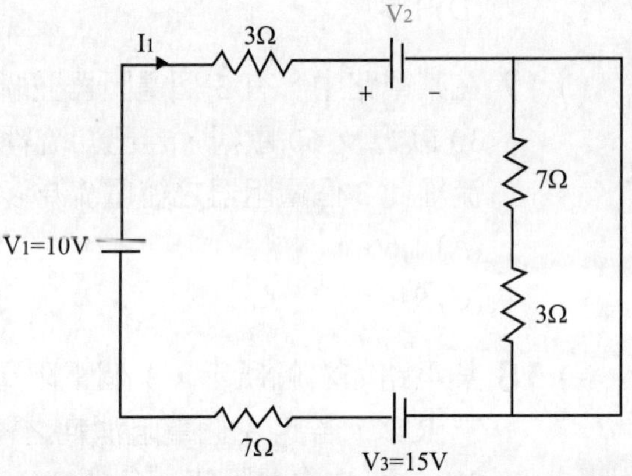

(　　) **23** 將 Y 接電路轉換成 Δ 接電路時，已知 Y 接電路上各分支之電阻分別為 8 歐姆、12 歐姆及 24 歐姆，則 Δ 接電路上各分支電阻之總和為多少歐姆？

(A) 44　　(B) 72
(C) 88　　(D) 144。

(　　) **24** 如右圖所示含有直流電壓源及直流電流源各乙具之電路，則流經 2Ω 電阻之電流大小為多少安培？

(A) 0
(B) 1
(C) 1.5
(D) 2。

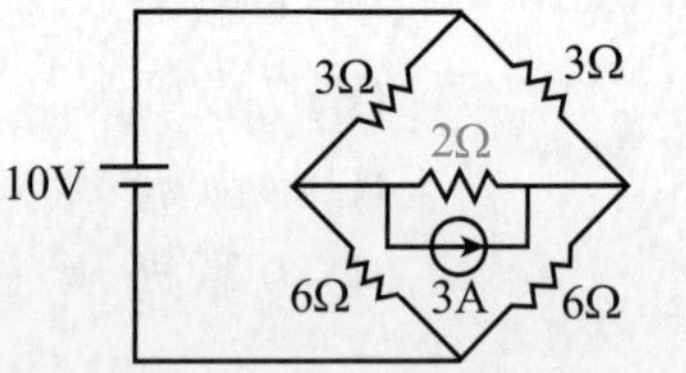

(　　) **25** 在右方圖示電路中，惠斯登電橋之待測電阻值為 R，若 R_1=1kΩ，R_2=5kΩ，且當 R_3=2kΩ 時，I_G=0，試問待測電阻 R 為多少？

(A) 1kΩ　　(B) 2kΩ
(C) 5kΩ　　(D) 10kΩ。

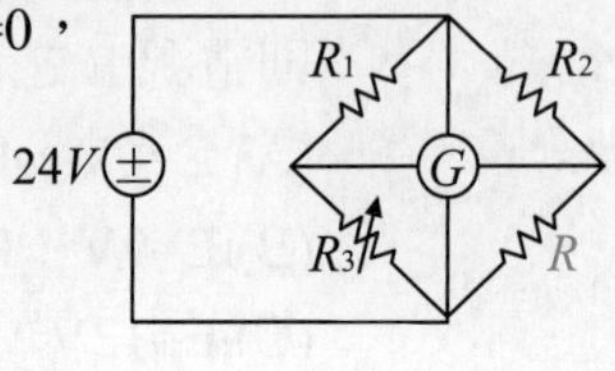

(　　) **26** 如右圖所示，試求 I_1 之電流值為若干安培？

(A) 3

(B) 1

(C) 6

(D) 1.5。

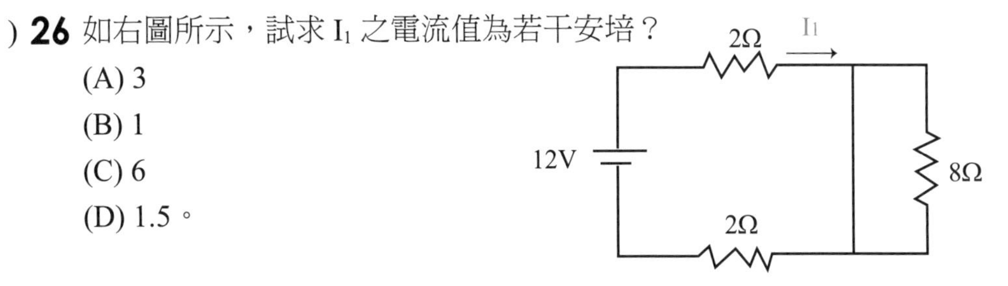

(　　) **27** 如右圖所示之電路，該電路之等效電阻 R_T 為 1kΩ，試求電阻 R：

(A) 500Ω

(B) 2kΩ

(C) 800Ω

(D) 6kΩ。

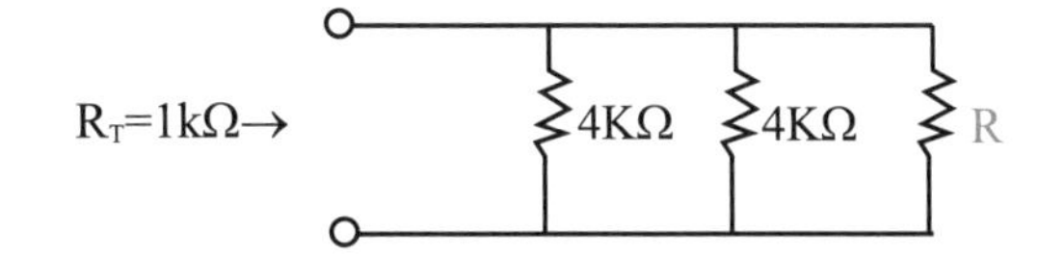

(　　) **28** 將 R_1 及 R_2 兩個電阻器相互並聯，若流過 R_1 的電流為 2 安培且 R_1 所消耗的功率為 100 瓦特，而此時 R_2 所消耗的功率則為 50 瓦特，試求此兩個電阻器的電阻值各為多少Ω？

(A) R_1=25，R_2=50　　(B) R_1=50，R_2=25

(C) R_1=20，R_2=30　　(D) R_1=40，R_2=2。

(　　) **29** 如圖所示直流電路，6Ω 電阻器所消耗之功率為多少瓦特？

(A) 18

(B) 24

(C) 20

(D) 16。

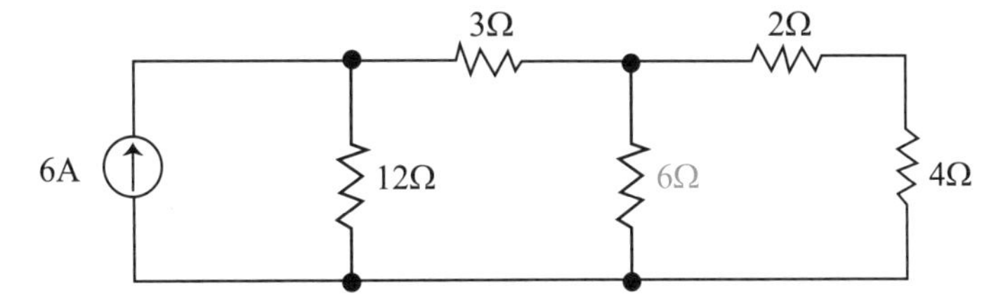

(　　) **30** 在以下所示的直流電路當中，試求出由電壓源所提供至所有電阻器的總功率 P 為多少瓦特（W）？

(A) 2500

(B) 2000

(C) 1500

(D) 1000。

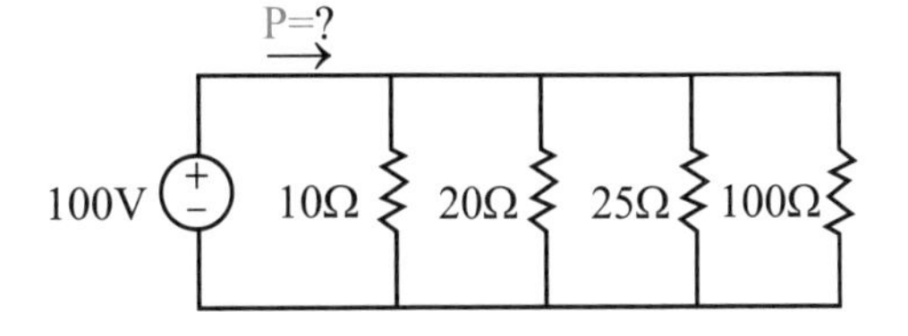

試題演練

第4章　直流網路分析

第一節　節點電壓法

節點電壓分析法簡稱為**節點分析法**，此法應用 KCL 於節點上，以節點電壓寫出方程式。

使用節點分析法時，須先選擇一節點為參考節點，通常挑選接地點，並定義其電位為零。除了接地節點以外，均稱為非參考節點，並在其上定義出節點電壓。

若某一節點連接至獨立電壓源時，則須利用超節點的觀念求解。

第二節　迴路電流法

迴路電流法又稱為**網目分析法**。

由電路元件相連而成的封閉路徑稱為迴路。而網目亦為迴路的一種，但迴路內並不包含任何的元件或其它迴路者，亦即為一種最基本的迴路。

使用節點分析法時，先找出網目，再利用網目電流及 KVL 建立迴路方程式。通常網目電流取順時針方向，但逆時針方向亦可。

若某一網目中包含獨立電流源時，則須利用超網目的觀念求解。

第三節　重疊定理

線性電路是由線性元件及電源所組成的電路，線性元件係指電壓與電流的關係滿足正比關係，或者是電壓或電流與電流或電壓的一次微分滿足正比的關係，亦即，電壓與電流可滿足下列的形式：

$$y=Kx$$

$$\frac{dy}{dt}=ax$$

$$y=b\frac{dy}{dt}$$ （K，a，b為常數）

依此定義，電阻器為一線性元件，電容器及電感器亦為線性元件。

重疊定理：在線性電路中，某一元件之電壓或電流，是各電源單獨工作時所產生的電壓或電流和。此定理係用於具兩個或更多個電源的線性電路。

計算時係依次求出各個電源單獨產生之電壓及電流，並同時將其餘電源設定為零。最後將所有個別電源之作用相加，即為所有電源產生之總效果。在設定其餘電源為零時，若其它電源為電壓源則設為短路（電壓為零），若為電流源則予以開路（電流為零）。但只能去掉獨立電源，相依電源仍須保留。

需注意的是，**只有求解電流及電壓時可應用重疊定理**，求功率時則不可使用，因功率與電壓或電流之關係並非成線性，而是二次方的關係。若欲求解功率，應先求出總電流值或電壓值後再求總功率。

觀念加強

(　　) **1** 利用重疊定理求解電路時，下列何者正確？ (A)只用於線性電路 (B)只用於非線性電路 (C)只用於含電壓源之電路 (D)只用於含電流源之電路。

第四節　戴維寧定理與諾頓定理

戴維寧定理：任何具兩端點之網路，均能由包含單一電壓源及單一電阻相串聯之等效電阻取代之。

使用戴維寧定理時，需計算的為：

1. **電壓V_{oc}或E_{th}**：稱為**開路電壓**或**戴維寧電壓**，係在兩端點間之開路電壓。
2. **電阻R_{th}**：稱為**戴維寧電阻**，將電阻內獨立電源設為零（電壓源短路，電流源開路，並保留相依電源），從兩端點求得之電阻。

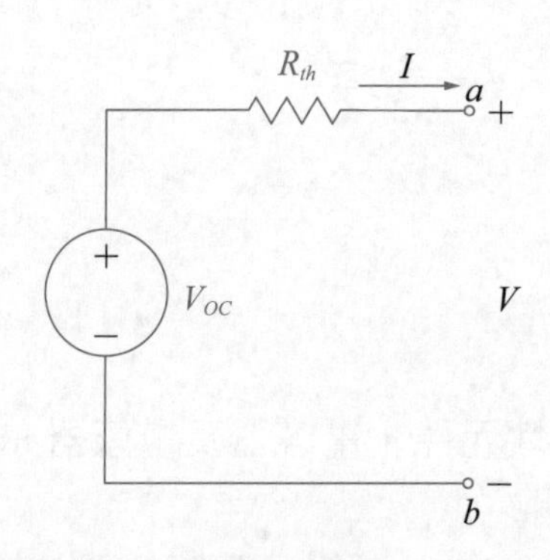

戴維寧電路

諾頓定理：任何具兩端點之網路，均能由包含單一電流源及單一電阻相並聯之等效電路取代之。

使用諾頓定理時，需計算的為：

1. **電流**I_{sc}：此電流稱為短路電流或諾頓電流，係在兩端點短路時所流過之電流。
2. **電阻**R_{th}：同戴維寧定理中所求之R_{th}。

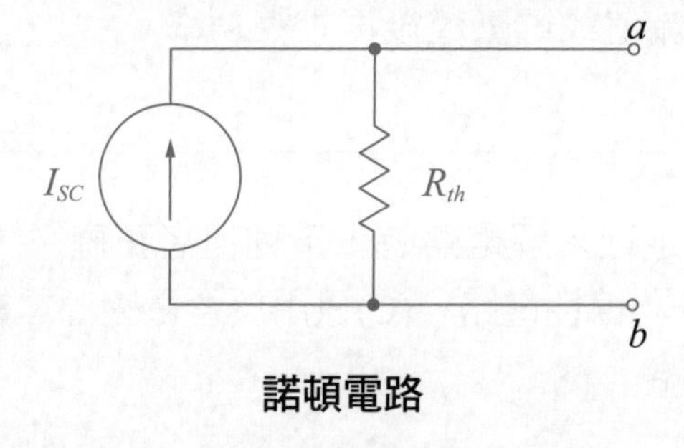

諾頓電路

兩端點電路之戴維寧等效電路與諾頓等效電路是等效的。戴維寧電壓與諾頓電流可透過下式轉換：

$$v_{oc}=i_{sc}\ R_{th} \quad \text{或} \quad i_{sc}=\frac{V_{oc}}{R_{th}}$$

當在求戴維寧電路或諾頓電路時，若所欲計算的電路中含有相依電源，可利用驅動點法求之。將原電路之獨立電源去掉之後，在端點提供一假想電壓源 V（或電流源 I）激勵電路，並算出端電流 I（或電壓 V），其內將包含戴維寧電阻以及戴維寧電壓或諾頓電流的資訊。

觀念加強

(　　) **2** 在一內含理想直流電源（且電源均為有限值）及純電阻之兩端點電路，其諾頓等效電路在什麼情況下一定不存在：　(A)兩端點短路之短路電流為∞ A，而兩端點開路之開路電壓為 5V　(B)兩端點短路之短路電流為 4A，而兩端點開路之開路電壓為 ∞V　(C)兩端點短路之短路電流為 4A，而兩端點開路之開路電壓為 5V　(D)兩端點短路之短路電流為 0A，而兩端點開路之開路電壓為 0V。

(　　) **3** 下列關於基本電路定理的敘述，何者正確？　(A)在應用重疊定理時，移去的電壓源兩端以開路取代　(B)根據戴維寧定理，可將一複雜的網路以一個等效電壓源及一個等效電阻串聯來取代　(C)節點電壓法是應用克希荷夫電壓定律，求出每個節點電壓　(D)迴路分析法是應用克希荷夫電流定律，求出每個迴路電流。

(　　) **4** 有關應用戴維寧定理求等效電阻時，下列敘述何者正確？　(A)電壓源短路，電流源開路　(B)電壓源開路，電流源短路(C)電壓源、電流源皆開路　(D)電壓源、電流源皆短路。

(　　) **5** 戴維寧（Thevenin）等效電路中的電壓源相當於：　(A)開路電壓　(B)短路電流　(C)開路電流　(D)短路電壓。

(　　) **6** 諾頓（Norton）等效電路中的電流源相當於：　(A)開路電壓　(B)短路電流　(C)開路電流　(D)短路電壓。

第五節　最大功率傳輸定理

最大功率轉移定理又稱最大功率傳輸定理。

若一負載與一實際電壓源或戴維寧電阻相串接，當負載電阻與電流電阻或戴維寧電阻相等，$R_L=R_s$ 時，傳送到電阻負載 R_L 之功率為最大，此稱為最大功率傳輸定理：

$$p=\frac{v_s^2R_L}{(R_s+R_L)^2}=\frac{v_s^2R_S}{(2R_s)^2}=\frac{v_s^2}{4R_s}=\frac{v_s^2}{4R_L}$$

若一負載與一實際電流源或諾頓電路相串接，當負載電阻與電源電阻或諾頓電阻相等，$R_L=R_s$ 時，傳送到電阻負載 R_L 之功率為最大

$$p=\frac{i_g^2R_L}{4}$$

觀念加強

( ) **7** 如右圖所示電路，要讓負載有較大之消耗功率，負載電阻 R_L 可選擇為多少？
(A) 2Ω (B) 10Ω
(C) 20Ω (D) 30Ω。

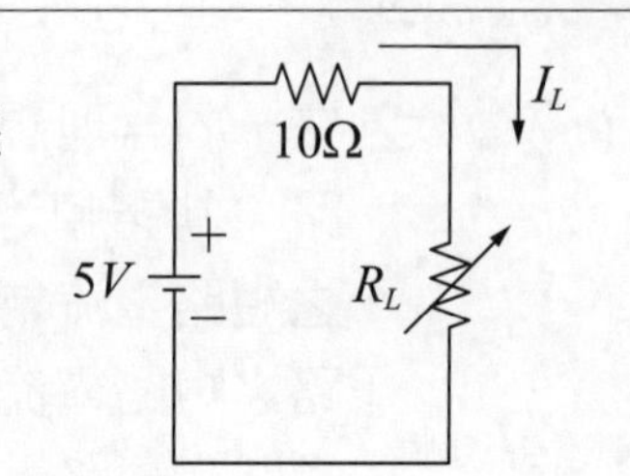

( ) **8** 一電源供給負載 R_L，當 R_L 等於內阻時，可得最大功率，此時之效率為： (A) 0 (B) 100% (C)依內阻大小而定 (D) 50%。

( ) **9** 某電路如右圖所示，四個電阻器 R_1=3Ω，R_2=6Ω，R_3=12Ω，R_4=18Ω中，何電阻器所消耗之功率為最大？
(A) R_1 (B) R_2
(C) R_3 (D) R_4。

第六節 特殊網路

若端點A與端點B等電位，以電流的觀點分析，等電位$V_A=V_B$，則電流 I=0，故可視為開路（電阻 R=∞）；以電壓觀點分析，等電位$V_A=V_B$，則電阻$R=\frac{V_A-V_B}{I}=0$，故可視為短路（電阻 R=0）。也就是等電位的兩端點，可視需要將之視為開路或短路化簡之。

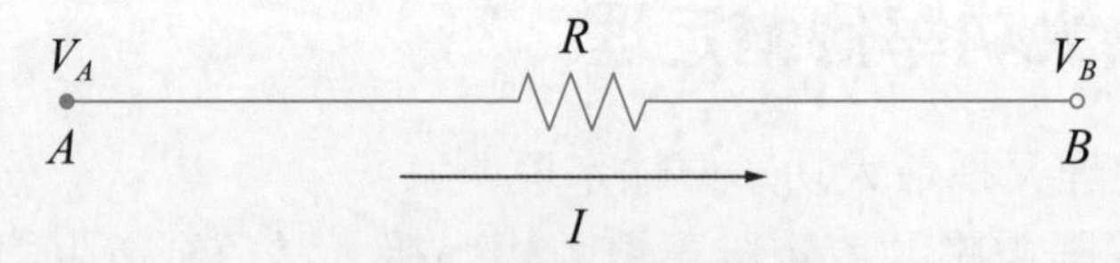

等電位兩端點的示意圖

若一無窮網路有重複的遞迴關係，則可利用遞迴的串並聯關係找等效電路求解。

觀念加強

( ) **10** 某電路如圖所示，電流 I 之電流值為多少安培？ (A) 0 (B) 0.5 (C) 1.5 (D) 2。

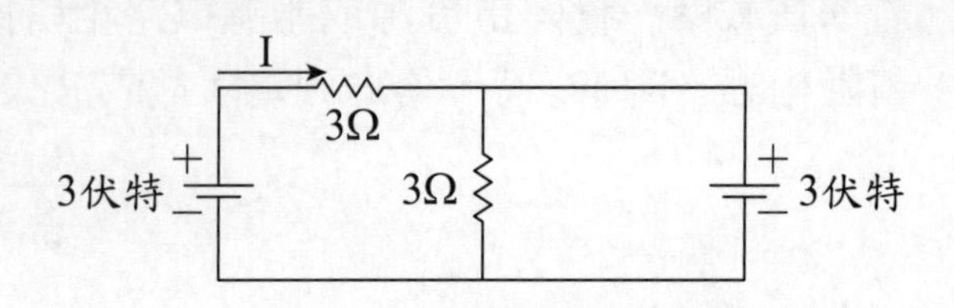

試題演練

經典考題

(　　) **1** 如右圖所示，I 為：

(A) 1A

(B) −1A

(C) 2A

(D) −2A。

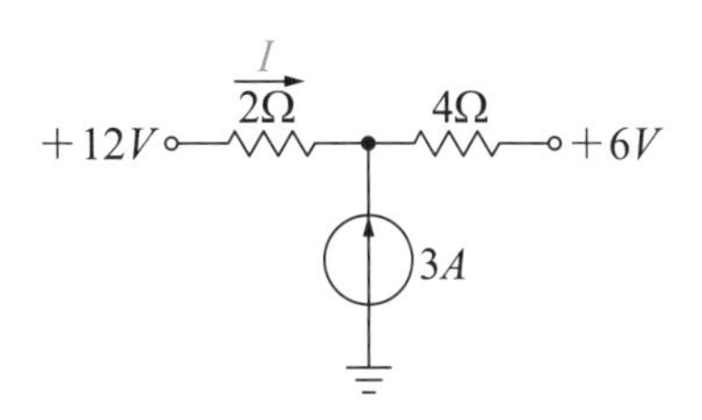

(　　) **2** 如右圖所示，若 $X_{bc}=-10V$，則 V_{ac} 為：

(A) 4V

(B) 3.5V

(C) −2.5V

(D) 2.5V。

(　　) **3** 如右圖所示，求電流 I 為多少？

(A) 2A

(B) 6A

(C) 4A

(D) 8A。

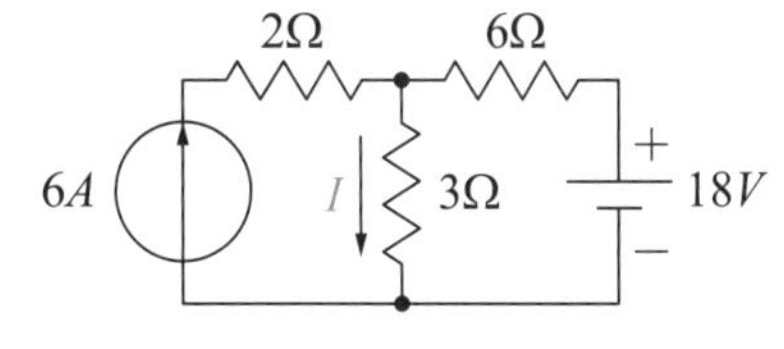

(　　) **4** 如右圖所示，其中 2Ω 電阻之消耗功率為

(A) 24W

(B) 32W

(C) 36W

(D) 50W。

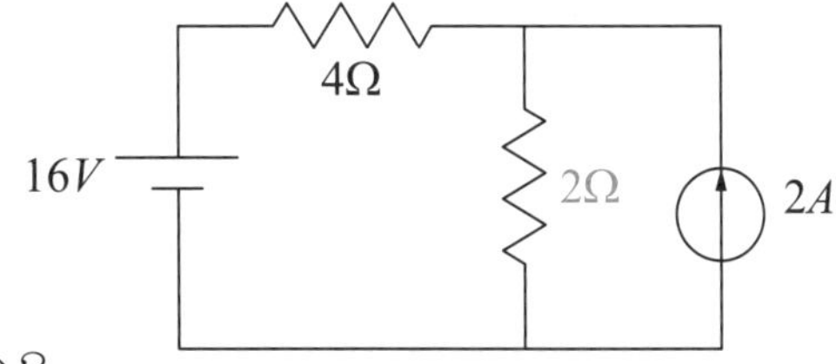

(　　) **5** 如右圖所示，求 I_1 電流為多少？

(A) 0A

(B) 2A

(C) 4A

(D) 6A。

(　　) **6** 右圖的電路中，電壓值 V_1 是多少？

(A) 2V

(B) 3V

(C) 5V

(D) 8V。

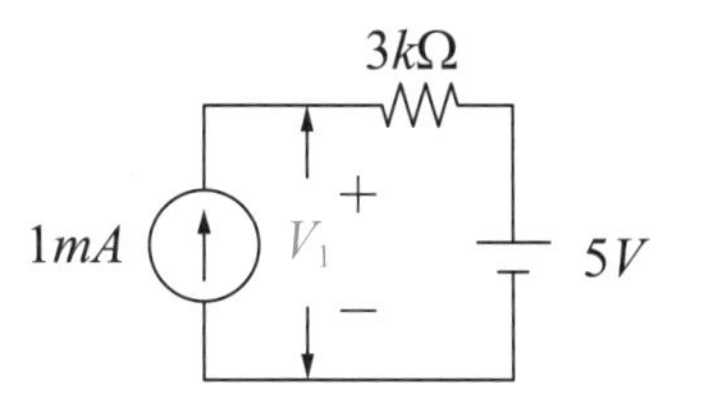

( ) **7** 如右圖所示之直流電路，求其中 12V 電源供給之電功率 P=？

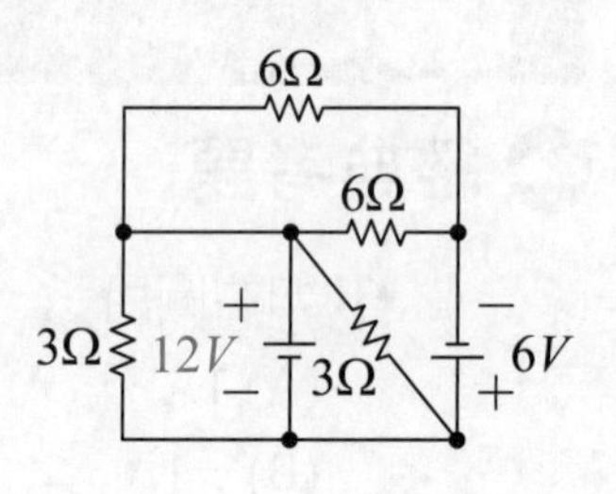

(A) 180W
(B) 168W
(C) 156W
(D) 144W。

( ) **8** 如右圖所示之直流電路，求其中電流 I＝？

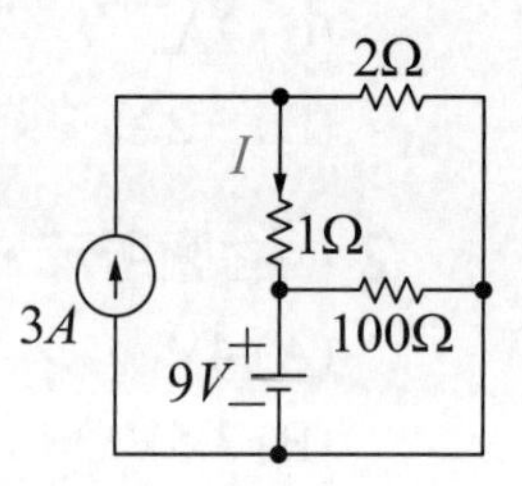

(A) 3A
(B)－3A
(C) 1A
(D)－1A。

( ) **9** 如右圖所示之直流電路，以迴路分析法所列出之方程式如下：

$a_{11}I_1+a_{12}I_2+a_{13}I_3=15$
$a_{21}I_1+a_{22}I_2+a_{23}I_3=10$
$a_{31}I_1+a_{32}I_2+a_{33}I_3=-10$
則 $a_{11}+a_{22}+a_{33}=$

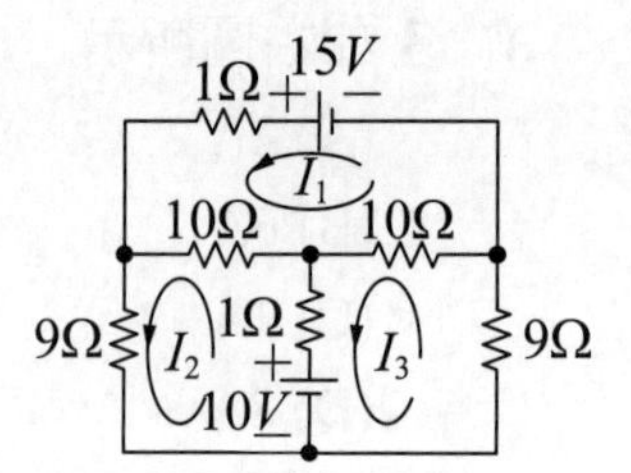

(A) 41　　(B) 40
(C) 61　　(D) 40。

( ) **10** 某甲以節點電壓法解如下圖所示之直流電路時，列出之方程式如下：

$$\frac{21}{10}V_1-\frac{1}{10}V_2-V_3=I_1$$

$$-\frac{1}{10}V_1+\frac{12}{10}V_2-\frac{1}{10}V_3=I_2$$

$$-V_1-\frac{1}{10}V_2+\frac{21}{10}V_3=I_3$$

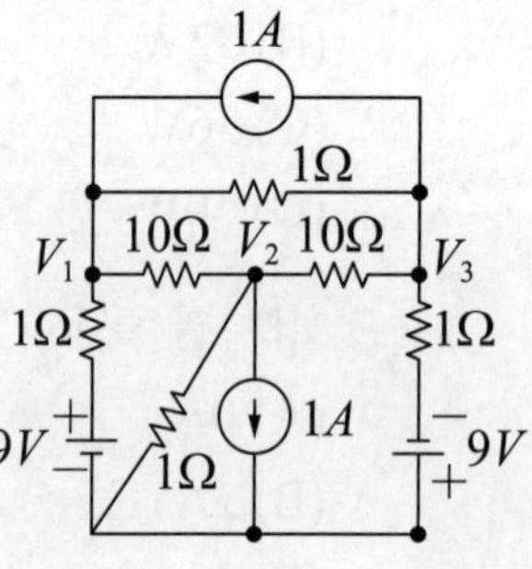

則下列何者正確？

(A) $I_1=-10A$　　(B) $I_2=1A$
(C) $I_3=10A$　　(D) $I_1+I_2+I_3=-1A$。

(　　) **11** 如右圖所示，試求 6Ω的端電壓為多少？

(A) 12V

(B) 9V

(C) 6V

(D) 3V。

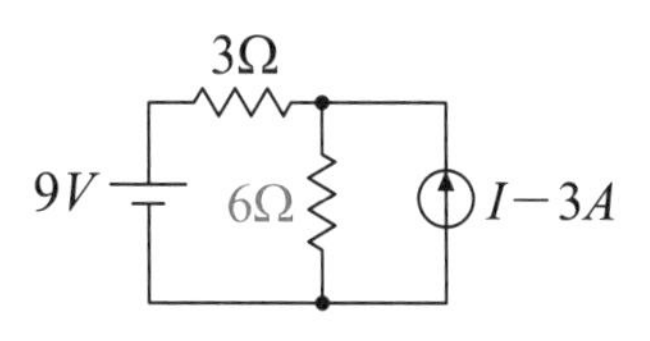

(　　) **12** 如右圖所示之電路，已知圖中電流 I=5A，試求出電壓源 V_s 為多少伏特？

(A) 25V

(B) 50V

(C) 75V

(D) 100V。

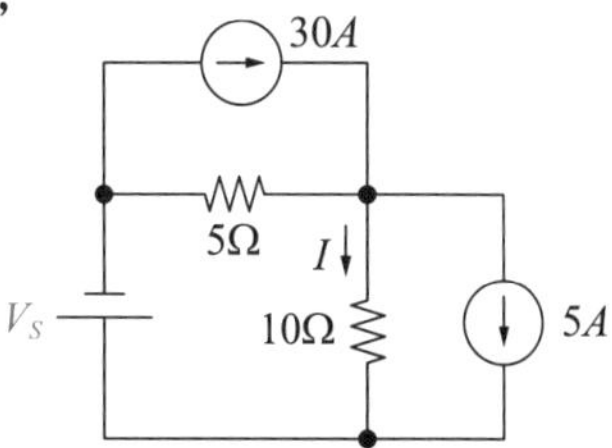

(　　) **13** 如右圖所示，電路節點 V_1 及 V_2 的電壓值，各為多少伏特？

(A) V_1=6，V_2=4

(B) V_1=6，V_2=10

(C) V_1=7，V_2=4

(D) V_1=7，V_2=10。

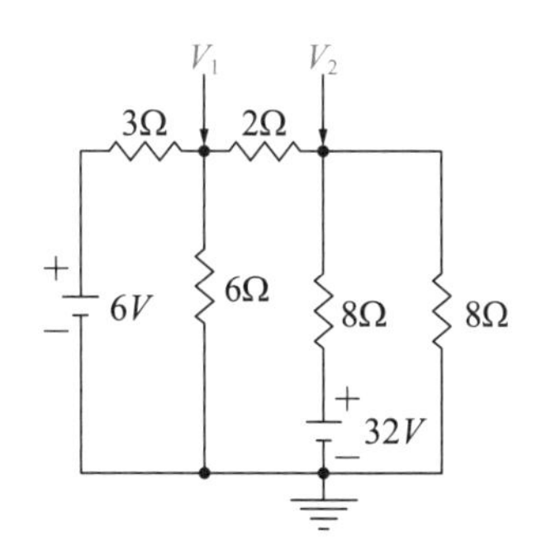

(　　) **14** 如右圖，求 E_2 在 R_2 上所產生之壓降為何？

(A)－4V

(B) 10V

(C)－3V

(D) 12V。

(　　) **15** 如右圖所示之直流電路，求其中電流 I_1+I_2=？

(A) 6A

(B) 4A

(C)－4A

(D)－6A。

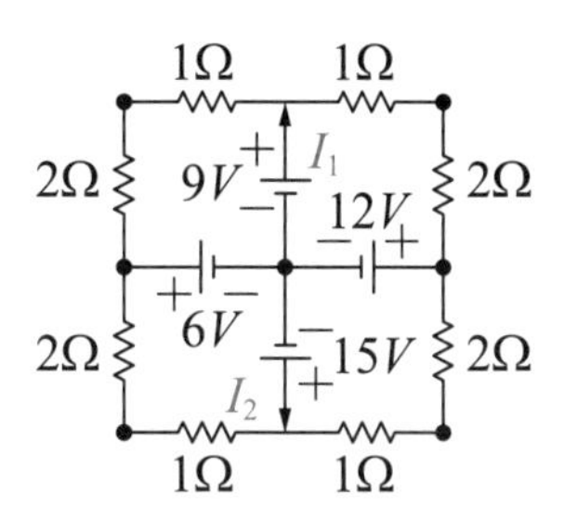

( ) **16** 以網目（mesh）電流法分析圖所示之電路，則下列敘述何者正確？

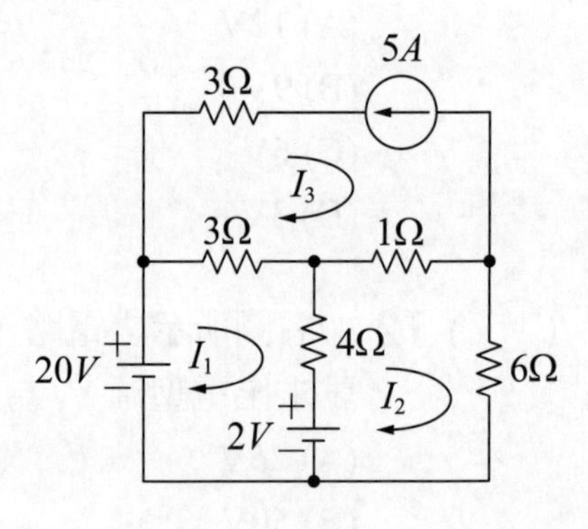

(A) I_1 迴圈之迴路方程式可表示為 $7I_1-4I_2-3I_3=-18$

(B) I_2 迴圈之迴路方程式可表示為 $-4I_1+11I_2-I_3=2$

(C) I_3 迴圈之迴路方程式可表示為 $-3I_1-I_2+7I_3=-15$

(D)各網目電流為 $I_1=\dfrac{18}{7}$ A，$I_2=\dfrac{2}{11}$ A，$I_3=-5$A。

( ) **17** 若 $X_{bc}=-10$V，X 等於幾歐姆，可以得到最大功率：

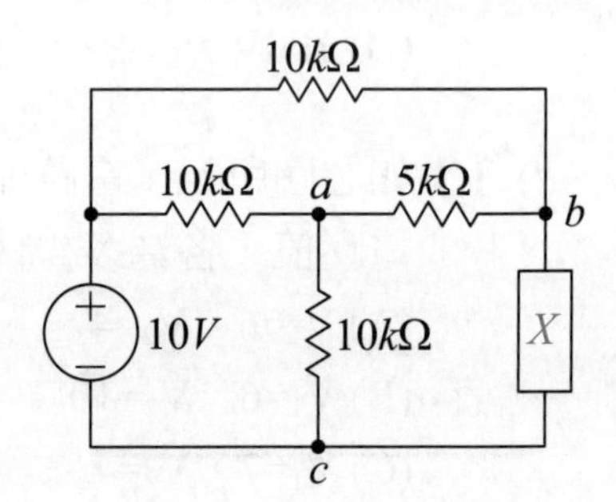

(A) 10kΩ

(B) 5kΩ

(C) 7.5kΩ

(D) 2.5kΩ。

( ) **18** 如右圖所示，求 a、b 兩點之等效電阻？

(A) 2Ω

(B) 4Ω

(C) 6Ω

(D) 8Ω。

( ) **19** 如右圖所示，欲使 R_L 獲得最大功率，求 R_L=？

(A) 1Ω

(B) 2Ω

(C) 4Ω

(D) 8Ω。

( ) **20** 如右圖所示，欲使負載 R_L 得到最大功率，則 R_L 及其得到之最大功率分別為

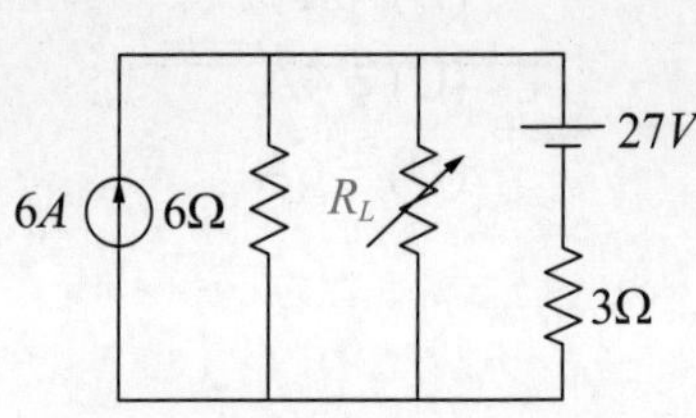

(A) 2Ω，112.5W

(B) 1Ω，120W

(C) 2Ω，130.5W

(D) 1Ω，140W。

(　　) **21** 某信號傳輸電路如右圖所示，其輸入電壓（V_1 及 V_2）與輸出電壓（V_O）關係表示為 $V_O=aV_1+bV_2$，則：

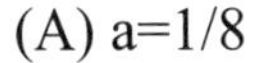

(A) a=1/8
(B) b=1/4
(C) a+b=3/4
(D) a+b=3/8。

(　　) **22** 如右圖所示電路，求 ab 兩端的等效電阻 R_{ab}=？

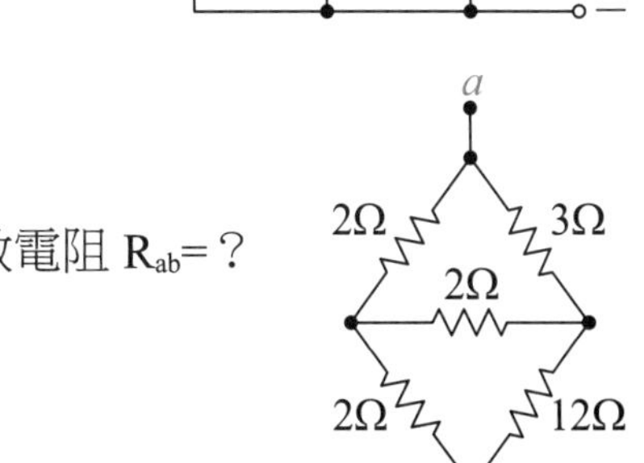

(A) 12Ω
(B) 9Ω
(C) 6Ω
(D) 3Ω。

(　　) **23** 如右圖所示電路，則 a、b 兩端間之等效電阻為多少？

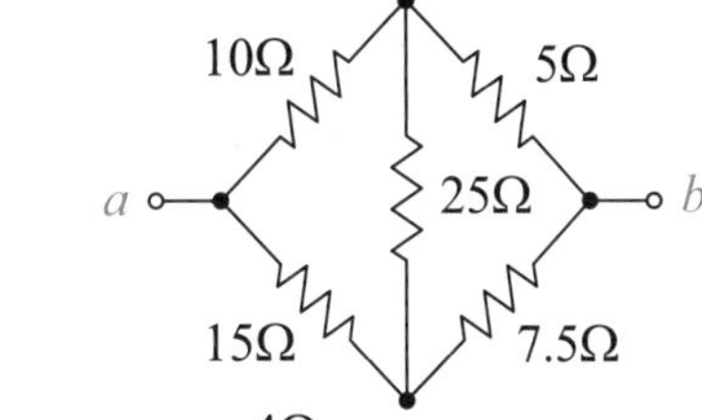

(A) 9Ω
(B) 15Ω
(C) 22.5Ω
(D) 37.5Ω。

(　　) **24** 如右圖所示電路，則電壓 V_1 為多少？

(A) 16V
(B) 18V
(C) 20V
(D) 22V。

(　　) **25** 如右圖所示之電路，左側獨立電壓源為 A 伏特，右側獨立電流源為 B 安培，則流經 R_b 電阻之電流安培數為何？

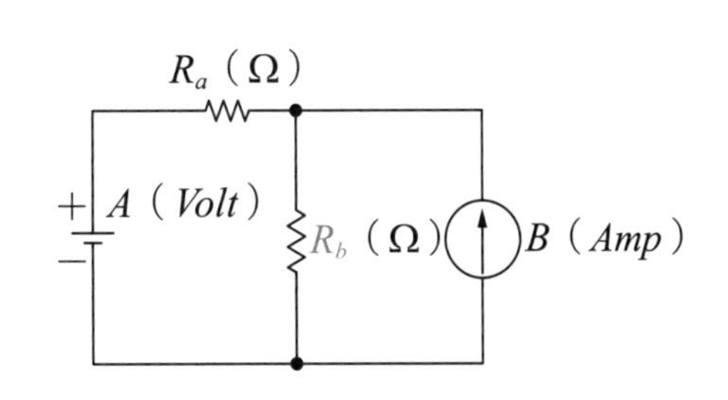

(A) $\dfrac{A+R_bB}{R_a+R_b}$

(B) $\dfrac{A+R_aB}{R_a+R_b}$

(C) $\dfrac{R_aA+B}{R_a+R_b}$

(D) $\dfrac{R_bA+B}{R_a+R_b}$。

(　　) **26** 如右圖所示，試求流經 A，B 兩點間的電流 i 為多少安培？
(A) 3A
(B) 4A
(C) 5A
(D) 6A。

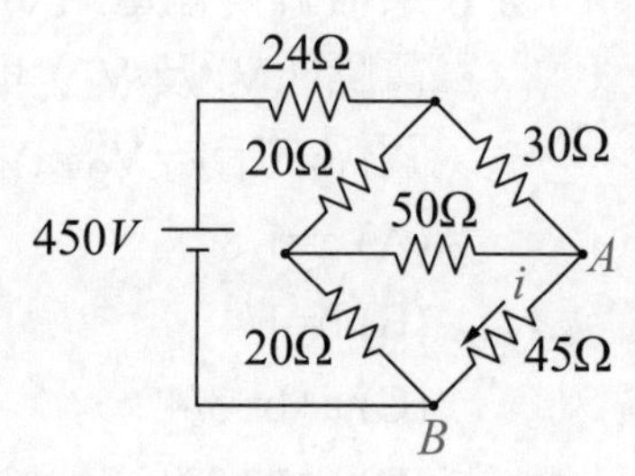

(　　) **27** 如右圖，求 I=？
(A) 5.5mA
(B) 7.5mA
(C) 10mA
(D) 12.5mA。

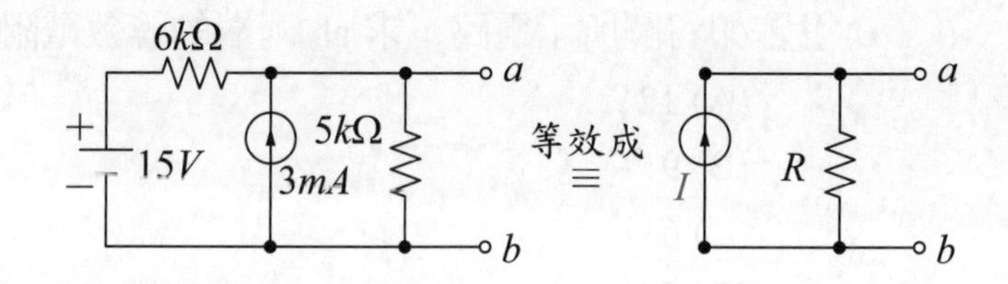

(　　) **28** 如右圖所示電路，其戴維寧等效電路 R_{ab} 為：
(A) 25Ω
(B) 100Ω
(C) 1kΩ
(D) 2kΩ。

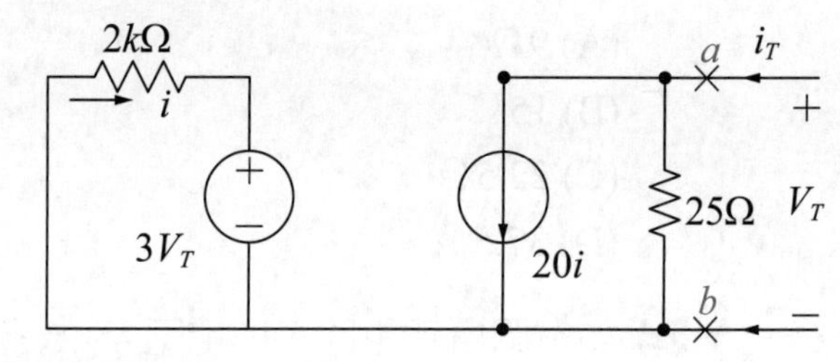

(　　) **29** 如右圖所示電路，求電阻 R_L 可獲得最大功率時的電阻值？
(A) 3Ω
(B) 7Ω
(C) 9Ω
(D) 10Ω。

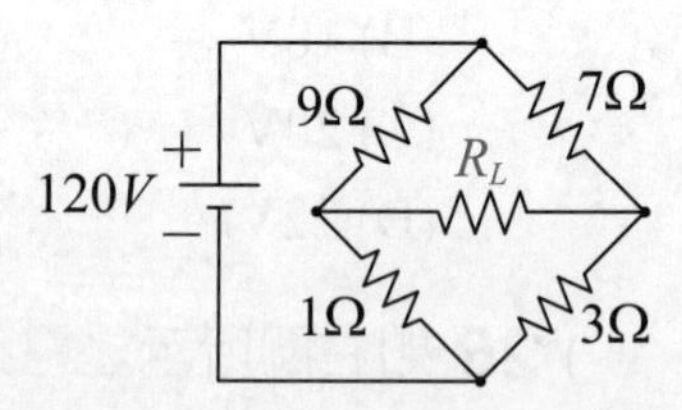

(　　) **30** 如右圖所示電路，求 a、b 兩端的電壓 V_{ab}=？
(A) 1V
(B) 3V
(C) 6V
(D) 9V。

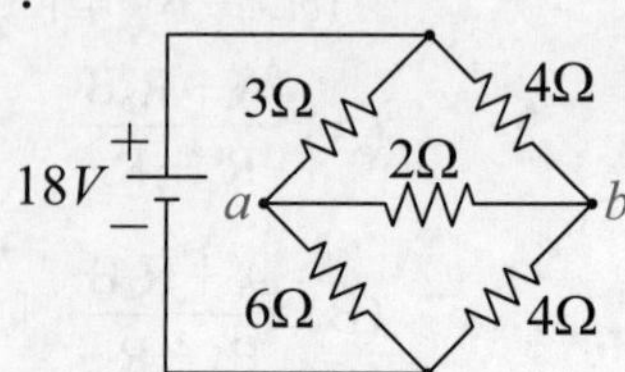

(　　) **31** 右圖的電路中，可變電阻器 R_L 調整範圍是 30kΩ 到 60kΩ，當可變電阻調整到跨於 R_L 兩端的電壓為最大值時，電流 I 等於多少？

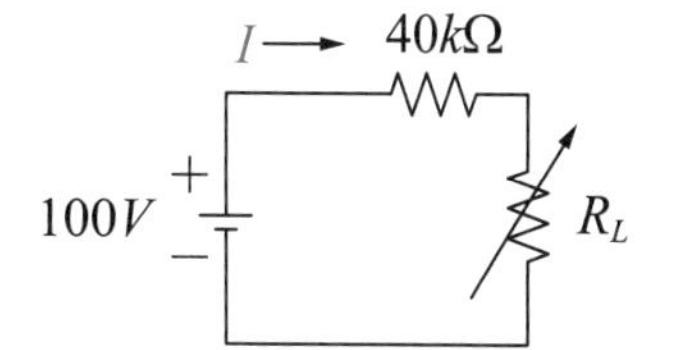

(A) 1mA　　(B) 1.25mA
(C) 1.42mA　　(D) 2.5mA。

(　　) **32** 右圖電路中之戴維寧等效電阻 R_{TH} 與戴維寧等效電壓 V_{TH} 各是多少？

(A) 8kΩ，10V
(B) 8kΩ，5V
(C) 4kΩ，10V
(D) 4kΩ，5V。

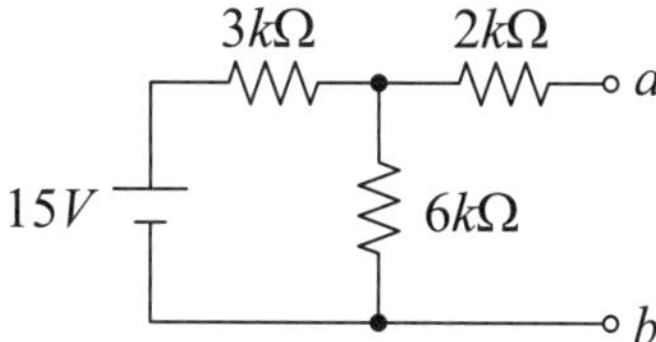

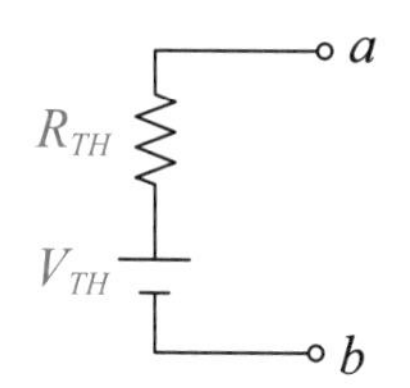

(　　) **33** 有一內含直流電源及純電阻之兩端點電路，已知兩端點 a、b 間之開路電壓 V_{ab}=30V；當 a、b 兩端點接至一 20Ω之電阻，此時電壓 V_{ab}=20V；則此電路之 a、b 兩端需要接至多大之電阻方能得到最大功率輸出？

(A) 10Ω　　(B) 20Ω
(C) 30Ω　　(D) 40Ω。

(　　) **34** 承第33題，此電路最大之功率輸出為：

(A) 18W　　(B) 22.5W
(C) 45W　　(D) 90W。

(　　) **35** 有 8 個特性完全相同之直流電壓源，每一個的開路電壓均為 10V，內阻均為 0.5Ω，現欲將此 8 個電壓源全部做串、並聯之連結組合後，供電給 1Ω 的負載電阻，下列哪一項的組合可使該負載電阻消耗到最大功率？

(A) 8 個串聯
(B) 8 個並聯
(C)每 2 個串聯成一組後再彼此並聯
(D)每 4 個串聯成一組後再彼此並聯。

( ) **36** 如下圖所示之電路，(b)圖為(a)圖之戴維寧等效電路，則(b)圖之E_{th}及R_{th}為何？

(A)E_{th}＝12V，R_{th}＝4Ω (B)E_{th}＝24V，R_{th}＝4Ω
(C)E_{th}＝12V，R_{th}＝8Ω (D)E_{th}＝24V，R_{th}＝8Ω。

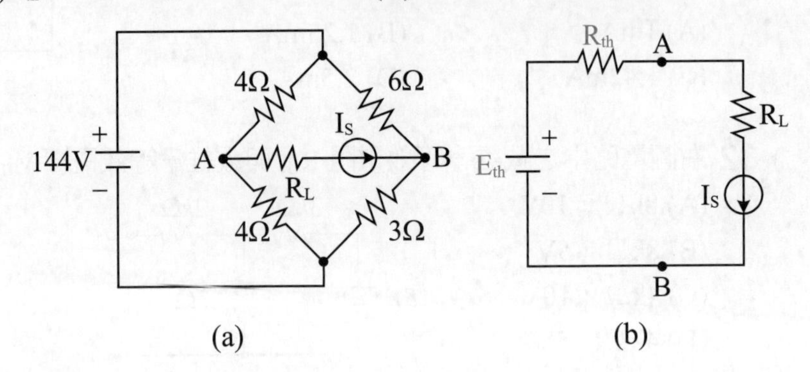

(a) (b)

( ) **37** 如右圖所示之電路，若R已達最大功率消耗，則此時R之消耗功率為何？

(A)2.5W
(B)5.0W
(C)10.0W
(D)11.25W。

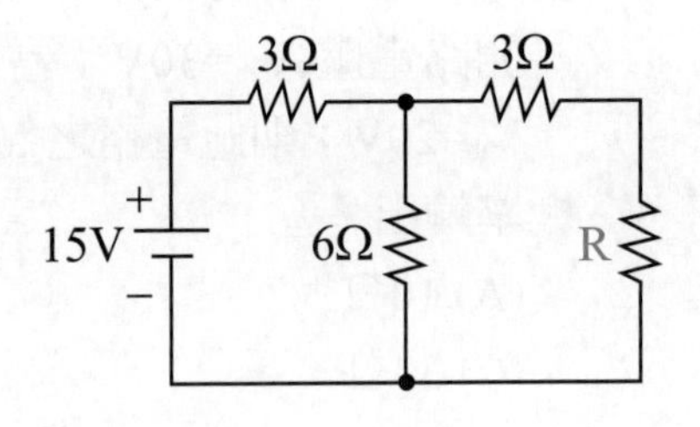

( ) **38** 下列有關等效電路分析方法之敘述，何者錯誤？

(A)求戴維寧等效電阻時，應將原電路之電壓源與電流源短路
(B)戴維寧等效定理，只能應用於線性網路
(C)諾頓等效定理，只能應用於線性網路
(D)若戴維寧等效電路與諾頓等效電路皆可求得，則兩者之等效電阻相同。

( ) **39** 如右圖所示之電路，電流 I 為何？

(A) 10A
(B) 8A
(C) 6A
(D) 5A。

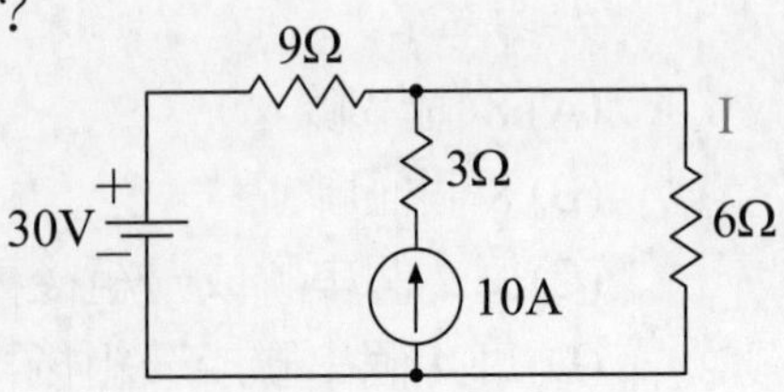

(　　) **40** 如右圖所示電路，負載電阻 R_L 為多少時，可獲得最大功率？
(A) 1Ω
(B) 2Ω
(C) 3Ω
(D) 6Ω。

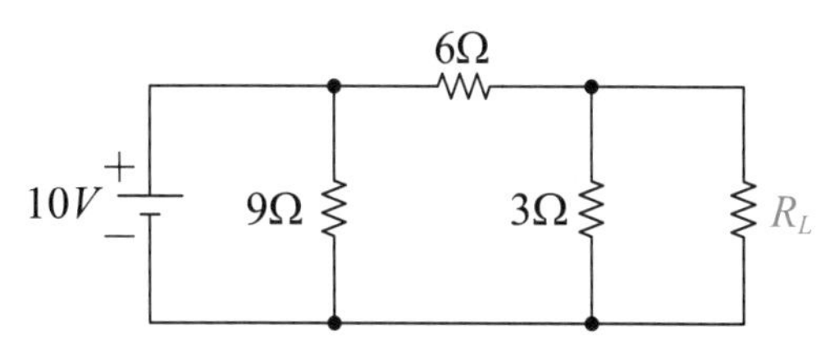

(　　) **41** 如右圖所示之電路，R_D 為限流電阻，若 R_L 兩端短路時，流經 R_D 之電流限制不得超過 1mA，則下列選項中滿足前述條件之最小 R_D 值為何？
(A) 8kΩ
(B) 10kΩ
(C) 12kΩ
(D) 14kΩ。

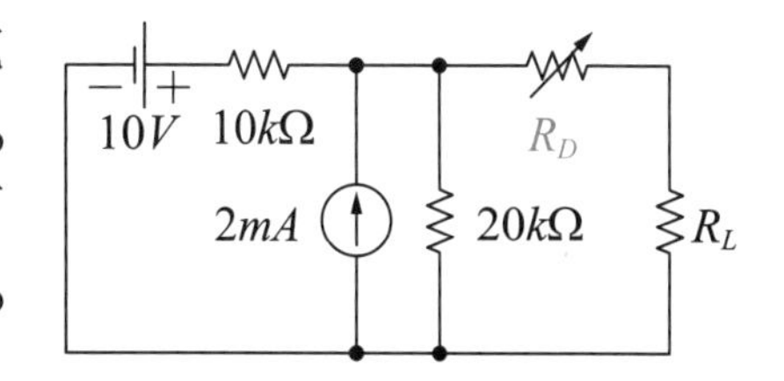

(　　) **42** 一戴維寧等效電路其等效電路為 R_{th}，外加負載電阻為 R_{th} 的 a 倍，則此時負載上之功率與最大功率傳輸時之功率比為何？
(A) $4a：(a+1)^2$
(B) $2a：(a+1)^2$
(C) $4a：(a+2)^2$
(D) $9a：(a+2)^2$。

(　　) **43** 如右圖所示之電路，電壓V_A與V_B分別為何？
(A)$V_A=4V$，$V_B=10V$
(B)$V_A=4V$，$V_B=12V$
(C)$V_A=6V$，$V_B=8V$
(D)$V_A=6V$，$V_B=10V$。

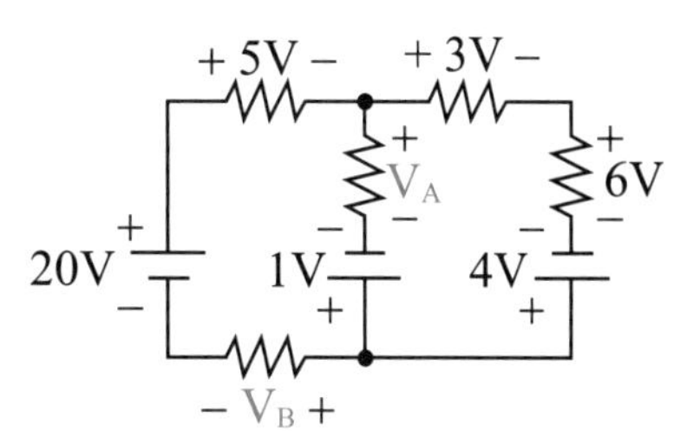

試題演練

( ) **44** 如右圖所示之電路，當開關 S 打開時 V_{ab}=36V，S 接通時 I=6A，則當 a、c 間短路時電流 I 為何？
(A) 36A (B) 18A
(C) 7.2A (D) 6A。

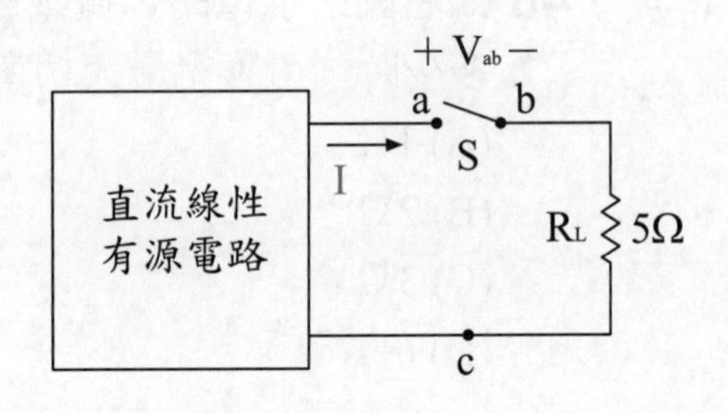

( ) **45** 如右圖所示之電路，迴路電流（loop current）I_b 為何？
(A) 2A
(B) 1A
(C) −1A
(D) −2A。

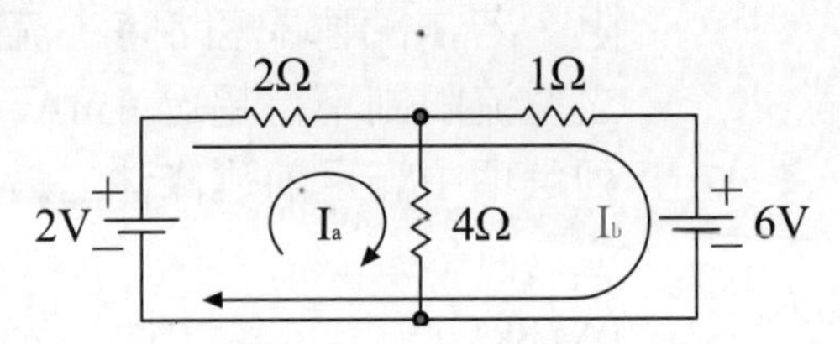

( ) **46** 如右圖所示之電路，電流 I 為何？
(A) 1.5A
(B) 3A
(C) 5A
(D) 6A。

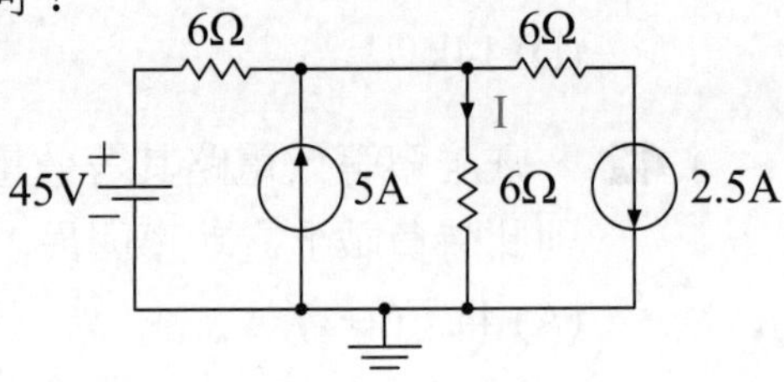

( ) **47** 如右圖所示之電路，欲得到電阻 R 之最大轉移功率 P，則（R，P）為何？
(A) $(\frac{30}{7}\Omega, \frac{1}{220}W)$
(B) $(\frac{40}{7}\Omega, \frac{1}{240}W)$
(C) $(\frac{30}{7}\Omega, \frac{1}{260}W)$
(D) $(\frac{40}{7}\Omega, \frac{1}{280}W)$。

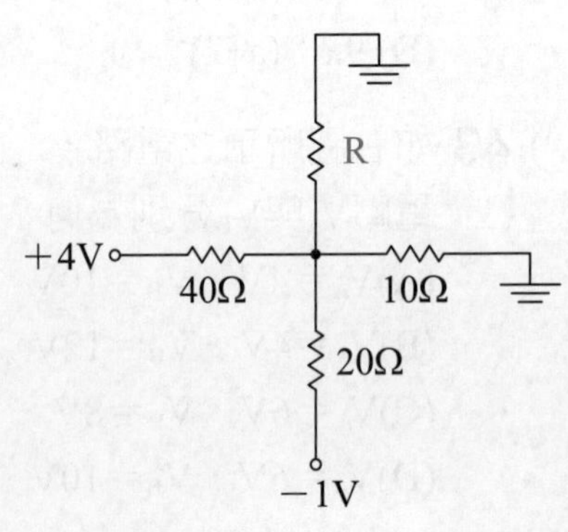

模擬測驗

(　　) **1** 某電路如右圖示，電流 I 為多少安培？

(A) 0.5

(B) 1

(C) 2

(D) 3。

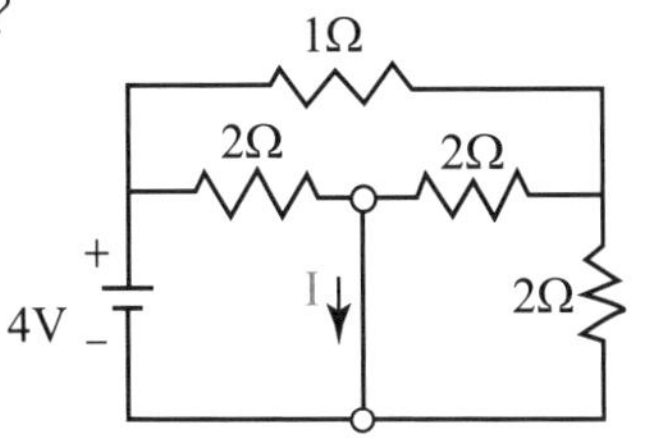

(　　) **2** 如右圖所示之電路，試計算電壓 V_a 為多少伏特？

(A) 14 伏特

(B) 49 伏特

(C) 35 伏特

(D) 56 伏特。

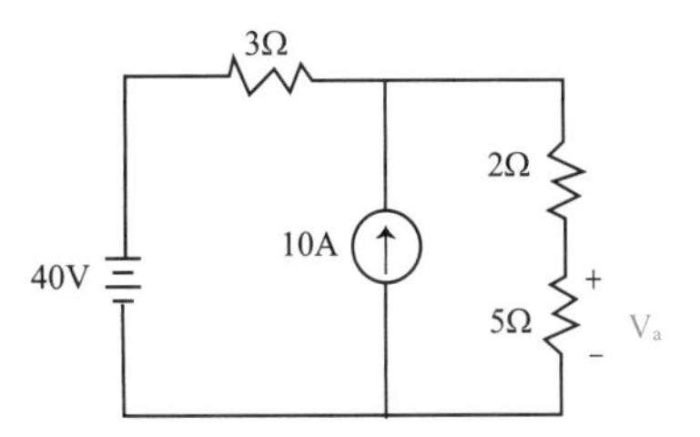

(　　) **3** 如右圖所示，試求電壓 V_a 之值：

(A) 6 伏特

(B) 8 伏特

(C) 12 伏特

(D) 24 伏特。

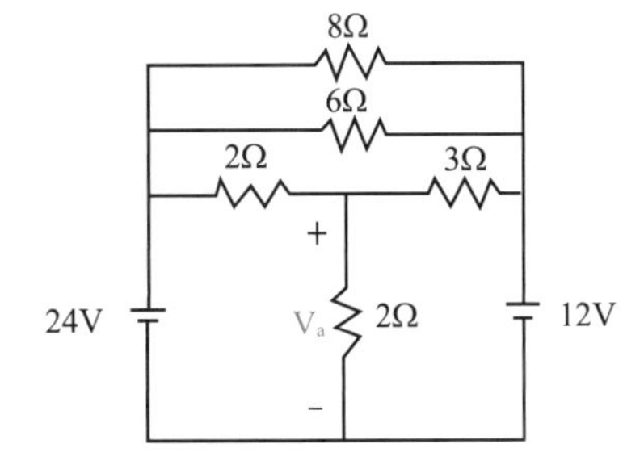

(　　) **4** 如右圖所示，試計算電壓 V_a 之值：

(A) 1 伏特

(B) 2 伏特

(C) 3 伏特

(D) 4 伏特。

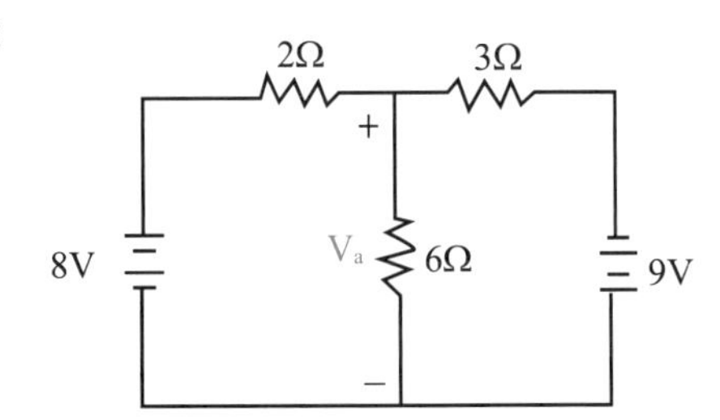

(　　) **5** 如右圖所示之電路，試求電流 I 之值：

(A) 4 安培

(B) 3 安培

(C) 2 安培

(D) 1 安培。

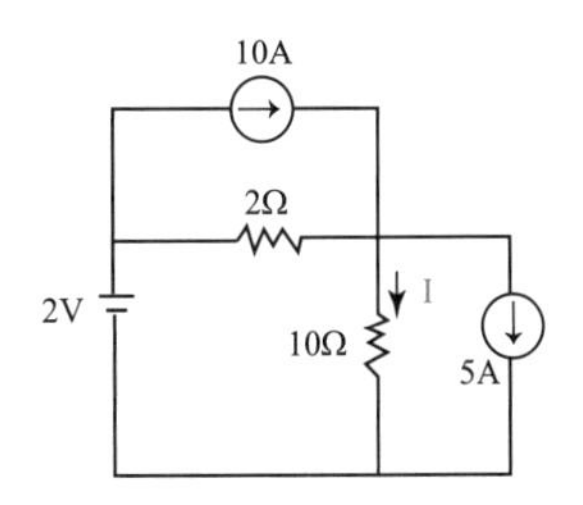

試題演練

( ) **6** 某電路如右圖所示，當 a、b 兩節點短路時，I＝0.2 安培，又當 a、b 兩節點開路時，V_{ab} 為 12 伏特，則 E 之伏特值及 r 之電阻值為：
(A) E＝10V，r＝50Ω
(B) E＝12V，r＝60Ω
(C) E＝16V，r＝80Ω
(D) E＝20V，r＝100Ω。

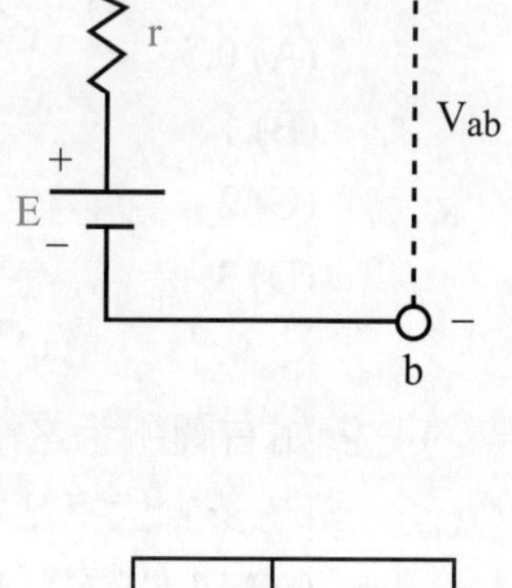

( ) **7** 如右圖所示，試計算 AB 兩點間之諾頓等效電流：
(A)－1 安培
(B)－2 安培
(C)－3 安培
(D)－4 安培。

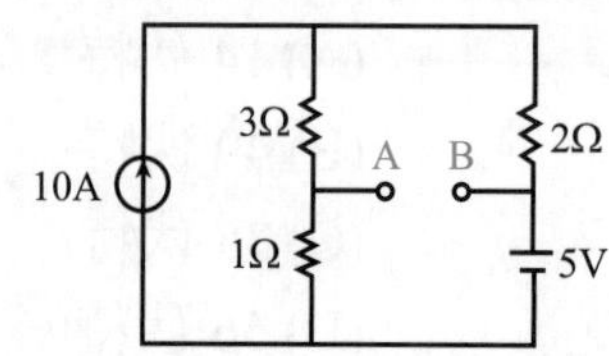

( ) **8** 如右圖所示，試求 AB 兩點間之諾頓等效電阻：
(A) 1 歐姆
(B) 2 歐姆
(C) 3 歐姆
(D) 6 歐姆。

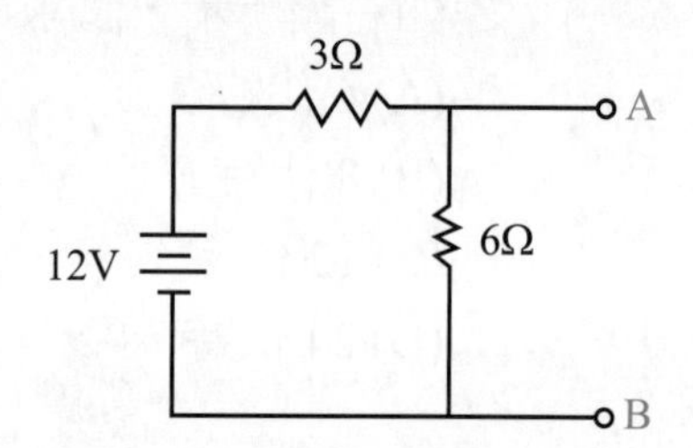

( ) **9** 試計算如右圖所示中 R_L 兩端之戴維寧等效電阻：
(A) 2 歐姆
(B) 4 歐姆
(C) 6 歐姆
(D) 8 歐姆。

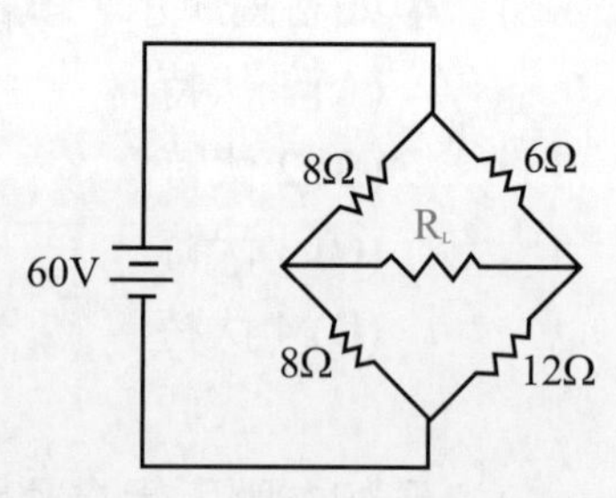

( ) **10** 某電路如右圖所示，將 R_2 值改為 R_2'，試求 $R_2'>3.9\Omega$ 時之電阻值，使 R_2' 上所消耗之功率與當 $R_2=3\Omega$ 時所消耗之功率相等，則：
(A) $R_2'=4\Omega$
(B) $R_2'=9\Omega$
(C) $R_2'=12\Omega$
(D) 不存在。

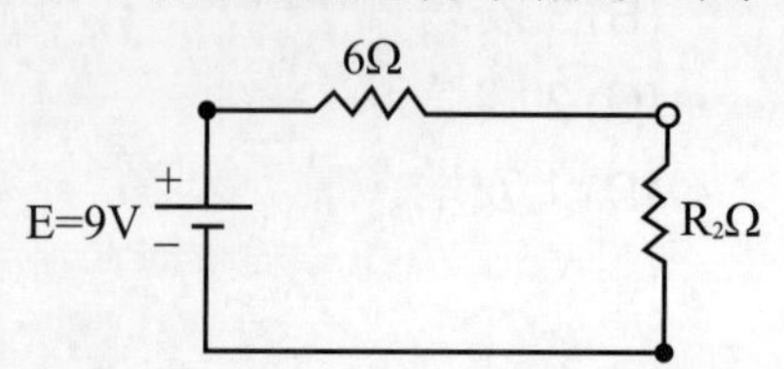

(　　) **11** 如右圖所示的電路，試求受控電流源 B 的輸出功率 W，其中 i=5 安培？
(A) W＝1000 瓦特
(B) W＝2000 瓦特
(C) W＝3000 瓦特
(D) W＝4000瓦特。

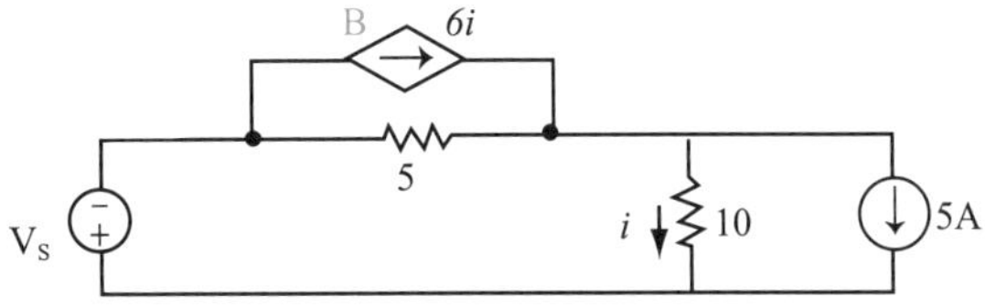

(　　) **12** 如右圖所示電路，求 4 安培電流源之端壓 V 為多少伏特？
(A) 16
(B) 8
(C) 10
(D) 12。

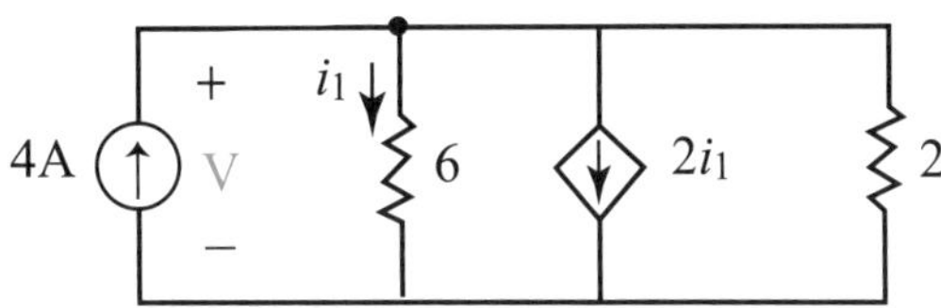

(　　) **13** Δ 接電阻電路上各分支之電阻均相等，已知由任二端點（第三端點斷路）量得之等效電阻均為 6，則 Δ 接電路上各分支之電阻為多少歐姆？
(A) 3　　(B) 6
(C) 9　　(D) 12。

(　　) **14** 在右圖所示的電路圖中，試求流過電阻 R_x 的電流為多少安培？
(A)－3
(B)－2
(C) 5
(D) 10。

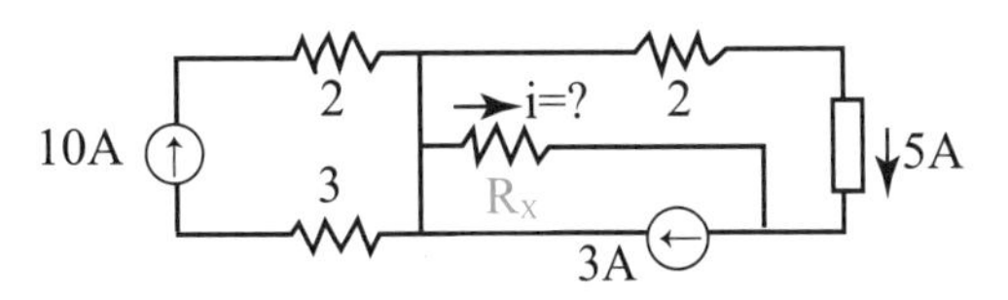

(　　) **15** 試求右圖中電壓 V 之大小：
(A) 3 伏特
(B) 5 伏特
(C) 7 伏特
(D) 9 伏特。

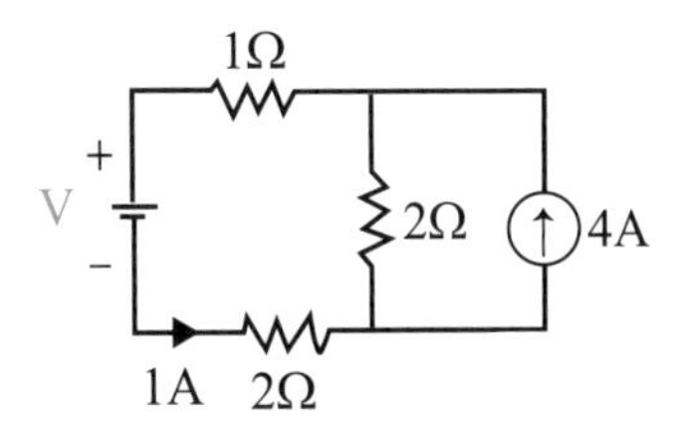

試題演練

(　　) **16** 右圖中負載電阻 R 為可變電阻，$0<R<\infty$，試求負載 R 可能消耗之最大功率為多少瓦特（W）？

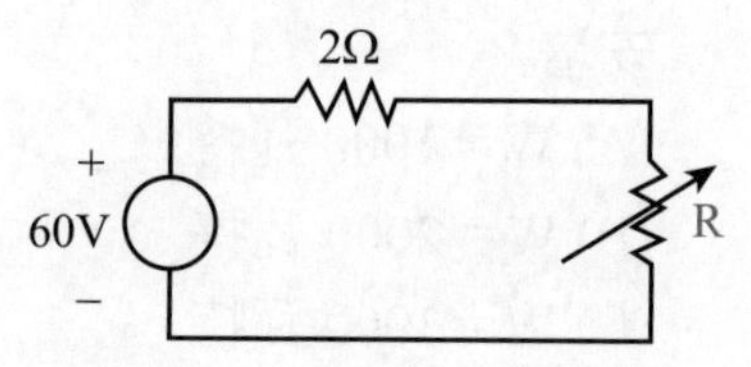

(A) 180
(B) 360
(C) 450
(D) 720。

(　　) **17** 如下圖所示，圖(b)為圖(a)之等效電路，試計算 V 之電壓為多少伏特？

(A) 12　　(B) 6
(C) 4　　(D) 8。

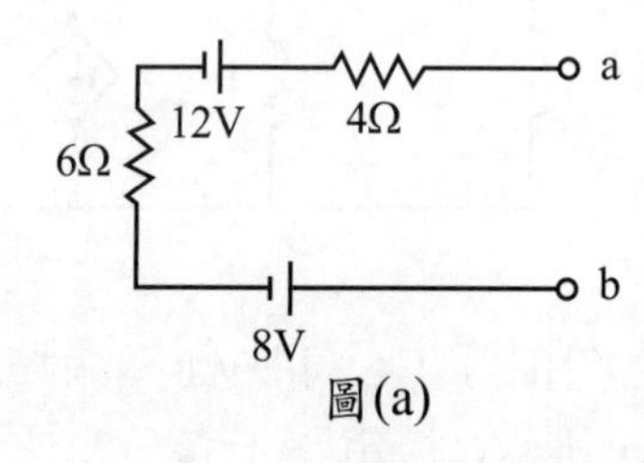

圖(a)

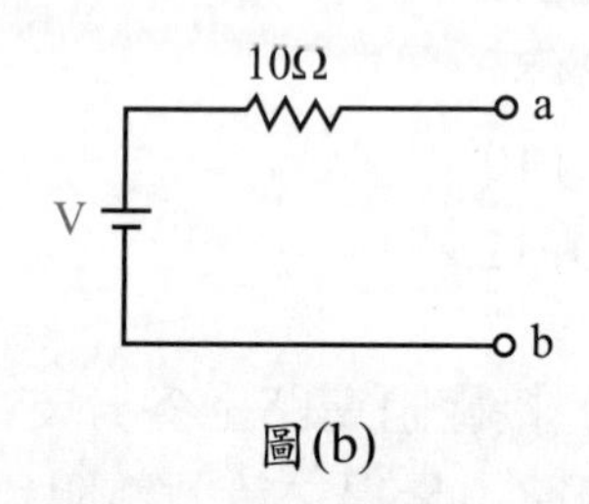

圖(b)

(　　) **18** 如下圖所示之電路，當 V=10 伏特時，i=1 安培。若 cd 端加 110 伏特之電壓而將 ab 端短路，則 i_s 電流為多少安培？

(A) 1
(B) 10
(C) 11
(D) 101。

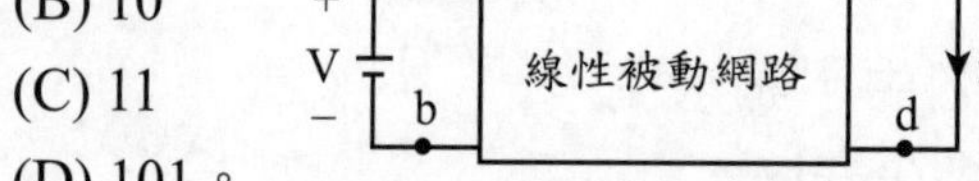

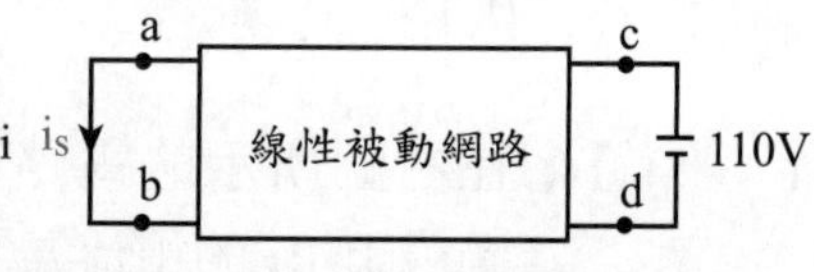

(　　) **19** 如右圖所示含有直流電壓源及直流電流源各乙具之電路，則由端點 a 及 b 間所見之諾頓等效電流大小為多少安培？

(A) 2　　(B) 5
(C) 8　　(D) 13。

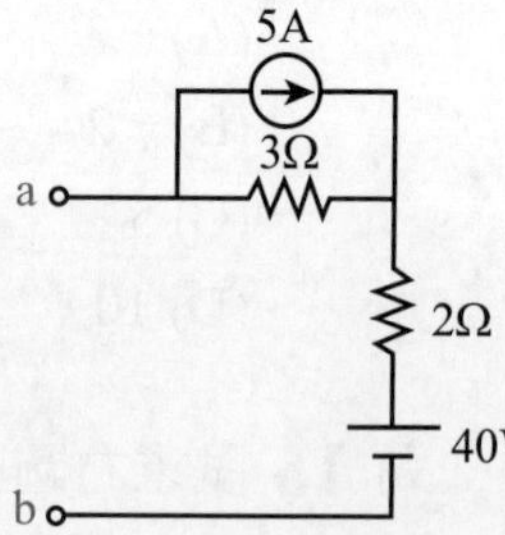

(　　) **20** 如右圖所示含有直流電壓源之電路，則電壓源供應之總電流大小為多少安培？

(A) 1　　(B) 3
(C) 5　　(D) 10。

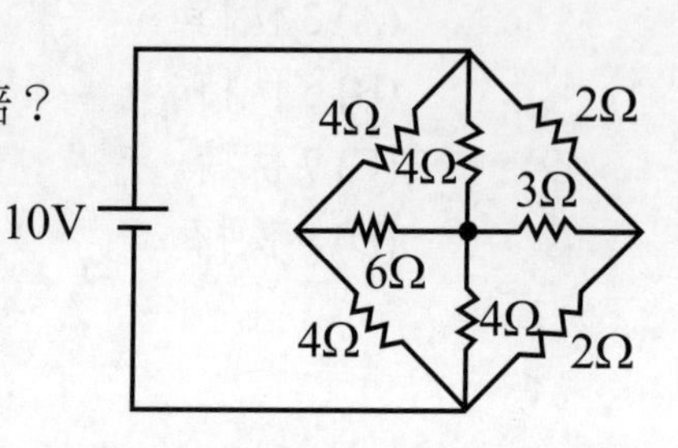

(　　) **21** 如右圖所示，試求可傳送至可變電阻 R_L 之最大功率：
(A) 50 W
(B) 75 W
(C) 125 W
(D) 250 W。

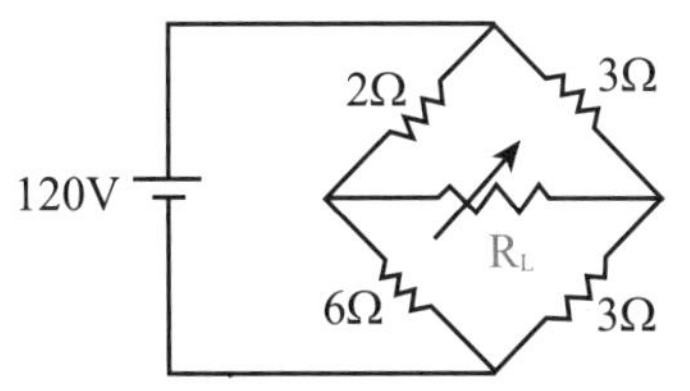

(　　) **22** 如右圖所示，試求可傳送至可變電阻 R_L 之最大功率：
(A) 45 瓦特
(B) 35 瓦特
(C) 25 瓦特
(D) 15 瓦特。

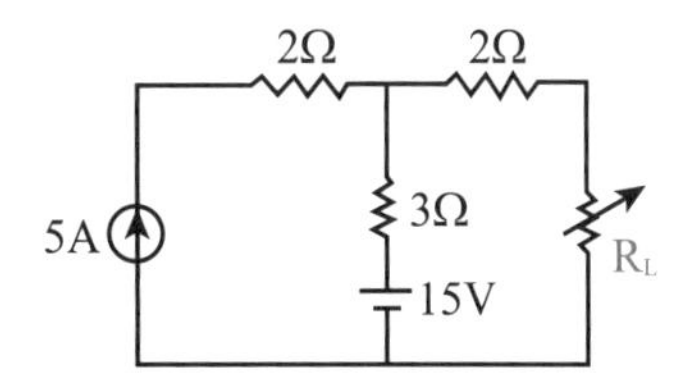

(　　) **23** 如右圖所示含有乙具直流電壓源之電路，則由端點 a 及 b 間所見之諾頓等效電流大小為多少安培？
(A) 0
(B) 1
(C) 2
(D) 3。

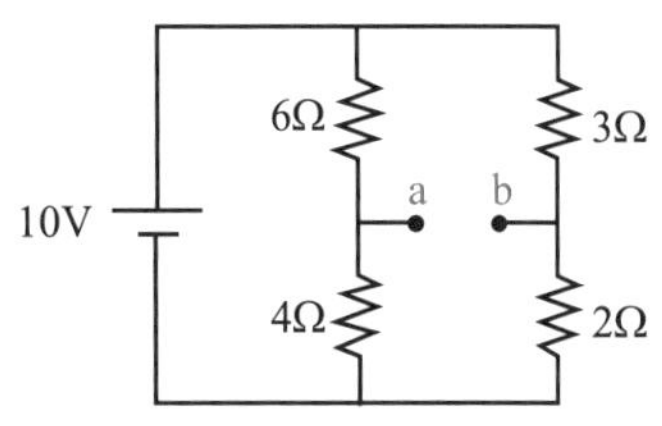

(　　) **24** 如右圖所示含有直流電壓源及直流電流源各乙具之電路，則能獲取最大功率之負載 R 值為多少歐姆？
(A) 0.5
(B) 1
(C) 1.5
(D) 2。

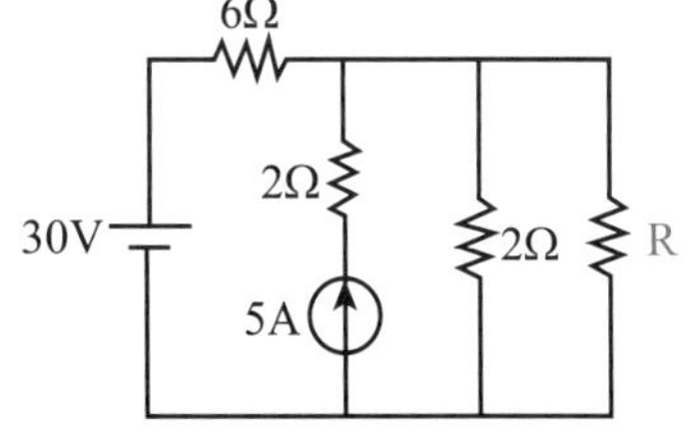

(　　) **25** 一訊號源輸出於開路時，電壓為 25 伏特，但接上 100Ω 之電阻後，電壓降為 20 伏特，則該訊號源之內阻為多少 Ω？
(A) 25　　(B) 50
(C) 75　　(D) 100。

(　　) **26** 在以下所示的直流電路中，從 a 及 b 兩點所觀測得到的戴維寧等效（Thevenin's Equivalent）電路之電壓源 V_{oc} 大小為多少伏特？
(A) 40
(B) 50
(C) 60
(D) 80。

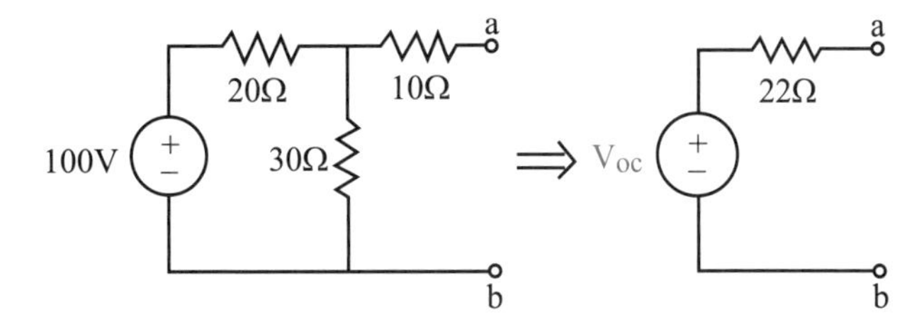

試題演練

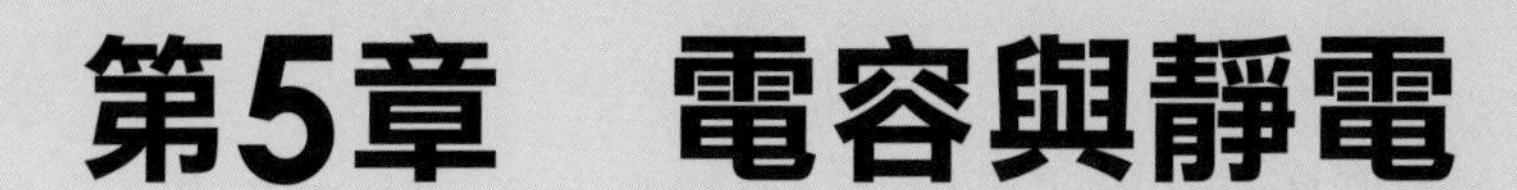

第5章　電容與靜電

第一節　電容器

電容器與電感器可以儲存及釋放能量，因此常被稱為儲能元件。電容器和電感器電路有記憶能力（儲存的能量可重新叫出），因此有時亦被稱為動態元件。

電容器上儲存的電荷 q 與其外加端電壓 v 成正比，q＝Cv，其中 C 為比例常數，稱為電容器的電容，其單位為庫侖／伏特，通常稱為法拉（F）。

$$C=\frac{q}{v}\quad \text{法拉（F）}$$

平行板電容器的電容可表示為 $C=\varepsilon\frac{A}{d}$，ε為介質係數，A 為平行板的面積，而 d 為平行板之間的距離。

電容器中電壓與電流的關係為

$$i=\frac{d(Cv)}{dt}=C\frac{dv}{dt}\quad \text{或}\quad v_c(t)=\frac{1}{C}\int_{-\infty}^{t} i\,dt$$

當電路中所有電壓及電流都為一定值而不再變化時，稱為直流穩態或簡稱為穩態，對直流穩態而言，理想電容器為開路。

電容器充電時可以儲存能量，而在放電時可以提供外界負載能量。儲存之能量可用下列公式計算

$$W_c(t)=\frac{1}{2}Cv^2(t)$$

電容器上的電壓具有連續性，亦即電容器上的電壓，在正常情況下不會瞬間改變，而電流則可以不連續，亦即可瞬間改變。但在一些特殊電路中（無電阻時，實際電路無此情形），由於開關的強迫閉合，會使得電容器上的電壓有不連續性現象，此種電路一般稱為奇異電路。

觀念加強

(　　) **1** 旋轉動片型的可變電容器是調整下列何者來改變電容值？　(A)平行極板間的距離　(B)平行極板的有效面積　(C)介質之介電常數　(D)極板的電阻係數。

(　　) **2** 一平行板電容器內填充了介電係數為ε的介電質材料，若此二電極板間的距離為 d，則此平行板電容器的單位面積電容值 C 為：(A)d/ε　(B) d^2/ε　(C) ε/d　(D) ε^2/d。

(　　) **3** 下列何種電路元件的儲存能量與電壓平方成正比？　(A)電感　(B)電容　(C)電阻　(D)二極體。

第二節 電容量

串聯電容器等效電容之求法，與並聯電阻器等效電阻之求法相同。亦即，先將所有電容器之電容值取倒數，相加後再取倒數即為等效電容值。

$$\frac{1}{C_S}=\frac{1}{C_1}+\frac{1}{C_2}+\ldots\ldots+\frac{1}{C_N}$$

並聯電容器等效電容之求法，與串聯電阻器等效電阻之求法相同。亦即，將所有電容器之電容值相加即為等效電容值。

$$C_P=C_1+C_2+\ldots\ldots+C_N$$

觀念加強

(　　) **4** 兩個電容 C_1 與 C_2，其中 $C_1>C_2$，若 C 為 C_1 與 C_2 之等效串聯電容，則：　(A) $C_1=C_2=C$　(B) $C>C_1>C_2$　(C) $C_1>C>C_2$　(D) $C_1>C_2>C$。

(　　) **5** 三個相同之電容，若欲得最大之電容值，則其連接法應為：
(A)兩個串聯，再與第三個並聯
(B)兩個並聯，再與第三個串聯
(C)串聯
(D)並聯。

第三節　電場及電位

在空間中的電荷會產生電場，形成電位，並對其他電荷作用產生電力。因電場無法直接觀測，故通常以電力線描述之。電力線係由正電荷發出，進入負電荷，彼此之間不會相交。電力線在空間中某一點的切線方向即為該點的電場方向，因電場一定會垂直導體表面，故電力線在離開或進入導體表面時均為垂直。

電位係由電場對路徑積分所得，在良好導體（如金屬）的內部，電場強度為零，故電位差為零。

一點電荷 Q 在空間中形成的電場強度可表示為：

$$E = \frac{Q}{4\pi\varepsilon r^2} = k\frac{Q}{r^2} = 9*10^9\frac{Q}{r^2}$$ **牛頓／庫侖**（nt/C）

此電荷 Q 在空間中形成的電位可表示為：

$$V = \frac{Q}{4\pi\varepsilon r} = k\frac{Q}{r} = 9\times10^9\frac{Q}{r}$$ **伏特**（V）

電荷之間的電力大小可由庫侖定律求得：

$$F = \frac{Q_1Q_2}{4\pi\varepsilon r^2} = k\frac{Q_1Q_2}{r^2} = 9\times10^9\frac{Q_1Q_2}{r^2}$$ **牛頓**（nt）

觀念加強

(　　) **6** 下列對各種單位的敘述，何者錯誤？
(A)高斯／平方公分是磁通密度的單位
(B)牛頓／庫侖是電場強度的單位
(C)焦耳是能量的單位
(D)庫侖／平方公尺是電通量的單位。

(　　) **7** 有一導線帶有電荷密度為 q 庫侖／米的電量，則距離導線 r 米處的電場強度為多少伏特／米？
(A) $\frac{q}{2\pi\varepsilon_0 r}$　(B) $\frac{q}{4\pi\varepsilon_0 r^2}$
(C) $\frac{q}{4\pi\varepsilon_0 r}$　(D) $\frac{q}{2\pi\varepsilon_0 r^2}$。

(　　) **8** 一正電荷順電場方向移動，則下列敘述何者正確？
(A)位能增加，電位升高　(B)位能增加，電位下降
(C)位能減少，電位升高　(D)位能減少，電位下降。

(　　) **9** 一電子順著電場方向移動時，下列之敘述何者正確？
(A)電位升高，位能減少　(B)電位升高，位能增加
(C)電位下降，位能減少　(D)電位下降，位能增加。

(　　) **10** 真空中存在一孤立之帶正電金屬球，則其何處之電場強度最強？
(A)球心　(B)球體內部
(C)球面　(D)無窮遠處。

(　　) **11** 有關電位之敘述，下列何者為正確？
(A)係一向量
(B)愈靠近正電荷處之電位愈高
(C)愈靠近負電荷處之電位愈高
(D)具有方向性。

(　　) **12** 穿過空間中任何封閉面之電通量等於該封閉面中所包含之淨電荷數，稱為：
(A)法拉第定理　(B)庫侖定理
(C)安培定理　(D)高斯定理。

(　　) **13** 單位正電荷在電場中所受之力，稱之為：
(A)介質強度　(B)電場強度
(C)電通密度　(D)磁場密度。

(　　) **14** 與點電荷 Q 庫侖相距 r 米處之電位 v 為多少伏特？（其中 ε 為介質常數）
(A) $v=\frac{Q}{4\pi\varepsilon r}$　(B) $v=4\pi\varepsilon\frac{Q}{r}$
(C) $v=4\pi\varepsilon rQ$　(D) $v=\frac{rQ}{4\pi\varepsilon}$。

(　　) **15** 金屬導電體，半徑為 r 公尺，電荷 Q 均勻分布於表面上，則其內部電場強度為：
(A) $9\times10^9\frac{Q^2}{r}$　(B) $9\times10^9\frac{Q}{r^2}$
(C) $9\times10^9\frac{Q}{r}$　(D) 0。

試題演練

經典考題

( ) **1** 如右圖所示，C_1 為 33μF 充滿電後，把開關 S由 A移到 B 點，則 C_1 之電壓降為 75V 後達到穩定。假設 C_x 之初始電壓值為零，則電容 C_x 值為：
(A) 44 (B) 33
(C) 22 (D) 11 μF。

( ) **2** 兩個法拉數標示不清之電容器 C_1 及 C_2，已知其均可耐壓 600V，某甲先將它們完全放電並確定其端電壓為 0V，再以 1mA 之定電流源分別對其充電 1 分鐘，結果其端電壓各為 V_1=100V 及 V_2=200V，則下列何者正確？
(A) C_1=300μF (B) C_2=300F (C) C_1 與 C_2 並聯之總電容量為 900μF (D) C_1 與 C_2 串聯之總電容為 900F。

( ) **3** 如右圖所示電路，有四個完全相同的電容器，其電容量皆為 2μF，求 ab 兩端的等效電容C_{ab}=？
(A) 0.5μF (B) 1.5μF
(C) 2.0μF (D) 6.0μF。

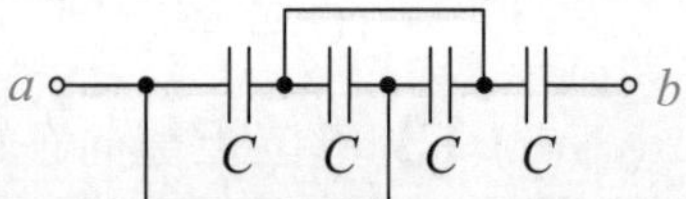

( ) **4** 有一電容器接上 400V 的直流電壓後，儲存 8 焦耳的能量，求此電容器的電容量為多少？ (A) 400μF (B) 300μF (C) 200μF (D) 100μF。

( ) **5** 兩相距2公分之電荷Q_1與Q_2，彼此間之受力為3牛頓。今將兩電荷之距離移開至4公分，則此時兩電荷彼此間之受力為何？ (A)0.48牛頓 (B)0.75牛頓 (C)1.25牛頓 (D)1.50牛頓。

( ) **6** 兩只4.7μF/16V之電容串接後，使用於20V電路中，則其等效電容量為何？ (A)2.35μF (B)4.70μF (C)5.88μF (D)9.40μF。

( ) **7** 在真空中，有兩個帶正電荷小球 Q_1、Q_2 相距 1 公尺，其相互間之排斥力為 4.5 牛頓；若將兩小球之距離移開至 1.5 公尺，則此兩小球互相排斥之作用力變為多少牛頓？ (A) 3 (B) 2.25 (C) 2.0 (D) 1.5。

(　　) **8** 如右圖所示之 R-C 串聯電路，當電路達到穩態時，電容兩端的電壓值為何？
(A) 10 V　(B) 8 V　(C) 7 V　(D) 2 V。

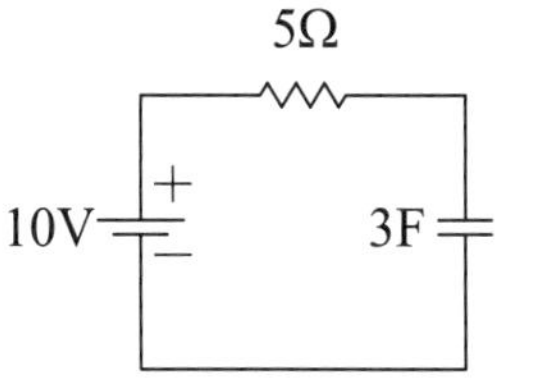

(　　) **9** 如右圖所示，$C_1=C_2=C_3=C_4=4\mu F$，求 C_{ab}=？
(A) 1μF　(B) 3μF
(C) 6μF　(D) 9μF。

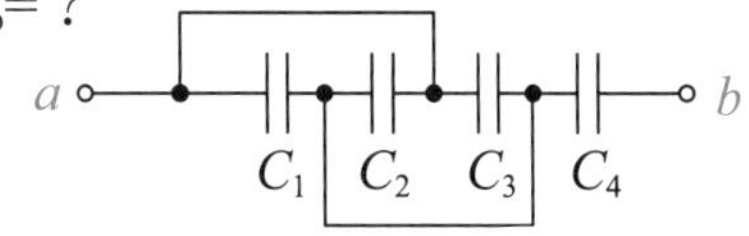

(　　) **10** 如右圖所示，求 V_1 電壓為多少？
(A) 50V
(B) 80V
(C) 100V
(D) 120V。

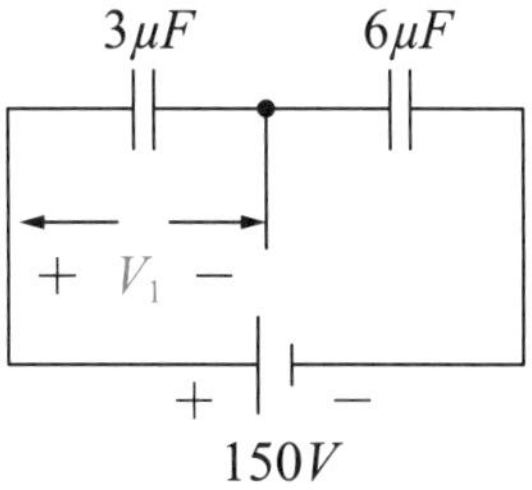

(　　) **11** 兩電容器之電容量及耐壓分別為 20μF/100V 與 40μF/200V，則兩者串聯後可耐壓　(A) 125　(B) 150　(C) 200　(D) 250　V。

(　　) **12** 如右圖所示，求 C_{ab} 電容量為多少？
(A) 2　(B) 4
(C) 6　(D) 8　μF。

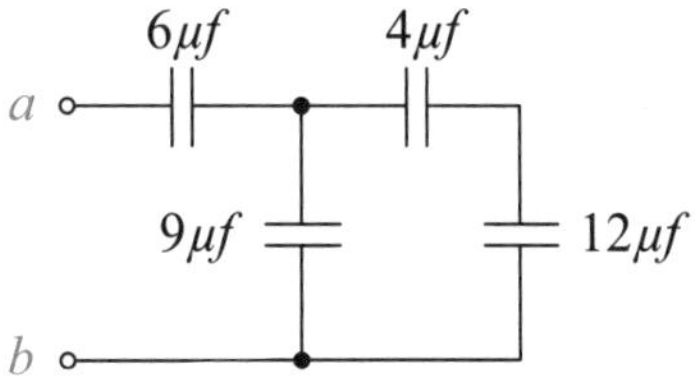

(　　) **13** 有一個 50μF 的電容器，將其跨接於 100V 的直流電壓，試求電容器儲存的能量有多少？
(A) 2 焦耳　(B) 1 焦耳
(C) 0.5 焦耳　(D) 0.25 焦耳。

(　　) **14** 如右圖，若 C_1 上之電荷為 5000μC，C_2 上之電荷為3000μC，C_1=30μF，C_2=15μF，求 C_3=？
(A) 5μF　(B) 10μF
(C) 15μF　(D) 20μF。

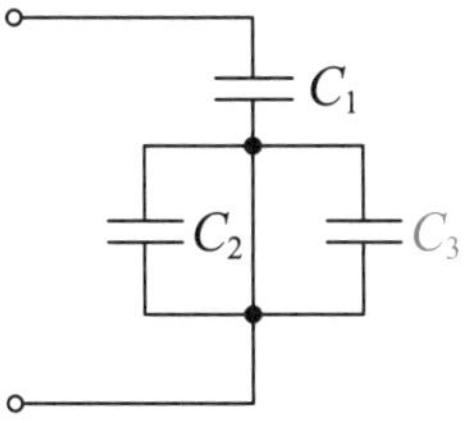

(　　) **15** 如右圖所示為電場強度 E 的關係圖，下列敘述，何者正確？
(A) A 段斜率可表示電位差
(B) B 段電位為零
(C) C 段電位差為 20 伏特
(D) A、B 及 C 的總電位差為 70 伏特。

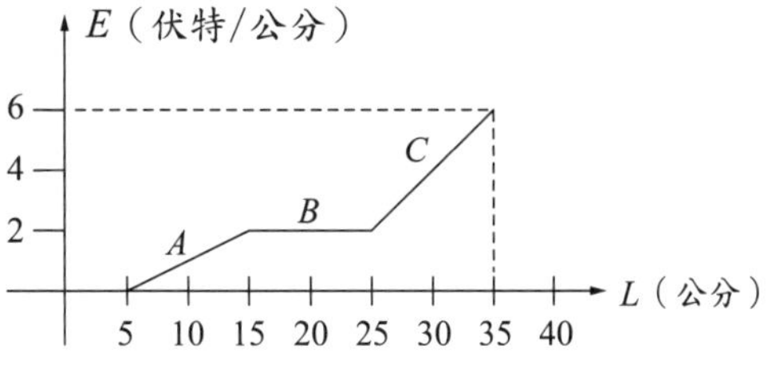

模擬測驗

( ) **1** 一只 100 微法拉之電容器跨接於 200 伏特之直流電源，則該電容器所儲存的能量為多少焦耳？

(A) 0.02 (B) 0.2
(C) 2 (D) 20。

( ) **2** 一只 100 微法拉之電容器跨接於 200 伏特之直流電源，則該電容器所儲存的電量為多少庫侖？

(A) 0.02 (B) 0.2
(C) 2 (D) 20。

( ) **3** 如右圖所示之電容器組合，試求其等效電容為多少？

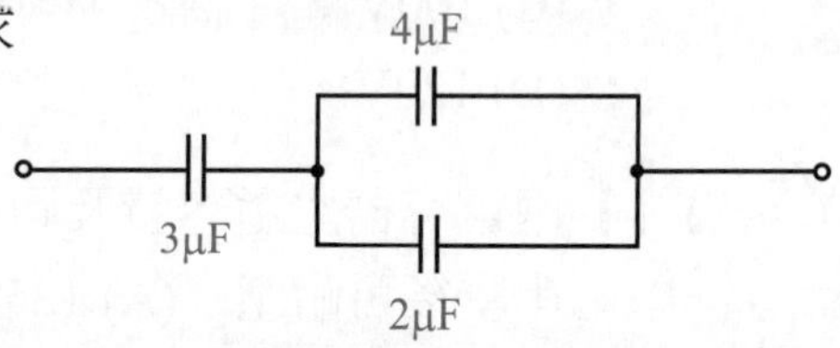

4μF
3μF
2μF

(A) 2μF (B) 3μF
(C) 1μF (D) 4μF。

( ) **4** 如右圖所示之電路，兩開關同時閉合之前，兩電容器各有之電壓如圖所示，求閉合後兩者之共同電壓為多少伏特？

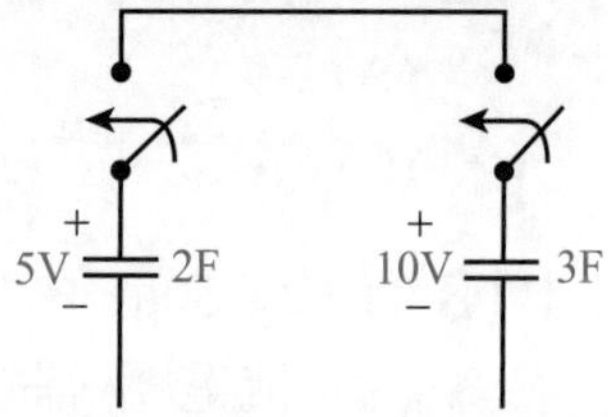

+ 5V − 2F
+ 10V − 3F

(A) 6 (B) 7.5
(C) 8 (D) 9。

( ) **5** 右圖所示電路已達穩態，則其中電容器所儲存之能量為多少焦耳？

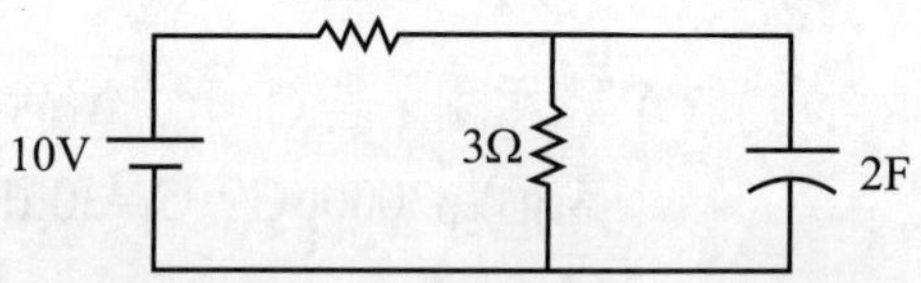

2Ω
10V
3Ω
2F

(A) 36 (B) 24
(C) 18 (D) 12。

( ) **6** A、B 兩電容器，A 之電荷為 B 之 2 倍，測得 A 之電壓為 B 之電壓之 10 倍，則 A 之電容量為 B 之多少倍？

(A) $\frac{1}{10}$ (B) 10
(C) $\frac{1}{5}$ (D) 5。

(　　) **7** 在右圖中 C_1=12μF，C_2=6μF，C_3=6μF，則總電容量為：

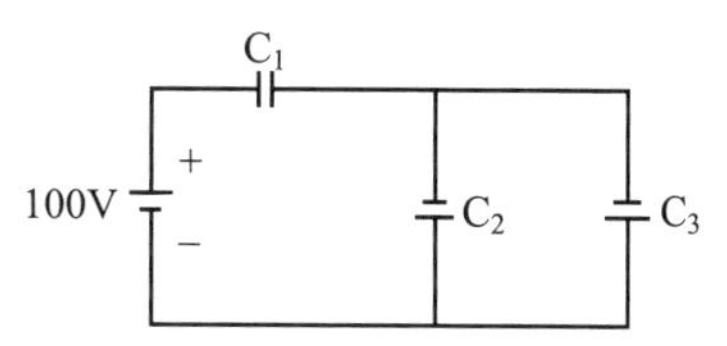

(A) 6μF
(B) 12μF
(C) 24μF
(D) 36μF。

(　　) **8** 有一球形導體，其半徑為 2cm，其上之電荷為 3×10^{-9} 庫侖，則距球心 3cm 處之電位為：（以最接近之數值為準）

(A) 100 伏特　　(B) 300 伏特
(C) 900 伏特　　(D) 1000 伏特。

(　　) **9** 有兩個電容器分別為 CμF 耐壓 V_1 伏特及 CμF 耐壓 V_2 伏特，且 $V_1<V_2$，將兩電容器串聯後所能外加之最大電壓為：

(A) $2V_1$ 伏特　　(B) $2V_2$ 伏特
(C) V_2 伏特　　(D) V_1+V_2 伏特。

(　　) **10** 距一點電荷 0.5 公尺處之電場強度為 50 牛頓／庫侖，方向指向該點電荷，則該處之電位為多少伏特？

(A) 25　　(B) －25
(C) 100　　(D) －100。

(　　) **11** 一只 200 微法拉之電容器，由 100 伏特充電至 200 伏特，則該電容器充電期間所儲存之能量為多少焦耳？

(A) 1　　(B) 2
(C) 3　　(D) 4。

(　　) **12** 如右圖所示電路，當開關 S 閉合一段時間後，求穩態電流 I 為多少毫安培？

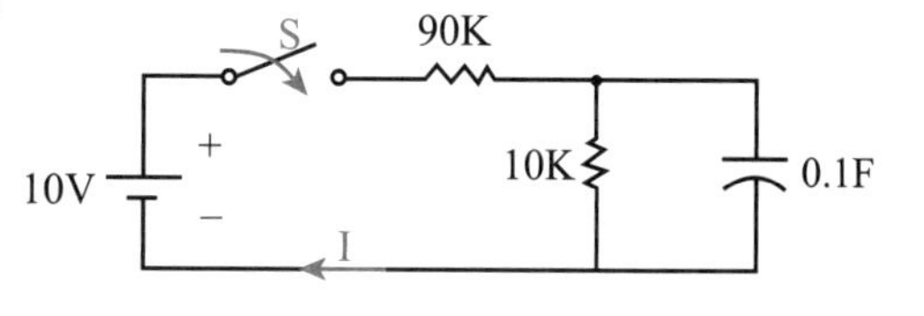

(A) 1
(B) 1.5
(C) 0.1
(D) 0.5。

試題演練

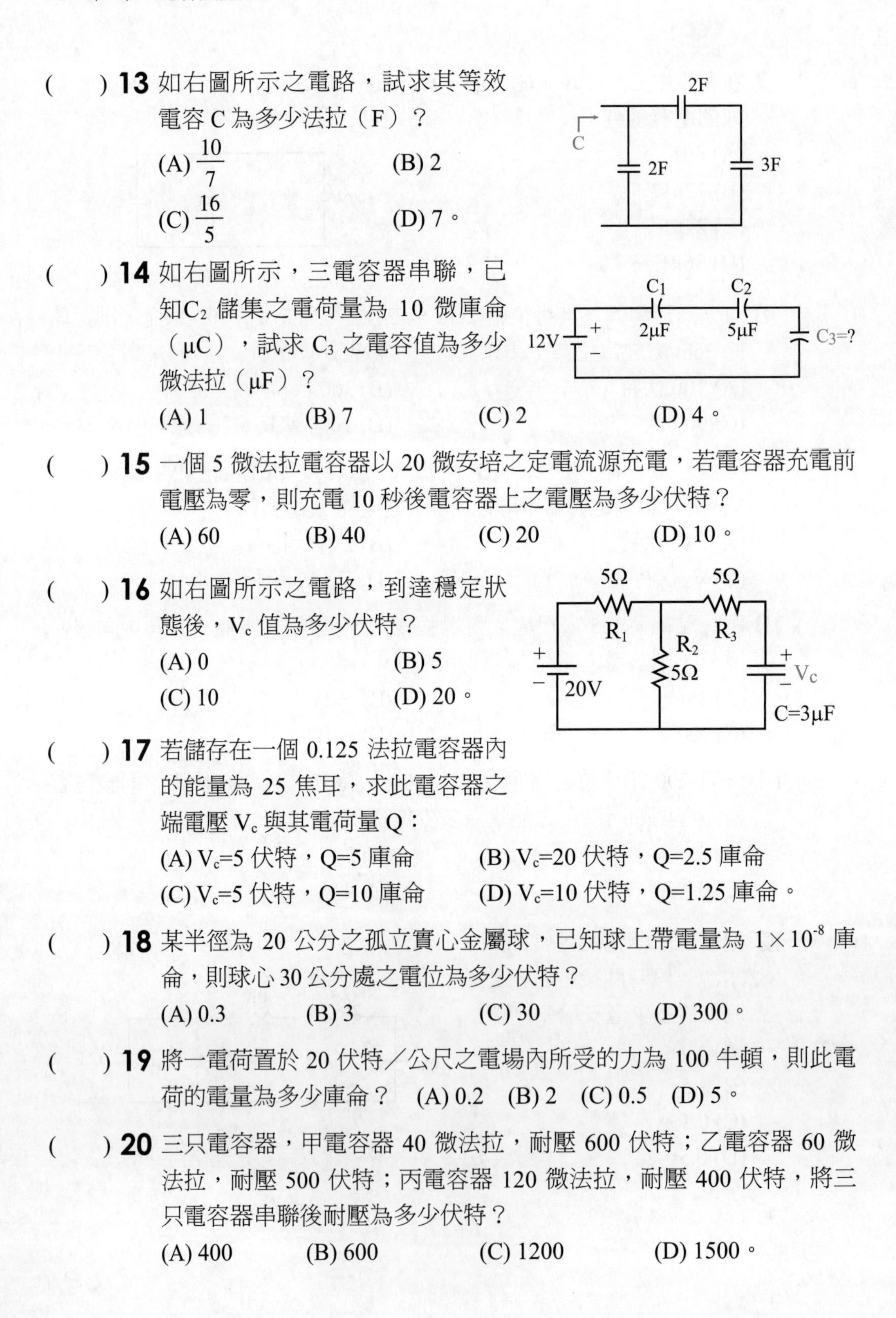

( ) **13** 如右圖所示之電路，試求其等效電容 C 為多少法拉（F）？

(A) $\frac{10}{7}$　(B) 2　(C) $\frac{16}{5}$　(D) 7。

( ) **14** 如右圖所示，三電容器串聯，已知C_2 儲集之電荷量為 10 微庫侖（μC），試求 C_3 之電容值為多少微法拉（μF）？

(A) 1　(B) 7　(C) 2　(D) 4。

( ) **15** 一個 5 微法拉電容器以 20 微安培之定電流源充電，若電容器充電前電壓為零，則充電 10 秒後電容器上之電壓為多少伏特？

(A) 60　(B) 40　(C) 20　(D) 10。

( ) **16** 如右圖所示之電路，到達穩定狀態後，V_c 值為多少伏特？

(A) 0　(B) 5　(C) 10　(D) 20。

( ) **17** 若儲存在一個 0.125 法拉電容器內的能量為 25 焦耳，求此電容器之端電壓 V_c 與其電荷量 Q：

(A) V_c=5 伏特，Q=5 庫侖　(B) V_c=20 伏特，Q=2.5 庫侖

(C) V_c=5 伏特，Q=10 庫侖　(D) V_c=10 伏特，Q=1.25 庫侖。

( ) **18** 某半徑為 20 公分之孤立實心金屬球，已知球上帶電量為 1×10^{-8} 庫侖，則球心 30 公分處之電位為多少伏特？

(A) 0.3　(B) 3　(C) 30　(D) 300。

( ) **19** 將一電荷置於 20 伏特／公尺之電場內所受的力為 100 牛頓，則此電荷的電量為多少庫侖？ (A) 0.2　(B) 2　(C) 0.5　(D) 5。

( ) **20** 三只電容器，甲電容器 40 微法拉，耐壓 600 伏特；乙電容器 60 微法拉，耐壓 500 伏特；丙電容器 120 微法拉，耐壓 400 伏特，將三只電容器串聯後耐壓為多少伏特？

(A) 400　(B) 600　(C) 1200　(D) 1500。

第6章　電感與電磁

第一節　電感器之基本特性

電容器與電感器可以儲存及釋放能量，因此常被稱為儲能元件。電容器和電感器電路有記憶能力（儲存的能量可重新叫出），因此有時亦被稱為動態元件。

電感器係由導線繞成線圈而形成，經由線圈中流過的電流產生磁通 ϕ，而 N 匝線圈所交鏈到的全部磁通量為 $l=N\phi$，其中 λ 的單位為韋伯（Wb）。而磁通量與電流 i 成正比，其比例常數 L 稱為電感器的電感量，其單位為韋伯／安培（Wb/A）或稱為亨利（H）。

$$L=\frac{N\phi}{i}\quad \text{亨利（H）}$$

電感器中電壓與電流的關係為

$$i=\frac{d\lambda}{dt}=\frac{d(N\phi)}{dt}=L\frac{di}{dt}\quad \text{或}\quad i(t)=\frac{1}{L}\int_{-\infty}^{t}v(t)dt$$

當電路中所有電壓及電流都為一定值而不再變化時，稱為直流穩態或簡稱為穩態，對直流穩態而言，理想電感器為短路。

電感器充電時可以儲存能量，而在放電時可以提供外界負載能量。儲存之能量可用下列公式計算

$$W_L(t)=\frac{1}{2}Li^2(t)$$

電感器上的電流具有連續性，亦即電感器上的電流，在正常情況下不會瞬間改變，而電壓則可以不連續，亦即可瞬間改變。但在一些特殊電路中（無電阻時，實際電路無此情形），由於開關的強迫閉合，會使電感器上的電流有不連續性現象，此種電路一般稱為奇異電路。

觀念加強

( ) **1** 磁通密度的單位換算，何者正確？
(A) $1\text{Wb/m}^2 = 1\text{Gauss}$ (B) $1\text{Tesla} = 10^3\text{Gauss}$
(C) $1\text{Wb/m}^2 = 10^4\text{Tesla}$ (D) $1\text{Tesla} = 10^4\text{Gauss}$。

( ) **2** R—L 串聯電路中，當電感器 L 充電完成後，L 儲滿何種能量？
(A)熱能 (B)磁能
(C)電場 (D)位能。

( ) **3** 下列何種電路元件的儲存能量與電流平方成正比？
(A)電容 (B)電感
(C)電阻 (D)二極體。

( ) **4** 若以一線性增加之磁通通過一線圈時，則該線圈兩端之感應電勢大小為：
(A)零 (B)定值
(C)線性增加 (D)線性減少。

( ) **5** 在交流電路中，因能量不能做瞬間變化，所以下列電學物理量中，何者不能做瞬間變化？
(A)電容電壓及電感電流 (B)電容電流及電感電壓
(C)電容電壓及電感電壓 (D)電容電流及電感電流。

( ) **6** 若流通於某一電感器中之電流係一穩定直流電流，則下列之敘述何者為正確？
(A)電感器兩端之感應電壓為零
(B)電感器兩端會感應出正值電壓
(C)電感器兩端會感應出負值電壓
(D)電感器並無儲存能量。

( ) **7** 何謂磁通量密度？
(A)單位面積內所含電力線數目
(B)單位體積內所含電力線數目
(C)單位面積內所含磁力線數目
(D)單位體積內所含磁力線數目。

(　　) **8** 磁通密度 B，面積 A 與磁通量 ϕ 之關係為：
(A) $B=\phi A$　(B) $B=\frac{\phi}{A}$
(C) $\phi=\frac{B}{A}$　(D) $\phi=\frac{A}{B}$。

(　　) **9** 磁通量密度 1 泰斯拉（tesla）等於下列何者？　(A) 10^4 高斯（Gauss）　(B) 10^4 韋伯／平方公尺（Wb/m^2）　(C) 10^4 馬克斯威爾／平方公尺　(D) 10^4 高斯／平方公尺。

第二節　電感器的串聯與並聯

串聯電感器等效電感之求法與串聯電阻器等效電阻之求法相同，亦即，將所有電感器之電感值相加即為等效電感值。

$$L_P=L_1+L_2+......+L_N$$

並聯電感器等效電感之求法與並聯電阻器等效電阻之求法相同，亦即，先將所有電感器之電感值取倒數，相加後再取倒數即為等效電感值。

$$\frac{1}{L_S}=\frac{1}{L_1}+\frac{1}{L_2}+......+\frac{1}{L_N}$$

第三節　電磁效應

在磁場中，運動的電荷會受到磁場的作用，產生磁力 $\vec{F}=q\vec{u}\times\vec{B}$，其中，q 為電荷的帶電量，$\vec{u}$ 為運動速度及方向，$\vec{B}$ 為磁通密度，可表示磁場的大小及方向，而 $\vec{F}$ 即為受力大小及方向。

安培定律是說在通有電流的長直導線周圍所建立磁場強度，和導線上的電流大小成正比，而和導線間的距離成反比。至於安培定律有兩種應用形式，又稱**安培右手定則**（或簡稱**右手定則**），可用來判斷磁場的方向。當應用在長直導線時，大姆指表示電流的方向，而其餘四指所指的方向即為磁場方向；當應用在螺旋線圈時，電流方向以四根指頭表示，大姆指指向磁場的方向。

當通過一線圈中的磁場發生變化時，應用冷次定律可判斷因磁場感應所產生之電流的方向。**冷次定律**是說：感應電流其所產生的磁場恆抵抗原來的磁場變化方向。然而冷次定律僅能用來判斷電流方向，若欲進一步判斷感應電動勢或感應電流的大小時，需應用法拉第定律。**法拉第定律**是說：電路中所生感應電動勢之大小等於通過電路內磁通量的變化率，且其方向乃在抵抗磁通量變化之方向。

佛萊明定則又稱**佛萊明左手定則**（簡稱**左手定則**），亦稱電動機定則，是說導線在磁場中通過電流就會發生運動。磁場愈強或導電中的電流越大，運動的力量也越大。

觀念加強

(　　)**10** 如右圖，⊗代表一導體且其電流流入紙面，則導體受力方向為何？

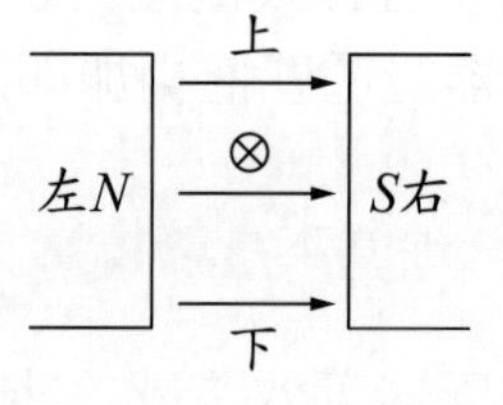

(A)向上
(B)向下
(C)向左
(D)向右。

(　　)**11** 下列有關電場與磁場的敘述，何者正確？
(A)磁通量隨時間變化會產生電場
(B)導線周圍一定有磁場
(C)馬蹄形電磁鐵兩極間一定有電場
(D)將磁鐵鋸成很多小段，可使其中一小段只帶北極。

(　　)**12** 根據冷次定律，當線圈之磁通增加時，對於線圈感應電流變化之敘述，下列何者正確？
(A)產生同方向之磁場以阻止磁通之減少
(B)產生同方向之磁場以反抗磁通之增加
(C)產生反方向之磁場以阻止磁通之減少
(D)產生反方向之磁場以反抗磁通之增加。

(　　)**13** 把一個 N 匝的導體線圈放在變動的磁通量中，則線圈的兩端可以產生一個感應電動勢。這可由下列何種定理來解釋？
(A)楞次定理　(B)歐姆定理
(C)法拉第定理　(D)高斯定理。

(　　)**14** 導體在磁場中移動時會有感應電壓出現，此現象與下列何種定律有關？
(A)焦耳定律　(B)歐姆定律
(C)冷次定律　(D)法拉第定律。

(　　)**15** 關於磁力線，下列敘述何者正確？
(A)磁力線出發或進入磁極時，均與磁極面垂直
(B)磁力線在磁鐵內部由 N 極回到 S 極
(C)磁力線不會縮短其長度
(D)磁力線出發或進入磁極時，不一定跟磁極面垂直。

第四節 電磁感應

二線圈之間的磁通交互作用稱為磁耦合。二線圈間的磁耦合現象係以**互感**來表示，一線圈本身的電感量稱為**自感**。

具有磁耦合效應的電路元件稱為變壓器，其電路模型係以每一線圈本身的自感及各線圈間之互感來描述。若一變壓器內之每一線圈耦合至其他線圈的磁通為無窮大，且其所有自感和互感皆趨近於無窮大，則此種耦合電路元件稱為理想變壓器，其電路模型只需以各線圈的匝數比表示即可。

第五節 互感

假設單一線圈的匝數為 N_1，則此線圈的磁通鏈為

$$\lambda_1(t)=N_1\phi_1(t)=L_1i_1(t)$$

故對一線性非時變電感器而言，其磁通鏈係與所通過的電流成正比，而其中的比例常數 L_1 即為電感（或稱自感）。

依法拉第電磁感應定律得知若磁通鏈隨時間而改變，則在線圈兩端會產生感應電壓。線性電感器兩端的電壓與其所通過電流對時間之變化率成正比，且比例常數為線圈的電感量。

$$v_1(t)=\frac{d\lambda_1}{dt}=N_1\frac{d\phi_1}{dt}=\frac{di_1}{dt}$$

耦合的線圈對常以黑點表示其感應電壓的極性，稱為黑點極性法則。當給予一線圈耦合對時，若一電流自一線圈的黑點端流入，則此電流於另一線圈的黑點端感應出正的互感電壓。

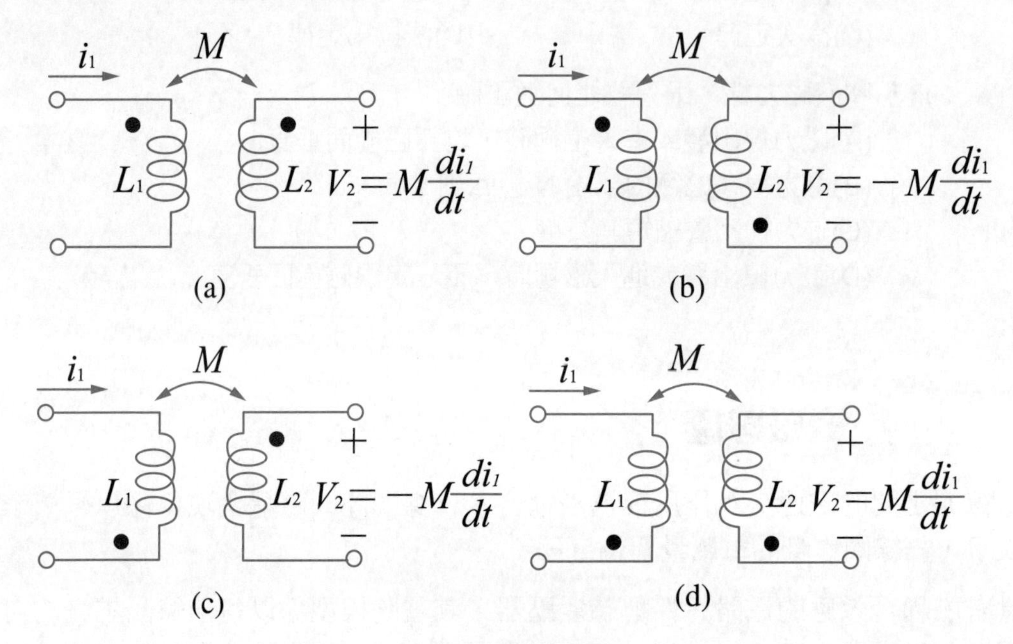

互感電壓的符號

線圈耦合對的互感值小於二自感的算術平均值及幾何平均值，亦即 $M \leq (L_1+L_2)/2$ 且 $M \leq \sqrt{L_1L_2}$。在分析耦合電路時，通常都使用迴路方程式，而少用節點方程式。

當假設一耦合線圈的自感分別為 L_1 和 L_2，互感為 M 時，則其耦合係數 k 定義為 $k=\frac{M}{\sqrt{L_1L_2}}$。耦合係數的範圍必在 0 與 1 之間，若 $k=0$，表示一線圈電流所產生的磁通不會連接到另一線圈，亦即無偶合；若 $k=1$，表示一線圈內的所有磁通都會全部連接到另一線圈，稱為全耦合。

在耦合線圈內儲存的總能量為

$$W=\frac{1}{2}L_1I_1^2+MI_1I_2+\frac{1}{2}L_2I_2^2。$$

觀念加強

(　　)**16** 圖示的兩個耦合線圈用一個等效線圈來取代時，其電感 L_{ab} 為何？

(A) $L_{ab}=L_1+L_2+2M$

(B) $L_{ab}=L_1+L_2-2M$

(C) $L_{ab}=L_1+L_2+M$

(D) $L_{ab}=L_1+L_2-M$。

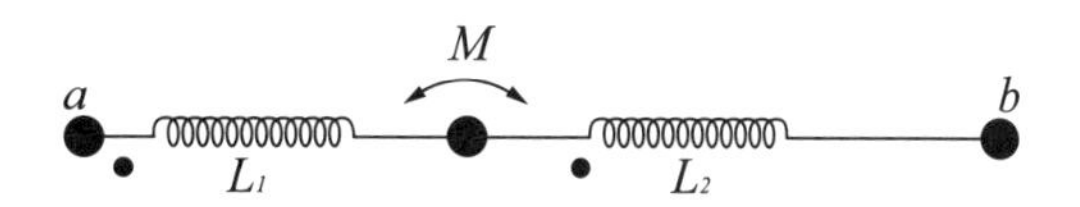

第六節 線性變壓器

耦合的線圈對可組合成變壓器，變壓器左邊之線圈通常稱為初級線圈、初級繞阻、一次線圈或主線圈，右邊之線圈則稱為次級線圈、次級繞阻、二次線圈或副線圈。

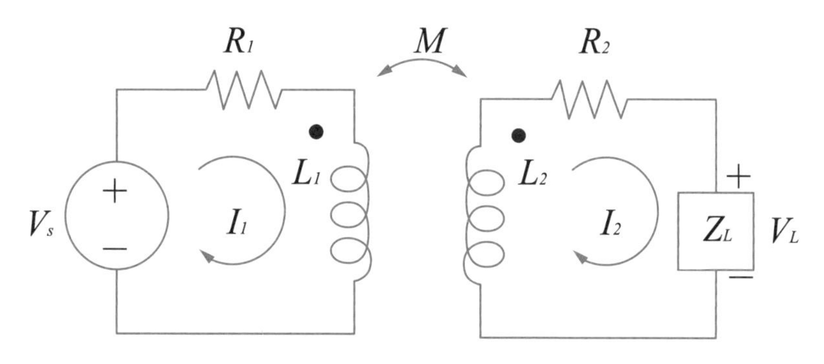

線性變壓器電路示意圖

試題演練

經典考題

( ) **1** 如右圖，若鐵心中的 $Bc=0.5Wb/m^2$，且假設鐵心與氣隙之截面積相同並忽略邊緣效應，求在氣隙中之磁場強度為何？

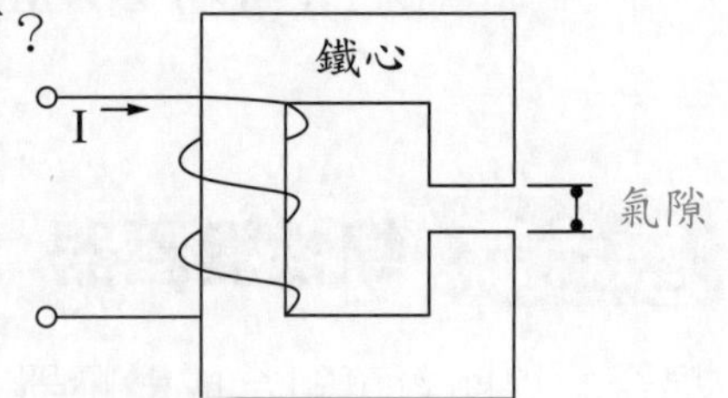

(A) 1.78×10^5 At/m
(B) 3.98×10^5 At/m
(C) 5.64×10^5 At/m
(D) 7.13×10^5 At/m。

( ) **2** 有三條相互平行的長直導線如圖所示，導線間距離為 d 米。若三條導線上均通以大小相等，方向相同的電流 I 安培，則每一導線中單位長度所受的合磁力大小為多少牛頓？

（$K=\dfrac{\mu_0}{2\pi}=2\times10^{-7}$ 牛頓／安培^2）

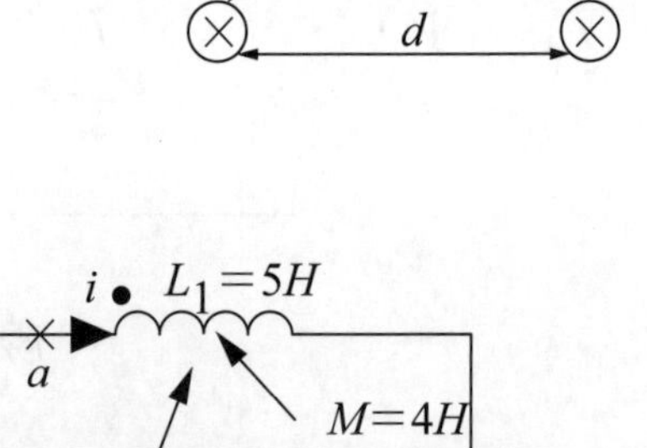

(A) $K(I^2/d)$
(B) $\sqrt{2}\,K(I^2/d)$
(C) $2K(I^2/d)$
(D) $\sqrt{3}\,K(I^2/d)$。

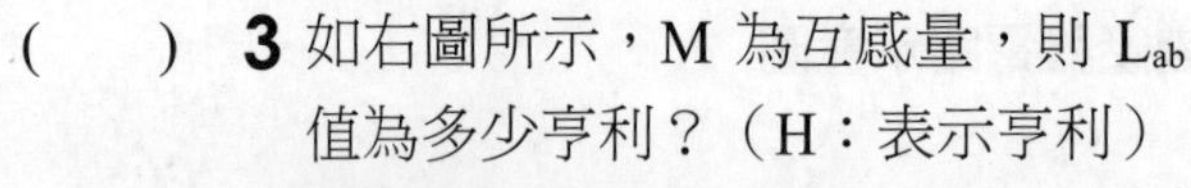

( ) **3** 如右圖所示，M 為互感量，則 L_{ab} 值為多少亨利？（H：表示亨利）

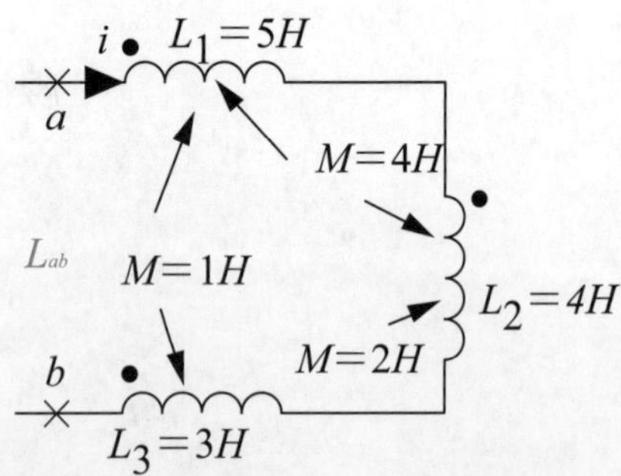

(A) 10H
(B) 14H
(C) 18H
(D) 26H。

( ) **4** 兩個不同磁性材料之鐵心電感器 L_1 及 L_2，已知其鐵心上所繞之線圈匝數均為 100 匝，若分別通以 1A 之電流，其產生之磁通分別為 $\phi_1=1mWb$ 及 $\phi_2=4mWb$，再將此兩電感器串聯，若其磁通互助且耦合係數為 0.1，則此兩電感應器串聯之總電感量 $L_T=$？

(A) 0.52H (B) 0.54H
(C) 0.48H (D) 0.46H。

(　　) **5** 有一線圈其匝數為 1000 匝，其電感量為 10H，若欲將自感量減為 2.5H，則應減少多少匝的線圈？
(A) 500 匝
(B) 750 匝
(C) 250 匝
(D) 100 匝。

(　　) **6** 如右圖所示，a－b 兩端之等效電感為：

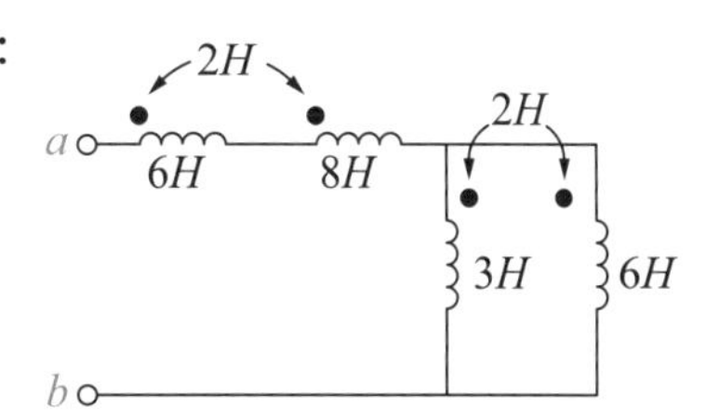

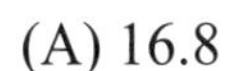
(A) 16.8
(B) 18.8
(C) 20.8
(D) 22　H。

(　　) **7** 有兩線圈 N_1＝50 匝，N_2＝100 匝，兩線圈以一鐵心耦合，當 N_1 通以 2A 之電流，則 $\phi 1 = 10^{-2}$Wb，$\phi 12 = 8 \times 10^{-3}$Wb，求兩線圈間之互感量為多少？
(A) 0.2
(B) 0.4
(C) 0.8
(D) 1　H。

(　　) **8** 有一個 50mH 的電感器，若通過該電感器的電流在 0.5 毫秒內由 10mA 增加至 50mA 時，試求電感兩端的感應電勢為多少？
(A) 2V
(B) 4V
(C) 5V
(D) 7V。

(　　) **9** 有一 3mH 之電感器，在t≥0秒時，其端電流 $i(t) = 10 - 10e^{-100t}$（3 cos200t+4 sin200t）A，則在 t＝0 秒時，此電感器儲存之能量為：
(A) 2400mJ
(B) 1500mJ
(C) 600mJ
(D) 150mJ。

(　　) **10** 如圖所示電路，求 a、b 兩端的總電感 L_{ab}＝？

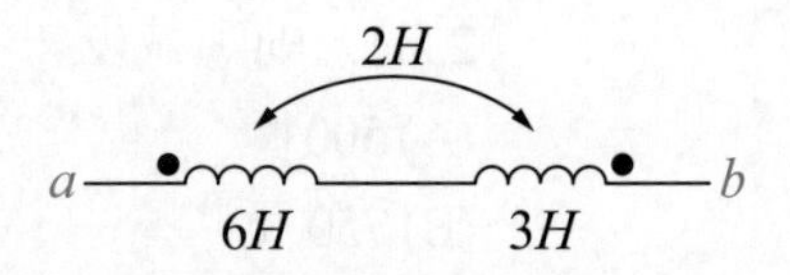

(A) 3H
(B) 4H
(C) 5H
(D) 6H。

(　　) **11** 有一導體長 50 公分，通以 2 安培之電流，置於 5 韋伯／公尺^2 的均勻磁場中，若此導體與磁場夾角為 30 度，則導體受力為多少？
(A) 1.25 牛頓
(B) 2.5 牛頓
(C) 4.33 牛頓
(D) 10 牛頓。

(　　) **12** 某空氣芯線圈匝數為22匝，經測量得知電感量為120μH。若欲繞製480μH之空氣芯電感器，則此線圈之匝數應為何？
(A)120匝
(B)88匝
(C)44匝
(D)11匝。

(　　) **13** 數條平行導線通過同方向之電流，則下列敘述何者正確？
(A)導線間不會產生作用力
(B)有些導線產生吸引力，有些導線產生排斥力
(C)導線間將產生互相排斥之作用力
(D)導線間將產生互相吸引之作用力。

(　　) **14** 如右圖所示，磁通 ϕ 若在 0.2 秒內由 0.8 韋伯降至 0.4 韋伯（方向不變），且線圈匝數為 100 匝，則線圈上所感應之電勢 e 為何？

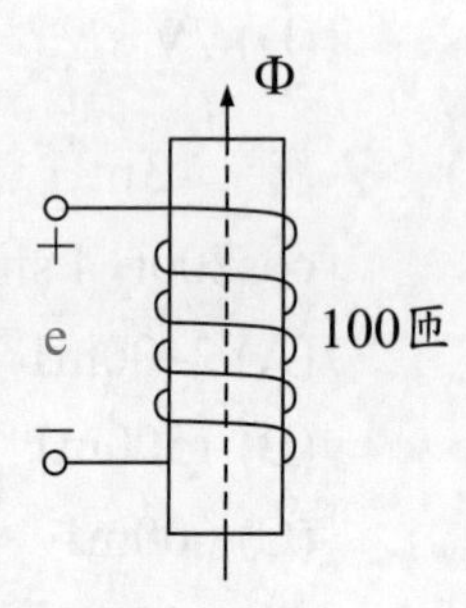

(A)－200V
(B)－50V
(C) 50V
(D) 200V。

模擬測驗

(　) **1** 甲、乙兩線圈匝數分別為 300 匝及 600 匝，當甲線圈通過 5 安培時，產生 0.09 韋伯之磁通與甲線圈交鏈，而其中 0.03 韋伯之磁通與乙線圈交鏈，則甲線圈之自感及兩線圈之互感依序分別為多少亨利？

(A) 3.6，5.4　(B) 5.4，3.6
(C) 7.2，10.8　(D) 10.8，7.2。

(　) **2** 如右圖所示含有電感及電阻之直流電路，已知電感 L 為 1mH，則到達穩態時電感上之電流大小為多少安培？

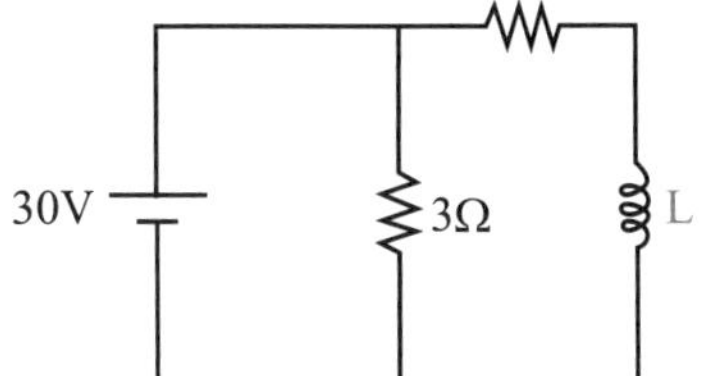

(A) 0
(B) 5
(C) 10
(D) 15。

(　) **3** 如右圖示之電路到達穩定狀態後，電流 I 之值等於多少安培？

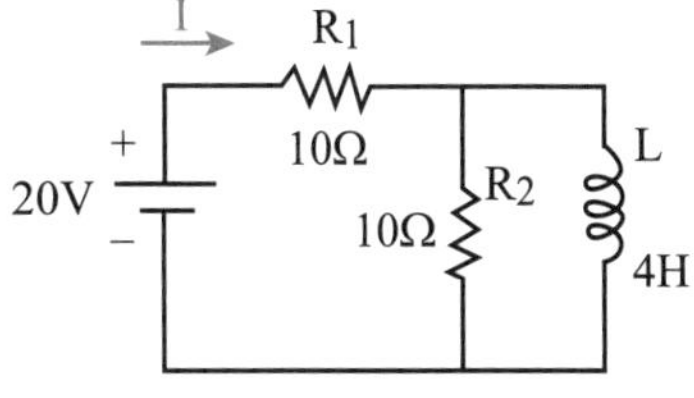

(A) 0
(B) 1
(C) 2
(D) 4。

(　) **4** 若甲線圈在 0.1 秒內電流由 0 安培上升至 2.5 安培，使其附近之乙線圈感應 25 伏特之感應電勢，則甲乙兩線圈間之互感為多少亨利？

(A) 1　(B) 1.5
(C) 2　(D) 2.5。

(　) **5** 一線圈數為 100 匝的螺線管，當通過 4 安培電流時，在每一匝上產生 0.02 韋伯之磁通，則該螺線管所儲存之能量為多少焦耳？

(A) 2　(B) 4
(C) 6　(D) 8。

(　) **6** 在一個交流電路中，兩個大小分別為 1 亨利（H）及 0.25 亨利的電感器串聯後的結果相等於一個多少亨利的電感器？

(A) 0 亨利　(B) 0.2 亨利
(C) 0.25 亨利　(D) 1.25 亨利。

(　　) **7** 有一 20 匝之圓形線圈，其半徑為 0.05 米，若通以 1 安培電流，則中心之磁場強度為：
(A) 250 安匝／米　(B) 200 安匝／米
(C) 100 安匝／米　(D) 150 安匝／米。

(　　) **8** 一導線長 10 米在磁通密度 $B=2\times10^{-3}$韋伯／平方米之磁場中運動，若導線通以 3 安培之電流，且磁場與導線運動之方向垂直，則導線所受力為：
(A) 0.06 牛頓　(B) 0.6 牛頓
(C) 6牛頓　(D) 0.3牛頓。

(　　) **9** 如右圖所示，$L_1=5H$，$L_2=3H$，$M=1H$，則 AB 兩端之電感 L_{AB} 為：
(A) 6H
(B) 9H
(C) 10H
(D) 4H。

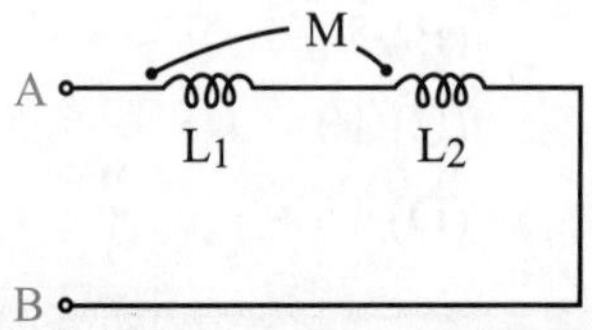

(　　) **10** 右圖所示的兩個耦合線圈用一個等效線圈來取代時，其電感 L_{ab} 為何？
(A) $L_{ab}=13mH$
(B) $L_{ab}=9mH$
(C) $L_{ab}=12mH$
(D) $L_{ab}=10mH$。

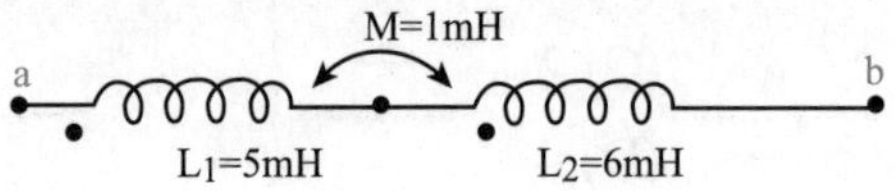

(　　) **11** 如右圖所示之電路，試求其等效電感 L 為多少亨利（H）？
(A) 1
(B) 2
(C) 5／2
(D) 4。

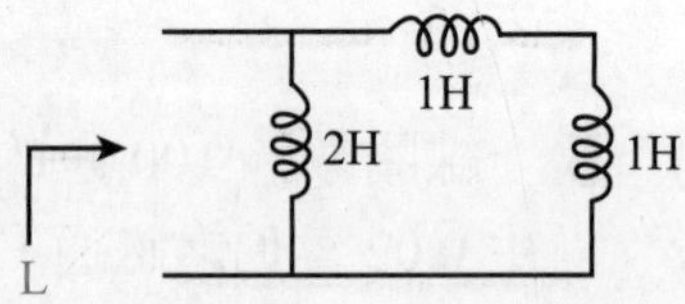

第7章　直流暫態

第一節　電阻／電容電路與電阻／電感電路之響應

單一個電容器與電阻器組成的電路稱為一階 RC 電路，而單一個電感器與電阻器組成的電路稱為一階 RL 電路。因電容器或電感器為儲能元件，在電路開始時可能有一定的電壓或電流在其上，故可將 RC 電路與 RL 電路的問題分為零輸入情況與零態情況。零輸入情況係指電路中儲能元件具有初值，但未接有獨立電源，亦稱為無源電路；零態情況係指電路未含初值，但有外接獨立電源之情況。

RC 電路與 RL 電路皆可用微分方程式的形式表示出電壓與電流隨時間變化的關係式，微分方程式的解可分為齊次解與特解。齊次解係由電路本身特性以及電路之初始值所決定，而與輸入函數（外接獨立電源）無關，故被稱為自然響應，亦稱為零輸入響應。此項響應將隨之增加而衰減至零，故又稱為暫態響應。特解係由輸入函數所產生，因此在電路中被稱為激勵響應，而此解不會隨時間衰減或消失，故又稱為穩態響應。

在電路未接有獨立電源且不含初值的情況下，其響應為零；若有初值而未接獨立電源時，其解為零輸入響應，僅包含暫態響應；若接有獨立電源而不含初值時，其解為零態響應，包含暫態響應與穩態響應；當接有獨立電源且含初值時，其解稱為完全響應，即為零輸入響應與零態響應之和。

第二節　RC暫態電路

在一階 RC 電路中，電容器上的電壓隨時間的響應變化可用下式表示

$$V_C(t)=V_C(\infty)+(V_C(0)-V_C(\infty))e^{-\frac{t}{\tau}}=V_C(\infty)+(V_C(0)-V_C(\infty))e^{-\frac{t}{RC}}$$

其中，$V_C(0)$為電容器上電壓的初始值，$V_C(\infty)$為電路達到穩態後電容器上的電壓值，τ 稱為時間常數單位為秒，對 RC 電路而言 $\tau=RC$。

不含初值的 RC 電路在接上電源的瞬間，其電壓為零，此時電容器形同短路。而 RC 電路達穩態時，電容器中有一固定電壓，此時電容器形同開路。

觀念加強

( ) **1** 有一個 RC 串聯的直流電流，電容無儲能，在 t=0 秒時，將直流電壓源 10V 投入，則下列何者為電容的電壓波形？
(A) 0V (B) 10V
(C) $10e^{-t}$V (D) $10(1-e^{-t})$V。

( ) **2** 電容器之充電過程如右圖所示，以下敘述何者正確？
(A)電容器兩端電壓慢慢上升
(B)充電瞬間，電容器視為開路
(C)充電完成後，電容器視為短路
(D)電容器電壓上升至 E 時，還有電流流動。

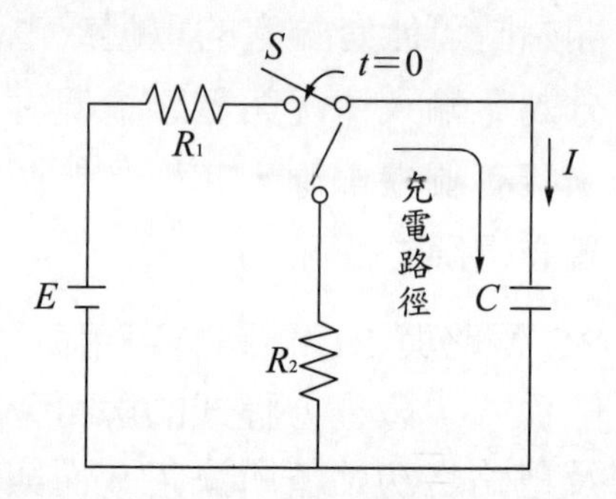

( ) **3** 以操作於穩態的直流電路而言，一個 20 歐姆（Ω）的電阻、一個 20 亨利（H）的電感器及一個 20 法拉（F）的電容器串聯起來後，其等效的電路特性與下述何種狀況一致？
(A)短路
(B)開路
(C) 20 歐姆的電阻
(D) 20 亨利的電感器及 20 法拉的電容器並聯。

第三節 RL暫態電路

在一階 RC 電路中，電感器上的電流隨時間的響應變化而用下式表示

$$i_L(t)=i_L(\infty)+\left(i_L(0)-i_L(\infty)\right)e^{-\frac{t}{\tau}}=i_L(\infty)+\left(i_L(0)-i_L(\infty)\right)e^{-\frac{R}{L}t}$$

其中，$i_L(0)$ 為電感器上電流的初始值，$i_L(\infty)$ 為電路達到穩態後電感器上的電流值，τ 稱為時間常數單位為秒，對 RL 電路而言 $\tau=\frac{L}{R}$。

不含初值的 RL 電路在接上電源的瞬間，其電流為零，此時電感器形同開路。而 RL 電路達穩態時，電感器中有一穩定電流，此時電感器形同短路。

觀念加強

(　　) **4** 如右圖所示的電路，要降低電路的時間常數 t 則需：
(A)增大電感 L
(B)增大電阻 R
(C)減少電阻 R
(D)增大電壓 V。

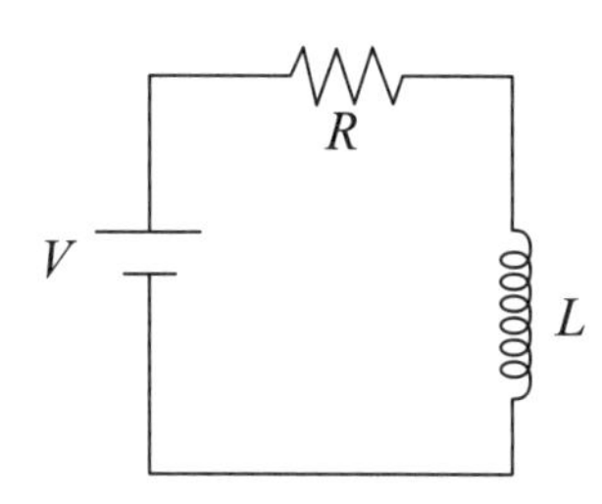

(　　) **5** 如右圖之電路，R 為小燈泡之電阻，於 S 閉合後，下列之敘述何者為正確？
(A)燈泡由最亮逐漸變暗
(B)燈泡逐漸亮起來
(C)燈泡維持一定亮度
(D)燈泡不亮。

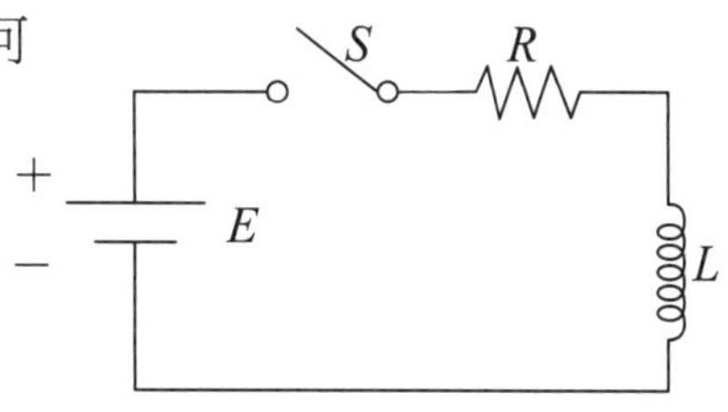

試題演練

經典考題

( ) **1** 右圖電路中，R＝6kΩ，C＝1μF，則時間常數等於多少？
(A) 1ms
(B) 4ms
(C) 9ms
(D) 36ms。

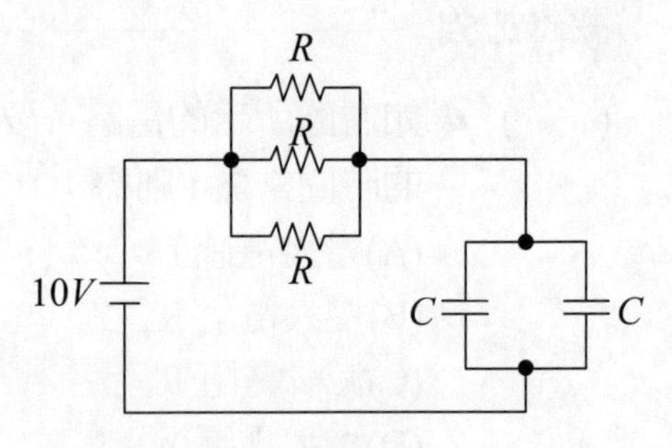

( ) **2** 如右圖所示，開關 S 在接通瞬間，流經 2Ω 的電流為多少？
(A) 1A
(B) 3A
(C) 2.5A
(D) 2A。

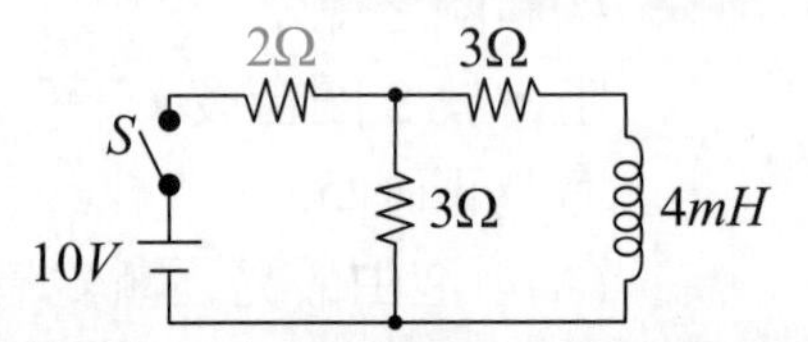

( ) **3** 一直流 RC 電路之時間常數 τ 為 1 秒；已知電容正處於放電狀態，且電路中無任何電源存在，在時間 t=2 秒時，跨於電阻上之電阻電壓為 1 伏特，則在 t=4 秒時，此電阻之電阻電壓為何？
(A) e^{-1}V　(B) e^{-2}V
(C) e^{-3}V　(D) e^{-4}V。

( ) **4** 如右圖所示，電容的初始電壓為零，當 t＝0 時，此開關閉合（Closed），且之後一直維持閉合的狀態，試求此電路開關閉合後的時間常數為多少？
(A) 5ms
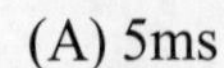
(B) 3ms
(C) 2ms
(D) 1.2ms。

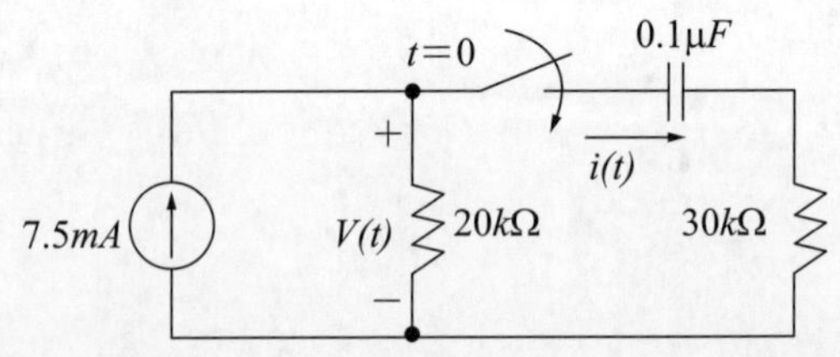

( ) **5** 如右圖為電阻與電感之串聯電路，開關閉在 "c" 的位置經一段很長時間，試求當開關由位置 "c" 切至位置 "b" 起，流經電感的電流 i(t)之暫態值為何？
(A) $i(t)=\frac{E}{R}(1-e^{\frac{-R}{L}t})$
(B) $i(t)=\frac{E}{R}e^{\frac{-R}{L}t}$

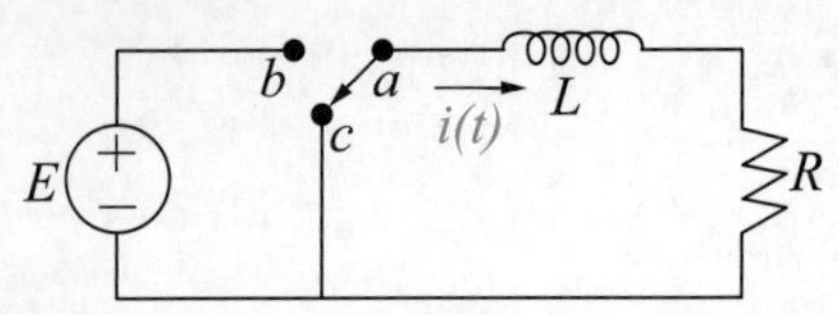

(C) $i(t)=\frac{E}{R}(1-e^{\frac{-L}{R}t})$

(D) $i(t)=\frac{E}{R}e^{\frac{L}{R}t}$。

(　　) **6** 如右圖所示，待電源穩定後，在 t_1 的時間，瞬間將開關 S_1 打開 (OFF)，則 $i(t_1)$ 為：
(A) 5mA
(B) 10mA
(C) 0mA
(D) －10mA。

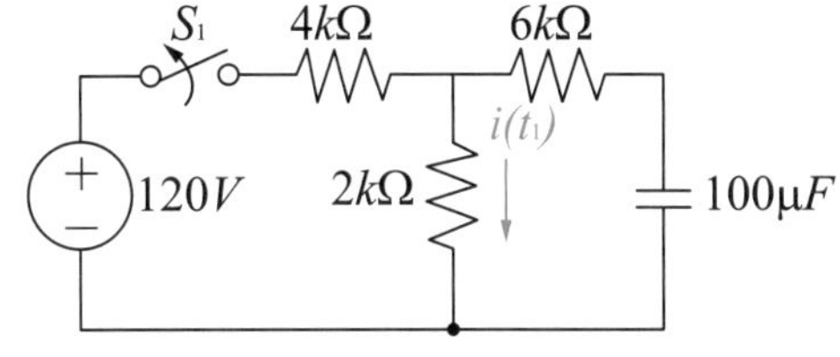

(　　) **7** 在 RC 串聯電路中，當 C＝0.05μF，R＝100kΩ 時，則其時間常數為多少？　(A) 50 秒　(B) 5 秒　(C) 50 毫秒　(D) 5 毫秒。

(　　) **8** 如右圖所示，若電容電壓 V_C 初值為 0，當 t＝0 時，將開關 S 閉合，則經過 5m 秒後 V_C 為：
(A) $90(1-e^{-1})$
(B) $90(1-e^{-10})$
(C) $30(1-e^{-1})$
(D) $30(1-e^{-10})$　伏特。

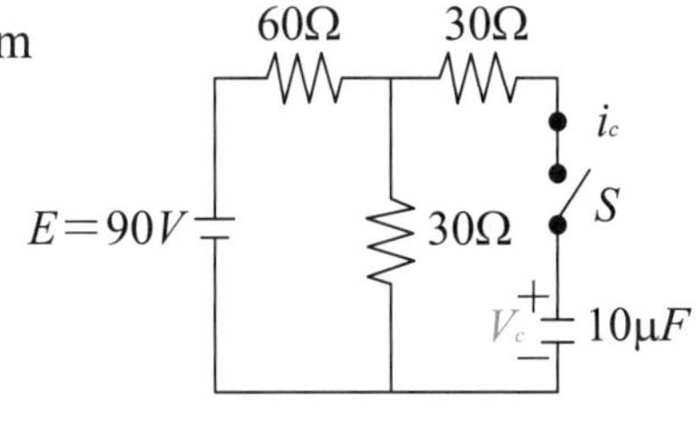

(　　) **9** 如右圖所示，t＝0 時，開關 K 接通，10 秒後電容端電壓應接近多少？
(A) 2
(B) 5
(C) 7
(D) 10　V。

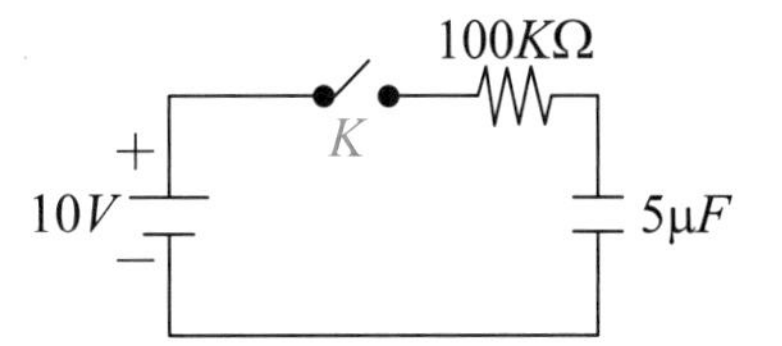

(　　) **10** 一直流 RC 電路之時間常數為 τ 秒，已知電容正處於放電狀態。若在時間 $t=t_0$ 時跨於電容兩端之電壓為 V_C，則在 $t=t_0+2\tau$ 時，電容電壓約為多少？（$e^{-1}\cong 0.37$）

(A) $0.14V_C$　　(B) $0.26V_C$

(C) $0.40V_C$　　(D) $0.74V_C$。

試題演練

(　　) **11** 如圖所示電路，求開關 S 閉合後，到達穩態時之 i_L 及 V_C 值？

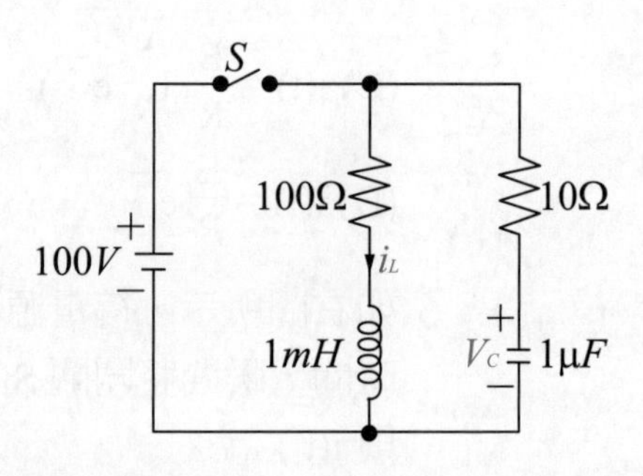

(A) i_L＝0A，V_C＝0V
(B) i_L＝0A，V_C＝10V
(C) i_L＝1A，V_C＝10V
(D) i_L＝1A，V_C＝100V。

(　　) **12** 如圖所示電路，當開關 S 閉合時，求充電時間常數為多少？

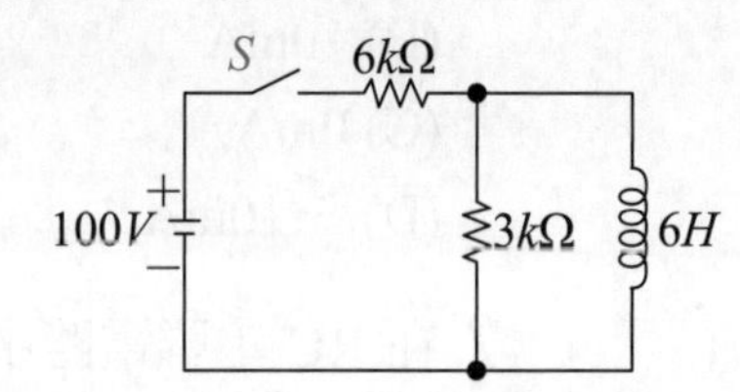

(A) 1ms
(B) 2ms
(C) 3ms
(D) 4ms。

(　　) **13** 如右圖所示電路，開關 S 閉合後，到達穩態時，電流 i 為多少？

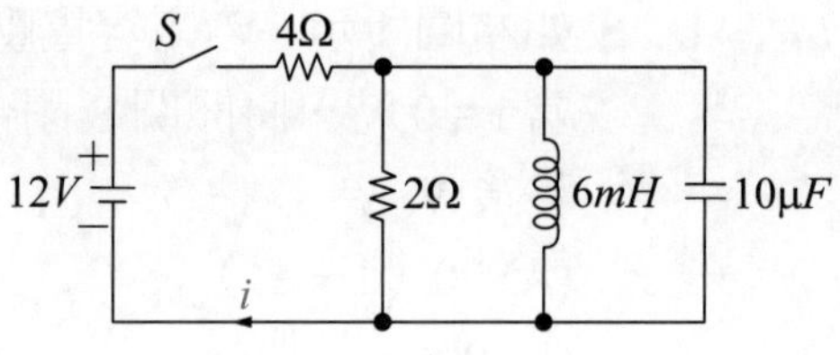

(A) 2A
(B) 3A
(C) 4A
(D) 6A。

(　　) **14** 如右圖所示電路，若 E＝100V，R＝20kΩ，C＝50nF，且電容的初始電壓為 30V，則開關 S 閉合之瞬間，流經電阻的電流為多少？

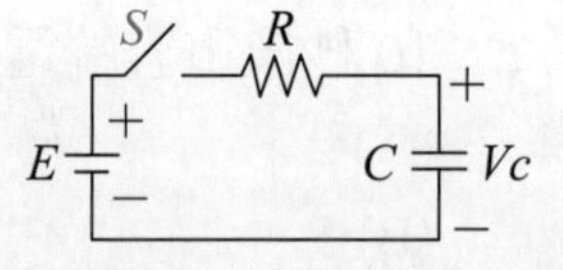

(A) 1.1mA
(B) 1.8mA
(C) 3.5mA
(D) 5.2mA。

(　　) **15** 如右圖所示電路，將開關閉合很長時間後，電流 I 約為多少？

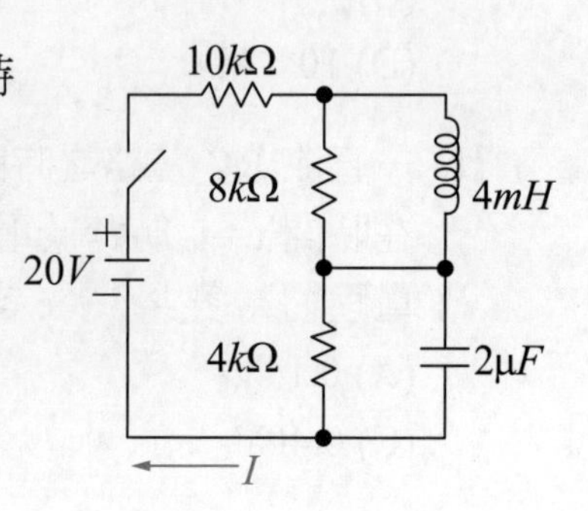

(A) 0.01mA
(B) 0.1mA
(C) 1.43mA
(D) 2.58mA。

(　　) **16** 如右圖所示電路之電感及電容均無儲能，則在開關 S 閉合瞬間，電源電流 IS 應為若干 A？

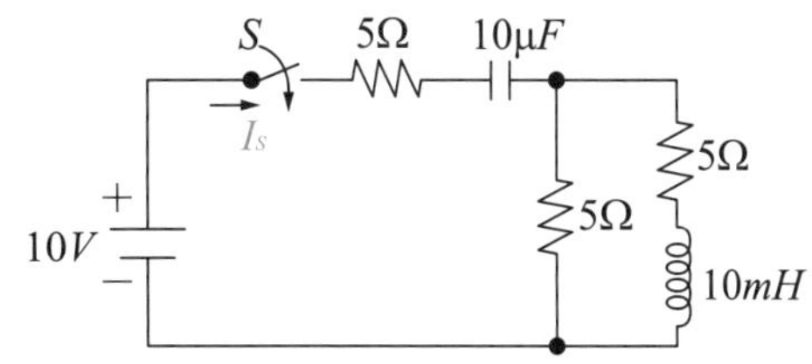

(A) 0
(B) 1
(C) 1.333
(D) 2。

(　　) **17** 如右圖所示，若電路已達穩態，當 t＝0 時，開關 S 由 1 到 2，則 V_R 值為多少伏特？

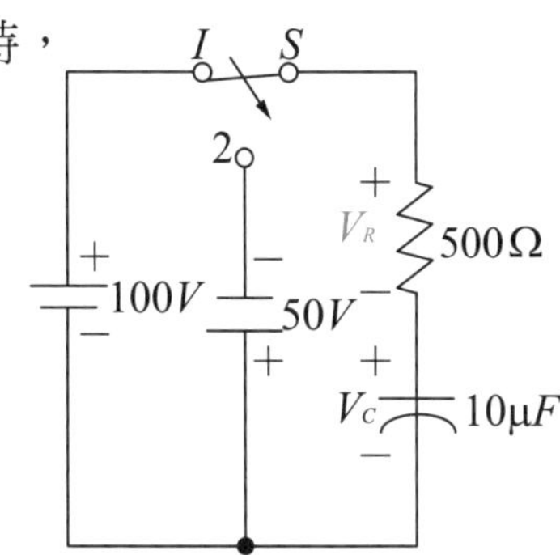

(A)－$150e^{-200t}$
(B) 50－$150e^{-200t}$
(C) $50e^{-200t}$
(D) 50＋$50e^{200t}$。

(　　) **18** 一電容充放電電路如右圖所示，假設開關 SW 停留在位置 2 已經很長一段時間（10 秒以上），若在時間 t＝0 秒時將 SW 切到位置 1，過 1 秒之後再切回位置 2，則下列有關電路中電流的敘述，何者正確？（假設電容充放電經 5 倍時間常數即達穩態）

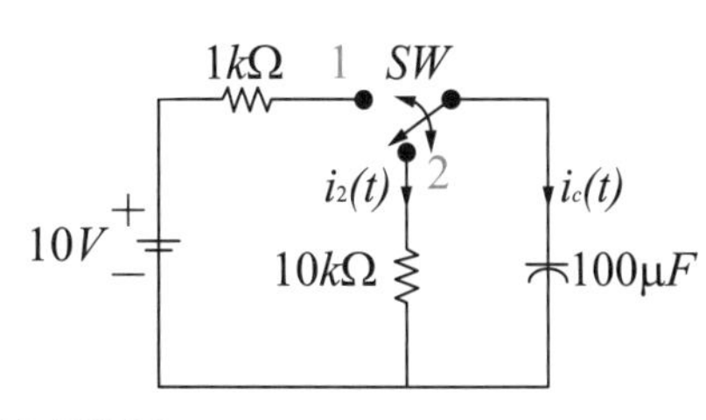

(A)在 SW 切回位置 2 之瞬間（t＝1 秒），i_2＝0mA
(B)在 SW 切到位置 1 之瞬間（t＝0 秒），i_c＝0mA
(C)在 SW 切回位置 2 之瞬間（t＝1 秒），i_c＝0mA
(D)在 SW 切回位置 2 之後再經過 5 秒（相當於 t＝6 秒），i_2＝0mA。

(　　) **19** 如右圖所示電路，在時間 t＝0，開關 S 閉合，求充電時間常數？

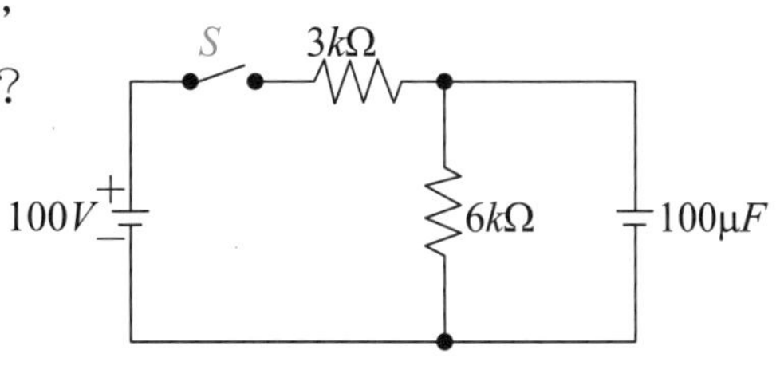

(A) 0.2 秒
(B) 0.3 秒
(C) 0.6 秒
(D) 0.9 秒。

試題演練

( ) **20** 如右圖所示之 R－C 串聯電路，當電路達到穩態時，電容兩端的電壓值為何？
(A) 10V
(B) 8V
(C) 7V
(D) 2V。

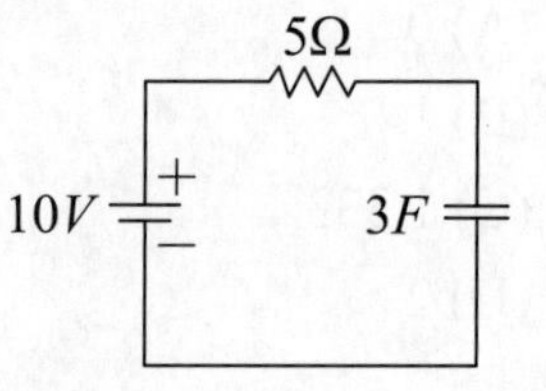

( ) **21** 在一 R－L 串聯電路中，R＝50Ω、L＝0.5H，接上 100V 直流電源，在接上電源之瞬間，電感器 L 兩端電壓為何？
(A) 0V (B) 25V
(C) 50V (D) 100V。

( ) **22** 承上題，電感器充電儲能過程中，其電流為何？
(A) $2(1-e^{-100t})$ A (B) $2e^{-100t}$ A
(C) $2(1-e^{-25t})$ A (D) $2e^{-25t}$ A。

( ) **23** 某R－C串聯電路，其電容器初始電壓為零。當時間t＝0秒時，加入直流電壓開始充電，則當t＝R×C秒時，電容器之端電壓可達到充電穩態電壓之百分比為何？
(A)56.2% (B)65.3%
(C)63.2% (D)72.3%。

( ) **24** 如右圖所示之電路，V_{in}＝25V，開關S於t＝0秒時閉合。若L＝10mH、R＝50kΩ，則當t＝1微秒(ms)時，流經R之電流 I 約為何？
(A)0.50mA
(B)0.42mA
(C)0.32mA
(D)0.25mA。

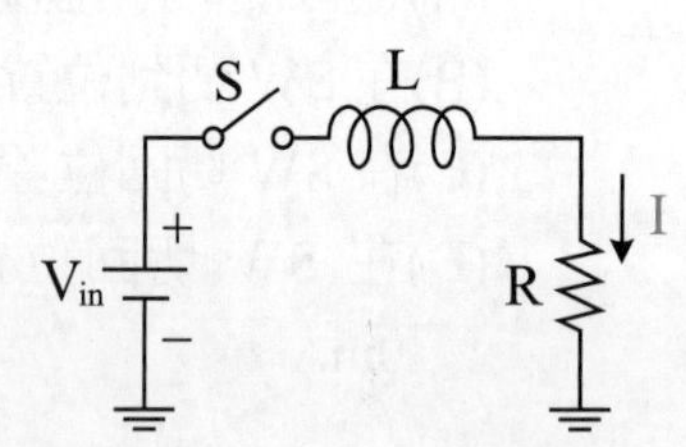

( ) **25** R－C 串聯電路中，若 R＝400kΩ、C＝0.5μF，則時間常數 t 為何？
(A) 5 秒 (B) 0.5 秒
(C) 0.2 秒 (D) 0.02 秒。

模擬測驗

(　　) **1** 右圖電路在穩態時之電容電壓 V_c 及電感電流 I_L 值分別為多少？

(A) $V_c = 2V$，$I_L = 4A$

(B) $V_c = 6V$，$I_L = 1A$

(C) $V_c = 4V$，$I_L = 4A$

(D) $V_c = 8V$，$I_L = 2A$。

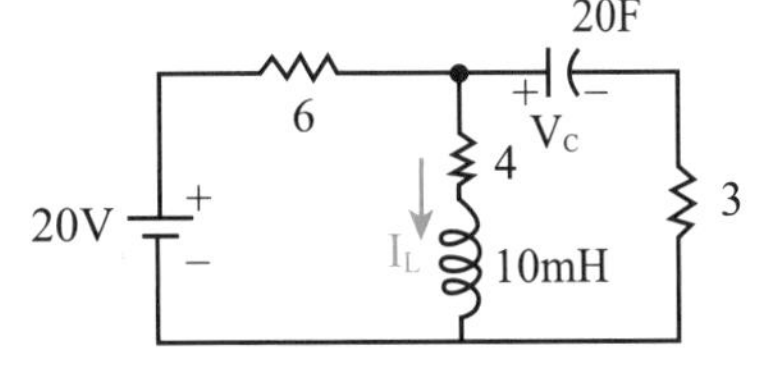

(　　) **2** 如右圖所示含有電容、電感及電阻之直流電路，已知電感 L 為 1mH、電容 C 為3F，則到達穩態時，電感 L 上之電流大小為多少安培？

(A) 0

(B) 1

(C) 2

(D) 4。

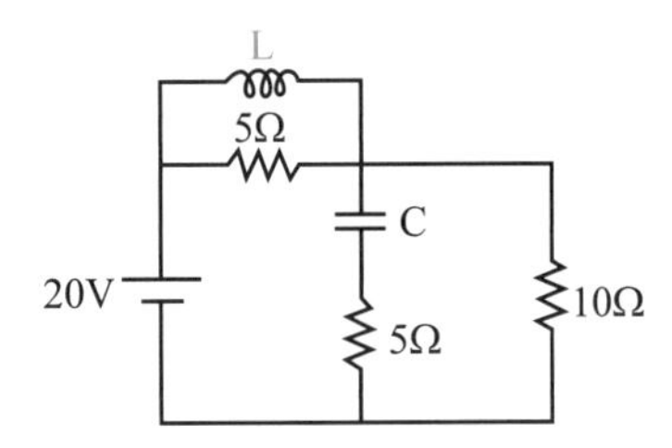

(　　) **3** 如右圖所示含有電容、電感及電阻之直流電路，已知電感 L 為 1H、電容 C 為 3F，則到達穩態時，流經 2Ω 電阻之電流大小為多少安培？

(A) 1.6

(B) 2.6

(C) 3.6

(D) 4.6。

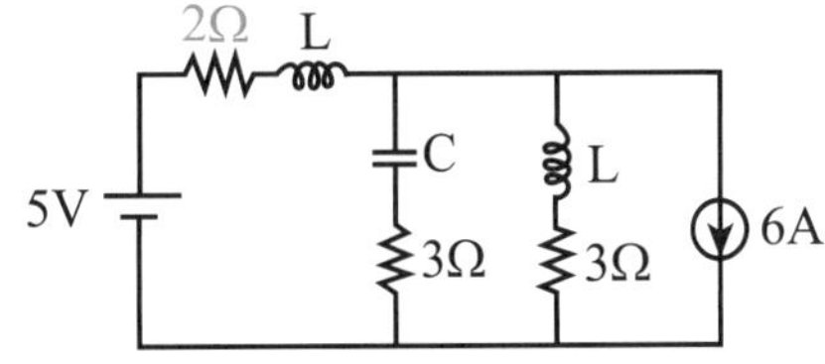

(　　) **4** 有一直流電路含有二只相同電容及一只電阻，三者相互串聯，已知電容值均為 20 μF、電阻值為 10kΩ，則電容充電時之時間常數為多少秒？

(A) 0.1

(B) 0.2

(C) 0.4

(D) 0.004。

(　　) **5** 如右圖所示之電路，若該電路已到達穩態，試求電壓 V_C 之值：

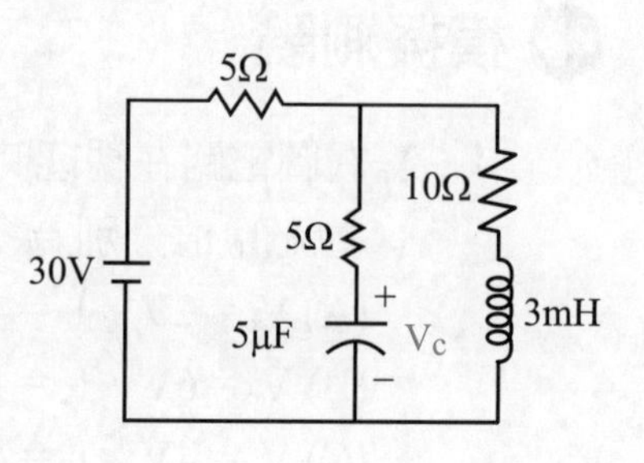

(A) 0 伏特
(B) 30 伏特
(C) 20 伏特
(D) 10 伏特。

(　　) **6** 如右圖所示，若開關 S 在位置 a 已達穩態，當 t＝0 秒時，將開關 S 移到位置 b，試求：當 t＝30ms 時，電壓 V_C 為若干？

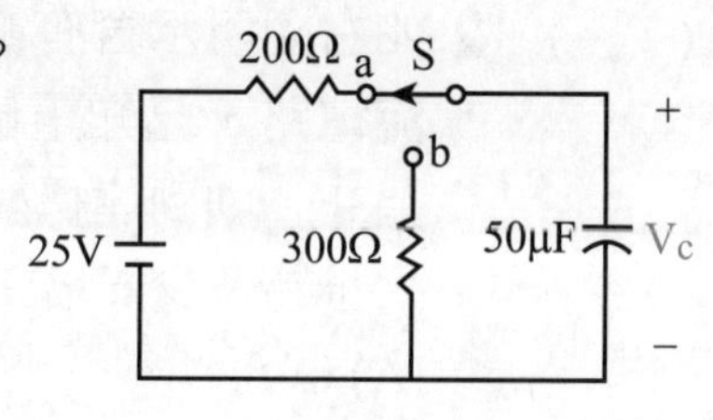

(A) $20e^{-3}$ 伏特
(B) $25e^{-3}$ 伏特
(C) $25e^{-2}$ 伏特
(D) $5e^{-2}$ 伏特。

(　　) **7** 如右圖所示，若開關 S 在位置 a 已達穩態，當 t＝0 秒時將開關 S 移至位置 b，試求當 t＝40μs 時，電流 i 為若干？

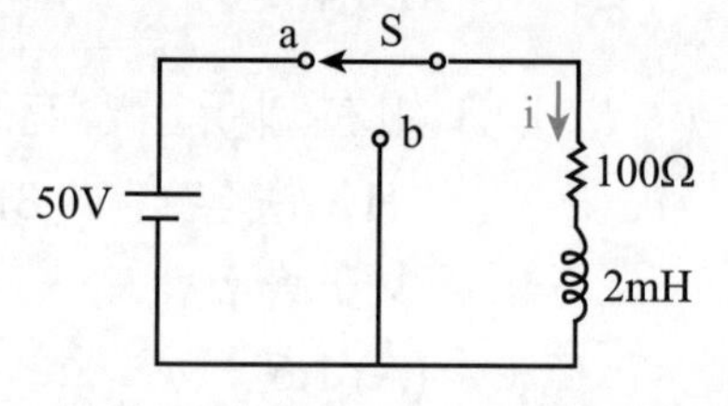

(A) $0.5e^{-1}$ 安培
(B) $2e^{-2}$ 安培
(C) $0.5e^{-2}$ 安培
(D) $2e^{-1}$ 安培。

(　　) **8** 如右圖所示之電路，其時間常數為多少？

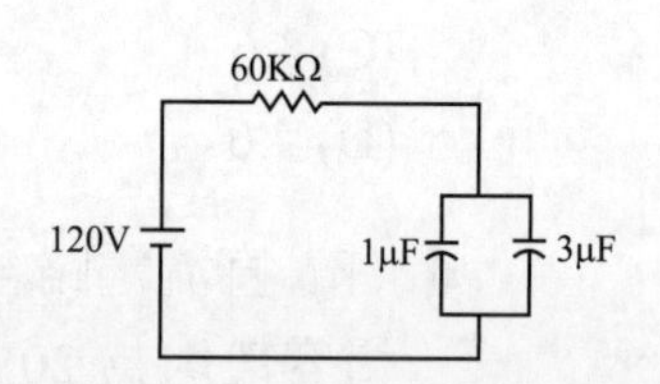

(A) 0.045s
(B) 0.18s
(C) 0.06s
(D) 0.24s。

(　　) **9** 如右圖所示之電路，試求該電路達到穩定狀態時之電流 I_L 之值：

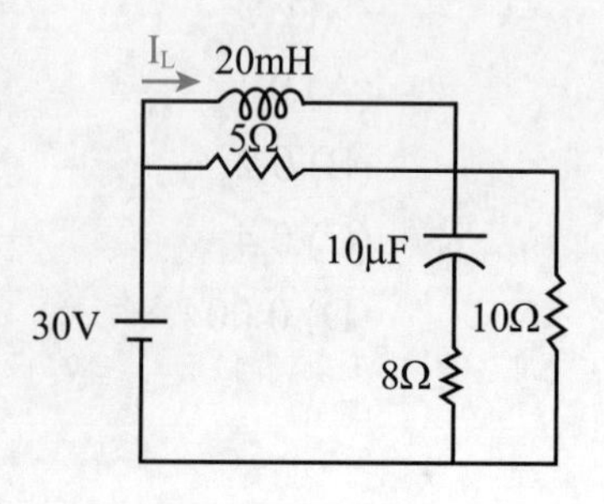

(A) 2 安培
(B) 3 安培
(C) 4 安培
(D) 6 安培。

第8章　交流電

第一節　電力系統概念

電源電壓正負極性或電流方向不隨時間而改變的稱為直流電源，若電壓正負極性或電流方向會隨時間而改變的稱為交流電源。

電力傳輸主要以交流電為主，因傳輸效率及利用率較高，且電壓升降調整較直流電容易。

第二節　頻率及週期

頻率為交流電每秒內週期變化的次數，以 f 表示，單位為赫茲（Hz）。

週期為交流電變化一次所需的時間，為頻率的倒數，以 T 表示，單位為秒（sec 或 s），$T=\frac{1}{f}$。

第三節　波形

一個波峰為 V_m，角頻率為 ω 的正弦函數可表示為下式

$$v(t)=V_m\sin(\omega t+\phi)$$

其中波峰 V_m 為函數的最大值，角頻率 ω 單位為每弧度（rad/s），ϕ 為相角或相位，常以弧度或角度表示。正弦曲線的週期為 $T=\frac{2\pi}{\omega}$，頻率 f 為週期的倒數，單位為赫茲（Hz）。頻率和角頻率的關係為 $\omega=2\pi f$。

$$f=\frac{1}{T}=\frac{\omega}{2\pi}$$

此外，常用有效值（均方根值）表示電壓（或電流），其可表示為 V_{eff} 或 V_{rms}，對弦波而言，$V_{eff}=V_{rms}=\frac{V_m}{\sqrt{2}}$，而電壓（或電流）的最大值與其有效值之比，稱為波峰因數 CF，故對弦波而言，其波峰因數為 $CF=\sqrt{2}$。當弦波經過整流電路時，可得一直流電壓並可求得其計算值，若是經過半波整流電路，則其平均電壓 $V_{av}=\frac{1}{\pi}V_m$，要是經過全波整流電路，則其平均電壓 $V_{av}=\frac{2}{\pi}V_m$，而電壓（或電流）的有效值與其平均值之比，稱為波形因數 FF，弦波全波整流電路的 $FF=\frac{\pi}{2\sqrt{2}}$。

若是電壓波形為方波時，$V_{eff}=V_{rms}=V_m$，全波整流後 $V_{av}=V_m$，故

$$CF=FF=1$$

若是電壓波形為三角波時，$V_{eff}=V_{rms}=\frac{1}{\sqrt{3}}V_m$，全波整流後 $V_{av}=\frac{V_m}{2}$，故

$$CF=\sqrt{3}，FF=\frac{2}{\sqrt{3}}$$

但是要注意的是，若未經過整流電路，則無論弦波、方波或三角波的平均值均應為 $V_{av}=0$。

正弦波、方波與三角波的比較（假設均為全波整流）表

	正弦波	方波	三角波
V_{eff} 或 V_{rms}	$\frac{V_m}{\sqrt{2}}$	V_m	$\frac{V_m}{\sqrt{3}}$
V_{av}	$\frac{2}{\pi}V_m$	V_m	$\frac{1}{2}V_m$
CF	$\sqrt{2}$	1	$\sqrt{3}$
FF	$\frac{\pi}{2\sqrt{2}}$	1	$\frac{2}{\sqrt{3}}$

觀念加強

(　　) **1** 下列有關正弦波的敘述，何者正確？　(A)波形因數（form factor）為$\sqrt{2}$　(B)波形因數為$\sqrt{3}$　(C)波峰因數（crest factor）為$\sqrt{2}$　(D)波峰因數為$\sqrt{3}$。

(　　) **2** 若交流電壓 v(t)=100 sin(ωt)伏特，則其電壓的平均值是多少伏特？
(A) 0　(B) 70.7　(C) 100　(D) 141。

(　　) **3** 求圖所示週期性電壓波形之平均值：
(A) $\frac{50}{\pi}$ V　(B) 0V　(C) $\frac{25}{\pi}$ V　(D) $\frac{12.5}{\pi}$ V。

(　　) **4** 有一直流電壓其大小為 50V，其平均值及有效值各為何？
(A) 50V，50V　(B) $\frac{50}{\sqrt{2}}$V，50V　(C) $\frac{50}{\sqrt{2}}$V，$\frac{50}{\sqrt{2}}$V　(D) 50V，$\frac{50}{\sqrt{2}}$V。

第四節　相位

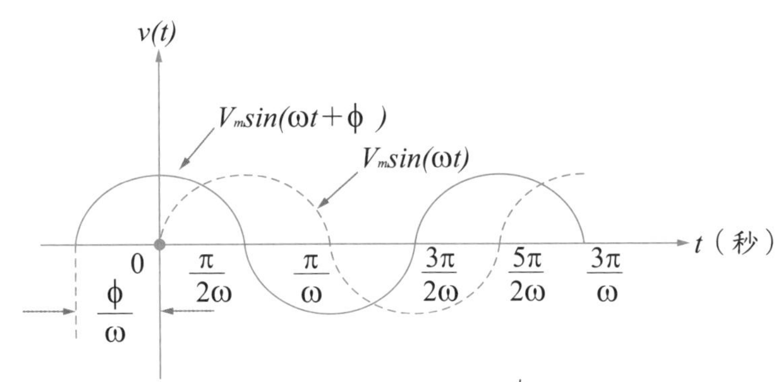

實線正弦波比虛線正弦波相對的早 $\frac{\phi}{\omega}$ 秒或 φ 弧度出現

若有兩正弦曲線 $v_1(t)=V_{m1}\sin(\omega t+\alpha)$ 及 $v_2(t)=V_{m2}\sin(\omega t+\beta)$，則定義 $v_1(t)$領先 $v_2(t)$，$(\alpha-\beta)$ 之相位；或 $v_2(t)$落後 $v_1(t)$，$(\alpha-\beta)$ 之相位。
正弦函數與餘弦函數之間只是相角不同，可以轉換。

$$\cos\left(\omega t-\frac{2}{\pi}\right)=\sin\omega t\text{，}\sin\left(\omega t+\frac{2}{\pi}\right)=\cos\omega t$$

故正弦函數 $v(t)=V_m\sin(\omega t+\phi)$ 亦可表示成 $V_m\cos\left(\omega t+\phi-\frac{2}{\pi}\right)$。

第五節　相量運算

在電路的運算中，複數有兩種常用的表示形式，一為直角座標形式，一為極座標形式。直角座標形式可用在加減乘除四則運算，極座標形式僅能用在乘除計算，而無法直接相加減。通常計算乘除法時採用極座標形式較為簡便，若需要計算加減法時，則一律採直角座標形式。

複數 A 的直角座標形式表示為 $A=a+jb$，其中 $j=\sqrt{-1}$，a 為實數部分，而 b 為虛數部分。

若有兩個複數 $A_1=a_1+jb_1$ 與 $A_2=a_2+jb_2$，則
兩複數的和為：

$$A_1+A_2=(a_1+a_2)+j(b_1+b_2)$$

兩複數的差為：

$$A_1-A_2=(a_1-a_2)+j(b_1-b_2)$$

兩複數的乘積為：

$$A_1A_2=(a_1+jb_1)(a_2+jb_2)=a_1a_2+ja_1b_2+ja_2b_1+j^2b_1b_2$$

$$=(a_1a_2-b_1b_2)+j(a_1b_2+a_2b_1)$$

兩複數的除法：

$$\frac{A_1}{A_2}=\frac{a_1+jb_1}{a_2+jb_2}=\frac{(a_1+jb_1)(a_2-jb_2)}{(a_2+jb_2)(a_2-jb_2)}=\frac{a_1a_2+b_1b_2}{a_2^2+b_2^2}+j\,\frac{b_1a_2-a_1b_2}{a_2^2+b_2^2}$$

此外，$A=a+jb$ 的共軛複數以 A^* 表示，其定義為 $A^*=a-jb$。

複數 A 的極座標形式為 $A=|A|e^{j\theta}=|A|\angle\theta$，其中，$|A|$ 為複數 A 的大小，θ 為複數 A 的角度或稱為幅角，可用$\theta=\text{Ang }A$（或 $\text{Arg }A$）表示之。

在極座標形式時，兩複數相乘為

$$A_1A_2=|A_1||A_2|\angle(\theta_1+\theta_2)$$

兩複數相除為

$$\frac{A_1}{A_2}=\frac{|A_1|}{|A_2|}\angle(\theta_1-\theta_2)$$

此外，由複數的分析可得知：

$$V_m e^{j\omega t} = V_m \cos \omega t + jV_m \sin \omega t$$

$$V_m \cos \omega t = R_e\left(V_m e^{j\omega t}\right)$$

$$V_m \sin \omega t = I_m\left(V_m e^{j\omega t}\right)$$

在此，定義相量表示式 $V = V_m e^{j\theta} = V_m \angle \theta$，其中 V_m 值為相量 v 的大小，亦有使用有效值（rms 值）表示相量的大小。當以有效值表示相量的大小時，

$$V = V_{rms} e^{j\theta} = V_{rms} \angle \theta = \frac{V_m}{\sqrt{2}} \angle \theta \text{。}$$

在電路中，欲求電壓或電流時可採用 V_m 值，若欲求功率則可採用 V_{rms} 值較為合適。

採用相量分析電路時，係先將電路由時域轉入頻域，列出相量方程式，並利用複數運算法則求解，再將領域相量解變回時域解。

因相量表示式的微分及積分運算非常簡單，故特別適合用在具有電容器或電感器的電路中。假設一弦波為 $f(t) = A_m \cos(\omega t + \theta)$，則其相量表示式為：

$$A = A_m e^{j\theta} = A_m \angle \theta$$

一次微分　$\frac{d}{dt} f(t) = j\omega A = \omega A \angle 90^\circ$

二次微分　$\frac{d^2 f(t)}{dt^2} = (j\omega)^2 A = \omega^2 A \angle 180^\circ$

觀念加強

(　　) **5** 在交流電路中，相量（Phasor）的四則運算：
(A)只限於相同頻率
(B)只限於不同頻率
(C)只限於不同頻率間有倍數關係
(D)沒有限制。

試題演練

經典考題

( ) **1** 有兩個交流訊號，分別為 $v(t)=60\sin(377t+30^\circ)$ 和 $i(t)=40\sin(377t-10^\circ)$，此兩個交流訊號的相位關係為何？
(A) v 超前 i 20°　(B) v 滯後 i 20°
(C) v 超前 i 40°　(D) v 滯後 i 40°。

( ) **2** 有一交流正弦波為 $v(t)=155\sin(377t+30^\circ)$ V，其頻率為多少？
(A) 50Hz　(B) 60Hz
(C) 155Hz　(D) 377Hz。

( ) **3** 若複數 $\overline{A}=4\sqrt{2}\angle 45^\circ$，$\overline{B}=2-j2\sqrt{3}$，則 $\overline{A}\div\overline{B}=$？
(A) $2+j11$　(B) $\sqrt{2}\angle 105^\circ$
(C) $6\sqrt{2}\angle -25^\circ$　(D) $\sqrt{3}$。

( ) **4** 交流電的頻率為 60Hz，則其角頻率為多少？
(A) 60 弳度／秒　(B) 220 弳度／秒
(C) 377 弳度／秒　(D) 480 弳度／秒。

( ) **5** 如右圖所示之電流波形，其頻率為何？
(A) 50Hz　(B) 200Hz
(C) 250Hz　(D) 500Hz。

( ) **6** 相量 $\overline{A}=2\sqrt{3}+j2$，若 $\frac{1}{\overline{A}}=C\angle\phi$，則
(A) $C=4$　(B) $\phi=-36.9^\circ$
(C) $C=0.5$　(D) $\phi=-30^\circ$。

( ) **7** 如右圖所示之週期性電壓波形v(t)，此電壓之有效值為何？
(A)5.77V　(B)6.67V
(C)7.07V　(D)11.55V。

( ) **8** 一對稱之交流弦波電壓，以示波器量測得知電壓峰對峰值 $V_{pp}=440V$，則此電壓之有效值 V_{rms} 約為何？　(A)311V　(B)220V　(C)156V　(D)110V。

(　　) **9** 已知交流電壓$V(t)=200\sin(\omega t+30^\circ)$ V，週期 $T=0.02$ 秒，當 $t=0.01$ 秒時，$V(t)$之瞬時電壓值為何？　(A) −100V　(B) 100V　(C) −200V　(D) 200V

(　　) **10** 某交流正弦波電源之頻率為 60Hz，正半週平均電壓為 100V，則交流電壓瞬間方程式應接近為：
(A) $v(t)=100\sin377t$　(B) $v(t)=141.4\sin60t$
(C) $v(t)=141.4\sin377t$　(D) $v(t)=157.1\sin377t$。

(　　) **11** 有一交流電壓 $v(t)=100\sin(314t-30^\circ)$，則其頻率為多少？
(A) 60Hz　(B) 50Hz　(C) 100Hz　(D) 120Hz。

(　　) **12** 如圖(a)之電路，其中之電流源如圖(b)所示其週期 $T=3$ 秒，則 5Ω 電阻消耗之平均功率為：　(A) 40.5　(B) 45　(C) 48　(D) 52.5　W。

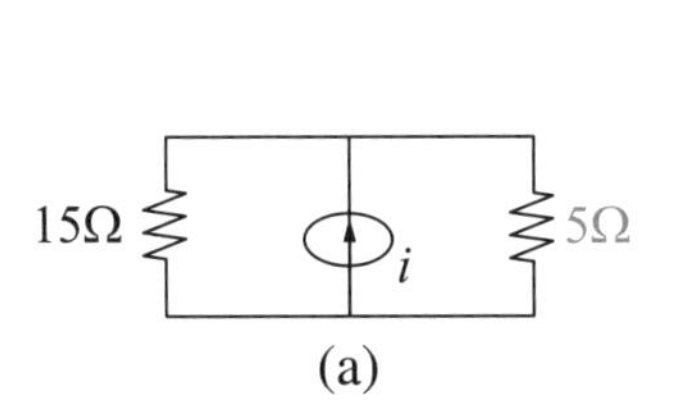

(a)

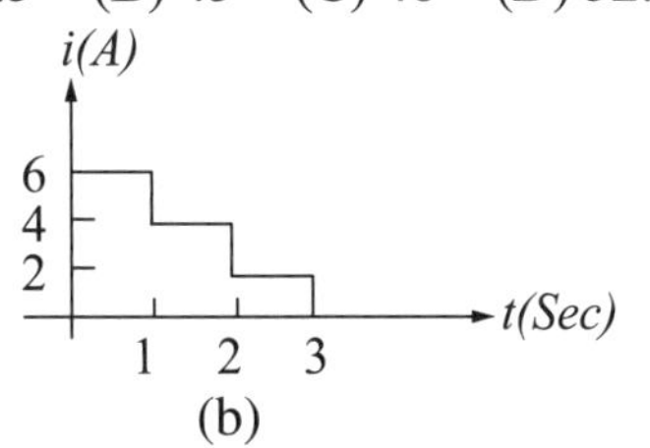

(b)

(　　) **13** 有一交流電壓 $V(t)=100\sin(314t-30^\circ)$，求電壓最大值 V_m 及當 $t=0.01$ 秒時之瞬間電壓值為多少？
(A) $V_m=144$V，$V(0.01)=100$V (B) $V_m=100$V，$V(0.01)=100$V
(C) $V_m=100$V，$V(0.01)=50$V　(D) $V_m=144$V，$V(0.01)=25$V。

(　　) **14** 有 GSM 無線手機頻率為 900MHz，則該頻率之週期及波長分別為：
(A) 1.1×10^{-3} 秒，$\frac{1}{3}$ 公尺　(B) 1.1×10^{-9} 秒，$\frac{1}{3}$ 公尺
(C) 1.1×10^{-3} 秒，$\frac{1}{3}\times10^{6}$ 公尺　(D) 1.1×10^{-9} 秒，$\frac{1}{3}\times10^{6}$ 公尺。

(　　) **15** 有一交流電壓 $v(t)=157\sin377t$ 伏特，求此正半週電壓平均值應接近多少？　(A) 100V　(B) 110V　(C) 90V　(D) 141V。

(　　) **16** 如右圖所示，a 為平均值，b 為有效值，則 a、b 的電壓各為多少伏特？
(A) $a=-1$，$b=3\sqrt{2}$
(B) $a=-1$，$b=2\sqrt{3}$
(C) $a=-1$，$b=3\sqrt{3}$
(D) $a=-1$，$b=2\sqrt{2}$。

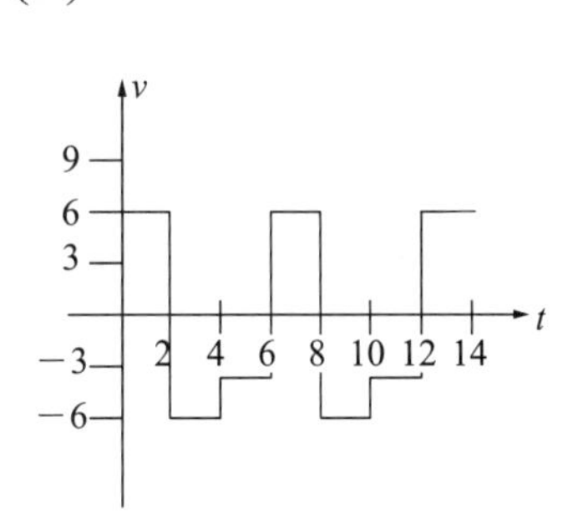

➡ 模擬測驗

(　　) **1** 如右圖所示，週期性電壓波形之週期為：

(A) 6ms　　(B) 9ms

(C) 12ms　　(D) 18ms。

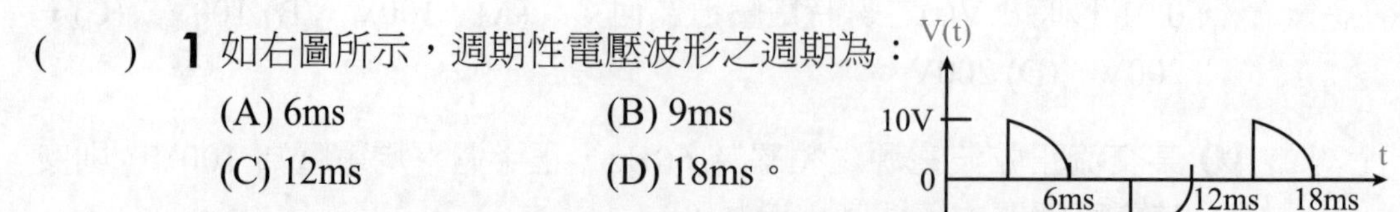

(　　) **2** 求下列電流之有效值：i(t)＝2＋4sin（377t－30°）A

(A) $2\sqrt{3}$A　(B) $\sqrt{10}$A　(C) 6A　(D) $2+\frac{4}{\sqrt{2}}$A。

(　　) **3** 如右圖所示，週期性電流波形之波形因數為何？

(A) 1.0　　(B) $\frac{8}{\sqrt{6}}$

(C) $\sqrt{2}$　　(D) $\frac{4}{\sqrt{6}}$。

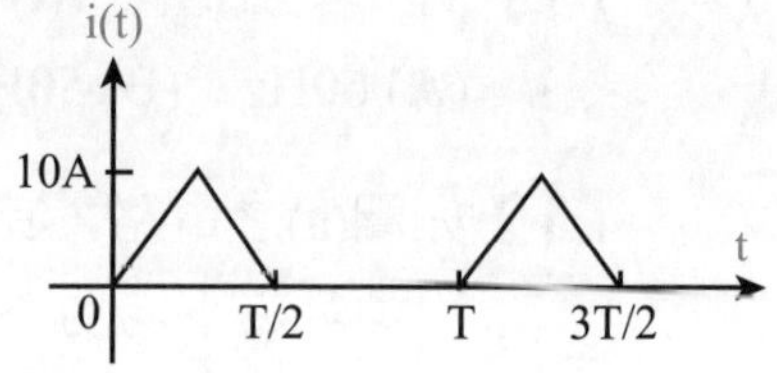

(　　) **4** 有一 5 歐姆之電阻負載，流過此電阻之電流波形如右圖所示，其平均功率為：

(A) 500W　　(B) $\frac{500}{3}$W

(C) 250W　　(D) 1000W。

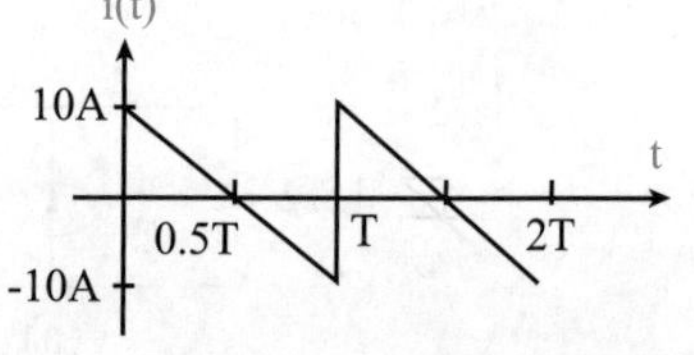

(　　) **5** 將二阻抗 $Z_1=100\angle-60°$ 歐姆與 $Z_2=100\angle-60°$ 歐姆作並聯連接，則總阻抗 Z 等於：　(A) $200\angle0°$ 歐姆　(B) $100\angle0°$ 歐姆　(C) $100\angle-120°$ 歐姆　(D) $50\angle-60°$ 歐姆。

(　　) **6** 如右圖所示電壓波形之週期為：

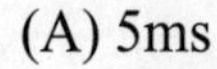

(A) 5ms　　(B) 10ms

(C) 15ms　　(D) 20ms。

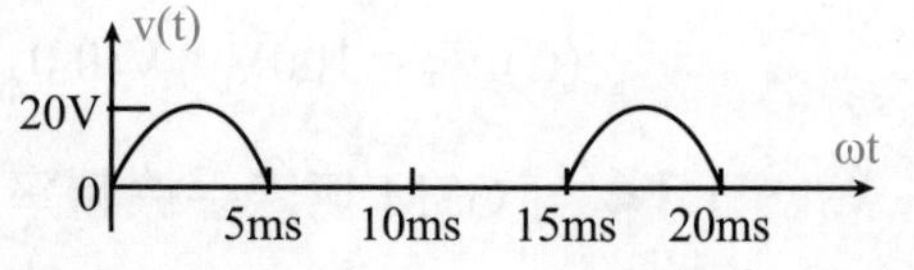

(　　) **7** 求右圖所示週期性電壓波形之平均值：

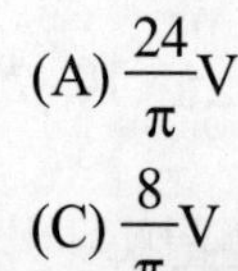
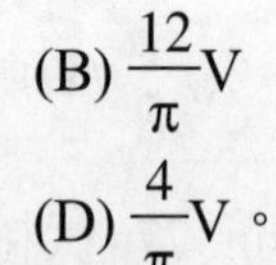

(A) $\frac{24}{\pi}$V　　(B) $\frac{12}{\pi}$V

(C) $\frac{8}{\pi}$V　　(D) $\frac{4}{\pi}$V。

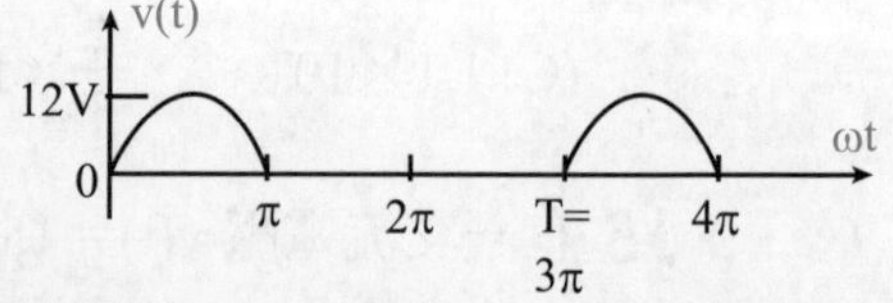

(　　) **8** 在一個電阻值為 10 歐姆的電阻器兩端加上 v(t)＝100sin（377t－10°）伏特的電壓時，則流經電阻器的電流為多少安培？　(A) 10cos（377t－10°）　(B) 10sin377t　(C) 10cos377t　(D) 10sin（377t－10°）。

(　　) **9** 某電路工作於 100 赫茲（Hz）之頻率，該電路上某一點之電壓與電流間的相位差為 18 度，則此相位差表示於時間上之差為多少毫秒？　(A) 5　(B) 18　(C) 20　(D) 0.5。

第9章　基本交流電路

第一節　R、L 及 C 的電壓—電流相量關係

在電阻器中，正弦電壓和電流有相同的相角，稱為同相。而在電容器中，正弦電壓與電流滿足 $V=\frac{I}{j\omega C}$ 的關係，故稱電容器的電壓落後電流 90°，或稱電容器的電流領先電壓 90°。至於在電感器中，正弦電壓與電流滿足 $V=j\omega LI$ 的關係，故稱電感器的電壓領先電流 90°，或稱電感器的電流落後電壓 90°。

然而，在一般未特別指明的情況下，領先或落後係以電流對電壓為準，故稱電容器的電壓落後電流 90°，或電感器的電流落後電壓 90°。所以，落後的阻抗稱為電容性阻抗，而領先的阻抗稱為電感性阻抗。

觀念加強

(　　) **1** 如右圖所示，v(t)為正弦電壓，C 為理想電容，則電容器兩端之電壓與電流之相位關係為：
(A)電壓超前電流 45°
(B)電壓超前電流 90°
(C)電壓與電流相同
(D)電壓滯後電流 90°。

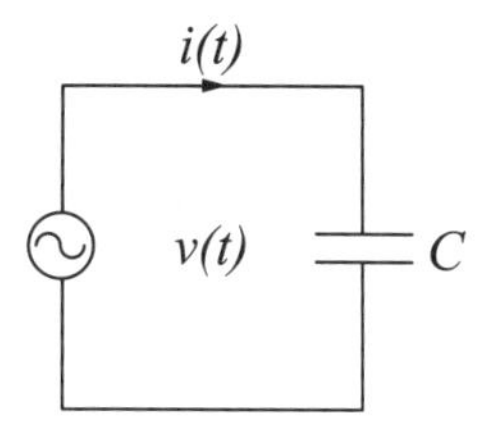

(　　) **2** 如右圖所示，若阻抗為純電容性，其電壓 v(t)與電流 i(t)相位關係為：
(A)電壓超前電流 90°
(B)電流超前電壓 90°
(C)電壓與電流同相
(D)以上皆非。

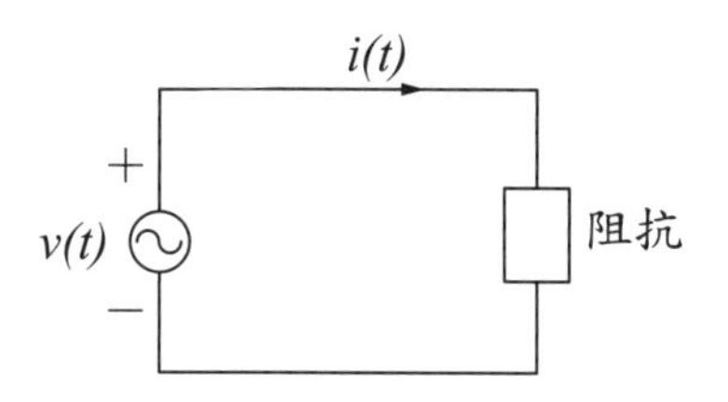

( ) **3** 在一包含單一交流電源及 RLC 之交流電路中，某元件的電壓函數 v(t)及電流函數 i(t)分別為 v(t)=sin(t)V 及 i(t)=cos(t)A，則此元件可能為：
(A)電阻 (B)電感
(C)電容 (D)電源。

( ) **4** 在純電容交流電路中，電壓與電流的相位關係為何？
(A)電壓滯後電流 90 度 (B)電壓超前電流 90 度
(C)電壓滯後電流 45 度 (D)電壓超前電流 45 度。

( ) **5** 一交流電源供給 R－L 並聯負載，則電源供給之電流與電壓的相位關係為何？
(A)電流超前電壓 (B)電流落後電壓
(C)電流與電壓同相 (D)無法判斷超前或落後。

第二節 阻抗和導納

若某元件兩端點的時域電壓及電流為 $v(t)=V_m\cos(\omega t+\theta)$及 $i(t)=I_m\cos(\omega t+\phi)$，則電壓及電流相量可表示為 $V=V_m\angle\theta$及 $I=I_m\angle\phi$，則電路的阻抗 Z 用相量表示為

$$Z=\frac{V}{I}=|Z|\angle\theta_z=\frac{V_m}{I_m}\angle(\theta-\phi)$$

若阻抗 Z 採用直角座標形式 $Z=R+jX$，則 $R=R_eZ$ 為電阻分量或簡稱電阻，而 $X=I_mZ$ 是電抗分量或簡稱電抗。而相量形式與直角座標形式的轉換可利用

$$|Z|=\sqrt{R^2+X^2},\quad Q_Z=\tan^{-1}\frac{X}{R}$$

$$R=|Z|\cos\theta_Z,\quad X=|Z|\sin\theta_Z$$

對於基本的被動元件而言，電阻器的阻抗是純電阻，電抗為零；而電容器和電感器為純電抗，電阻為零。

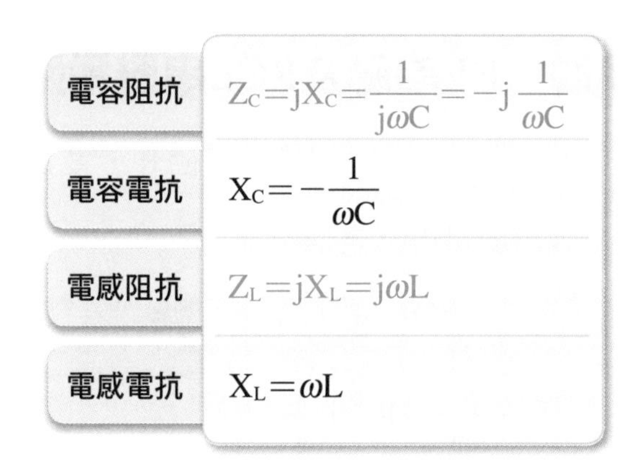

電容阻抗
$Z_C = jX_C = \frac{1}{j\omega C} = -j\frac{1}{\omega C}$
電容電抗
$X_C = -\frac{1}{\omega C}$
電感阻抗
$Z_L = jX_L = j\omega L$
電感電抗
$X_L = \omega L$

由上列式子可知，電感電抗是正值，電容電抗則是負值。在 $X=0$ 時，電路是純電阻性；$X<0$ 時，電路的電抗是電容性；$X>0$ 時，電路的電抗是電感性。亦即，$X<0$ 表示落後的阻抗，而 $X>0$ 表示領先的阻抗。

另外，定義導納 $Y=\frac{1}{Z}$，亦可將 Y 表示成 $Y=G+jB$，其中實部 $G=R_eY$ 和虛部 $B=I_m Y$ 分別稱為電導和電納。

觀念加強

(　　) **6** 在交流電路中，何者分別為電容、電感的阻抗值？ (A) C、L (B) wC、1/wL (C) jwC、1/jwL (D) 1/jwC、jwL。

(　　) **7** 電容器之容抗與外加弦波電源中之何者成反比？ (A)大小 (B)頻率 (C)相位 (D)容量。

(　　) **8** 若跨於某電路元件上之電壓為 v(t)=50 sin（200t＋60°）伏特，流過此元件之電流 i(t)＝4 sin（200t＋601）安培，則此元件之性質應屬： (A)電感性 (B)電阻性 (C)電容性 (D)無法判斷。

(　　) **9** 如右圖所示，為某電路的電壓 V(t)與電流 I(t)的波形，則電路的負載為何？
(A)電阻器　(B)電容器
(C)電感器　(D)電阻電感串聯。

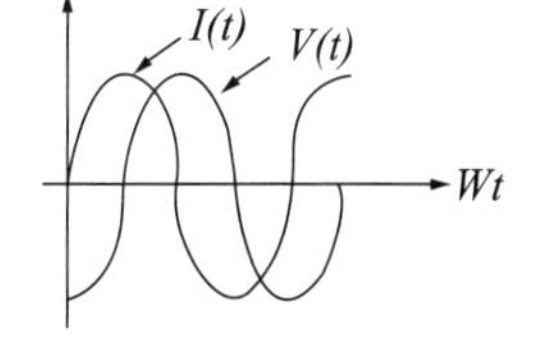

(　　) **10** 若某一操作在交流電的負載其兩端電壓可表示為 $v(t)=V_m \cos(\omega t)$ 伏特（V），而流入此負載的電流則可表示為 $i(t)=I_m \cos(\omega t-36.871)$ 安培（A），且 V_m 及 I_m 均為大於零的數值的話，則此一負載的特性為何？ (A)電阻性 (B)電容性 (C)電感性 (D)純電感。

第三節 RC串聯、RL串聯及RCL串聯電路

在交流電路中，被動元件的阻抗分別為電阻R、電感 $jX_L = j\omega L$ 及電容 $-jX_C = \frac{1}{j\omega C}$，若將三者串聯可得下表情況：

電路型態	阻抗	電路頻率	阻抗特性
RC串聯	$R + \frac{1}{j\omega C} = R - j\frac{1}{\omega C}$	—	電容性
RL串聯	$R + j\omega L$	—	電感性
LC串聯	$R + j\omega L + \frac{1}{j\omega C} = R + j\left(\omega L - \frac{1}{\omega C}\right)$	高頻 諧振 低頻	電感性 零 電容性
RLC串聯	$R + j\omega L + \frac{1}{j\omega C} = R + j\left(\omega L - \frac{1}{\omega C}\right)$	高頻 諧振 低頻	電感性 電阻性 電容性

觀念加強

( )**11** 下列電路元件中，何者串聯與並聯的計算公式與電阻相同？ (A)電感 (B)電容 (C)電流 (D)電壓。

( )**12** 若某一個交流串聯電路中包含有電壓源、電阻器及電容器三種元件，在電壓源電壓、電阻及電容值大小均不變的情況下，若將電壓源的操作頻率由 60 赫茲（Hz）提升至 100 赫茲的話，試問此時電路中的電流大小的可能變化為何？ (A)變大 (B)變小 (C)不改變 (D)降為零。

第四節 RC並聯、RL並聯及RCL並聯電路

電路阻抗並聯時的計算公式較為複雜，還要注意LC並聯時阻抗的特性與串聯時的不同，實際應用時，常用阻抗的倒數導納表示，計算上會較為簡便。

電路型態	阻抗	電路頻率	阻抗特性
RC並聯	$\dfrac{1}{\dfrac{1}{R}+j\omega C}=\dfrac{R(1-j\omega RC)}{1+\omega^2R^2C^2}$	—	電容性
RL並聯	$\dfrac{1}{\dfrac{1}{R}+\dfrac{1}{j\omega L}}=\dfrac{\omega^2RL^2+j\omega R^2L}{R^2+\omega^2L^2}$	—	電感性
LC並聯	$\dfrac{1}{\dfrac{1}{j\omega L}+j\omega C}=\dfrac{1}{-j\left(\dfrac{1}{\omega L}-\omega C\right)}$	高頻 諧振 低頻	電容性 零 電感性
RLC並聯	$\dfrac{1}{\dfrac{1}{R}+\dfrac{1}{j\omega L}+j\omega C}=\dfrac{1}{\dfrac{1}{R}-j\left(\dfrac{1}{\omega L}-\omega C\right)}$	高頻 諧振 低頻	電容性 電阻性 電感性

觀念加強

(　　)**13** 一個交流並聯電路中含有電壓源、電阻器、電容器及電感器等四個元件相互並聯，試問流經電感器之電流與流經電容器之電流間的相角比較關係為： (A)電感器電流領先電容器電流 90 度 (B)電感器電流落後電容器電流 90 度 (C)電感器電流領先電容器電流 180 度 (D)電感器電流落後電容器電流 180 度。

(　　)**14** 電阻與電導的關係，就好比阻抗與什麼的關係？ (A)電納 (B)導納 (C)電感電納 (D)電容電納。

第五節 交流電路中的重疊定理

在正弦電路中應用重疊定理時，需考慮到頻率是否相同的問題。若所有電源的頻率皆相同，可將個別電源所產生的相量電壓或電流相加，而獲得總相量電壓或電流。若頻率不同，則必須分別建立各個不同頻率的電路（因不同頻率時求出的 Z（jω）值不同），利用重疊定理個別求出其相量解後，將個別相量解轉換成時域值，然後再相加而得總時域電壓或電流。

在直流電源時（視為角頻率 $\omega=0$），**須將其他電源去掉，並把電感器短路**（$Z_L=j\omega L$，當直流 $\omega\rightarrow 0$ 時，$Z_L=j0=0$）**且電容器開路**（$Z_C=1/j\omega C$，當 $\omega\rightarrow 0$ 時，Z_C 變成無窮大）。

試題演練

試題演練

經典考題

( ) **1** 如右圖中，電流源 $i(t)=\sin 377tA$，$R=1\Omega$，$C=\frac{1}{377}F$，假設此電路已達穩態，則電流源兩端之電壓 v(t)為下列哪一項？

(A) $\sqrt{2}\sin(377t-45^\circ)V$
(B) $\sqrt{2}\sin(377t+45^\circ)V$
(C) $\sin(377t-45^\circ)V$
(D) $\frac{1}{\sqrt{2}}\sin(377t-45^\circ)V$。

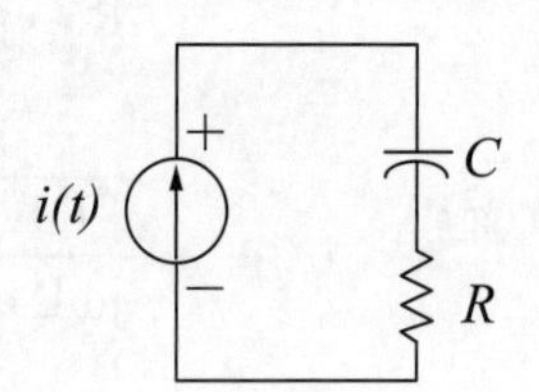

( ) **2** 如右圖所示之電路，試求出圖中 A、B 兩點間之等效阻抗：

(A) 2+j1Ω
(B) 1+j1Ω
(C) 2+j2Ω
(D) 1+j2Ω。

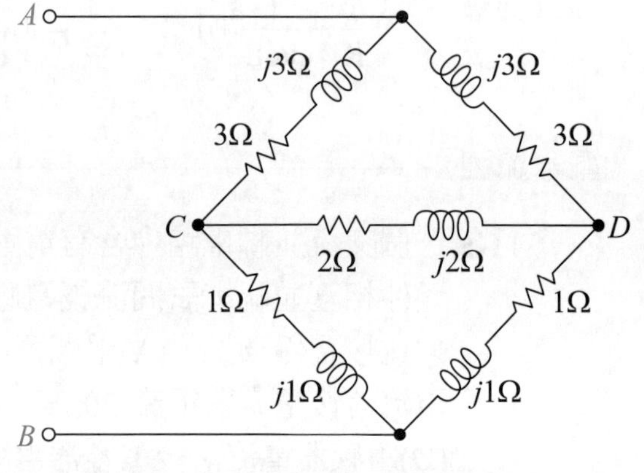

( ) **3** 一交流電路由一單頻率正弦波電源、一電阻器及一電感器串聯而成，電源頻率為 60Hz、電壓均方根值為 100V，電阻器電壓均方根值 60V、電阻值 12Ω，則下列有關電感器的敘述，何者正確？

(A)電抗值為 16Ω
(B)電感量約 267mH
(C)電流均方根值為 4A
(D)端電壓均方根值為 40V。

( ) **4** 有一線圈，等效電路如圖所示，ab 兩端跨接 40V 直流電壓，得電路電流 10A，如果 ab 兩端改接入 $40\sqrt{2}\sin(1000t)V$ 交流電壓，得電路電流的有效值為 8A，求此線圈等效電路的 R 及 L 值？

(A) R＝4Ω，L＝5mH

(B) R＝4Ω，L＝3mH

(C) R＝5Ω，L＝4mH

(D) R＝5Ω，L＝3mH。

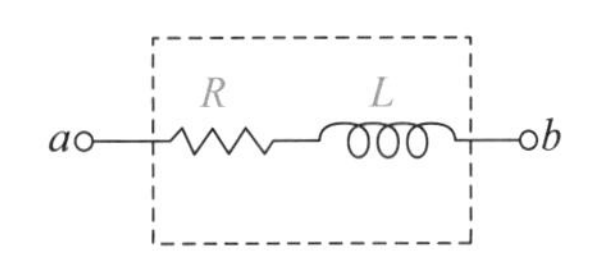

(　) **5** 如右圖所示之電橋電路，設 R_1＝1KΩ，R_2＝3KΩ，C_1＝2μF，當電橋平衡時，則 C_X＝？

(A) 1.5μF

(B) 4μF

(C) 6μF

(D) 7.5μF。

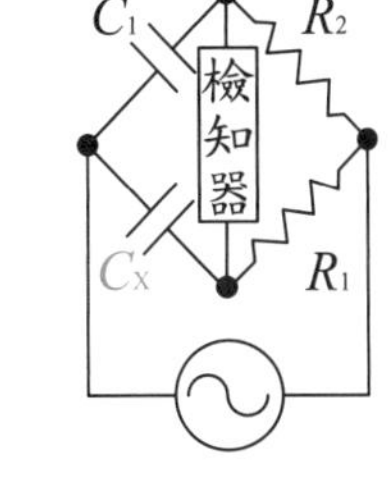

(　) **6** 如右圖所示為交流阻抗電橋，欲使電橋平衡，則 R_X 的值為

(A) 40

(B) 100

(C) 200

(D) 500　Ω。

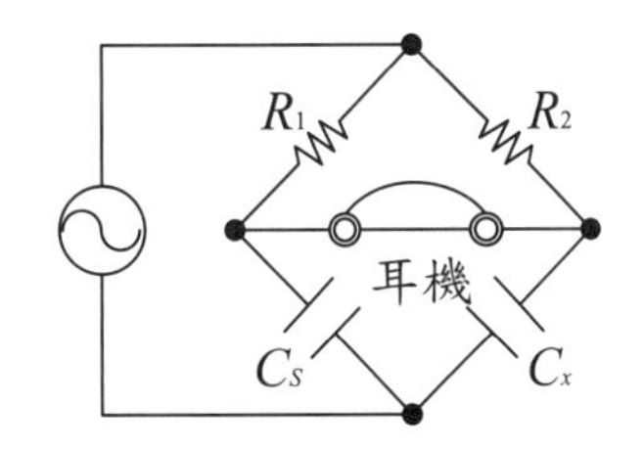

(　) **7** 如右圖所示為基本電容電橋電路，則平衡條件為：

(A) $C_X = \frac{R_2}{R_1} C_S$

(B) $C_X = \frac{R_1}{R_2 C_S}$

(C) $C_X = R_1 R_2 C_S$

(D) $C_X = \frac{R_1}{R_2} C_S$。

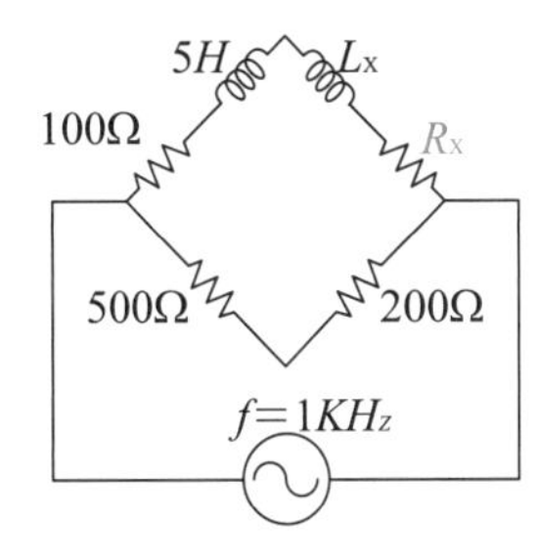

(　) **8** 圖(a)為 R-C 串聯電路，圖(b)為其並聯等效電路，試求圖(b)中 R 及 X_C 各是多少？

(A) 10Ω，20Ω　　(B) 20Ω，10Ω

(C) 25Ω，50Ω　　(D) 50Ω，25Ω。

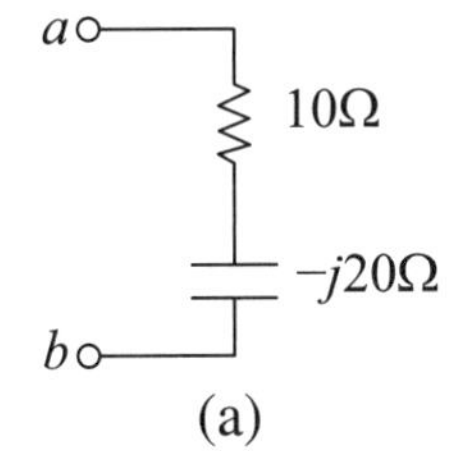

(a)

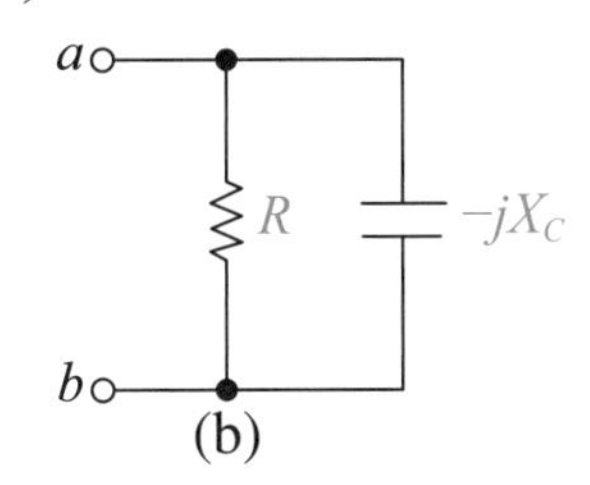

(b)

試題演練

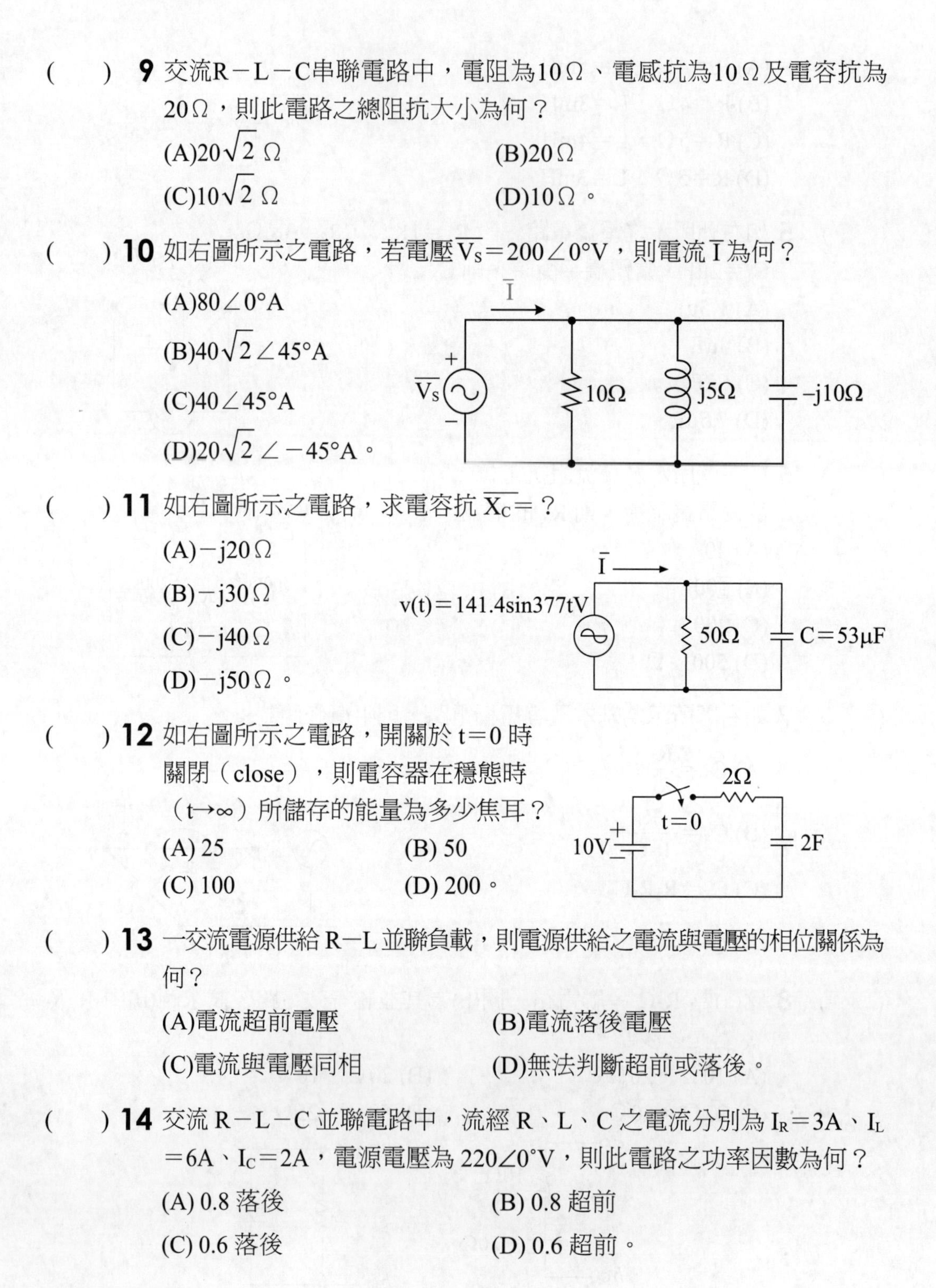

(　　) **9** 交流R－L－C串聯電路中，電阻為10Ω、電感抗為10Ω及電容抗為20Ω，則此電路之總阻抗大小為何？

(A)$20\sqrt{2}$ Ω　(B)20Ω　(C)$10\sqrt{2}$ Ω　(D)10Ω。

(　　) **10** 如右圖所示之電路，若電壓$\overline{V_S}=200\angle 0°$V，則電流$\overline{I}$為何？

(A)$80\angle 0°$A　(B)$40\sqrt{2}\angle 45°$A　(C)$40\angle 45°$A　(D)$20\sqrt{2}\angle -45°$A。

(　　) **11** 如右圖所示之電路，求電容抗$\overline{X_C}$＝？

(A)－j20Ω　(B)－j30Ω　(C)－j40Ω　(D)－j50Ω。

(　　) **12** 如右圖所示之電路，開關於 t＝0 時關閉（close），則電容器在穩態時（t→∞）所儲存的能量為多少焦耳？

(A) 25　(B) 50　(C) 100　(D) 200。

(　　) **13** 一交流電源供給 R－L 並聯負載，則電源供給之電流與電壓的相位關係為何？

(A)電流超前電壓　(B)電流落後電壓　(C)電流與電壓同相　(D)無法判斷超前或落後。

(　　) **14** 交流 R－L－C 並聯電路中，流經 R、L、C 之電流分別為 $I_R=3$A、$I_L=6$A、$I_C=2$A，電源電壓為 $220\angle 0°$V，則此電路之功率因數為何？

(A) 0.8 落後　(B) 0.8 超前　(C) 0.6 落後　(D) 0.6 超前。

( ) **15** 有一負載的端電壓為 100 sin(377t＋10°)V，流經此負載的電流為 5 sin(377t＋10°)A，求此負載的阻抗為多少？ (A) $20\angle 0°\ \Omega$ (B) $20\angle 10°\ \Omega$ (C) $20\sqrt{2}\angle 0°\ \Omega$ (D) $20\sqrt{2}\angle 10°\ \Omega$。

( ) **16** 有一交流電源 v(t)＝10 sin(10t)V，接於 0.02F 的電容器兩端，求流經此電容器的電流 i(t)＝？ (A)2 sin(10t)A (B)$2\sqrt{2}$sin(10t)A (C)2 sin(10t－90°)A (D)2sin(10t+90°)A。

( ) **17** RL 串聯電路，當電源頻率為 f 時，此串聯電路的總阻抗為 10+j20Ω，若電源頻率變為 2f 時，則此串聯電路的總阻抗變為多少？

(A) 10+j20Ω (B) 10+j40Ω

(C) 20+i20Ω (D) 20+j40Ω。

( ) **18** 如右圖所示電路，若 R 與 X_L 大小之比為 1：$\sqrt{3}$，則 $\bar{E}_S$ 對 $\bar{I}$ 之相位為何？

(A) $\bar{E}_S$ 超前 30° (B) $\bar{E}_S$ 落後 30°

(C) $\bar{E}_S$ 超前 60° (D) $\bar{E}_S$ 落後 60°。

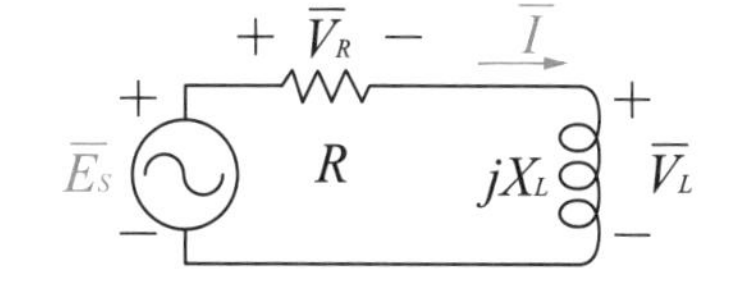

( ) **19** 如右圖所示之 R-L 並聯電路，則 $\$I_R$ 為多少？

(A) $5\angle 0°$A

(B) $6\angle 0°$A

(C) $7\angle 0°$A

(D) $8\angle 0°$A。

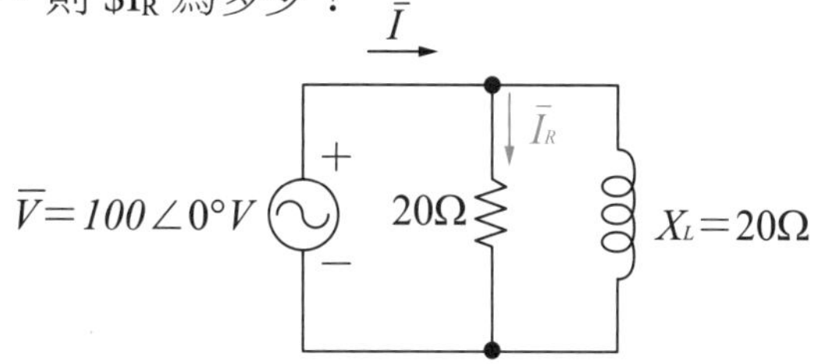

( ) **20** 如右圖所示之電路，下列敘述何者正確？

(A) $\overline{V_S}$ 超前 $\overline{I_C}$

(B) $\overline{V_S}$ 超前 $\overline{V_R}$

(C) $\overline{V_S}$ 超前 $\overline{V_C}$

(D) $\overline{V_C}$ 超前 $\overline{V_R}$。

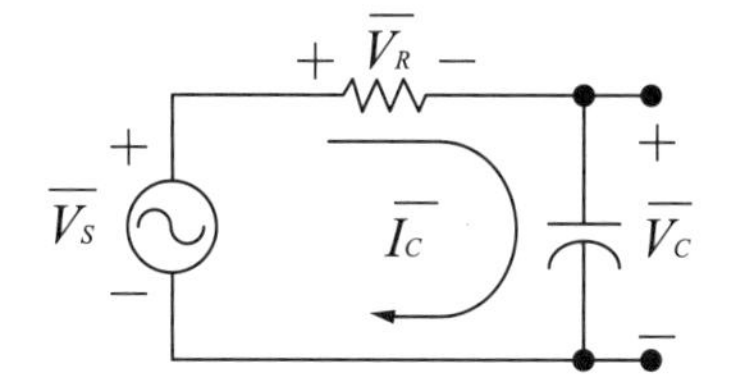

( ) **21** 如右圖所示之電路，$\overline{V_S}=100\angle 0°$V，則電容端電壓$\overline{V_C}$為何？

(A)$50\angle 45°$V (B)$50\angle -45°$V

(C)$70.7\angle 45°$V (D)$70.7\angle -45°$V。

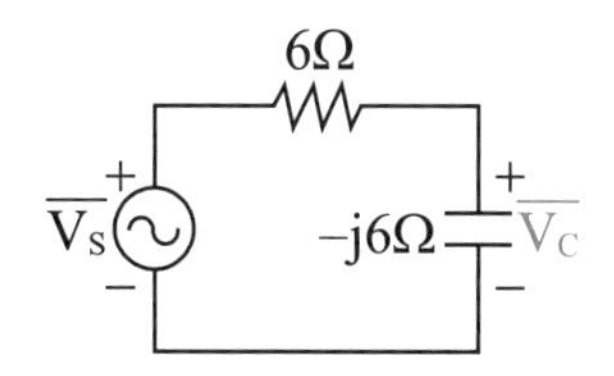

➡ 模擬測驗

( ) **1** 若一個大小為 0.001 亨利（H）的電感器操作於 60 赫茲（Hz）頻率的交流系統中，則其所顯現出的電感抗大小為多少歐姆（Ω）？
(A) 0.001 (B) 0.05
(C) 0.377 (D) 3.1831。

( ) **2** 穩態交流電路中，流經電容抗 25Ω 之電流 i(t)＝5sin（377t）安培，則此電容的端電壓為多少伏特？
(A) 125sin（377t）
(B) 25sin（377t）
(C) 5sin（377t－90°）
(D) 125sin（377t－90°）。

( ) **3** 如右圖所示的交流電橋電路中，若欲使流過阻抗 Z_x 的電流為零，則阻抗 Z_c 的大小應為多少歐姆？

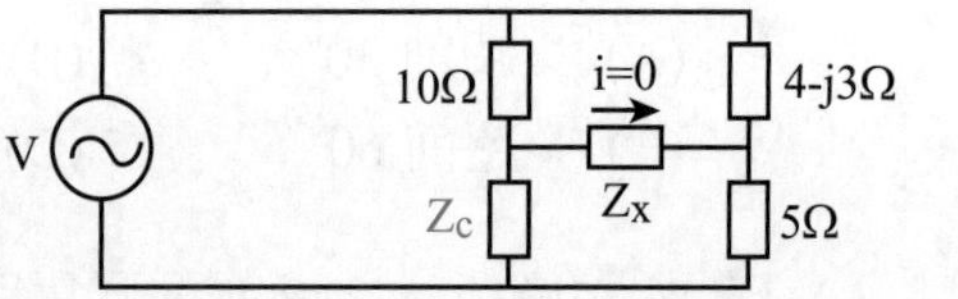

(A) 10 (B) 8＋j6
(C) 8－j6 (D) 4－j3。

( ) **4** 在一個 25 微法拉電容器的兩端加上一個 v(t)＝30sin400t 伏特的電壓，則其容抗大小為何？
(A) 100Ω (B) 120Ω
(C) 400Ω (D) 4000Ω。

( ) **5** 穩態交流電路中，電阻 40 歐姆與電容抗 30 歐姆串聯，其串聯之總阻抗大小為多少歐姆？
(A) 70 (B) 50
(C) 40 (D) 10。

( ) **6** 將一 50mH 電感器與 20sin300t 之電壓源串聯，則電感器的電抗值為：
(A) 1.0Ω (B) 1.5Ω
(C) 10Ω (D) 15Ω。

(　　) **7** 如右圖中之交流電路其阻抗 Z 為多少 Ω？

(A) 1　　(B) 5

(C) 7　　(D) 13.4。

(　　) **8** 如右圖所示，若交流電表 A 的讀數為 2 安培時，則 A、B 間的電壓降為多少伏特？

(A) 12

(B) $18\sqrt{2}$

(C) $9\sqrt{2}$

(D) 18。

(　　) **9** 若將 12Ω 之電阻與 5Ω 之電感串聯，其總阻抗大小為：

(A) 17Ω　　(B) 16Ω

(C) 15Ω　　(D) 13Ω。

(　　) **10** 如右圖所示之電路，試求其總阻抗大小應為多少歐姆？

(A) 10

(B) 5

(C) 1

(D) 0。

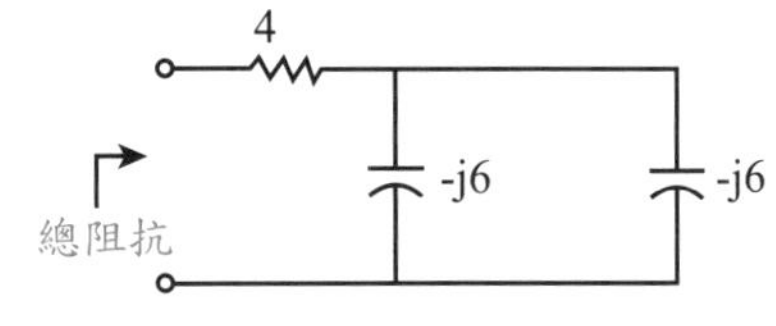

(　　) **11** 將兩個分別為 Y_1 及 Y_2 的導納相並聯後連接至一個交流電壓源，若所測得流經 Y_1 的電流大小為 I_1，而流經 Y_2 的電流大小為 I_2，則 I_1 與 I_2 的比值（I_1 / I_2）等於

(A) $|Y_1| / |Y_2|$　　(B) $|Y_2| / |Y_1|$

(C) $|Y_1| / |Y_1+Y_2|$　　(D) $|Y_2| / |Y_1+Y_2|$。

第10章　交流電功率

第一節　瞬間功率與平均功率

在交流電路中，功率可分為瞬時功率及平均功率。瞬時功率是電壓和電流的乘積；平均功率是某一週期內瞬時功率的平均值。通常所求者為平均功率，而交流瓦特表上功率的讀值即為平均功率。

供給交流負載的平均功率是：

$$P=\frac{V_m I_m}{2}\cos\theta$$

當以有效值（均方根值）表示電壓 V 及電流 I 時：

$$V=V_{rms}=\frac{V_m}{\sqrt{2}}，I=I_{rms}=\frac{V_m}{\sqrt{2}}$$

則供給交流穩態負載的平均功率可表示為：

$$P=VI\cos\theta=\frac{1}{2}V_m I_m\cos\theta，\theta=\angle V-\angle I$$

其中，乘積 VI 稱為視在功率，以 S 表示，S＝VI，單位為伏安（VA）。

此外，因 $\cos\theta=\frac{R}{|Z|}$，故：

$$P=VI\cos\theta=(|Z|I)\left(\frac{R}{|Z|}\right)=I^2R$$

需注意的是，電阻僅會消耗能量，並不會儲存能量；相反地，電容及電感可儲存能量，而不消耗能量。

觀念加強

(　　) **1** 如右圖所示電路，則電阻消耗多少虛功率？

(A) 1000VAR
(B) 500VAR
(C) 0VAR
(D) －100VAR。

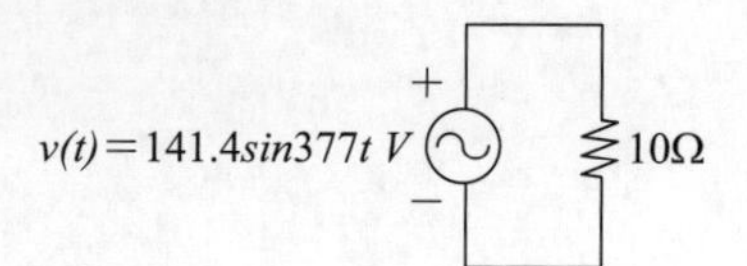

(　　) **2** 下列之敘述中對功率之觀念，何者為正確？
(A)當負載阻抗為戴維寧（或諾頓）等效阻抗之共軛值時，將有最小之功率轉移至負載上
(B)平均功率之定義為一週瞬時功率取其最大值
(C)交流電路中電阻所消耗的是平均功率
(D)虛功率係定義電阻於直流電路上之功率。

(　　) **3** 下列之敘述中對功率之觀念，何者錯誤？
(A)當負載阻抗為戴維寧（或諾頓）等效阻抗之共軛值時，將有最大之功率轉移至負載上
(B)平均功率之定義為一週瞬時功率取其最大值
(C)交流電路中電阻所消耗的是平均功率
(D)理想電感及電容於交流電路上之功率為虛功率。

(　　) **4** 在交流電路中，電抗功率（Reactive Power）的淨轉移為：
(A)零　(B)與電壓成正比
(C)與電流成正比　(D)與電壓成反比。

(　　) **5** 於純電感電路中，當功率為正時，其意為電感器：
(A)放出能量　(B)吸收能量
(C)消耗能量　(D)與能量無關。

(　　) **6** 針對一個阻抗大小為－j20 歐姆（Ω）的負載而言，若通以 $i(t)=10\sin(\omega t-30^\circ)$ 安培（A）時，其所能夠消耗的平均實功率為多少瓦特（W）？
(A) 2000 瓦特　(B) 1732 瓦特
(C) 1000 瓦特　(D) 0 瓦特。

第二節　視在功率、實功率、虛功率與功率因數

平均功率 $P=VI\cos\theta$ 與視在功率 $S=VI$ 的比值定義為功率因數（PF）

$$PF=\frac{P}{S}=\frac{P}{VI}=\cos\theta$$

θ稱為功率因數角。純電容器的功率因數角 θ 是-90°，純電感器是$+90^\circ$。然而，因 $\cos\theta=\cos(-\theta)$，故無法從功率因數中得知負載是 RC 或 RL 負載。故通常依據電流為領前或落後而定義領前或落後的功率因數。

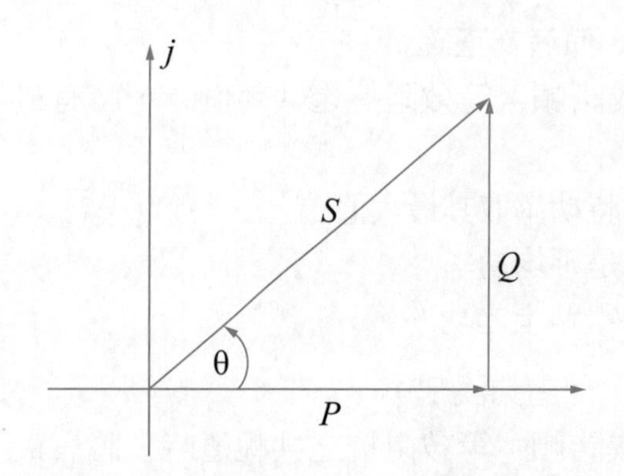

落後功率因數（θ>0）的功率三角形

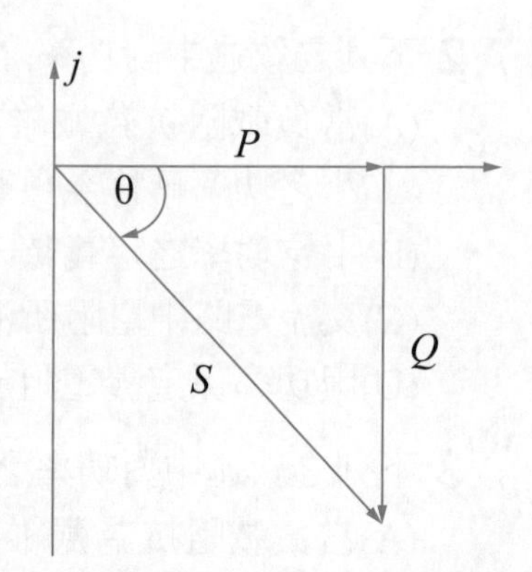

領先功率因數（θ<0）的功率三角形

在圖中，可看出平均功率或有效功率 $P=S\cos\theta$，另外定義無效功率或電抗功率 $Q=S\sin\theta$。基本上，Q 和 P 有同樣的單位，然而為了區別另外定義 Q 的單位為乏（var），代表電抗性的伏安。

$$S=P+jQ，S=VI\angle\theta=VI^*$$

其中，S 稱為複數功率，其大小|S|為視在功率，相角為功率因數角；實數部分 P 稱為實功率、平均功率或有效功率；虛數部分 Q 稱為虛功率或無效功率。

若負載是電感性，則 $X>0$（$X=X_L$），Q **為正值**，為功率因數落後的情況。若為電容性，則 $X<0$（$X=-X_C$），Q **為負值**，為功率因數領先的情況。負載是純電容性，則 $X=0$，$Q=0$，則是功率因數為 1 的情況。

若功率因數低，則必須供給較大的電流，而較高的功率因數，電流則較小。提高功率因數稱為功率因數改善。因一般的負載，如馬達、變壓器及一般日光燈均為低功率因數的電感性負載（落後功因），若欲改善功率因數，可在負載上並聯一電抗性元件（通常並聯電容）。因電抗性元件不會吸收平均功率，故負載的功率不會改變。

觀念加強

(　　) **7** 下列有關功率因數（PF）的敘述，何者正確？　(A) $-1<PF<0$　(B)純電阻之 PF＝1　(C)純電容之 PF＝1　(D)純電感之 PF＝1。

(　　) **8** 一般電力設備大部分為電感性負載，會使得功率因數較低，應如何改善？　(A)在電感性負載兩端並聯電容器　(B)在電感性負載兩端並聯電感器　(C)在電感性負載兩端並聯電阻器　(D)無法改善。

(　　) **9** 若對某一大小為 10 歐姆（Ω）的電阻器分別通以 i(t)=10 cos（ωt−36.87°）安培（A）的交流電流以及 I=10 安培的直流電流兩種狀況下，試問操作在哪一種電流情況下此電阻器所消耗的平均實功率較大？ (A)交流電流時 (B)直流電流時 (C)一樣大 (D)都不消耗實功率。

(　　) **10** 有一負載其電壓及電流分別為：v(t)=100 cos（ωt）V，i(t)=5 sin（3ωt−30°）A，則此負載之實功率為： (A) 500W (B) 250W (C) 125W (D) 0W。

(　　) **11** 假設三相平衡負載之實功率為 P，虛功率為 Q，則其功率因數等於： (A) $\frac{P}{\sqrt{P+Q}}$ (B) $\frac{Q}{P+Q}$ (C) $\frac{Q}{\sqrt{P^2+Q^2}}$ (D) $\frac{P}{\sqrt{P^2+Q^2}}$。

第三節　交流電路的最大功率輸出定理

當交流電路以開路電壓 E_{th} 及等效阻抗 Z_{th} 的戴維寧電路表示時，若負載 $Z_L = Z_{th}^*$，則最大功率將會傳送到 Z_L；所傳送之最大功率

$$P_{max}=\frac{E_{th}^2}{4R_{th}}$$

在一般求功率的穩態電路中，除非加以說明，否則寫成相量形式之電源應視為有效值。

觀念加強

(　　) **12** 如右圖示之電路，欲於 Z_L 上得到最大之輸出功率，則 Z_L 值應為多少歐姆？

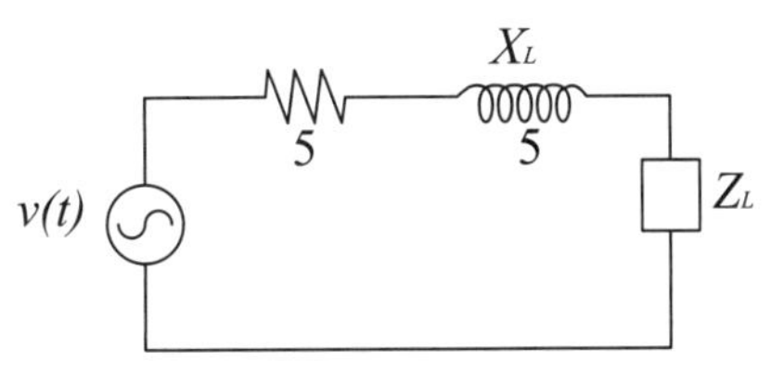

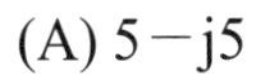
(A) 5−j5　(B) 5＋j5
(C) 5　(D) j5。

試題演練

➡ 經典考題

(　　) **1** 如右圖所示四交流電路，調整負載 Z_L 值，使負載獲得到最大功率，求 Z_L 應為多少？

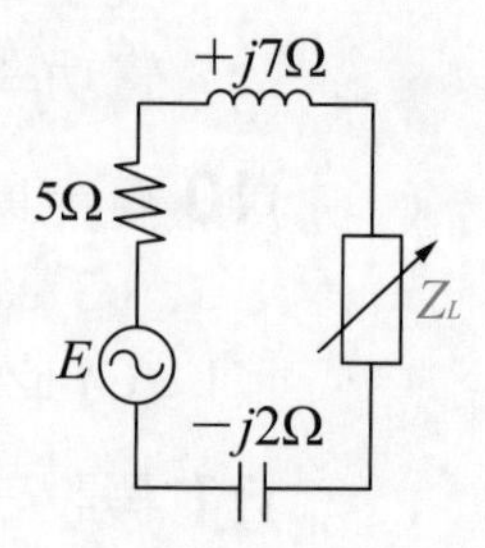

(A) 5Ω
(B) j7Ω
(C) 5Ω－j5Ω
(D) 5Ω＋j5Ω。

(　　) **2** 有一個單相交流負載，負載端電壓為 $v(t)=5\sin(377t+5^\circ)$ V，負載端電流為 $i(t)=4\sin(377t-55^\circ)$ A，則負載之平均功率應為若干 W？

(A) 5　　(B) 10
(C) 20　　(D) 40。

(　　) **3** 有一家庭自 110V 之單相交流電源，取用 880W 之實功率，已知其功率因數為 0.8 落後，則電源電流應為若干 A？

(A) 10　　(B) 11
(C) 20　　(D) 22。

(　　) **4** 一電阻器與一電容器並聯之後接到一單頻率正弦波電源，電源頻率之角速度為 100rad/sec、電壓均方根值 100V、供給電流均方根值 20A，電阻器之電流均方根值 $10\sqrt{3}$ A，則下列有關電容器的敘述，何者正確？

(A)電抗值為 10Ω
(B)無效功率絕對值為 2000VAR
(C)電容量為 0.1F
(D)電流均方根值為（$20-10\sqrt{3}$）A。

(　　) **5** 某交流電路的電壓函數 v(t)及電流函數 i(t)可分別表為 $v(t)=200\sqrt{2}\sin(377t)$ V，$i(t)=10\sqrt{2}\sin(377t-37^\circ)$ A，則下列有關此電路之有效功率（P）、無效功率（Q）、視在功率（S）及功率因數（PF）的敘述，何者正確？

(A) P＝3200W　　(B) Q 絕對值＝1200VAR
(C) S＝4000VA　　(D) PF＝0.6。

(　　) **6** 如右圖所示，已知 I＝10A，下列敘述何者正確？
(A) P.F.＝0.6（超前），S＝1000VA
(B) P.F.＝0.8（滯後），V＝100V
(C) P.F.＝0.8（超前），V＝100V
(D) P.F.＝0.6（滯後），S＝1000VA。

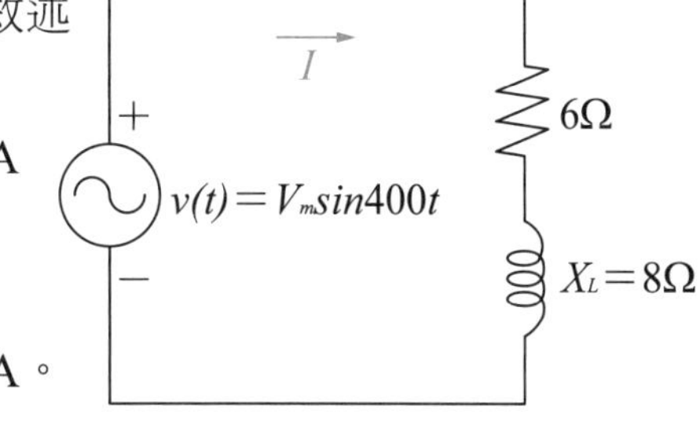

(　　) **7** 承上題，若將 P.F. 提高到 1，應在 V(t)兩端並聯多大的電容？
(A) 50μF　(B) 15μF　(C) 150μF　(D) 200μF。

(　　) **8** 交流電路中，平均功率是指一個交流週期之瞬時功率的平均值，右圖所示，交流電路之端電壓 $v(t)=100\sqrt{2}\sin(377t)$ 伏特，電流 $i(t)=10\sqrt{2}\cos(377t-30°)$ 安培，則平均功率為：
(A) 100　　(B) 250
(C) 500　　(D) 1000　W。

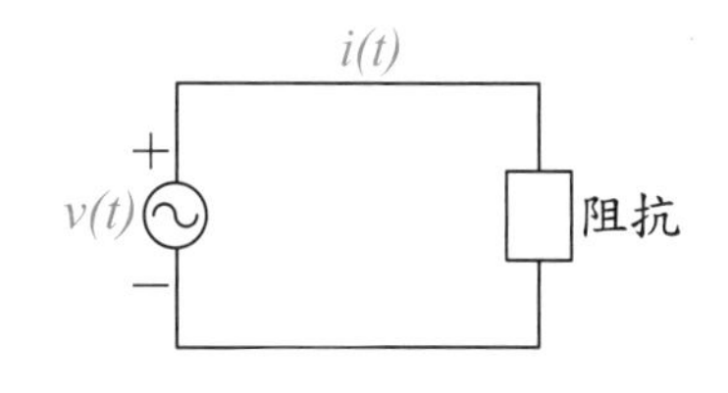

(　　) **9** 交流電路中，平均功率是指一個交流週期中瞬間功率的平均值，若將 100V，60Hz 之正弦交流電壓加於 50Ω 的純電阻兩端，則下列敘述何者有誤？
(A)瞬間功率之頻率為 60Hz　　(B)瞬間功率最大值為 400W
(C)瞬間功率最小值為 0　　(D)平均功率為 200W。

(　　) **10** 如右圖所示，欲在 Z_L 上得到最大輸出功率，則 Z_L 值應為：
(A) 3＋j4Ω
(B) 3－j4Ω
(C)－j5Ω
(D) j5Ω。

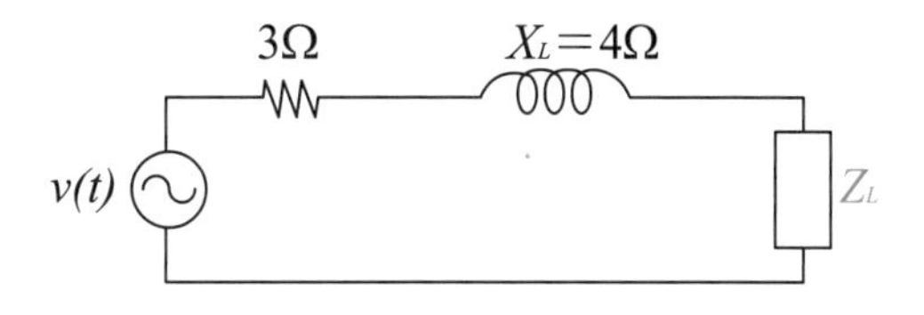

試題演練

(　　) **11** 有一交流電路，已知電壓 $v(t)=100\sqrt{2}\sin(377t+30°)$ V 和電流 $i(t)=10\sqrt{2}\sin(377t-30°)$ A，求電路的平均功率？
(A) 500W　(B) 866W
(C) 1000W　(D) 2000W。

(　　) **12** 某工廠平均每小時耗電 24kW，功率因數為 0.6 滯後，欲將功率因數提高至 0.8 滯後，求應加入並聯電容器的無效功率為多少？
(A) 5kVAR　(B) 14kVAR
(C) 19kVAR　(D) 24kVAR。

(　　) **13** 有一交流電源 $v(t)=100\sqrt{2}\sin(377t+10°)$ V，接於 20Ω 的電阻兩端，求此電阻消耗的平均功率為多少？
(A) 2000W　(B) 1000W
(C) 707W　(D) 500W。

(　　) **14** 有一交流電路的電壓 $v(t)=100\sqrt{2}\sin(377t+20°)$ V、電流 $i(t)=10\sqrt{2}\sin(377t-10°)$ A，求此電路的無效功率為多少？
(A) 500VAR　(B) 866VAR
(C) 1000VAR　(D) 2000VAR。

(　　) **15** 如右圖所示電路，則電阻消耗多少虛功率？ 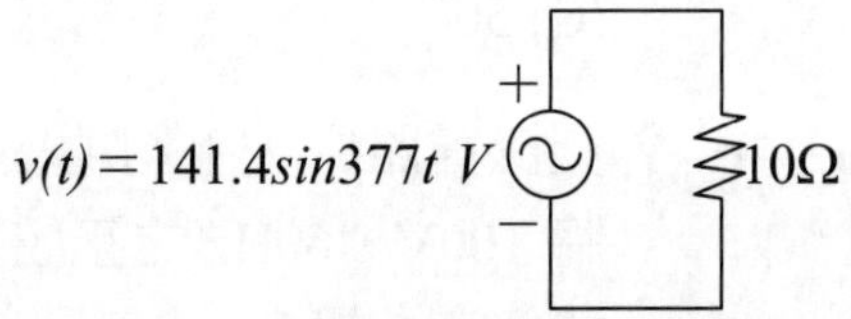
(A) 1000VAR
(B) 500VAR
(C) 0VAR
(D) －100VAR。

$v(t)=141.4\sin 377t$ V　+　－　10Ω

(　　) **16** 承上題，求電源供給之平均功率為多少？
(A) 0W　(B) 200W
(C) 500W　(D) 1000W。

(　　) **17** 如右圖所示之交流 R–C 並聯電路，電源供給之平均功率為何？ 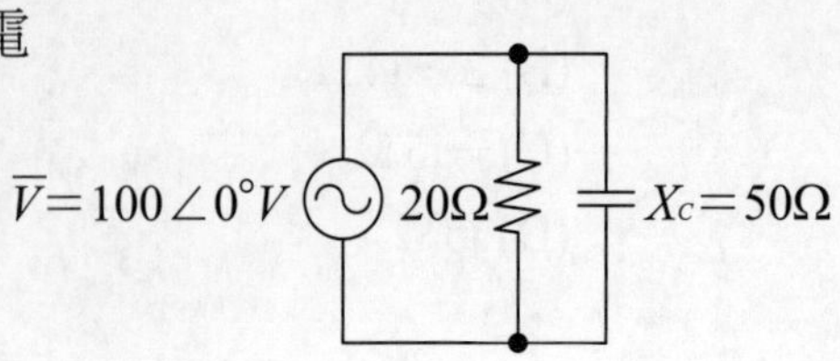
(A) 300W
(B) 400W
(C) 500W
(D) 600W。

$\overline{V}=100\angle 0°V$　20Ω　$X_C=50Ω$

(　　) **18** 如右圖所示之交流電流，下列有關 RC 組合部分的敘述，何者正確？
(A)電流均方根值 I＝10A
(B)平均功率 P＝1000W
(C)視在功率 S＝2000VA
(D)無效功率（Q）絕對值＝2000VAR。

(　　) **19** 如右圖所示之交流電路，R 的電流均方根值 I_R＝9A 且 L 的均方根值 I_L＝12A，下列有關 RL 組合部分的敘述，何者錯誤？

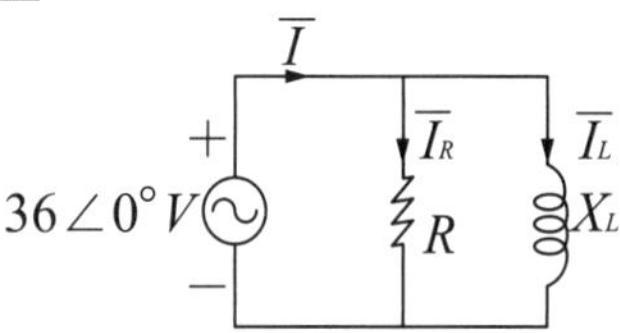

(A)電流均方根值 I＝15A
(B)功率因數 PF＝0.6
(C)視在功率 S＝540VA
(D)無效功率（Q）絕對值＝324VAR。

(　　) **20** 串聯電路如右圖所示，下列有關 RL 組合部分的敘述，何者正確？
(A)電流均方根值 I＝2A
(B)視在功率 S＝10VA
(C)平均功率 P＝10W
(D)功率因數 PF＝0.5。

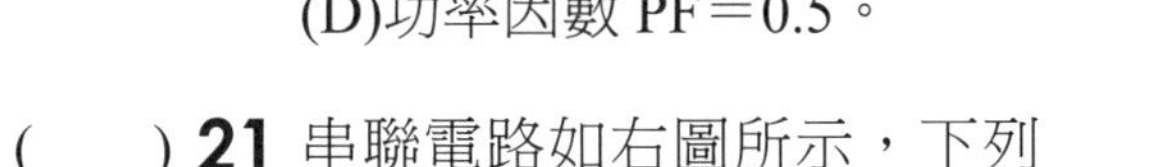

(　　) **21** 串聯電路如右圖所示，下列有關 RC 組合部分的敘述，何者正確？

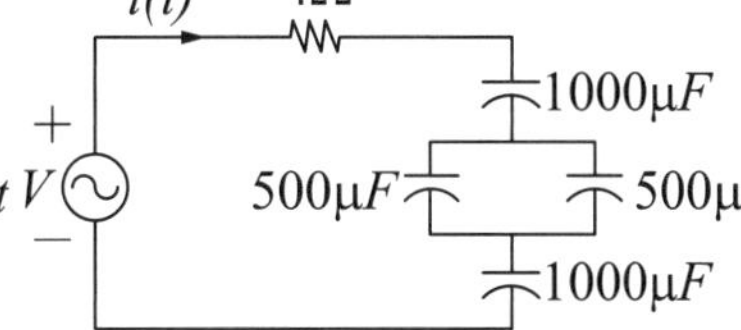

(A)功率因數 PF＝0.6
(B)視在功率 S＝100VA
(C)無效功率（Q）絕對值＝50VAR
(D)平均功率 P＝100W。

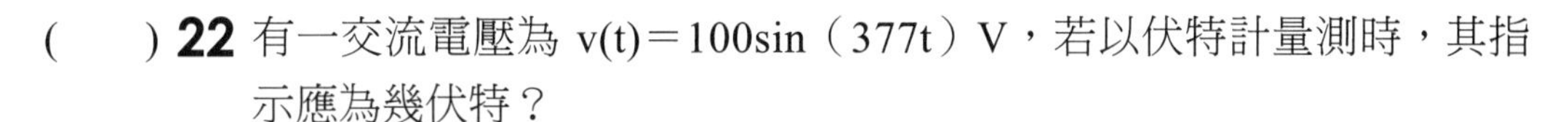

(　　) **22** 有一交流電壓為 v(t)＝100sin（377t）V，若以伏特計量測時，其指示應為幾伏特？
(A) 141.4V　　(B) 100V
(C) 70.7V　　(D) 50V。

( ) **23** 如圖所示之交流 R–L 串聯電路，則電路之功率因數為何？

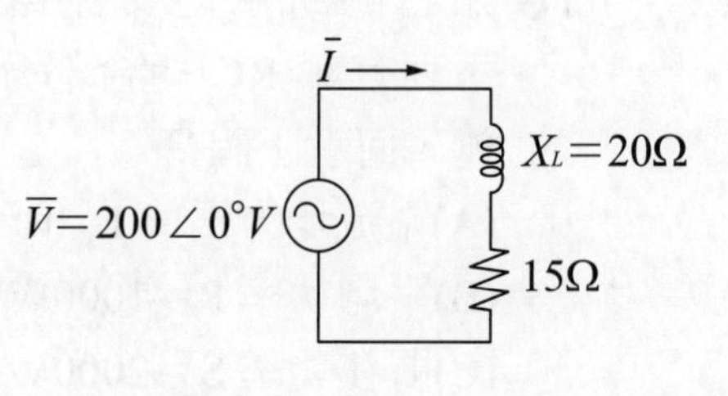

(A) 0.6
(B) 0.7
(C) 0.8
(D) 0.9。

( ) **24** 某電感性負載消耗之平均功率為600W，虛功率為800VAR，則此負載之功率因數為何？

(A)0.8滯後　(B)0.6滯後
(C)0.8領前　(D)0.6領前。

( ) **25** 如右圖所示之純電阻交流電路，電路之平均消耗功率為何？

(A) 0W
(B) 200W
(C) 500W
(D) 1000W。

( ) **26** 如右圖所示之電路，假設R＝16Ω、X_L＝12Ω、X_C＝6Ω、$\overline{E}$＝240 q0°V，則$\overline{I}$為何？

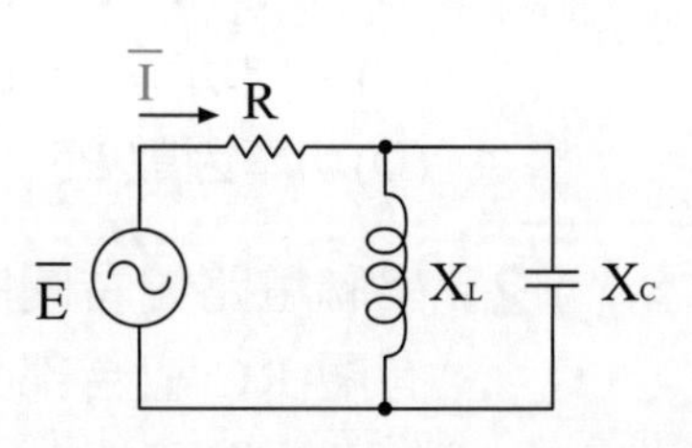

(A) 7.2＋j9.6A
(B) 9.6＋j7.2A
(C) 18.4＋j23.6A
(D) 23.6＋j18.4A。

( ) **27** 承上題，電路之功率因數為何？

(A) 0.5　(B) 0.6
(C) 0.7　(D) 0.8。

模擬測驗

(　　) **1** 某一個電器裝置的額定值為 7.2kVA，120V。功率因數為 0.6 滯後，則此裝置的阻抗 Z_T是多少歐姆？
(A) $Z_T = 1.2 + j1.6$　(B) $Z_T = 1.6 - j1.2$
(C) $Z_T = 1.2 - j1.6$　(D) $Z_T = 1.6 - j1.2$。

(　　) **2** 某一交流電路，其電壓源之開路電壓為 $100\angle 0^\circ$V（有效值），已知其電源內部等效串聯阻抗為 $2 + j2\Omega$，假設其所連接之負載阻抗調至最大功率輸出，則此負載消耗之最大功率為多少瓦特？
(A) 1000　(B) 5000
(C) 2500　(D) 1250。

(　　) **3** 5Ω 之電阻器中，當通過 $i(t) = 6\sin(\omega t + 30^\circ)$ 安培時，電阻器所消耗之功率為多少瓦特？
(A) 80　(B) 20
(C) 90　(D) 40。

(　　) **4** 某電器為定實功率負載，其功率因數為 0.8 時，線路電流為 50 安培，若將功率因數提升至 1.0 時，則線路電流變為多少安培？
(A) 30　(B) 45
(C) 40　(D) 15。

(　　) **5** 若一交流系統中由電源所提供的電壓及電流可分別表示為 $v(t) = 50\sin(\omega t)$ 伏特，$i(t) = 16\sin(\omega t - 30^\circ)$ 安培，則由此電源所供應的平均實功率（Real Powr）為多少瓦特？
(A) 400　(B) 346.4
(C) 200　(D) 173.2。

(　　) **6** 8 歐姆電阻與 6 歐姆電感抗串聯之負載，其功率因數為：
(A) 1.0　(B) 0.8
(C) 0.6　(D) 0.5。

(　　) **7** 如右圖所示之電路，其功率因數為：

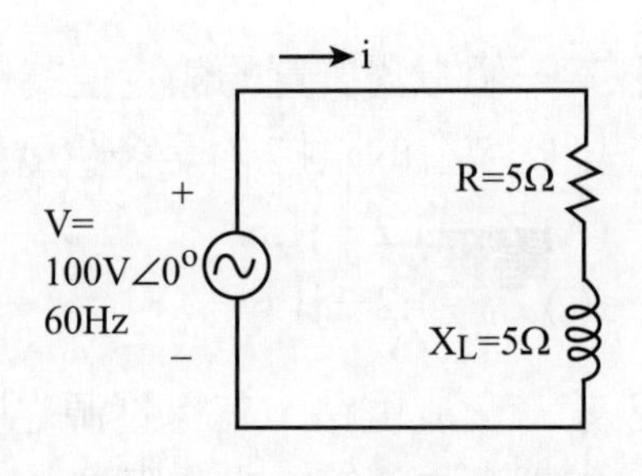

(A) $\frac{1}{\sqrt{2}}$ 落後

(B) $\frac{1}{\sqrt{2}}$ 超前

(C) $\frac{\sqrt{3}}{2}$ 落後

(D) $\frac{1}{2}$ 落後。

(　　) **8** 有一交流電壓源其內電勢為 $200\angle 0^\circ$V，內阻抗為 $4+j2\,\Omega$，將此電壓源加至一負載，調整負載之阻抗值以得最大負載功率，則此時之負載阻抗及功率分別為：

(A)（$4-j2$）Ω，5000W

(B) $-j2\,\Omega$，1000W

(C)（$4-j2$）Ω，2500W

(D) 4Ω，5000W。

(　　) **9** 有一負載其消耗功率為 100 kW，無效功率為 100kVAR，如欲將其功率因數提高為 0.8 滯後時，則應加裝電容器之容量為多少 kVAR？

(A) 75　　(B) 50

(C) 25　　(D) 15。

(　　) **10** 某交流電路如右圖所示，若 $v(t)=100\sin(100t)$ 伏特，穩態時，電源電壓 $v(t)$ 所提供的平均功率為多少瓦特？

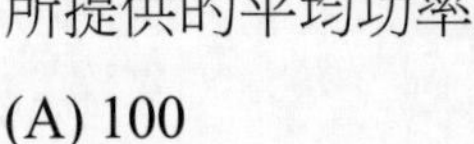

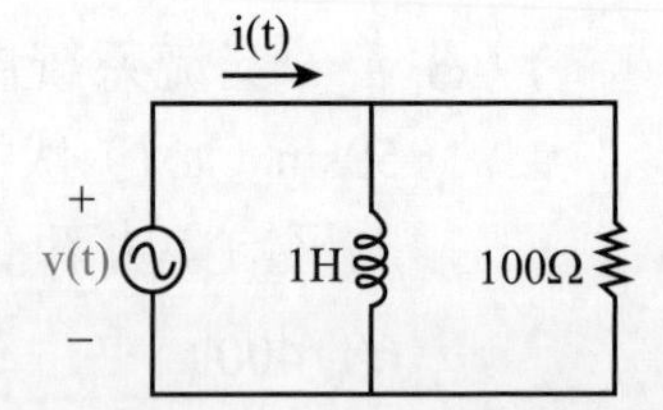

(A) 100　　(B) 70.7

(C) 60　　(D) 50。

第11章　諧振電路

第一節　電阻／電感／電容串聯電路

電阻、電感及電容 RLC 串聯電路的總阻抗為 $Z=R+j(X_L-X_C)$，當頻率較高使 $X_L>X_C$ 時，為電感性電路，當頻率較低使 $X_L<X_C$ 時，為電容性電路；若 $X_L=X_C$，則總阻抗為 $Z=R$，為電阻性電路，且此時發生電路諧振。

觀念加強

(　　) **1** 有關 RLC 串聯電路，下列敘述何者錯誤？
(A)若 $X_L=X_C$，則電壓與電流同相
(B)若 $X_L=X_C$，則功率因數為 0.5
(C)若 $X_L>X_C$，則呈電感性電路
(D)若 $X_L<X_C$，則呈電容性電路。

(　　) **2** 對 RLC 串聯電路而言，若阻抗 $X_L>X_C$，則下列敘述何者正確？
(A)該電路為電容性電路　(B)電流超前電壓
(C)功率因數滯後　(D)以上皆非。

(　　) **3** 對於 RLC 串聯電路之電感抗 X_L 及電容抗 X_C 關係之敘述，何者正確？
(A)當 $X_L>X_C$ 時，電路呈電容性，此時電路的電壓落後電流
(B)當 $X_L<X_C$ 時，電路呈電感性，此時電路的電壓超前電流
(C)當 $X_L=X_C$ 時，電路之功率因數為 1
(D)以上皆是。

(　　) **4** RLC 串聯電路中，若 X_L（電感抗）$>X_C$（電容抗），則此電路呈何種特性？
(A)電容性　(B)電阻性
(C)電感性　(D)純電容性。

第二節 電阻／電感／電容並聯電路

電阻、電感及電容 RLC 並聯電路的總阻抗為

$$Z=\frac{1}{\frac{1}{R}+\frac{1}{jX_L}+\frac{1}{-jX_C}}=\frac{1}{\frac{1}{R}-j\left(\frac{1}{X_L}-\frac{1}{X_C}\right)}$$

當頻率較高使 $X_L>X_C$ 時，為電容性電路，當頻率較低使 $X_L<X_C$ 時，為電感性電路；若 $X_L=X_C$，則總阻抗為 Z=R，為電阻性電路，且此時發生電路諧振。

觀念加強

( ) **5** 一交流電源供給 RLC 並聯電路，下列敘述何者錯誤？ (A)電阻上的電流相位與並聯電壓同相位 (B)電感上的電流相位落後並聯電壓相位 (C)電容上的電流相位落後並聯電壓相位 (D)如果電路為電感性，則總電流相位將落後並聯電壓相位。

第三節 串聯諧振電路

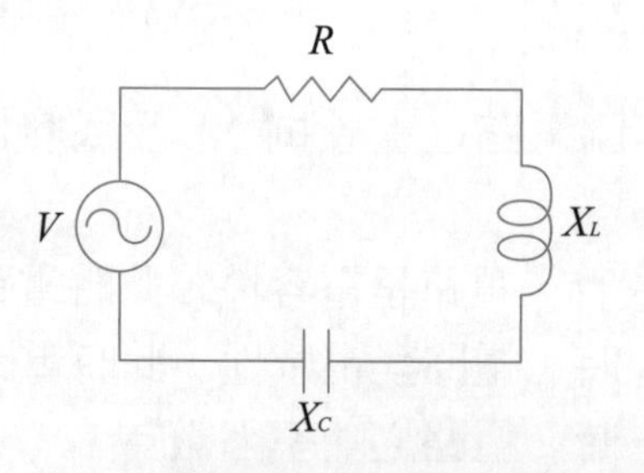

串聯諧振電路圖

電阻、電感及電容 RLC 串聯電路的總阻抗為 $Z=R+j(X_L-X_C)$，當 $X_L=X_C$ 時，發生串聯諧振，總阻抗 Z=R 為最小值，此時電流最大，且功率因素為 1。

串聯諧振時，因 $X_L=X_C$，由 $X_L=\omega L$ 及 $X_C=\frac{1}{\omega C}$，可得諧振角頻率 $\omega_0=\frac{1}{\sqrt{LC}}$，諧振頻率 $f_0=\frac{\omega_0}{2\pi}=\frac{1}{2\pi\sqrt{LC}}$。

品質因素 Q 為每一個週期中電感或電容儲存的能量與電阻消耗的能量比值，Q 值越大者，諧振電路選擇性越佳，故為諧振電路的重要參數。在串聯電路中，因所有元件通過之電流相等，故採用電感儲存能量與電阻消耗能量相比較為簡便：

$$Q=\frac{W_L}{P_R}=\frac{\frac{1}{2}X_LI^2}{\frac{1}{2}RI^2}=\frac{W_L}{R}=\frac{\omega_0 L}{R}=\frac{1}{R}Z\sqrt{\frac{L}{C}}$$

串聯諧振電路在諧振頻率時響應最佳，當頻率增加或減少時，響應均變差，一般定義當電壓或電流為最大值 $\frac{1}{\sqrt{2}}$ 倍時為截止頻率，又稱 3dB 頻率，此時功率為最大值的 $\frac{1}{2}$。

截止頻率有二，一較諧振頻率為高，可稱之為 $f_{高\ 3dB}$，一較諧振頻率為低，可稱之為 $f_{低\ 3dB}$，兩者之差值為頻帶寬度 BW。頻帶寬度 BW 又與諧振頻率 f_0 及品質因素 Q 相關，即 $BW=f_{高\ 3dB}-f_{低\ 3dB}=\frac{f_0}{Q}$（單位：Hz）或 $BW=\omega_{高\ 3dB}-\omega_{低\ 3dB}=\frac{\omega_0}{Q}$（單位：rad/s）。

由上述公式綜合可得，在串聯諧振電路中，若 L、C 值不變，則 R 值越小，Q 值越大，頻寬越窄；若 R 值不變，則 $\frac{L}{C}$ 越大，Q 值越大，頻寬越窄。

觀念加強

(　　) **6** 下列何者不為串聯諧振的特性？
(A)諧振時，電路阻抗最小
(B)諧振時的平均功率最小
(C)諧振時，電路電流最大
(D)諧振時功率因數為 1。

(　　) **7** 下列有關 RLC 串聯諧振電路的敘述，何者錯誤？
(A)在諧振時相當於純電阻
(B)在諧振時消耗之電功率最大
(C)諧振頻率與 R 大小有關
(D)在諧振時 L 的電壓與 C 的電壓大小相同。

(　　) **8** RLC 串聯諧振電路，若輸入電源之頻率小於諧振頻率，則電路呈現：
(A)電感性　　(B)電阻性
(C)零阻抗　　(D)電容性。

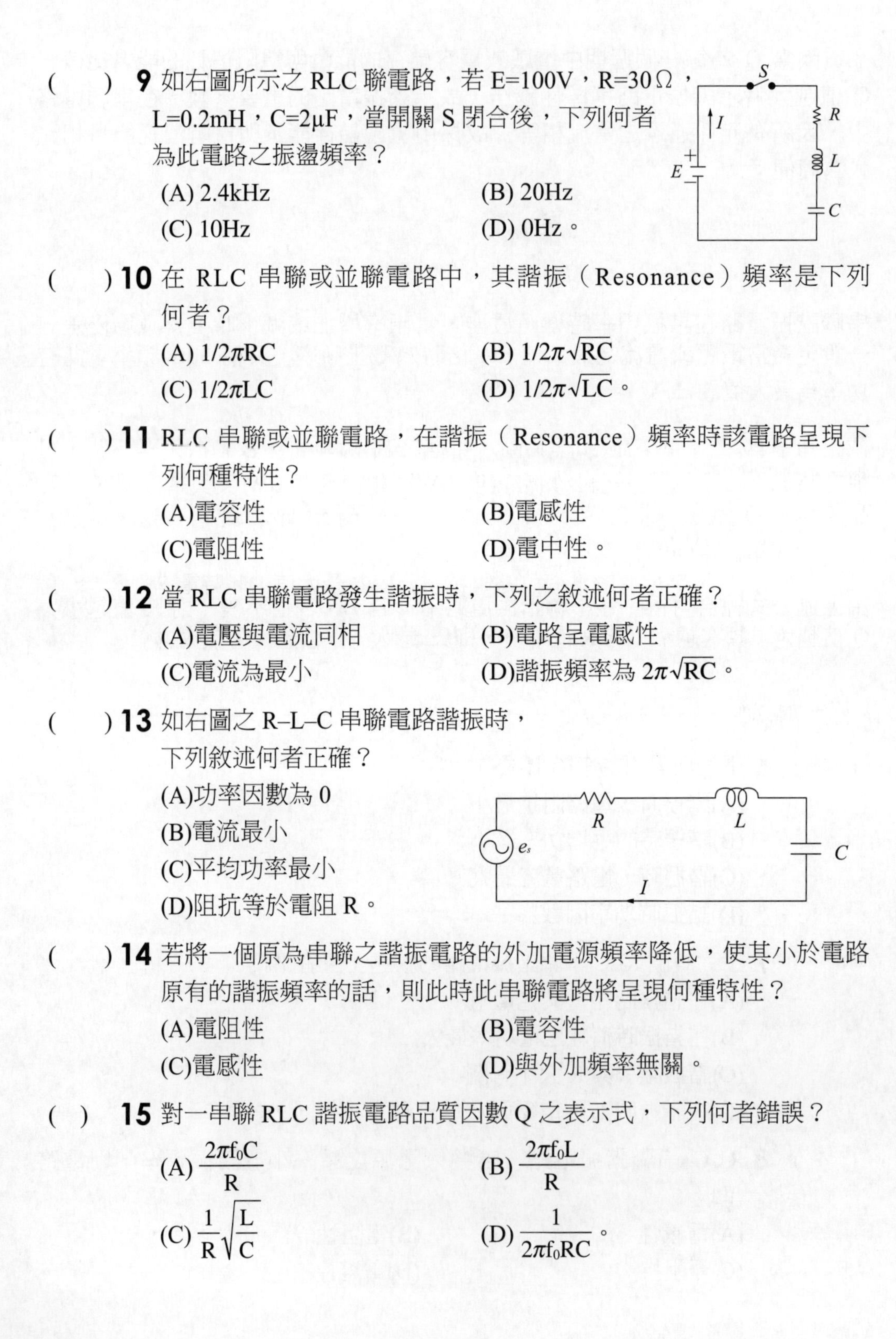

( ) **9** 如右圖所示之 RLC 聯電路，若 E=100V，R=30Ω，L=0.2mH，C=2μF，當開關 S 閉合後，下列何者為此電路之振盪頻率？

(A) 2.4kHz　　(B) 20Hz
(C) 10Hz　　(D) 0Hz。

( ) **10** 在 RLC 串聯或並聯電路中，其諧振（Resonance）頻率是下列何者？

(A) $1/2\pi RC$　　(B) $1/2\pi\sqrt{RC}$
(C) $1/2\pi LC$　　(D) $1/2\pi\sqrt{LC}$。

( ) **11** RLC 串聯或並聯電路，在諧振（Resonance）頻率時該電路呈現下列何種特性？

(A)電容性　　(B)電感性
(C)電阻性　　(D)電中性。

( ) **12** 當 RLC 串聯電路發生諧振時，下列之敘述何者正確？

(A)電壓與電流同相　　(B)電路呈電感性
(C)電流為最小　　(D)諧振頻率為 $2\pi\sqrt{RC}$。

( ) **13** 如右圖之 R–L–C 串聯電路諧振時，下列敘述何者正確？

(A)功率因數為 0
(B)電流最小
(C)平均功率最小
(D)阻抗等於電阻 R。

( ) **14** 若將一個原為串聯之諧振電路的外加電源頻率降低，使其小於電路原有的諧振頻率的話，則此時此串聯電路將呈現何種特性？

(A)電阻性　　(B)電容性
(C)電感性　　(D)與外加頻率無關。

( ) **15** 對一串聯 RLC 諧振電路品質因數 Q 之表示式，下列何者錯誤？

(A) $\dfrac{2\pi f_0 C}{R}$　　(B) $\dfrac{2\pi f_0 L}{R}$
(C) $\dfrac{1}{R}\sqrt{\dfrac{L}{C}}$　　(D) $\dfrac{1}{2\pi f_0 RC}$。

第四節 並聯諧振電路

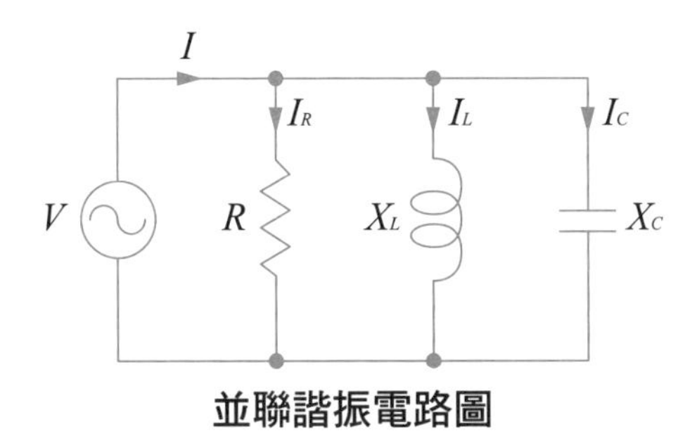

並聯諧振電路圖

電阻、電感及電容 RLC 並聯電路的總阻抗為：

$$Z=\frac{1}{\frac{1}{R}+\frac{1}{jX_L}+\frac{1}{-jX_C}}$$

當 $X_L=X_C$ 時，發生並聯諧振，總阻抗 $Z=R$ 為最大值，此時電流最小，且功率因素為 1。

並聯諧振時，因 $X_L=X_C$，由 $X_L=\omega L$ 及 $X_C=\frac{1}{\omega C}$，

可得諧振角頻率 $\omega_0=\frac{1}{\sqrt{LC}}$

諧振頻率 $f_0=\frac{\omega_0}{2\pi}=\frac{1}{2\pi\sqrt{LC}}$。

品質因素 Q 為每一個週期中電感或電容儲存的能量與電阻消耗的能量比值，Q 值越大者，諧振電路選擇性越佳，故為諧振電路的重要參數。在並聯電路中，因所有元件跨過之電壓相等，故採用電容儲存能量與電阻消耗能量相比較為簡便：

$$Q=\frac{W_C}{P_R}=\frac{\frac{1}{2}\frac{V^2}{X_C}}{\frac{1}{2}\frac{V^2}{R}}=\frac{R}{X_C}=R\omega_0C=R\sqrt{\frac{C}{L}}$$

並聯諧振電路在諧振頻率時響應最佳，當頻率增加或減少時，響應均變差，一般定義當電壓或電流為最大值 $\frac{1}{\sqrt{2}}$ 倍時為截止頻率，又稱 3dB 頻率，此時功率為最大值的 $\frac{1}{2}$。

截止頻率有二，一較諧振頻率為高，可稱之為 $f_{高\ 3dB}$，一較諧頻率為低，可稱之為 $f_{低\ 3dB}$，兩者之差值為頻帶寬度 BW。頻帶寬度 BW 又與諧振頻率 f_0 及品質因素 Q相關，即 $BW=f_{高\ 3dB}-f_{低\ 3dB}=\frac{f_0}{Q}$（單位：Hz）或 $BW=w_{高\ 3dB}-w_{低\ 3dB}=\frac{\omega_0}{Q}$（單位：rad/s）。

由上述公式綜合可得，在並聯諧振電路中，若 L、C 值不變，則 R 值越大，Q 值越大，頻率越窄；若 R 值不變，則 $\frac{C}{L}$ 越大，Q 值越大，頻寬越窄。

觀念加強

(　　) **16** 有關 RLC 並聯諧振電路，設 f_0 為諧振頻率，下列敘述何者錯誤？
(A)諧振時，阻抗最大
(B)諧振時，功率因數為 1
(C)諧振時，電流最大
(D)當 $f>f_0$ 時則電路成為電容性電路。

(　　) **17** RLC 並聯電路發生諧振時，電路呈現：
(A)電阻性電路　(B)電容性電路
(C)電感性電路　(D)純電容電路。

(　　) **18** 對 LC 並聯電路而言，若電感抗 X_L 等於電容抗 X_C，下列敘述何者有誤？
(A)諧振頻率為 $\frac{1}{2\pi\sqrt{LC}}$
(B)電路總導納為 0
(C)電源端輸入電流最大
(D)當輸入頻率小於諧振頻率時，電路呈電感性。

(　　) **19** 設 L–C 並聯電路的諧振頻率為 f_0，電源頻率為 f，則下列敘述何者正確？
(A)電感納隨電源頻率增加而增大
(B)電容納隨電源頻率增加而減小
(C) $f<f_0$ 時，電路為電容性
(D) $f>f_0$ 時，電源供給之電流超前電壓 90°。

(　　) **20** 在 RLC 並聯諧振電路中，若 R 愈大，則下列敘述何者為正確？
(A) Q 值愈小，頻率寬度愈小
(B) Q 值愈小，頻帶寬度愈大
(C) Q 值愈大，頻帶寬度愈小
(D) Q 值愈大，頻帶寬度愈大。

(　　) **21** 當一 RLC 並聯電路發生諧振時，下列之敘述何者正確？
(A)阻抗最小　(B)電流最大
(C)功率最大　(D)功率因數為 1。

(　　) **22** 並聯 L–C 電路發生諧振時，下列敘述何者正確？
(A)總導納為零　(B)總導納為無限大
(C)電路電流最大　(D)以上皆非。

第五節　串並聯諧振電路比較

串聯諧振電路與並聯諧振電路比較表

	串聯諧振	並聯諧振
諧振時阻抗	Z＝R（為最小值）	Z＝R（為最大值）
諧振時電流	$I=\frac{V}{R}$（為最大值）	$I=\frac{V}{R}$（為最小值）
諧振時功率因素	PF＝1	
諧振角頻率	$\omega_0=\frac{1}{\sqrt{LC}}$	
諧振頻率	$f_0=\frac{1}{2\pi\sqrt{LC}}$	
品質因素	$Q=\frac{X_L}{R}=\frac{\omega_0 L}{R}=\frac{1}{R}\sqrt{\frac{L}{C}}$	$Q=\frac{R}{X_C}=R\omega_0 C=R\sqrt{\frac{C}{L}}$
頻帶寬度	$BW=\frac{f_0}{Q}$ 或 $BW=\frac{\omega_0}{Q}$	

試題演練

經典考題

( ) **1** 在 RLC 串聯電路中，已知 R=8Ω，X_L=8Ω，X_C=2Ω，求此電路總阻抗為多少？ (A) 18Ω (B) 16Ω (C) 10Ω (D) 8Ω。

( ) **2** 如圖所示 RLC 並聯電路，已知電源電壓 $v(t)=100\sqrt{2}\sin(1000t+10^\circ)$ V，求此電路的總導納為多少？

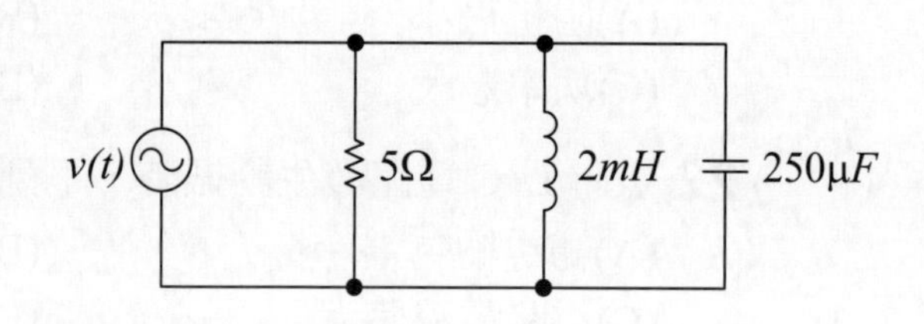

(A) 5－j2S
(B) 5＋j2S
(C) $\frac{1}{5}-j\frac{1}{4}$ S
(D) $\frac{1}{5}+j\frac{1}{4}$ S。

( ) **3** 交流 RLC 並聯電路中，流經 R、L、C 之電流分別為 $I_R=3A$、$I_L=6A$、$I_C=2A$，電源電壓為 220∠0°V，則此電路之功率因數為何？
(A) 0.8 落後
(B) 0.8 超前
(C) 0.6 落後
(D) 0.6 超前。

( ) **4** 如圖所示，設諧振頻率為 f_0，諧振阻抗為 Z_0，當電路諧振時，其 f_0 及 Z_0 應接近多少？

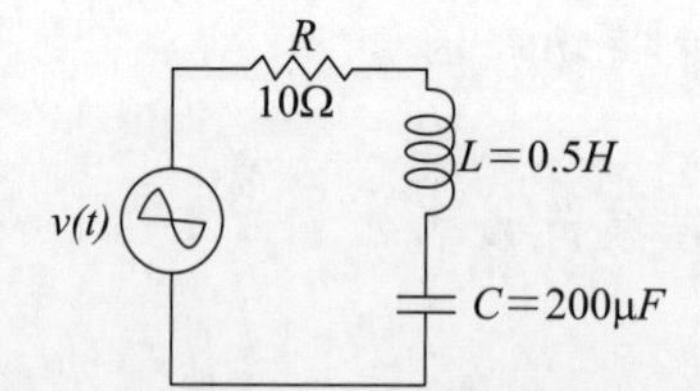

(A) $f_0=32Hz$，$Z_0=20\Omega$
(B) $f_0=8Hz$，$Z_0=10\Omega$
(C) $f_0=16Hz$，$Z_0=10\Omega$
(D) $f_0=16Hz$，$Z_0=20\Omega$。

( ) **5** 有一 RLC 串聯電路，R＝10Ω，L＝2H，C＝50μF，求其諧振時之品質因數（Quality Factor）。

(A) 5　　(B) 10
(C) 15　　(D) 20。

(　　) **6** 如下圖所示，若 $i(t)=10\sqrt{2}\sin 1000t$，則 V_g 為：
(A) $100\sqrt{2}\cos(1000t)$ V　　(B) $100\sqrt{2}\sin(1000t-90^\circ)$ V
(C) $100\cos(1000t-90^\circ)$ V　　(D) $100\sin(1000t-90^\circ)$ V。

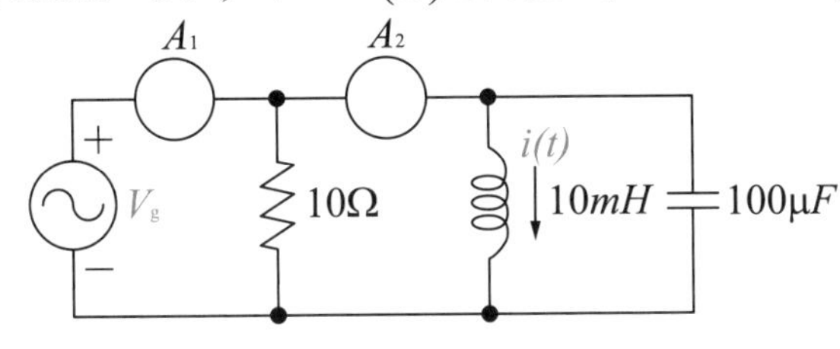

(　　) **7** 承上題，電流表 A_1 與 A_2 的指示值為：
(A) $A_1=0A$，$A_2=10A$　　(B) $A_1=0A$，$A_2=20A$
(C) $A_1=10A$，$A_2=0A$　　(D) $A_1=10A$，$A_2=10A$。

(　　) **8** 如右圖所示為交流電路，求 ab 兩端的等效阻抗為多少？
(A) $3+j5\Omega$
(B) $j2\Omega$
(C) $3+j1\Omega$
(D) $j14\Omega$。

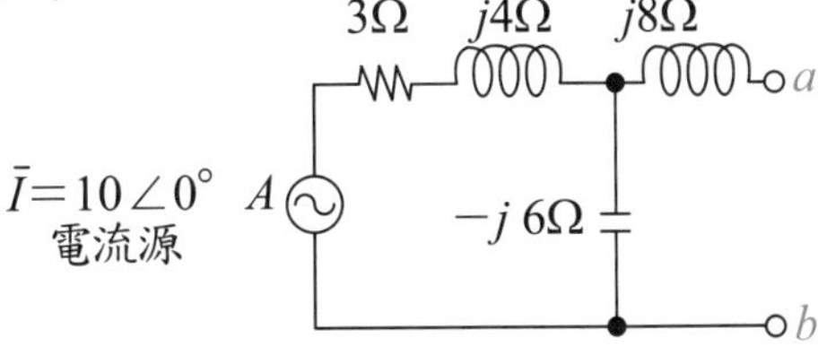

(　　) **9** 如右圖所示之並聯電路，電源電流均方根值 I＝？
(A) 10A
(B) $10\sqrt{2}$ A
(C) 20A
(D) 40A。

(　　) **10** 如右圖所示之串聯電路，下列有關 RLC 組合部分的敘述，何者正確？
(A)電流均方根值 I＝5A
(B)平均功率 P＝1000W
(C)功率因數 PF＝0.5
(D)視在功率 S＝1000VA。

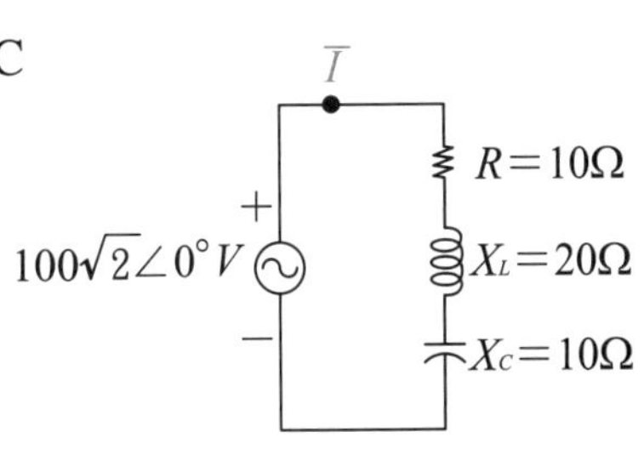

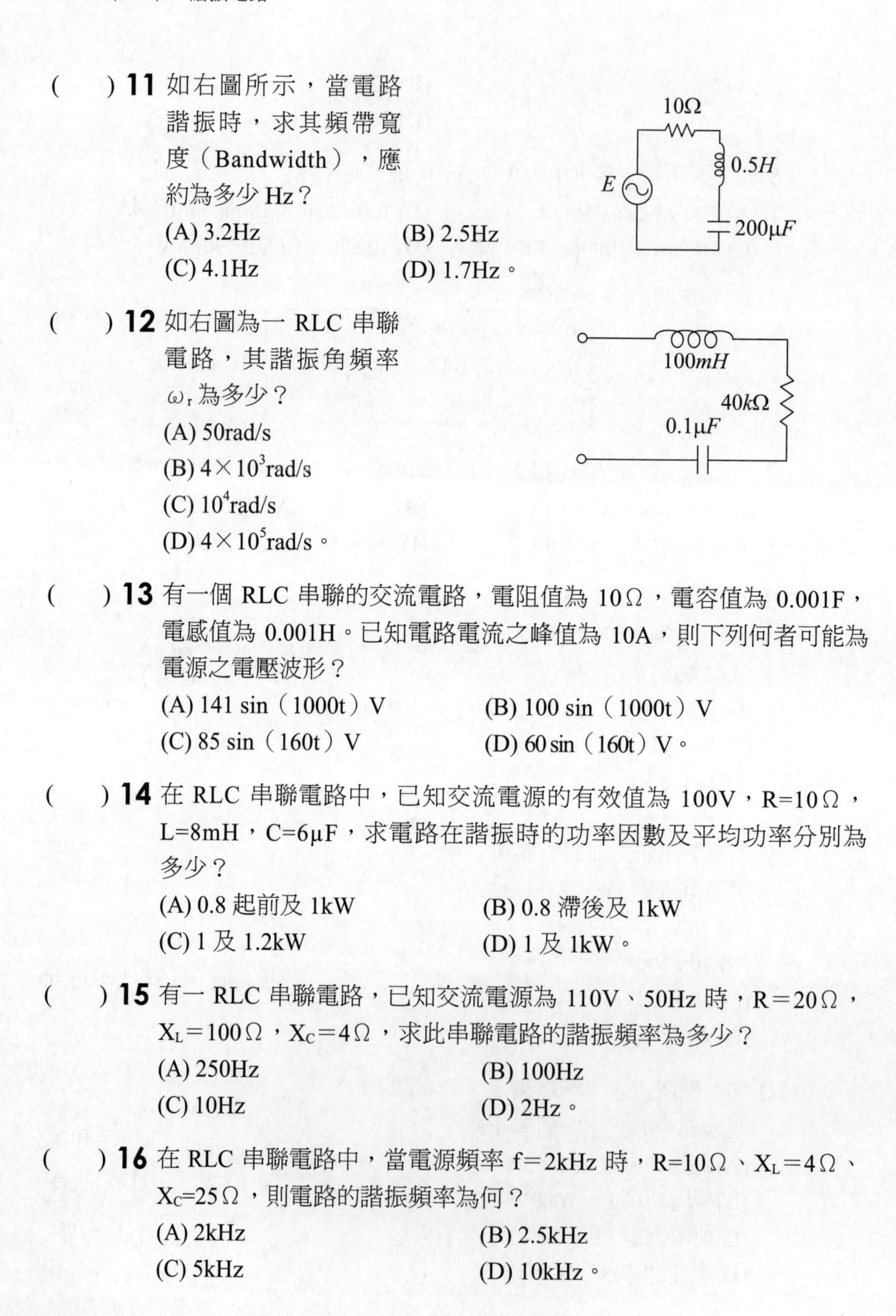

( ) **11** 如右圖所示，當電路諧振時，求其頻帶寬度（Bandwidth），應約為多少 Hz？

(A) 3.2Hz (B) 2.5Hz
(C) 4.1Hz (D) 1.7Hz。

( ) **12** 如右圖為一 RLC 串聯電路，其諧振角頻率 ω_r 為多少？

(A) 50rad/s
(B) 4×10^3rad/s
(C) 10^4rad/s
(D) 4×10^5rad/s。

( ) **13** 有一個 RLC 串聯的交流電路，電阻值為 10Ω，電容值為 0.001F，電感值為 0.001H。已知電路電流之峰值為 10A，則下列何者可能為電源之電壓波形？

(A) 141 sin（1000t）V (B) 100 sin（1000t）V
(C) 85 sin（160t）V (D) 60 sin（160t）V。

( ) **14** 在 RLC 串聯電路中，已知交流電源的有效值為 100V，R=10Ω，L=8mH，C=6μF，求電路在諧振時的功率因數及平均功率分別為多少？

(A) 0.8 超前及 1kW (B) 0.8 滯後及 1kW
(C) 1 及 1.2kW (D) 1 及 1kW。

( ) **15** 有一 RLC 串聯電路，已知交流電源為 110V、50Hz 時，R＝20Ω，X_L＝100Ω，X_C＝4Ω，求此串聯電路的諧振頻率為多少？

(A) 250Hz (B) 100Hz
(C) 10Hz (D) 2Hz。

( ) **16** 在 RLC 串聯電路中，當電源頻率 f＝2kHz 時，R=10Ω、X_L＝4Ω、X_C=25Ω，則電路的諧振頻率為何？

(A) 2kHz (B) 2.5kHz
(C) 5kHz (D) 10kHz。

(　　) **17** 如右圖所示，若電路工作在諧振頻率上，則下列敘述何者有誤？

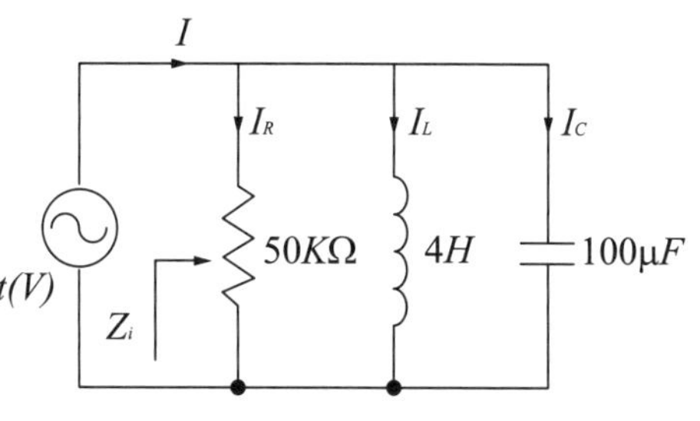

(A)諧振頻率約為 8Hz
(B)等效阻抗 Z_i 為 50KΩ
(C)功率因數為 1
(D)品質因數為 200。

(　　) **18** 如右圖所示為 RLC 並聯電路，當電路諧振時，求諧振頻率 f_0 及功率因數 PF 應接近多少？

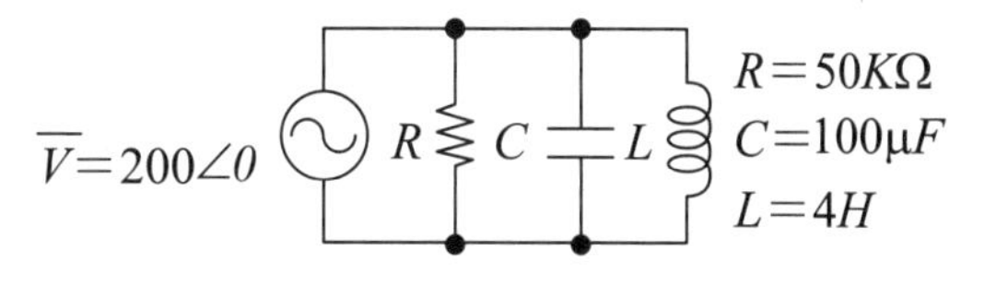

(A) f_0＝8Hz，PF＝1
(B) f_0＝16Hz，PF＝0.5
(C) f_0＝8Hz，PF＝0.707
(D) f_0＝16Hz，PF＝0。

(　　) **19** 如右圖所示，下列敘述何者有誤？

I
V＝100∠0
I_R I_L I_C
20Ω
X_1＝20Ω
X_2＝20Ω

(A) I_R 電流為 5A
(B) I_C 電流為 j5A
(C)總電流 I 為 5A
(D)總阻抗為 6.7Ω。

(　　) **20** 如右圖所示，並聯諧振電路的頻寬（BW）約為：

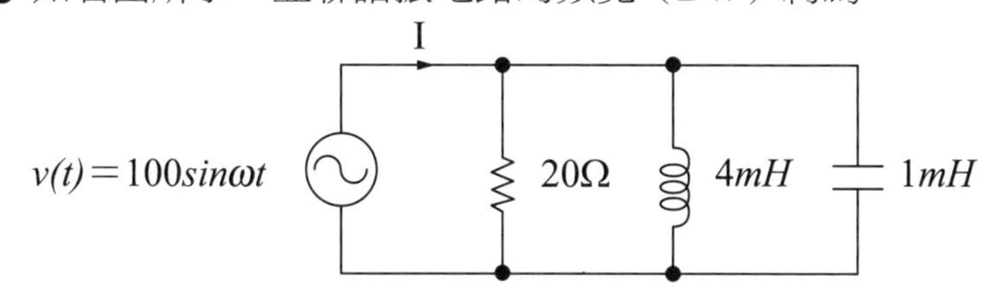

(A) 8Hz
(B) 12Hz
(C) 16Hz
(D) 20Hz。

試題演練

(　　) **21** 如右圖所示之串聯諧振電路，已知電感L＝0.02mH。若電壓 $e(t)=100\sin(5000t)$ V，電流 $i(t)=20\sin(5000t)$ A，則電阻R及電容C分別為何？

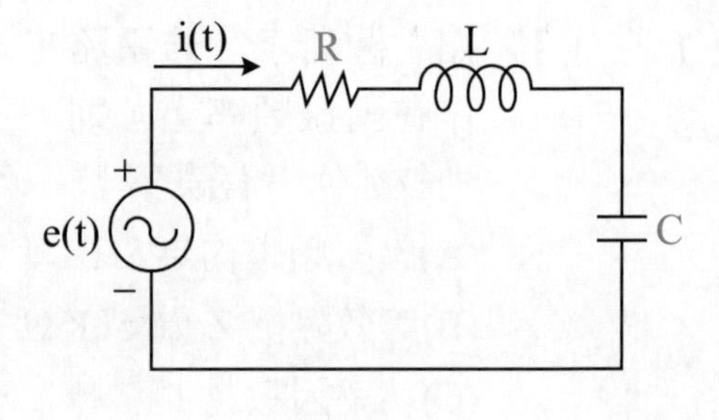

(A)R＝5Ω，C＝200μF
(B)R＝5Ω，C＝2000μF
(C)R＝$2.5\sqrt{2}$ Ω，C＝200μF
(D)R＝$2.5\sqrt{2}$ Ω，C＝2000μF。

(　　) **22** 如右圖所示之電路，$e(t)=200\sin(2000t)$ V，電感L＝1mH，則電路諧振時之電容值為何？

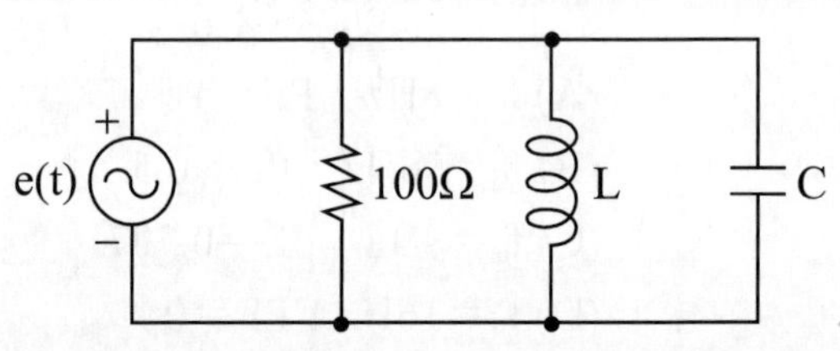

(A)1000μF
(B)750μF
(C)500μF
(D)250μF。

(　　) **23** R－L－C 並聯電路中，若電阻 R=2Ω，電感抗 X_L=10Ω，交流電源 $v(t)=10\sin(100t)$ V，且已知電路為電容性，以及電路導納之相角為60°，試問電容抗 X_C 之值可能為何？
(A) 1.04Ω　(B) 1.54Ω　(C) 1.73Ω　(D) 2.14Ω。

(　　) **24** 在R－L－C串聯諧振電路中，其諧振頻率 f_0 為何？
(A) $f_0=2\pi\sqrt{LC}$ Hz　(B) $f_0=\dfrac{1}{2\pi\sqrt{LC}}$ Hz
(C) $f_0=\dfrac{1}{2\pi\sqrt{C/L}}$ Hz　(D) $f_0=\dfrac{1}{2\pi}\sqrt{LC}$ Hz。

(　　) **25** 假設 L－C 並聯電路的諧振頻率為 f_0，電源頻率為 f，則下列敘述何者正確？
(A)電感納隨電源頻率增加而增大
(B)電容納隨電源頻率增加而減小
(C) $f<f_0$ 時，電路為電容性
(D) $f>f_0$ 時，電源供給之電流超前電壓 90°。

➡ 模擬測驗

(　　) **1** 在一個交流串聯電路當中，若串聯電阻總和為 10Ω，電感抗總和為 j22Ω，而電容抗總和為 −j12Ω，試求加於此串聯電路之電壓源電壓領先流出電壓源之電流為幾度？

(A) 90°　　(B) 45°
(C) −45°　　(D) −90°。

(　　) **2** 如右圖中 R−L−C 串聯電路，若欲使電流 i(t)與電壓 v(t)同相位，下列何者正確？

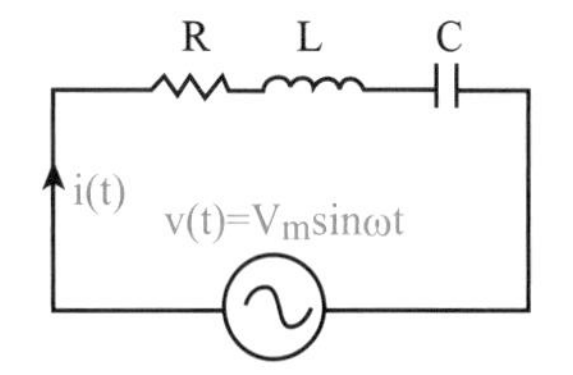

(A) $\omega L^2C^2=1$　　(B) $\omega LC=1$
(C) $\omega^2 LC=1$　　(D) $\omega=LC$。

(　　) **3** 某 RLC 並聯諧振電路之諧振頻率為 1MHz，為得到 50kHz 的頻寬，則其品質因素 Q_r 應等於：

(A) 20　　(B) 50
(C) 100　　(D) 500。

(　　) **4** 在一個交流串聯電路當中，若串聯電阻為 5Ω，電感為 0.04 亨利（H），電容為 0.01 法拉（F），試問若此電路發生串聯諧振情況，則外加電源的角頻率為多少 rad／sec？

(A) 60　　(B) 50
(C) 15.92　　(D) 7.958。

(　　) **5** 如圖所示之串聯諧振電路，其品質因數 Q_s 為何？

(A) 30
(B) 50
(C) 70
(D) 90。

$+V_R-$　$+V_L-$
R=2Ω　X_L=100Ω
E=10V∠0°　V_C　V_C=100Ω

(　　) **6** 某交流電路如右圖所示，若電源電壓 E=100∠0°V（有效值），則電感端電壓有效值為多少伏特？

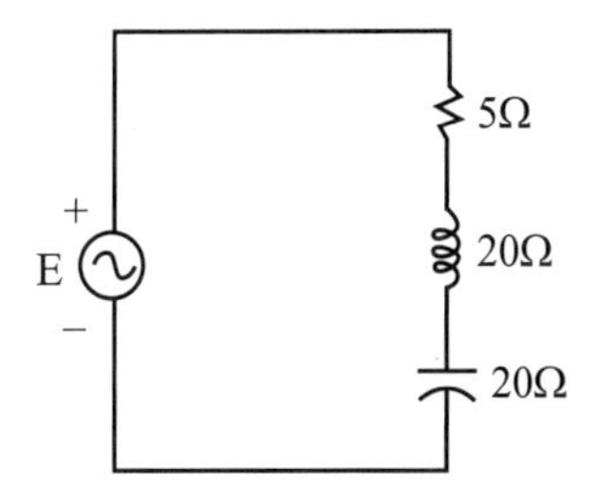

(A) 400　　(B) 200
(C) 100　　(D) 50。

(　　) **7** 如右圖所示電路，其 AB 兩端間之阻抗值為多少Ω？

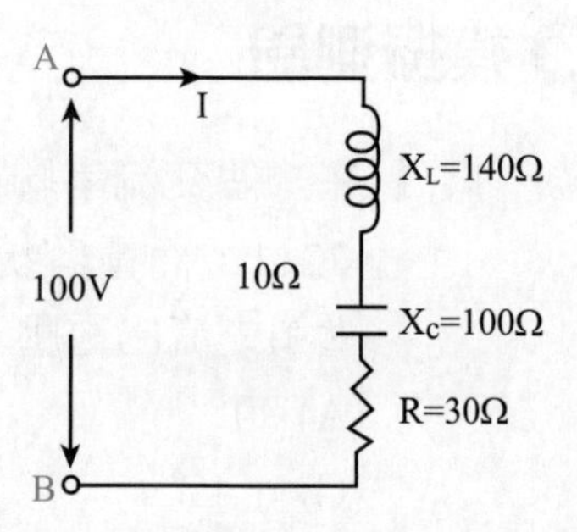

(A) 270Ω
(B) 70Ω
(C) 50Ω
(D) 30Ω。

(　　) **8** 某 RLC 串聯電路，外加一弦波電壓源時，其 L 與 C 之電抗值分別為 X_L 和X_c，則下列敘述何者錯誤？
(A)若 $X_L=X_c$，則電源電壓與電流相同
(B)若 $X_L=X_c$，則功率因數為 0.5
(C) $X_L>X_c$，則呈電感性電路
(D)若 $X_L<X_c$，則呈電容性電路。

(　　) **9** 有一電路其中各元件阻抗大小如右圖所示，其總阻抗 Z_T 為多少歐姆？
(A) 4＋j4　　(B) 4＋j12
(C) 4－j4　　(D) 4－j12。

(　　) **10** 某交流電路如右圖所示，若輸入電流 I=20∠0°A，則電流 I_1 的絕對值為多少安培？

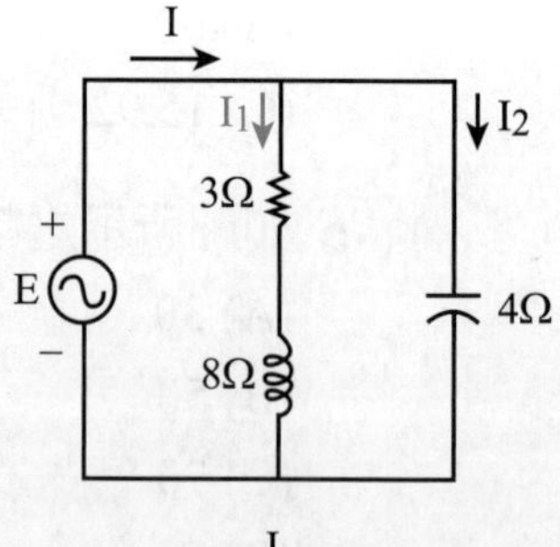

(A) 40
(B) 32
(C) 16
(D) 8。

(　　) **11** 某交流電路如右圖所示，其輸入阻抗 Z_{in} 的絕對值為多少歐姆？

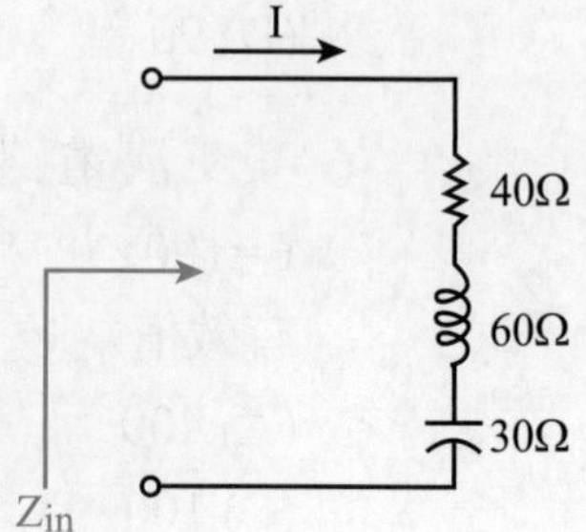

(A) 130
(B) 100
(C) 90
(D) 50。

第12章　交流電源

第一節　單相電源

單相三線式電源係以三條電線供給兩個相位相同的電源，對於一般家用交流電而言，兩條火線與地線之間的電壓 $V_{an}=V_{nb}=110V$，而兩條火線之間 $V_{ab}=220V$。

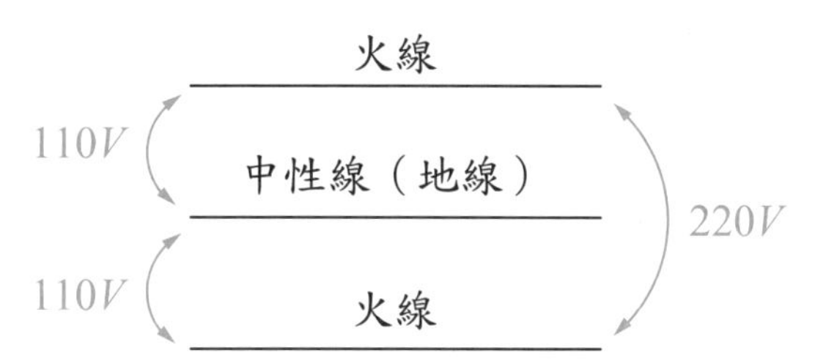

家用單相三線式電源示意圖

若有兩個相同的負載 Z_1 連接到電源處，中性線 nN 內的電流是＝0。

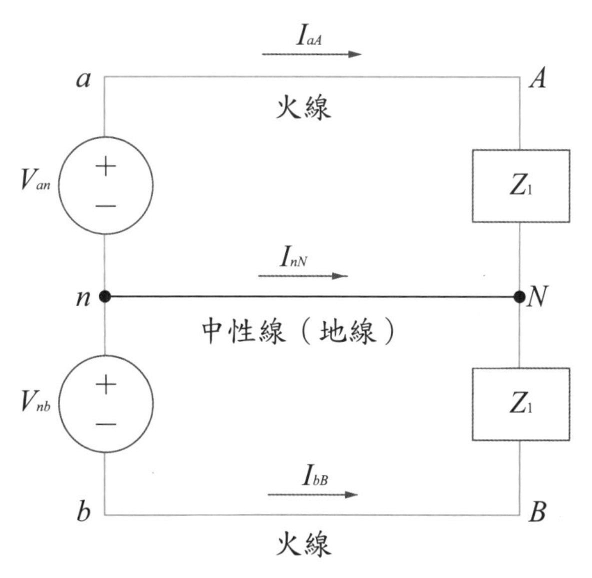

單相三線式電源接相同的兩個負載 Z_1 圖

觀念加強

( ) **1** 單相三線式電源系統，當 A（電流 $\overline{I_A}$）、B（電流 $\overline{I_B}$）兩側負載平衡時，則中性線電流 $\overline{I_N}$=？ (A) 0 (B) $\overline{I_A}$ (C) $\overline{I_B}$ (D) $|\overline{I_A}|+|\overline{I_B}|$。

第二節 三相電源

若系統電源所產生的（正弦）電壓相位不同，則此系統稱為一個多相系統。最常見的多相系統為平衡三相系統，其輸出電壓相等，相位各差 120 度，三相電路的組合型態有 Y 接和 Δ 接兩種。在三相電路中，每一相上面的電壓稱為相電壓，而線對線的電壓簡稱線電壓，當 Δ 接時線電壓等於相電壓，而當 Y 接時線電壓等於 $\sqrt{3}$ 倍相電壓。變壓器繞組則常作 Δ 接連使用。

相對於單相或雙相電路系統，三相電源的傳輸系統簡單，可供給平衡負載穩定的功率，且輸出功率大，能量耗損少，效率較高。

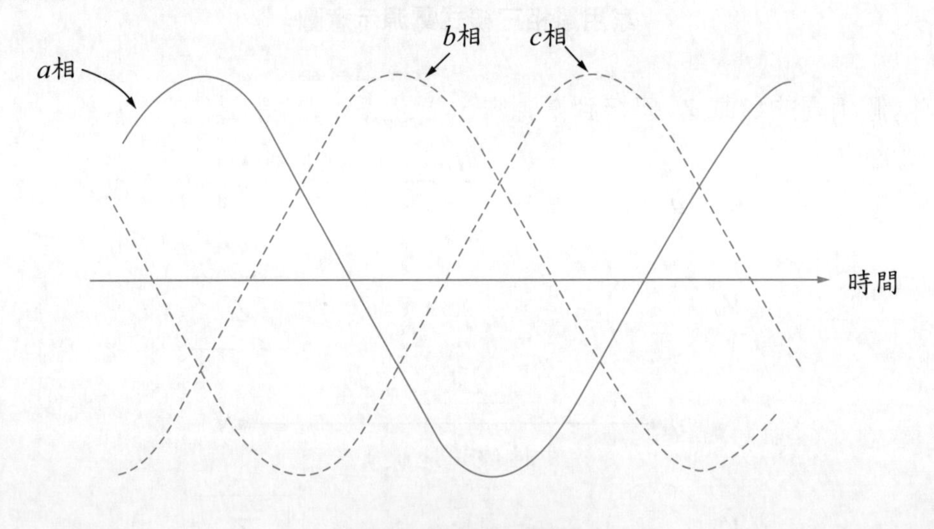

三相交流電示意圖

觀念加強

( ) **2** 下列有關平衡三相電壓的敘述，何者正確？ (A)三相電壓的相位角均相同 (B)三相電壓的瞬時值總和可以不為零 (C)三相電壓的大小均相同 (D)三相電壓的波形可以不相同。

第三節　三相平衡負載

若 Y 接（或 Δ 接）中每相阻抗（Z_P）相等，則稱為三相 Y 接（或 Δ 接）平衡負載。

Y 接負載中線電流和相電流是相同的，但線電壓為相電壓的 $\sqrt{3}$ 倍；而 Δ 接負載中線電壓和相電壓相同，線電流為相電流的 $\sqrt{3}$ 倍。

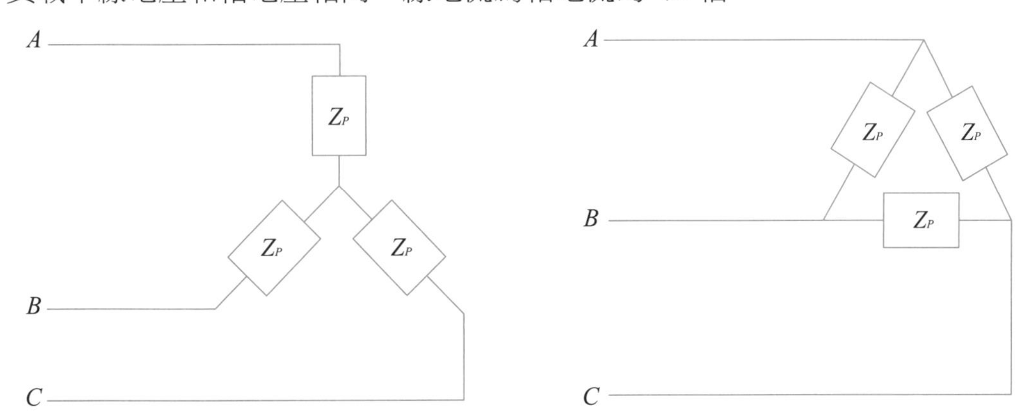

平衡的 Y 接和 Δ 接三相負載

第四節　三相功率測量

測量功率可使用瓦特表，瓦特表包括兩個線圈，一是具有高電阻的電壓線圈，可測跨過線圈的電壓差，另一是低電阻的電流線圈，可測通過線圈的電流。可測量供給一負載之交流電的平均功率 P。

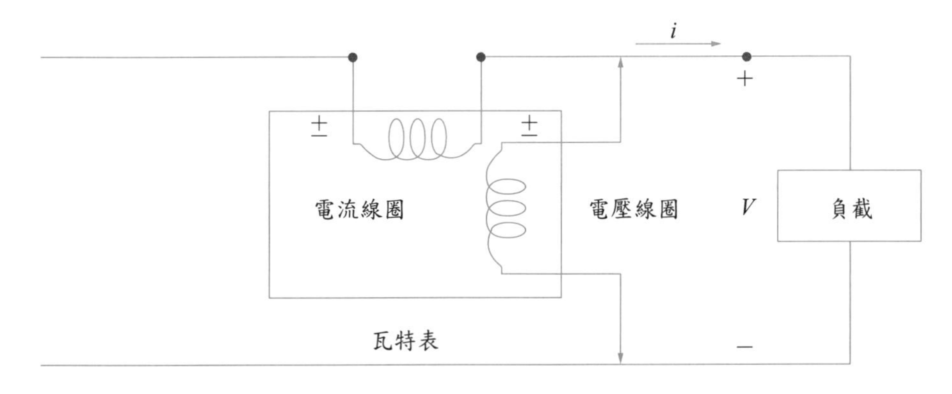

瓦特表電路示意圖

用在三相功率時，基本上可利用三個瓦特表如下圖般連接。

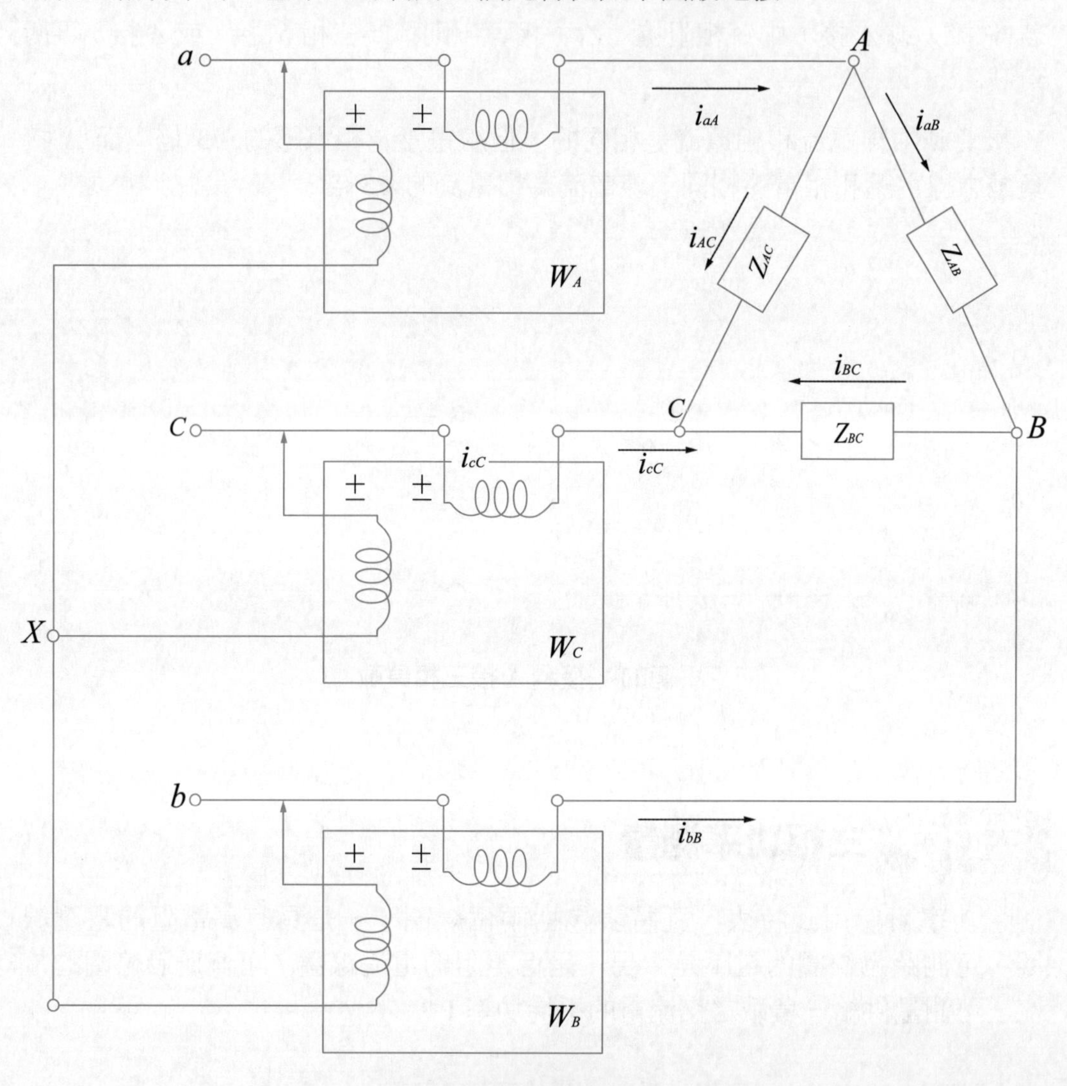

三瓦特表測功率

但若將圖中 C 點與 X 點接在一起時，中間瓦特表的功率會變為零，故實際上僅利用兩瓦特表即可。

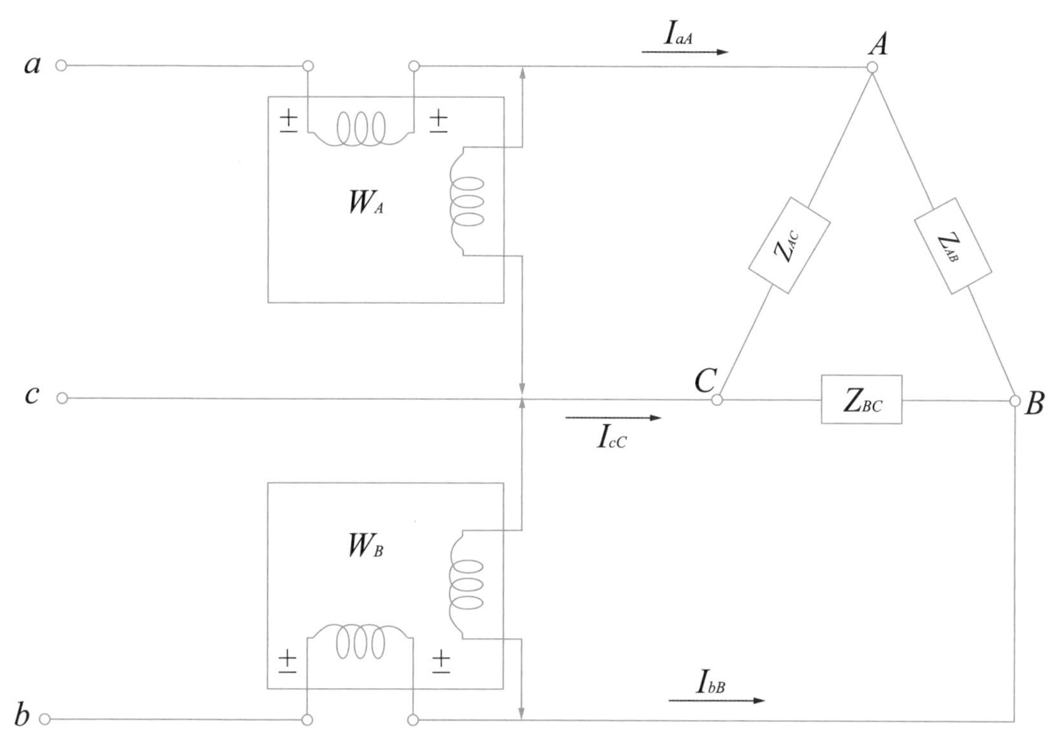

兩瓦特表測功率圖

測量三相功率的兩瓦特計法，可應用於 Y 接負載，不管負載是否平衡，此法都適用；電源的平衡與否並不重要。

在負載是平衡的情形下，兩個瓦特計法即可以決定功率因數角，其功率因數角 θ 為

$$\theta = \tan^{-1}\frac{\sqrt{3}(W_A - W_B)}{W_A + W_B}$$

試題演練

經典考題

( ) **1** 如圖(a) Y 型網路所示，若圖(b)為其 Δ 形等效電路，則 Z_A 為多少？

(A) 4＋j2Ω (B) 1－j2Ω

(C)－8－j4Ω (D) 8－j16Ω。

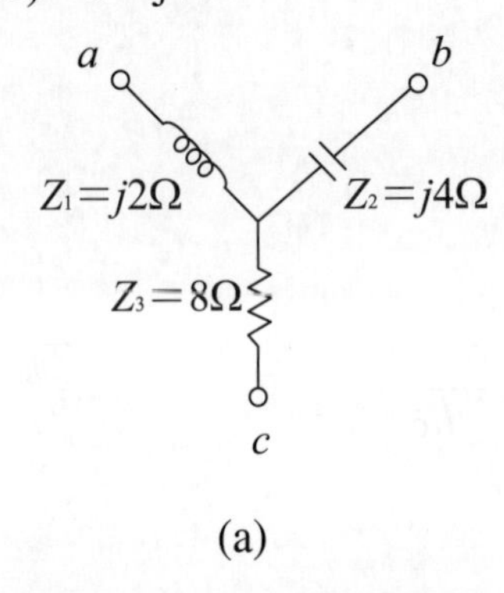

(a)

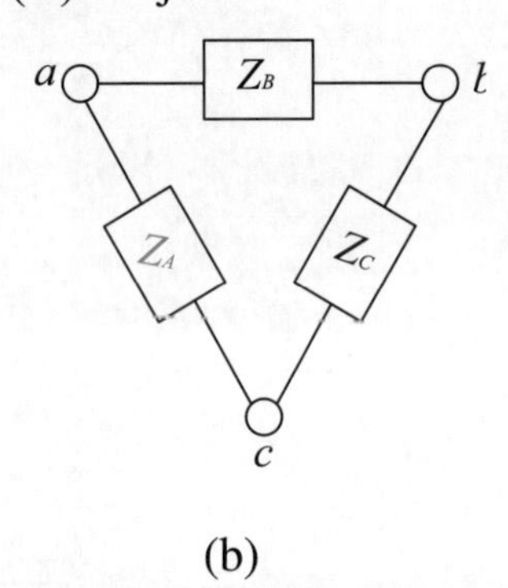

(b)

( ) **2** 有一臺三相 Y 連接發電機，相序為 abc，已知 a 相電壓 $\overline{V}_{ao}$=100∠0°V，求線電壓 $\overline{V}_{bc}$=？

(A) $100\sqrt{3}\angle 30°$V (B) $100\sqrt{3}\angle 90°$V

(C) $100\sqrt{3}\angle 150°$V (D) $100\sqrt{3}\angle 270°$V。

( ) **3** 有一三相 Δ 型連接平衡負載，接於三相平衡電源，已知每相負載阻抗為 11∠60°Ω，電源線電壓有效值為 220V，求此負載消耗的總有效功率為多少？

(A) 6600W (B) 4400W

(C) 3810W (D) 2200W。

( ) **4** 以二瓦特表法量測平衡三相負載之功率，其中一瓦特表讀值為另一瓦特表讀值的兩倍，則負載之功率因數為多少？

(A) 0 (B) 0.5 (C) 0.866 (D) 1。

( ) **5** 在相同負載功率與距離條件下，下列有關交流電源之敘述，何者錯誤？

(A)提高輸電電壓，可提高輸電效率

(B)將1Φ2W電源配線改為1Φ3W電源配線，將增加線路損失

(C)將1Φ2W電源配線改為1Φ3W電源配線，可減少線路壓降比

(D)改善負載端之功率因數，可降低輸電損失。

(　　) **6** 接於三相平衡電源之Δ接三相平衡負載，每相阻抗為(6＋j8)Ω，負載端線電壓有效值為200V，則此負載總消耗平均功率為何？
(A)7200W　(B)4800W
(C)3600W　(D)2400W。

(　　) **7** 單相二線制（1Φ2w）交流供電系統，供應交流 110V 負載。若改為單相三線制（1Φ3w）供電，在負載不變且負載分配平衡，以及相同傳送距離與相同線路損失之條件下，1Φ3w 之每條電源傳輸導線截面積，應為 1Φ2w 每條電源傳輸導線截面積的多少倍？
(A) 2 倍　(B) 0.625 倍
(C) 0.375 倍　(D) 0.25 倍。

模擬測驗

(　　) **1** 三相平衡之電壓源其線對線電壓為 220V（有效值），其線對中性點的電壓約為多少伏特？
(A) 220　(B) 110　(C) 380　(D) 127。

(　　) **2** 三相平衡負載其總平均功率為 1.6kW，功率因數為 0.8 落後，若負載端之線對線電壓為 200V（有效值），則其線電流為多少安培？
(A) $\frac{10}{\sqrt{3}}$　(B) 10
(C) 20　(D) $10\sqrt{3}$。

(　　) **3** 三相負載每相阻抗皆為 3＋j4Ω 且 Y 接線，若每相之相電流為 10A（有效值），則此三相負載消耗之總平均功率為多少瓦特？
(A) 1200　(B) 900　(C) 600　(D) 300。

(　　) **4** 在一交流電路當中有三個阻抗大小分別為 12 歐姆、j12 歐姆及 －j12 歐姆的元件連接成Δ型，現在若將它們化簡成等效的 Y 型連接的話，試問在此 Y 型連接的三個等效阻抗中具有純電感特性的元件阻抗為多少歐姆？
(A) j4　(B) j6　(C) j8　(D) j12。

第13章　實習基本知識

第一節 定義與單位

在分析電路及實驗時，必須採用標準單位系統，以使所求得的數據，例如電流、電壓、功率、能量等符合量測的意義。通常採國際單位系統，簡稱 SI 制。

單位表

	單位	符號
電荷	庫侖	C
電流	安培	A
電壓	伏特	V
電阻	歐姆	Ω
電能	焦耳	J
電功率	瓦特	W
電感	亨利	H
電容	法拉	F
磁通	韋伯	Wb

常用冪次代號表

乘積	字首	符號
10^{12}	萬億（Tera）	T
10^{9}	十億（Giga）	G
10^{6}	百萬（Mega）	M
10^{3}	仟（Kilo）	K
10^{-3}	毫（milli）	m
10^{-6}	微（micro）	μ
10^{-9}	奈（nano）	n
10^{-12}	微微（pico）	p

第二節 色碼電阻器

因通常的電阻器體積很小，不適合在其上標示出規格，為方便辨識電阻器的阻值，在其表面上有環狀的色碼，常見的電阻器有四個色碼，精密電阻有五個色碼，較特殊者為僅三個色碼的電阻器。

五碼電阻的前三碼表示數值，第四碼表示次方，第五碼表示誤差；四碼電阻的前兩碼表示數值，第三碼表示次方，第四碼表示誤差；而三碼電阻類似四碼電阻，以前兩碼表示數值，第三碼表示次方，但誤差固定為 20%。各顏色所代表的意義如下：

電阻器色碼表

色碼	黑	棕	紅	橙	黃	綠	藍	紫	灰	白	金	銀
數值	0	1	2	3	4	5	6	7	8	9		
次方	10^0	10^1	10^2	10^3	10^4	10^5	10^6	10^7	10^8	10^9	10^{-1}	10^{-2}
誤差		1%	2%			0.5%	0.25%	0.1%	0.05%		5%	10%

第三節 IC 腳位

通常實驗室內的電子電路實驗主要使用傳統的 TTL 雙排腳位的邏輯 IC（74 系列 IC），在第一腳旁會有凹陷或白點作為識別，再依逆時針方向計數腳位，若無凹點或白點作為識別時，則將 IC 缺口記號朝上，其左邊即為第一腳。

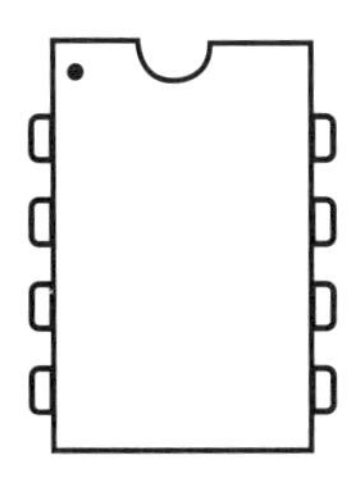

IC 腳位記號示意圖（第一腳在左上角）

第四節 低功率電烙鐵之使用

銲接，也稱為焊接或熔接，是一種以加熱方式接合金屬或其他熱塑性材料的製造工藝及技術。電子電路的手動銲接通常採用電烙鐵，為了工作的方便，可利用熔點較低的熔填物，例如銲錫，幫助銲接。

並非所有的金屬都可用銲接的方式來結合，例如鋁因表面易氧化，銲接後一拔即脫落。容易銲接的金屬有銅、錫、銀、金等，零件的接腳通常都由這幾種金屬構成或鍍上這幾種金屬以方便銲接。

電烙鐵的形狀非常重要的。一般鉛筆型的電烙鐵溫度傳達有不完全的現象，造成銲接性的不均衡性。在銲接時，烙鐵溫度接觸到零件或銲錫後會下降，影響銲接，採用瓦數較高的烙鐵會較佳。另外，為避免影響烙鐵的溫度，宜使用線徑細的銲錫。

第五節 銲接要領及實作

銲接作業溫度的設定非常重要，合適的溫度約比銲錫的熔點高50至100度。現今因環保要求採用無鉛銲錫，其熔點比鉛錫銲錫高約34~44度，電烙鐵的溫度設定也要較高，宜採用瓦數較高的電烙鐵。

烙鐵前端因助銲劑的污染，易引起焦黑並對溫度上升造成阻礙。使用前後需確實的清潔。若是採用海棉清潔烙鐵，海棉也需用清潔劑適當的清潔，避免銲錫附著在海棉表面上。

第六節 銲錫

銲錫為現代電子工業中使用最廣的銲接劑材料，雖名為銲錫，但主要成分為錫和鉛以及其他金屬所組成的合金。錫的成分約佔六成，且錫的比例會影響銲錫的熔點，例如，Sn64/Pb36 的熔點在 190°C，Sn60/Pb40 的熔點在 185°C，可知**錫的成份越少熔點越低**。

第七節 三用電表

三用電表就是可以測量電阻、電壓和電流三種用途的電表。電壓與電阻以並聯量測，較為簡便；而電流則需以串聯量測，需切斷電路再串聯，故較少使用。

早期的三用電表為類比指針式，現在多以改用數位數字式的三用電表，不僅使用上較為簡便，判讀不易出錯，精確度亦有提升。

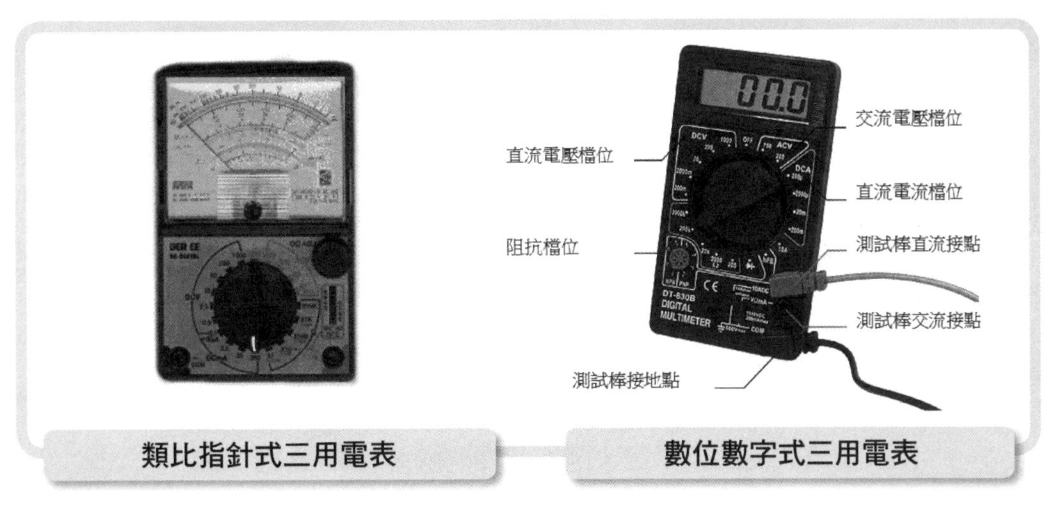

類比指針式三用電表　　數位數字式三用電表

1. 電壓量測

   電壓有分直流電（DC）和交流電（AC），需將測試棒插入正確的位置，並挑選正確的檔位。此外，測量直流電時要注意區分正極及負極，交流電則不需要。

2. 電阻量測

   因電阻以歐姆 Ω 為單位，故測量電阻的檔位通常亦稱為歐姆檔。測量電阻係利用三用電表本身的電力送至待測電阻，故在缺電的情況下無法使用。若使用類比指針式三用電表，需先將兩支探針碰觸，調整使指針歸零；數位數字式三用電表則不必。此外，類比指針式三用電表的電阻值讀數係由右自左，和電壓與電流的讀取方式相反；數位數字式三用電表亦無此問題。

   需注意的是，在量測電阻時，不可在通電的情況下測量，否則電表可能會燒毀。

3. **電流量測**

電流亦分直流電（DC）和交流電（AC），因交流電的平均電流為零，故**通常的三用電表僅具量測直流電流的功能**，必需另外以交流電表才能測量交流電值。**測量電流時必須將電路切斷，與電表串聯再測量**，不可直接與待測線路並聯，會燒毀電表。

無論測量電壓、電阻或電流，在不知道待測值範圍時，應從**最大檔位**依序往下測量以免電表燒毀。

觀念加強

( ) **1** 三用電表使用「OUT」插孔時，選擇開關要撥在：
(A) DCV 檔 (B) ACV 檔
(C)歐姆檔 (D) DCmA 範圍內。

( ) **2** 三用電表使用歐姆檔測試時，應在：
(A) Rxl (B) Rx10
(C) RxK (D) Rx10K。
檔位置所消耗的電流最大。

( ) **3** 三用電表使用完畢後，應將選擇開關撥在 OFF 或：
(A) DCV 檔 (B) ACV 檔
(C) DCmA 檔 (D)歐姆檔　最大值位置。

( ) **4** 三用電表之「OUT」插孔較「+」端插孔在表內部多串聯一個：
(A)電阻器 (B)電感器
(C)二極體 (D)電容器。

( ) **5** 將三用電表撥在歐姆檔 Rxl0K 位置時，若指針無法歸零，要更換：
(A) 15V (B) 3V
(C) 6V (D) 9V 乾電池。

( ) **6** 三用電表量度電阻時作零歐姆歸零調整，其目的是在補償：
(A)測試棒電阻 (B)電池老化
(C)指針靈敏度 (D)接觸電阻。

( ) **7** 傳統三用電表不能測量：
(A)交流電壓 (B)直流電壓
(C)交流電流 (D)直流電流。

(　　) **8** 指針型三用電表中非線性刻度是：
(A)交流電壓　(B)交流電流
(C)電阻　(D)直流電流。

(　　) **9** 三用電表測量電阻時，若範圍選擇開關置於 Rx10，指針的指示值為：
(A) 50　(B) 500
(C) 5K　(D) 50K。

(　　) **10** 指針型三用電表乃屬於：
(A)靜電型電表　(B)電流力計型電表
(C)感應型電表　(D)可動線圈型電表。

(　　) **11** 測量直流電阻值可選用：
(A)電壓表　(B)電流表
(C)馬克士威電橋　(D)歐姆表。

第八節 示波器

示波器（Oscilloscope）是在時域顯示信號波形的儀器，也就是顯示信號隨時間改變的情況。示波器亦由類比示波器演進到數位示波器，兩者各有優缺點。類比示波器可作即時的量測，但無法清楚地抓住並顯示一個瞬時信號，且頻寬約限制在 1GHz；數位示波器雖然會將訊號延遲顯示，不僅在測量訊號時較為簡便，可自動判讀並顯示數值，甚至可將波形下載及儲存，另作分析，對大部分的使用者而言較為容易使用。

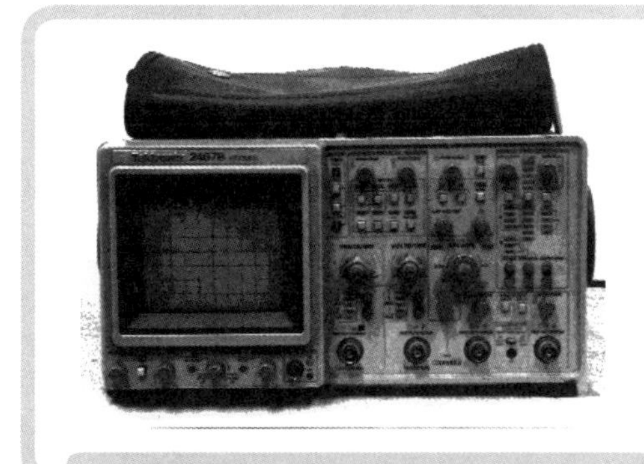

類比示波器（Tek 2467B）

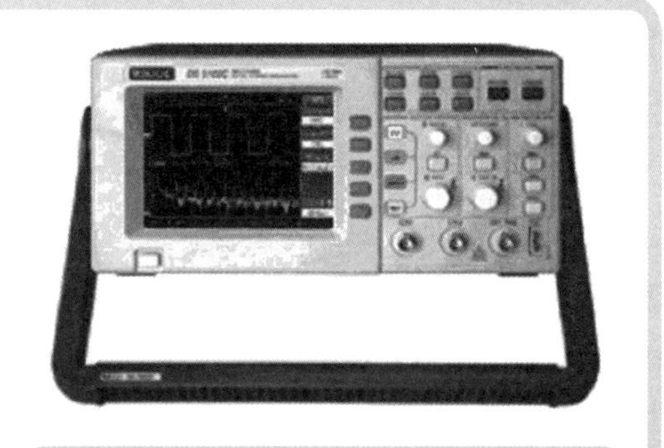

數位示波器（DS5000CA）

示波器的**橫軸表示時間**，**縱軸表示信號強度（電壓大小）**，另外有許多按鈕及旋鈕可配合量測。由**波形**可知訊號為直流或交流（通常交流訊號才有需要利用示波器測量）和訊號的電壓大小值，並可得知訊號的時間週期再換算為頻率。

第九節 信號產生器

信號產生器(Function Generator)又稱訊號產生器，可用以產生特定的波形輸出，通常搭配示波器使用，以信號產生器做為訊號的輸入端，而以示波器量測輸出之訊號。此外，在純數位電路中，通常使用邏輯信號產生器或數位信號產生器產生信號較為便利。

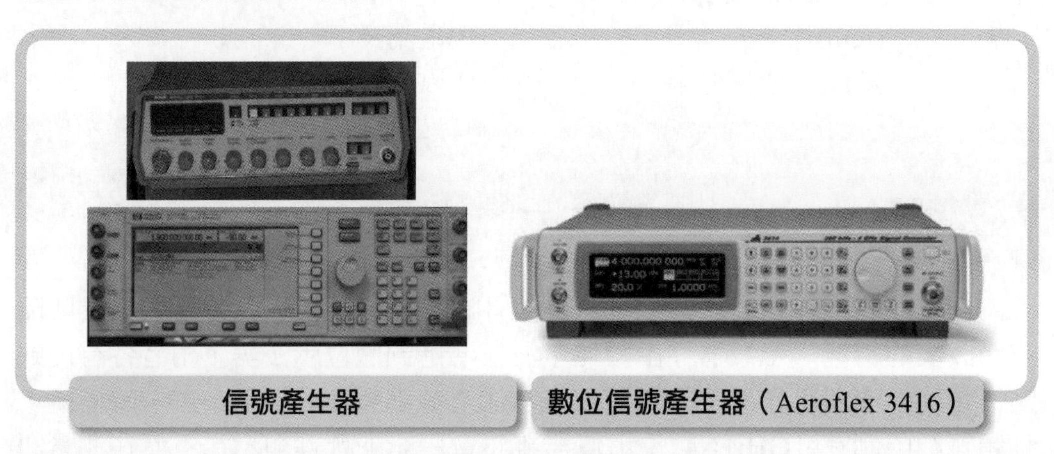

信號產生器　數位信號產生器（Aeroflex 3416）

信號產生器可調整的項目至少有**波形**、**頻率**及**振幅**和**準位**，通常以下列步驟調整之：

1. **選擇波形**：一般波形產生器可產生三角波、方波或正弦波，按下適當之按鈕（或旋鈕）可產生所需之波形。
2. **設定頻率**：以頻率調整旋鈕調整頻率，通常可從接近直流之低頻調整至數 MHz 或數十 MHz 之高頻，有些機型設有粗調及微調之旋鈕。
3. **振幅調整**：利用振幅旋鈕調整電壓振幅之大小，通常可從 10mV 調整至 10V。

4. 準位調整：使用 DC Offset 之旋鈕，可調整輸出波形的直流準位，亦即輸出訊號平均電壓之大小。

5. 工作週期：調整 Duty 旋鈕可調整波形左右之對稱性，若調至 CAL 之位置，則波形左右對稱。但在調整 Duty 旋鈕時，輸出波形之頻率會隨之改變。

第十節　電源供應器

電源供應器可提供直流電源給電路，可提供一組或兩組以上的獨立電源，並具有可調整電壓輸出範圍或可調整電流輸出範圍的可調電源輸出，有些電源供應器另具有可將輸出電壓固定在 5V 或 12V 的固定電壓輸出。

指針式雙電源供應器（GPS-3030）　數字式電源供應器（HY 1505D）

電源供應器的操作模式可分為輸出電壓固定而輸出電流可變的定電壓模式與輸出電流固定而輸出電壓可變的定電流模式。使用電源供應器時需注意 GND 接地端與電路的接地點是否正確連接，否則工作所需之電壓準位可能有誤。

可提供兩組以上獨立電源之電源供應器可能具有 Independent/Tracking 開關，若將 Independent/Tracking 的開關設定於 Independent 獨立的位置時，則各組電源獨立運作，電壓電流可分別獨立設定；若將開關設於 Tracking 相關的位置時，則兩組電源串聯，輸出電壓可加倍，且兩組電源僅能作相同的設定，由一組旋鈕來調整，而另一組旋鈕無作用。

第十一節 RLC 表

RLC 表通常又稱為 LCR 表，可用以量測被動元件的電阻（R）、電感（L）與電容（C）。RLC 表內部係以一正弦波振盪器產生交流信號送至電阻、電容或電感，然後檢測其輸出信號為超前或落後而判斷出元件之阻抗及感抗或容抗之值。

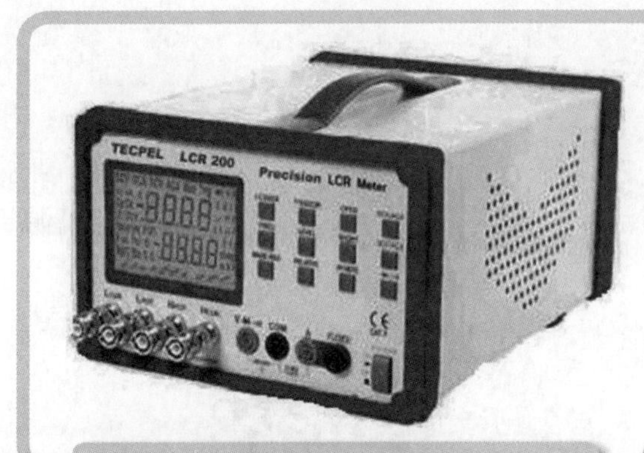

手持式 LCR 表（TCPEL LCR-200）

LCR 表（ESCORT ELC-130）

觀念加強

(　　) **12** 電感的單位是？
(A)法拉　(B)瓦特
(C)亨利　(D)伏特。

第十二節 工場安全教育

為確保人身安全，並養成正確的工作方法與習慣，同學在工場內實習時應注意下列安全教育與守則。

1.工業安全

一般安全

1.工場佈置應有條理、並經常維護整潔，危險處應貼警告標誌或標明顏色。
2.工作應穿工作服，並視工作需要而戴護目鏡或面罩，以策安全。
3.工作時絕對禁止大聲講話、追逐嘻笑以及喧嘩之類事情。
4.機具應確實維護、保持正常使用狀況，並保持固定的放置位置。

一般安全	5.工場應隨時注意防潮，並有良好的通風設備與光線、通道，照明設備應定期檢查，保持足夠照明亮度。 6.廢料、垃圾應分別置於規定處所。 7.實習後應關好門窗，並關掉水電開關，注意安全。 8.工場應具備防火及救護等設備，人員應熟悉消防設備位置、工場安全逃生路線及逃生設備位置。
機具設備安全	1.各科工具應依其特性，用適當方式，妥當安置於各特定位置，並建立保養卡實施定期保養。 2.常用儀表使用時應注意事項與附件數量名稱，印成要點附於儀表易見之處，並隨時提醒學生操作時應行注意事項。 3.操作機具、設備前必須先了解操作方法、步驟以及安全防護事項，非經允許，不可私自開動或操作機器設備。 4.操作機具、設備前應先檢查外表及安全防護設備、如有明顯故障應立刻報告老師或工場管理員，不可繼續操作。 5.操作機具、設備應專心，勿與他人談笑聊天。 6.使用完畢之設備工具應擦拭清潔，如有損壞應即刻修護，機具、設備使用完畢後應將電源關閉，並待完全停機後始可離去。
用電安全	1.使用電器前必須先徵得同意，並檢查電掣及電線是否完善。 2.電源開關、插座等應適時檢查、維持良好堪用狀況。 3.使用者的手及工作地點必須保持乾燥。 4.電線、電器設備上絕不可擱置食物、飲料或物品。 5.操作高壓線上之開關時，應戴絕緣手套，並以絕緣操作棒操作。 6.電器用後應立即熄掣及取開插掣，同時檢查該電器，若有損壞必須立即報告。 7.檢修線路或電器前應先切斷電源，不可使用起子或手指試驗線路或電源是否有電。 8.有漏電的機器或設備不可使用，危險的電器設備應有安全標誌。 9.發現有人觸電時，應迅速將電源切斷，再施以急救。
急救處理	1.熟悉工場急救箱位置。 2.急救箱應定期檢查並補充。 3.若有意外，身體不適應立即報告師長處理與治療。 4.如遇意外事故，應有人負責陪同受傷者赴醫。
心肺復甦術口訣	1. 叫：第一叫，呼叫病人，確定病患意識及呼吸 2. 叫：第二叫，高聲求救，撥打119，拿取AED 3. C：Circulation，施行胸外心臟按摩，約15秒壓胸30下 4. A：Airway，壓額抬下巴，讓呼吸道暢通 5. B：Breathing，人工呼吸2次，並反覆CAB動作 6. D：Defibrillation，電擊去顫，使用AED刺激心臟回復正常心律

2. 消防安全

滅火器種類

1.泡沫滅火器：使用時顛倒，左右擺動，使藥劑混合，產生含二氧化碳氣體的泡沫受壓噴出。
2.二氧化碳滅火器：使用時拔出保險插梢，握住喇叭噴嘴前握把，壓下握把開關即將內部高壓氣體噴出。
3.乾粉式滅火器：使用時拆掉封條，拔起保險插梢，噴嘴管朝向火點口壓下把手即噴出。
4.海龍滅火器：將插梢拔出壓下把手即可。

滅火器使用要領

1.提：由滅火器掛勾提起滅火器走向火源。
2.抽：扭斷壓版保護插銷束帶抽出保護插銷。
3.拉：拉出皮管指向火源。
4.壓：壓下壓版。
5.射：滅火藥劑射向火源。

火災應變

1.工場應具備防火及救護等設備，人員應熟悉消防設備位置、工場安全逃生路線及逃生設備位置。
2.依標示設備指示之方向逃生。
3.使用滑台、避難梯、避難橋、救助袋、緩降機、避難繩索、滑杆及其他避難器具逃生。

3. 電工法規簡介

現行我國電工法規主要源自**電業法**，然後再制定產生其他的子法，如屋內線路裝置規則、屋外供電線路裝置規則、電器承裝業管理規則、電業控制設備裝置規則以及專任電氣技術人員及用電設備檢驗維護業管理規則等。

觀念加強

( ) **13** 停電作業時，下列那項作業為首要工作？
(A)檢電 (B)掛接地線
(C)掛「停電作業中」牌 (D)登桿工作。

( ) **14** 活線作業橡皮手套使用前檢查內容包括：
(A)有無割破或穿孔
(B)有無起泡
(C)無裂紋或電暈痕跡
(D)有無割破或穿孔、有無起泡、有無裂紋或電暈痕跡。

(　　) **15** 對成年人感電患者施作口對口人工呼吸時，每分鐘最適宜的次數為：
(A) 5 次　(B) 12 次　(C) 20 次　(D) 31 次。

(　　) **16** 以心臟按摩法施救感電患者，每分鐘多少次最宜？
(A)15～20　(B) 30～40　(C) 60～70　(D) 80～90。

(　　) **17** 水泡性灼傷係屬於第幾度灼傷？
(A)一　(B)二　(C)三　(D)四。

(　　) **18** 成年人第二度以上灼傷面積如超過全身表面積百分之多少時，即有生命危險？
(A) 20　(B) 30　(C) 40　(D) 50。

(　　) **19** 利用止血帶止血時，須每隔幾分鐘緩解一次，以便血液循環周流患處？
(A)五分鐘　(B)十五分鐘
(C)三十分鐘　(D)四十五分鐘

(　　) **20** 下列何種材料不得替代止血帶來止血？
(A)三角布　(B)手巾　(C)領帶　(D)膠帶。

(　　) **21** 由患者出血之顏色鮮紅且呈波狀噴出，可判斷患者為何種出血？
(A)動脈　(B)靜脈
(C)微血管　(D)以上皆非。

(　　) **22** 對成年人患者施作心臟按摩法急救時，應使其胸骨下陷多少公分最適宜？
(A) 1　(B) 2～3　(C) 5～6　(D) 8～10。

(　　) **23** 施作口對口人工呼吸時，施救者應以一手捏住患者之那一部分，才能進行吹氣？
(A)耳朵　(B)鼻子　(C)脖子　(D)眼睛。

(　　) **24** 以俯式人工呼吸法急救患者時，每分鐘最適宜之次數為：
(A) 5 次　(B) 10 次　(C) 12 次　(D) 20 次。

(　　) **25** 在電桿上對患者進行人工呼吸，每分鐘最適宜之次數為：
(A) 8 次　(B) 10 次　(C) 15 次　(D) 20 次。

(　　) **26** 對小孩施行口對口人工呼吸，每分鐘最適宜之次數為：
(A) 10 次　(B) 12 次　(C) 15 次　(D) 20 次。

試題演練

經典考題

( ) **1** 一電阻由左至右之色碼為黃紫橙金，則電阻值為？
(A) 4.7Ω ±5%
(B) 47Ω ±5%
(C) 4.7kΩ ±5%
(D) 47kΩ ±5%。

( ) **2** 設計一個 ±15V 雙電源穩壓電路須使用之穩壓 IC 為
(A) 7815，7915 各一顆
(B) NE555 兩顆
(C) 7815，NE555 各一顆
(D) 7805，7905 各一顆。

( ) **3** 交換式電源供應器（SPS）的缺點為
(A)體積大
(B)效率低
(C)輸入電壓範圍小
(D)雜訊大。

( ) **4** 一般實驗室中的直流電源供應器，係用來將交流電源轉換為直流電源，在經變壓器後，其轉換過程通常依序為何？
(A)整流→濾波→穩壓
(B)整流→穩壓→濾波
(C)濾波→整流→穩壓
(D)濾波→穩壓→整流。

( ) **5** 下列有關穩壓 IC 的敘述，何者有誤？
(A) 7906 輸出電壓為 －6V
(B) 7815 輸出電壓為 ＋15V
(C)採用兩只 7912 可組成 ±12V 的雙電源穩壓電路
(D) 7800 系列是三端子的正電壓穩壓器 IC。

(　　) **6** 電子實習用的銲錫主要材料為：
(A)純錫　(B)錫銅合金
(C)錫鋁合金　(D)錫鉛合金。

(　　) **7** 若指針式三用電表內部 3V 電池沒電時，則下列測量何者無法執行？
(A)直流電壓
(B)交流電壓
(C)直流電流
(D)電阻。

(　　) **8** 使用指針式三用電表來測量 7815 的輸出電壓時，置於何檔較為恰當？
(A) ACV 50 V 檔
(B) ACV 250 V 檔
(C) DCV 50 V 檔
(D) DCV 250 V 檔。

(　　) **9** 右圖為某 IC 的頂視圖，其第 1 支接腳的位置在何處？
(A) A
(B) B
(C) C
(D) D。

A D
B C

(　　) **10** 某日上實習課，小明設計一個數位邏輯電路，想用示波器量測上升時間，則下列操作何者為正確？
(A)調整水平軸時間
(B)調整垂直軸時間
(C)調整水平軸電壓
(D)調整垂直軸電壓。

(　　) **11** 若確定七段顯示器其中一段已燒毀，而無法發亮，經測試顯示數字 4 與 5 都正常，則哪一段燒毀？
(A) a 段　(B) e 段
(C) f 段　(D) g 段。

( ) **12** 如下圖所示之電源穩壓電路，圖中 IC_1 及 IC_2 為穩壓積體電路元件，如要獲得直流電源 ＋15V 與－15V，該如何選用穩壓 IC_1 與 IC_2 的型號？
(A) IC_1 為 7815，IC_2 為 7815
(B) IC_1 為 7815，IC_2 為 7915
(C) IC_1 為 7915，IC_2 為 7815
(D) IC_1 為 7915，IC_2 為 7915。

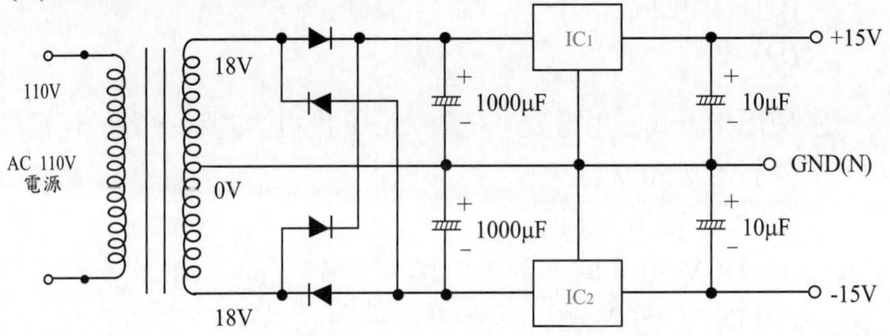

( ) **13** 某日上實習課，小明想要設計一個穩定電壓輸出電路，下列何者為完成電路的主要元件？
(A) LM317 (B) LM380
(C) LM725 (D) LM748。

模擬測驗

( ) **1** 色碼依序為紅紫金銀的電阻器其值為：
(A) 0.27±5%Ω (B) 0.27±10%Ω
(C) 2.7±5%Ω (D) 2.7±10%Ω。

( ) **2** 將 15 伏特的電壓加在一色碼電阻上，若此色碼電阻上之色碼依序為紅、黑、橙、金，則下列何者為此電阻中可能流過之最大電流？
(A)789μA (B) 889μA
(C) 999μA (D) 1099μA。

( ) **3** 下列敘述何者正確？
(A)理想電壓表的內阻為零
(B)理想電流源的內阻為零
(C)理想電壓源的內阻為無限大
(D)理想電流表的內阻為零。

第14章　直流電路量測與實驗

第一節　交直流電壓的量測

電壓有分直流電（DC）和交流電（AC），可利用伏特計、三用電表或示波器與電路並聯量測，**測量直流電時要注意區分正極及負極**，交流電則不需要。

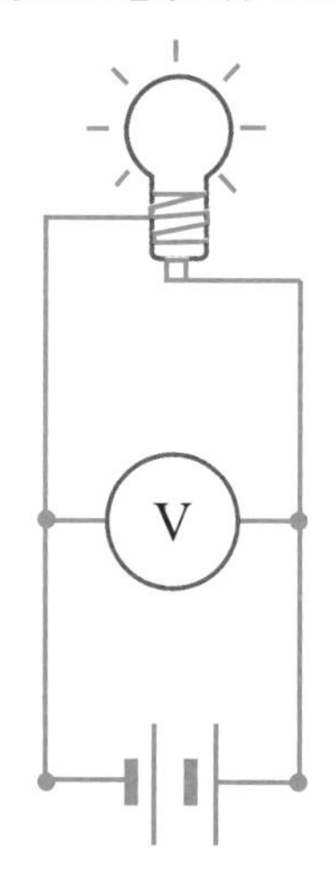

交直流電壓量測電路接法

當量測高壓直流電時，為安全起見，需使用分壓器降壓後量測；當量測高壓交流電時，則可使用比壓器降壓後量測。

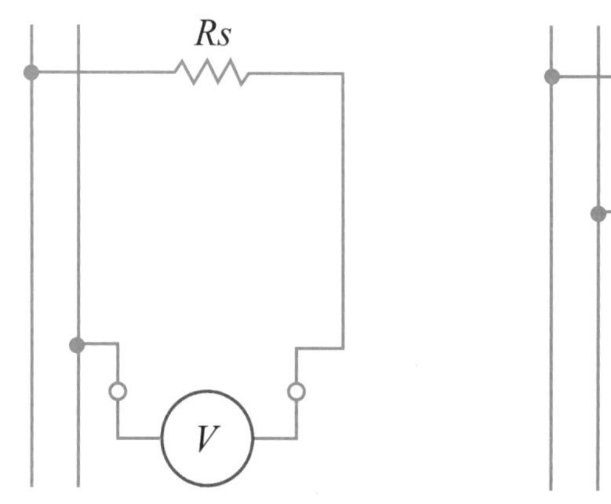

(a) 高壓直流電壓量測電路接法

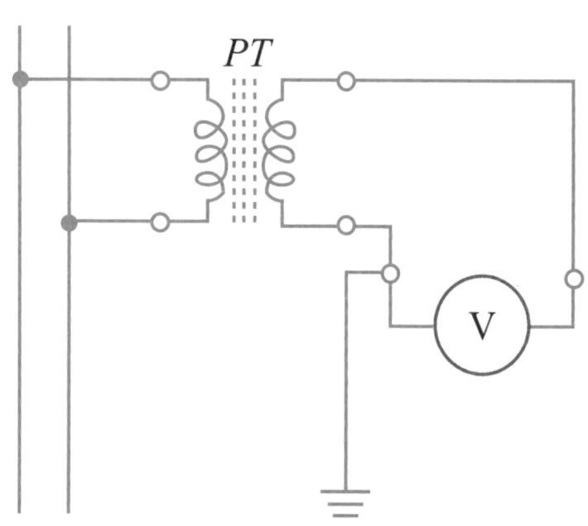

(b) 高壓交流電壓量測電路接法

觀念加強

( ) **1** 一般交流電壓表指示值為： (A)最大值 (B)均方根值 (C)平均值 (D)瞬時值。

( ) **2** 有 150 伏特直流電壓表其內阻為 17000，希望能測到 300 伏時，需串聯多少歐姆之電阻？ (A)1000 (B)17000 (C)34000 (D)24000 歐姆。

第二節 交直流電流的量測

電流可分直流電（DC）和交流電（AC），可利用安培計或三用電表與電路串聯量測，測量直流電時要注意區分正極及負極，交流電則不需要。

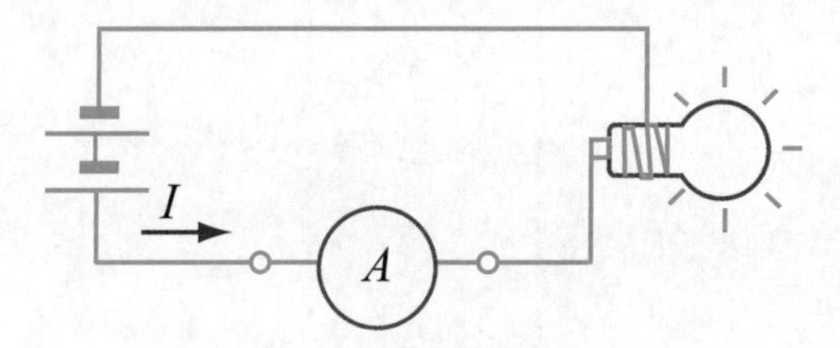

交直流電壓量測電路接法

當量測大電流的**直流電**時，為安全起見，需使用**分流器**減流後量測；當量測大電流的**交流電**時，則可使用**比流器**減流後量測。

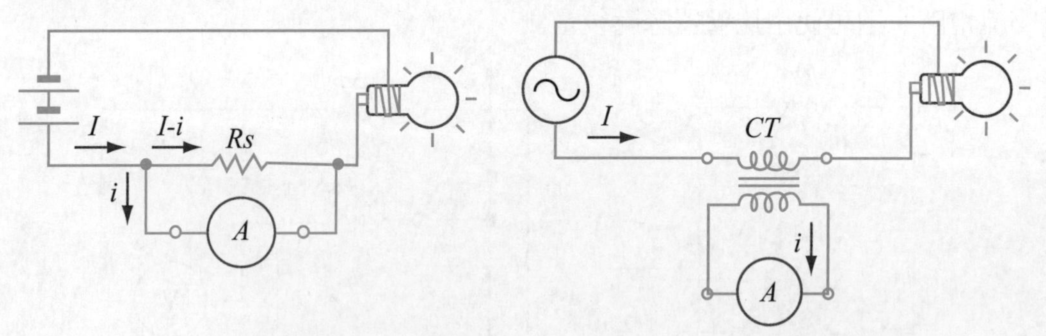

(a)大電流直流電流量測電路接法 **(b)大電流交流電流量測電路接法**

觀念加強

( ) **3** 直流電流表宜用： (A)比流器 (B)分流器 (C)倍增器 (D)比壓器以擴大測量範圍。

( ) **4** 以滿格為 5A 之支流安培表量測較大之交流電流，應增加： (A)分壓器 (B)比壓器 (C)分流器 (D)比流器。

第三節 電阻串並聯的量測

未接上電路的電阻可利用三用電表的歐姆檔直接量測，但若將電表直接接上電路中的電阻量測，則可能將電表燒毀，故需分別用伏特計與安培計量測電壓及電流後再相除得到電路中的電阻。

除利用量測外，電路中的串並聯電阻可利用下列公式計算之：

$$R_S = R_1 + R_2 + \ldots\ldots R_N$$

$$\frac{1}{R_p} = \frac{1}{R_1} + \frac{1}{R_2} + \ldots\ldots + \frac{1}{R_N}$$

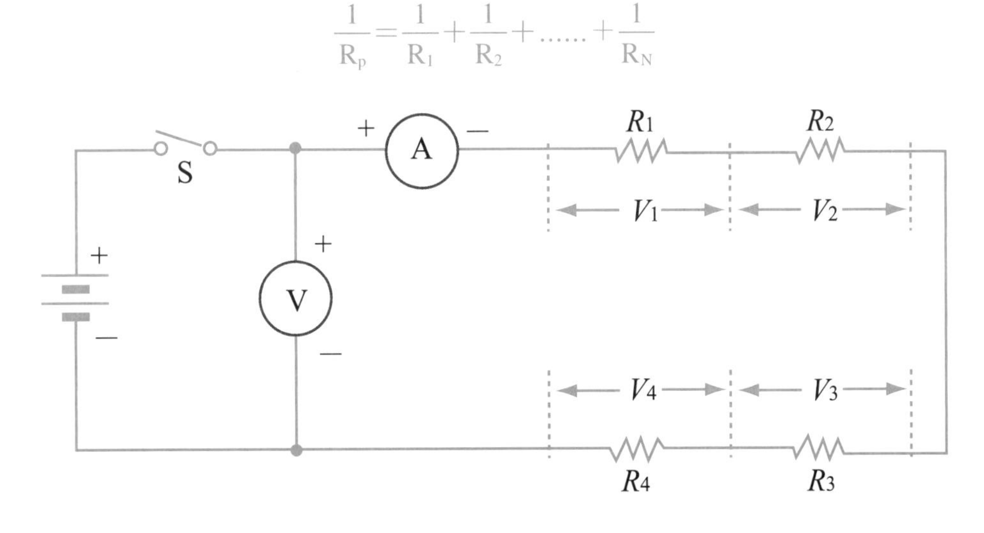

串聯電阻的量測電路

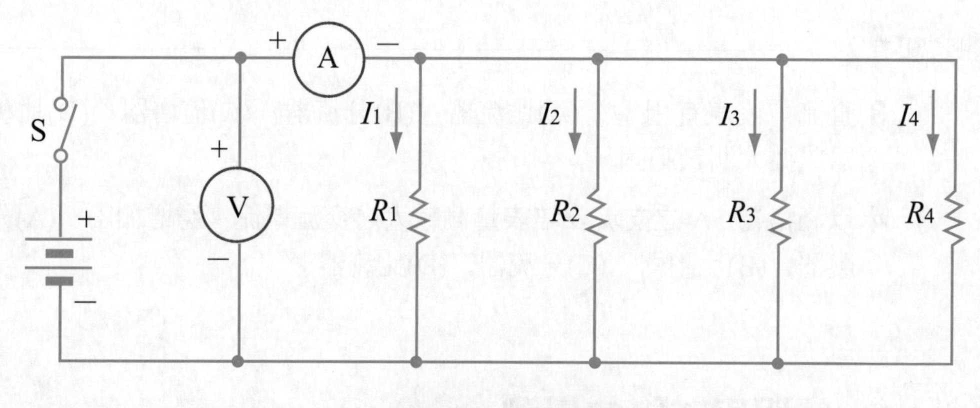

並聯電阻的量測電路

觀念加強

( ) **5** 利用電壓表、電流表，量測低電阻的正確接線為：

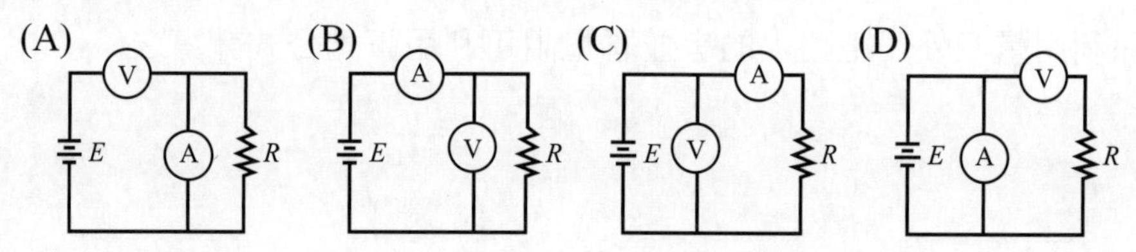

第四節 惠斯登電橋

惠斯登電橋係利用電阻平衡時，電位相等的原理測得待測電阻值，其電路示意圖如右圖所示。其中，R_A 與 R_B 係固定電阻，R_S 為可變電阻，R_X 為待測電阻，G_A 係電流計。當調整可變電阻 R_S 使電流計 G_A 偏轉至零時，電路達平衡，可得

$$\frac{R_A}{R_X}=\frac{R_B}{R_S}\text{或 }R_x=\frac{R_A}{R_B}\times R_S$$

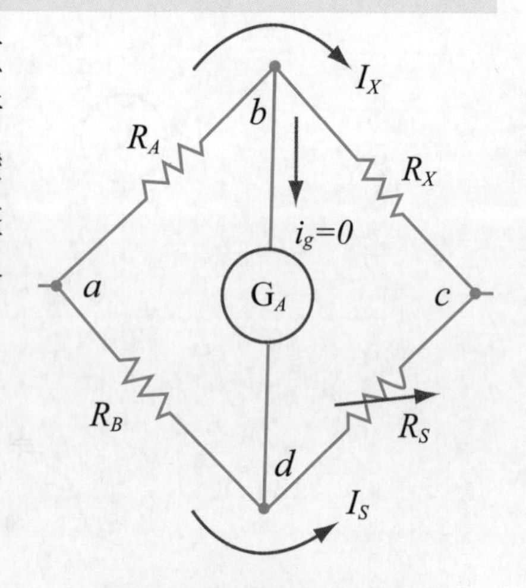

惠斯登電橋電路示意圖

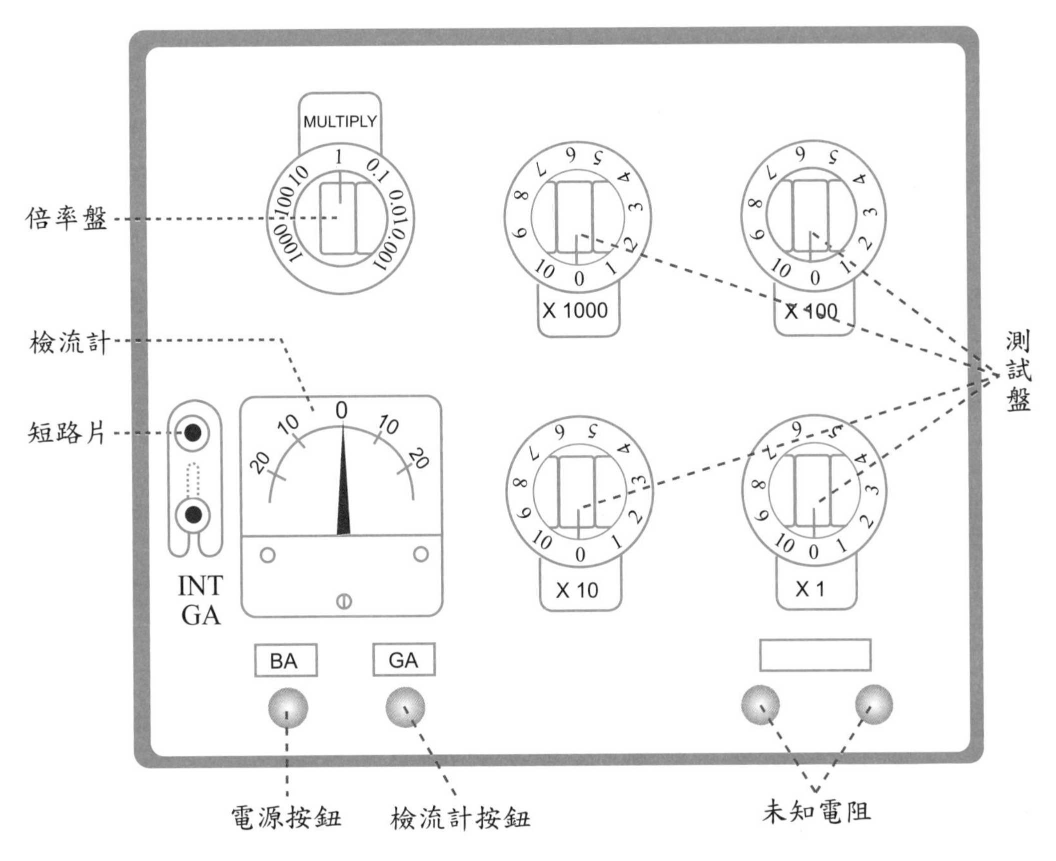

惠斯登電橋電表

第五節　克希荷夫定律

克希荷夫定律可分為克希荷夫電壓定律與克希荷夫電流定律。克希荷夫電壓定律係用來描述環路上電壓之間的關係，其定義為環繞任一環路的電壓代數和等於零，或環繞任一環路上電壓升之和等於電壓降之和。克希荷夫電流係用來描述節點上電流之間的關係，其定義為進入任一節點的電流代數和為零；或進入任一節點的電流和，等於離開這節點的電流和。

在實驗時，克希荷夫電壓定律與克希荷夫電流定律可分別利用串聯與並聯之電路檢驗之。

第六節 戴維寧與諾頓定理

任何具兩端點之網路，均能由包含單一電壓源及單一電阻相串聯之等效電路取代之，此係戴維寧定理。在戴維寧定理實驗中時，需量測的為：

電壓 V_{oc} 或 E_{th}：開路電壓或戴維寧電壓，係在電路兩端點間之開路電壓。

電阻 R_{th}：戴維寧電阻，將電路內獨立電源設為零（電壓源短路，電流源開路，並保留相依電源），從兩端點量得之電阻。

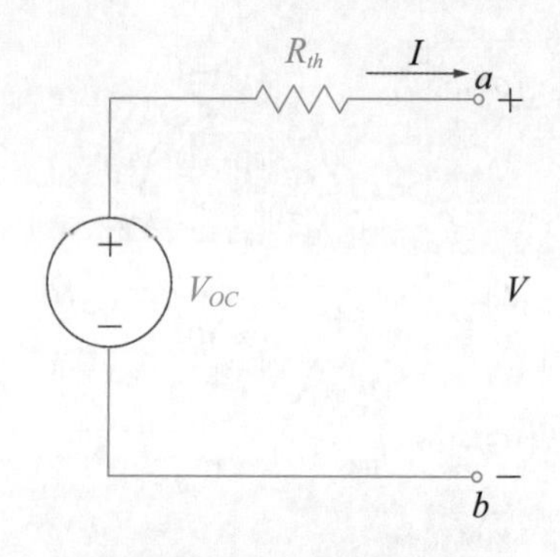

戴維寧等效電路圖

任何具兩端點之網路，均能由包含單一電流源及單一電阻相並聯之等效電路取代之，此係諾頓定理。使用諾頓定理時，需量測的為：

電流 I_{sc}：短路電流或諾頓電流，係在兩端點短路時所流過之電流。

電阻 R_{th}：諾頓電阻，與戴維寧定理實驗中求 R_{th} 之方法相同。

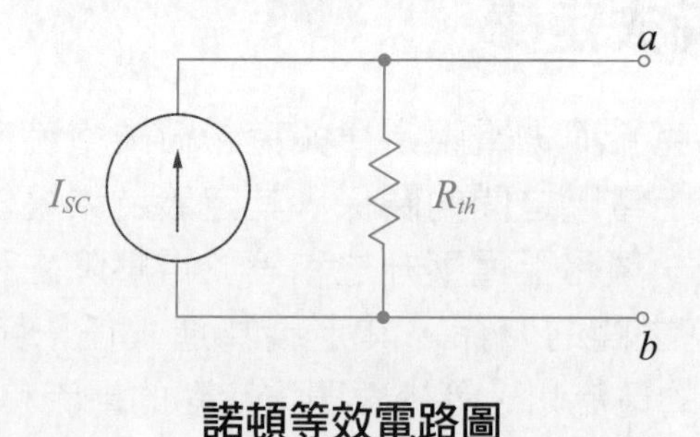

諾頓等效電路圖

第七節 最大功率轉移定理

若一負載與一戴維寧電路或諾頓電路相串接，當負載電阻與戴維寧電阻或諾頓電阻相等時，$R_L = R_S$時，傳送到電阻負載 R_L之功率為最大，此稱為最大功率傳輸定理：

$$P = \frac{V_S^2 R_L}{(R_S + R_L)^2} = \frac{V_S^2 R_S}{(2R_S)^2} = \frac{V_S^2}{4R_S} = \frac{V_S^2}{4R_L} = \frac{I_S^2 R_L}{4}$$

在測量功率時，需同時利用伏特計與安培計，其中伏特計與待測負載並聯，安培計與待測負載串聯，故可能有下圖(a)或圖(b)的兩種連接法。

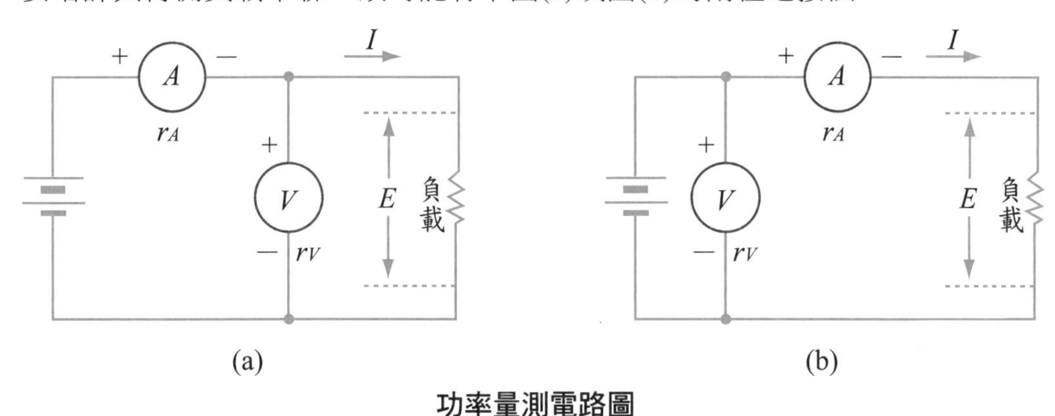

功率量測電路圖

第八節 RLC 直流暫態

因電容與電感係儲能元件，在電路瞬間變化時，電容電壓與電感電流不會跟著瞬間變化，而係隨著時間的經過，逐漸改變，此稱為暫態響應。

因為需觀察電壓或電流隨時間的變化情形，故需利用示波器觀察電壓或電流的波形，然而因暫態響應的時間很短暫，並不容易捕捉或觀察到波形的變化，故可將電源換成週期性方波，可較易觀察與量測。

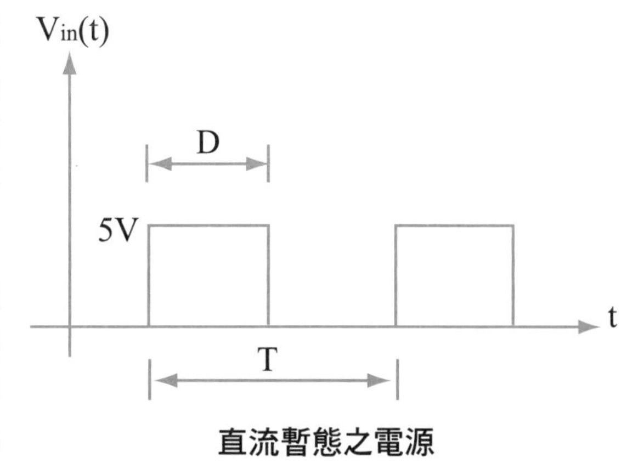

直流暫態之電源

試題演練

經典考題

( ) **1** 如右圖所示，欲使負載 R_L 得到最大功率，則 R_L 及其得到之最大功率分別為：

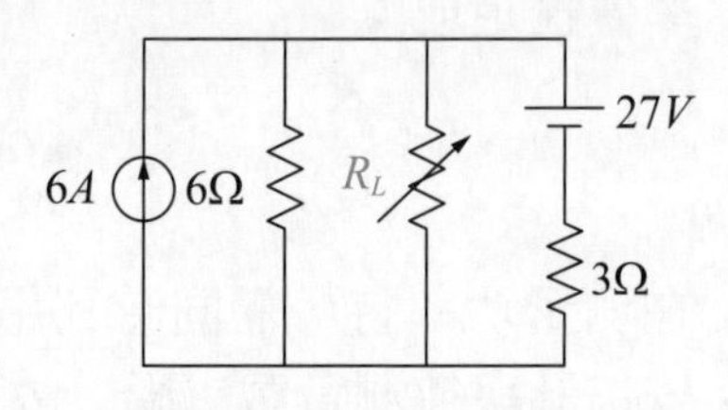

(A) 2Ω，112.5W (B) 1Ω，120W
(C) 2Ω，130.5W (D) 1Ω，140W。

( ) **2** 右圖的電路中，可變電阻器 R_L 調整範圍是30KΩ 到 60KΩ，當可變電阻調整到跨於 R_L 兩端的電壓為最大值時，電流 I 等於多少？

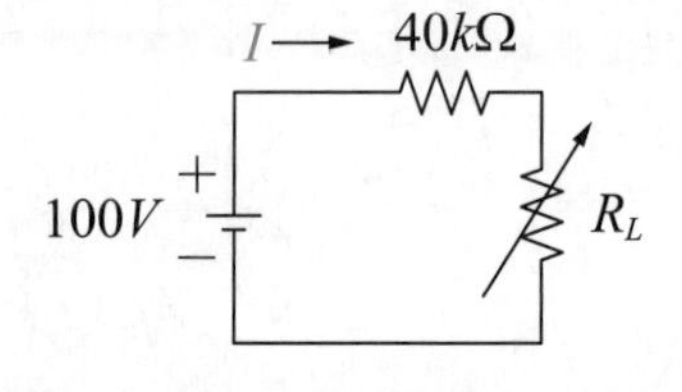

(A) 1mA (B) 1.25mA
(C) 1.42mA (D) 2.5mA。

( ) **3** 下圖電路中之戴維寧等效電阻 R_{TH} 與戴維寧等效電壓 V_{TH} 各是多少？

(A) 8kΩ，10V
(B) 8kΩ，5V
(C) 4kΩ，10V
(D) 4kΩ，5V。

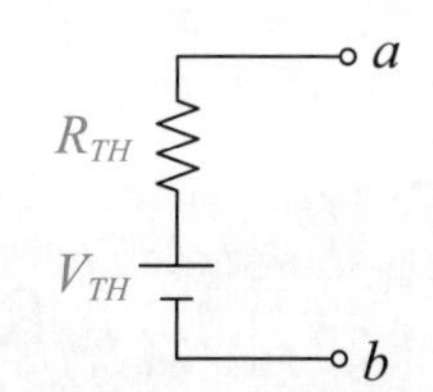

( ) **4** 有一內含直流電源及純電阻之兩端點電路，已知兩端點 a、b 間之開路電壓 V_{ab}=30V；當 a、b 兩端點接至一 20Ω之電阻，此時電壓 V_{ab}=20V；則此電路之 a、b 兩端需要接至多大之電阻方能得到最大功率輸出？

(A) 10Ω (B) 20Ω
(C) 30Ω (D) 40Ω。

( ) **5** 有一內含直流電源及純電阻之兩端點電路，已知兩端點 a、b 間之開路電壓 V_{ab}=30V；當 a、b 兩端點接至一 20Ω 之電阻，此時電壓 V_{ab}=20V，此電路最大之功率輸出為：

(A) 18W (B) 22.5W
(C) 45W (D) 90W。

(　　) **6** 如右圖所示，求 E_3=？

(A) 40V

(B) 60V

(C) 80V

(D) 100V。

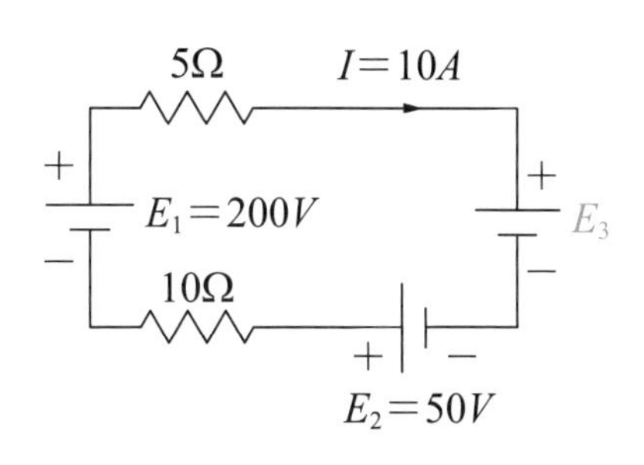

(　　) **7** 如右圖所示之電路，試求出圖中電流 I 為多少安培？

(A) 1A　　(B) 2A

(C) 3A　　(D) 4A。

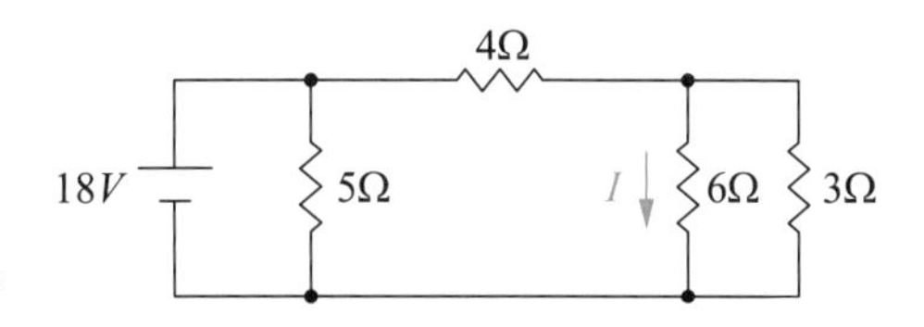

(　　) **8** 如右圖所示之電橋電路，設 R_1=100Ω，R_2=300Ω，R_3=200Ω，當電橋平衡時，則 R_x=？

(A) 200Ω　　(B) 600Ω

(C) 100Ω　　(D) 300Ω。

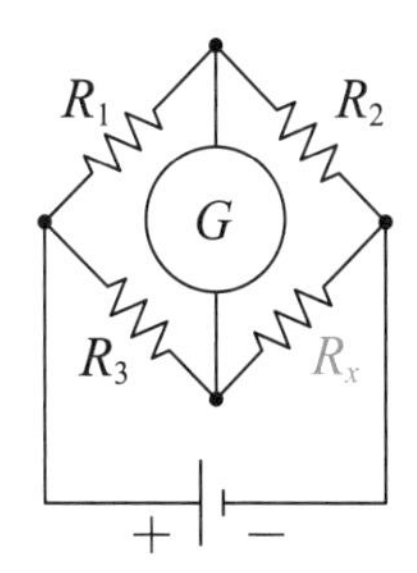

(　　) **9** 如右圖所示，電路節點 V_1 及 V_2 的電壓值，各為多少伏特？

(A) V_1=6，V_2=4

(B) V_1=6，V_2=10

(C) V_1=7，V_2=4

(D) V_1=7，V_2=10。

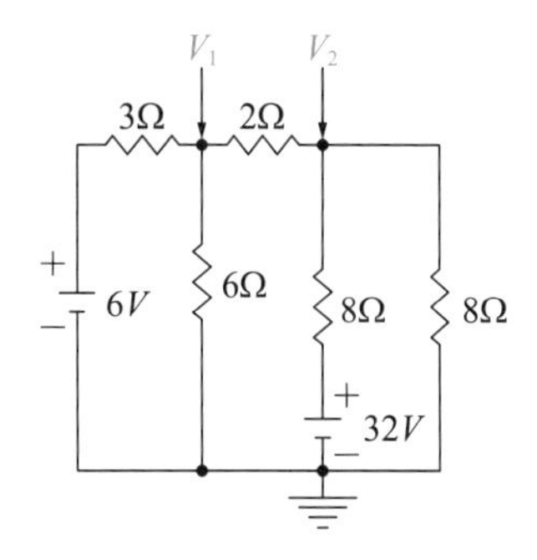

(　　) **10** 如右圖所示，欲使 R_L 獲得最大功率，求 R_L=？

(A) 1Ω

(B) 2Ω

(C) 4Ω

(D) 8Ω。

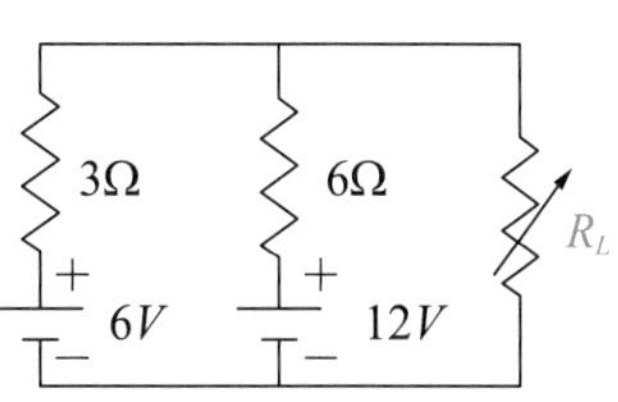

試題演練

(　　) **11** 如右圖所示，t = 0 時，開關 K 接通，10 秒後電容端電壓應接近多少？
(A) 2　(B) 5
(C) 7　(D) 10V。

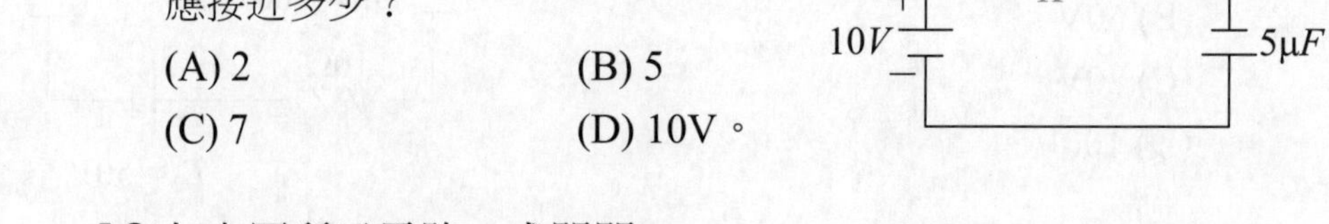

(　　) **12** 如右圖所示電路，求開關 S 閉合後，到達穩態時之 i_L 及 V_C 值？
(A) $i_L = 0A$，$V_C = 0V$
(B) $i_L = 0A$，$V_C = 10V$
(C) $i_L = 1A$，$V_C = 10V$
(D) $i_L = 1A$，$V_C = 100V$。

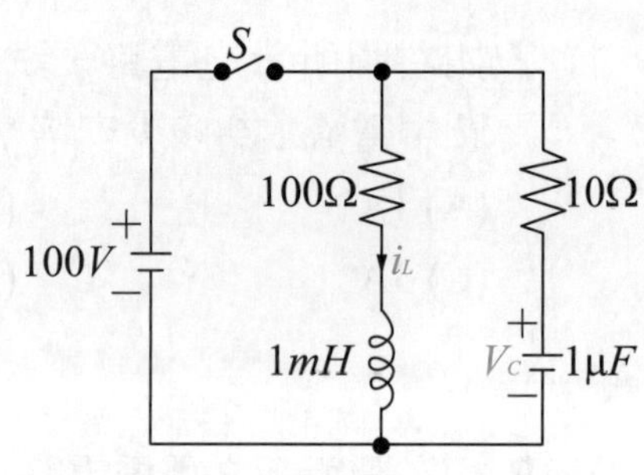

(　　) **13** 如右圖所示電路，開關 S 閉合後，到達穩態時，電流 i 為多少？
(A) 2A　(B) 3A
(C) 4A　(D) 6A。

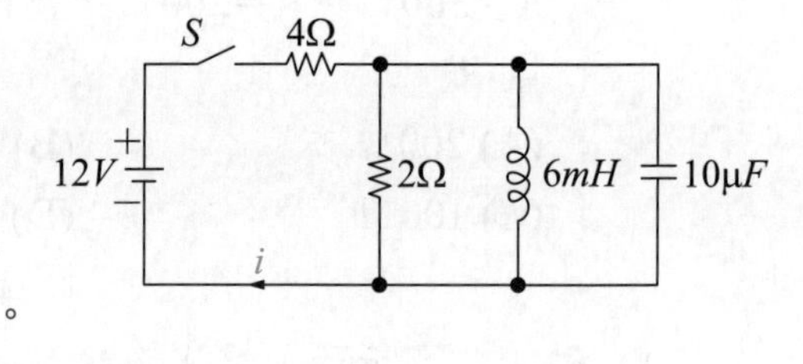

(　　) **14** 如右圖所示電路，將開關閉合很長時間後，電流 I 約為多少？
(A) 0.01mA　(B) 0.1mA
(C) 1.43mA　(D) 2.58mA。

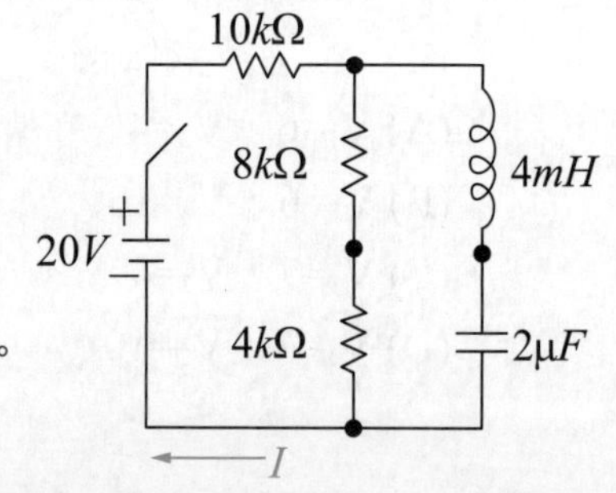

(　　) **15** 如圖所示之 R-C 串聯電路，當電路達到穩態時，電容兩端的電壓值為何？
(A) 10V
(B) 8V
(C) 7V
(D) 2V。

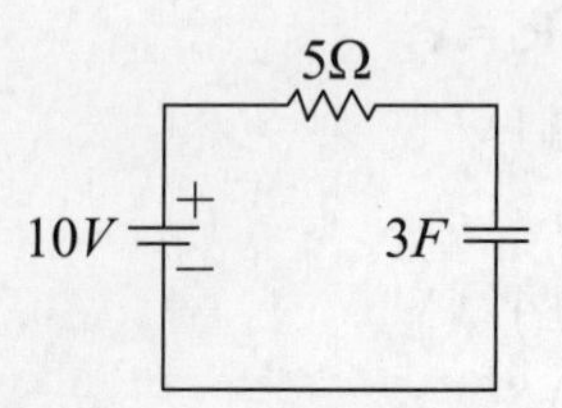

(　　) **16** 如右圖所示，試求流經 A，B 兩點間的電流 i 為多少安培？
(A) 3A
(B) 4A
(C) 5A
(D) 6A。

(　　) **17** 如右圖所示電路，求電阻 R_L 可獲得最大功率時的電阻值？
(A) 3Ω　(B) 7Ω
(C) 9Ω　(D) 10Ω。

(　　) **18** 如右圖所示之電路，R_D 為限流電阻，若 R_L 兩端短路時，流經 R_D 之電流限制不得超過 1mA，則下列選項中滿足前述條件之最小 R_D 值為何？

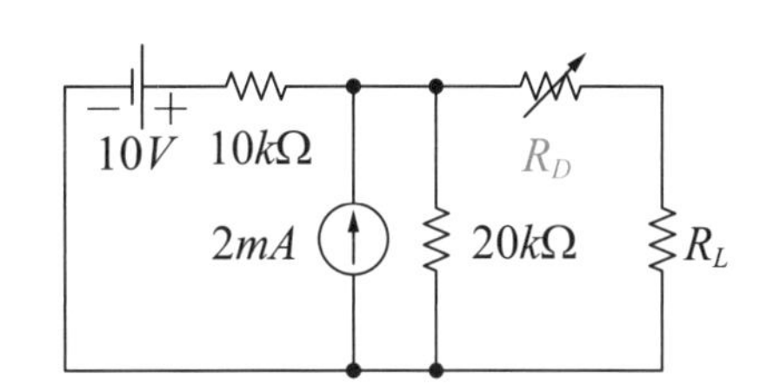

(A) 8kΩ　(B) 10kΩ
(C) 12kΩ　(D) 14kΩ。

(　　) **19** 如右圖所示，待電源穩定後，在 t_1 的時間，瞬間將開關 S_1 打開 (OFF)，則 $i(t_1)$ 為：

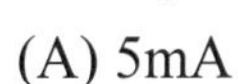

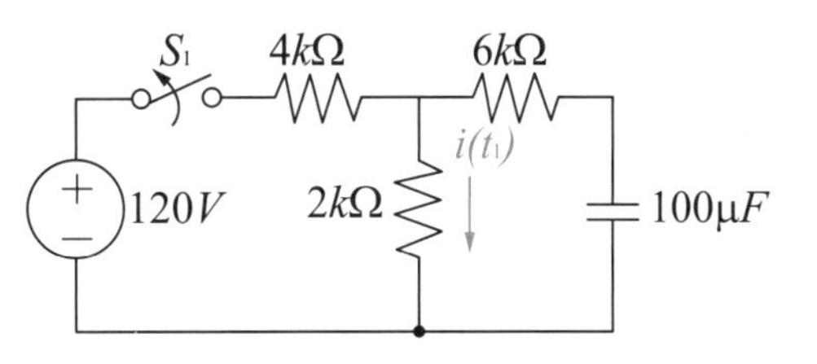

(A) 5mA
(B) 10mA
(C) 0mA
(D) －10mA。

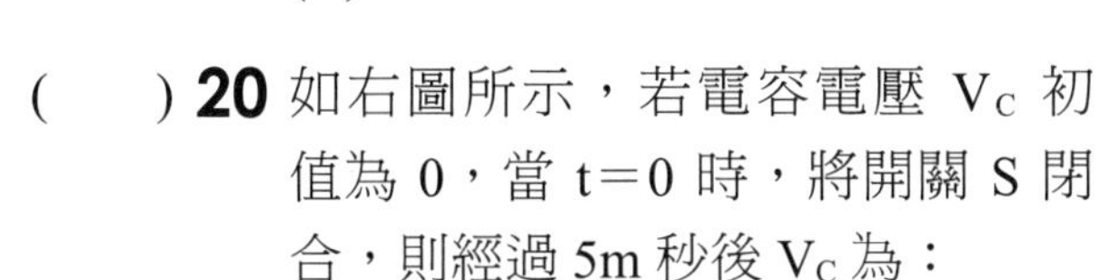

(　　) **20** 如右圖所示，若電容電壓 V_C 初值為 0，當 t=0 時，將開關 S 閉合，則經過 5m 秒後 V_C 為：

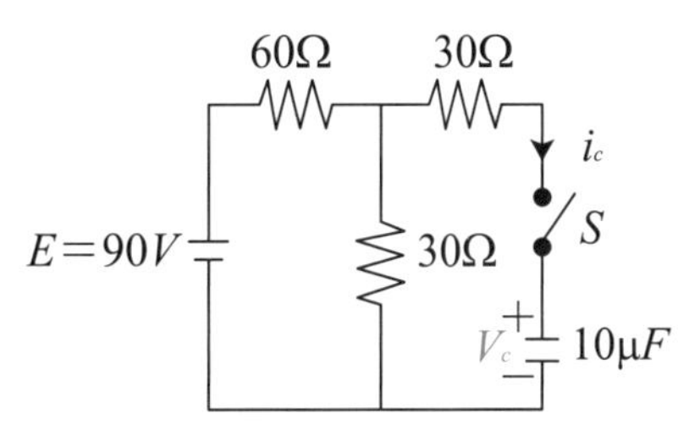

(A) $90(1-e^{-1})$
(B) $90(1-e^{-10})$
(C) $30(1-e^{-1})$
(D) $30(1-e^{-10})$ 伏特。

試題演練

➡ 模擬測驗

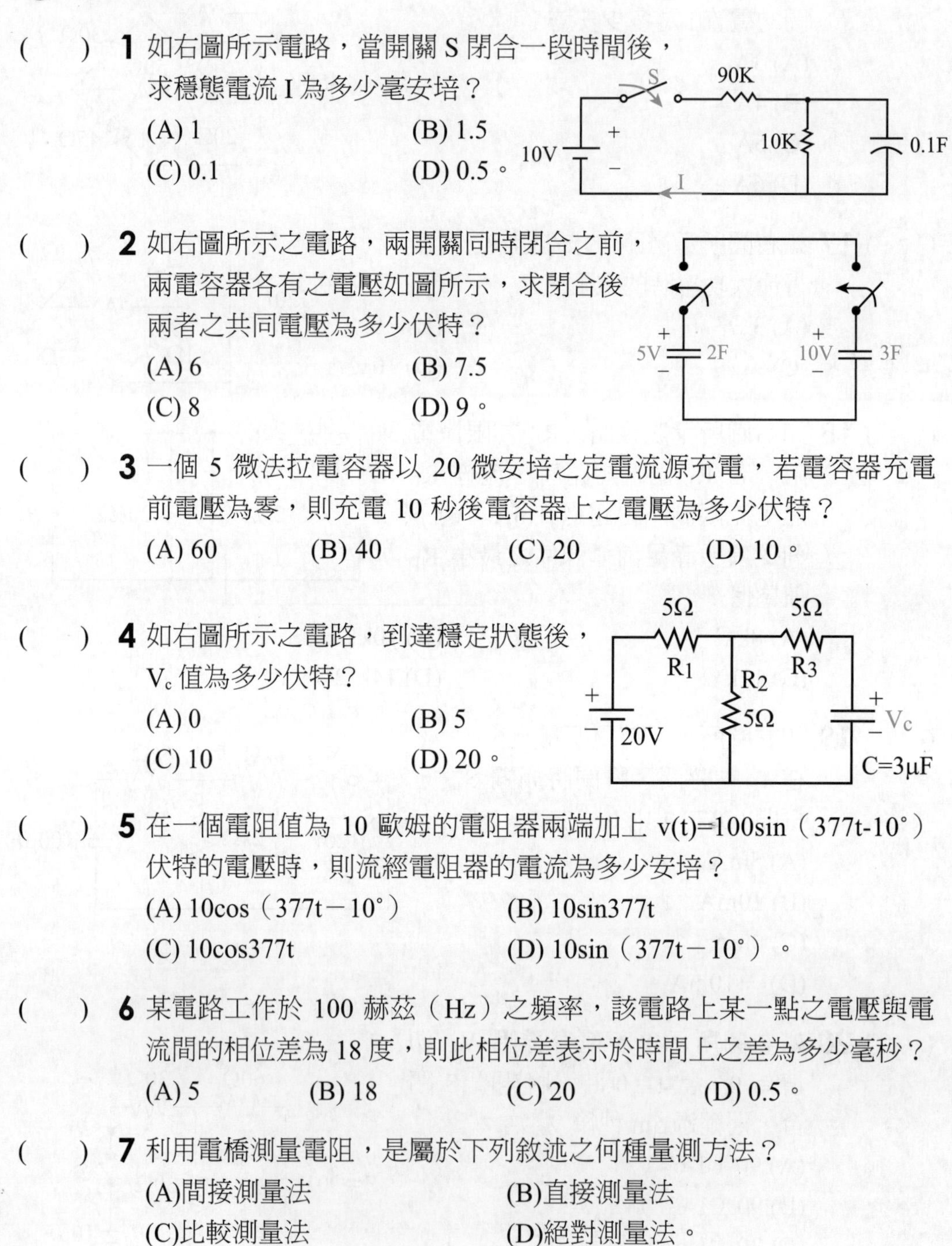

( ) **1** 如右圖所示電路，當開關 S 閉合一段時間後，求穩態電流 I 為多少毫安培？
(A) 1 (B) 1.5
(C) 0.1 (D) 0.5。

( ) **2** 如右圖所示之電路，兩開關同時閉合之前，兩電容器各有之電壓如圖所示，求閉合後兩者之共同電壓為多少伏特？
(A) 6 (B) 7.5
(C) 8 (D) 9。

( ) **3** 一個 5 微法拉電容器以 20 微安培之定電流源充電，若電容器充電前電壓為零，則充電 10 秒後電容器上之電壓為多少伏特？
(A) 60 (B) 40 (C) 20 (D) 10。

( ) **4** 如右圖所示之電路，到達穩定狀態後，V_c 值為多少伏特？
(A) 0 (B) 5
(C) 10 (D) 20。

( ) **5** 在一個電阻值為 10 歐姆的電阻器兩端加上 v(t)=100sin（377t-10°）伏特的電壓時，則流經電阻器的電流為多少安培？
(A) 10cos（377t－10°） (B) 10sin377t
(C) 10cos377t (D) 10sin（377t－10°）。

( ) **6** 某電路工作於 100 赫茲（Hz）之頻率，該電路上某一點之電壓與電流間的相位差為 18 度，則此相位差表示於時間上之差為多少毫秒？
(A) 5 (B) 18 (C) 20 (D) 0.5。

( ) **7** 利用電橋測量電阻，是屬於下列敘述之何種量測方法？
(A)間接測量法 (B)直接測量法
(C)比較測量法 (D)絕對測量法。

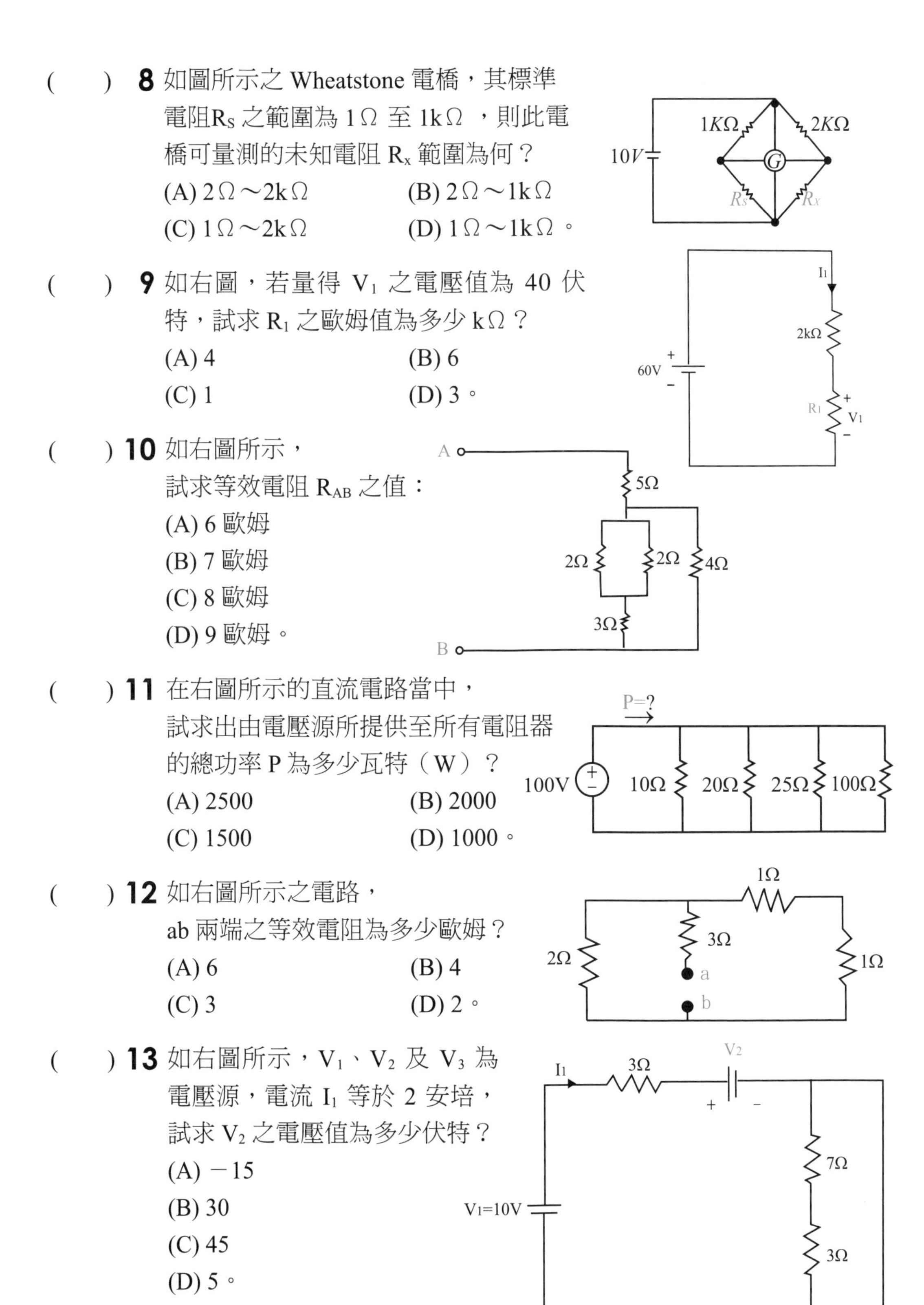

(　　) **8** 如圖所示之 Wheatstone 電橋，其標準電阻R_S之範圍為 1Ω 至 1kΩ，則此電橋可量測的未知電阻 R_x 範圍為何？
(A) 2Ω～2kΩ　(B) 2Ω～1kΩ
(C) 1Ω～2kΩ　(D) 1Ω～1kΩ。

(　　) **9** 如右圖，若量得 V_1 之電壓值為 40 伏特，試求 R_1 之歐姆值為多少 kΩ？
(A) 4　(B) 6
(C) 1　(D) 3。

(　　) **10** 如右圖所示，
試求等效電阻 R_{AB} 之值：
(A) 6 歐姆
(B) 7 歐姆
(C) 8 歐姆
(D) 9 歐姆。

(　　) **11** 在右圖所示的直流電路當中，試求出由電壓源所提供至所有電阻器的總功率 P 為多少瓦特（W）？
(A) 2500　(B) 2000
(C) 1500　(D) 1000。

(　　) **12** 如右圖所示之電路，
ab 兩端之等效電阻為多少歐姆？
(A) 6　(B) 4
(C) 3　(D) 2。

(　　) **13** 如右圖所示，V_1、V_2 及 V_3 為電壓源，電流 I_1 等於 2 安培，試求 V_2 之電壓值為多少伏特？
(A) －15
(B) 30
(C) 45
(D) 5。

試題演練

第15章　交流電路與功率實驗

第一節　交流電流與電壓

電源的電壓正負極性或電流方向不隨時間而改變的稱為直流電源，若電壓正負極性或電流方向會隨時間而改變的稱為交流電源。交流電為一種弦波，通常可用正弦波表示之。交流電的電壓或電流有效值（以均方根值表示）為最大值的 $1/\sqrt{2}$ 倍，即：

$$V_{eff}=V_{rms}=\frac{V_m}{\sqrt{2}} \qquad I_{eff}=I_{rms}=\frac{I_m}{\sqrt{2}}$$

而電壓（或電流）的最大值與其有效值之比，稱為波峰因數CF，故對弦波而言，其**波峰因數**為 $CF=\sqrt{2}$。

交流電的電壓可用三用電表測得。但在測量電流時，為避免危險，通常採用鉤式電流表（或稱夾式電流表）。鉤式電表的特色，在於使用**非接觸**的方式測量電流，只要讓電線穿過中空部位，就能測量電流值，無需如安培計般以串聯的方式連接測量。

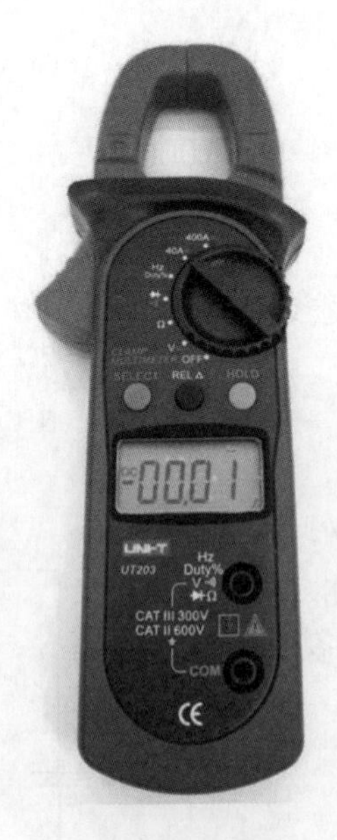

鉤式電流表

若欲測得交流電之電壓與電流相位時，可利用示波器測量，有兩種表示方式：

1. 波形圖

直接將測得之電壓與電流訊號送入至示波器，可測得交流電之振幅、頻率與相位差。

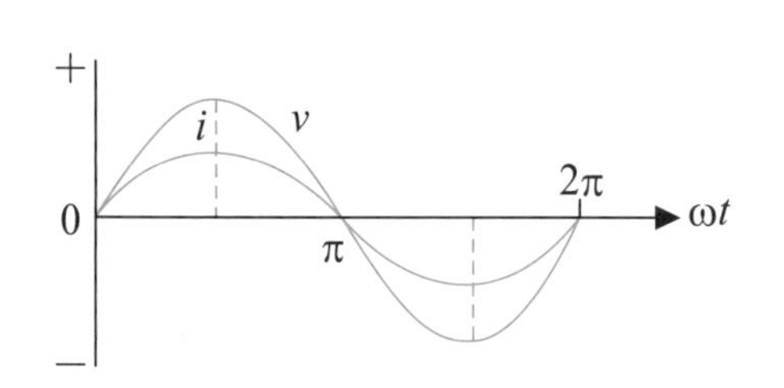

(a) **電壓電流同相位時**

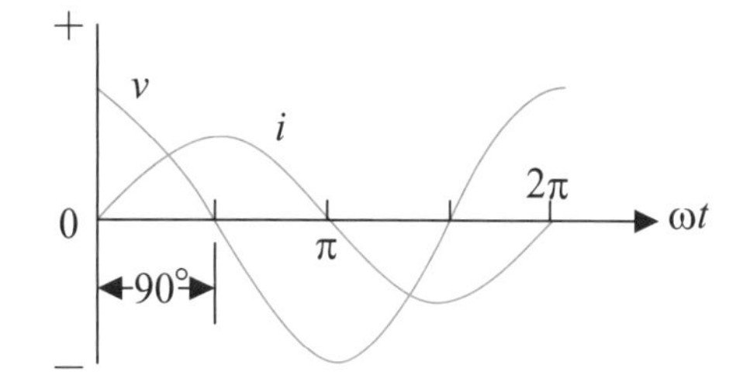

(b) **電壓電流相位不同時**

2. 李賽圖

以示波器的 X–Y 模式測量交流電之電壓與電流訊號，因頻率相同，僅相位差不同，故會形成下圖之形狀，從圖形即可大致看出電壓與電流之相位差。

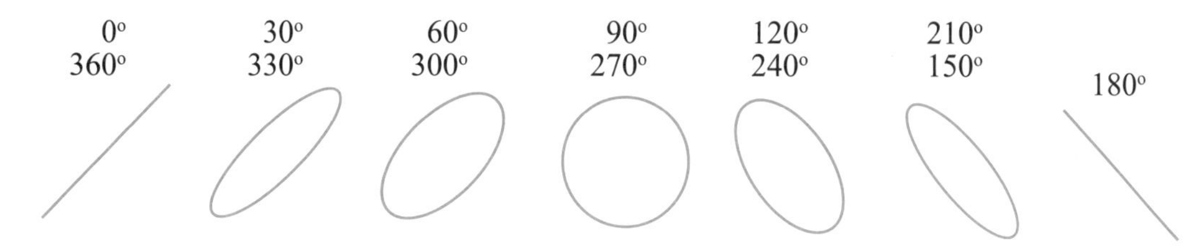

同頻率但相位不同之正弦波的李賽圖

觀念加強

(　　) **1** 鉤式電流表係利用比流器的原理製成，其一次側線圈為：

(A) 1 匝　　(B) 5 匝

(C) 10 匝　　(D) 100 匝。

第二節 交流 RLC 串並聯電路

1. RLC 串聯電路

電阻、電感及電容 RLC 串聯電路的總阻抗為

$$Z=R+j\left(X_L-X_C\right)$$

當頻率較高使 $X_L>X_C$ 時，為電感性電路，當頻率較低使 $X_L<X_C$ 時，為電容性電路；若 $X_L=X_C$，則總阻抗為 $Z=R$，為電阻性電路，且此時發生電路諧振。

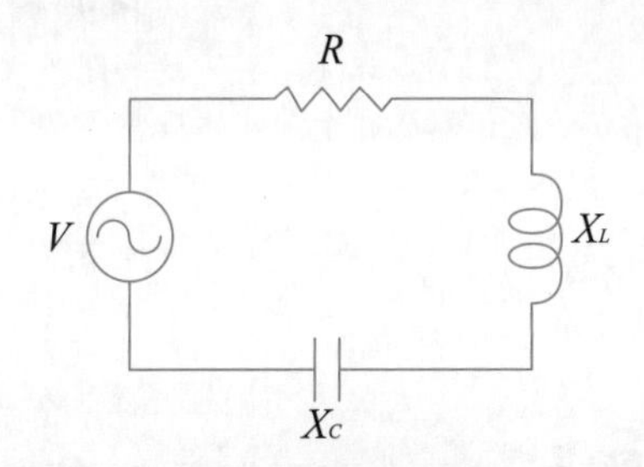

RLC 串聯電路圖

2. RLC 並聯電路

電阻、電感及電容 RLC 並聯電路的總阻抗為

$$Z=\frac{1}{\frac{1}{R}+\frac{1}{jX_L}+\frac{1}{-jX_C}}=\frac{1}{\frac{1}{R}-j\left(\frac{1}{X_L}-\frac{1}{X_C}\right)}$$

當頻率較高使 $X_L>X_C$ 時，為電容性電路，當頻率較低使 $X_L<X_C$ 時，為電感性電路；若 $X_L=X_C$，則總阻抗為 $Z=R$，為電阻性電路，且此時發生電路諧振。

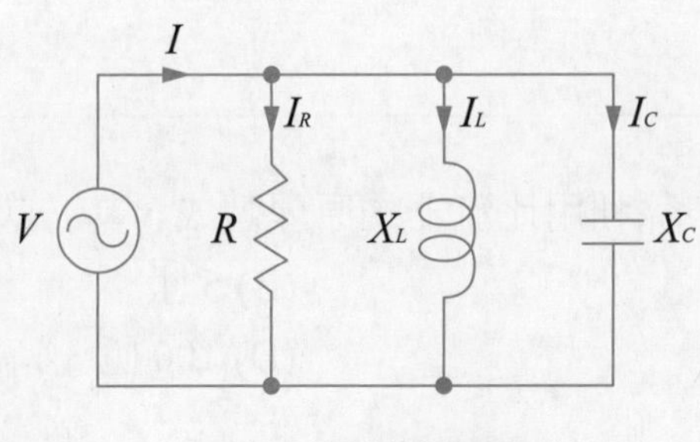

RLC 並聯電路圖

觀念加強

(　) **2** 對於 RLC 串聯電路之電感抗 X_L 及電容抗 X_C 關係之敘述何者正確？　(A)當 $X_L > X_C$ 時，電路呈電容性，此時電路的電壓落後電流　(B)當 $X_L < X_C$ 時，電路呈電感性，此時電路的電壓超前電流　(C)當 $X_L = X_C$時，電路之功率因素為1　(D)以上皆是。

(　) **3** RLC串聯電中，若 X_L（電感抗）$> X_C$（電容抗），則此電路呈何種特性？　(A)電容性　(B)電阻性　(C)電感性　(D)純電容性。

(　) **4** 一交流電源供給 R－L－C 並聯電路，下列敘述何者錯誤？　(A)電阻上的電流相位與並聯電壓同相位　(B)電感上的電流相位落後並聯電壓相位　(C)電容上的電流相位落後並聯電壓相位　(D)如果電路為電感性，則總電流相位將落後並聯電壓相位。

第三節 諧振電路

1. RLC 串聯諧振電路

電阻、電感及電容 RLC 串聯電路的總阻抗為 $Z = R + j(X_L - X_C)$，當 $X_L = X_C$ 時，發生串聯諧振，總阻抗 $Z = R$ 為最小值，此時電流最大，且功率因素為 1。

在實驗時，將訊號源以信號產生器代替，並測量電感與電容串聯之阻抗；接著改變輸入信號之頻率，直至測得電感與電容之串聯阻抗最小時，即為諧振之頻率。

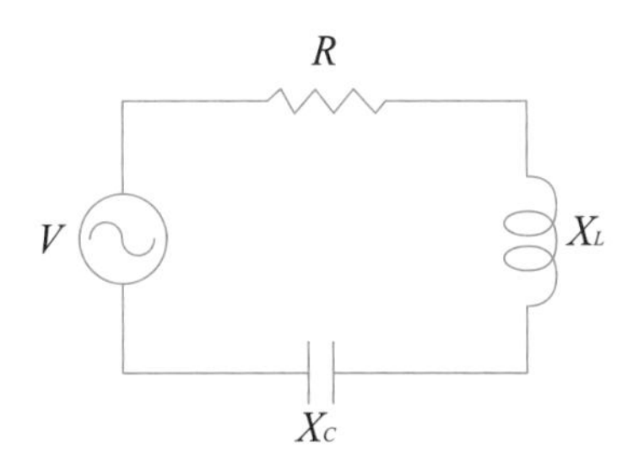

串聯諧振電路圖

2.RLC **並聯諧振電路**

電阻、電感及電容 RLC 並聯電路的總阻抗為

$$Z=\frac{1}{\frac{1}{R}+\frac{1}{jX_L}+\frac{1}{-jX_C}}$$

當 $X_L=X_C$ 時，發生**並聯諧振**，總阻抗 $Z=R$ **為最大值**，此時電流**最小**，且功率因素為 1。

在實驗時，將訊號源以信號產生器代替，並測量電阻、電感與電容並聯之阻抗；接著改變輸入信號之頻率，直至測得電阻、電感與電容之並聯阻抗**最大**時，即為諧振之**頻率**。

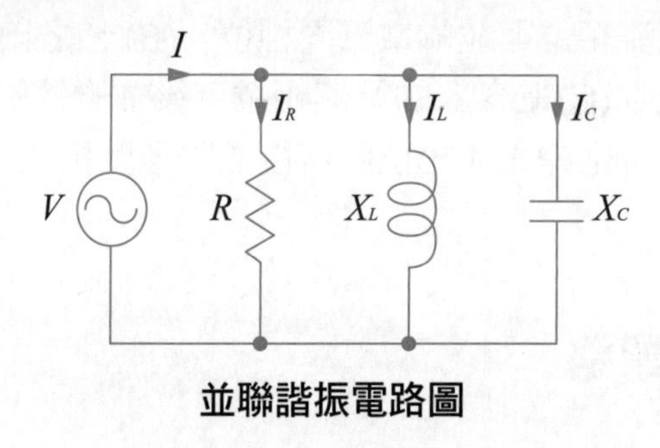

並聯諧振電路圖

串聯諧振電路與並聯諧振電路比較表

	串聯諧振	並聯諧振
諧振時阻抗	Z=R（為最小值）	Z=R（為最大值）
諧振時電流	$I=\frac{V}{R}$（為最大值）	$I=\frac{V}{R}$（為最小值）
諧振時功率因素	PF=1	
諧振角頻率	$\omega_0=\frac{1}{\sqrt{LC}}$	
諧振頻率	$f_0=\frac{1}{2\pi\sqrt{LC}}$	
品質因素	$Q=\frac{X_L}{R}=\frac{\omega_0 L}{R}=\frac{1}{R}\sqrt{\frac{L}{C}}$	$Q=\frac{R}{X_C}=R\omega_0 C=R\sqrt{\frac{C}{L}}$
頻帶寬度	$BW=\frac{f_0}{Q}$ 或 $BW=\frac{\omega_0}{Q}$	

觀念加強

(　　) **5** 下列何者不為串聯諧振的特性？
(A)諧振時，電路阻抗最小
(B)諧振時的平均功率最小
(C)諧振時，電路電流最大
(D)諧振時功率因數為1。

(　　) **6** 下列有關 RLC 串聯諧振電路的敘述，何者錯誤？
(A)在諧振時相當於純電阻
(B)在諧振時消耗之電功率最大
(C)諧振頻率與 R 大小有關
(D)在諧振時 L 的電壓與 C 的電壓大小相同。

(　　) **7** R－L－C 串聯諧振電路，若輸入電源之頻率小於諧振頻率，則電路呈現：
(A)電感性　(B)電阻性
(C)零阻抗　(D)電容性。

(　　) **8** 如右圖所示之 RLC 串聯電路，若 E=100V，R=30Ω，L=0.2mH，C=2μF，當開關 S 閉合後，下列何者為此電路之振盪頻率？
(A) 2.4kHz
(B) 20Hz
(C) 10Hz
(D) 0Hz。

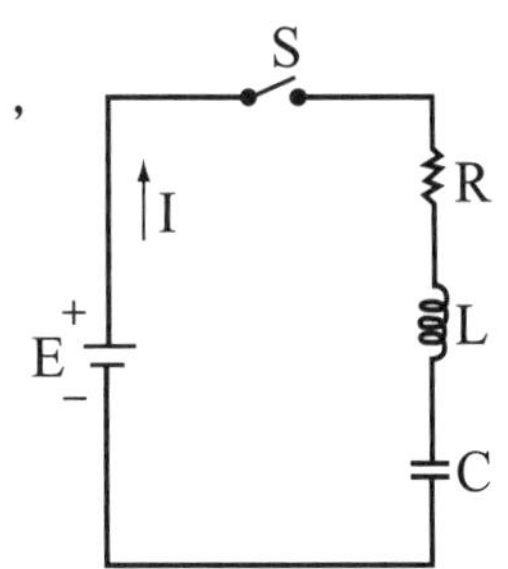

(　　) **9** 在 RLC 串聯或並聯電路中，其諧振（Resonance）頻率是下列何者？

(A) 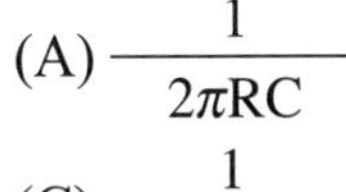 $\frac{1}{2\pi RC}$　(B) $\frac{1}{2\pi\sqrt{RC}}$

(C) $\frac{1}{2\pi LC}$　(D) $\frac{1}{2\pi\sqrt{LC}}$

(　　) **10** RLC 串聯或並聯電路，在諧振（Resonance）頻率時該電路呈現下列何種特性？
(A)電容性　(B)電感性
(C)電阻性　(D)電中性。

( ) **11** 當一 RLC 串聯電路發生諧振時，下列之敘述何者為正確？
(A)電壓與電流同相
(B)電路呈電感性
(C)電流為最小
(D)諧振頻率為 $2\pi\sqrt{RC}$。

( ) **12** 如右圖之 R－L－C 串聯電路諧振時，下列敘述何者正確？
(A)功率因素為 0
(B)電流最小
(C)平均功率最小
(D)阻抗等於電阻 R。

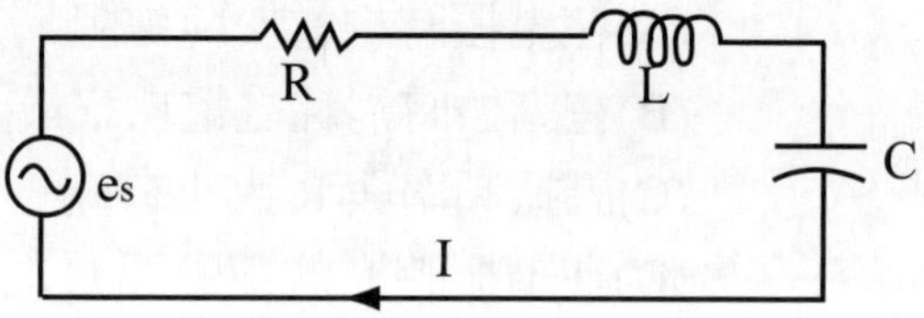

( ) **13** 若將一個原為串聯之諧振電路的外加電源頻率降低，使其小於電路原有的諧振頻率的話，則此時此串聯電路將呈現何種特性？
(A)電阻性 (B)電容性
(C)電感性 (D)與外加頻率無關。

( ) **14** 對一串聯 R－L－C 諧振電路品質因素 Q 之表示式，下列何者錯誤？
(A) $\frac{2\pi f_0 C}{R}$ (B) $\frac{2\pi f_0 L}{R}$
(C) $\frac{1}{R}Z\frac{L}{C}$ (D) $\frac{1}{2\pi f_0 RC}$。

( ) **15** 有關 RLC 並聯諧振電路，設 f_0 為諧振頻率，下列敘述何者錯誤？
(A)諧振時，阻抗最大
(B)諧振時，功率因素為 1
(C)諧振時，電流最大
(D)當 $f > f_0$ 時則電路呈為電容性電路。

( ) **16** RLC 並聯電路發生諧振時，電路呈現：
(A)電阻性電路 (B)電容性電路
(C)電感性電路 (D)純電容電路。

(　　) **17** 對 LC 並聯電路而言，若電感抗 X_L 等於電容抗 X_C，下列敘述何者有誤？

(A)諧振頻率為 $\frac{1}{2\pi\sqrt{LC}}$

(B)電路總導納為 0

(C)電源端輸入電流最大

(D)當輸入頻率小於諧振頻率時，電路呈電感性。

(　　) **18** 設 L－C 並聯電路的諧振頻率為 f_0，電源頻率為 f，則下列敘述何者正確？

(A)電感納隨電源頻率增加而增大

(B)電容納隨電源頻率增加而減小

(C) $f < f_0$ 時，電路為電容性

(D) $f > f_0$ 時，電源供給之電流超前電壓 90°。

(　　) **19** 在 RLC 並聯諧振電路中，若 R 愈大，則下列敘述何者正確？

(A) Q 值愈小，頻帶寬度愈小

(B) Q 值愈小，頻帶寬度愈大

(C) Q 值愈大，頻帶寬度愈小

(D) Q 值愈大，頻帶寬度愈大。

(　　) **20** 當一 RLC 並聯電路發生諧振時，下列之敘述何者正確？

(A)阻抗最小　(B)電流最大

(C)功率最大　(D)功率因素為 1。

(　　) **21** 並聯 L－C 電路發生諧振時，下列敘述何者正確？

(A)總導納為零　(B)總導納為無限大

(C)電路電流最大　(D)以上皆非。

(　　) **22** 有關 RLC 並聯諧振電路，設 f_0 為其諧振頻率，則下列敘述何者錯誤？

(A)諧振時，阻抗最大

(B)諧振時，功率因素為 1

(C)諧振時，電流最大

(D)當頻率 $f > f_0$ 時，則電路為電容性電路。

第四節　電功率

1.平均功率

在交流電路中，功率可分為瞬時功率及平均功率。瞬時功率是電壓和電流的乘積；平均功率是某一週期內瞬時功率的平均值。通常所求者為平均功率，而交流瓦特表上功率的讀值即為平均功率。

交流穩態負載的平均功率可表示為

$$P=VI\cos\theta=\frac{I}{2}V_mI_m\cos\theta，\theta=\angle V-\angle I$$

其中，乘積 VI 稱為視在功率，以 S 表示，S=VI，單位為伏安（VA）。

平均功率 P=VIcosθ 與視在功率 S=VI 的比值定義為功率因數（PF）

$$PF=\frac{P}{S}=\frac{P}{VI}=\cos\theta$$

θ 稱為功率因素角。純電容器的功率因素角 θ 是 −90°，純電感器是 +90°。然而，因 cosθ＝cos（−θ），故無法從功率因素中得知負載是 RC 或 RL 負載。故通常依據電流為領前或落後而定義領前或落後的功率因素。需注意的是，電阻僅會消耗能量，並不會儲存能量；相反地，電容及電感可儲存能量，而不消耗能量。而電阻值與電容值或電感值的比例，會造成功率因素的變化。

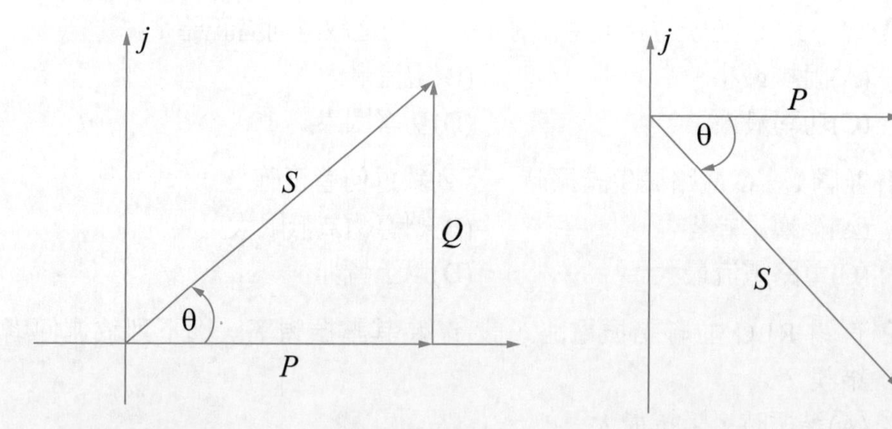

(a)落後功率因素（θ>0）的功率三角形　　(b)領先功率因素（θ<0）的功率三角形

在圖中，可看出平均功率或有效功率 $P=S\cos\theta$，另外定義無效功率或電抗功率 $Q=S\sin\theta$。基本上，Q 和 P 有同樣的單位，然而為了區別另外定義 Q 的單位為乏（var），代表電抗性的伏安。

$$S=P+jQ，S=VI\angle\theta=VI^*$$

S 稱為複數功率，其大小為視在功率，相角為功率因素角；實數部份 P 為實功率或平均功率；虛數部份 Q 為無效功率。

若負載是電感性，則 $X>0$（$X=X_L$），Q 為正值，為功率因素落後的情況。若為電容性，則 $X<0$（$X=-X_C$），Q 為負值，為功率因素領先的情況。負載是純電阻性，則 $X=0$，$Q=0$，則是功率因素為 1 的情況。

2. 單相電路功率

在實驗室，利用瓦特表（或稱瓦特計）可測出電路的功率。測量單相電路時較為單純，瓦特表在使用時需與電路串聯測得電流，並與電路並聯測得電壓，所顯示之功率為實功率。

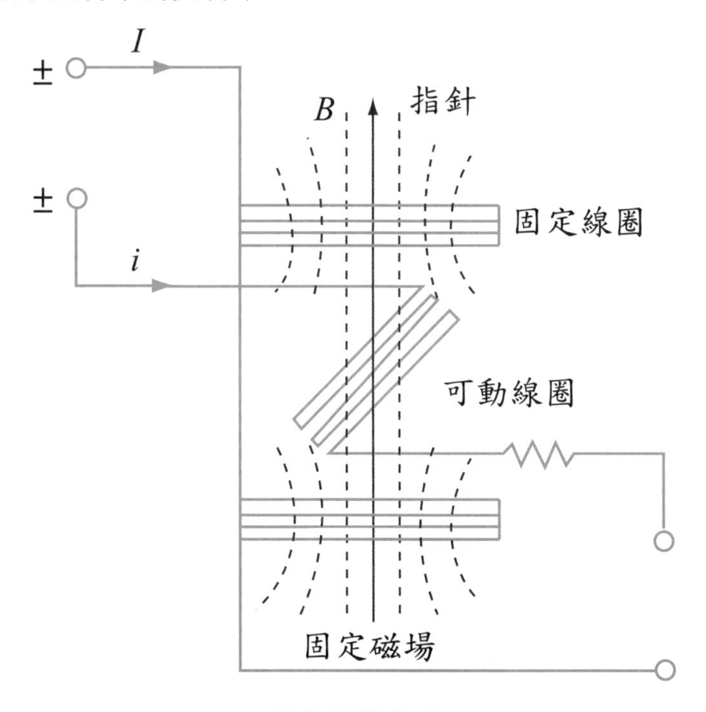

瓦特計構造圖

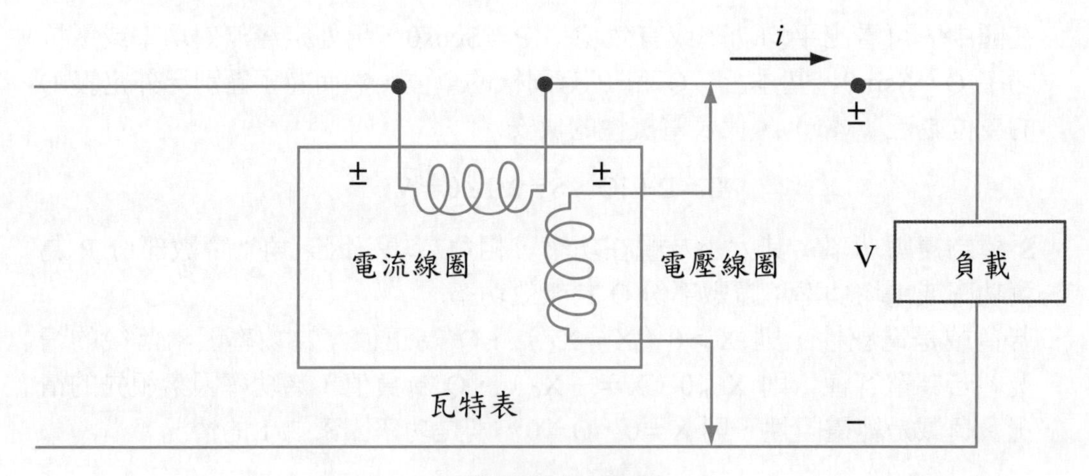

瓦特表電路示意圖

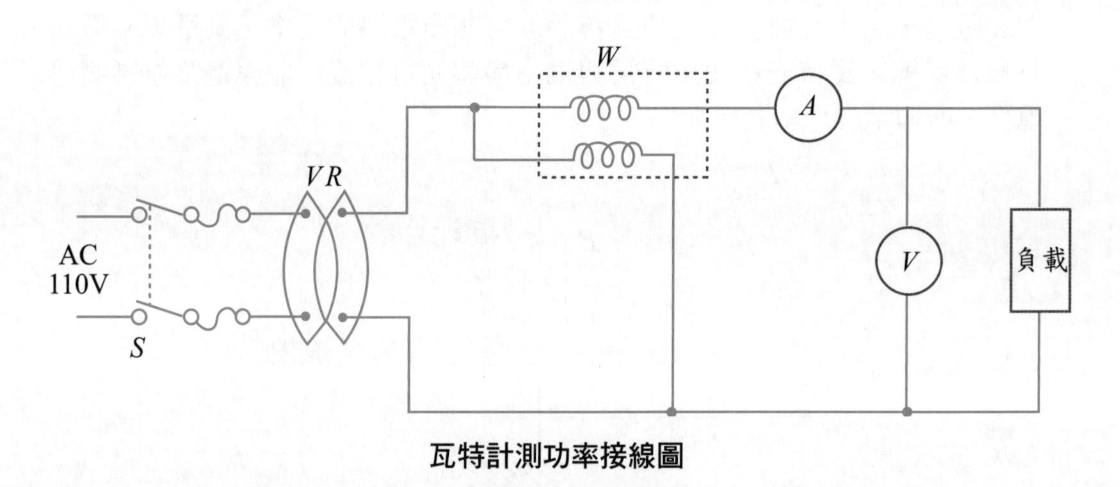

瓦特計測功率接線圖

若以較先進之電表，則除實功率外，另可測出虛功率及功率因素。

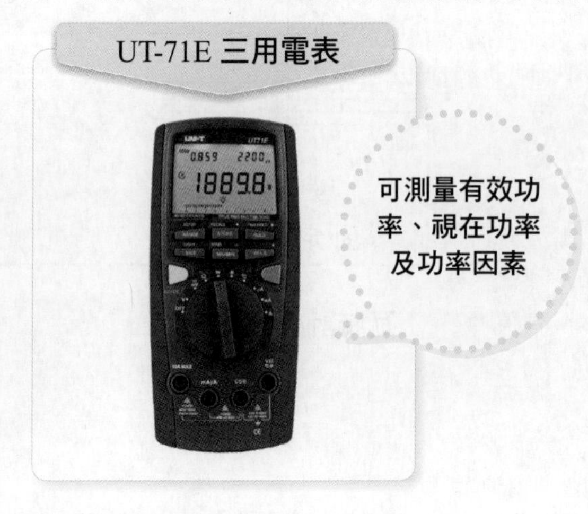

UT-71E 三用電表
可測量有效功
率、視在功率
及功率因素

3.三相電路功率

用在三相功率時，基本上可利用三個瓦特表如下圖般連接。

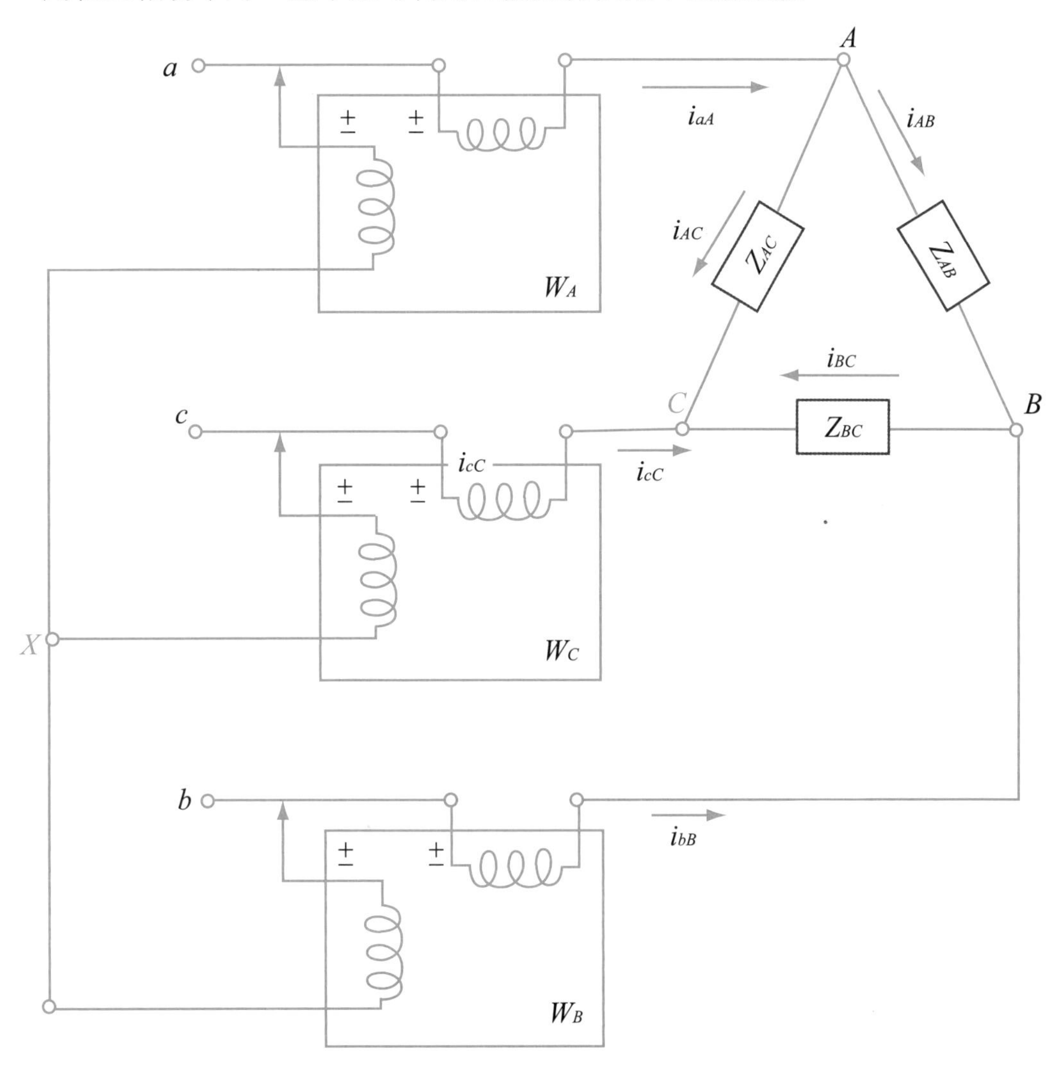

三瓦特表測功率

但若將圖中 C 點與 X 點接在一起時，中間瓦特表的功率會變為零，故實際上僅利用兩瓦特表即可。

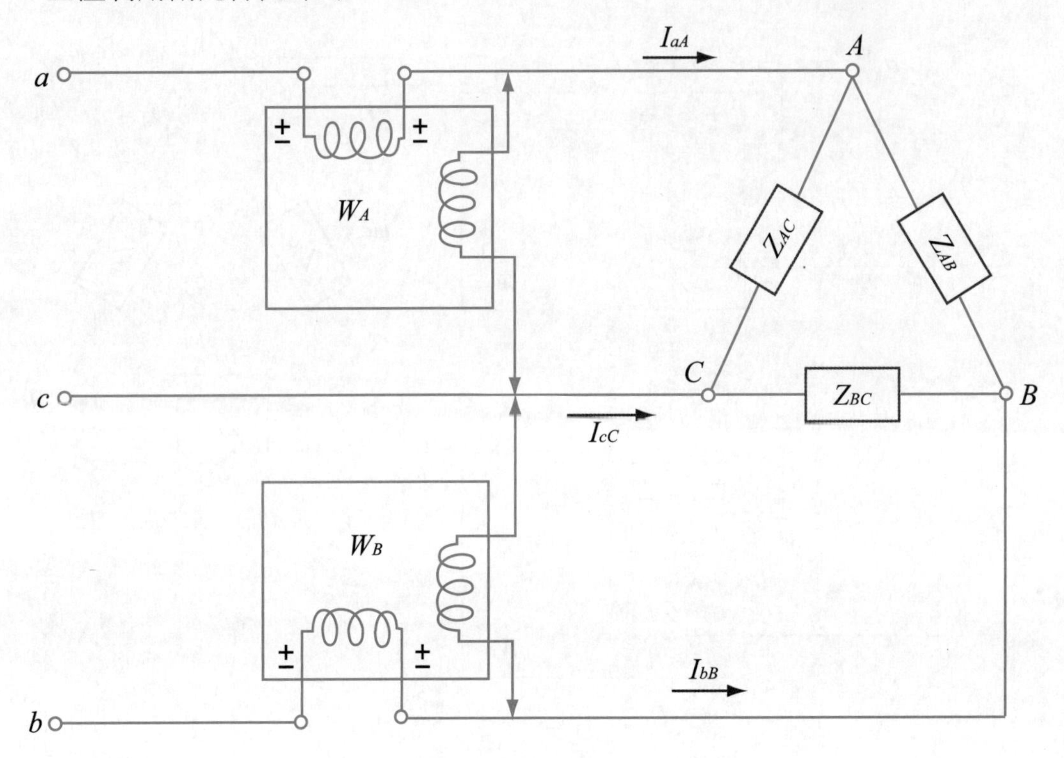

兩瓦特表測功率

測量三相功率的兩瓦特計法，可應用於 Y 接負載，不管負載是否平衡，此法都適用；電源的平衡與否並不重要。

在負載是平衡的情形下，兩個瓦特計法可以決定功率因素角，其**功率因素角 θ** 為

$$\theta=\tan^{-1}\frac{\sqrt{3}\,(W_A-W_B)}{W_A+W_B}$$

觀念加強

(　　) **23** 使用單相二瓦特計測三相電功率，若 $W_1=W_2$ 且均為正值，則此三相負載之功率因素為：　(A) 0.5　(B) 0.7　(C) 0.866　(D) 1。

(　　) **24** 功率因素表之標度其中央指數功率因素為：　(A)超前 0.5　(B)滯後 0.5　(C) 1　(D) 0。

(　　) **25** 利用兩單相瓦特計測量三相感應定動機之功率時其中一瓦特計之指示為另一瓦特計之二倍，則此電動機之功率因素應為：　(A) 50%　(B) 56.6%　(C) 73.2%　(D) 86.6%。

(　　) **26** 線電流為 10A 之平衡三相三線式負載系統，以鉤式電流表任鉤其中二線測電流時，其值為：　(A) 0A　(B) l0A　(C) 10A　(D) 30A。

第五節　電能量之量度

家中電費計費用之電表為瓦時計，可用以測量用電之電量。瓦時計之構造與瓦特表相當類似，常用的瓦時表為感應式瓦時表，內有兩組線圈，一組是電壓線圈（匝數多，電感量大），產生的磁通與電壓成正比，一組是電流線圈（匝數少，電感量小），產生的磁通與流過的電流成正比。兩組線圈利用向量的關係，以磁場變換方式帶動鋁轉盤，再用減速裝置計算用電量，所以轉速越快代表用的電量越高。

瓦時計（TK102）

能量的單位為焦耳（J），亦可表示為**瓦特－秒**（W－s）**或度**。1 **度電為千瓦－小時**（kW－hr），此為電力公司計算電費的單位，需熟記。

1 度電＝1 千瓦－小時＝1000 瓦－小時＝3600000 瓦特－秒＝3600000 焦耳

觀念加強

( ) **27** 電功率的單位是瓦特（W），其等效單位是下列何者？
(A)焦耳（J） (B)焦耳（J）／庫倫（C）
(C)焦耳（J）／秒（S） (D)庫倫（C）／秒（S）。

( ) **28** 一仟瓦小時相當於多少焦耳？
(A) 1 焦耳 (B) 1000 焦耳
(C) 3600 焦耳 (D) 3.6×10^6 焦耳。

( ) **29** 瓦特計之電流線圈其匝數及線徑為：
(A)匝數多線徑細 (B)匝數少線徑細
(C)匝數少線徑粗 (D)匝數多線徑粗。

( ) **30** 瓦特計為減少電壓線圈或電流線圈所造成的誤差，可加裝：
(A)比流器 (B)二極體
(C)補償線圈 (D)電容器。

( ) **31** 感應型瓦時計之永久磁鐵作用為：
(A)阻尼作用 (B)增加轉矩
(C)克服圓盤摩擦 (D)防止圓盤之潛動。

( ) **32** 家庭用計算電費的電表是屬於：
(A)電壓表 (B)電流表
(C)瓦時計 (D)鉤式電流表。

( ) **33** 配電盤常用之瓦時表是屬於：
(A)動鐵型電表 (B)電流力計型電表
(C)感應型電表 (D)動圈型電表。

( ) **34** 瓦特小時為：
(A)功 (B)電流
(C)功率 (D)電壓的單位。

( ) **35** 1000W燈泡，連續使用4小時，用電：
(A)0.4度 (B)4度
(C)10度 (D)40度。

試題演練

經典考題

(　　) **1** 如右圖所示之電橋電路，設 R_1=1KΩ，R_2=3KΩ，C_1=2μF，當電橋平衡時，則 C_x=？

(A) 1.5μF
(B) 4μF
(C) 6μF
(D) 7.5μF。

(　　) **2** 如右圖所示為交流阻抗電橋，欲使電橋平衡，則 R_X 的值為：

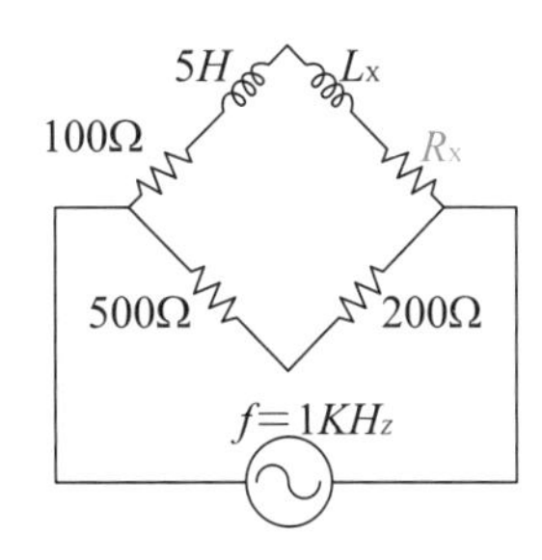

(A) 40Ω
(B) 100Ω
(C) 200Ω
(D) 500Ω。

(　　) **3** 如右圖所示四交流電路，調整負載 Z_L 值，使負載獲得到最大功率，求 Z_L 應為多少？

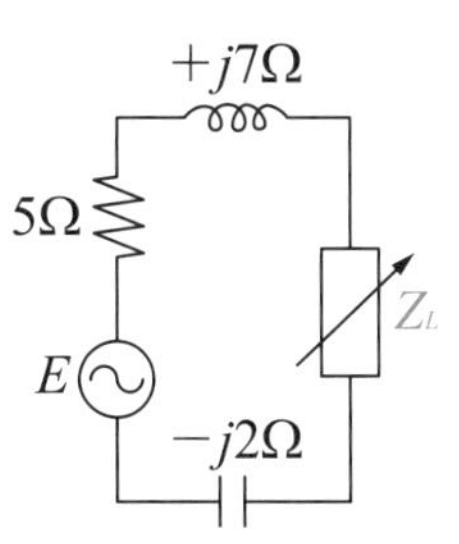

(A) 5Ω
(B) j7Ω
(C) 5Ω −j5Ω
(D) 5Ω +j5Ω。

(　　) **4** 有一家庭自 110V 之單相交流電源，取用 880W 之實功率，已知其功率因素為 0.8 落後，則電源電流應為若干 A？

(A) 10　(B) 11　(C) 20　(D) 22。

(　　) **5** 如右圖所示之交流 R−C 並聯電路，電源供給之平均功率為何？

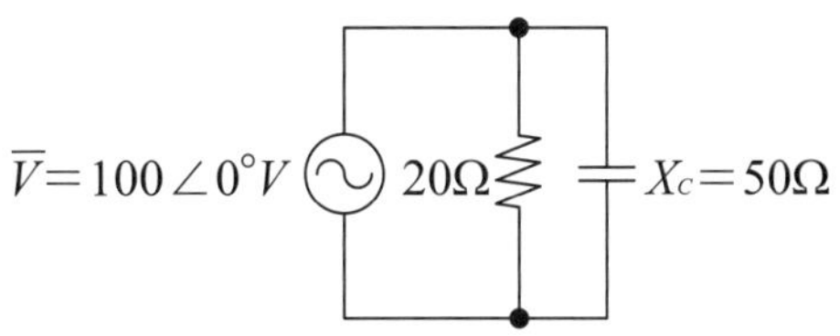

(A) 300W
(B) 400W
(C) 500W
(D) 600W。

(　　) **6** 如右圖所示之並聯電路，電源電流均方根值 I=？
(A) 10A　(B) $10\sqrt{2}$ A　(C) 20A　(D) 40A。

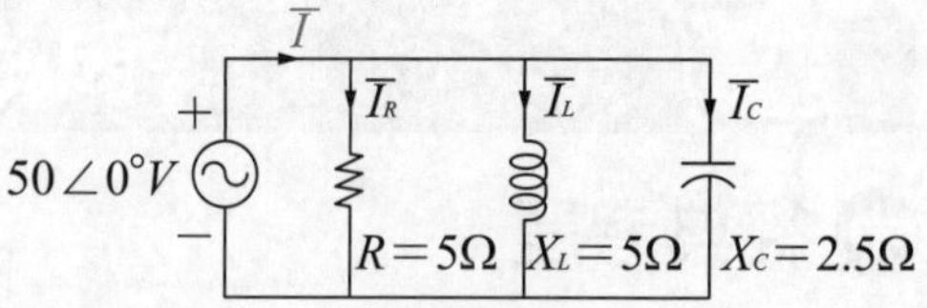

$\overline{I}$, $\overline{I_R}$, $\overline{I_L}$, $\overline{I_C}$, $50\angle 0°V$, $R=5\Omega$, $X_L=5\Omega$, $X_C=2.5\Omega$

(　　) **7** 如右圖所示之串聯電路，下列有關 RLC 組合部分的敘述，何者正確？
(A)電流均方根值 I＝5A
(B)平均功率 P＝1000W
(C)功率因素 PF＝0.5
(D)視在功率 S＝1000VA。

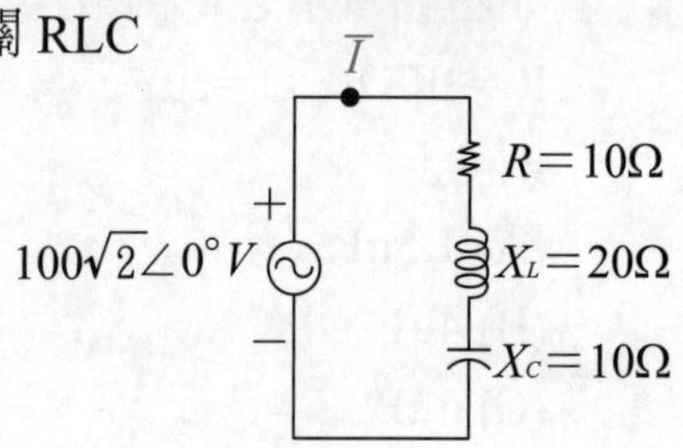

$\overline{I}$, $100\sqrt{2}\angle 0°V$, $R=10\Omega$, $X_L=20\Omega$, $X_C=10\Omega$

(　　) **8** 如右圖所示為 R－L－C 並聯電路，當電路諧振時，求諧振頻率 f_0 及功率因數 PF 應接近多少？
(A) $f_0=8$Hz，PF＝1
(B) $f_0=16$Hz，PF＝0.5
(C) $f_0=8$Hz，PF＝0.707
(D) $f_0=16$Hz，PF＝0。

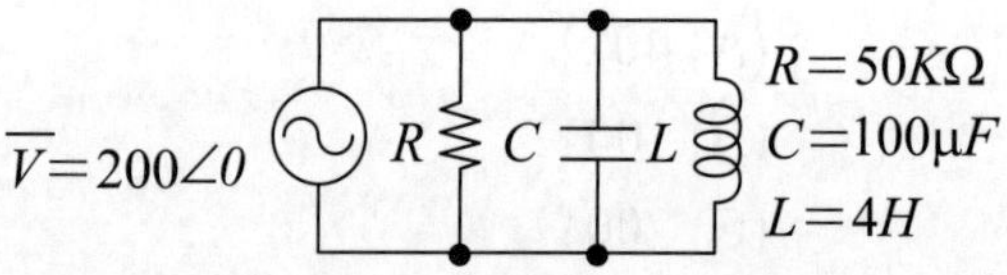

$\overline{V}=200\angle 0$, $R=50K\Omega$, $C=100\mu F$, $L=4H$

(　　) **9** 三相平衡之電壓源其線對線電壓為 220V（有效值），其線對中性點的電壓約為多少伏特？　(A) 220　(B) 110　(C) 380　(D) 127。

➡ 模擬測驗

(　　) **1** 對一般的交流電路而言，想提高功率因素可在負載側：　(A)並聯電感　(B)串聯電感　(C)並聯電容　(D)串聯電容。

(　　) **2** 瓦特表的敘述何者正確？　(A)電流線圈的線徑較細　(B)電壓線圈的線徑較粗　(C)額定值由電流線圈和電壓線圈決定　(D)可測量電能量。

(　　) **3** 改善功率因素，可：　(A)降低線路損耗　(B)降低供電容量　(C)提高線路電流　(D)提高設備容量。

(　　) **4** 交流電路中，電容產生之功率為：　(A)視在功率　(B)有效功率　(C)平均功率　(D)無效功率。

第16章　用電設備

（含照明、電熱器具及低壓工業配線）

第一節　照明器具

1. 白熾燈

白熾燈

白熾燈係一般之燈泡，係以電流通過鎢絲產生高溫至發光，發光原理類似的有鹵素燈。白熾燈的優點是安裝及使用容易，可立即啟動且成本低，其電能主要消耗為熱能，故白熾燈在電路上相當於一純電阻之發熱體。

白熾燈在未通電時測得之電阻為冷電阻，在通電加熱後，其電阻隨溫度增加而上升，稱為熱電阻。其電阻變化可用下式計算：

$$R_2 = R_1 [1 + \alpha (t_2 - t_1)]$$

其中，R_1 為未通電時之冷電阻，R_2 為通電穩定後之熱電阻，t_1 為未通電時之室溫，t_2 為通電穩定後鎢絲之溫度，α 為電阻溫度係數，對鎢絲而言為 0.0045。

2. 日光燈

日光燈又稱為螢光燈，其主要構成部分有三：

(1) 燈管：燈管內的水銀原子藉由氣體放電的過程釋放出不可見之紫外光，紫外光再透過玻璃管壁上螢光塗料轉換為可見之白色螢光。

(2) 起動器：又稱點燈器，因家庭用電的電壓不足以使日光燈產生氣體放電，故需利用起動器幫助產生足夠之熱電子，以使燈管內的氣體游離放電。

(3) 安定器：又稱抗流器，分為傳統安定器與電子式安定器。傳統安定器是低頻（60Hz）點燈，而電子安定器則先將電流整流為直流，再轉換為高頻（20KHz～60KHz）瞬時點燈。故電子安定器輸出之光波穩定無閃爍，有效保護視力，且轉換功率稍高於傳統安定器。傳統安定器內主要為構成為線圈，故日光燈在電路中呈電感性。

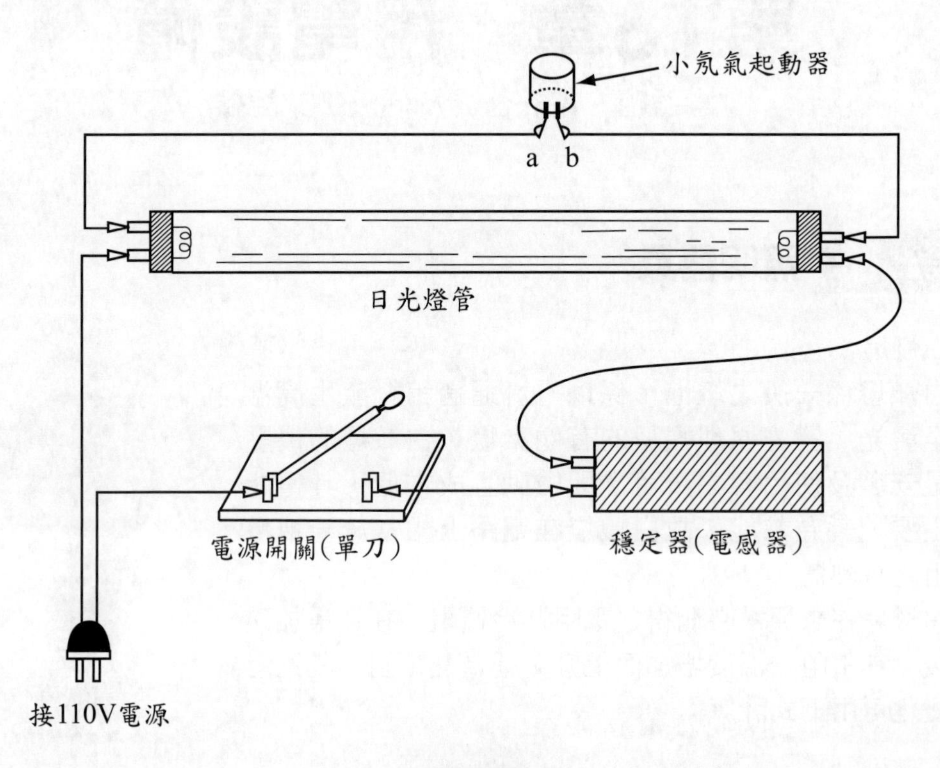

日光燈配線圖

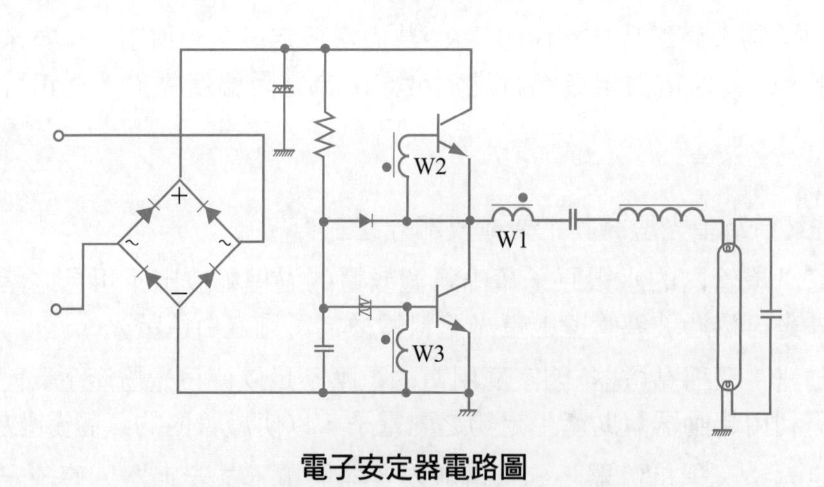

電子安定器電路圖

3. 省電燈泡：省電燈泡之原理類似日光燈，但將安定器與燈管結為一體，故可使用在燈泡之燈座。

各式省電燈泡

4. **水銀燈**：水銀燈泡屬於 HID 燈泡（Hight Intensity Discharge Lamp，高照度放電燈），內含適量之水銀及幫助起動之氬氣。水銀燈起動時，在電極間產生放電，因為放電使溫度升高而蒸發水銀，需數分鐘後，才能使管內的水銀全部蒸發為氣體，並使放電的光色慢慢趨近白色。當瞬時停電時水銀燈會熄滅，而再次起動時需要相當長的時間。

觀念加強

(　　) **1** 100 伏特 100 瓦特燈泡之電阻，其數值比 100 伏特 200 瓦特燈泡之電阻：　(A)相等　(B)小　(C)大　(D)無法比較

(　　) **2** 40 瓦以上燈管所使用之高功因安定器，其功率因素應在：　(A) 0.75　(B) 0.8　(C) 0.85　(D) 0.9　以上。

(　　) **3** 電源頻率由 60Hz 變成 50Hz 時，下列器具阻抗值不受影響的是：(A)白熾燈　(B)變壓器　(C)感應電動機　(D)日光燈。

(　　) **4** 同電壓 10W 燈泡之電阻為 100W 燈泡之電阻多少？　(A) $\frac{1}{10}$　(B) $\frac{1}{5}$　(C) 1　(D) 10。

(　　) **5** 額定 110 伏 100 瓦的燈泡和 110 伏 20 瓦的燈泡互相串聯後，連接於支流 110 伏的電源時，其亮度為：　(A) 100 瓦燈泡較亮　(B) 20 瓦燈泡較亮　(C)兩燈泡一樣亮　(D)各燈泡亮度正常不影響。

(　　) **6** 額定容量為 110V，100W 之白熾燈泡，其電阻為：　(A) 111　(B) 11000　(C) 12100　(D) 121。

(　　) **7** 分路供應有安定器、變壓器或自耦變壓器之電感性照明負載，其負載計算應以：　(A)各負載額定電流之總和計算　(B)各負載額定電壓之總和計算　(C)燈泡之總瓦特數計算　(D)燈泡之個別瓦特數計算。

第二節 電熱器具

1. 電流熱效應電器

電流熱效應電器（電爐、電鍋、烤箱及吹風機等）係利用電流之熱效應，主要係以電流通過由鎳鉻線構成之電阻而加熱。

若以相同粗細之鎳鉻線用在電熱器具中，因電阻值正比鎳鉻線長度，故越短之鎳鉻線電阻越小，通過之電流越大，產生之熱量越大。

電流通過電阻時，所產生之熱量與電流平方及導體電阻和時間成正比，稱之為焦耳定理，$P=I^2R$。但通常會利用歐姆定理轉換成其他形式：

$$P=IV=I^2R=\frac{V^2}{R} \quad \text{瓦特（W）}$$

請注意，此公式適用於直流電源，或使用於電源有效值時。

另一常見的能量單位為用於熱量的卡，熱量與能量的換算稱為熱功當量，即 1卡等於 4.18 焦耳，或 1 焦耳等於 0.24 卡。

2. 微波爐

微波爐係以高頻微波（通常為 2.45 GHz 的微波）使水分子振盪而加熱物體，只要是含水或與水混合之物體，即可透過水間接地加熱。由於微波具有穿透性，因此與烤爐或普通炊具不同，可直接對物體內部數釐米的食物內部加熱。

微波爐檢修方式表

故障情形	故障排除方式
控制面板失效	更換控制面板
烹調時爐內出火	爐內殘留物質油汙過多引起出火，需清除爐內殘留油汙
烹調食物時食物不熟	磁控管老化功能下降，更換磁控管
烹調食物時間長	磁控管老化功能下降，更換磁控管
開機後工作正常，但蜂鳴器不響	蜂鳴器損壞，更換蜂鳴器
顯示正常但無微波輸出	檢查高壓變壓器

3.電磁爐

電磁爐係利用電磁感應加熱（induction heating）原理將電能轉化為熱能，以每秒數萬赫茲的高頻電磁場傳抵鐵磁性金屬器皿（如不鏽鋼鍋、陶瓷鍋等）的鍋具底部。磁力線會令器皿底部產生感應電流渦流，進而迅速轉化為熱量，並傳熱入鍋具內的水分或食物。因此非鐵磁材質的鋁鍋、陶瓷砂鍋等無法用電磁爐來加熱。

電磁爐檢修方式表

故障情形	故障排除方式
電磁爐不會發熱	保險絲過熱燒斷，更換保險絲
風扇不轉	風扇卡住、斷線或故障

觀念加強

(　　) **8** 小新幫媽媽修理熱爐，不慎將其內部的電熱線剪掉一部分，變成原來的四分之三；若此電熱爐的原額定電壓下使用，將會發生何種情況？　(A)功率減少　(B)電流減少　(C)電阻增加　(D)發熱量增加。

(　　) **9** 一電阻線消耗的功率與其外加電壓的大小之關係為何？　(A)無關　(B)成正比　(C)成反比　(D)平方成正比

(　　) **10** 鎳鉻線是由何種材料製成？　(A)鎳、鉻、鋅　(B)鎳、鉻、鐵　(C)鎳、鐵、銅　(D)鎳、鉛、銅。

(　　) **11** 一只110V、1000W電熱絲與一只110V、500W電熱絲合用，如欲電爐產生110V，1500W時，應將二條電熱絲接成：　(A)串聯　(B)並聯　(C)串並聯　(D) T型接線。

(　　) **12** 兩條額定容量為110V、500W電熱線串接在110V電源上，其消耗功率為：　(A) 1000W　(B) 500W　(C) 250W　(D) 125W。

(　　) **13** 常用之電熨斗，其功率因素為：　(A) 60%　(B) 70%　(C) 80%　(D)100%。

( ) **14** 二條電熱絲串聯連接，若其電阻為 r_1 及 r_2 時，總電阻 R 為：
(A) $R=r_1\times r_2$ (B) $R=r_1+r_2$
(C) $R=\frac{r_1\times r_2}{r_1+r_2}$ (D) $R=\frac{r_1+r_2}{r_1\times r_2}$。

( ) **15** 一具電爐，其額定電壓提高 5%時，其輸入功率將約： (A)增加 5% (B)增加 10.25% (C)減少 5% (D)減少 10.25%。

( ) **16** 1500W 之電熱器，若將其電熱絲剪去 20%時，其消耗電力為原來之幾倍？ (A) 1.2 倍 (B) 1.25 倍 (C) 1.6 倍 (D) 2.4 倍。

( ) **17** 有一容量為 lKW 之電爐，若連續使用 10 小時，如每度電 2 元時，共要多少電費？ (A) 10 元 (B) 20 元 (C) 40 元 (D) 100 元。

( ) **18** 1BTU 的熱量等於： (A) 42 卡 (B) 252 卡 (C) 460 卡 (D) 746 卡。

第三節 電機控制裝置

1.電磁接觸器簡稱MC，可作為開關使用。

2.積熱電驛簡稱TH-RY，或稱過載保護器OL，可作為負載的過載保護用。

3.電磁開關簡稱MS，為具有過載保護的開關。

4.按鈕開關簡稱PB，為手動操作的開關。

5.蜂鳴器簡稱Bz，可發出聲響引人注意。

6.保險絲為電路保護之用。

無熔絲開關簡稱NFB，不需要保險絲，作為電路過電流或短路之保護用，可分為電磁式、熱動式及熱動電磁式三種。無熔絲開關有三個參數需注意，框架電流為容許流過這個框架的最大容量，也就是可以通過無熔絲開關的最大電流；跳脫電流代表電流達到此數值時，會跳脫切斷電路以保障設備安全；啟斷容量表示能容許故障時的最大短路電流；應為啟斷容量大於框架容量，且大於跳脫容量。

第四節 電動機之起動控制

1. **單相感應電動機**：單相感應電動機由轉子及定子兩部份組成。轉子使用鼠籠式繞組，定子包括運轉繞組和起動繞組。
2. **三相感應電動機**：三相感應電動機由轉子及定子兩部份組成。轉子使用鼠籠式繞組，定子上有U、V、W三相繞組。
   三相感應電動機若任意對調兩條導線，則磁場旋轉方向相反，轉子反轉；若同時調動三條線，則磁場旋轉方向不變，轉子不會反轉。
3. **三相感應電動機之Y－Δ起動控制**
   減少三相感應電動機之起動電流的方法有三種：
   (1)降低電源電壓：因起動轉矩與電壓平方成正比，故可能降低轉矩。
   (2)增加定子電路的阻抗（加大電阻或電感）。
   (3)增加轉子電路的阻抗（加大電阻或電感）：最佳。
   因馬達起動時的起動電流會造成電路壓降，故需降壓起動以免影響其他電路，而降低三相感應電動機之起動電壓的方法有四種：
   (1)Y－Δ降壓起動：最經濟，最常用。
   (2)電阻降壓起動。
   (3)電抗降壓起動。
   (4)補償器降壓起動。

第五節 控制裝置

1. **水位控制裝置**：水位控制裝置有浮球式及電極式。浮球式為機械式構造，較為簡易；電極式的準確性高，但價格較高，不易維修。
2. **近接控制裝置**：近接開關泛指非接觸型的檢測開關，有偵測靜電場改變的電容式，有感應靜磁場變化的電感式，或利用磁鐵吸引的磁簧開關，以及偵測光度變化的光電開關。其中，光電開關又可分發光器與受光器，此兩者可分開放置，利用遮斷的方式感應，也可能裝在同一裝置上，利用反射的方式偵測。

試題演練

經典考題

( ) **1** 某額定為 100V／1000W 的電爐，因斷線而減去 20%，求其修剪後的消耗功率為何？
(A) 200W (B) 800W (C) 1250W (D) 2000W。

( ) **2** 有一具電爐，若供給電壓提高 5%時，則輸出功率約：
(A)增加 10% (B)減少 10% (C)增加 5% (D)減少 5%。

( ) **3** 有一浸入式電熱器，其電阻為 20Ω，通過電流為 5A，今有初始溫度為 20℃ 的水 3600 公克，以電熱器加熱 5 分鐘，假設電熱器產生熱量完全為水吸收，則最後水溫將為多少℃？
(A) 30℃ (B) 40℃ (C) 50℃ (D) 60℃。

( ) **4** 設一電器之電阻為 5 歐姆（Ω），通以 10 安培之電流，試求電器每秒產生多少熱量？
(A) 60 卡 (B) 120 卡 (C) 240 卡 (D) 480 卡。

( ) **5** 無熔絲開關（NFB）的框架容量（AF）、跳脫容量（AT）、啟斷容量（IC），三者之間的大小關係，下列敘述何者正確？
(A)啟斷容量大於框架容量，且大於跳脫容量
(B)啟斷容量大於框架容量，但小於跳脫容量
(C)啟斷容量小於框架容量，但大於跳脫容量
(D)啟斷容量小於框架容量，且小於跳脫容量。

( ) **6** 右圖是低壓三相感應電動機的Y–Δ降壓啟動電路，控制電路並未繪出。下列敘述何者錯誤？

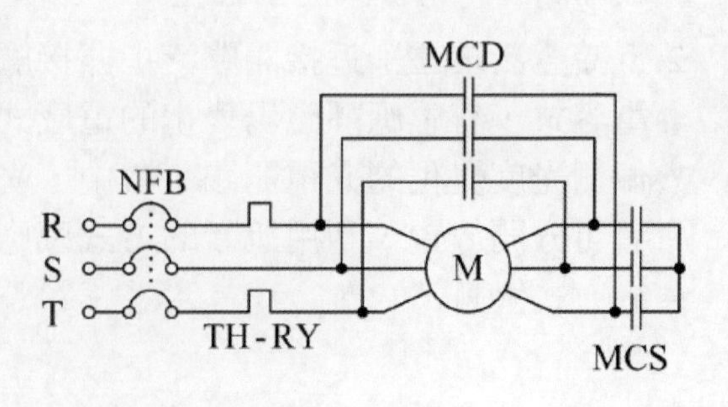

(A)以Y 形接線啟動時，啟動電流只有Δ形接線啟動電流的三分之一
(B)電路中的TH - RY，只能作為電動機的過載保護，不能作為短路保護

(C)當電動機以Y 形接線運轉時，MCS 動作，MCD 跳脫

(D)當電動機以Δ形接線運轉時，MCD 與MCS 均動作。

(　　) **7** 下列敘述何者錯誤？

(A)欲使三相感應電動機逆轉，必須考慮電動機接線為Y 接或Δ接，Y 接時變換電源任兩相，Δ接時必須三相換位方可逆轉

(B)欲使三相感應電動機逆轉，只須變換三相電源的任兩條線即可

(C)欲使單相感應電動機逆轉，可將起動繞組的兩端點對調，運轉繞組保持不變

(D)欲使單相感應電動機逆轉，可將運轉繞組的兩端點對調，起動繞組保持不變。

模擬測驗

(　　) **1** 保險絲燒毀時，應先查明原因並解決之，然後換裝：

(A)銅線　(B)安培數較小之保險絲

(C)安培數較大之保險絲　(D)原規格之保險絲。

(　　) **2** 日光燈安定器的功用為何？

(A)穩定電壓　(B)穩定電流

(C)點亮燈管　(D)提高亮度。

(　　) **3** 哪一種電器不受電源頻率的影響？

(A)白熾燈泡　(B)日光燈

(C)電風扇　(D)電磁爐。

(　　) **4** 電動機使用Y–Δ降壓起動法的目的為何？

(A)提高轉速　(B)增加起動電流

(C)提高轉矩　(D)降低起動電流。

第17章 最新試題

104年 基本電學

( ) **1** 在3秒內將10庫侖的電荷由電位10V處移動到50V處，再從50V處移動到30V處，則總共作功多少焦耳？ (A)200 (B)400 (C)500 (D)600。

( ) **2** 某裝置的電源電池為1.5V，可使用能量為5400J。該裝置之工作與待機模式所需電流分別為19mA與200μA，若設定每小時工作10分鐘，待機50分鐘，則該裝置約可使用多少小時？ (A)150 (B)200 (C)300 (D)375。

( ) **3** 將長度為100公尺且電阻為1Ω的某金屬導體，在維持體積不變情況下，均勻拉長後的電阻變為9Ω，則拉長後該金屬導體長度為多少公尺？ (A)200 (B)300 (C)600 (D)900。

( ) **4** 將電阻值分別為2Ω、3Ω及4Ω的三個電阻串聯後，接於E伏特的直流電源，若2Ω電阻消耗功率為18W，則E值為何？ (A)18 (B)27 (C)32 (D)36。

( ) **5** 如圖所示之電路，當電壓V_1=10V時，則電流I約為多少安培？
(A)1
(B)5
(C)8
(D)10。

( ) **6** 如圖所示之電路，若I_2=0A，則R與I_1分別為何？
(A)R=3Ω，I_1=5A
(B)R=3Ω，I_1=4A
(C)R=6Ω，I_1=3A
(D)R=6Ω，I_1=2A。

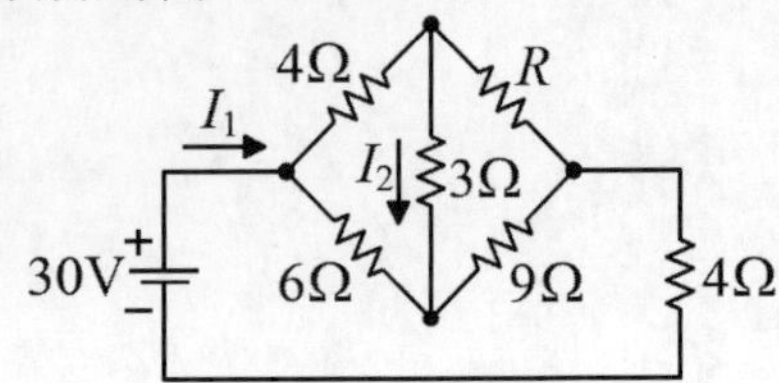

(　　) **7** 如圖所示之電路，由a、b兩端往左看入之諾頓等效電流約為多少安培？ (A)0.8　(B)1.2　(C)2.4　(D)3.2。

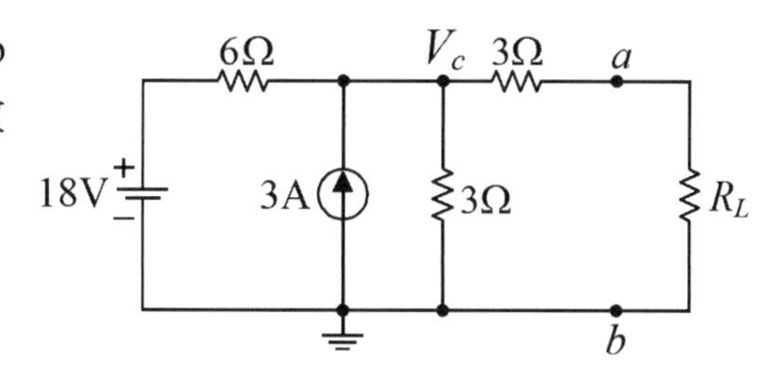

(　　) **8** 承接上題，若V_c=9V，則R_L約為多少歐姆？ (A)1　(B)2　(C)3　(D)4。

(　　) **9** 如圖所示之電路，若b為參考節點，則下列節點方程式組何者正確？

(A) $\begin{cases} 0.7V_1-0.25V_2=15 \\ -0.25V_1+0.95V_2=17 \end{cases}$　(B) $\begin{cases} 0.7V_1+0.25V_2=15 \\ 0.25V_1+0.95V_2=17 \end{cases}$

(C) $\begin{cases} 0.25V_1-0.7V_2=15 \\ -9.25V_1+0.25V_2=17 \end{cases}$　(D) $\begin{cases} 0.7V_1-0.25V_2=17 \\ -0.25V_1+0.95V_2=15 \end{cases}$。

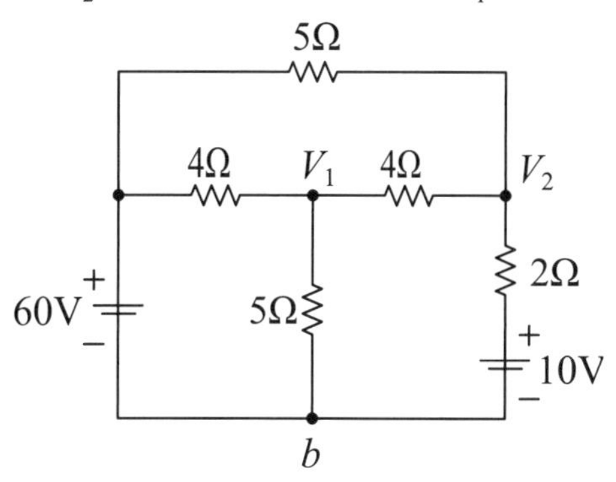

(　　) **10** 電容器X的電容值為60μF，耐壓250V。若電容器X和另一電容器Y串聯後，其總電容值為20μF，總耐壓為300V，則電容器Y的電容值和耐壓分別為何？ (A)(60μF，150V)　(B)(60μF，200V)　(C)(30μF，150V)　(D)(30μF，200V)。

(　　) **11** 某電感值為0.5H的線圈，若通過4A電流可產生0.01韋柏(Wb)磁通，則該線圈的匝數與儲存磁能分別為何？ (A)200匝，4焦耳　(B)200匝，2焦耳　(C)100匝，4焦耳　(D)100匝，2焦耳。

(　　) **12** 匝數分別為500匝和1000匝的X線圈與Y線圈，若X線圈通過5A電流時，產生4×10^{-4}Wb磁通量，其中90%交鏈至Y線圈，則X線圈自感L及兩線圈互感M分別為何？ (A)L=72mH，M=40mH　(B)L=70mH，M=40mH　(C)L=40mH，M=70mH　(D)L=40mH，M=72mH。

(　　) **13** 如圖所示之電路，在t=0秒時將開關S閉合，若電容器的電壓v_c初值為12V，則S閉合瞬間的電容器電流i_c與充電時間常數分別為何？
(A)7mA，0.2秒
(B)7mA，0.25秒
(C)12mA，0.2秒
(D)20mA，0.4秒。

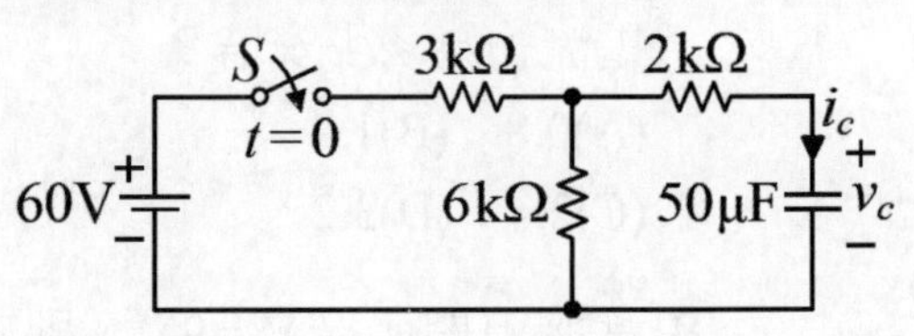

(　　) **14** 如圖所示之電路，開關S在t=0秒時閉合，若電感器的初始能量為零，則電路時間常數τ與t=1秒時之電感器電流i_L分別為何？
(A) τ =1ms，i_L=2.4A
(B) τ =1ms，i_L=1.2A
(C) τ =2ms，i_L=2.4A
(D) τ =2ms，i_L=1.2A。

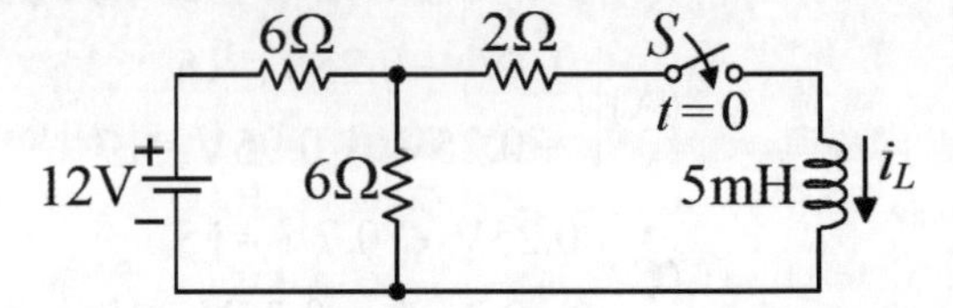

(　　) **15** 若$v(t)=100\sqrt{2}\sin(157t-30^\circ)$V，則v(t)的頻率與有效值分別為何？ (A)50Hz，120V　(B)25Hz，120V　(C)50Hz，100V　(D)25Hz，100V。

(　　) **16** 若$i_1(t)=4\sin(\omega t)$A的相量式為$2\sqrt{2}\angle 0^\circ$A，則$i(t)=10\cos(\omega t-45^\circ)$A的相量式為何？　(A)$\bar{I}=10\angle -45^\circ$A　(B)$\bar{I}=10\angle 45^\circ$A　(C)$\bar{I}=5\sqrt{2}\angle 45^\circ$A　(D)$\bar{I}=5\sqrt{2}\angle -45^\circ$A。

(　　) **17** 某RC串聯電路的輸入電壓為$4\sin(377t)$V，若流經電阻的電流為$\sqrt{2}\sin(377t+45^\circ)$A，則電阻約為多少歐姆？　(A)4　(B)3　(C)$2\sqrt{2}$　(D)2。

(　　) **18** 某RL並聯電路的電阻R=3Ω，電感抗X_L=3Ω。若總消耗電流為$8\sin(377t)$A，則流經電阻的電流為何？　(A)$4\sqrt{2}\sin(377t+45^\circ)$A　(B)$4\sqrt{2}\sin(377t-45^\circ)$A　(C)$4\sin(377t+45^\circ)$A　(D)$4\sin(377t-45^\circ)$A。

(　　) **19** 如圖所示之電路，若$v_S(t)=100\sqrt{2}\sin(377t)$V，則$v_1(t)$為何？ (A)$25\sin(377t-30^\circ)$V　(B)$25\sin(377t-45^\circ)$V　(C)$50\sin(377t-30^\circ)$V　(D)$50\sin(377t-45^\circ)$V。

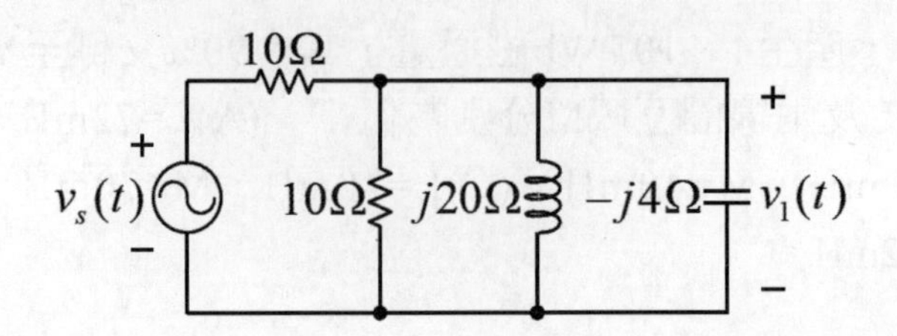

(　　) **20** 某負載電壓為$110\sqrt{2}\sin(314t+60^\circ)$V，電流為$5\sqrt{2}\sin(314t+30^\circ)$A，則該負載的視在功率約為多少VA？　(A)1100　(B)952.63　(C)777.82　(D)550。

(　　) **21** 某RL並聯電路的電阻R=4Ω，輸入電壓$\overline{V}_s=40\angle 0^\circ$V，若總視在功率大小為500VA，則電感抗約為多少歐姆？　(A)2.66　(B)5.33　(C)10.66　(D)16。

(　　) **22** RLC串聯電路發生諧振時，下列敘述何者正確？　(A)阻抗最小，功率因數0.707　(B)阻抗最小，功率因數1.0　(C)阻抗最大，功率因數0.707　(D)阻抗最大，功率因數1.0。

(　　) **23** 外接電流源$\overline{I}_s=4\angle 0^\circ$A的RLC並聯電路中，電阻R=10Ω，電感L=5mH，電容C=10μF。當發生諧振時，該電路平均消耗功率約為多少瓦特？

(A)80　(B)$\frac{160}{\sqrt{2}}$　(C)160　(D)$160\sqrt{2}$。

(　　) **24** 如圖所示之1ϕ2與1ϕ3供電系統，其中每一配電線路的等效電阻為r，單一負載皆為1kW。若1ϕ2系統供電之配電線路損失為P_{2W}，1ϕ3W系統供電之配電線路損失為P_{3W}，則下列敘述何者正確？

(A)$P_{3W}=4P_{2W}$　(B)$P_{3W}=3P_{2W}$

(C)$P_{3W}=0.5P_{2W}$　(D)$P_{3W}=0.25P_{2W}$。

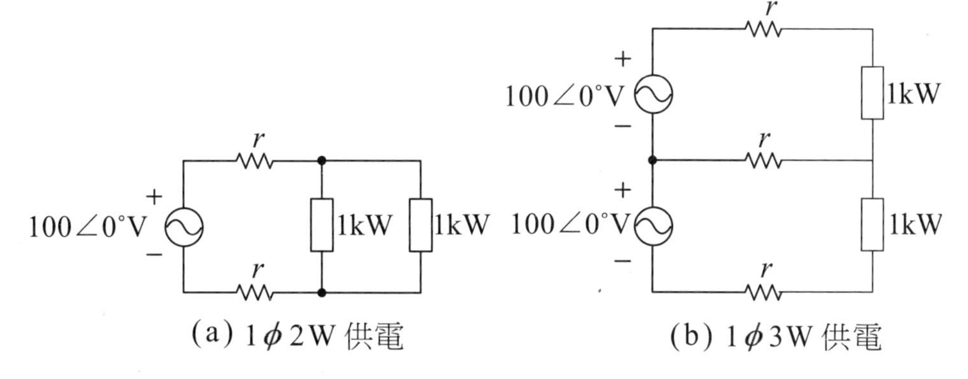

(a) 1ϕ2W 供電　　(b) 1ϕ3W 供電

(　　) **25** 三相平衡Y接電源系統，n為中性點，若線電壓分別為$\overline{V}_{ab}=220\sqrt{3}\angle 0^\circ$V、$\overline{V}_{bc}=220\sqrt{3}\angle 120^\circ$V及$\overline{V}_{ca}=220\sqrt{3}\angle -120^\circ$V，下列有關相電壓$\overline{V}_{bn}$之敘述，何者正確？　(A)$\overline{V}_{bn}=220\angle 150^\circ$V　(B)$\overline{V}_{bn}=220\sqrt{3}\angle 150^\circ$V　(C)$\overline{V}_{bn}=220\angle 90^\circ$V　(D)$\overline{V}_{bn}=220\sqrt{3}\angle 90^\circ$V。

104年 基本電學實習

( ) **1** 下列何種情形，最容易發生人體觸電事故？
(A)赤腳著地且人體碰觸到火線
(B)立於塑膠椅子上且人體碰觸到用電設備之金屬外殼
(C)立於塑膠椅子上且人體碰觸到接地線
(D)赤腳著地且人體碰觸到用電設備之金屬外殼，且該用電設備之漏電斷路器功能正常。

( ) **2** 有一色碼電阻其顏色為「橙橙棕金」，若用三用電錶量測其電阻值，則合理量測讀值為何？ (A)230Ω (B)320Ω (C)2.3kΩ (D)3.2kΩ。

( ) **3** 若配電盤電壓固定為110V，經使用三用電錶量測一家用插座，電壓讀值為110V，該插座至配電盤之配線長度為50公尺，電線電阻為5.65Ω/km。當該插座接上一110V/440W之電熱器後，此時以三用電錶量測該插座之合理讀值為何？ (A)109.8V (B)108.9V (C)107.8V (D)105.5V。

( ) **4** 某一直流電路有a與b兩端點，用直流電壓表量測a與b兩端點之電壓為10V，用直流電流表量測a與b兩端點之電流為1A，若在a與b兩端點並聯兩個電阻R，則R值為多少時，其消耗功率最大？ (A)10Ω (B)20Ω (C)30Ω (D)40Ω。

( ) **5** 如圖所示之電路，則下列敘述何者錯誤？
(A)若R_x=20Ω時，檢流計改為直流電壓表時其讀值為5V（量測極性與檢流計相同）
(B)若R_x=40Ω時，檢流計改為直流電壓表時其讀值為0V（量測極性與檢流計相同）
(C)若R_x=20Ω時，檢流計的電流讀值為3A
(D)若R_x=40Ω時，檢流計的電流讀值為0A。

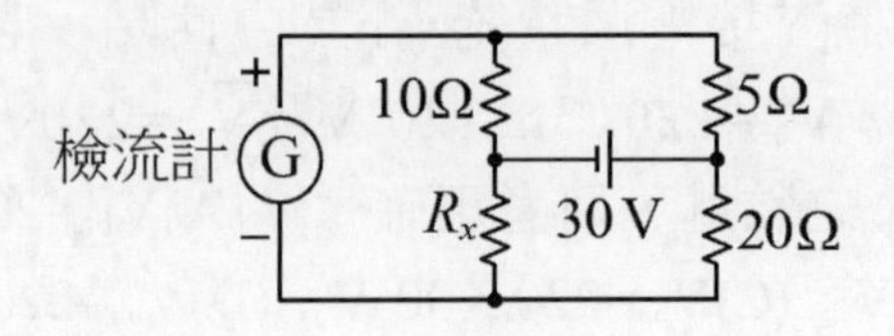

(　　) **6** 若在其他條件相同之下，下列何種電線之安全電流最高？　(A)耐熱PVC電線　(B)PVC電線　(C)交連PE電線　(D)PE電線。

(　　) **7** 下列有關燈具控制配線之敘述，何者錯誤？
(A)二個三路開關及一個四路開關可於三處(三個開關)控制一盞燈
(B)三路開關在功能上可代替單切開關
(C)四路開關在功能上可代替單切開關
(D)三個三路開關及一個四路開關可於四處(四個開關)控制一盞燈。

(　　) **8** 有一陶瓷電容器標示為104，其電容值為何？
(A)104 μF　(B)0.1 μF　(C)0.01 μF　(D)104pF。

(　　) **9** 在直流RL串聯的充電暫態電路中，若要延長暫態時間，則下列敘述何者正確？
(A)等比例減小R與L值
(B)等比例增大R與L值
(C)R值保持不變，增大L值
(D)L值保持不變，增大R值。

(　　) **10** 有一單相交流負載，若負載兩端的電壓$v(t)=110\sqrt{2}\cos(377t-15^{\circ})$V，流經負載的電流$i(t)=5\sqrt{2}\cos(377t+15^{\circ})$A，則下列敘述何者正確？
(A)此負載為電感性負載
(B)此負載的平均功率為550W
(C)此負載的阻抗為$22\angle 30^{\circ}\,\Omega$
(D)此負載的功率因數為0.866。

(　　) **11** 有一用戶的瓦時表，其電表常數為1000Rev/kWh，若觀察此表每5秒轉動1圈，則此時用戶的負載為多少瓦特？　(A)480　(B)600　(C)720　(D)1000。

(　　) **12** 下列有關照明用燈泡、燈管之敘述，何者錯誤？
(A)110V/40W之日光燈應配合使用1P起動器點亮
(B)省電燈泡與日光燈的發光原理相同
(C)水銀燈之發光原理為弧光放電
(D)省電燈泡較白熾燈省電。

(　　) **13** 有關一般家用電熱器具之相關知識，下列敘述何者正確？
(A)電磁爐的加熱方式是利用電弧發熱原理
(B)微波爐所使用的電磁波頻率為2450GHz
(C)以鎳鉻合金的電熱線作加熱元件，其特性為低電阻係數、高溫度係數
(D)當雙金屬片受熱時，膨脹係數大的金屬會向膨脹係數小的金屬彎曲。

(　　) **14** 下列有關電力電驛之敘述，何者錯誤？
(A)MK2P型電力電驛的激磁線圈接腳為2、8
(B)MK3P型電力電驛的激磁線圈接腳為2、10
(C)MK2P型電力電驛共有8支接腳
(D)MK3P型電力電驛共有11支接腳。

(　　) **15** 有一三相感應電動機，以Y-Δ起動並有3E電驛作保護，則下列敘述何者錯誤？
(A)Y-Δ起動法可將起動電流降至全壓起動時的0.5倍
(B)Y-Δ起動法可降低加在繞組上的電壓
(C)3E電驛又稱SE電驛
(D)3E電驛具有過載、欠相與逆相保護功能。

NOTE

105年 基本電學

( ) **1** 電壓、電流、電阻、電荷及時間分別以V、I、R、Q及t表示，下列何者不是電能的表示式？

(A)I^2Rt (B)$\frac{V^2}{R}t$ (C)$\frac{VI}{Q}t$ (D)QV。

( ) **2** 某地有一部額定800kW的風力發電機及一套額定400kW的太陽能發電設備，若風力發電機平均每日以額定容量運轉8小時，而太陽能設備平均每日以額定容量發電4小時。假設1度電的經濟效益為5元，每月平均運轉24天，則每月可獲得的經濟效益為多少元？

(A)40,000 (B)96,000 (C)260,000 (D)960,000。

( ) **3** 將60kΩ及30kΩ的電阻器並聯在一起，其總電阻可用下列哪一種色碼排列之電阻來替代？ (A)紅黑橙金 (B)紅棕黃金 (C)白黑橙金 (D)白棕黃金。

( ) **4** 如圖所示之電路，試求a、b兩端的等效電阻R_{ab}為何？

(A)3Ω
(B)4Ωa
(C)6Ω
(D)12Ω。

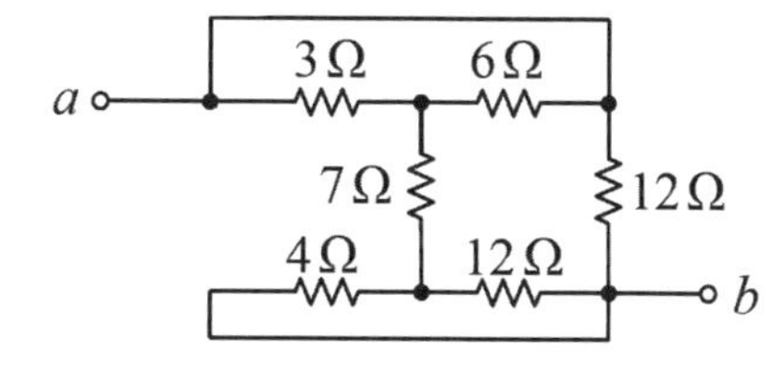

( ) **5** 如圖所示之電路，試求節點電壓V_a為何？

(A)1V
(B)2V
(C)3V
(D)6V。

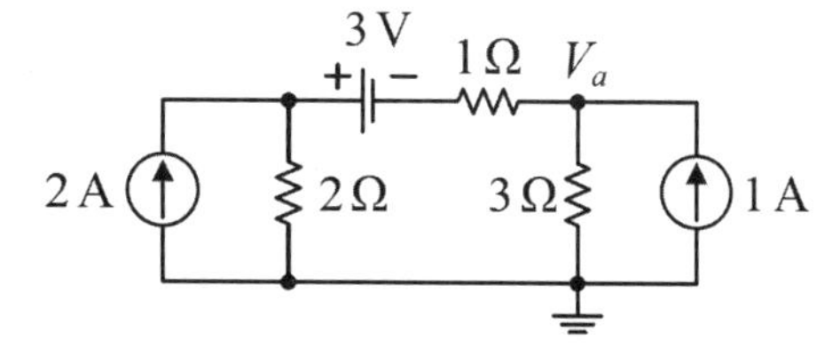

( ) **6** 如圖所示，試求i_1、i_2、i_3及i_4的電流為何？

(A)i_1 = 6A , i_2 = – 5A , i_3 = 3A , i_4 = – 6A
(B)i_1 = 6A , i_2 = 5A , i_3 = –7A , i_4 = – 4A
(C)i_1 = 7A , i_2 = 5A , i_3 = –3A , i_4 = – 6A
(D)i_1 = 7A , i_2 = – 5A , i_3 = 3A , i_4 = – 6A。

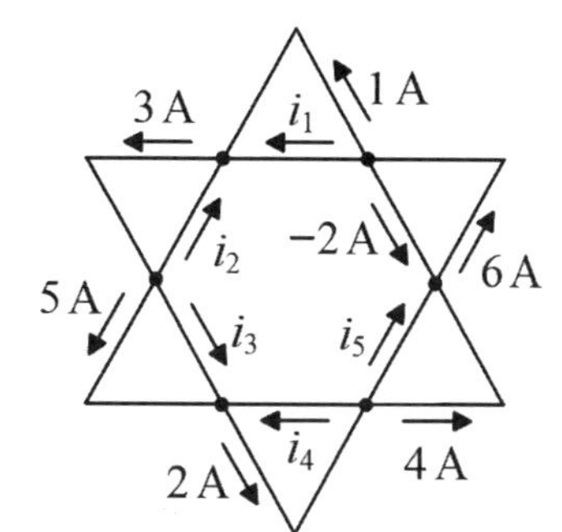

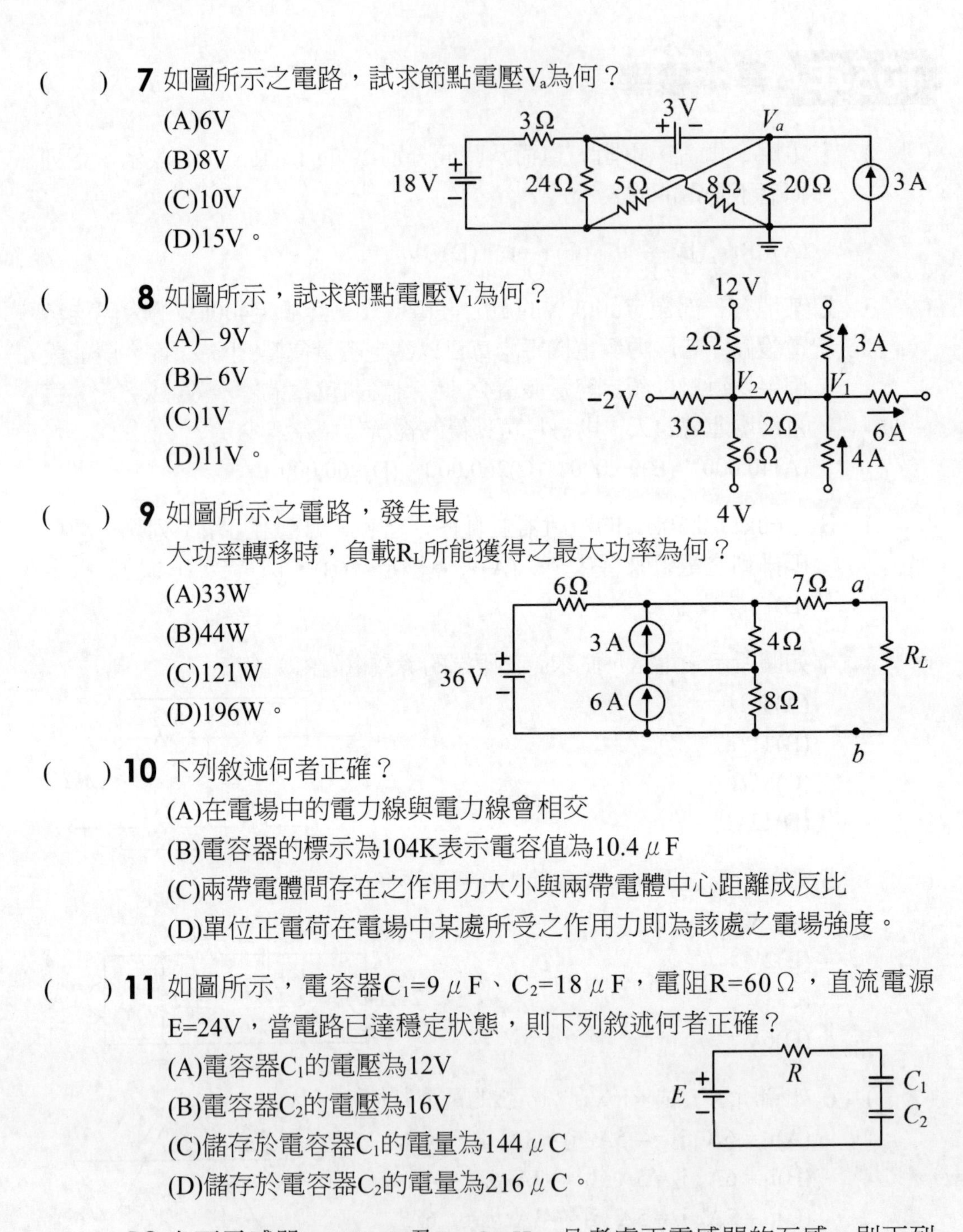

( ) **7** 如圖所示之電路，試求節點電壓V_a為何？
(A)6V
(B)8V
(C)10V
(D)15V。

( ) **8** 如圖所示，試求節點電壓V_1為何？
(A)– 9V
(B)– 6V
(C)1V
(D)11V。

( ) **9** 如圖所示之電路，發生最大功率轉移時，負載R_L所能獲得之最大功率為何？
(A)33W
(B)44W
(C)121W
(D)196W。

( ) **10** 下列敘述何者正確？
(A)在電場中的電力線與電力線會相交
(B)電容器的標示為104K表示電容值為10.4 μF
(C)兩帶電體間存在之作用力大小與兩帶電體中心距離成反比
(D)單位正電荷在電場中某處所受之作用力即為該處之電場強度。

( ) **11** 如圖所示，電容器C_1=9 μF、C_2=18 μF，電阻R=60 Ω，直流電源E=24V，當電路已達穩定狀態，則下列敘述何者正確？
(A)電容器C_1的電壓為12V
(B)電容器C_2的電壓為16V
(C)儲存於電容器C_1的電量為144 μC
(D)儲存於電容器C_2的電量為216 μC。

( ) **12** 有兩電感器L_1=16mH及L_2=9mH，且考慮兩電感間的互感，則下列敘述何者可能正確？ (A)互感M_{12}=15mH (B)串聯後等效電感為L_{eq}=60mH (C)並聯後等效電感為L_{eq}=9mH (D)並聯後等效電感為L_{eq}=16mH。

(　　) **13** 如圖所示，a、b兩端的電壓為$v_{ab}(t)$，則下列敘述何者正確？

(A)$v_{ab}(2)=2.5mV$
(B)$v_{ab}(6)=0mV$
(C)$v_{ab}(7)=5mV$
(D)$v_{ab}(9)=2.5mV$。

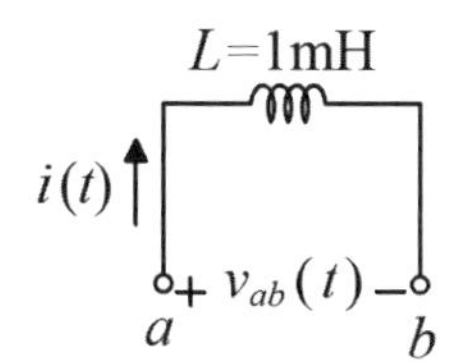

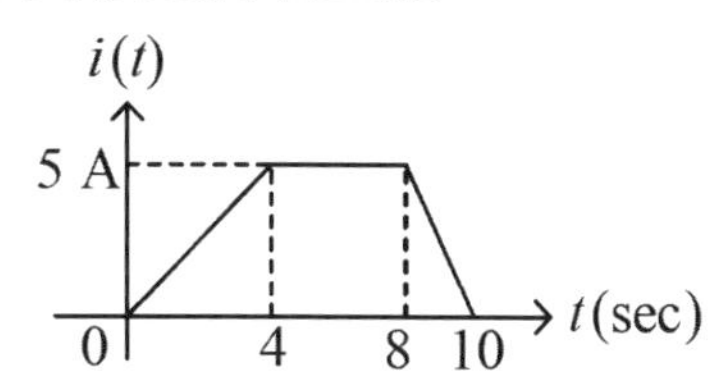

(　　) **14** 如圖所示，若電壓源E=15V，$R_1=R_2=R_3=10\Omega$，$C=10\mu F$，開關SW打開時為t=0，則下列敘述何者錯誤？

(A)t>0之電路時間常數$\tau=0.3ms$
(B)t=0 電容器的電壓為零
(C)開關打開後電路達穩態時電容器C電壓大小為7.5V
(D)電路達穩態後，沒有電流流過電容器C。

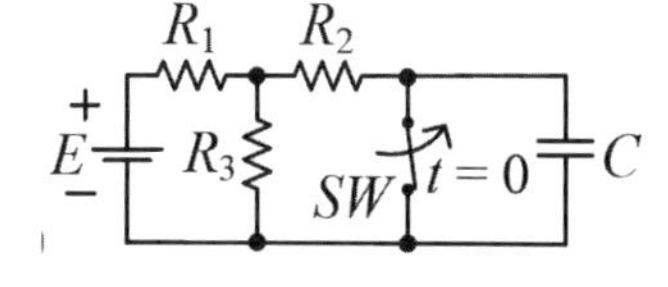

(　　) **15** 如圖所示，若電壓源E=24V，$R_1=3\Omega$，$R_2=6\Omega$，L=5mH，開關SW閉合時為t=0，請問t>0之$i_L(t)$為何？

(A)$16(1-e^{-400t})A$
(B)$8(1-e^{-400t})A$
(C)$16e^{-400t}A$
(D)$8e^{-400t}A$。

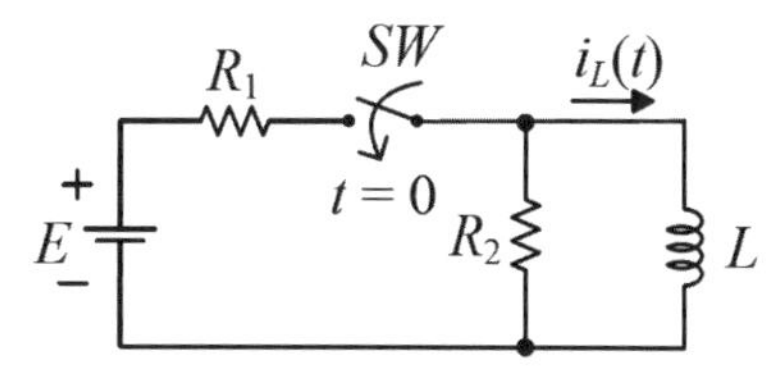

(　　) **16** 有一個交流電路的輸入電壓$v(t)=156\cos(377t-30^\circ)V$，輸入電流$i(t)=10\sin(377t+30^\circ)A$，請問兩者之相位關係為何？

(A)電壓v(t)相角超前電流i(t)相角30°
(B)電壓v(t)相角超前電流i(t)相角60°
(C)電流i(t)相角超前電壓v(t)相角30°
(D)電流i(t)相角超前電壓v(t)相角60°。

(　　) **17** 有一週期性電壓波形，其週期為20ms，每一週期中有10ms的固定直流電壓100V、5ms的固定直流電壓–40V及5ms的0V電壓，請問此電壓波形之平均值為何？

(A)100V
(B)70V
(C)50V
(D)40V。

(　　) **18** 有一RLC串聯交流電路，若R=20Ω、L=10mH、C=100μF，電源電壓v(t)＝20sin(1000t＋30°)V，則下列敘述何者正確？
(A)電源電流相位落後電源電壓相位45°
(B)電阻器兩端電壓$v_R(t)$＝20sin(1000t＋30°)V
(C)總阻抗$\bar{Z}=20\sqrt{2}\angle 45°\ \Omega$
(D)電源電流i(t)＝1.0sin(1000t－15°)A。

(　　) **19** 有一RLC並聯交流電路，若R=10Ω、L=10mH、總導納$\bar{Y}=(\sqrt{2}/10)\angle 45°$S，電源電壓v(t)＝10sin(1000t＋30°)V，則下列敘述何者正確？
(A)流經電感器的電流$i_L(t)$＝1.0sin(100t－60°)A
(B)電容C=20μF
(C)此電路為電容性電路
(D)電源電流i(t)＝$50\sqrt{2}$ sin(1000t－15°)A。

(　　) **20** 如圖所示之RLC串並聯交流電路，試問下列敘述何者正確？
(A)流經電感器的電流$\bar{I}_L=2\angle -90°$A
(B)a、b兩端電壓$\bar{V}_{ab}=7.2\angle 53.1°$V
(C)電源電流$\bar{I}=2.4\angle -36.9°$A
(D)總阻抗$\bar{Z}=5\angle 36.9°\ \Omega$。

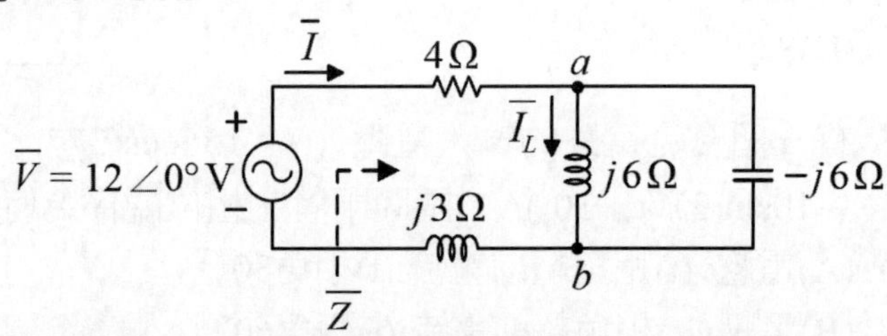

(　　) **21** 有一單相交流電路，若電源電壓v(t)＝120sin(314t＋30°)V，電源電流i(t)＝2sin(314t－15°)A，則下列對此電路的敘述，何者正確？
(A)最小瞬間功率P_{min}＝－120W
(B)平均功率P=120W
(C)虛功率Q=60VAR
(D)瞬間功率的頻率f_p=100Hz。

(　　) **22** 有一單相交流電路，加入電源電壓v(t)＝200sin(377t)V，產生電流i(t)＝5cos(377t－30°)A，試求該電路的功率因數(PF)為何？　(A)0.5超前　(B)0.5落後　(C)0.866超前　(D)0.866落後。

(　　) **23** 有一RLC串聯電路，若電源電壓V=100V、R=10Ω、L=20mH、C=200μF，當電路諧振時，則下列敘述何者正確？
(A)功率因數為1，諧振頻率為800Hz
(B)品質因數為1，頻帶寬度為8Hz
(C)電阻器兩端的電壓大小為100V，電容器兩端的電壓大小為100V
(D)電源電流為10A，平均功率為100W。

(　　) **24** 有一LC並聯電路，若電源電壓V=100V、C=40μF，當電源角頻率為5000rad/s時電路諧振，則下列敘述何者正確？
(A)電感L=10mH，諧振時電源電流為零
(B)電感L=1mH，諧振時電源電流為零
(C)電感L=10mH，諧振時電源電流為無限大
(D)電感L=1mH，諧振時電源電流為無限大。

(　　) **25** 有一三相發電機供應220V的電源電壓給一Δ接之三相平衡負載，已知每相負載阻抗為5+j8.66Ω，試求此三相負載消耗的總平均功率為何？
(A)2420W　(B)4192W
(C)5134W　(D)7260W。

NOTE

105年 基本電學實習

(　　) **1** 下列何種方式，可防止人員感電事故？
(A)電氣設備非帶電的金屬外殼接地
(B)電氣設備接保險絲
(C)電氣設備接電磁開關
(D)電氣設備接電容器。

(　　) **2** 指針型三用電表不能直接用來測量下列哪一項目？
(A)交流電流　(B)交流電壓　(C)直流電壓　(D)直流電流。

(　　) **3** 直流電壓源E與4Ω、6Ω及8Ω三個電阻串聯，三用電表量測8Ω電阻的電壓為12V，則直流電壓源E的電壓值為何？
(A)9V　(B)12V　(C)15V　(D)27V。

(　　) **4** 如圖所示電路，若a、b兩端短路時測得短路電流為5A，a、b兩端測得開路電壓為20V。當a、b兩端連接負載時，則負載可獲得之最大功率值為何？

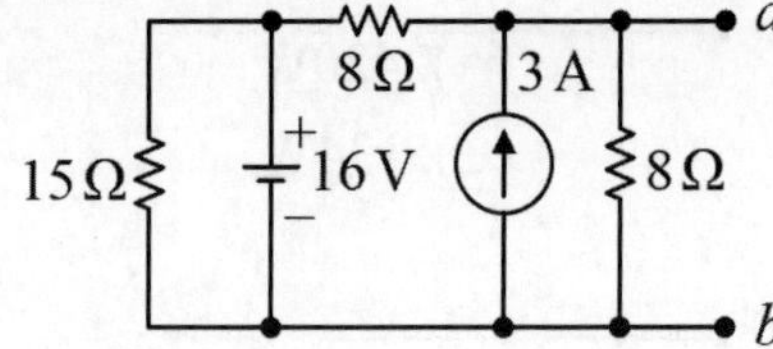

(A)25W
(B)50W
(C)100W
(D)150W。

(　　) **5** 無熔絲開關（NFB）的框架容量（AF）、跳脫容量（AT）及啟斷容量(IC)規格，三者之間的大小關係，下列何者正確？
(A)啟斷容量小於框架容量，但大於跳脫容量
(B)啟斷容量小於框架容量，且小於跳脫容量
(C)啟斷容量大於框架容量，但等於跳脫容量
(D)啟斷容量大於框架容量，且大於跳脫容量。

(　　) **6** 下列有關用電設備絕緣與接地之敘述，何者正確？
(A)周圍濕度升高，則絕緣電阻升高
(B)低接地電阻為佳
(C)絕緣電阻越低越好
(D)接地電阻越高越好。

(　　) **7** 下列有關單相感應型瓦時計之敘述，何者正確？
(A)電壓線圈匝數多、線徑粗與負載並聯
(B)電流線圈匝數少、線徑細與負載串聯
(C)電壓線圈磁場與電流線圈磁場作用，產生脈動磁場
(D)電壓線圈磁場與電流線圈磁場作用，產生移動磁場。

(　　) **8** 電容器上標示102J，則此電容器之電容量為何？　(A)102±5%μF　(B)1000±5%μF　(C)1000±5%pF　(D)1000±10%nF。

(　　) **9** 如圖所示之電路，當開關S閉合經過一段長時間，電路呈現穩態後，1μF電容器上的電壓v_c約為何？
(A)0.52V
(B)1.34V
(C)2.22V
(D)3.40V。

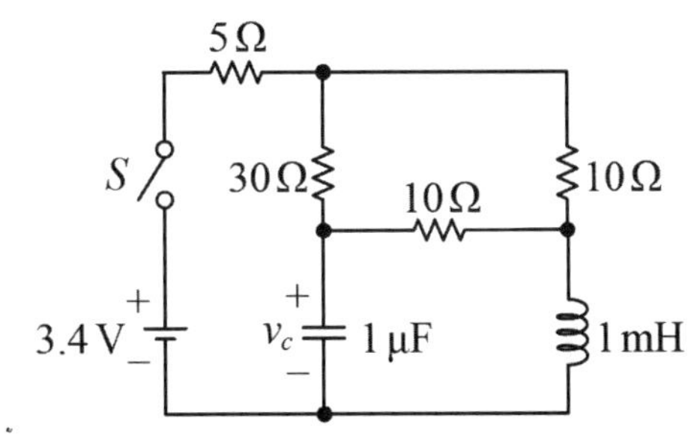

(　　) **10** 某電阻壓降為$v(t)=220\sqrt{2}\sin(377t-30^\circ)$V，若用交流電壓表量測此電阻壓降，則下列敘述何者正確？
(A)電表與該電阻串聯，顯示$220\sqrt{2}$V
(B)電表與該電阻並聯，顯示$220\sqrt{2}$V
(C)電表與該電阻串聯，顯示220V
(D)電表與該電阻並聯，顯示220V。

(　　) **11** 如圖所示之電路，若$v_s(t)=200\cos(5t)$V，則電源提供的視在功率為何？
(A)10kVA
(B)$10\sqrt{2}$kVA
(C)20kVA
(D)$20\sqrt{2}$kVA。

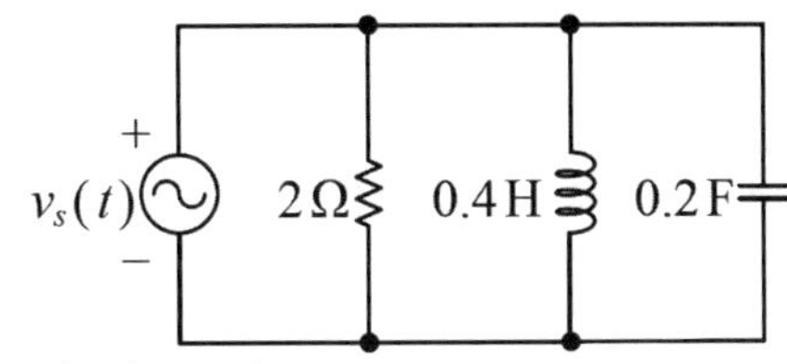

(　　) **12** 下列有關指針型功率因數表之敘述，何者正確？
(A)功率因數落後（lag）時，指針順時針偏轉，為電容性負載
(B)功率因數超前（lead）時，指針逆時針偏轉，為電感性負載
(C)不能判斷為電容性或電感性負載
(D)指針固定於刻度中央，功率因數是1.0。

(　　) **13** 一日光燈接於110V電源，其電流為0.6A，消耗之電功率為39.6W，則其功率因數為何？
(A)0.3　(B)0.6
(C)0.8　(D)0.9。

(　　) **14** 積熱電驛的動作係因受到下列何者的作用？
(A)熱　(B)液壓
(C)氣壓　(D)光。

(　　) **15** 三相感應電動機若以Y-Δ起動法來起動，則其起動線電流為Δ接直接起動線電流的幾倍？
(A)3　(B)$\sqrt{3}$
(C)$\frac{1}{\sqrt{3}}$　(D)$\frac{1}{3}$。

NOTE

106年 基本電學

( ) **1** 下列何者為電能的單位？ (A)毫安小時(mAh) (B)焦耳(J) (C)瓦特(W) (D)馬力(hp)。

( ) **2** 距離為1公尺之兩帶電體，其間存在一個24N的靜電力，若將此兩帶電體拉遠至2公尺，其間存在之靜電力為何？ (A)6N (B)12N (C)48N (D)96N。

( ) **3** 有一0.15A的電流流過一色碼電阻，跨在此色碼電阻兩端的電壓為1.5V，則此電阻由左至右之色碼可能為何？
(A)紫藍黑金 (B)紫藍棕金
(C)棕黑棕銀 (D)棕黑黑銀。

( ) **4** 有額定分別為110V/100W及110V/50W之兩個電熱器，串聯接於110V電源上，則下列敘述何者正確？
(A)110V/100W電熱器的消耗功率比110V/50W電熱器大
(B)110V/100W電熱器的消耗功率比110V/50W電熱器小
(C)110V/100W和110V/50W電熱器消耗功率一樣大
(D)110V/100W或110V/50W電熱器會超過額定功率。

( ) **5** 如圖所示，若E=120V，則開關S在開啟與閉合不同狀態下之I分別為何？
(A)5A，20A
(B)5A，25A
(C)6A，20A
(D)6A，25A。

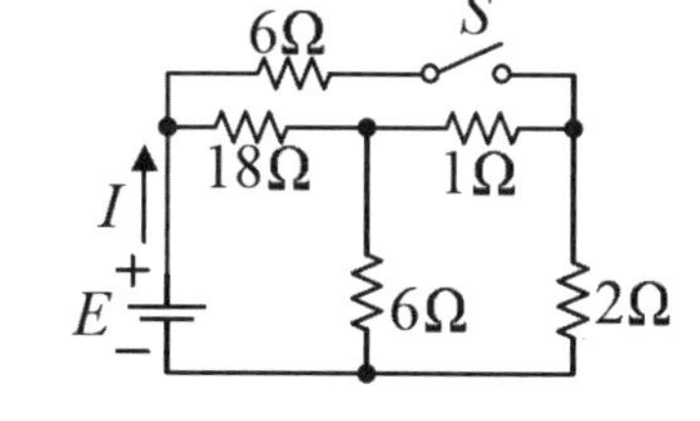

( ) **6** 如圖所示，三個電流大小之比例為 $I_1:I_2:I_3=$
(A)1：2：3
(B)3：2：1
(C)1：1：1
(D)6：3：2。

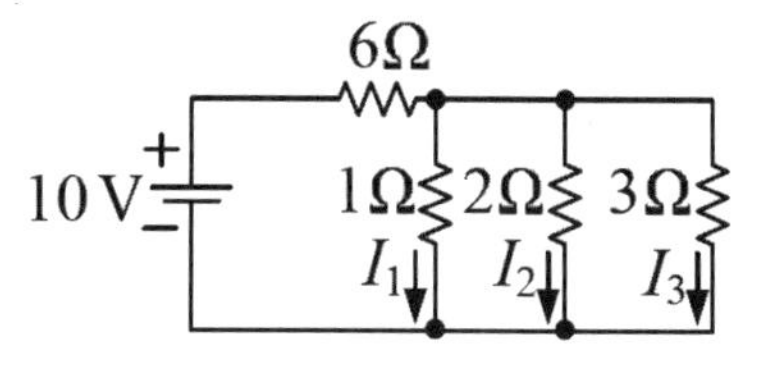

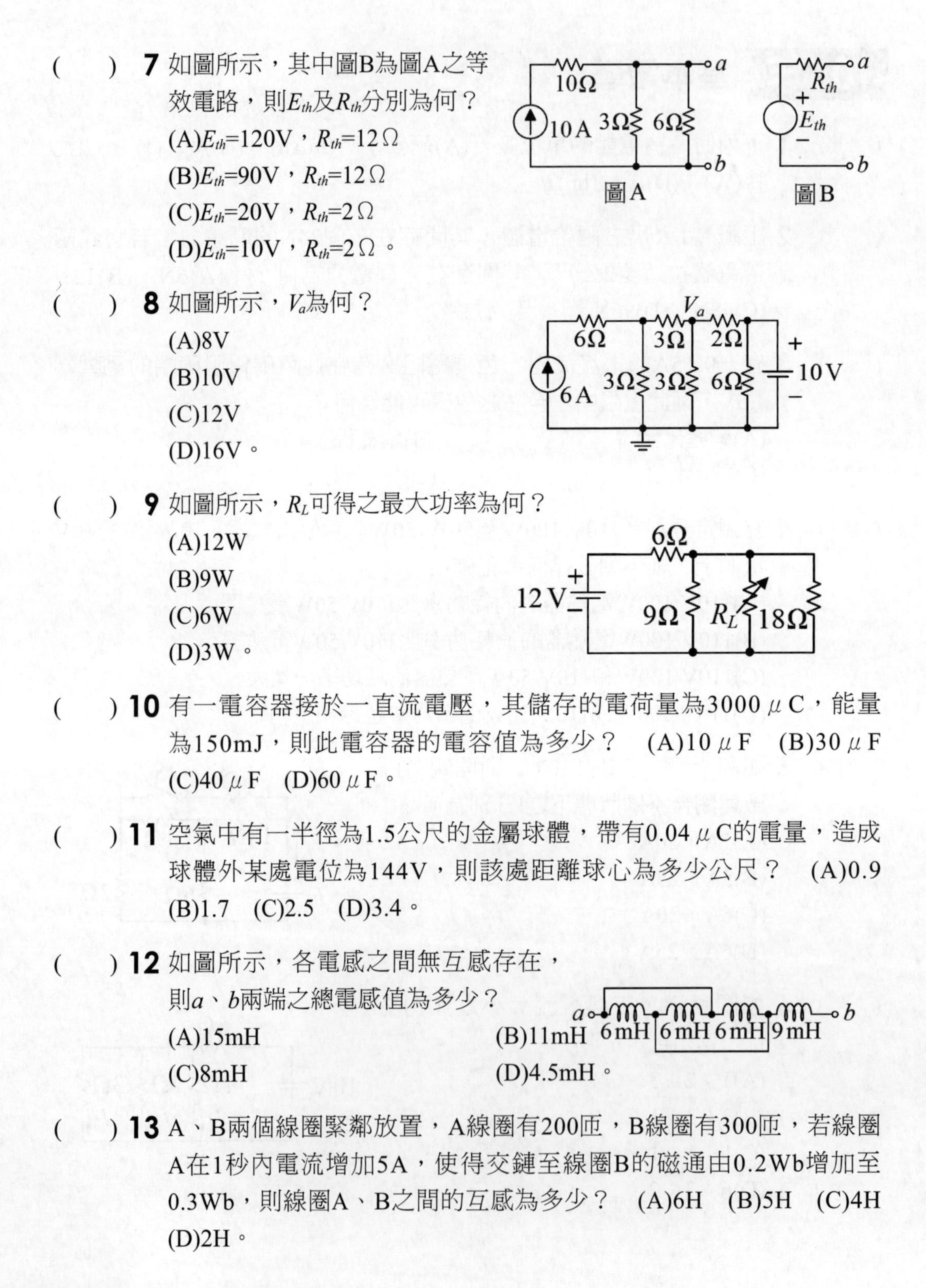

( ) **7** 如圖所示，其中圖B為圖A之等效電路，則E_{th}及R_{th}分別為何？
(A)E_{th}=120V，R_{th}=12Ω
(B)E_{th}=90V，R_{th}=12Ω
(C)E_{th}=20V，R_{th}=2Ω
(D)E_{th}=10V，R_{th}=2Ω。

( ) **8** 如圖所示，V_a為何？
(A)8V
(B)10V
(C)12V
(D)16V。

( ) **9** 如圖所示，R_L可得之最大功率為何？
(A)12W
(B)9W
(C)6W
(D)3W。

( ) **10** 有一電容器接於一直流電壓，其儲存的電荷量為3000μC，能量為150mJ，則此電容器的電容值為多少？ (A)10μF (B)30μF (C)40μF (D)60μF。

( ) **11** 空氣中有一半徑為1.5公尺的金屬球體，帶有0.04μC的電量，造成球體外某處電位為144V，則該處距離球心為多少公尺？ (A)0.9 (B)1.7 (C)2.5 (D)3.4。

( ) **12** 如圖所示，各電感之間無互感存在，則a、b兩端之總電感值為多少？
(A)15mH (B)11mH
(C)8mH (D)4.5mH。

( ) **13** A、B兩個線圈緊鄰放置，A線圈有200匝，B線圈有300匝，若線圈A在1秒內電流增加5A，使得交鏈至線圈B的磁通由0.2Wb增加至0.3Wb，則線圈A、B之間的互感為多少？ (A)6H (B)5H (C)4H (D)2H。

(　　) **14** 如圖所示，開關S閉合時的充電時間常數及開關S啟斷後的放電時間常數，分別為多少秒？
(A)0.25及0.4
(B)0.4及0.2
(C)0.4及0.25
(D)0.2及0.4。

(　　) **15** 如圖所示，若開關S閉合時t=0，則t>0的電流i(t)為何？

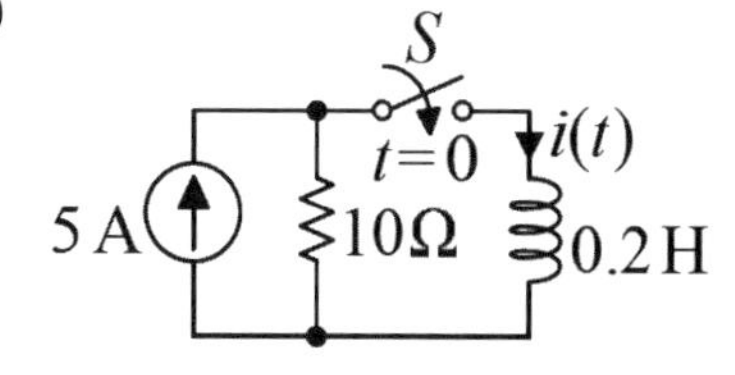

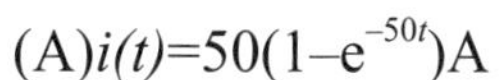
(A)$i(t)=50(1-e^{-50t})$A
(B)$i(t)=50(1-e^{-t/50})$A
(C)$i(t)=5(1-e^{-50t})$A
(D)$i(t)=5e^{-50t}$A。

(　　) **16** 有一交流電壓為$v(t)=220\sqrt{2}\sin(377t-45^\circ)$V，試求在$t=\frac{1}{240}$秒時之瞬間電壓值約為多少伏特？　(A)220　(B)200　(C)150　(D)110。

(　　) **17** 有兩個交流電壓分別為$v_1(t)=30\sqrt{2}\cos(377t-45^\circ)$V和$v_2(t)=30\sqrt{2}\cos(377t-135^\circ)$V，則$v_1(t)+v_2(t)$為何？
(A)$60\sqrt{2}\cos(377t-175^\circ)$V
(B)$60\sqrt{2}\sin(377t+90^\circ)$V
(C)$60\cos(377t+45^\circ)$V
(D)$60\sin(377t)$V。

(　　) **18** 將交流電壓源200sin(100t)V連接至RL串聯電路，若流經電阻的電流有效值為10A，而且電阻R與電感L上的電壓有效值相同，則電感L值為何？　(A)15.9mH　(B)100mH　(C)200mH　(D)314mH。

(　　) **19** 如圖所示之串聯電路，若阻抗$\overline{Z_1}=5\angle 53.1^\circ\,\Omega$，$\overline{Z_2}=6+j8\,\Omega$，當加上$\overline{V_S}=150\angle 0^\circ$V之電壓時，$\overline{V_2}$則為何？(sin53.1°=0.8,cos53.1°=0.6)
(A)$100\angle 0^\circ$V
(B)$100\angle 53.1^\circ$V
(C)$50\angle 0^\circ$V
(D)$50\angle 53.1^\circ$V。

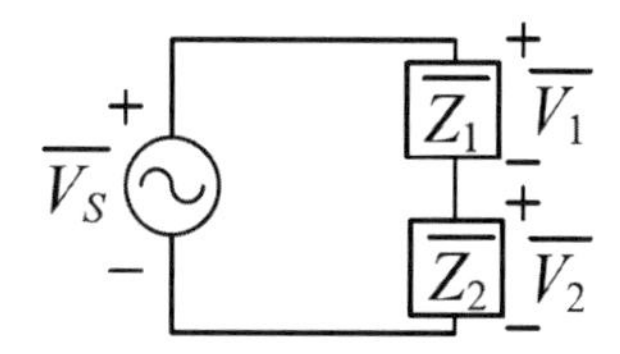

( ) **20** 有一交流電源供給RLC並聯電路，若R=10Ω，X_L=5Ω，X_C=10Ω，則電源電流與電源電壓的相位關係為何？
(A)電流相位落後電壓相位 (B)電流相位超前電壓相位
(C)電流與電壓同相位 (D)無法判斷。

( ) **21** 由電阻R_P=10Ω及電抗X_P=10Ω並聯組成之RC電路，將其轉換成電阻R_S與電抗X_S串聯之等效電路，則其值分別為何？
(A)R_S=20Ω，X_S=20Ω (B)R_S=10Ω，X_S=10Ω
(C)R_S=5Ω，X_S=5Ω (D)R_S=0.1Ω，X_S=0.1Ω。

( ) **22** 如圖所示，負載兩端的電壓$\overline{V}=5+j2$V，流經此負載的電流$\overline{I}=3+j4$A，則此電路消耗之複數功率$\overline{S}$為何？
(A)7−j14VA
(B)23+j26VA
(C)7+j26VA
(D)23−j14VA。

( ) **23** 在RLC串聯電路中，當接上頻率1kHz的弦波電壓源時，電路中R=20Ω，X_L=4Ω，X_C=16Ω；若調整電源的頻率使得線路電流最大，則此時的電源頻率為何？ (A)250Hz (B)500Hz (C)2kHz (D)4kHz。

( ) **24** 有效值100V之交流弦波電源，若調整其電源頻率使流入某一RLC並聯電路的總電流為最小，其中R=50Ω，L=40mH，C=100μF，則下列敘述何者正確？
(A)電源頻率為80kHz (B)流經電感之電流為2A
(C)流經電容之電流為1A (D)總消耗功率為200W。

( ) **25** 有一三相平衡電源供應Y接三相平衡負載，電源相序為ABC，若電源側線電壓$\overline{V_{AB}}=220\angle 30^\circ$V，線電流$\overline{I_A}=5\angle -30^\circ$A，則此電路的功率因數角為何？ (A)0° (B)30° (C)60° (D)90°。

106年 基本電學實習

(　　) **1** 某一車用頭燈其規格標示為12V、55W，當頭燈點亮時用三用電錶量測其兩端直流電壓為11.8V，則量測該頭燈之電流合理值約為何？(A)1.3A　(B)2.6A　(C)3.3A　(D)4.5A。

(　　) **2** 下列何者無法使用一般三用電錶直接量測讀取數值？　(A)量測碳膜電阻之電阻值　(B)量測電線是否斷路　(C)量測家用插座電壓　(D)量測LED之消耗功率。

(　　) **3** 如圖所示之電路，其中(VM)為理想直流電壓表，(AM)為理想直流電流表，若(AM)讀值為1A，則下列敘述何者正確？

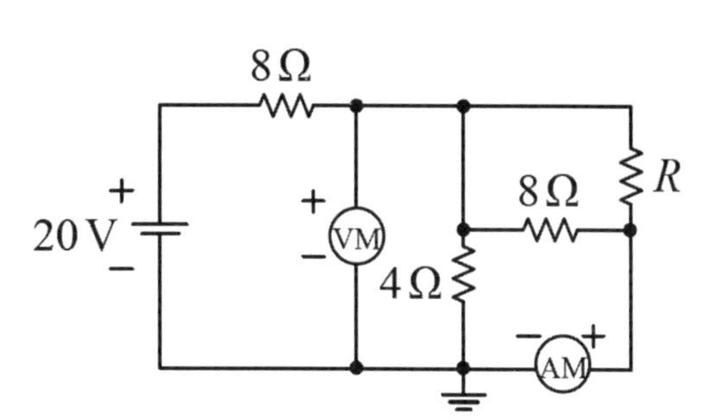

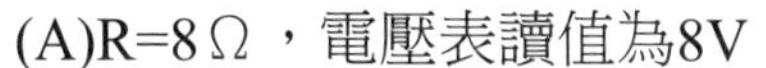

(A)R=8Ω，電壓表讀值為8V
(B)R=8Ω，電壓表讀值為4V
(C)R=4Ω，電壓表讀值為8V
(D)R=4Ω，電壓表讀值為4V。

(　　) **4** 如圖所示之電路，當開關S閉合時電流表(AM)讀值為4A，當開關S打開時電壓表(VM)讀值為12V，若R=2Ω，則下列敘述何者正確？

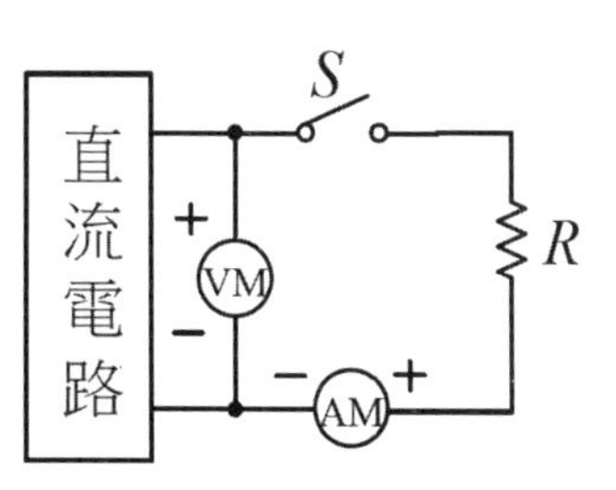

(A)開關S閉合時電壓表讀值為8V
(B)開關S閉合時電壓表讀值為12V
(C)直流電路之戴維寧等效電阻為2Ω
(D)直流電路之戴維寧等效電阻為4Ω。

(　　) **5** 下列有關相同材料之導線的敘述，何者錯誤？
(A)線徑越大其集膚效應越小
(B)使用絞線的原因之一是要降低集膚效應
(C)線徑越大時其造成之電壓降越小
(D)線徑越大時其安全電流越大。

( ) **6** 下列關於單相三線110V/220V供電系統之敘述，何者錯誤？
(A)總開關可設置三個一極(1P)之無熔絲斷路器(NFB)分別控制兩條火線及中性線
(B)由NFB控制的兩條火線線徑應相同
(C)總開關可設置一個雙極(2P)之NFB控制兩條火線，中性線不需接總開關
(D)兩條火線間之額定電壓為220V。

( ) **7** 使用具有E極、P極與C極之一般型接地電阻計量測接地電阻時，下列敘述何者正確？
(A)C極為輔助電位電極
(B)P極為輔助電流電極
(C)E極為待測接地極
(D)量測時接地電阻計需接E極與P極，C極不必接。

( ) **8** 在示波器的操作實驗中，以示波器來觀測10kHz之正弦波訊號，若水平軸刻度設定為0.01ms/DIV且使用10：1之電壓探棒，則所看到的一個完整週期之正弦波訊號應剛好佔滿水平軸幾格(DIV)？
(A)1 (B)2 (C)10 (D)20。

( ) **9** 在RC串聯電路中，有關時間常數(τ)之敘述，下列何者正確？
(A) $\tau=R/C$ (B) $\tau=C/R$ (C) τ與R值成正比 (D) τ與C值成反比。

( ) **10** 有關RLC並聯諧振電路之實驗與特性分析，下列敘述何者正確？
(A)電路之諧振頻率與電阻值大小成正比
(B)電源頻率小於諧振頻率時電路呈電感性
(C)電路在發生諧振時電路阻抗最小
(D)電路在發生諧振時流經電感器之電流為零。

( ) **11** RLC串聯諧振電路之品質因數Q值，與下列何者有關？
(A)電路之電壓相角值及電流大小值
(B)電路之諧振頻率及頻寬
(C)電路之電壓相角值及電流相角值
(D)電路之電壓大小值及電流相角值。

(　　) **12** 下列有關交流電路中電功率之敘述，何者錯誤？
(A)視在功率為電流有效值平方與電壓有效值之乘積
(B)視在功率的單位為伏安(VA)
(C)實功率不變下，虛功率增加視在功率也會增加
(D)虛功率的單位為乏(VAR)。

(　　) **13** 交流RL串聯電路中，已知電阻R=6Ω，電感L之值未知，當接上電壓為220V頻率為60Hz之交流弦波電源時，功率因數為0.8，若改接電壓為110V頻率為60Hz之交流弦波電源時，其功率因數為何？
(A)0.9　(B)0.8　(C)0.6　(D)0.5。

(　　) **14** 下列有關日光燈的起動器之敘述，何者錯誤？
(A)常用之規格有1P及4P之分
(B)1P之起動器適用於10W之燈管
(C)起動器內裝有一電容器
(D)起動器內裝有一穩流電感器。

(　　) **15** 下列有關三相感應電動機Y-△起動控制之敘述，何者錯誤？
(A)Y-△起動時繞組電流為全壓起動繞組電流的1/3倍
(B)Y-△起動是三相感應電動機降壓起動方法之一
(C)Y-△起動電流小於全壓起動電流
(D)Y-△起動轉矩為全壓起動轉矩之1/3倍。

NOTE

107年 基本電學

( ) **1** 某手機的電池容量為3200mAh，只考慮手機使用在待機及通話情況下，待機時消耗電力的電流為10mA，通話時消耗電力的電流為200mA。若電池充飽後至電力消耗完畢期間，手機的總通話時間為10小時，則理想上總待機時間應為多少小時？

(A)96 (B)120 (C)144 (D)168。

( ) **2** 有一部額定輸出為10kW的抽水馬達，每月僅滿載運轉20天，滿載運轉效率為80%。若每度電費為4元，每月因滿載運轉效率問題所造成的損失電費為1200元，試求抽水馬達於滿載運轉期間，每天平均使用多少小時？

(A)10 (B)7 (C)6 (D)5。

( ) **3** 有一條均勻之長導線，電阻為2Ω，從中剪斷成兩截等長導線再將之並聯使用，並通過2A之電流，則此並聯後組成的導線將消耗多少功率？

(A)2W (B)4W (C)6W (D)8W。

( ) **4** 如圖所示之電路，試問哪些開關需閉合，才可使規格為12V/24W之電阻性負載符合額定功率？

(A)S_1、S_2、S_3

(B)S_2、S_3、S_4

(C)S_1、S_3、S_4

(D)S_1、S_2、S_4。

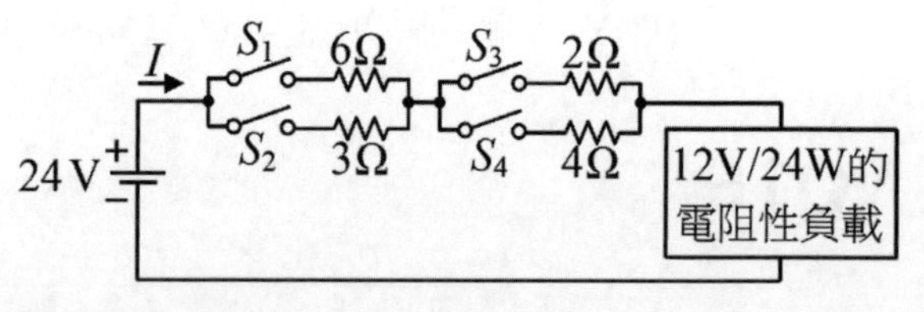

( ) **5** 如上圖所示之電路，試問哪些開關需閉合，才可使電流I＝1.8A？

(A)S_1、S_2、S_3 (B)S_2、S_3、S_4

(C)S_1、S_3、S_4 (D)S_1、S_2、S_4。

( ) **6** 如圖所示之電路，試求電源電壓E為何？

(A)9V

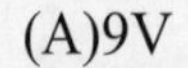

(B)12V

(C)15V

(D)18V。

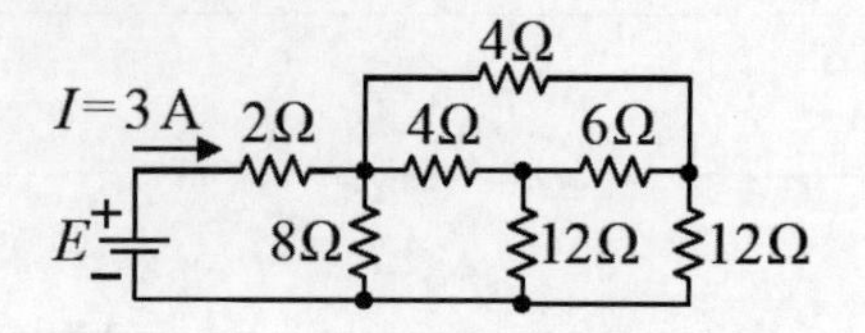

(　　) **7** 如圖所示之電路，試求節點電壓V_1為何？

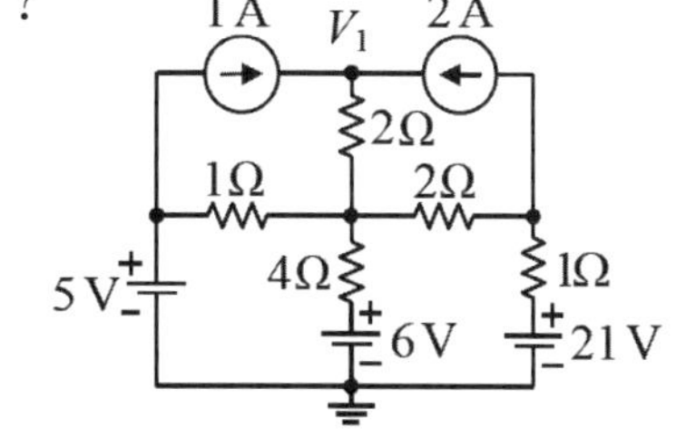

(A)10V
(B)12V
(C)16V
(D)18V。

(　　) **8** 如圖所示之電路，試求電流I_1、I_2各為多少？

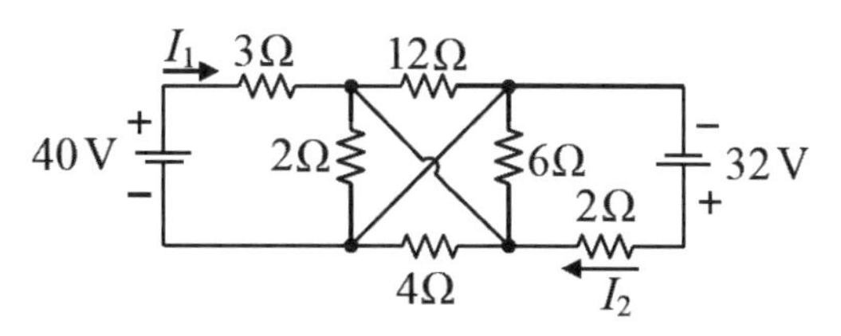

(A)I_1＝2A，I_2＝－2A
(B)I_1＝4A，I_2＝2A
(C)I_1＝6A，I_2＝5A
(D)I_1＝8A，I_2＝8A。

(　　) **9** 如圖所示之電路，則a、b兩端之戴維寧等效電阻R_{ab}為何？

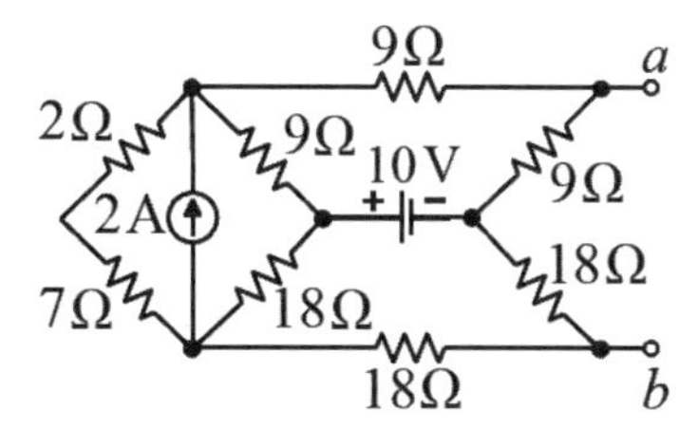

(A)15Ω
(B)18Ω
(C)20Ω
(D)25Ω。

(　　) **10** 有一平行板電容器，於介質不變情況下，若極板間距離減半，要使電容量增加為8倍，則極板面積須變為原來的多少倍？

(A)2　　(B)4
(C)8　　(D)16。

(　　) **11** 兩電極板相距3mm，其間的介質為空氣，介質強度為30kV/cm，則兩電極板間不會導致絕緣破壞的最高電壓不得超過多少kV？

(A)12　　(B)11
(C)10　　(D)9。

(　　) **12** 有一100匝的線圈通以10安培電流，於未飽和情況下，產生的磁力線數為2×10^6線，則此線圈的電感量為多少亨利？

(A)20　　(B)2
(C)0.2　　(D)0.02。

( ) **13** 在空氣中之兩平行且直的導線，線長皆為8公尺，兩導線相距2公分，導線各通以電流I_1及I_2，使得兩導線間的作用力為0.016牛頓，若I_1為I_2的2倍，則I_1及I_2分別為多少安培？

(A)40，20　(B)30，15

(C)24，12　(D)20，10。

( ) **14** 一電阻R與一無初始電荷的電容C串聯接於直流電源電壓E之RC充電暫態電路，若開始充電的時間是t＝0，則下列敘述何者錯誤？

(A)在時間t＝RC時，電容的端電壓約為0.368E

(B)電容兩端的電壓隨時間增加會愈來愈大，穩態時達定值E

(C)在時間t＝3RC時，電阻的端電壓約為0.05E

(D)電阻兩端的電壓隨時間增加會愈來愈小，穩態時為零。

( ) **15** 如圖所示，電感在開關S閉合前已無儲能，若開關S在時間t＝0時閉合，則t>0的電壓v(t)為何？

(A)$v(t)=20(1-e^{-100t})$V

(B)$v(t)=20(1-e^{-50t})$V

(C)$v(t)=20+10e^{-100t}$V

(D)$v(t)=20+10e^{-50t}$V。

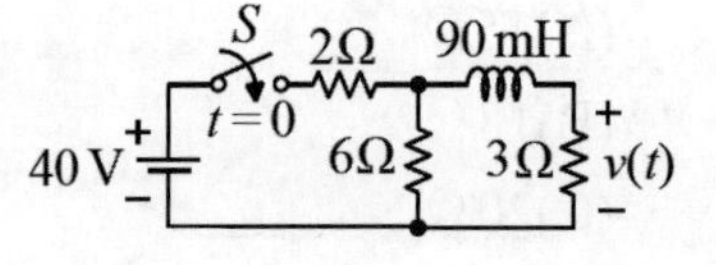

( ) **16** 如圖所示為電壓v(t)之週期性波形，則其有效值約為多少伏特？

(A)$\sqrt{65.33}$

(B)$\sqrt{54.67}$

(C)$\sqrt{32.67}$

(D)$\sqrt{21.78}$。

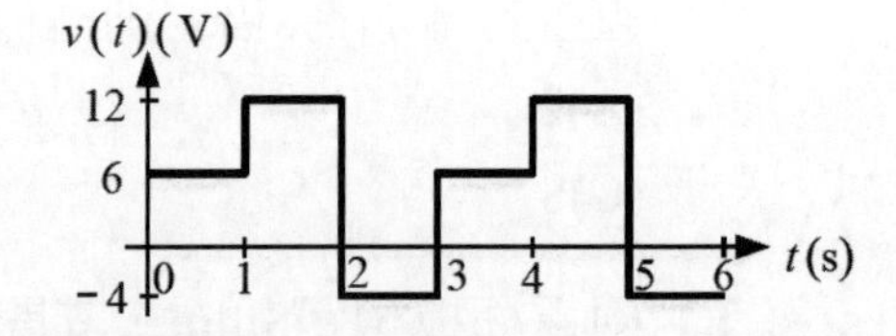

( ) **17** 若，$\overline{A}=64\angle 180^\circ$，$\overline{B}=\sqrt{2}\angle 45^\circ$ 則 $\sqrt[4]{\overline{A}}+(\overline{B})^3=$？

(A) $4\sqrt{2}\angle 45^\circ$　(B) $4\sqrt{2}\angle 135^\circ$　(C) $4\angle 90^\circ$　(D) $4\angle -90^\circ$。

( ) **18** 有一個電壓源 $v_S(t)=100\sqrt{2}\cos(2500t-30^\circ)$V 接 R＝40Ω，C＝10μF之RC串聯交流電路，則下列敘述何者正確？

(A)電路總阻抗 $\overline{Z}=40+j40\Omega$

(B)電路總阻抗大小 Z＝80Ω

(C)電阻R兩端電壓 $v_R(t)=100\cos(2500t-30^\circ)$V

(D)電容C兩端電壓 $v_C(t)=100\cos(2500t-75^\circ)$V。

(　　) **19** 如圖所示RLC並聯交流電路，已知 $\overline{V}=100\angle 30^\circ V$ ，$R=20\Omega$、$X_L=10\Omega$、$X_C=20\Omega$，則下列敘述何者正確？

(A) $\overline{I_R}$ 相角超前 $\overline{I_L}$ 相角 30°

(B) I_C 相角超前 $\overline{I_L}$ 相角 90°

(C) $\overline{I}=5\sqrt{2}\angle -15^\circ A$

(D) $\overline{I_R}=5\angle 0^\circ A$。

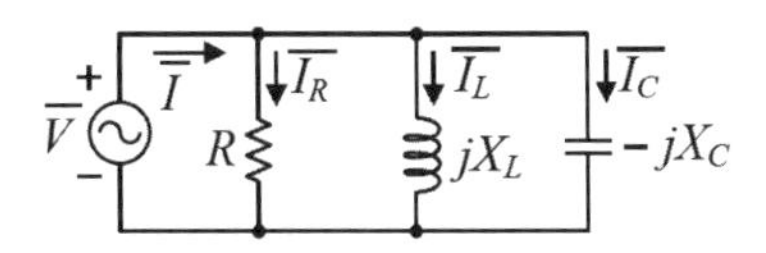

(　　) **20** 如圖所示之交流弦波電路，負載1、負載2及負載3皆為RLC組合之被動電路，若 $\overline{V}=100\sqrt{2}\angle 45^\circ V$、$\overline{I}=200\sqrt{2}\angle 45^\circ A$、$\overline{I_1}=100A$、$\overline{I_2}=100\angle 90^\circ A$，則下列敘述何者正確？

(A)負載1為純電感性負載

(B)負載2為純電容性負載

(C)負載3為純電阻性負載

(D)負載1為純電阻性負載。

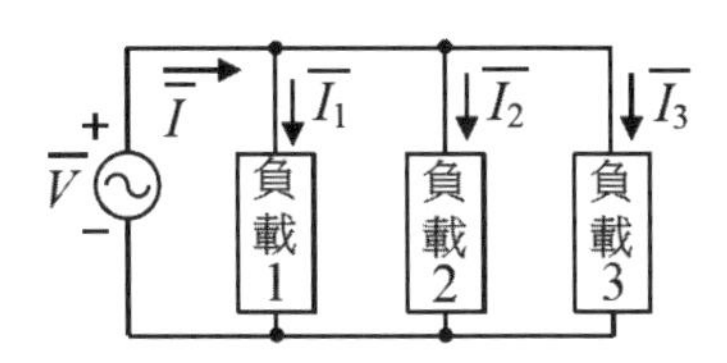

(　　) **21** 一個交流電壓源 $v(t)=110\sqrt{2}\cos(120\pi t+30^\circ)V$，提供電流 $i(t)=10\cos(120\pi t-30^\circ)A$，則下列敘述何者正確？

(A)瞬間功率的最大值 $P_{max}=825W$

(B)瞬間功率的最大值 $P_{max}=1100\sqrt{2}W$

(C)瞬間功率的頻率 $f_p=60Hz$

(D)瞬間功率的頻率 $f_p=120Hz$。

(　　) **22** 如圖所示，弦波電壓源 $\overline{V}$ 之有效值為200V，$R=40\Omega$、$X_L=60\Omega$、$X_C=30\Omega$，則下列敘述何者正確？

(A)電路的功率因數 $PF=0.8$

(B)電源供給的平均功率 $P=1000W$

(C)電源供給的虛功率 $Q=1000VAR$

(D)電源提供的視在功率 $S=1000VA$

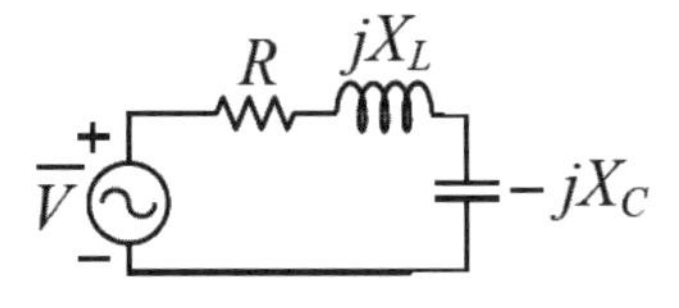

( ) **23** 如圖所示，可調整頻率之弦波交流電壓源 $\overline{V}=110V$，當角頻率 $\omega=500rad/sec$ 時，$R=10\Omega$、$X_L=250\Omega$、$X_C=40\Omega$。調整電源頻率至諧振時，則下列敘述何者正確？

(A)諧振角頻率 $\omega_0=200rad/sec$

(B)諧振角頻率 $\omega_0=300rad/sec$

(C)$\bar{I}$ 為20A

(D)$\bar{I}$ 為10A。

( ) **24** 如圖所示，若弦波交流電壓源 $\overline{V}=100V$，$R=8\Omega$，$L=1mH$，$C=10\mu F$，則諧振時之 $\bar{I}$ 為何？

(A)6A (B)8A

(C)10A (D)12A。

( ) **25** 有一個三相平衡電源，供給每相阻抗為 $11\angle 60^{\circ}\Omega$ 之平衡三相Δ接負載。若電源線電壓有效值為220V，則此電源供給之總平均功率為何？

(A)13200W (B)6600W

(C)4400W (D)2200W。

NOTE

107年 基本電學實習

( ) **1** 有一電阻為5Ω的導線，若將其均勻拉長使長度變為原來的3倍，則拉長後導線電阻值為何？
(A)60Ω　(B)45Ω
(C)15Ω　(D)1.7Ω。

( ) **2** 如圖所示之電路，若電流表Ⓐ流過的電流值為0安培，則R值為何？
(A)175kΩ
(B)17.5kΩ
(C)1.75kΩ
(D)17.5Ω。

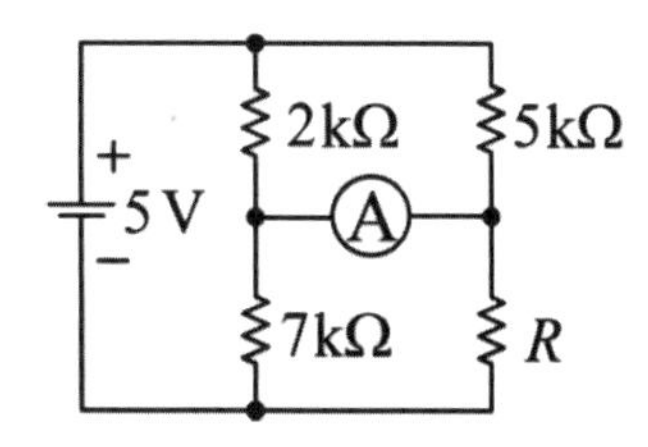

( ) **3** 有一規格為250W、10Ω的電阻器，則此電阻器額定電流及額定電壓分別為何？
(A)5A、50V　(B)50A、500V
(C)0.5A、5V　(D)1A、10V。

( ) **4** 如圖所示之電路，若電阻R可獲得最大功率，則R值為何？
(A)45Ω
(B)25Ω
(C)15Ω
(D)10Ω。

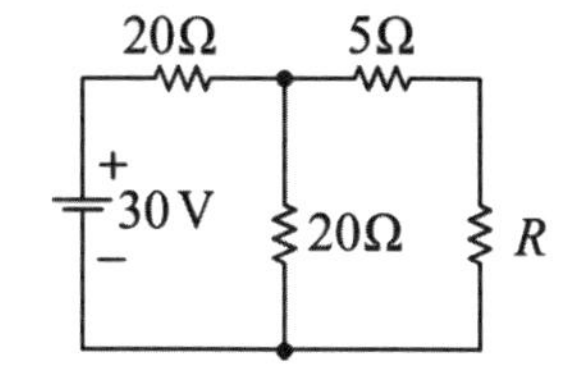

( ) **5** 有一絞線，由兩層導線組成（中心線除外），則此絞線總股數為何？
(A)37　(B)36　(C)19　(D)18。

( ) **6** 下列敘述何者錯誤？
(A)一般線規以數字表示線徑大小
(B)依照美國線規（AWG）規則，線徑0.46英吋訂為編號0000
(C)1CM（圓密爾）小於$1mil^2$（平方密爾）
(D)依照美國線規（AWG）規則，號數越大線徑越大。

( ) **7** 下列有關EMT管的工具「絞刀」之用途敘述，何者正確？
(A)修整管端內邊緣
(B)量測EMT截面積
(C)切斷EMT管
(D)固定EMT管。

( ) **8** LCR表量測前的歸零調整，其測試線組兩端點之連接方式，下列敘述何者正確？
(A)量測電感值為短路，量測電容值為斷路
(B)量測電感值為斷路，量測電容值為短路
(C)量測電感值或電容值皆為短路
(D)量測電感值或電容值皆為斷路。

( ) **9** RC串聯電路之初始能量為零，電阻器為10kΩ，電容器為10μF，外加直流電壓源10V，下列敘述何者正確？
(A)電源送入瞬間，電流為1mA及電容器兩端電壓為10V
(B)電源送入瞬間，電流為1mA及電阻器兩端電壓為10V
(C)電源送入10秒後，電流為1mA及電容器兩端電壓為10V
(D)電源送入10秒後，電流為1mA及電阻器兩端電壓為10V。

( ) **10** RLC並聯電路外加交流電壓源，交流電流表分別量測各分支電流，電阻器電流為10A、電感器電流為10A及電容器電流為10A，則交流電壓源之電流為何？
(A)30A
(B)20A
(C)$10\sqrt{2}$A
(D)10A。

( ) **11** RLC並聯諧振電路，f_o為諧振頻率，Q為品質因數，L及C值固定，當R值增加時，下列敘述何者正確？
(A)f_o固定且Q上升
(B)f_o固定且Q下降
(C)f_o上升且Q固定
(D)f_o下降且Q固定。

(　　) **12** RL串聯電路外加交流電壓源110V，電阻為8Ω，電流為11A，則下列敘述何者正確？
(A)電感抗為6Ω及功率因數為0.8
(B)電感抗為8Ω及功率因數為0.8
(C)電感抗為6Ω及功率因數為0.6
(D)電感抗為8Ω及功率因數為0.6。

(　　) **13** 某500W電鍋，每次煮飯時間30分鐘，則煮飯6次消耗總電能為何？
(A)3.5度電
(B)3度電
(C)1.5度電
(D)1度電。

(　　) **14** 額定值分別為110V、0.5kW及110V、1.0kW之兩電熱線，串聯連接後，接至220V電源，則下列敘述何者正確？
(A)兩電熱線功率皆維持額定值
(B)0.5kW電熱線功率高於額定值
(C)1.0kW電熱線功率高於額定值
(D)兩電熱線功率皆低於額定值。

(　　) **15** 一部440V、60Hz、50hp三相感應電動機，負載固定下做Y-Δ起動控制，則下列敘述何者正確？
(A)電動機起動相電壓下降，起動電流上升
(B)電動機起動相電壓上升，起動電流下降
(C)電動機起動相電壓下降，起動電流下降
(D)電動機起動相電壓上升，起動電流上升。

108年 基本電學

(　　) **1** 如圖所示之電路，若所有電容之初值電壓皆為零，開關與電容皆視為理想，C_a 為 0 ～ 10μF 之可變電容器。若將 C_a 調整在 4μF，開關 SW 打開時 V_{ab} = 40V，而開關 SW 閉合時，V_{ab} =80V。當開關 SW 閉合狀態下，若欲使 V_{ab} 與 V_{bc} 相同，則電容 C_a 之值應調整為多少 μF？

(A)8　(B)4
(C)2　(D)1。

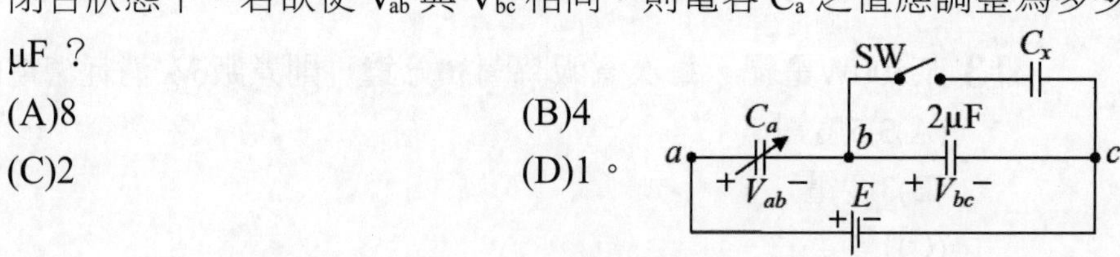

(　　) **2** 如圖所示之平行板電容器 C，已知兩極板之面積為 10 m^2，間距 d=1mm，介質相對介電係數 ε_r= 100/8.85。若此電容器初始儲能為零，則當開關 SW 閉合後 0.1 秒時，電容器兩極板間之電場強度 (V/m) 約為何？（ $e \cong 2.178$ ）

(A)6320　(B)3680
(C)2880　(D)1440。

SW　100kΩ　10V　C　d

(　　) **3** A、B 兩線圈相鄰放置，線圈 A 有 800 匝，線圈 B 有 1000 匝。控制線圈 A 之電流在 1 秒內線性增加 10A，使得線圈 B 之磁通量因而由 0.8Wb 線性增加至 0.9Wb，則線圈 B 之互感應電勢大小為何？

(A)1000V　(B)800V　(C)100V　(D)10V。

(　　) **4** 若流經一理想電感器的電流為一脈動直流電流，則下列敘述何者正確？

(A)電感器沒有儲存能量
(B)電感器兩端之感應電壓恆為零
(C)電感器兩端之感應電壓恆為正
(D)電感器兩端之感應電壓可能為正或負。

(　　) **5** 如圖所示之電路，電路之時間常數為 τ，若電容之初值電壓為零，在 t = 0 時將開關 SW 切入位置 1，並在 t = 5τ 時，再將開關 SW 切回位置 2。則 t = 0 之後 $v_R(\tau)+V_C(\tau)+V_R(6\tau)+V_C(6\tau)$ 之值為何？

(A)E
(B)0.5 E
(C)0.368 E
(D)0.144 E。

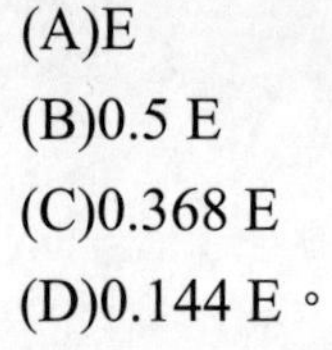

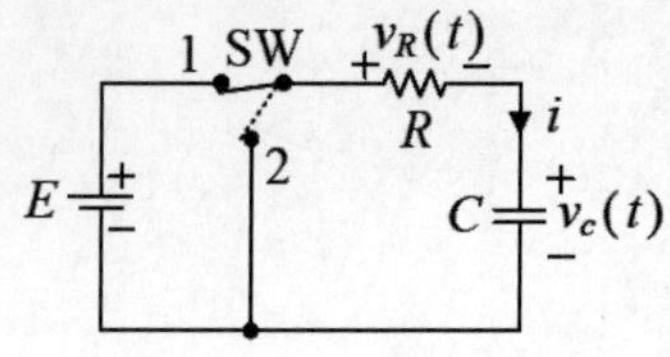

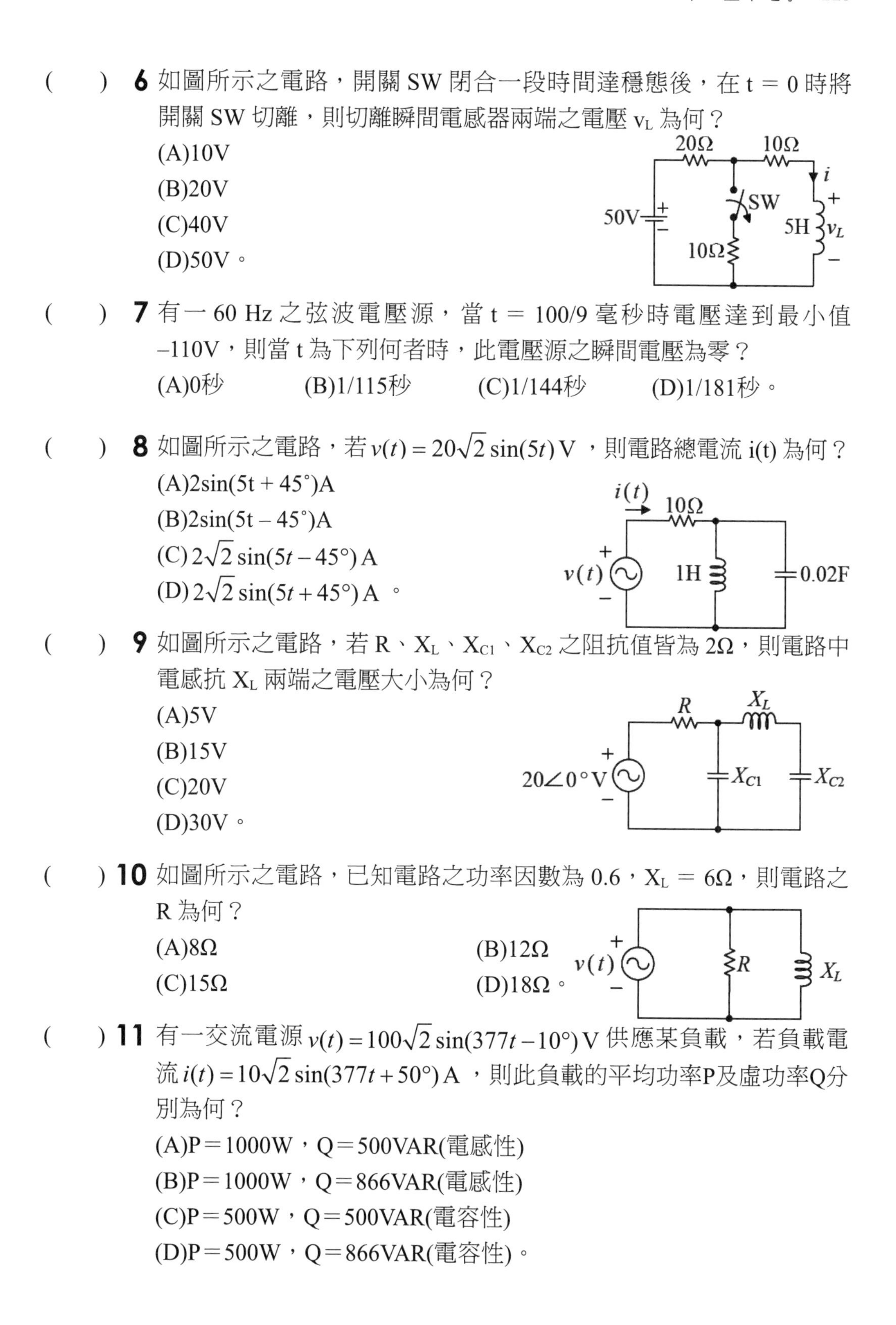

(　　) **6** 如圖所示之電路，開關 SW 閉合一段時間達穩態後，在 t = 0 時將開關 SW 切離，則切離瞬間電感器兩端之電壓 v_L 為何？

(A)10V
(B)20V
(C)40V
(D)50V。

(　　) **7** 有一 60 Hz 之弦波電壓源，當 t = 100/9 毫秒時電壓達到最小值 −110V，則當 t 為下列何者時，此電壓源之瞬間電壓為零？

(A)0秒　(B)1/115秒　(C)1/144秒　(D)1/181秒。

(　　) **8** 如圖所示之電路，若 $v(t)=20\sqrt{2}\sin(5t)$ V，則電路總電流 i(t) 為何？

(A)2sin(5t + 45°)A
(B)2sin(5t − 45°)A
(C) $2\sqrt{2}\sin(5t-45°)$ A
(D) $2\sqrt{2}\sin(5t+45°)$ A 。

(　　) **9** 如圖所示之電路，若 R、X_L、X_{C1}、X_{C2} 之阻抗值皆為 2Ω，則電路中電感抗 X_L 兩端之電壓大小為何？

(A)5V
(B)15V
(C)20V
(D)30V。

(　　) **10** 如圖所示之電路，已知電路之功率因數為 0.6，X_L = 6Ω，則電路之 R 為何？

(A)8Ω　(B)12Ω
(C)15Ω　(D)18Ω。

(　　) **11** 有一交流電源 $v(t)=100\sqrt{2}\sin(377t-10°)$ V 供應某負載，若負載電流 $i(t)=10\sqrt{2}\sin(377t+50°)$ A ，則此負載的平均功率P及虛功率Q分別為何？

(A)P＝1000W，Q＝500VAR(電感性)
(B)P＝1000W，Q＝866VAR(電感性)
(C)P＝500W，Q＝500VAR(電容性)
(D)P＝500W，Q＝866VAR(電容性)。

(　　) **12** 如圖所示之RLC負載電路，若 $v(t)=100\sqrt{2}\sin(377t)$ V，負載R=6Ω，$X_L=8\Omega$，$X_C=5\Omega$，則負載的平均功率P與虛功率Q分別為何？

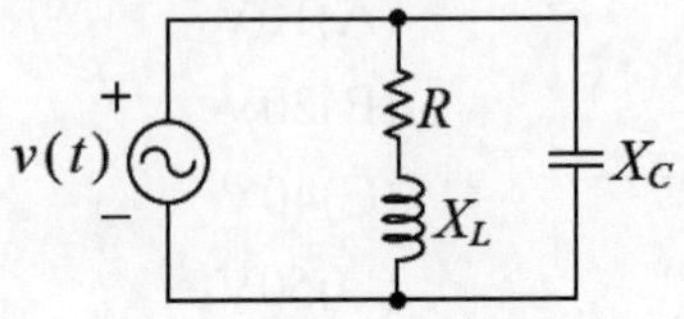

(A)P＝600W，Q＝1200VAR(電容性)
(B)P＝866W，Q＝1600VAR(電容性)
(C)P＝600W，Q＝600VAR(電感性)
(D)P＝866W，Q＝866VAR(電感性)。

(　　) **13** RLC 串聯電路，當電路發生諧振時，下列敘述何者正確？

(A)電路之消耗功率為最小
(B)若L/C為定值時，當電路電阻愈大，則頻率響應愈好，選擇性愈佳
(C)若電路電阻為定值時，當L/C之比值愈大，則電感器元件之端電壓會愈大
(D)當電路之工作頻率大於諧振頻率時電路呈電容性。

(　　) **14** 有一 RLC 並聯電路，並接於 v(t)=10sin(1000t)V 之電源，已知 R=5Ω，C = 20 μF，欲使電源電流得到最小電流值，則電感 L 應為何？

(A)5 mH　(B)0.05 H　(C)0.5 H　(D)0.8 H。

(　　) **15** 有一 RLC 串聯諧振電路，接於交流電源，若此電路的諧振頻率為 1 kHz，頻帶寬度為 50 Hz，當電路於截止頻率時之平均消耗功率為 500W，則電路在諧振時之平均消耗功率為何？

(A)250W　(B)500W　(C)1000W　(D)2000W。

(　　) **16** 有一三相平衡電源，當接至平衡三相 Y 接負載時，負載總消耗功率為 1600W，若外接電壓與負載每相阻抗不變之下，將負載改為 Δ 連接，且負載仍然能正常工作，則負載總消耗功率為何？

(A)1600W　(B)2400W　(C)3200W　(D)4800W。

(　　) **17** 在一均勻電場中，將一基本電荷由 a 點移至 b 點需作功為 2 電子伏特 (eV)，若 a 點電位為 2.5V，則 b 點電位為何？

(A)1.5V　(B)3V　(C)4.5V　(D)6V。

(　　) **18** 在一均勻電場中，若要在 0.05 秒內將一基本電荷由 a 點等速移至 b 點，其中 a 點電位為 10V，b 點電位為 20V，且 a、b 相距 5 公分，則所需之力和功率各為何？

(A)1.6牛頓，1.6瓦特　(B)1.6×10^{-19}牛頓，1.6×10^{-19}瓦特
(C)3.2牛頓，3.2瓦特　(D)3.2×10^{-17}牛頓，3.2×10^{-17}瓦特。

(　　) **19** 有一內裝10公升水之電熱水器，額定規格為100V/10A，水溫為10°C，若以額定送電加熱60分鐘後，則水溫變為幾°C和消耗多少度電？
(A)96.4°C，1度電　　(B)96.4°C，5度電
(C)86.4°C，5度電　　(D)86.4°C，1度電。

(　　) **20** 如圖所示之電路，當開關 SW 打開 (off) 時之 a、b 兩端電壓 $V_{ab(off)}$ 與 SW 閉合 (on) 時之 a、b 兩端電壓 $V_{ab(on)}$ 之關係為何？
(A)$V_{ab(off)}=12V_{ab(on)}$
(B)$V_{ab(off)}=4.5V_{ab(on)}$
(C)$V_{ab(off)}=V_{ab(on)}$
(D)$V_{ab(off)}=0.5V_{ab(on)}$。

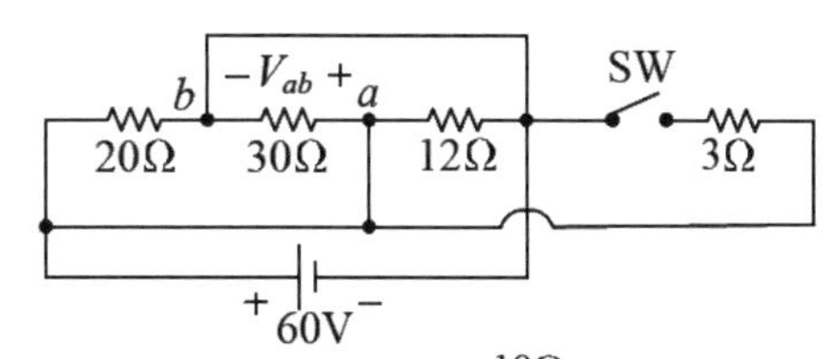

(　　) **21** 如圖所示之電路，則 E 和 I 之值各為何？
(A)36V，54A　　(B)36V，36A
(C)54V，54A　　(D)54V，36A。

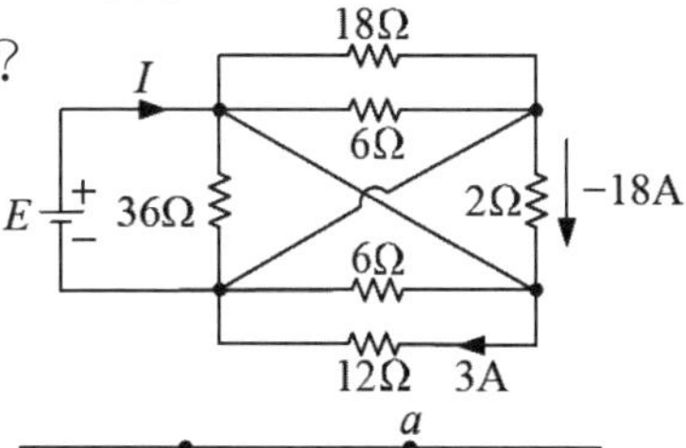

(　　) **22** 如圖所示之電路，則 I_1 與 I_2 之關係為何？
(A)$I_1=12I_2$　　(B)$I_1=6I_2$
(C)$I_1=3I_2$　　(D)$I_1=I_2$。

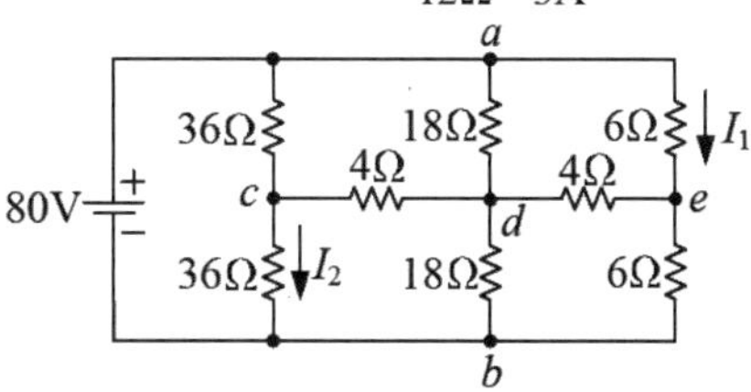

(　　) **23** 如圖所示之電路，則由 a、b 兩端看入之戴維寧等效電路之電壓 E_{th} 和電阻 R_{th} 各為何？
(A)$E_{th}=-18V$，$R_{th}=10\Omega$
(B)$E_{th}=24V$，$R_{th}=10\Omega$
(C)$E_{th}=-18V$，$R_{th}=24\Omega$
(D)$E_{th}=24V$，$R_{th}=24\Omega$。

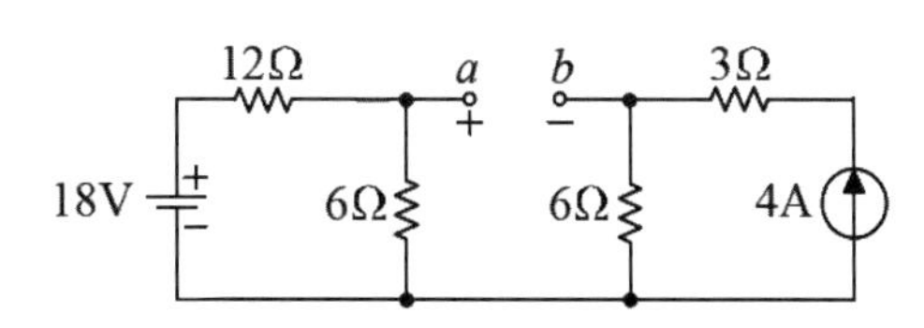

(　　) **24** 如圖所示之電路，若於 a、b 兩端接 24Ω 之負載，則此負載消耗之功率為何？
(A)36.0W　(B)48.5W　(C)62.8W　(D)73.5W。

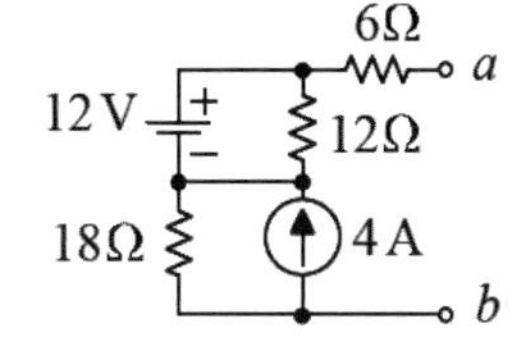

(　　) **25** 如圖所示之電路，求 R_x 為多少時可由電源獲得最大功率及所獲得的最大功率 P_{max} 為何？
(A)$R_x=4\Omega$，$P_{max}=100W$
(B)$R_x=10\Omega$，$P_{max}=100W$
(C)$R_x=4\Omega$，$P_{max}=120W$
(D)$R_x=10\Omega$，$P_{max}=120W$。

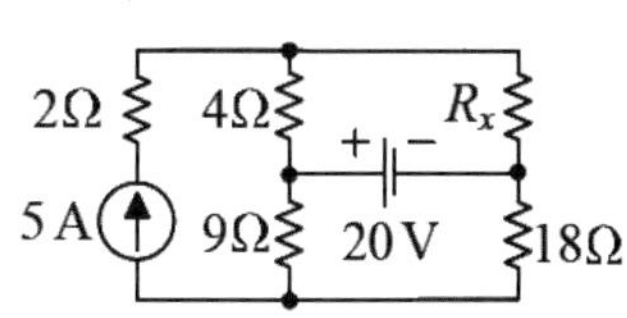

108年 基本電學實習

(　) **1** 關於直流電流的量測，下列敘述何者錯誤？
(A)電流表使用時必須與待測負載串聯
(B)應選用直流電流表，不須考慮其極性
(C)電流表的選用，其內阻愈小愈佳
(D)測量時電流表的滿刻度值必須大於待測值。

(　) **2** 如圖所示之實驗電路，其中A_1及A_2為電流表，V_1及V_2為電壓表，且各有其指示值。當開關S閉合，各電表有新的指示值（與開關閉合前的指示值不同），則各電表指示值在開關閉合前後的變化如何？
(A)V_1的指示值變小
(B)V_2的指示值變大
(C)A_1的指示值變小
(D)A_2的指示值變小。

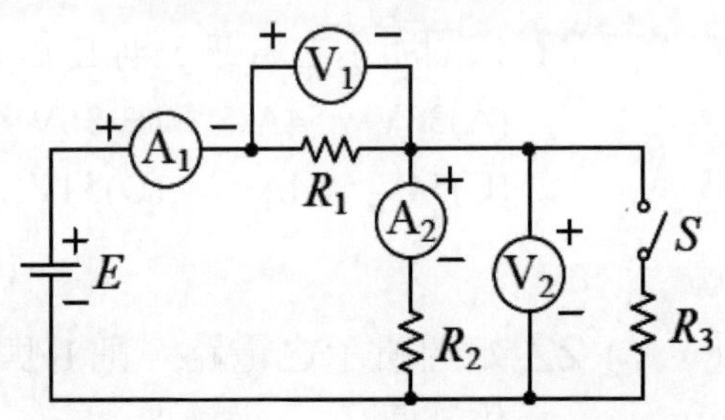

(　) **3** 有三個電路如圖所示，其中A為電流表。若（a）電路的電流表指示值為1A；改接成（b）電路後，其電流表指示值為3A；再改接成(c)電路，則其電流表指示值為何？

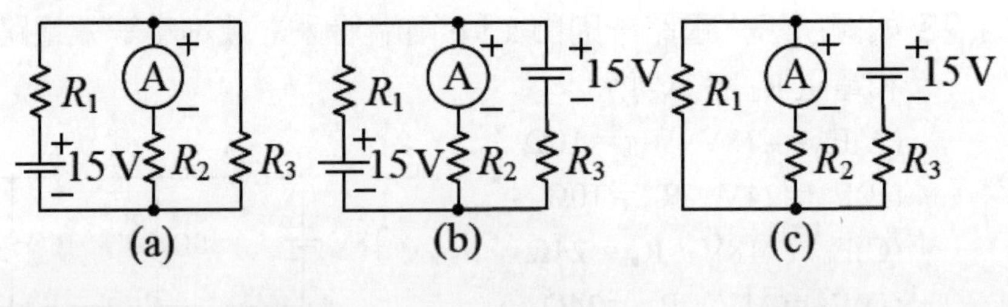

(A)4A　(B)3A　(C)2A　(D)1A

(　) **4** 如圖所示，以電壓表測得a、b兩端的電壓為12V，以電流表接於a、b兩端時的指示值為3A。現若將一4Ω的電阻接於a、b兩端，則此電阻兩端電壓及消耗功率大小為何？

具有電阻及電源的直流線性網路　a　b

(A)6V、9W　(B)6V、12W　(C)9V、9W　(D)9V、12W。

(　　) **5** 關於導線連接的絕緣處理，PVC電線使用PVC絕緣膠帶纏繞連接部分，使與原導線之絕緣相同，纏繞時以PVC絕緣膠帶寬度二分之一重疊交互纏繞，且須掩護原導線之絕緣外皮多少mm以上？

(A)5　　(B)10　　(C)15　　(D)20。

(　　) **6** 為了防止感電事故，住宅的浴室插座分路須裝設下列何種漏電斷路器？

(A)額定感度電流50mA、動作時間0.5秒以內

(B)額定感度電流50mA、動作時間0.1秒以內

(C)額定感度電流30mA、動作時間0.5秒以內

(D)額定感度電流30mA、動作時間0.1秒以內。

(　　) **7** 如圖所示為單相三線式配線，若中性線n斷線（×表示斷線處），則下列敘述何者正確？

(A)燈泡A及燈泡B持續發亮

(B)燈泡A及燈泡B不再發亮

(C)燈泡A持續發亮、燈泡B不再發亮

(D)燈泡A不再發亮、燈泡B持續發亮。

(　　) **8** 關於接地系統的接地極裝設，若以鐵管或鋼管作接地極，其內徑應在多少mm以上？

(A)19　　(B)16　　(C)13　　(D)11。

(　　) **9** 使用LCR表量測一標示為102J之陶瓷電容器，量測前已將電容器放電完畢，則可能的量測值為何？

(A)1020pF　　(B)102pF　　(C)10.2μF　　(D)1.02μF。

(　　) **10** 如圖所示之電路，V_B=12V，R_1=R_2=2kΩ及R_3=1kΩ，C=1μF，C之初始電壓為0，t=0s時開關閉合，則下列敘述何者正確？

(A)此電路之充電時間常數為1ms

(B)t=1s時，電壓$V_C(t)$約為6V

(C)t=1s時，流過R_2電流約為1mA

(D)t=0s時，流過R_3電流約為1mA。

(　　) **11** 如圖所示之電路，R=1kΩ、L=100mH、C=0.1μF，電壓源有效值為10V，當電路諧振時，下列敘述何者正確？

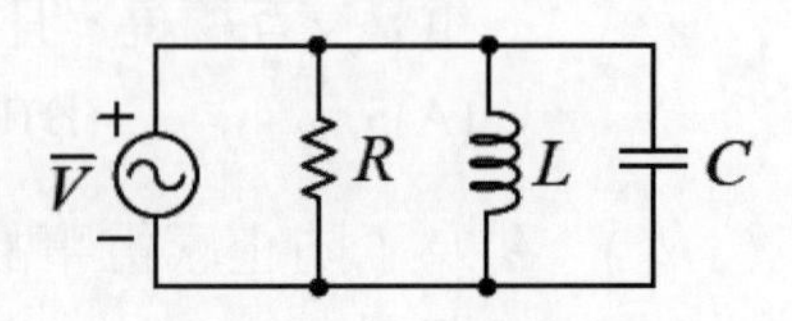

(A)諧振頻率為10kHz
(B)電壓源流出之電流有效值為10mA
(C)流過C之電流有效值為0A
(D)流過L之電流有效值為1mA。

(　　) **12** 利用二只單相瓦特表量測一交流220V三相三線負載，若接線無誤，二只瓦特表讀值均為508W，則下列敘述何者正確？
(A)該負載之有效功率為508W
(B)該負載之功率因數為0.866
(C)該負載之無效功率為0VAR
(D)該負載之有效功率為1524W。

(　　) **13** 下列對於間接加熱式電鍋之敘述，何者錯誤？
(A)煮飯電熱線由溫度自動開關控制
(B)其溫度自動開關可用雙金屬材料製成
(C)煮飯電熱線產生電功率會大於保溫電熱線產生之電功率
(D)煮飯電熱線之電阻會大於保溫電熱線之電阻。

(　　) **14** 如圖之交流三相感應馬達控制電路圖，其中GL為綠色指示燈、RL為紅色指示燈、BZ為蜂鳴器、MC為電磁接觸器、TH-RY為積熱電驛與F1，F2為保險絲，在正常運轉情形下，下列敘述何者正確？

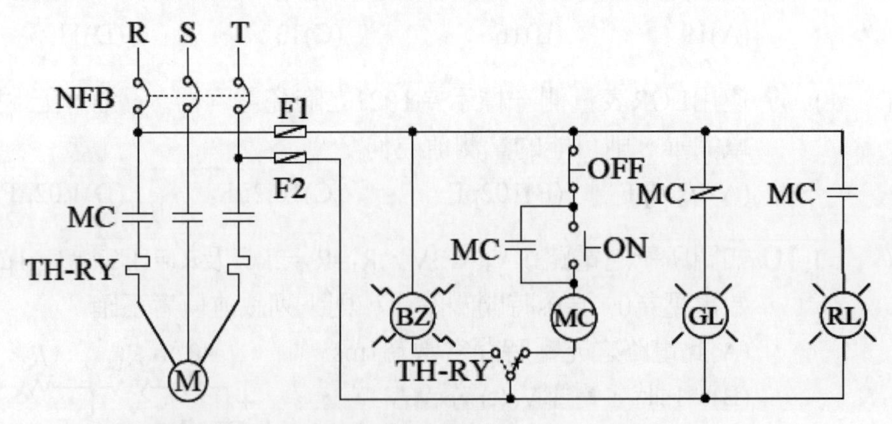

(A)若馬達過載使TH-RY動作後RL燈亮
(B)馬達運轉時按下OFF按鈕後RL燈亮
(C)馬達運轉時BZ會響
(D)ON按鈕並聯一MC之a接點，此電路稱為自保持電路。

(　　) **15** 下列有關61F-G1液位控制器的電極棒式液位控制系統之敘述，何者正確？
(A)接點E1'、E2'及E3'為給水源之水位偵測電極棒接點，E1'電極棒是偵測低水位
(B)接點E1、E2及E3為給水源之水位偵測電極棒接點，E2電極棒是偵測低水位
(C)接點E1、E2及E3為水塔之水位偵測電極棒接點，E2電極棒是偵測低水位
(D)接點E1'、E2'及E3'為水塔之水位偵測電極棒接點，E1'電極棒是偵測低水位。

NOTE

109年 基本電學

(　　) **1** 電容器C_1=2μF耐壓 300V，電容器C_2=6μF耐壓 500V。若將C_1及C_2串聯，則其總耐壓為何？
(A)800V　(B)600V　(C)500V　(D)400V。

(　　) **2** 有一介質的厚度為2mm，其耐壓為100kV，則該介質的介質強度為何？
(A)5kV/m　(B)50kV/m　(C)5MV/m　(D)50MV/m。

(　　) **3** 一線圈之感應電動勢等於零，則該線圈之磁通量如何變化？
(A)隨時間線性增加　(B)隨時間線性遞減
(C)與時間平方成正比　(D)不隨時間變化。

(　　) **4** 兩電感L_1、L_2為並聯互消連接，若將耦合係數K提高，則其總電感量變化為何？
(A)不變　(B)減少　(C)線性增加　(D)平方增加。

(　　) **5** 如圖所示電路，若開關 S 閉合前，電容器無儲存能量。S 於時間 t = 0 時閉合，則在 S 閉合瞬間 (t=0) 和電路穩態 (t=∞)，I 分別為何？
(A)0.46mA，1mA
(B)1.25mA，2mA
(C)1.25mA，0.46mA
(D)1mA，1.25mA。

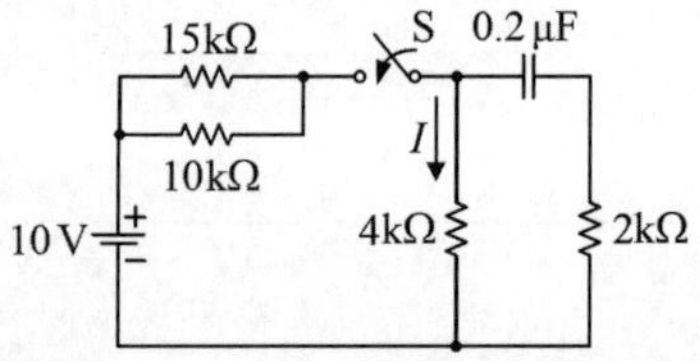

15kΩ　S　0.2μF　I　10kΩ　10V　4kΩ　2kΩ

(　　) **6** 如圖所示電路，若電感器、電容器於開關 S 閉合前皆無儲存能量，則 S 閉合後之電流 I 的穩態值為何？
(A)1.27mA　(B)1.56mA
(C)2mA　(D)2.8mA。

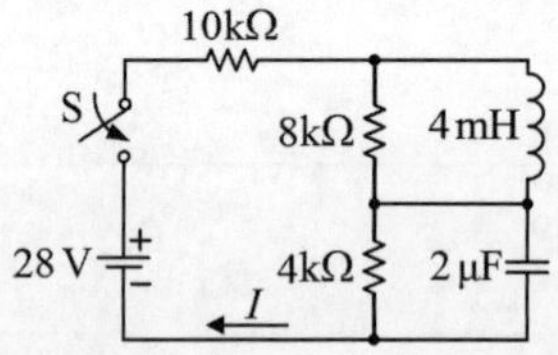

10kΩ　S　8kΩ　4mH　28V　4kΩ　2μF　I

(　　) **7** 如圖所示電路，若 v(t)=121.2 cos (1000t)V，i(t)=12.12 sin(1000t)A，則下列何者正確？
(A)Z為電阻，其值為10Ω
(B)Z為電容，其值為100μF
(C)Z為電感，其值為10mH
(D)Z為電容，其值為10μF。

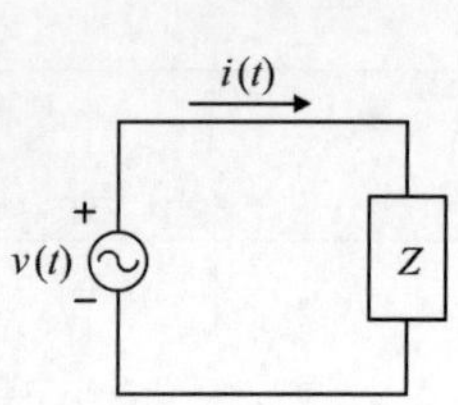

i(t)　v(t)　Z

( ) **8** 如圖所示電路，若 $\overline{V}=100\angle 0°V$ ，則下列敘述何者正確？
(A) $\overline{I}=10\angle 0°A$
(B) $\overline{Z}=10\angle 45°\Omega$
(C)電路呈電感性
(D) $\overline{I}$ 的相位超前 $\overline{V}$ 。

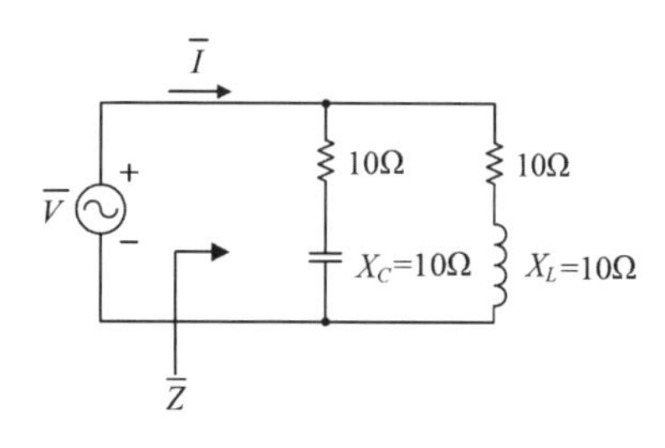

( ) **9** 有一物質其原子序為32，則下列敘述何者正確？
(A)其價電子(valence electron)數為3個
(B)其L層電子軌道總帶電量約為– 1.28×10^{-18}庫倫
(C)當環境溫度升高時，此物質的電性可能變為絕緣體
(D)其原子核的總帶電量約為 5.1×10^{-19}庫倫。

( ) **10** 在一均勻電場中，將一單位正電荷由無窮遠處移到B點，所需能量為3.2電子伏特(eV)，再將此電荷由B點移到A點需作功 3.2×10^{-19}焦耳，則下列何者正確？
(A)B、A兩點的電位差 $V_{BA}=-2V$
(B)A、B兩點的電位差 $V_{AB}=4V$
(C)A點的電位 $V_A=2V$
(D)B點的電位 $V_B=-2V$。

( ) **11** 用於室內配線之銅導線，在室溫 t_1°C下，長為ℓ米、直徑為D毫米、電阻係數為ρΩ·m、推論絕對溫度為–234.5°C，下列敘述何者正確？
(A)其等效電阻值為 $\frac{4\rho\ell}{\pi D^2}\Omega$
(B)若導線被剪掉四分之一長度，則其等效電阻值變為 $\frac{\rho\ell}{\pi D^2}k\Omega$
(C)若導線被均勻拉長為原來的N倍(體積不變)，則其等效電阻值變為 $\frac{N^3\rho\ell}{\pi D^2}k\Omega$
(D)若室溫上升為 t_2°C，則其等效電阻值變為 $\frac{4\rho\ell(1+\frac{t_2}{234.5})}{\pi D^2(1+\frac{t_1}{234.5})}M\Omega$。

( ) **12** 如圖所示電路，若電源 V_s 提供40mW功率，且 $V_1=0.25V_s$，則下列何者正確？ (A) $I_s=2mA$ (B) $V_s=20V$ (C) $R=10k\Omega$ (D)R消耗20mW功率。

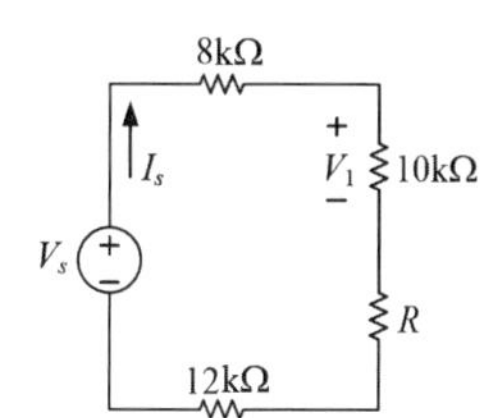

( ) **13** 如圖所示電路，20Ω 電阻消耗 20W 功率，下列何者正確？

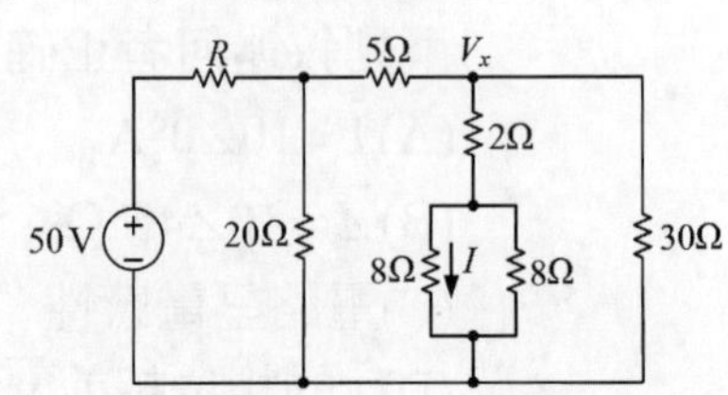

(A)5Ω電阻消耗10W功率

(B)$V_x = 12V$

(C)I＝1A

(D)R＝10Ω。

( ) **14** 如圖所示電路，若 A、B、C、D、E 為理想的電路元件，則下列敘述何者正確？

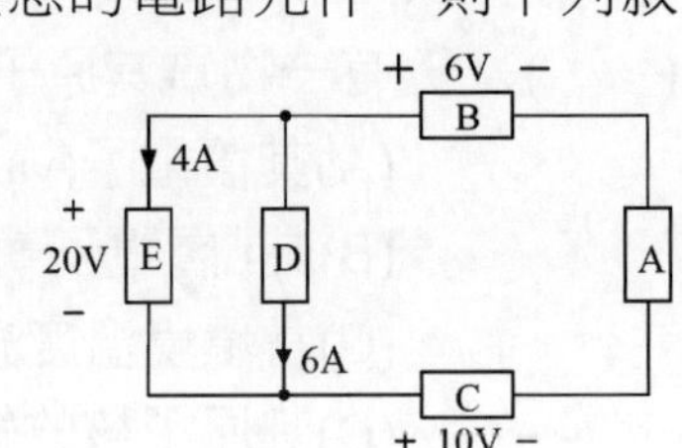

(A)元件A供應280W功率

(B)元件B消耗60W功率

(C)電路元件總供應功率為300W

(D)電路元件總消耗功率為270W。

( ) **15** 如圖所示電路，求 R_{eq} 為多少？

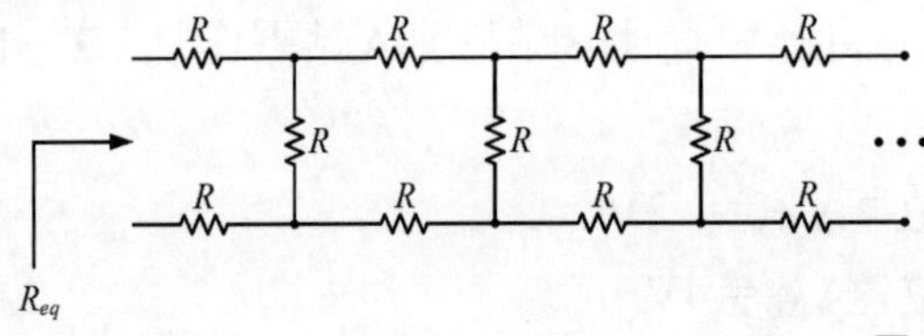

(A) $\sqrt{3}$ RΩ (B)(1+ $\sqrt{3}$)RΩ (C) $\sqrt{2}$ RΩ (D)(1+ $\sqrt{2}$)RΩ。

( ) **16** 如圖所示電路，R_1 ＝ 2Ω、R_2 ＝ R_3 ＝ R_7 ＝ 12Ω、R_4 ＝ 10Ω、R_5 ＝ 4Ω、R_6 ＝ 6Ω，下列敘述何者正確？

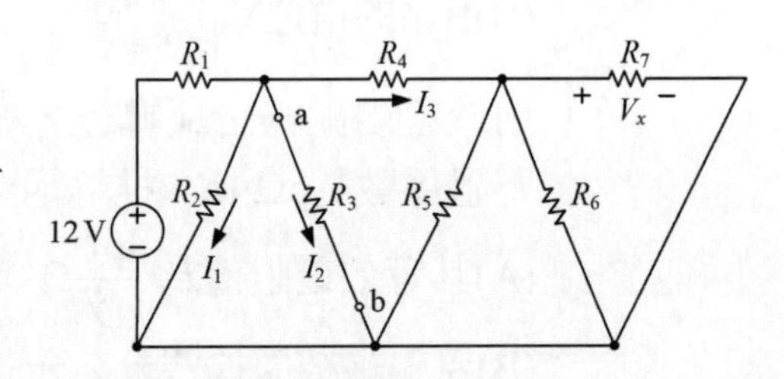

(A)$I_1 + I_2 + I_3 = 3A$

(B)R_3所消耗的功率為9W

(C)$V_x = 6V$

(D)由a、b 兩端所看入之諾頓(Norton)等效電流為6A。

( ) **17** 如圖所示電路，下列敘述何者正確？

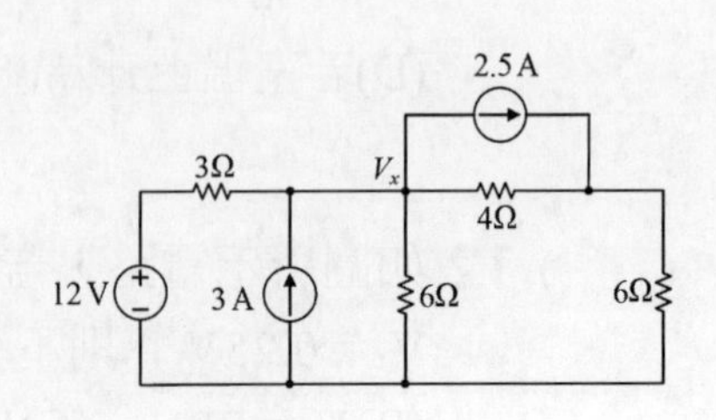

(A)2.5A電流源供應5W功率

(B)12V電壓源供應10W功率

(C)$V_x = 12V$

(D)四個電阻共消耗40W功率。

(　　) **18** 有一部 8 極的正弦波發電機，線圈轉速為 750rpm，若輸出電壓的有效值為 110V，則其輸出電壓波形為何？

(A) 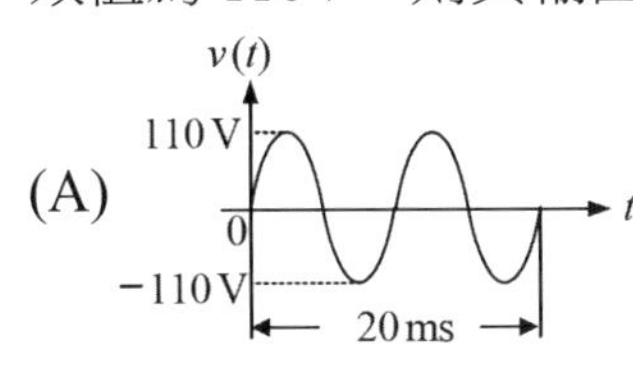

(B) 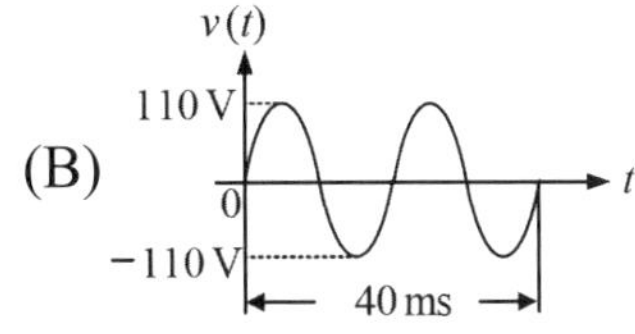

(C) 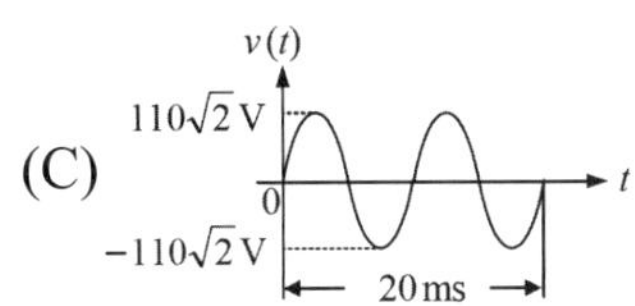

(D) 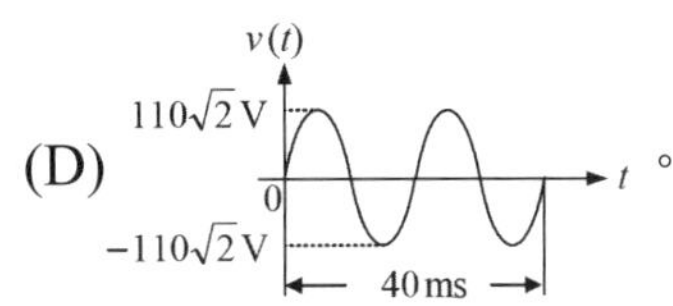

。

(　　) **19** 如圖所示的電壓波形，其平均值為 V_1，有效值為 V_2，則 V_2/V_1 的比值為何？

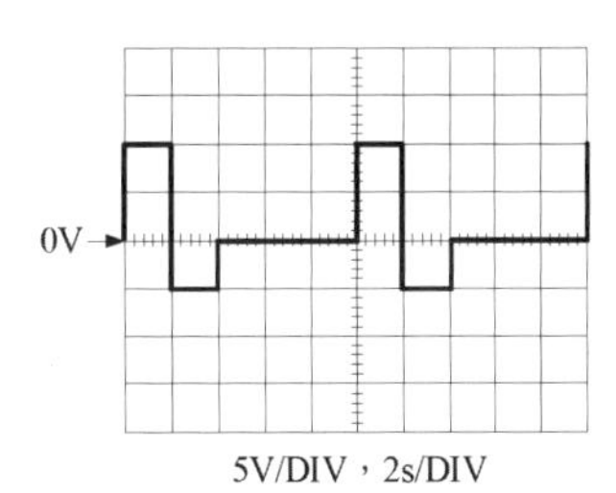

5V/DIV，2s/DIV

(A)1
(B)2
(C)5
(D)10。

(　　) **20** 將交流電壓電源 $v(t)=100\sqrt{2}\sin(200t-30°)$V與50μF電容器串聯，下列敘述何者錯誤？

(A)瞬間功率的最大值為100W　(B)瞬間功率的角頻率為200rad/s
(C)平均功率為0W　(D)電壓相位落後電流相位90°。

(　　) **21** 如圖所示RLC並聯電路，電源電壓 $v(t)=100\sqrt{2}\sin(1000t)$V，若 I_1 的電流大小為10A，I_C 的電流大小為8A，則電路的功率因數為何？

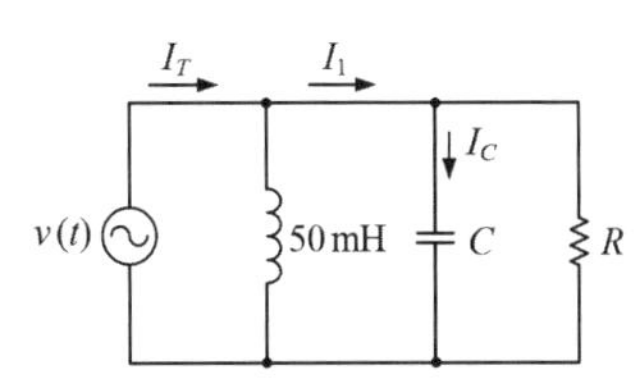

(A)0.5
(B)0.707
(C)0.886
(D)1。

(　　) **22** 如圖所示之RLC串聯電路，若電流i(t)與電源電壓v(t)同相位，則i(4π)之電流值為何？

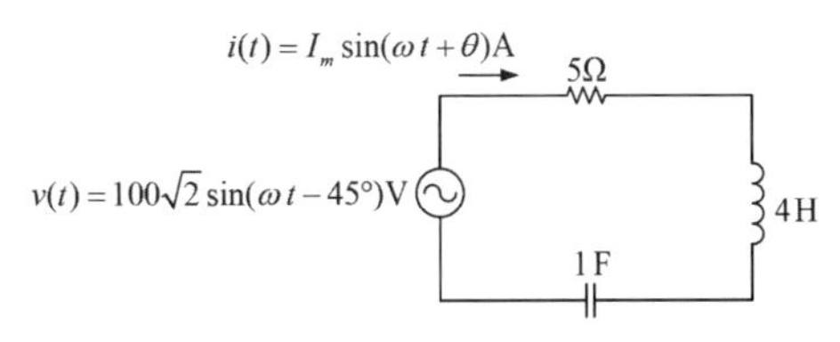

(A)–20A
(B)20A
(C)$-\dfrac{20}{\sqrt{2}}$A
(D)$\dfrac{20}{\sqrt{2}}$A。

( ) **23** 如圖所示之RLC並聯電路，若電路之功率因數為1及消耗的平均功率為25W，則電路的品質因數為何？

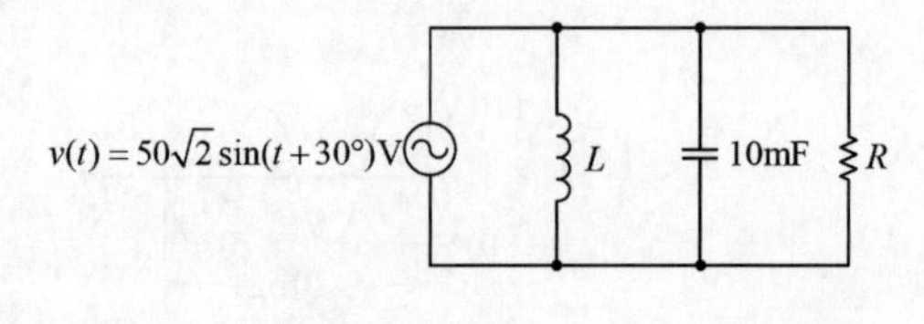

(A)5
(B)2
(C)1.414
(D)1。

( ) **24** 如圖所示單相三線電路，設備A及B為純電阻性負載，電阻值皆為2Ω，於負載B端發生短路故障，短路電流I_2之值約為何？

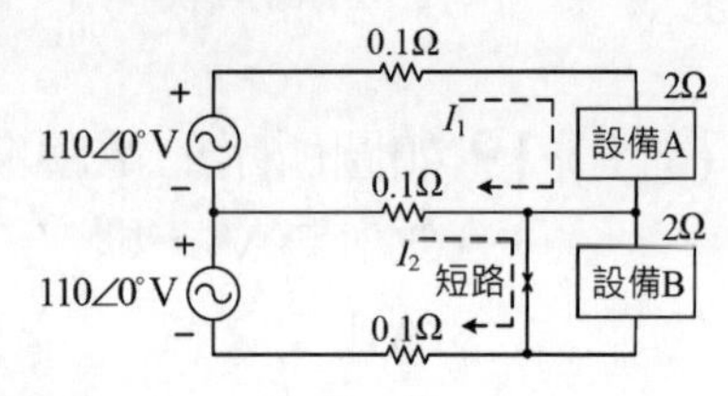

(A)660.3A
(B)588.4A
(C)384.7A
(D)76.7A。

( ) **25** 如圖所示之三相電路，求線電流$\bar{I}_A$之值為何？

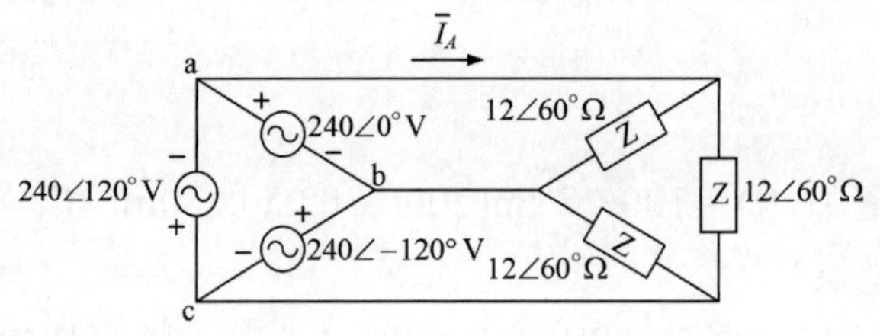

(A)$20\sqrt{3}\angle -90°$A
(B)$20\sqrt{3}\angle 90°$A
(C)$20\angle -90°$A
(D)$20\angle 90°$A。

109年 基本電學實習

(　　) **1** 有關電路焊接之敘述，下列何者正確？
(A)助銲劑可增加銲錫的表面張力
(B)銲錫RH63所含銅量為37%
(C)一般銲接電子元件時之電烙鐵以20～30W為最適當
(D)銲接過程中可以使用細砂紙降溫。

(　　) **2** 有一個電阻色碼為「棕橙紅棕銀」，使用三用電表量測其電阻值為1.22 kΩ，則電阻量測誤差百分率為何？
(A)3.6%　(B)5.6%　(C)7.6%　(D)8.6%。

(　　) **3** 如圖所示電路，其中E=30V，I_b=2A，R_a=2Ω，流過電阻R_a之電流為何？
(A)0.8A
(B)1.6A
(C)2.4A
(D)2.8A。

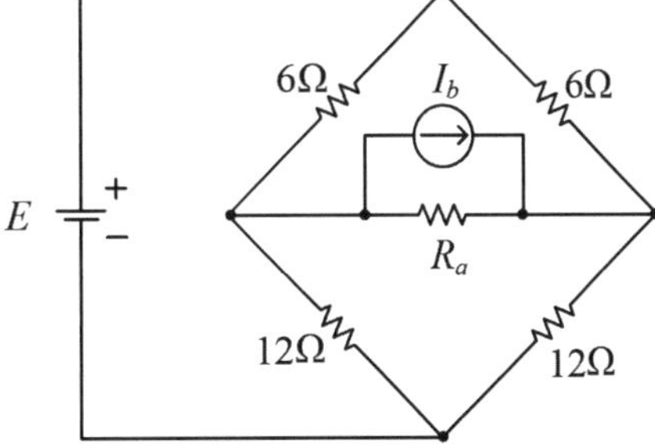

(　　) **4** 如圖所示電路，若R_x可獲得最大功率P_{max}，則R_x及P_{max}各為何？
(A)R_x=1Ω，P_{max}=36W
(B)R_x=3Ω，P_{max}=12W
(C)R_x=1Ω，P_{max}=6W
(D)R_x=3Ω，P_{max}=6W。

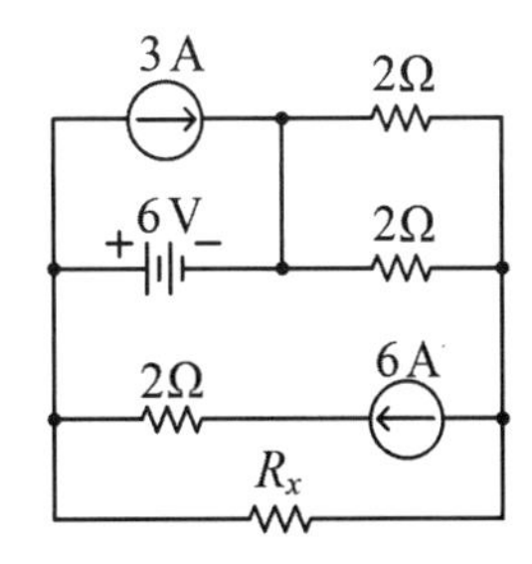

(　　) **5** 某公制測微計的精密度標示為 0.01 mm，測量範圍標示為 0 ～ 25 mm，直刻度盤分為 50 等分，測量某導線線徑時所顯示之測量值如圖所示，則此導線線徑之測量值為何？
(A)5.69mm
(B)7.56mm
(C)11.19mm
(D)19.11mm。

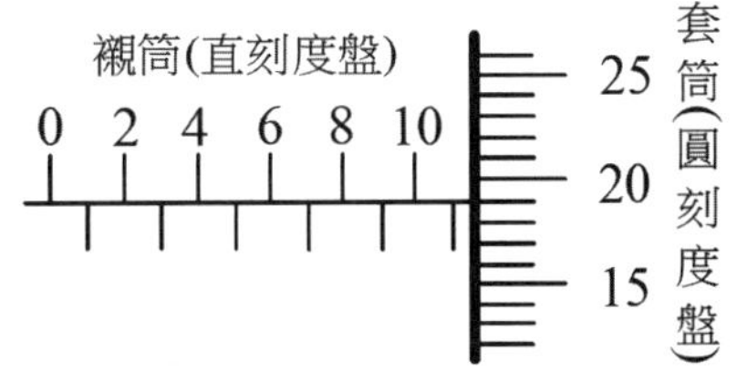

( ) **6** 有關屋內配線之敘述，下列何者正確？
(A)符號⊠為電燈總配電盤
(B)單相三線式分電盤中全部分路皆為220V
(C)高低壓用電設備非帶電金屬部分之接地稱為低電壓源系統接地
(D)PVC管中之A管適用於屋內配線導線管。

( ) **7** 有關屋內配線之敘述，下列何者錯誤？
(A)漏電斷路器可作為預防感電事故
(B)無熔絲開關之規格為3P，60AF，35AT，IC為5kA，其額定啟斷容量為5kA
(C)屋內配線設計圖中，⊗符號為出口燈
(D)在瓦時計的鋁質圓盤上鑽小圓孔，其目的是為了減輕重量。

( ) **8** 某電感器的標示為 502K，用 LCR 表量測此電感值約為何？
(A)5mH (B)5μH (C)50mH (D)50μH。

( ) **9** 如圖所示電路，R_1=5kΩ，C_1 ＝ 1000μF，E_1=10V，開關 S_1 在時間為零時閉合（導通），且開關導通前電容初始電壓為零。導通 5 秒時，電容端直流電壓表顯示約為何？(e^{-1}=0.368，e^{-2}=0.135，e^{-3}=0.050，e^{-4}=0.018，e^{-5}=0.007)
(A)3.7V
(B)6.3V
(C)8.6V
(D)10V。

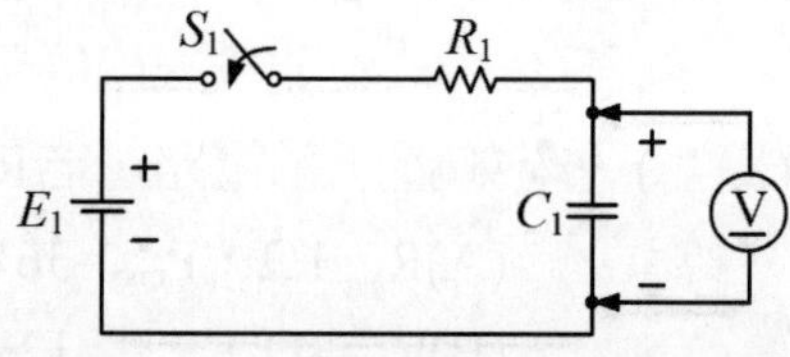

( ) **10** 採用示波器量測純弦波信號，示波器的 VOLT/DIV 設定於 2V/DIV，TIME/DIV 設定於 0.5ms/DIV，探棒置於 ×10(衰減 10 倍) 的位置，顯示信號的峰對峰值為 4 格刻度，每週期時間為 4 格刻度；若此信號無直流成分，則信號的頻率及電壓有效值各為何？
(A)頻率為200Hz，電壓有效值為$10\sqrt{2}$ V
(B)頻率為200Hz，電壓有效值為40V
(C)頻率為500Hz，電壓有效值為$20\sqrt{2}$ V
(D)頻率為500Hz，電壓有效值為$40\sqrt{2}$ V。

(　　) **11** 如圖所示交流穩態電路，已知電源電壓 E_S 有效值為 100V，頻率為 60Hz，若電阻 R_1 = 15Ω 且端電壓有效值為 60V，則電容器 C_1 端電壓及電容抗各為何？

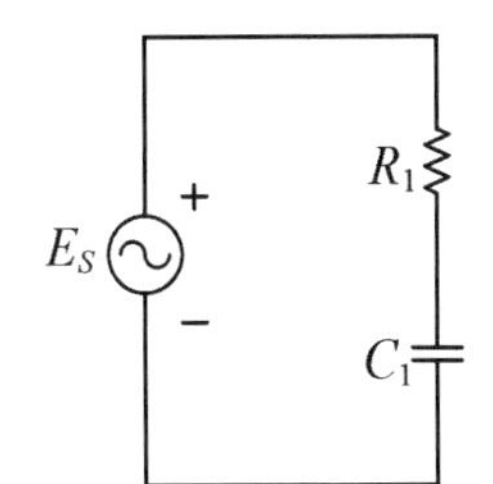

(A)電容器C_1端電壓有效值為60V，電容抗為15Ω
(B)電容器C_1端電壓有效值為60V，電容抗為20Ω
(C)電容器C_1端電壓有效值為100V，電容抗為75Ω
(D)電容器C_1端電壓有效值為80V，電容抗為20Ω。

(　　) **12** 採用兩個單相瓦特表量測三相三線式負載功率的方法，若兩個瓦特表的顯示皆為正值，分別為800W及600W，則三相負載的總實功率為何？

(A)1400W　　(B)800W　　(C)400W　　(D)200$\sqrt{3}$W。

(　　) **13** 單相電壓有效值為110V的電鍋，若電鍋的煮飯電熱線消耗功率為1 kW，以三用電表歐姆檔量測此電熱線兩端的電阻約為何？

(A)5Ω　　(B)12Ω　　(C)120Ω　　(D)240Ω。

(　　) **14** 下列何者為電磁接觸器輔助接點的a接點符號？

(A)　　(B)　　(C)　　(D)　。

(　　) **15** 三相感應電動機的定子繞組標示如圖所示，三相電源的端點編號為R、S、T，若三相感應電動機Y接運轉時，連結線為(X、Y、Z)，(R、U)，(S、V)，(T、W)，括號內表示端點連結在一起；若三相感應電動機改成Δ接運轉，則下列結線何者正確？

(A)(R、U、X)，(S、V、Y)，(T、W、Z)
(B)(R、U、Y)，(S、V、X)，(T、W、Z)
(C)(R、U、Z)，(S、V、Y)，(T、W、X)
(D)(R、U、Z)，(S、V、X)，(T、W、Y)。

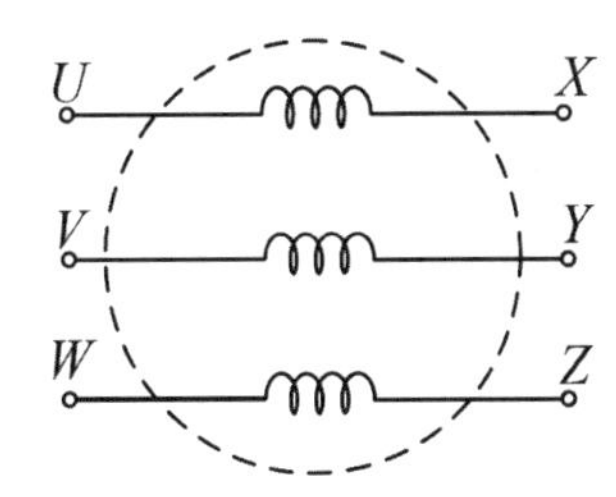

110年 基本電學

(　　) **1** 有一銅導線的截面積為0.1平方公分，導線內的電流值為16毫安培，已知銅的電子密度為10^{29}個自由電子／立方公尺，則電子在導線中的平均速度為何？
(A)10^{-3}公尺／秒　(B)10^{-5}公尺／秒
(C)10^{-7}公尺／秒　(D)10^{-9}公尺／秒。

(　　) **2** 如圖所示，下列敘述何者正確？

4V　2V　8V　6V
a　b　c　d　e

(A)當c點接地時，V_{ae}＝4V　(B)當c點接地時，V_{ac}＝−4V
(C)當b點接地時，V_{ae}＝4V　(D)當d點接地時，V_{ae}＝−4V。

(　　) **3** 有一電阻器在30℃時其電阻值為3Ω，在150℃時其電阻值為6Ω，則此電阻器在30℃時之溫度係數為何？
(A)（1／120）$℃^{-1}$　(B)（1／90）$℃^{-1}$
(C)（1／60）$℃^{-1}$　(D)（1／30）$℃^{-1}$。

(　　) **4** 如圖所示，則a、b二端看入之戴維寧等效電阻為何？
(A)1Ω
(B)2Ω
(C)4Ω
(D)6Ω。

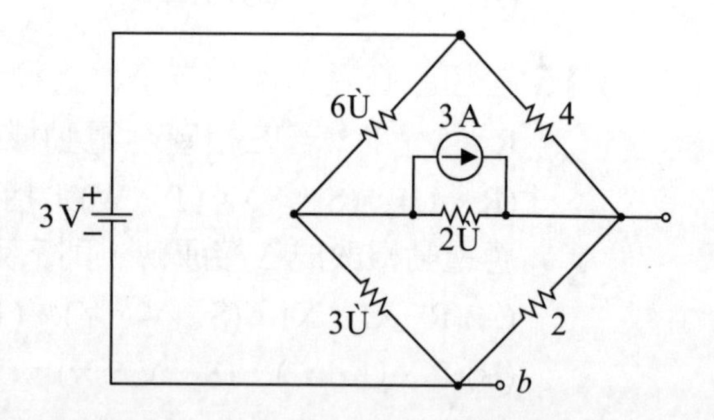

(　　) **5** 如圖所示，R_1＝8Ω、R_2＝2Ω、R_3＝8Ω、R_4＝4Ω、R_5＝4Ω、R_6＝16Ω，則電流I為何？
(A)8A
(B)6A
(C)4A
(D)2A。

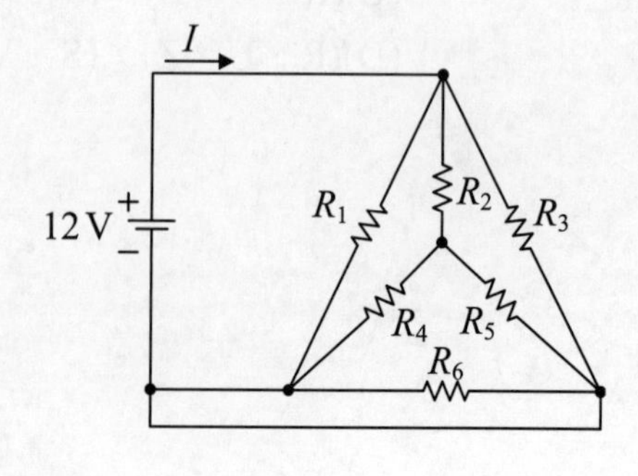

(　　) **6** 如圖所示，下列敘述何者正確？

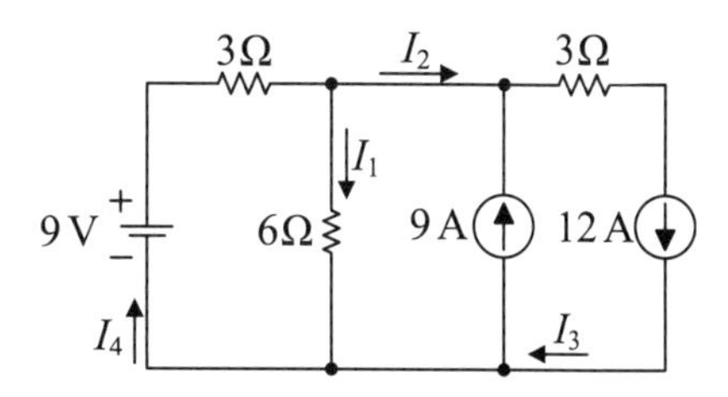

(A)I_1＝12A
(B)I_2＝9A
(C)I_3＝6A
(D)I_4＝3A。

(　　) **7** 如圖所示，I_1、I_2及I_3分別為三個迴圈電路的電流，則下列敘述何者正確？

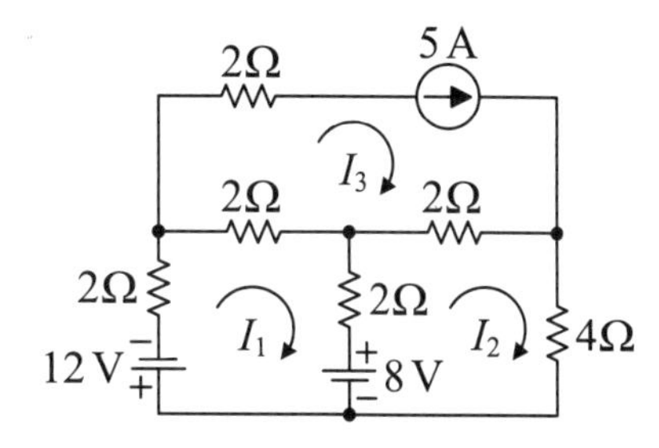

(A)I_1＝2A
(B)I_2＝1A
(C)I_1＝−1A
(D)I_2＝−2A。

(　　) **8** 如圖所示，則a、b兩端看入之諾頓等效電流I_N及等效電阻R_N分別為何？

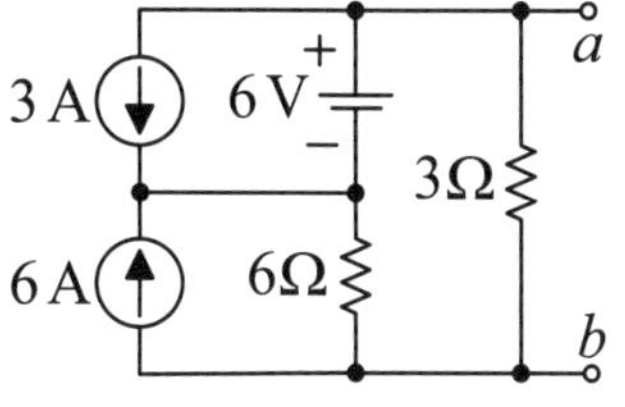

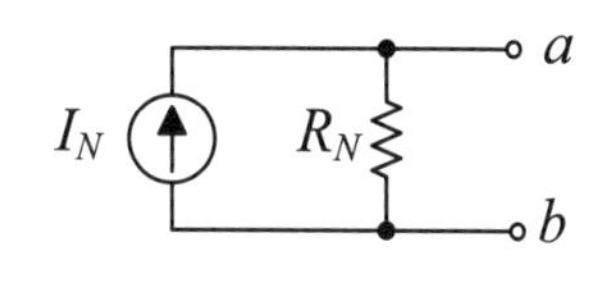

(A)7A、2Ω
(B)6A、3Ω
(C)8A、4Ω
(D)9A、5Ω。

(　　) **9** 如圖所示，若R_L可獲得最大功率，則最大功率值為何？

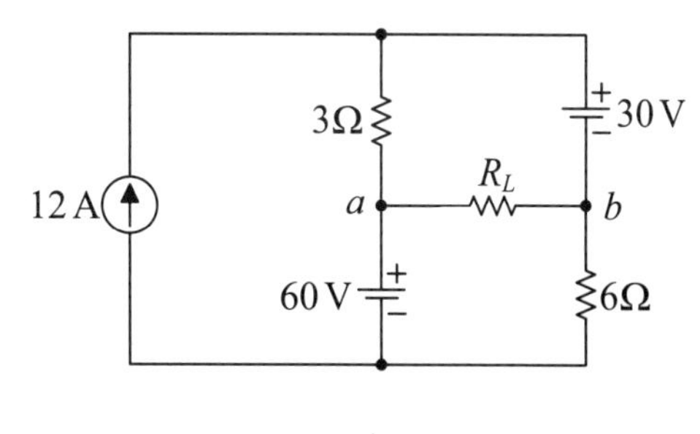

(A)16W
(B)32W
(C)48W
(D)64W。

(　　) **10** 如圖所示，若a、b兩端的總電容值為40μF，則下列敘述何者正確？

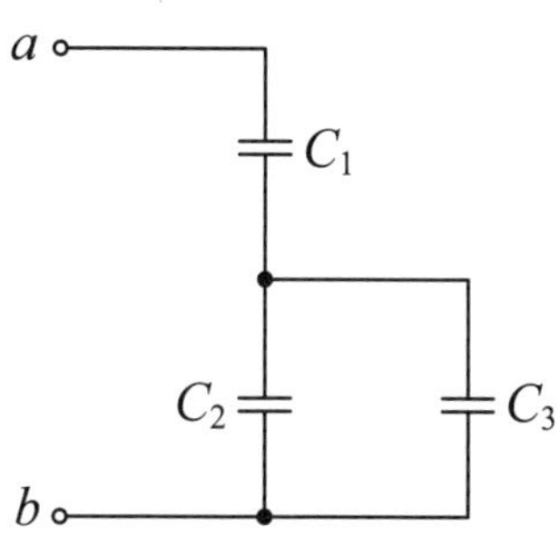

(A)C_1＝100μF、C_2＝10μF、C_3＝10μF
(B)C_1＝80μF、C_2＝20μF、C_3＝20μF
(C)C_1＝20μF、C_2＝10μF、C_3＝10μF
(D)C_1＝120μF、C_2＝30μF、C_3＝30μF。

( ) **11** 某電感器的線圈匝數為50匝，其電感值為5mH，電感器的磁路結構及材質為固定，且不考慮磁飽和現象，若線圈的匝數更新為100匝，則更新後的電感值為何？
(A)20mH (B)10mH (C)2.5mH (D)1.25mH。

( ) **12** 如圖所示，$E_1=100V$、$R_1=5\Omega$、$R_2=5\Omega$、$L_1=100mH$，電路在穩態時，電感電流I_L及電感的儲存能量W_L各為何？

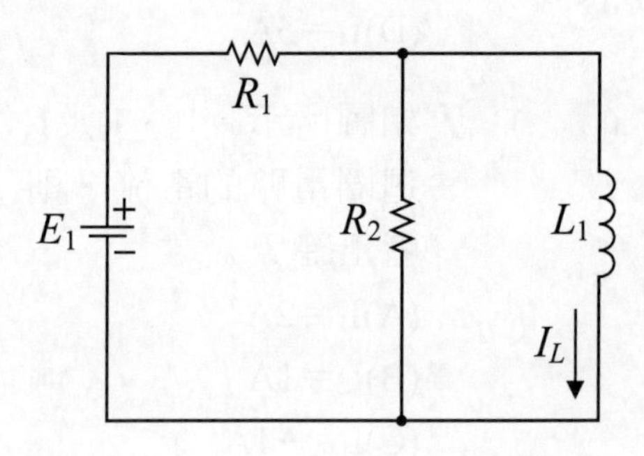

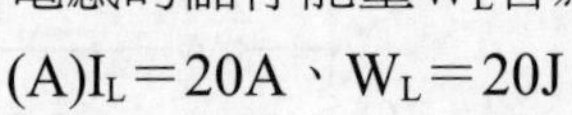

(A)$I_L=20A$、$W_L=20J$
(B)$I_L=10A$、$W_L=5J$
(C)$I_L=20A$、$W_L=20mJ$
(D)$I_L=10A$、$W_L=10mJ$。

( ) **13** 電阻R_1與電容C_1串聯電路，此電路時間常數為50ms，電容C_1為$20\mu F$，則電阻R_1為何？
(A)$20k\Omega$ (B)$2.5k\Omega$ (C)50Ω (D)2.5Ω。

( ) **14** 如圖所示，在開關S_1閉合前電感無儲存能量，若S_1在時間t=0秒時閉合，電感電流$i_L=10(1\ e^{20t})A$，則下列敘述何者正確？

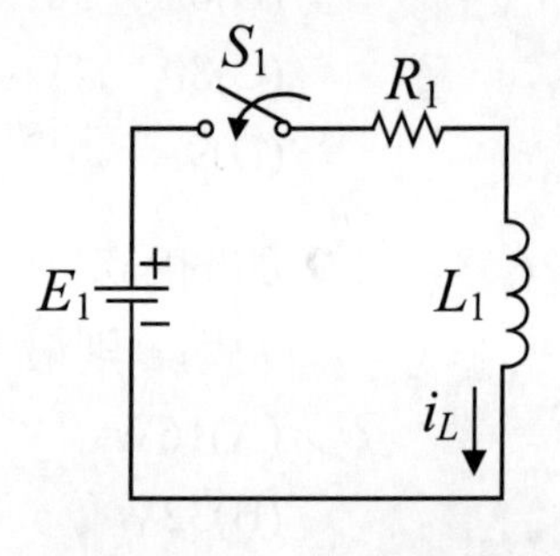

(A)$E_1=10V$、$R_1=2\Omega$、$L_1=100mH$
(B)$E_1=10V$、$R_1=4\Omega$、$L_1=20mH$
(C)$E_1=20V$、$R_1=2\Omega$、$L_1=100mH$
(D)$E_1=40V$、$R_1=4\Omega$、$L_1=50mH$。

( ) **15** 正弦波電壓信號週期函數的峰值V_m為200V、週期為10ms，此電壓有效值及頻率為何？
(A)電壓有效值為$200\sqrt{2}$ V，頻率為200Hz
(B)電壓有效值為$100\sqrt{2}$ V，頻率為100Hz
(C)電壓有效值為$50\sqrt{2}$ V，頻率為100Hz
(D)電壓有效值為$50\sqrt{2}$ V，頻率為50Hz。

( ) **16** 已知電流$i_1=50\sin(2000t)A$、$i_2=50\cos(2000t)A$，若電流$i_T=i_1+i_2$，則下列敘述何者正確？
(A)電流i_T的相位領前電流i_1為90^o
(B)電流i_T的相位領前電流i_2為90^o

(C)電流i_T的相位領前電流i_2為45°

(D)電流i_T的相位領前電流i_1為45°。

(　　) **17** 如圖所示之交流穩態電路，電阻R_1為40Ω，電感抗X_L為30Ω，若a、b兩端電壓的有效值為200V，則流經電感抗的電流有效值為何？

(A)2A　　(B)3A

(C)4A　　(D)5A。

(　　) **18** 如圖所示之交流穩態電路，已知各支路電流有效值為I_S＝30A、I_R＝24A、I_C＝6A，則電感電流有效值I_L為何？

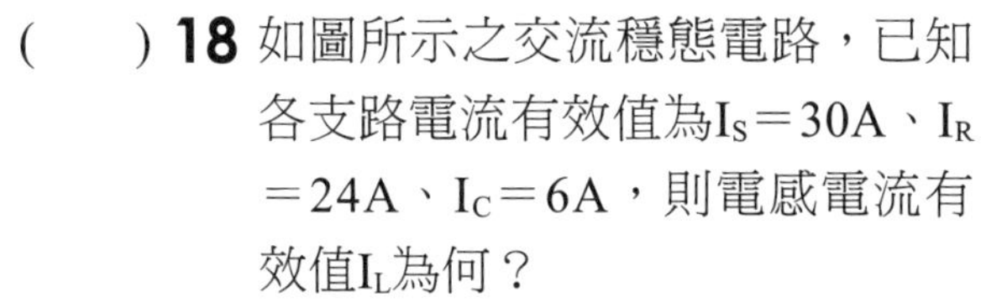

(A)0A　　(B)18A

(C)24A　　(D)30A。

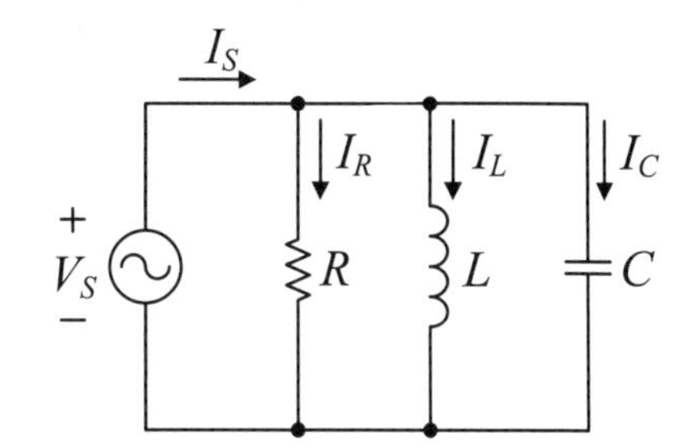

(　　) **19** 有一RLC串聯電路，接於電壓為v（t）＝$120\sqrt{2}$cos（377t 15°）V之電源，經量測得知電流為i（t）＝$6\sqrt{2}$cos（377t＋30°）A，則電阻兩端的電壓峰值為何？

(A)$120\sqrt{2}$V　　(B)120V

(C)$100\sqrt{2}$V　　(D)100V。

(　　) **20** 有一RC並聯電路接於正弦波電壓源，在電壓峰值固定及電路正常操作情形下，若將電源頻率由小變大，則下列敘述何者正確？

(A)RC並聯電路功率因數變低　　(B)電源電流變小

(C)通過電容器的電流變小　　(D)通過電阻器的電流變小。

(　　) **21** 如圖所示之交流穩態電路，若v（t）＝$240\sqrt{2}$cos（377t）V、i_A（t）＝$10\sqrt{2}$cos（377t 45°）A、i_B（t）＝20cos（377t＋90°）A，則電源所供應之視在功率為何？

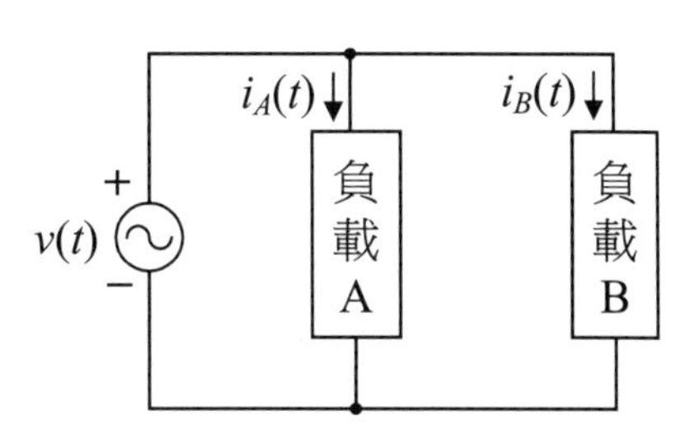

(A)4800VA

(B)2400（$1+\sqrt{2}$）VA

(C)$2400\sqrt{2}$VA

(D)2400VA。

(　　) **22** 有一RC串聯電路，已知其電阻R＝24Ω以及電容抗X_C＝18Ω。若將此電路接於v（t）＝120cos（377t＋30°）V之電源，則電源所供應之最大瞬間功率為何？
(A)480W　(B)432W　(C)384W　(D)192W。

(　　) **23** 有一RLC串聯電路接於正弦波電壓源，已知電源頻率為60Hz、R＝5Ω、X_L＝0.4Ω、X_C＝10Ω。當此電路發生諧振時，其諧振頻率為何？
(A)100Hz　(B)200Hz　(C)300Hz　(D)400Hz。

(　　) **24** 有關交流RLC並聯電路之敘述，下列何者正確？
(A)電路發生諧振時，若品質因數為Q，則流經電阻的電流將被放大Q倍
(B)當電源頻率小於諧振頻率時，電路呈現電容性
(C)當電源頻率大於諧振頻率時，電源電流隨頻率增加而減少
(D)當電路發生諧振時，電路總阻抗為最大。

(　　) **25** 有一功率因數為0.866落後之三相平衡負載，將其連接於線電壓有效值為220V之三相平衡電源，已知線電流有效值為10A，則負載每相所消耗之平均功率約為何？
(A)1100W　(B)1100$\sqrt{3}$W
(C)2200W　(D)2200$\sqrt{3}$W。

NOTE

110年 基本電學實習

(　　) **1** 一般電源供應器之使用，下列敘述何者正確？

(A)輸出電壓設定為5V，接上負載後電壓下降為3V，此現象有可能是輸出電流設定值不足

(B)CV是固定電流模式

(C)CC是固定電壓模式

(D)TRACKING功能係指兩組輸出電壓可以各別設定輸出值。

(　　) **2** 有色碼為棕黑紅金電阻6個，將其中3個並聯成電阻A，其中2個並聯成電阻B，剩下1個為電阻C，則電阻A、B、C串聯之電阻值約為多少？

(A)143Ω　(B)183Ω　(C)1430Ω　(D)1830Ω。

(　　) **3** 如圖電路，Ⓖ為檢流計，V＝12V、R_1＝100Ω、R_2＝200Ω，當R_3、R_4、R_5各為多少時Ⓖ之讀值為零？

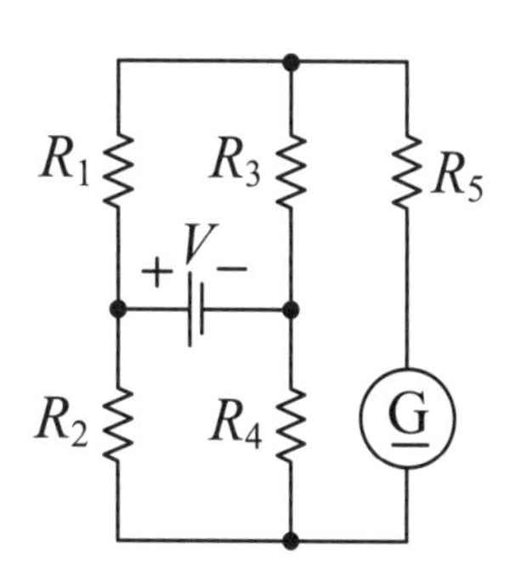

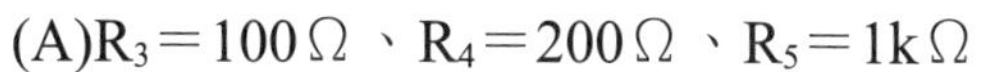

(A)R_3＝100Ω、R_4＝200Ω、R_5＝1kΩ

(B)R_3＝200Ω、R_4＝100Ω、R_5＝1kΩ

(C)R_3＝300Ω、R_4＝400Ω、R_5＝0Ω

(D)R_3＝400Ω、R_4＝300Ω、R_5＝0Ω。

(　　) **4** 如圖引擎起動電路，Ⓜ為引擎起動馬達，當開關S閉合起動引擎時電流表Ⓐ讀值為100A、電壓表Ⓥ讀值為10.9V，當開關S斷開時電壓表讀值為12.9V，則車用電池之戴維寧等效電壓與電阻分別為何？

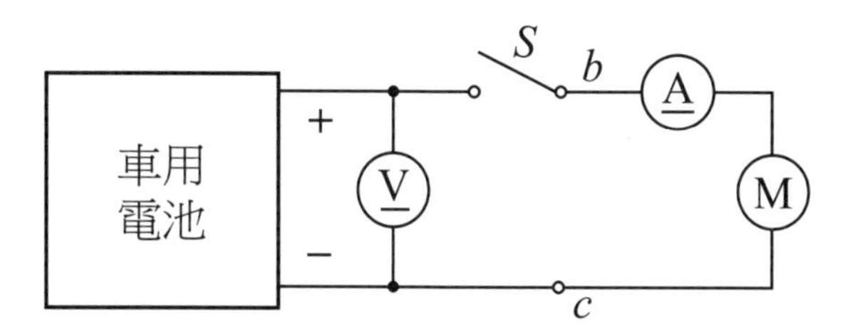

(A)12.9V，0.02Ω　(B)10.9V，0.02Ω

(C)12.9V，0.2Ω　(D)10.9V，0.2Ω

(　　) **5** 導線的安全電流較不受下列哪一因素影響？
(A)導線之散熱條件
(B)導線周遭環境溫度
(C)導線絕緣材料之最高工作溫度
(D)導線長度。

(　　) **6** 有一配線工程須完成(1)三處控制A燈、(2)二處控制B燈及(3)一處控制C燈，則所需之開關種類及數量為何？
(A)一路開關1只、三路開關3只、四路開關2只
(B)一路開關2只、三路開關4只、四路開關0只
(C)一路開關2只、三路開關3只、四路開關1只
(D)一路開關1只、三路開關4只、四路開關1只。

(　　) **7** 一般示波器使用具有×10與×1檔位之被動探棒，下列敘述何者正確？
(A)探棒置於×10檔位時，輸入示波器之信號被放大10倍
(B)各通道探棒之黑色鱷魚夾的連接線於示波器內部相連
(C)調整探棒上之微調電容器無法改變×10檔位之頻率響應
(D)示波器之探棒校正（CAL）端子輸出1kHz之弦波信號。

(　　) **8** 使用浮球開關與抽水馬達控制水塔之水位時，下列敘述何者正確？
(A)上浮球懸空時之高度應高於高水位之上限
(B)上浮球懸空而下浮球浮在水面時，開關狀態不變
(C)上下兩個浮球都懸空時，抽水馬達停止抽水
(D)下浮球懸空時之高度應低於低水位之下限。

(　　) **9** 如圖為家用配電系統單線圖，下列敘述何者錯誤？
(A)中性線連接N端子，不受總開關控制
(B)冷氣分路4之開關為漏電斷路器，供電電壓為220V
(C)電燈分路1、2跳脫電流均為20安培，供電電壓為110V
(D)從瓦時計引接至總開關為14平方公釐電線。

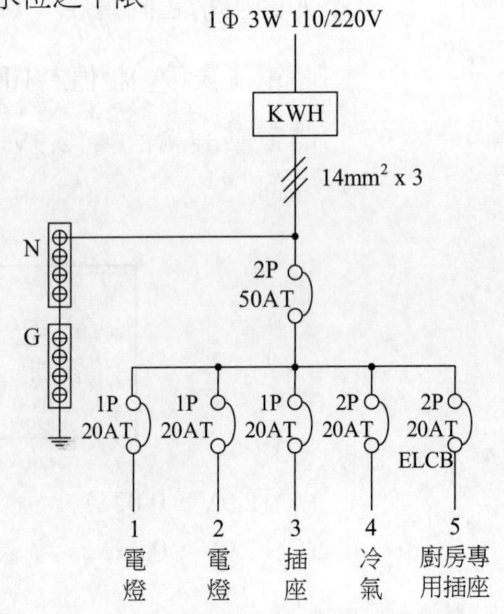

(　　) **10** 如圖所示，使用示波器與被動探棒觀察電容器電壓與電流相位差之接線，下列敘述何者正確？

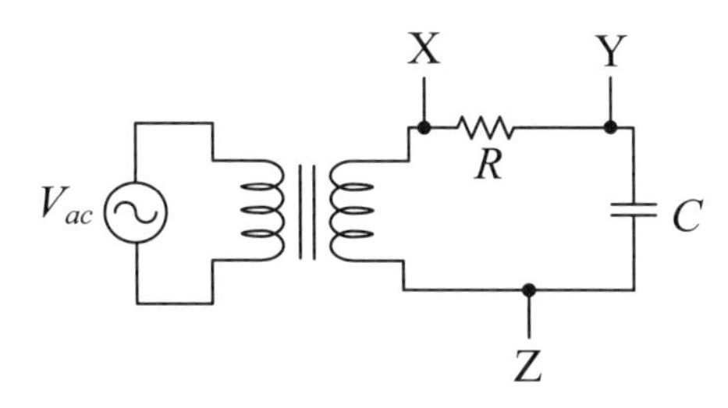

(A)CH1接X點，CH1黑色鱷魚夾接Y點；CH2接Y點，CH2黑色鱷魚夾接Z點，CH2波形反相
(B)CH1接X點，CH1黑色鱷魚夾接Y點；CH2接Z點，CH2黑色鱷魚夾接Y點，CH2波形反相
(C)CH1接Y點，CH1黑色鱷魚夾接X點；CH2接Z點，CH2黑色鱷魚夾接X點，CH1波形反相
(D)CH1接X點，CH1黑色鱷魚夾接Z點；CH2接Y點，CH2黑色鱷魚夾接Z點，CH2波形反相。

(　　) **11** 如圖所示電路，$R_1 = 50\Omega$、$R_2 = 10k\Omega$、$C = 10\mu F$，開關S作週期性切換動作，每閉合0.5秒後打開0.5秒，若示波器之探棒接X點，黑色鱷魚夾接Y點，下列敘述何者正確？

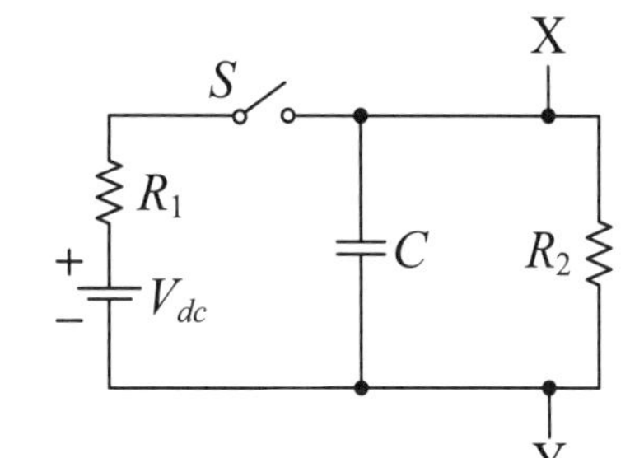

(A)電阻器R_2之電流波形為三角波
(B)充電時間常數約為0.5毫秒
(C)電容器之電壓波形為三角波
(D)放電時間常數為0.5秒。

(　　) **12** 關於單相交流負載之電功率測量，下列敘述何者正確？
(A)三安培表法需使用一遠大於負載阻抗之電阻器
(B)三伏特表法需使用一遠大於負載阻抗之電阻器
(C)以單相瓦特表測量小功率負載時，負載先並聯電壓線圈再串聯電流線圈
(D)以單相瓦特表測量大功率負載時，負載先串聯電流線圈再並聯電壓線圈。

(　　) **13** 如圖所示之低壓工業配線，使用四個按鈕開關及兩個電磁接觸器作順序控制，下列動作順序何者正確？

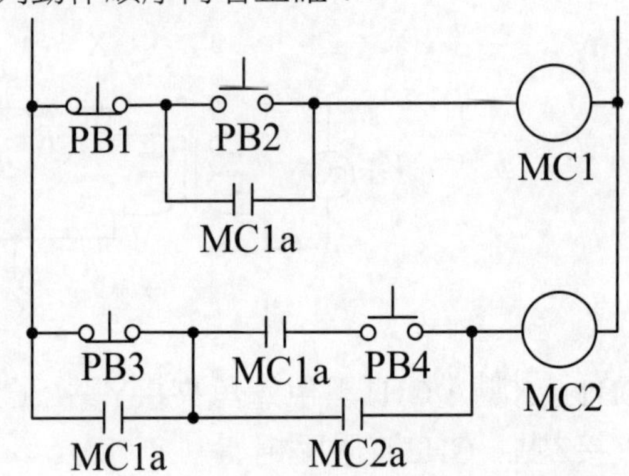

(A)MC1與MC2同時動作；MC1停止後，MC2才能停止
(B)MC1動作後，MC2才能動作；MC1與MC2同時停止
(C)MC1動作後，MC2才能動作；MC1停止後，MC2才能停止
(D)MC1動作後，MC2才能動作；MC2停止後，MC1才能停止。

(　　) **14** 如圖所示，A、B及C為三相感應電動機繞組，M1、M2及M3為指針式直流電壓表，U、X端分別接M1之正、負端，V、Y端分別接M2之正、負端，W、Z端分別接M3之正、負端，於開關S閉合瞬間，下列敘述何者正確？

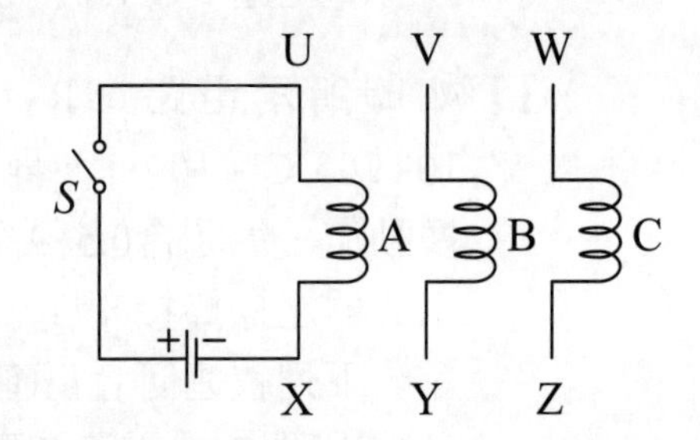

(A)M1正轉，M2反轉，M3反轉
(B)M1正轉，M2正轉，M3正轉
(C)M1反轉，M2反轉，M3反轉
(D)M1反轉，M2正轉，M3正轉。

(　　) **15** 一部110V／220V單相感應電動機具有兩組運轉繞組、一組起動繞組、一個電容器及一個離心開關，下列敘述何者正確？
(A)運轉繞組之電阻值比起動繞組之電阻值大
(B)兩組運轉繞組不須作極性測試
(C)做220V接線時，兩組運轉繞組並聯
(D)做110V接線時，離心開關、電容器與起動繞組三者串聯後與兩組運轉繞組並聯。

111年 基本電學／基本電學實習

(　　) **1** 如圖所示，$R_1=1k\Omega$，$R_2=3k\Omega$，$R_3=6k\Omega$，d點接地，下列何者正確？

(A)$V_{ab}>V_{bc}$

(B)$V_{ab}>V_{ac}$

(C)$V_{bc}>V_{ac}$

(D)$V_{ca}>V_{ba}$。

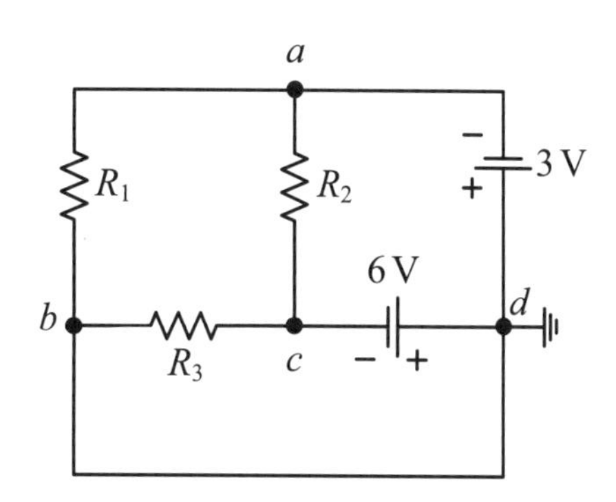

(　　) **2** 如圖所示，若已知$R_1=20\Omega$，R_1消耗功率為180W，R_2消耗功率為360W，$R_3=60\Omega$，R_3消耗功率為60W，則下列何者正確？

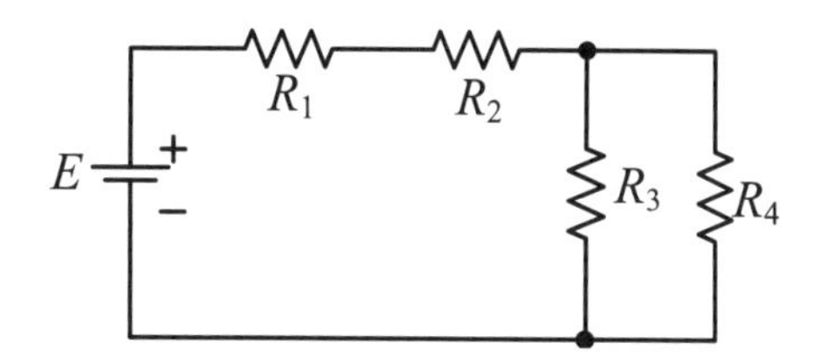

(A)E=120V，$R_4=60\Omega$

(B)E=120V，$R_4=30\Omega$

(C)E=240V，$R_4=60\Omega$

(D)E=240V，$R_4=30\Omega$。

(　　) **3** 有一額定為直流120V，600W的電熱線，若修剪掉$\frac{1}{3}$長度並將剩下的$\frac{2}{3}$長度兩端接於48V直流電壓，則剩下$\frac{2}{3}$長度的電熱線消耗功率為何？

(A)80W　　(B)100W　　(C)144W　　(D)173W。

(　　) **4** 如圖所示電路，電流I為何？

(A)1mA

(B)3mA

(C)5mA

(D)6mA。

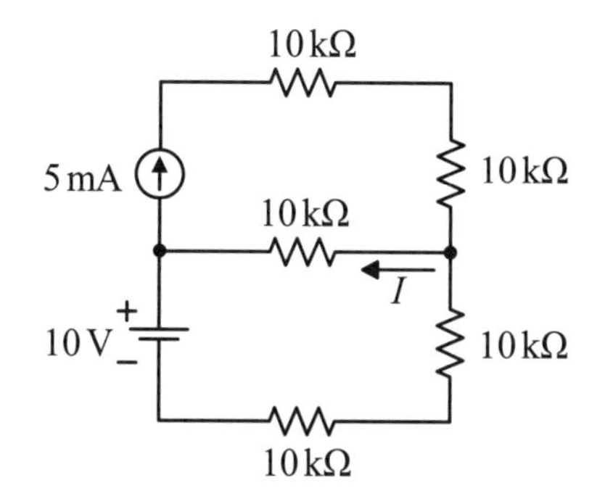

(　　) **5** 如圖所示電路，電流I為何？

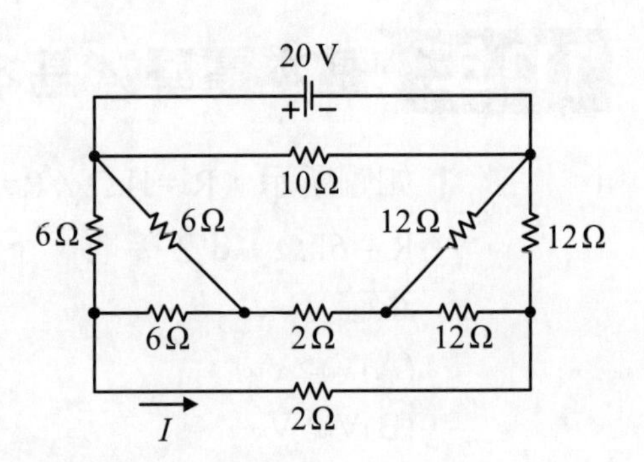

(A)0.5A
(B)1A
(C)1.5A
(D)2A。

(　　) **6** 如圖所示電路，電流I約為何？

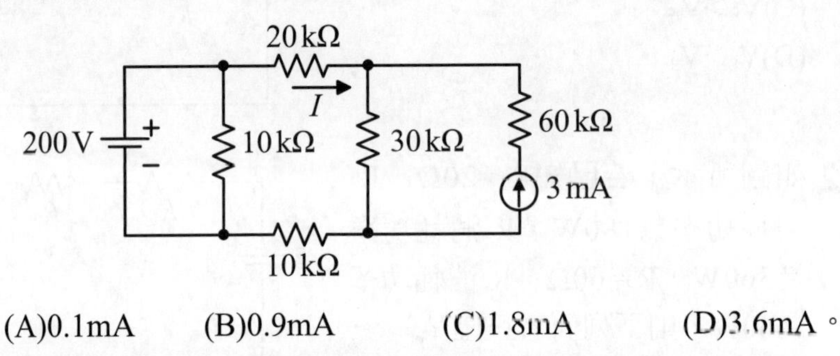

(A)0.1mA　(B)0.9mA　(C)1.8mA　(D)3.6mA。

(　　) **7** 如圖所示電路，由a、b兩端看入之諾頓等效電流源I_N及等效電阻R_N分別為何？

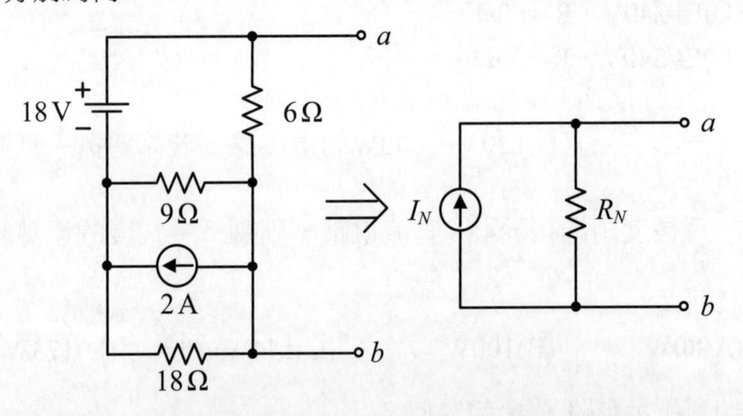

(A)I_N=5A，R_N=3Ω　(B)I_N=5A，R_N=6Ω
(C)I_N=2A，R_N=3Ω　(D)I_N=2A，R_N=6Ω。

(　　) **8** 若將平板電容器極板面積減少為原來的一半，並將極板間的距離改變為原來的2倍，且介電係數不變，則改變後的電容器之電容值為原來的幾倍？

(A)4倍　(B)2倍　(C)0.5倍　(D)0.25倍。

(　　) **9** 如圖為電感器示意圖，互感量為M，若以等效電路表示，則下列何者正確？

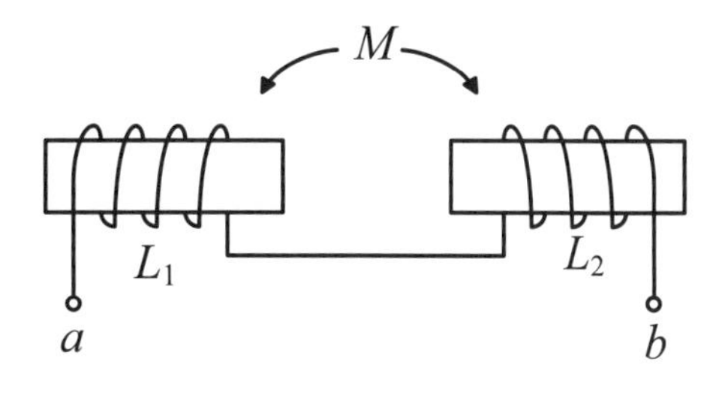

(A)
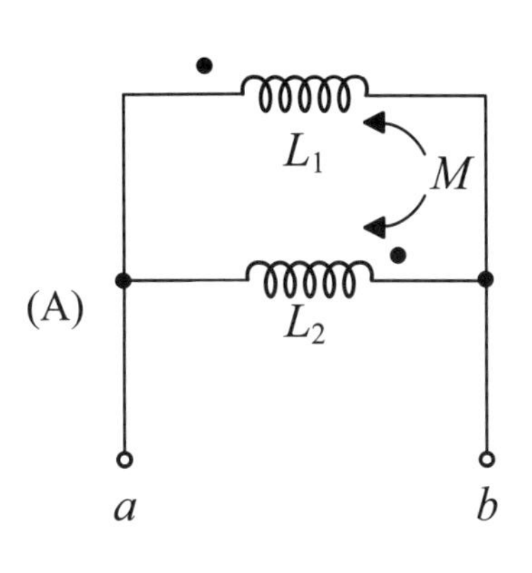

(B)
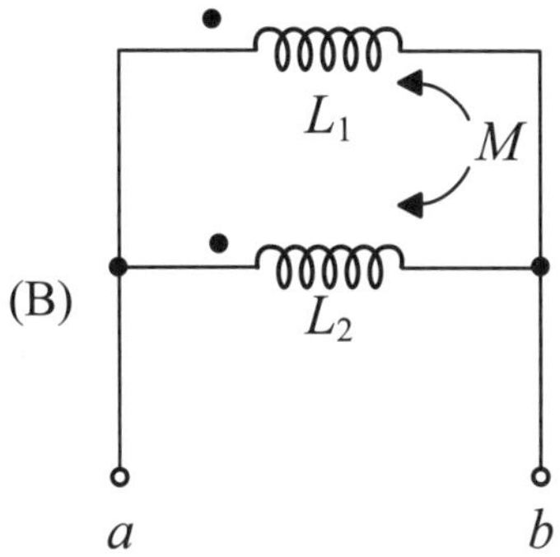

(C)
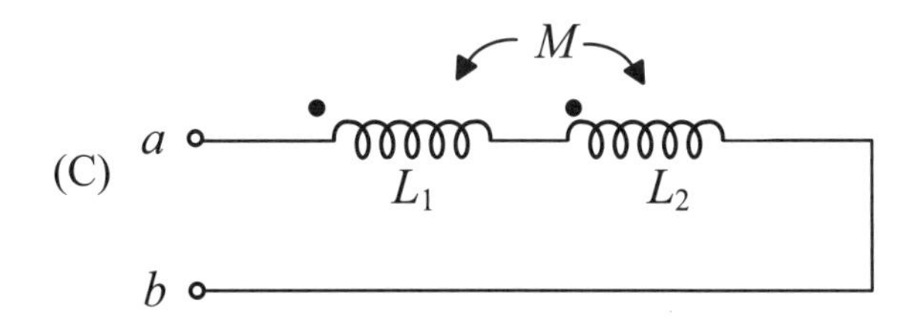

(D)
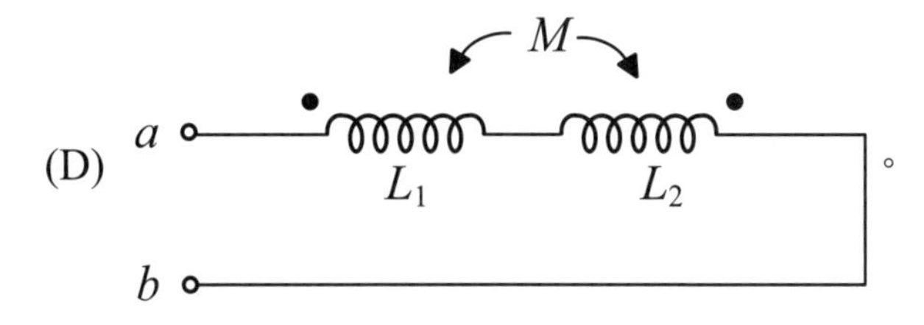

。

(　　) **10** 如圖所示週期性電流信號i(t)，該信號之平均值I_{av}及有效值I_{rms}分別為何？

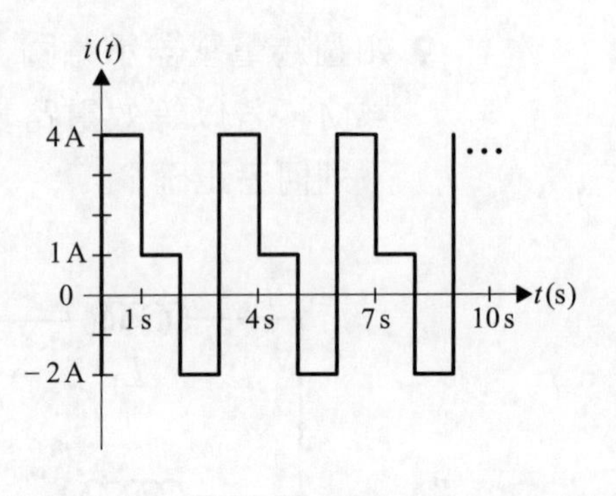

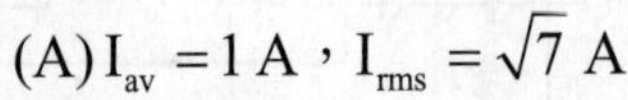

(A) $I_{av}=1\text{ A}$，$I_{rms}=\sqrt{7}\text{ A}$

(B) $I_{av}=\sqrt{7}\text{ A}$，$I_{rms}=1\text{ A}$

(C) $I_{av}=2\text{ A}$，$I_{rms}=2\sqrt{7}\text{ A}$

(D) $I_{av}=2\sqrt{7}\text{ A}$，$I_{rms}=2\text{ A}$。

(　　) **11** 如圖所示電路，t=0秒前電容器電壓為零，若t=0秒時將開關S閉合，則電容器兩端電壓$v_c(t)$為何？

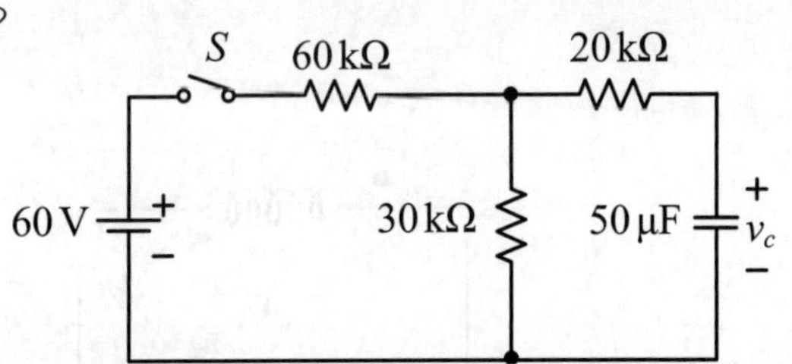

(A) $60\,(1-e^{-0.5t})$ V

(B) $20\,(1-e^{-0.5t})$ V

(C) $60\,(1-e^{-0.05t})$ V

(D) $20\,(1-e^{-0.05t})$ V。

(　　) **12** 如圖所示電路，t=0秒前電感器儲存能量為零，若t=0秒時將開關S由位置1切至位置2，則下列敘述何者正確？

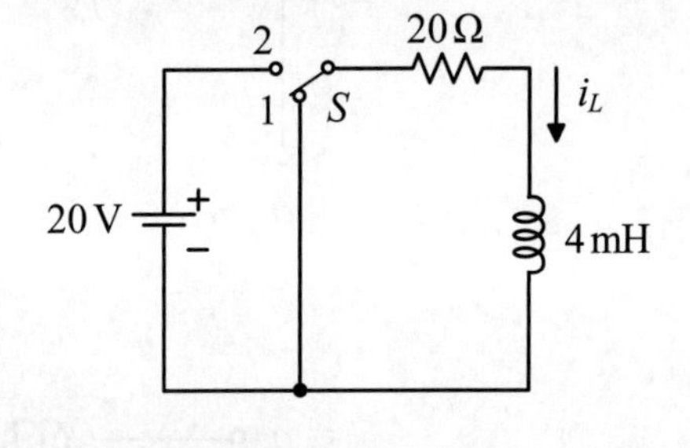

(A)流經電感器的初始電流值為1A且電路時間常數為80ms

(B)流經電感器的初始電流值為0A且電路時間常數為80ms

(C)流經電感器的初始電流值為1A且電路時間常數為0.2ms

(D)流經電感器的初始電流值為0A且電路時間常數為0.2ms。

(　　) **13** 如圖所示RC串聯交流電路，若電源電壓$v_s(t)=200\sqrt{2}\sin(500t)$ V、電流$i_s(t)=10\sin(500t+45°)$ A，則電阻R及電容C為何？

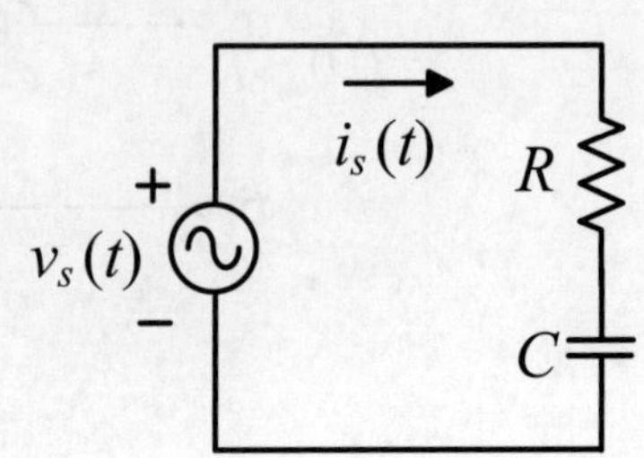

(A)R=20Ω，C=100μF

(B) $R=20\sqrt{2}\ \Omega$，$C=100\sqrt{2}\ \mu F$

(C) $R=10\sqrt{2}\ \Omega$，$C=50\sqrt{2}\ \mu F$

(D)R=10Ω，C=50μF。

(　　) **14** 如圖所示RL並聯交流電路，若電源電壓 $\overline{V}_s = 240\angle 0°\ V$，則電流 $\overline{I}_s$ 為何？

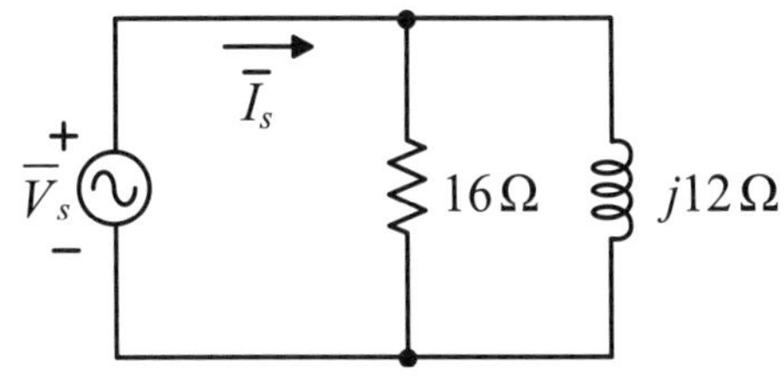

(A) $(15 - j20)$ A
(B) $(20 - j15)$ A
(C) $(15 + j20)$ A
(D) $(20 + j15)$ A。

(　　) **15** 如圖所示交流電路，其a、b兩端阻抗 $\overline{Z}_{ab}$ 為何？

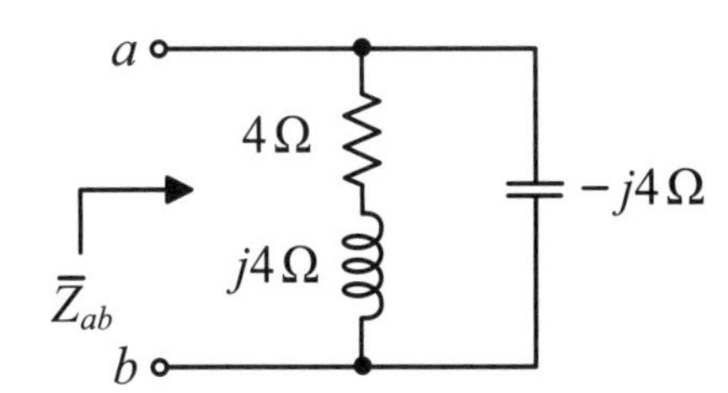

(A) 4 Ω
(B) $(4 + j4)$ Ω
(C) $(4 - j4)$ Ω
(D) $(4 - j8)$ Ω。

(　　) **16** 某單相負載端電壓 $v_L(t) = 400\sin(377t)\ V$，負載電流 $i_L(t) = 40\sin(377t - 60°)\ A$，則下列敘述何者正確？

(A)負載的視在功率為16kVA
(B)負載的實功率（平均功率）為8kW
(C)負載的虛功率為 $8\sqrt{3}$ kVAR（電感性）
(D)負載的最大瞬間功率為12kW。

(　　) **17** 如圖所示三相平衡電路，若線電壓有效值為400V、三相負載的總實功率（總平均功率）為4.8kW、功率因數為0.6落後，則阻抗 $\overline{Z}_L$ 為何？（備註：$\cos 53.1° = 0.6$）

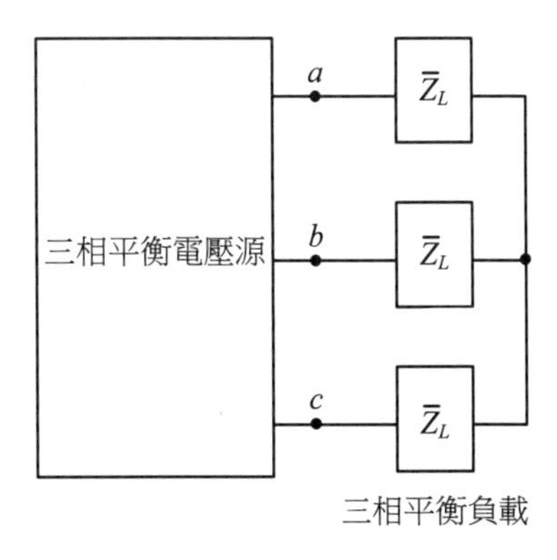

三相平衡負載

(A) $(12 + j12\sqrt{3})$ Ω
(B) $(12\sqrt{3} + j12)$ Ω
(C) $(16 + j12)$ Ω
(D) $(12 + j16)$ Ω。

(　　) **18** 如圖所示交流電路，電源電壓 $v_s(t)=200\sqrt{2}\sin(377t)$ V，負載Z為電感性負載，其視在功率為5kVA、實功率（平均功率）為3kW；若電源的功率因數為1.0，則電容抗X_C為何？

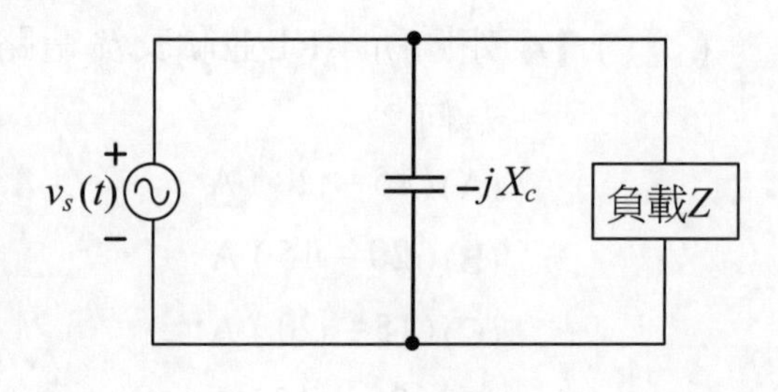

(A)5Ω　(B)10Ω　(C)15Ω　(D)20Ω。

(　　) **19** 如圖所示電路，五色碼電阻色環依序讀取為「棕棕黑橙綠」，安培計Ⓐ的讀值約為何？

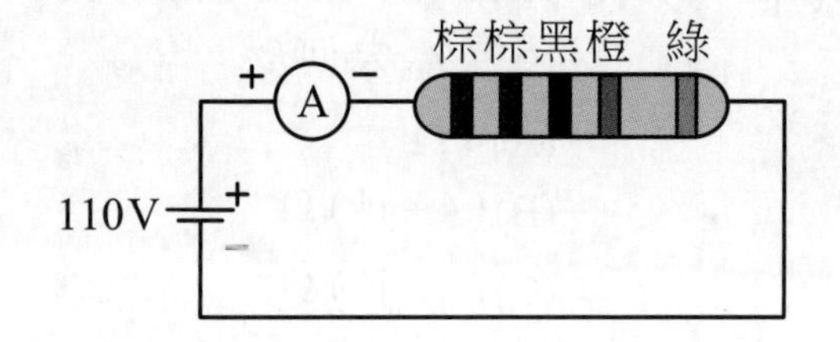

(A)1A　(B)100mA
(C)1mA　(D)0.01mA。

(　　) **20** 如圖所示為惠斯登電橋等效電路，R_x為待測電阻，若檢流計Ⓖ電流I_G為零，則下列何者正確？

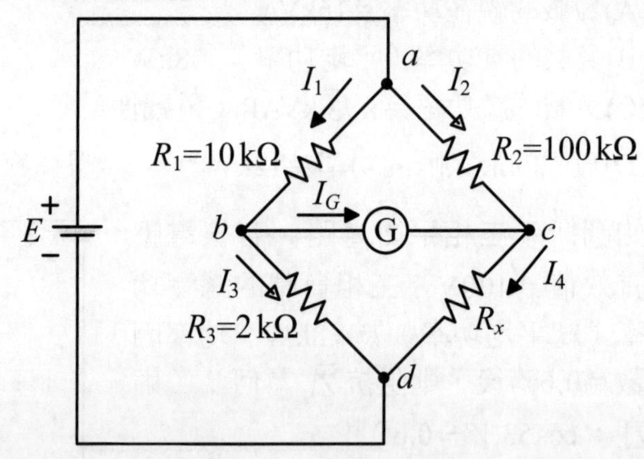

(A)R_x=20kΩ　(B)R_x=200kΩ　(C)$I_1=I_2$　(D)$I_1=I_4$。

(　　) **21** 某生在實驗課時用LCR表量測一標示為203K之待測陶瓷電容，該生所量測的電容值可能為何？
(A)20.8nF　(B)20.8μF　(C)203nF　(D)203μF。

(　　) **22** 示波器操作面板上LEVEL鈕之功能為何？
(A)調整亮度　(B)調整觸發準位
(C)調整水平位置　(D)調整垂直位置。

(　　) **23** 間接加熱型煮飯用電鍋，其單相電源電壓有效值為110V，煮飯用電熱線的功率為800W，保溫用電熱線的功率為40W，下列敘述何者正確？
(A)煮飯用電熱線的電阻值大於保溫用電熱線的電阻值
(B)煮飯用電熱線的電阻值等於保溫用電熱線的電阻值
(C)煮飯時量測電源電流有效值約為3.6A
(D)保溫時量測電源電流有效值約為0.36A。

閱讀下文，回答第24-25題

某串聯諧振電路如圖所示，已知品質因數為5，電路的諧振角頻率 $\omega_o = 2000\ \text{rad/s}$ ，$R_s = 4\ \Omega$ ，電源電壓 $v_s(t) = 50\sqrt{2}\sin(2000t)\ \text{V}$ ，可依品質因數、諧振角頻率及電源電壓，設計電感值、電容值及電容的耐壓。

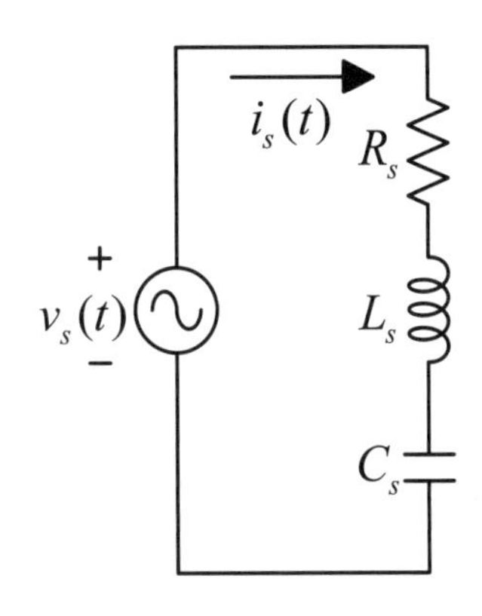

(　　) **24** 圖中串聯諧振電路之電感L_s及電容C_s值，下列何者正確？
(A)L_s=5mH，C_s=50μF　(B)L_s=10mH，C_s=25μF
(C)L_s=25mH，C_s=10μF　(D)L_s=50mH，C_s=5μF。

(　　) **25** 圖中串聯諧振電路穩態時電容C_s端電壓有效值為何？
(A)50V　(B)150V　(C)250V　(D)300V。

(　　) **26** 電壓 $v(t) = 6 + 8\sqrt{2}\sin(10t)\ \text{V}$ ，則其有效值 V_{rms} 與平均值 V_{av} 之比值 (V_{rms} / V_{av})約為何？
(A)1.67　(B)1.41　(C)1.34　(D)1.11。

112年 基本電學／基本電學實習

( ) **1** 將2×10^{-3}庫倫的正電荷由b點移向a點需作功0.1焦耳，若a點的電位為60V，則b點的電位為何？ (A)20V (B)10V (C)–10V (D)–20V。

( ) **2** 具有相同材質之a及b兩圓柱形導線，若a之截面積為b的4倍，且a的長度為b的2倍，則a導線電阻值R_a與b導線電阻值R_b之比(R_a：R_b)為何？ (A)1：2 (B)1：4 (C)2：1 (D)4：1。

( ) **3** 如圖所示電路，下列有關各節點間電位差之敘述，何者正確？
(A)$V_{ac}>V_{ad}$
(B)$V_{dn}>V_{cn}$
(C)$V_{dn}>V_{ac}$
(D)$V_{ad}>V_{ac}$。

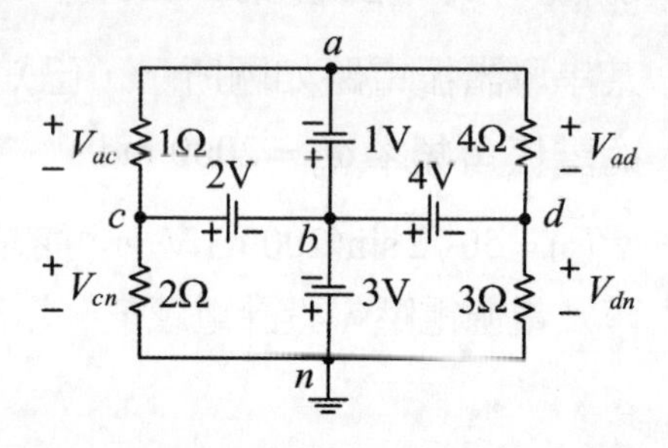

( ) **4** 如圖所示電路，若E及R_1為固定值，且當R_2=2Ω時，V_2=10V；當R_2=8Ω時，V_2=16V。當R_2=18Ω時，則V_2為何？
(A)20V
(B)19V
(C)18V
(D)17V。

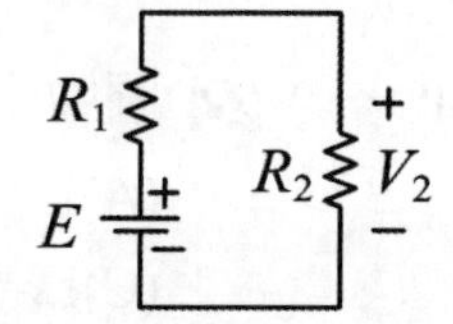

( ) **5** 如圖所示電路，電流I約為何？
(A)–2.33A
(B)–1.24A
(C)1.67A
(D)2.33A。

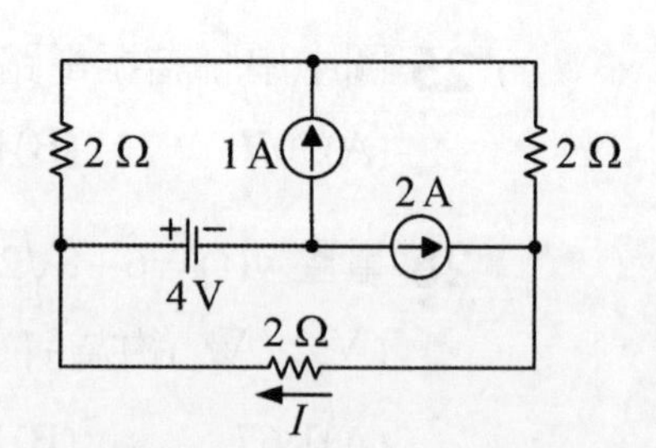

( ) **6** 如圖所示電路，電流I_a與I_b分別為何？
(A)I_a=1A、I_b=2A
(B)I_a=2A、I_b=1A
(C)I_a=0A、I_b=2A
(D)I_a=1A、I_b=0A。

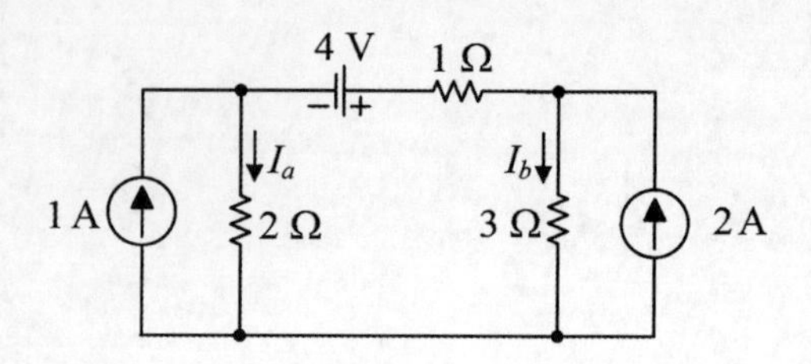

(　　) **7** 如圖所示電路，電流I為何？
(A)3A
(B)2A
(C)1A
(D)0A。

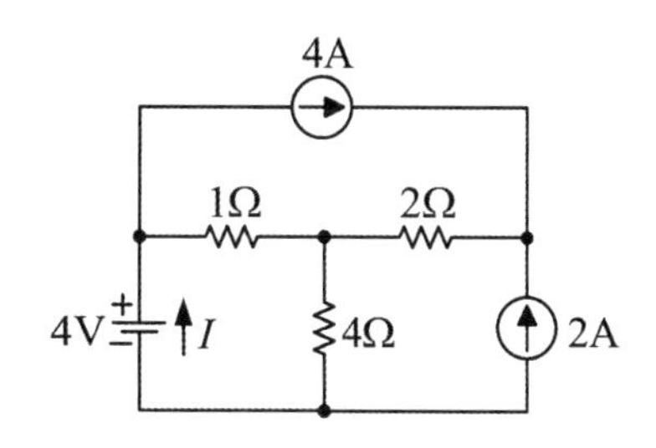

(　　) **8** 如圖所示電路，若直流電壓源V_S=120V，C_1=10μF、C_2=20μF、C3=30μF，則電壓V_1與V_2分別為何？
(A)V_1=20V、V_2=100V
(B)V_1=60V、V_2=60V
(C)V_1=80V、V_2=40V
(D)V_1=100V、V_2=20V。

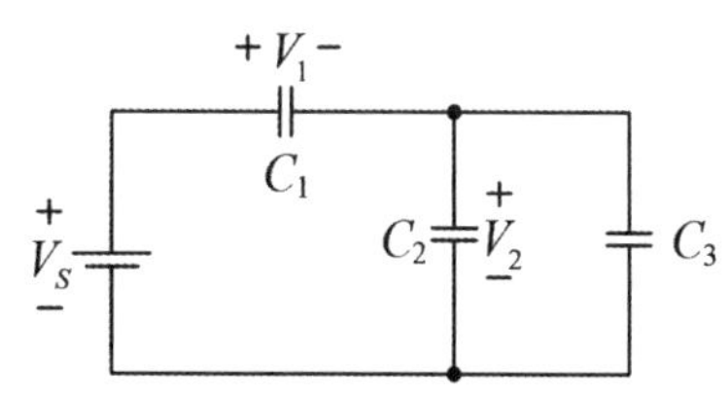

(　　) **9** 兩個電感L_1=12mH、L_2=8mH串聯，且兩個電感之間無互感效應，若流過電感的直流電流為20A，則此兩個電感的總儲存能量為多少焦耳？　(A)2　(B)3　(C)4　(D)5。

(　　) **10** 電阻與電容串聯電路，電阻為2kΩ，電容為25μF，此電路的時間常數為何？　(A)12.5ms　(B)25ms　(C)50ms　(D)100ms。

(　　) **11** 兩個電壓時間函數$v_1(t)$與$v_2(t)$，若$v_1(t)$的相位超前$v_2(t)$為60°，則下列何者正確？
(A)$v_1(t)=20\sin(314t-30°)$V、$v_2(t)=20\cos(314t-60°)$V
(B)$v_1(t)=20\cos(314t-60°)$V、$v_2(t)=20\sin(314t-30°)$V
(C)$v_1(t)=20\sin(314t-30°)$V、$v_2(t)=20\sin(314t-60°)$V
(D)$v_1(t)=20\cos(314t-30°)$V、$v_2(t)=20\sin(314t-60°)$V。

(　　) **12** 如圖所示之交流穩態電路，若$v(t)=10\sqrt{2}\cos(2t)$V，則流經12Ω電阻之電流有效值為何？
(A)0.5A
(B)2A
(C)4A
(D)6A。

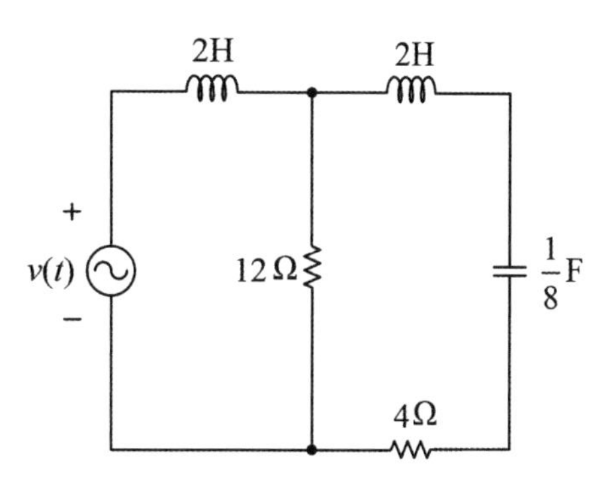

( ) **13** 有一RLC串聯電路，接於$v(t)=100\sqrt{2}\sin(377t)$V之交流電源，已知電阻R=6Ω、電感抗$X_L$=20Ω、電容抗$X_C$=12Ω，則此串聯電路最大瞬間功率為多少瓦特？ (A)1200 (B)1460 (C)1600 (D)1850。

( ) **14** 如圖所示電路，若流經8Ω電阻之電流有效值為10A，則電源供給之平均功率P與虛功率Q分別為何？

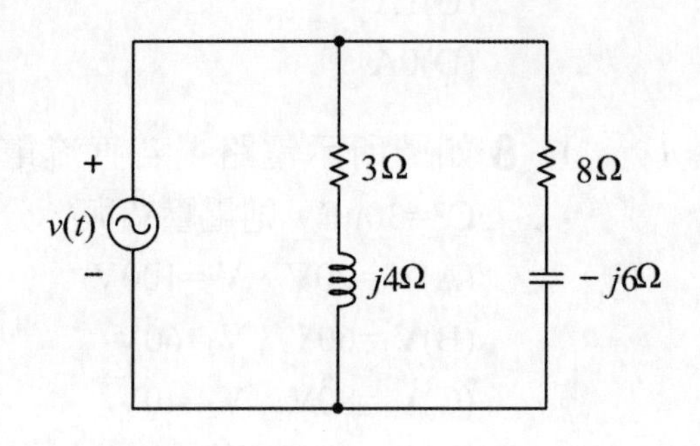

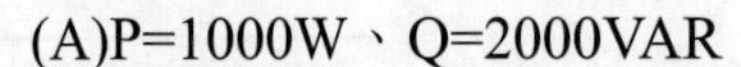
(A)P=1000W、Q=2000VAR
(B)P=2000W、Q=1000VAR
(C)P=2000W、Q=2000VAR
(D)P=1000W、Q=1000VAR。

( ) **15** 有一RL串聯電路，R=6Ω，L=6mH，接於電壓源v(t)=120sin(1000t+60°)V，則此電路之電流i(t)為何？
(A)$10\sin\sqrt{2}(1000t+15°)$A (B)$10\sin\sqrt{2}(1000t+60°)$A
(C)10sin(1000t+15°)A (D)10sin (1000t–45°)A。

( ) **16** 有一RLC串聯電路，接於v(t)=300sin(2000t)V之電源，已知R=500Ω，L=20mH，當電路電流有效值為最大時，則電容C應為何？
(A)6.5μF (B)10μF (C)12.5μF (D)15.5μF。

( ) **17** 有關RLC並聯諧振電路之敘述，下列何者正確？
(A)諧振時總電流最大 (B)諧振時品質因數愈大，頻帶寬度愈寬
(C)諧振時總導納最大 (D)諧振時電感與電容之虛功率大小相等。

( ) **18** 將一個五環色碼電阻串接直流安培計，再串接於12.4V之直流電壓源，安培計讀值為20mA，此色碼電阻的色環依序(第一環至第五環)可能為何？ (A)藍紅黑棕棕 (B)藍灰黑金棕 (C)藍紅黑黑棕 (D)藍紫黑銀棕。

( ) **19** 如圖所示電路，電流I為何？
(A)–3A
(B)–2A
(C)2A
(D)3A。

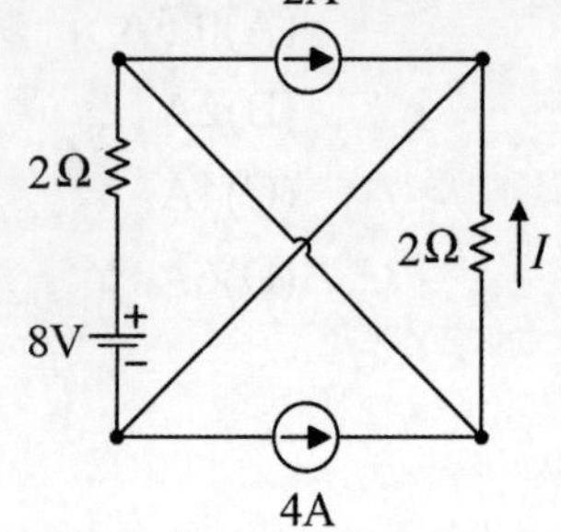

(　　) **20** 如圖所示之暫態電路及電流$i_L(t)$時間響應圖，電流I_S=10A，時間常數τ為0.02秒。已知電阻R_S=2Ω，且電感在開關S_1閉合前無儲存能量，當時間為零時(t=0秒)開關S_1閉合(導通)，則此電路的直流電壓源E_S與電感L_S分別為何

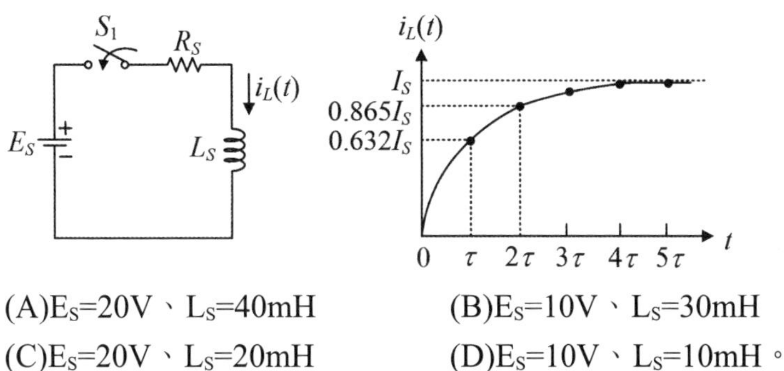

(A)E_S=20V、L_S=40mH　　(B)E_S=10V、L_S=30mH

(C)E_S=20V、L_S=20mH　　(D)E_S=10V、L_S=10mH。

(　　) **21** 用示波器量測弦波電壓信號，其測試棒及示波器端之衰減比設定皆為1：1，電壓信號波形如圖所示，若電壓信號的峰值對峰值為20V，頻率為500Hz，則示波器設定垂直刻度(VOLTS/DIV)與水平刻度(TIME/DIV)分別為何？

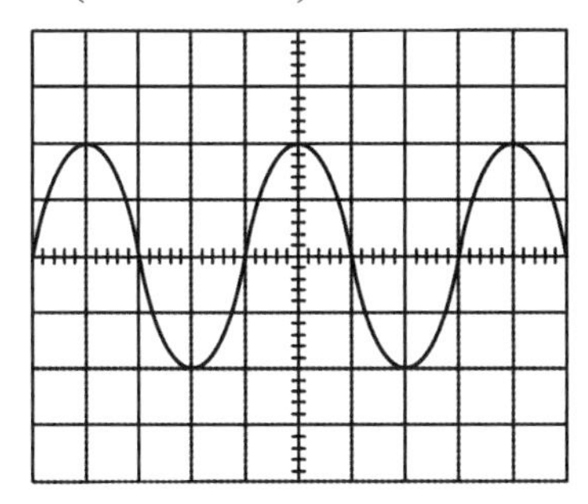

(A)垂直刻度為10V/DIV、水平刻度為0.5ms/DIV

(B)垂直刻度為10V/DIV、水平刻度為5ms/DIV

(C)垂直刻度為5V/DIV、水平刻度為10ms/DIV

(D)垂直刻度為5V/DIV、水平刻度為0.5ms/DIV。

▲閱讀下文，回答第22～23題

某生購買了一組三相平衡負載設備，已知此三相平衡負載設備為Δ接方式，且每相阻抗為3+j4歐姆。今將其接至三相平衡電壓源，如圖所示之U、V、W三端子，且線電壓有效值為100V。

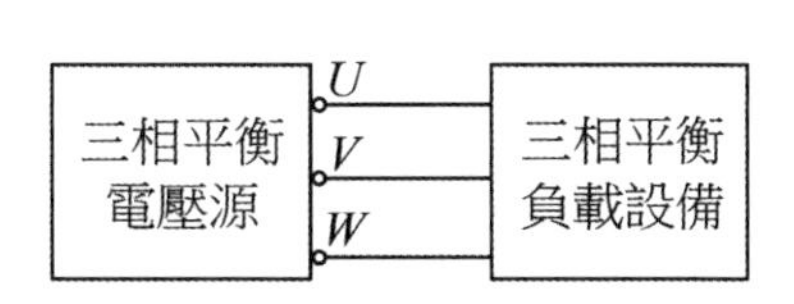

(　　) **22** 圖中負載總消耗功率為多少瓦特？　(A)600　(B)1200　(C)2400　(D)3600。

(　　) **23** 當連接至三相平衡電壓源之V點端子的導線因脫落發生斷路，則電路負載總消耗功率變為多少瓦特？　(A)1800　(B)2000　(C)2400　(D)3600。

▲閱讀下文，回答第24～25題

如圖所示直流電路，I_S=60A，R_1=6Ω，R_2=12Ω，R_3=4Ω，在不同負載電阻情況，計算流經電阻的電流，並設計負載電阻RL以符合下列情況。

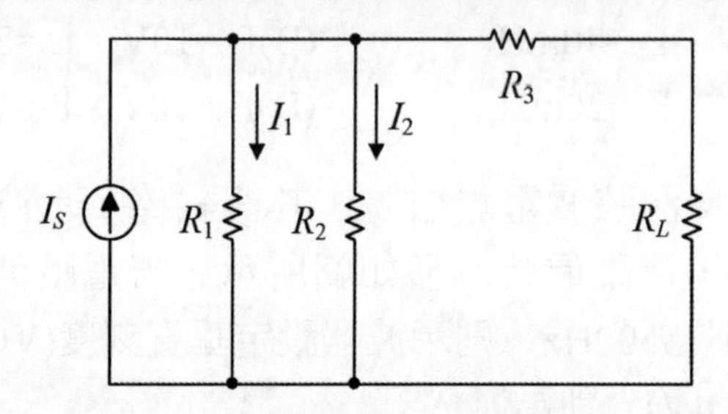

(　　) **24** 若負載電阻R_L為2Ω，則電流I_1與I_2分別為何？
(A)I_1=24A、I_2=12A　(B)I_1=12A、I_2=12A
(C)I_1=24A、I_2=24A　(D)I_1=12A、I_2=18A。

(　　) **25** 若設計負載電阻R_L以獲得R_L的最大功率消耗，則負載電阻R_L與其最大功率P_{max}分別為何？
(A)R_L=4Ω、P_{max}=900W　(B)R_L= 8 Ω、P_{max}=1800W
(C)R_L=8Ω、P_{max}=2000W　(D)R_L= 4 Ω、P_{max}=2400W。

113年 基本電學／基本電學實習

(　　) **1** 電場中，將電量為Q庫倫的電荷由a點移到b點需作功64焦耳；而將Q庫倫的電荷由c點移到b點需作功–20焦耳，若b點電位為10V，c點電位為20V，則c點對a點之電位差V_{ca}為何？　(A)64V　(B)42V　(C)–20V　(D)–30V。

(　　) **2** 某電阻器在溫度20°C時電阻為10Ω，而在溫度40°C時電阻為11Ω；若電阻器之電阻值與溫度為線性關係，則在溫度80°C時其電阻為何？　(A)13Ω　(B)14Ω　(C)15Ω　(D)16Ω。

(　　) **3** 如圖所示電路，電壓V_a為何？
(A)–4V
(B)–2V
(C)0V
(D)2V。

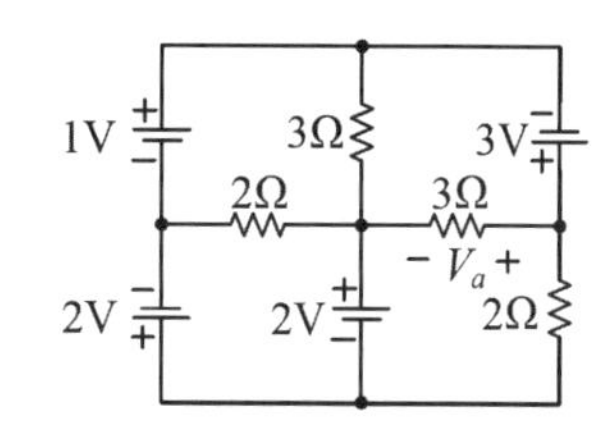

(　　) **4** 如圖所示電路，電流I為何？
(A)4A
(B)3A
(C)2A
(D)1A。

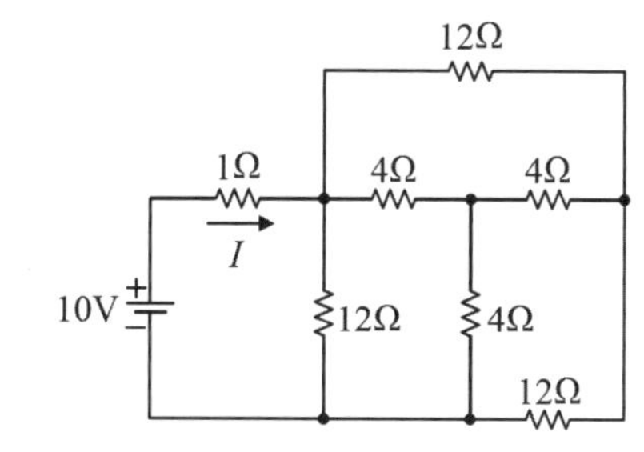

(　　) **5** 如圖所示電路，若電流I_1：I_2：I_3 = 5：3：2，則電阻R值為何？
(A)12Ω
(B)15Ω
(C)18Ω
(D)20Ω。

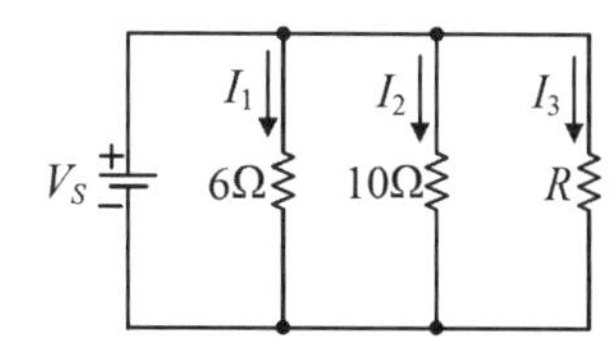

(　　) **6** 如圖所示電路，4V電壓源之功率約為何？
(A)供給3.56W
(B)吸收3.56W
(C)供給0.89W
(D)吸收0.89W。

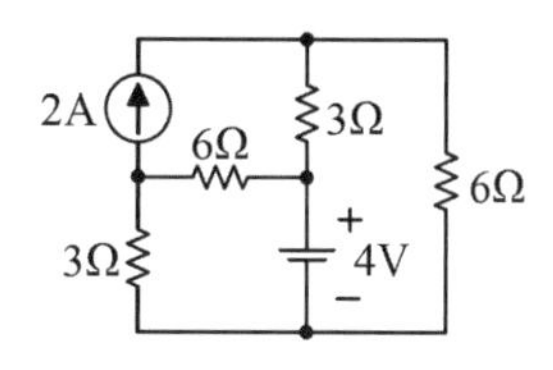

( ) **7** 如圖所示電路，電流I為何？
(A)–1A
(B)0A
(C)1A
(D)2A。

( ) **8** 如圖所示電路，a、b兩端之戴維寧等效電壓V_{Th}及等效電阻R_{Th}為何？
(A)V_{Th}=12V、R_{Th}=6Ω
(B)V_{Th}=18V、R_{Th}=6Ω
(C)V_{Th}=18V、R_{Th}=3Ω
(D)V_{Th}=12V、R_{Th}=3Ω。

( ) **9** 如圖所示電路，a、b兩端電感所儲存之總能量為何？
(A)20J
(B)30J
(C)40J
(D)50J。

( ) **10** 如圖所示電路，時間t=0以前開關S在"1"的位置且電路已經達到穩態。若在t=0時將開關切換至"2"的位置，則開關切離位置"1"的瞬間，9Ω電阻之電壓V_R為何？ (A)–10V (B)–12V (C)–16V (D)–18V。

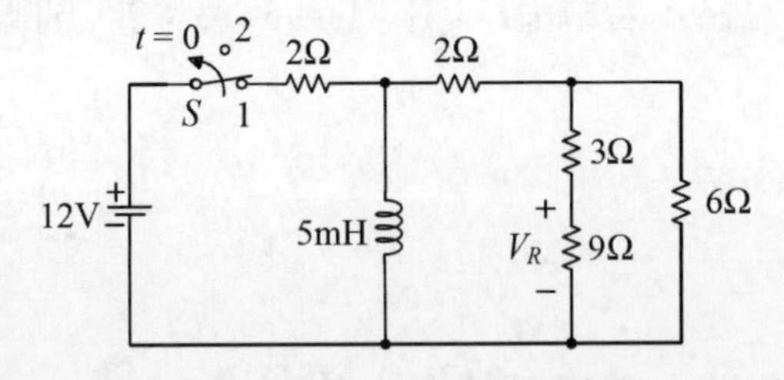

( ) **11** 已知電壓v(t)=100sin(100t–30°)V、電流i(t)=–5cos(100t+ 30°)A，則電壓與電流相位關係為何？ (A)電壓相角超前電流相角60° (B)電壓相角超前電流相角30° (C)電壓相角落後電流相角60° (D)電壓相角落後電流相角30°。

(　　) **12** 如圖所示週期性電壓v(t)波形，若T_{ON}=3ms、T_{OFF}=2ms、E=15V，則此電壓的平均值為何？

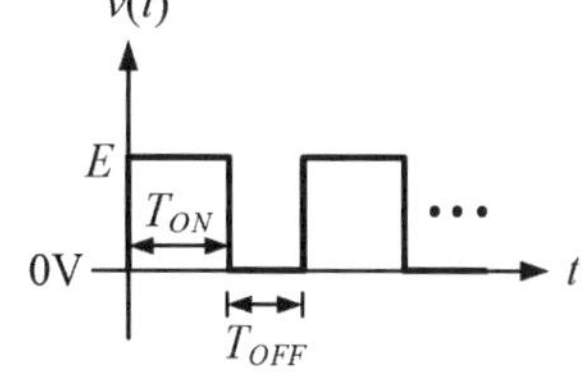

(A)9V
(B)10V
(C)11V
(D)12V。

(　　) **13** 如圖所示電路，下列敘述何者正確？　(A)$\bar{I}_1$=1.5∠30°A、$\bar{V}_{ab}$=6∠30°V　(B)$\bar{I}_2$=1.5∠−30°A、$\bar{V}_{bc}$=7.5∠−37°V　(C)$\bar{I}_1$=3∠90°A、$\bar{V}_{bc}$=15∠53°V　(D)$\bar{I}_2$=3∠180°A、$\bar{V}_{ab}$=12∠0°V。

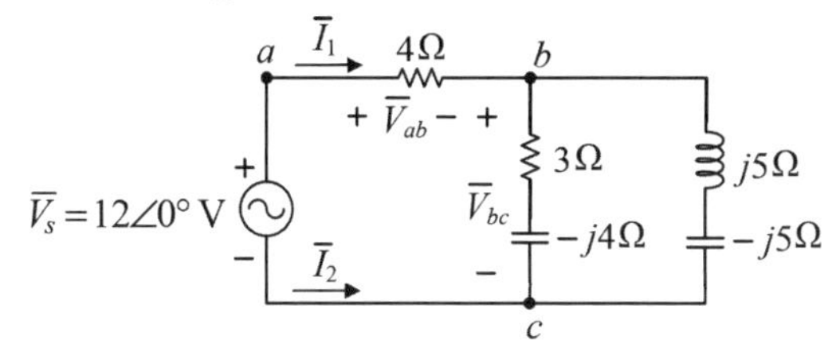

(　　) **14** 如圖所示電路，若電源電壓大小固定，電源頻率為240Hz時，電感抗為j160Ω，電容抗為−j40Ω，則電流 $\bar{I}$ 為最大值時的電源頻率為何？
(A)480Hz　(B)240Hz　(C)120Hz　(D)60Hz。

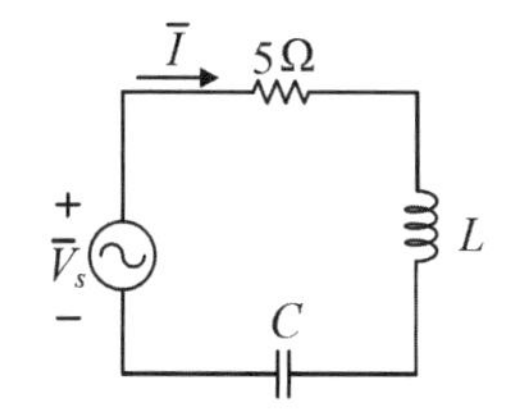

(　　) **15** 有一RLC並聯電路，R=200Ω、L=1mH，諧振時若頻帶寬度（bandwidth）BW=250/πHz，則下列敘述何者正確？　(A)諧振頻率f_0=500/πHz　(B)品質因數Q=20　(C)上截止頻率f_2=1592Hz　(D)電容C=100μF。

(　　) **16** 如圖所示電路，其中Ⓐ、Ⓥ為理想的電流表及電壓表，若電流表指示值為8.66A，則下列敘述何者正確？　(A)負載的總平均功率為225W　(B)負載的總虛功率為325VAR　(C)負載的總視在功率為395VA　(D)電壓表指示值為60V。

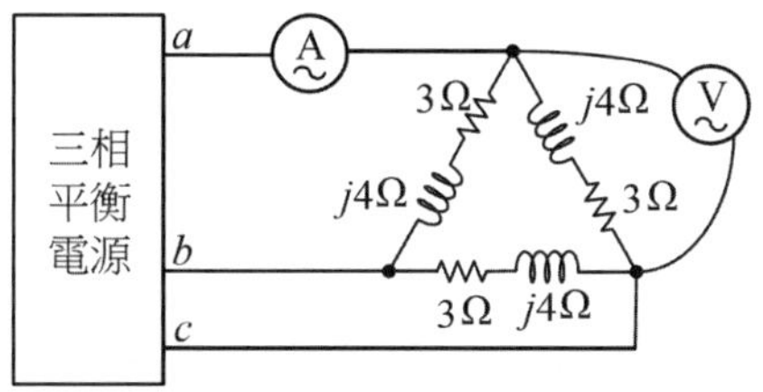

▲ 閱讀下文，回答第 **17-18** 題

如圖所示電路，其中Ⓐ為理想電流表。

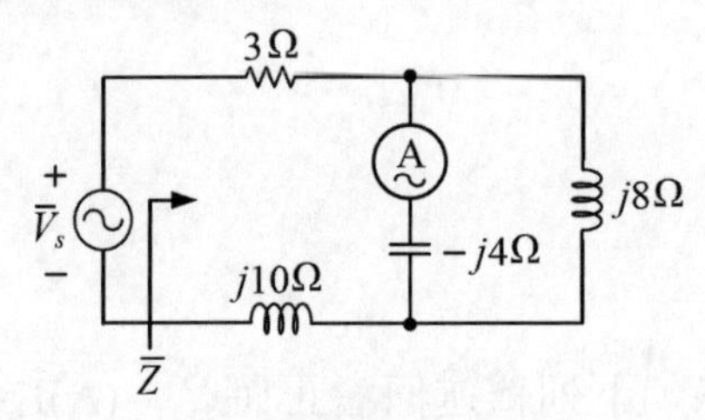

(　　) **17** 總阻抗$\bar{Z}$為何？　(A)(3−j8)Ω　(B)(3−j14)Ω　(C)(3+j2)Ω　(D)(3+j4)Ω。

(　　) **18** 若電流表指示值為4A，則下列敘述何者正確？　(A)電源供給的平均功率為108W　(B)電源供給的虛功率為8VAR　(C)電源供給的視在功率為20VA　(D)電路的功率因數為0.83超前。

(　　) **19** 將5V之直流電壓源串接於一個五環色碼電阻，若此色碼電阻的色環由第一環至第五環顏色依序為「紅綠黑黑棕」，則電阻可能消耗的最大功率約為何？　(A)0.01W　(B)0.05W　(C)0.1W　(D)0.4W。

(　　) **20** 如圖所示電路，若量測得電流I=4.5A，則電壓V_a為何？
(A)4V
(B)6V
(C)8V
(D)10V。

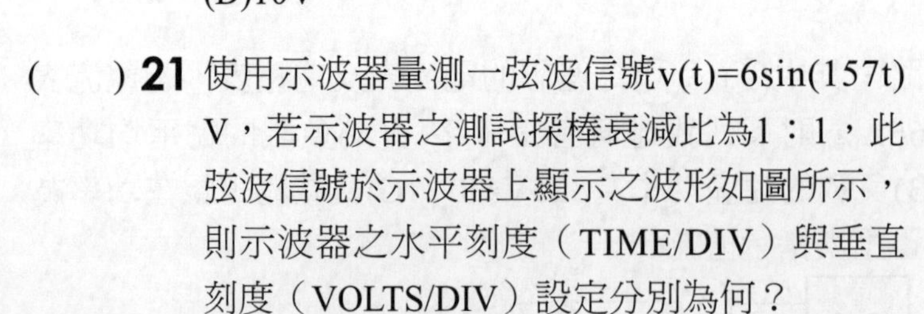

(　　) **21** 使用示波器量測一弦波信號v(t)=6sin(157t) V，若示波器之測試探棒衰減比為1：1，此弦波信號於示波器上顯示之波形如圖所示，則示波器之水平刻度（TIME/DIV）與垂直刻度（VOLTS/DIV）設定分別為何？
(A)水平刻度設定為10ms/DIV、垂直刻度設定為5V/DIV
(B)水平刻度設定為5ms/DIV、垂直刻度設定為5V/DIV
(C)水平刻度設定為10ms/DIV、垂直刻度設定為2V/DIV
(D)水平刻度設定為5ms/DIV、垂直刻度設定為2V/DIV。

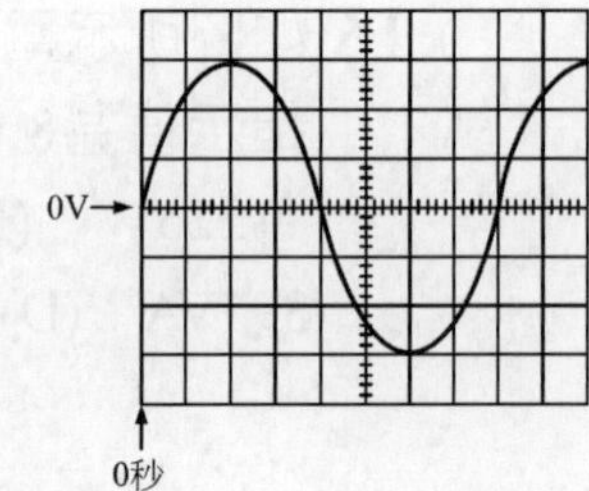

▲ 閱讀下文，回答第 **22-23** 題

下圖所示電容器串並聯組合電路。

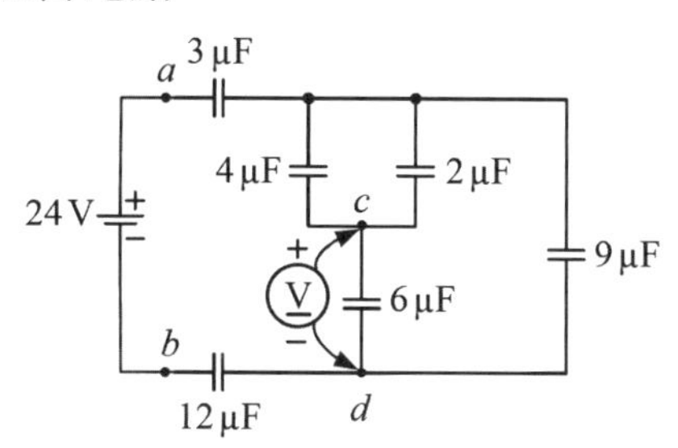

(　) **22** 將24V電壓源移除且所有電容器皆放電完成後，若使用LCR表之電容量測檔位，則由a、b兩端所量測之等效電容量為何？ (A)1μF (B)2μF (C)3μF (D)4μF。

(　) **23** 將24V電壓源重新接到電路上，再使用電壓表Ⓥ量測c、d兩端之電壓，則電壓表顯示之電壓為何？ (A)2V (B)4V (C)6V (D)8V。

(　) **24** 如圖所示電路，若$v_s(t)=V_m\sin(\omega t)$V，則下列波形圖的相位關係何者正確？

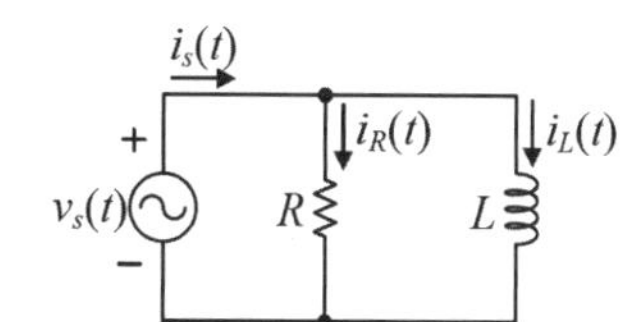

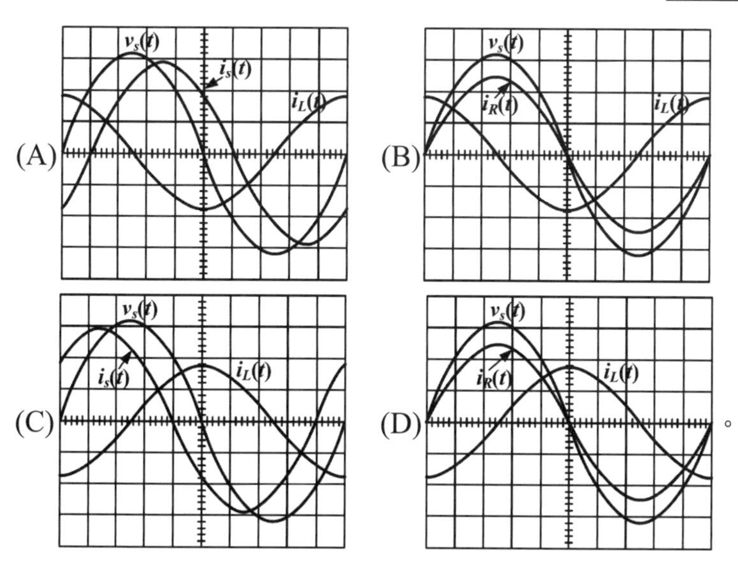

。

(　) **25** 以一電鍋煮飯，若將其電源線插頭插入交流110V插座中，且煮飯開關切入，卻未見煮飯指示燈亮起，也未加熱煮飯，則下列敘述何者不是造成電鍋未加熱煮飯的原因？ (A)指示燈接線脫落 (B)煮飯開關接觸不良 (C)電源線有斷線 (D)插頭與插座間接觸不良。

NOTE

解答與解析

第1章 電學概論

觀念加強

P.2 **1 (C)**。 此題實際上僅考冪次，由下表可知應選(C)。

符號	字首	乘積
m	毫（milli）	10^{-3}
μ	微（micro）	10^{-6}
n	奈（nano）	10^{-9}
p	微微（pico）	10^{-12}

P.3 **2 (C)**。 原子內部的質子與電子的數量相同，呈現電中性，當失去電子或得到電子後，將會帶正電或負電，稱為離子。

P.4 **3 (C)**。 (C)度為能量的單位，瓦為功率的單位，1 度電等於 1 千瓦乘上 1 小時，故(C)錯誤，其餘(A)(B)(D)正確。

4 (A)。 1 千瓦小時約為 3428 BTU，故選(A)。

5 (C)。 (A)庫侖為電量的單位；(B)安培為電流的單位；(C)電子伏特係指一個電子所含之電量乘上一伏特，電量乘上伏特即為能量的單位；(D)法拉為電容的單位。

6 (C)。 (A)焦耳為能量的單位；(B)焦耳／庫侖亦可視為電壓的單位，由 W=QV 可得；(C)焦耳／秒為功率的單位，即瓦特；(D)庫侖／秒為電流的單位，即安培。

7 (D)。 $1\text{kW}\cdot\text{hr}=1000\cdot3600\text{W}\cdot\text{sec}=3.6\times10^{6}\text{ J}$

8 (C)。 (C)安培乘上秒為電量的單位；(A)庫侖／法拉可視為電壓的單位，由 Q=CV 可得；(B)焦耳／庫侖亦可視為電壓的單位，由 W=QV 可得；(D)伏特為電壓的單位。

經典考題

P.5 **1 (A)**。 $P_{\ell oss}=P_i\times(1-\eta)=500\times(1-0.8)=100\text{W}$

2 (D)。 $V=\frac{W}{Q}=\frac{10}{10^{-2}}=10^{3}\text{V}=1000\text{V}$

3 (B)。 $V=\frac{W}{Q}=\frac{3}{3}=1\text{V}$

註：正電荷由 A 移到 B，需作功表示，B 點電位較高，則題意的 AB 點電位差 V_{AB} 應為-1較恰當。

4 (A)。 $L=170cm=1.7m=1.7\times10^9\times10^{-9}m=1.7\times10^9nm=1.7Gnm$

5 (B)。 50AH 為 50 安培小時，等於 180000 安培秒

由 $W=QV=ItV=180000\times12=2160000=2.16\times10^6$ 焦耳

6 (C)。 因電阻剪成3段，故假設原電熱線阻抗3R剪3段再並聯為$R'=R//R//R=\frac{R}{3}$。由功率的公式$P=\frac{V^2}{R}$

$$\frac{P'}{2000W}=\frac{\frac{50^2}{\frac{R}{3}}}{\frac{200^2}{3R}}=(\frac{50}{200})^2\frac{3}{\frac{1}{3}}=\frac{9}{16}\times P'=\frac{9}{16}\times2000=1125W$$

7 (C)。 一度電為千瓦．小時，

故用電＝4kW．0.5小時／日．30日＝60千瓦．小時＝60度

電費＝60×2.3＝138元

但此電費為4人份，每人份為：電費／每人份＝138／4＝34.5元

8 (C)。 電荷的單位為庫侖。

9 (A)。 900mAH 為 900 毫安培‧小時

由W＝QV＝ItV＝Pt，W＝900mAH×3.6V＝0.036t

$0.9\times3.6=3.6\times10^{-2}t$

t＝90 小時

P.6 **10 (A)**。 1 度電為 1 千瓦小時

W＝（1000×1×4＋100×5×5＋200×1×8）×30

＝（4000＋2500＋1600）×30

＝243000 瓦‧小時＝243 瓩‧小時＝243 度

11 (A)。 1 度電為 1 千瓦小時

W＝2000×3＝6000 瓦‧小時＝6 度

電費＝6×2.5＝15 元

12 (D)。 時間＝10 分=600 秒

$Q=I_t=3\times600=1800$ 庫侖

13 (C)。 1 度電為 1 千瓦小時

$$P=\frac{W}{t}=\frac{3\text{ 度}}{0.5\text{ 小時}}=\frac{3\text{ 瓩‧小時}}{0.5\text{ 小時}}=6\text{ 瓩}=6kW$$

14 (C)。 此題實際上僅考冪次，由下表

符號	字首	乘積
T	萬億（Tera）	10^{12}
G	十億（Giga）	10^{9}
M	百萬（Mega）	10^{6}
K	仟（Kilo）	10^{3}
m	毫（milli）	10^{-3}
μ	微（micro）	10^{-6}
n	奈（nano）	10^{-9}
p	微微（pico）	10^{-12}

$R=10G\Omega=10\times10^{9}\Omega=10^{13}\times10^{-3}\Omega=10^{13}m\Omega$

15 (C)。 $W=\int P(t)dt$

$=\int_0^\infty i(t)v(t)dt$

$=\int_0^\infty 10e^{-2000t}\times 50e^{-2000t}\,dt$

$=\int_0^\infty 500e^{-4000t}\,dt$

$=\frac{500}{-4000}e^{-4000t}\Big|_0^\infty=\frac{500}{4000}$

$=125\times10^{-3}J=125mJ$

16 (C)。 原功率 $P_i=\frac{P_{\ell oss}}{1-\eta}=\frac{400}{1-0.8}=2000W$

輸出 $P_0=P_i\times\eta=2000\times0.8=1600W$

17 (B)。 $V=\frac{W}{Q}=\frac{20}{4}=5V$

18 (D)。 1 度電為 1 千瓦小時

$W=1500\times2=3000$ 瓦小時＝3 度

電費＝3×2＝6 元

模擬測驗

P.7 **1 (B)**。 $t=\frac{2400\times(65-20)}{100\times5\times0.24}=900$ 秒＝15 分

2 (D)。 $Q=It=3\times10$ 分 $\times60$ 秒／分 $=1800$ 庫侖

3 (C)。 用電＝3000 瓦×1 小時／天×30 天／月＝90000 瓦・小時／月＝90 度／月
電費＝90×2＝180 元

4 (B)。 $P_{總}=\dfrac{P_{出}}{\eta}=\dfrac{5kW}{0.8}=6.25kW$；$6.25kW-5kW=1.25kW$

5 (D)。 100 瓦×20 小時＝2000 瓦・小時＝2 千瓦・小時＝2 度

6 (D)。 $P_{總}=P_{出}+P_{損}=3600+400=4000W$

$\eta=\dfrac{P_{出}}{P_{總}}=\dfrac{3600}{4000}=90\%$

7 (D)。 $I=\dfrac{Q}{t}=\dfrac{600}{10\text{ 分}\times 60\text{ 秒／分}}=1A$

8 (A)。 $W=Pt=IVt$
$1W\times t=12$ 伏×40 安培・小時
$t=480$ 小時

9 (A)。 與截面積無關
$Q=0.16$ 安培×1 秒＝0.16 庫侖＝$0.16\times 6.25\times 10^{18}$ 電子／庫侖
＝10^{18} 電子

10 (A)。 $\eta_{總}=\eta_1\times\eta_2\times\eta_3=0.9\times 0.9\times 0.9=0.73$

第2章 電阻

觀念加強

P.9 **1 (A)**。 電導為電阻的倒數，由電阻公式 $R=\rho\dfrac{\ell}{A}$ 得電導 $G=\dfrac{A}{\rho\ell}$，可知電導長度成反比，與截面積成正比，恰與電阻相反，故選(A)。

2 (C)。 (A)歐姆為電阻的單位；(B)安培為電的單位；(D)焦耳為能量的單位；(C)西門子為電導的單位，亦可用姆歐表示。

P.10 **3 (D)**。 五碼電阻的前三碼表示數值，第四碼表示次方，第五碼表示誤差；四碼電阻的前兩碼表示數值，第三碼表示次方，第四碼表示誤差；而三碼電阻類似四碼電阻，以前兩碼表示數值，第三碼表示次方，但誤差固定為 20%。

P.11 **4 (D)**。 金屬的導電率通常隨溫度上升而減小，半導體材料則反之，故選(D)。其實本題非常容易選擇，因僅(D)選項與(A)(B)(C)選項不同，非屬金屬材料。

5 (A)。 由電阻公式 $R=\rho\dfrac{\ell}{A}$，可知電阻與電導係數、導線長度及截面積相關，而電導係數會受溫度的影響，使導體電阻亦受到溫度的影響，故選(A)。

6 (D)。 電熱線減短後電阻減少，由$P=\dfrac{V^2}{R}$可知功率會變大，發熱量增加，故選(D)。

7 (C)。 此題雖然有給數值，但實際上有正確觀念即可輕易解決。因$P=\dfrac{V^2}{R}$，故當電壓相同時，電阻值較高者消耗之功率較小。

8 (D)。 直接由公式 $P=\dfrac{V^2}{R}$ 可得。

經典考題

1 (B)。 $P=IV\Rightarrow I=\dfrac{P}{V}=\dfrac{60}{110}=545\times10^{-3}=545mA$

2 (C)。 1 卡等於 4.18 焦耳，或 1 焦耳等於 0.24 卡

電能 $W=Pt=1000\times10$ 分$\times60$ 秒／分$=600000$ 焦耳

熱能 $H=MS\Delta T=10\times10^3\times1\times\Delta T=10^4\Delta T$ 卡

$$\Delta T=\frac{H}{10^4}=\frac{W}{10^4}=\frac{600000\times0.24}{10^4}=14.4^{\circ}C$$

3 (D)。 電壓相等，由 $P=\dfrac{V^2}{R}=\dfrac{1}{R}$

$$P_{R1}:P_{R2}:R_{R3}=\frac{1}{R_1}:\frac{1}{R_2}:\frac{1}{R_3}=\frac{1}{5}:\frac{1}{10}:\frac{1}{15}=6:3:2$$

4 (A)。 $R=\rho\dfrac{\ell}{A}=\rho\dfrac{\ell}{\pi r^2}=\dfrac{1}{r^2}$

線路壓降 $V=IR=\rho\dfrac{I\ell}{\pi r^2}\propto\dfrac{1}{r^2}$

$$\frac{V'}{V}=\frac{\frac{1}{(r')^2}}{\frac{1}{r^2}}=\left(\frac{r}{r'}\right)^2=\left(\frac{1.6}{2}\right)^2=0.64$$

$V=0.64\times6\%=3.84\%$

5 (A)。 由並聯電壓相等$V_{5\Omega}=20V$

$I_{5\Omega}=\dfrac{20V}{5\Omega}=4A$，即可選出(A)。$P_{5\Omega}=\dfrac{V^2}{R}=\dfrac{20^2}{5}=80W$

註：10A電流可忽略。

6 (B)。 $P=\dfrac{V^2}{R}\propto\dfrac{1}{R}$

乙燈泡額定功率小代表電阻大，與甲燈泡串聯 220V 後，分壓會大於 110V，可能燒毀。

P.14 **7 (B)**。 串聯時電流相同 $P=I^2R \propto R$

總功率消耗 $P_{總}=\dfrac{R_1+R_2+R_3+R_4}{R_4}\times P_4=\dfrac{1+2+3+4}{4}\times 200=500W$

總電阻 $R_{總}=\dfrac{R_1+R_2+R_3+R_4}{R_4}\times R_4=\dfrac{1+2+3+4}{4}\times 8\Omega=20\Omega$

由 $P_{總}=\dfrac{V_S^2}{R_{總}}$ $V_s=\sqrt{P_{總}R_{總}}=\sqrt{500\times 20}=\sqrt{10000}=100V$

8 (D)。

色碼	黑	棕	紅	橙	黃	綠	藍	紫	灰	白	金	銀
數值	0	1	2	3	4	5	6	7	8	9		
次方	10^0	10^1	10^2	10^3	10^4	10^5	10^6	10^7	10^8	10^9	10^{-1}	10^{-2}
誤差		1%	2%			0.5%	0.25%	0.1%	0.05%		5%	10%

由表可得

$R=27\times 10^{-1}\pm 10\%=2.7\pm 10\%\Omega$

9 (D)。 由 $R=\rho\dfrac{\ell}{A}$

$$\frac{R_B}{R_A}=\frac{\frac{\ell_B}{A_B}}{\frac{\ell_A}{A_A}}=\frac{\frac{1}{1}}{\frac{\frac{1}{2}}{2^2}}=8$$

$R_B=8R_A=8\times 10=80\Omega$

10 (B)。 $\alpha_1=\dfrac{\frac{R_2-R_1}{t_2-t_1}}{R_1}$

$$\alpha_{20^\circ C}=\frac{\frac{3-2}{120-20}}{2}=\frac{\frac{1}{100}}{2}=0.005$$

11 (D)。 $P=I^2R$

$I=\sqrt{\dfrac{P}{R}}=\sqrt{\dfrac{0.5}{10^3}}=\sqrt{\dfrac{1}{2000}}=\dfrac{1}{10\sqrt{20}}\simeq 22\times 10^{-3}$

$=22mA$

12 (D)。 拉長四倍後，截面積為原來的四分之一

$$\frac{R'}{R}=\frac{\rho\frac{\ell'}{A'}}{\rho\frac{\ell}{A}}=\frac{\frac{4}{\frac{1}{4}}}{\frac{1}{1}}=16$$

$R'=16R=16\times20=320\Omega$

13 (A)。 $R=r\frac{\ell}{A}=r\frac{\ell}{\pi r^2}$

$$=1.723\times10^{-8}\times\frac{50}{\pi\times\left(\frac{1.63\times10^{-3}}{2}\right)^2}\simeq0.4128\Omega$$

14 (A)。

色碼	黑	棕	紅	橙	黃	綠	藍	紫	灰	白	金	銀
數值	0	1	2	3	4	5	6	7	8	9		
次方	10^0	10^1	10^2	10^3	10^4	10^5	10^6	10^7	10^8	10^9	10^{-1}	10^{-2}
誤差		1%	2%			0.5%	0.25%	0.1%	0.05%		5%	10%

由表可得

$R=20\times10^3\pm5\%\Omega$

$R_{min}=20\times10^3\times(1-5\%)=19000\Omega$

$I_{max}=\frac{V}{R_{min}}=\frac{15}{19000}=789\times10^{-6}=789\mu A$

15 (C)。 $P=I^2R=4^2\times5=80W$

16 (A)。 拉長兩倍後，截面積為 $\frac{1}{2}$ 倍

$$\frac{R'}{R}=\frac{\rho\frac{\ell'}{A'}}{\rho\frac{\ell}{A}}=\frac{\frac{2}{\frac{1}{2}}}{\frac{1}{1}}=4$$

$R'=4R=4\times3=12\Omega$

模擬測驗

15 **1 (A)**。$P=\frac{V^2}{R}\propto V^2$

$\frac{P'}{P}=\frac{(1.05V)^2}{V^2}=1.1025\cong1.1$，故約增加 10%

2 (A)。 1 卡等於 4.18 焦耳，或 1 焦耳等於 0.24 卡

$P=I^2R=5^2\times20=500W$

$W=Pt=500\times5$ 分 $\times60$ 秒／分

$=150000J=\frac{150000}{4.18}\cong35885$ 卡

溫度增加$\Delta T=\frac{35885}{3600}=10^\circ C$

最後水溫 $T=20+10=30^\circ C$

3 (D)。 $R_{並}=\frac{R}{n}=\frac{50}{10}=5\Omega$，$I=\frac{80}{5}=16A$

4 (B)。 $P=\frac{V^2}{R}$，$V=\sqrt{PR}=\sqrt{0.256\times1000}=\sqrt{256}=16V$

5 (B)。 1 卡等於 4.18 焦耳，或1焦耳等於 0.24 卡

$P=I^2R=10^2\times5=500J$

$W=Pt=500\times1=500W=\frac{500}{4.18}\cong120cal$

6 (C)。

色碼	黑	棕	紅	橙	黃	綠	藍	紫	灰	白	金	銀
數值	0	1	2	3	4	5	6	7	8	9		
次方	10^0	10^1	10^2	10^3	10^4	10^5	10^6	10^7	10^8	10^9	10^{-1}	10^{-2}
誤差		1%	2%			0.5%	0.25%	0.1%	0.05%		5%	10%

由表可得

$R=10\times10^2\pm5\%=1000\pm5\%$

$R_{min}=1000\times(1-5\%)=1000\times0.95=950\Omega$

$I_{max}=\frac{V}{R_{min}}=\frac{10}{950}=0.01053A=10.53mA$

7 (D)。 $I=\frac{V}{R}=20A$，$P=IV=20\times100=2000W$

8 (C)。 $P=\frac{V^2}{R}$

$$\frac{P'}{P}=\frac{\frac{V^2}{(1-0.2)R}}{\frac{V^2}{R}}=\frac{5}{4}\Rightarrow P'=\frac{5}{4}P=\frac{5}{4}\times1000=1250\ (W)$$

9 (B)。 $P=I^2R$

$I=\sqrt{\frac{P}{R}}=\sqrt{\frac{2}{5000}}=\frac{1}{50}=0.02A=20mA$

10 (D)。 $R=\frac{V}{I}=\frac{10}{0.5}=20\Omega$，$P=I^2R=2^2\times20=80W$

11 (D)。 $P=\frac{V^2}{R}=IV\propto I$

故同電壓時$I_1:I_2=P_1:P_2=800:100=8:1$

第3章 串並聯電路

觀念加強

17 **1 (B)**。 由分壓定理 $V_1=\frac{R_1}{R_1+R_3}$ 及 $V_2=\frac{R_2}{R_2+R_4}$，欲滿足 $\frac{R_1}{R_1+R_3}>\frac{R_2}{R_2+R_4}$ 需選(B)。

2 (A)。 電池的內電阻跟電源呈串聯的關係，所連接之外電阻亦呈串聯的關係，故通過的電流為電動勢，除以內電阻加外電阻，故選(A)。

3 (B)。 因為電壓源係直接與 20Ω 之電阻器並聯相接，故流過 20Ω 電阻器上的電流為定值，當並聯之可變電阻器之電阻值增加時，流過該可變電阻器之電流會減少，電壓源總輸出電流亦隨之減少，但 20Ω 電阻器上的電流不變，故選(B)。

4 (D)。 開關 S 閉合後，則 4Ω 電阻係與一短路的電線並聯，壓降為零，故不會有分流經過，$I=0A$，故選(D)。

5 (D)。 因為 R_5 左側短路，所以 R_4 和 R_5 的電壓降為零，故 R_5 的電壓降為零。

6 (A)。 當多個電阻器並聯時，其總電阻小於最小的電阻器；若多個電阻器串聯時，其總電阻定大於最大的電阻器，故選(A)。

7 (D)。 因為電路並聯，每個燈泡均接上 100 伏特，自然以瓦特數最高者最亮，故選(D)。

:19 **8 (C)**。 理想電壓源係無論負載為何，輸出均為定值，其內阻為零，故選(C)。

9 (D)。 (A)電壓表量測時係與待測物並聯，其內阻應為無窮大才不會影響待測物分壓；(B)電流源的內阻係與電流源並聯，理想電流源的內阻應趨近無窮大才不會於接上負載時因分流而改變輸出電流；(C)電壓源的內阻係與電壓源串聯，理想電壓的內阻應趨近零才不會於接上負載時因分壓而改變輸出電壓；(D)電流表量測時係與待測物串聯，其內阻應為零才不會影響待測物電流，故選(D)。

10 (A)。 諾頓等效電流 I_{sc}、戴維寧等效電壓 V_{oc} 與等效電阻 R_{th} 的關係為 $V_{oc}=I_{sc}\times R_{th}$，與歐姆定律同，故選(A)。

11 (B)。 克希荷夫電壓定律有兩敘述方式，一為：環繞任一迴路的電壓代數和等於零；一為：環繞任一迴路上電壓升之和等於電壓降之和，故選(B)。

:20 **12 (C)**。 由克希荷夫電流定理可知 $I_1+I_2=I_{in}=3A$，與電阻之阻值無關，故選(C)。

13 (D)。 此題不需要經過詳細的計算，由克希荷夫電流定律可知 I_1 及 I_2 的和為 6A，故選(D)。

14 (B)。 由克希荷夫電流定律可得，既使是 10 個電流源串聯，所提供的電流仍跟 1 個電流源相同，故選(B)。

:21 **15 (D)**。 由克希荷夫電流定律可知，$I_1=I_3$，而 $I_4=I_2+I_3$，故 I_4 最大。

P.22 **16 (C)**。 $R_a=\dfrac{R_1R_2+R_2R_3+R_3R_1}{R_1}$，$R_b=\dfrac{R_1R_2+R_2R_3+R_3R_1}{R_2}$，

$R_C=\dfrac{R_1R_2+R_2R_3+R_3R_1}{R_3}$

$R_1=\dfrac{R_bR_c}{R_a+R_b+R_c}$，$R_2=\dfrac{R_aR_c}{R_a+R_b+R_c}$，$R_3=\dfrac{R_aR_b}{R_a+R_b+R_c}$

$$G_A=\frac{\frac{1}{G_1}}{\frac{1}{G_1}\frac{1}{G_2}+\frac{1}{G_2}\frac{1}{G_3}+\frac{1}{G_3}\frac{1}{G_1}}=\frac{G_2G_3}{G_1+G_2+G_3}$$

$$G_1=\frac{\frac{1}{G_a}+\frac{1}{G_b}+\frac{1}{G_c}}{\frac{1}{G_b}\frac{1}{G_c}}=\frac{G_aG_b+G_bG_c+G_cG_a}{G_a}$$，故(C)不正確。

經典考題

P.23 **1 (B)**。 電阻可通過的最大電流 $I=\sqrt{\dfrac{P}{R}}$

因 10W 的功率最低，故可通過最大電流 $I=\sqrt{\dfrac{10}{10}}=1A$

串聯後 $P_{串}=I^2(R_1+R_2+R_3)=1^2(10+10+10)=30W$

2 (D)。 $E_1-I\times5-E_3+E_2-I\times10=0$

$E_3=E_1-5I+E_2-10I=200-5\times10+50-10\times10=100V$

3 (C)。 串聯時電流 I 相同，由功率 20W 及 80W

可知 $R_2=4R_1$，且分壓 $V_{R1}=4V_{R1}$

故 $V_{R1}=20V$，$V_{R2}=80V$

$R_2=\dfrac{{V_{R2}}^2}{P_{R2}}=\dfrac{80^2}{80}=80\Omega \quad \therefore R_1=20\Omega$

4 (D)。 可通過最大電流係以 100W 為準

$I=\sqrt{\dfrac{P}{R}}=\sqrt{\dfrac{100}{100}}=1A$

串聯電阻　$R_{串}=R_1+R_2=100+100=200\Omega$

$V=IR_{串}=1\times200=200V$

5 (A)。 $P=\frac{V^2}{R} \Rightarrow R=\frac{V^2}{P}\mu\frac{1}{P}$

故功率小者阻抗較大

而串聯時電流相等，由 $P=I^2R\propto R$

故 40W 燈泡阻抗較大，串聯時較亮。

6 (C)。 可通過之最大電流 $I=\sqrt{\frac{P}{R}}$

$I_{1\Omega}=\sqrt{\frac{1}{1}}=1A \quad I_{2\Omega}=\sqrt{\frac{4}{2}}=\sqrt{2}\,A$

故以 1A 為最大電流

串聯時 $R_{串}=1+2=3\Omega$

$P=I^2R_{串}=1^2\times3=3W$

.24 **7 (B)**。 總電阻 $R_T=4+6\,//\,3=4+2=6\Omega$

總電流 $I=\frac{18}{6}=3A$

$I_{3\Omega}=3\times\frac{6}{6+3}=2A$

8 (B)。 總電阻 $R_T=24\,//\,24\,//\,12\,//\,6=12\,//\,12\,//\,6=6\,//\,6=3K\Omega$

總電壓 $V=I_TR_T=240mA\times3K\Omega=720V$

$I_{6K\Omega}=\frac{720}{6K\Omega}=120mA$

9 (D)。 電流源之電流相等，故功率 $P=I^2R\propto R$

$\frac{P_{串}}{P_{並}}=\frac{R_{串}}{R_{並}}=\frac{R+R}{R\,//\,R}=\frac{2R}{\frac{R}{2}}=4$

$P_{串}=4P_{並}=4\times10=40W$

10 (A)。 電壓源之電壓相等，由 $P=\frac{V^2}{R}\propto\frac{1}{R}$

$\frac{P_{串}}{P_{並}}=\frac{R_{並}}{R_{串}}=\frac{R\,//\,R}{R+R}=\frac{\frac{R}{2}}{2R}=\frac{1}{4}$

$P_{串}=\frac{1}{4}P_{並}=\frac{1}{4}\times200=50W$

11 (A)。 總電阻 $R_T=5\,//\,[4+6\,//\,3]=5\,//\,(4+2)=5\,//\,6=\frac{30}{11}$

總電流 $I_T=\frac{V}{R_T}=\frac{18}{\frac{30}{11}}=\frac{33}{5}\,A$

第一次分流 $I_{4\Omega}=\frac{33}{5}\times\frac{5}{(4+6//3+5)}=3A$

第二次分流 $I=I_{6\Omega}=3\times\frac{3}{6+3}=1A$

12 (A)。 先考慮（4KΩ+6KΩ）與 15KΩ並聯

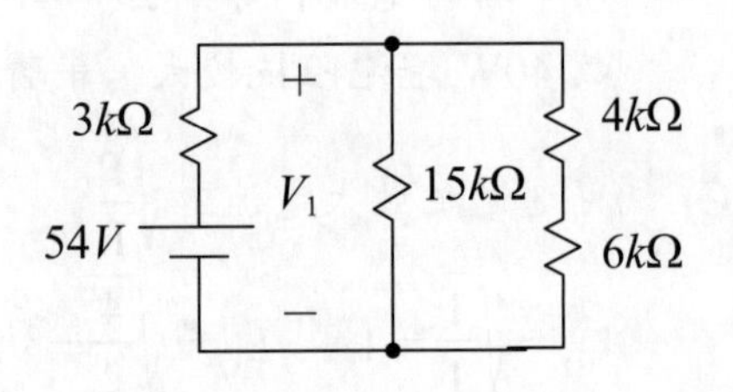

則 $V_1=54\times\frac{15//(4+6)}{3+15//(4+6)}$

$=54\times\frac{6}{3+6}=36V$

則 $V_0=V_1\times\frac{4K}{4K+6K}=36\times\frac{4}{4+6}=14.4V$

P.25 **13 (C)**。 $30V+20V-I\times8-10=0$

$8I=40\Rightarrow I=5A$

14 (D)。 $V=10+6K\times I=10+6K\times1mA=16V$

15 (B)。 電源看入的阻抗 $R_T=3//6+12//6=6\Omega$

電源供應電流 $I_T=\frac{36}{6}=6A$

$I_{3\Omega}=6\times\frac{6}{3+6}=4A$

$I_{12\Omega}=6\times\frac{6}{12+6}=2A$

$I=I_{3\Omega}-I_{12\Omega}=2A$

16 (D)。 重畫電路如右

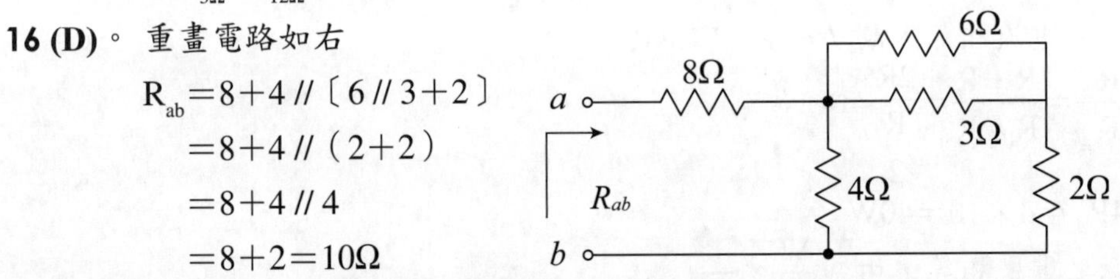

$R_{ab}=8+4//〔6//3+2〕$

$=8+4//(2+2)$

$=8+4//4$

$=8+2=10\Omega$

17 (D)。 先取包含四個節點的超節點解 I_2

$I_{入}-I_{出}=0\Rightarrow(10+2+6+3)-(2+8+I_2+9)=0\Rightarrow21-(19+I_2)=0$

$I_2=2A$

由右下方節點解 I_1

$I_1+3+6-I_2=0\Rightarrow I_1=I_2-9=2-9=-7A$

18 (A)。 重畫如右

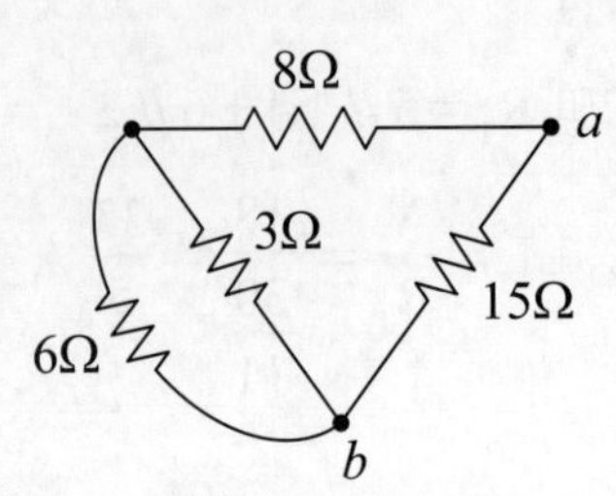

$R_{ab}=〔8+6//3〕//15$

$=〔8+2〕//15$

$=10//15$

$=6\Omega$

.26 **19 (D)**。 總電阻 $R_T = 6 // 3 + 6 // 12 = 2 + 4 = 6\Omega$

電源電流 $I_T = \dfrac{V}{R_T} = \dfrac{54}{6} = 9A$

分流 $I_{3\Omega} = 9 \times \dfrac{6}{6+3} = 6A$ $\quad I_{12\Omega} = 9 \times \dfrac{6}{6+12} = 3A$

故 $I = I_{3\Omega} - I_{12\Omega} = 6 - 3 = 3A$

20 (C)。 取包含三個節點的超節點

$I_{入} - I_{出} = 0 \Rightarrow (1+2+2+2+2) - I_2 = 0 \Rightarrow I_2 = 9A$

21 (D)。 令 $R_1 = 2 + 24 // 8 = 2 + 6 = 8\Omega$

$R_2 = 7 // 42 = 6\Omega$

重畫電路如右

電源電流 $I_{總} = \dfrac{60}{8 + 6 // 12} = \dfrac{60}{12} = 5A$

分流 $I = 5 \times \dfrac{6}{6+12} = \dfrac{5}{3} A = 1.67A$

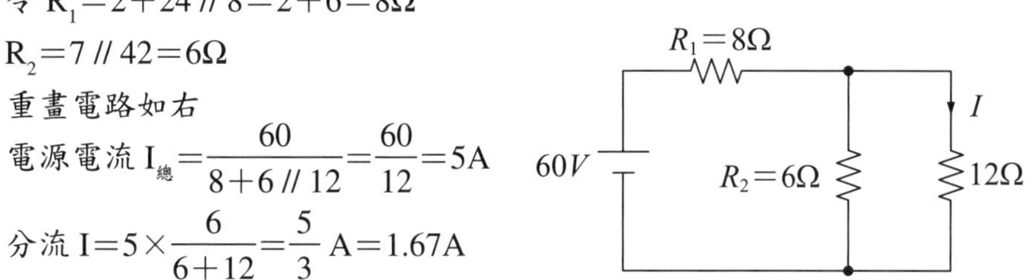

22 (B)。 取包含四個節點的超節點

$I_{入} - I_{出} = 0 \Rightarrow (2+3+5+7) - (6+4+I+8) = 0 \Rightarrow 17 - (I+18) = 0$

$I = -1A$

23 (D)。 6Ω與 3Ω壓降相同

故 $I_{6\Omega} = \dfrac{V_{6\Omega}}{6} = \dfrac{V_{3\Omega}}{6} = \dfrac{I_{3\Omega} \times 3}{6} = \dfrac{2 \times 3}{6} = 1A$

$I_{4\Omega} = I_{6\Omega} + I_{3\Omega} = 1 + 2 = 3A$

$V_{10\Omega} = I_{4\Omega} \times R_{4\Omega} + I_{6\Omega} \times R_{6\Omega} = 3 \times 4 + 1 \times 6 = 12 + 6 = 18V$

$E = V_{10\Omega} = 18V$

24 (A)。 $I_{2\Omega} = \dfrac{V_1}{R_{2\Omega}} = \dfrac{4}{2} = 2A$

$V_{8\Omega} = I_{2\Omega} \times 8\Omega = 2 \times 8 = 16V$

$V_R = V_{2\Omega} + V_{8\Omega} = V_1 + V_{8\Omega} = 4 + 16 = 20V$

$I_R = I - I_{2\Omega} = 7 - 2 = 5A$

$R = \dfrac{V_R}{I_R} = \dfrac{20}{5} = 4\Omega$

.27 **25 (C)**。 並聯時電壓相等，$V = IR = 1 \times 20 = 20V$

$I_{總} = \dfrac{V}{R_1} + \dfrac{V}{R_2} + \dfrac{V}{R_3} = \dfrac{20}{5} + \dfrac{20}{10} + \dfrac{20}{20} = 4 + 2 + 1 = 7A$

26 (B)。 合併 4A 及 3A 電流，並將 8Ω 及 4Ω 電阻並聯

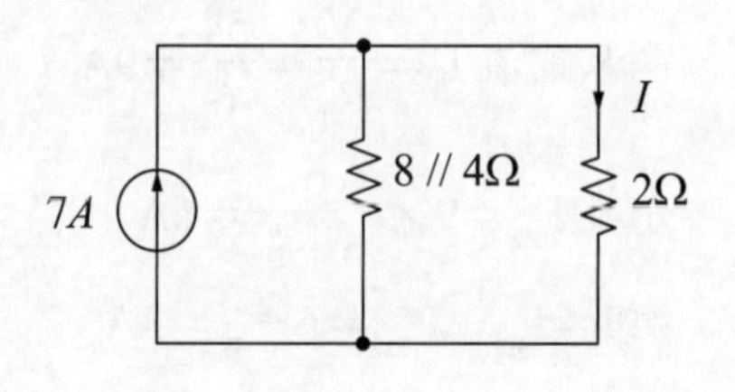

$$I=7\times\frac{8\,//\,4}{8\,//\,4+2}$$

$$=7\times\frac{\frac{32}{12}}{\frac{32}{12}+2}=7\times\frac{32}{56}=4A$$

27 (D)。 9 Ω 與電阻 R 的壓降相同

故 $I_{9\Omega}=\frac{1\times R}{9}=\frac{R}{9}$，$I_{18\Omega}=I_{9\Omega}+I_R=\frac{R}{9}+1$

故總壓降 $18\times(\frac{R}{9}+1)+1\times R=60$

$2R+18+R=60\Rightarrow R=14\Omega$

28 (B)。 $I_{入}-I_{出}=0$

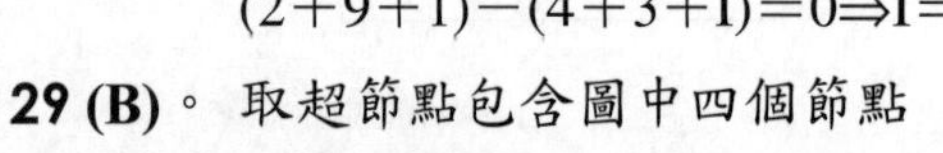

$(2+9+1)-(4+3+I)=0\Rightarrow I=5A$

取超節點

4A　2A　9A　I　3A　1A

29 (B)。 取超節點包含圖中四個節點

$I_{入}-I_{出}=0$

$(2+3+5)-(I+2+1+2+1)=0$

$10-(I+6)=0$

$I=4A$

30 (A)。 重畫電路如右

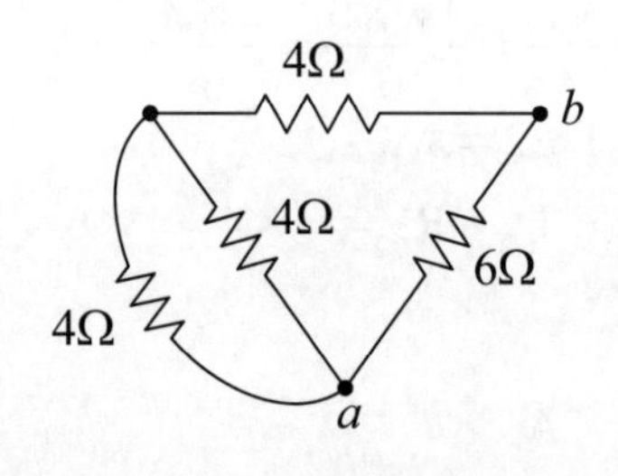

$R_{ab}=〔4\,//\,4+4〕//\,6$

$=(2+4)//\,6$

$=6\,//\,6$

$=3\Omega$

P.28 **31 (A)**。 $V=\frac{V_1}{2\Omega}\times（2\Omega+8\Omega）=\frac{4}{2}\times 10=20V$

$I_R=I-\frac{V_1}{2\Omega}=7-\frac{4}{2}=5A\Rightarrow R=\frac{V}{I_R}=\frac{20}{5}=4\Omega$

32 (B)。 電橋平衡時

$\frac{R_1}{R_2}=\frac{R_3}{R_x}$

$R_x=\frac{R_3}{R_1}\times R_2=\frac{200}{100}\times 300=600\Omega$

33 (B)。 由 Δ-Y 轉換

$$R_1=\frac{R_bR_c}{R_a+R_b+R_c}=\frac{90\times 60}{120+90+60}=20\Omega$$

34 (B)。 因電橋平衡，電橋中的電阻可忽略

$$R_T=4+(4+4)\,//\,(4+4)+4=12\Omega$$

$$I_S=\frac{V_S}{R_T}=\frac{36}{12}=3A$$

$$I=I_S\times\frac{4+4}{(4+4)+(4+4)}=3\times\frac{1}{2}=1.5A$$

35 (D)。 無相依電源時，令電壓源短路，電流源開路即可。

36 (C)。 重畫電路如右

由 12Ω電阻上 4A 電流

得 $V=IR=4\times 12=48V$

故 $I=\frac{V}{R_{4\Omega}}=\frac{48}{4}=12A$

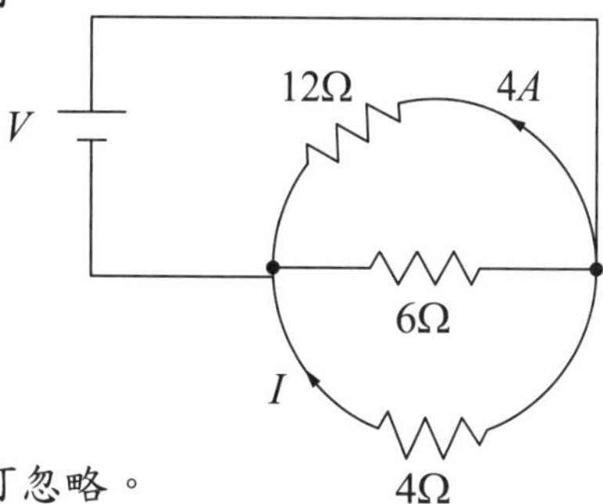

37 (A)。 由電阻$\frac{6\Omega}{2\Omega}=\frac{18\Omega}{6\Omega}$可知為平衡電橋，故3Ω電阻可忽略。

(1)將3Ω電阻開路

$$I=\frac{12V}{6\Omega+2\Omega}+\frac{12V}{18\Omega+6\Omega}$$

$$=\frac{12}{8}+\frac{12}{24}=2A$$

(2)將3Ω電阻短路

$$I=\frac{12V}{6\Omega//18\Omega+2\Omega//6\Omega}=\frac{12}{\frac{9}{2}+\frac{3}{2}}=2A$$

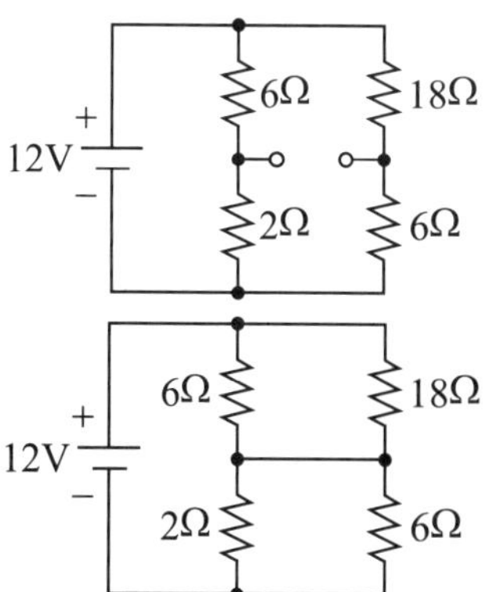

38 (A)。 雖然求電流，但用節點方程式較佳，設節點電壓V_A

$$\frac{V_A-10}{5}+\frac{V_A}{5}+\frac{V_A-5}{5}=0\Rightarrow V_A=5V$$

$$\begin{cases} I_1=\frac{5}{5}=1A \\ I_2=\frac{5-5}{5}=0A \end{cases}$$

39 (B)。 求 V_{ab}，不用求出 V_a 及 V_b

中間 10Ω 無電流，故可忽略左半邊 ⇒ $V_{ab}=\frac{4+5}{4+5+1}\times 20=18V$

40 (D)。 $Vs=I_{R2}\times R=\frac{5}{3}\times 30=50V$，$I_{R1}=\frac{V_S}{R_1}=\frac{50}{10}=5A$

$I_{R3}=I-I_{R1}-I_{R2}=10-5-\frac{5}{3}=\frac{10}{3}A$，$R_3=\frac{V_S}{I_{R3}}=\frac{50}{\frac{10}{3}}=15\Omega$

41 (A)。 化簡電路

$R_{eq1}=〔2+3//6〕//〔5+7〕=3\Omega$

$V_{eq1}=\frac{3}{2+3+1}\times 12=6V$

$V_{6\Omega}=\frac{3//6}{2+3//6}\times V_{eq1}=\frac{2}{2+2}\times 6=3V$

$P_{6\Omega}=\frac{V_{6\Omega}^{\ 2}}{R}=\frac{3^2}{6}=1.5W$

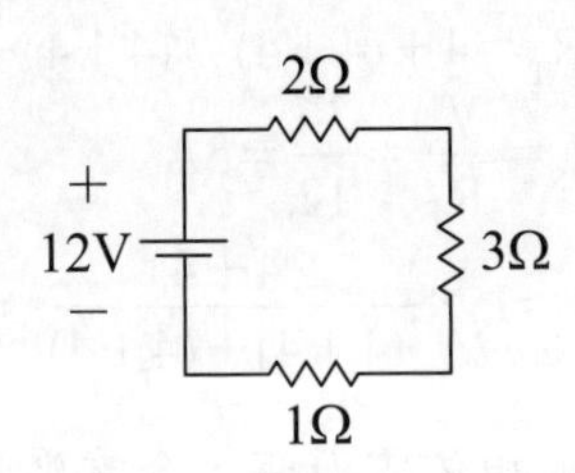

模擬測驗

P.30 **1 (B)**。 $I=\frac{V}{R}=\frac{60}{10+5}=4A$

2 (B)。 $I=\frac{V}{R}=\frac{10}{15K+10K+5K+20K}=\frac{10}{50K}=0.2mA$（由右至左）

$V_x=0-IR=-0.2mA\times 20k\Omega=-4V$

3 (A)。 串聯後電流 $I=\frac{V}{R}=\frac{200}{25+35+40}=2A$

功率 $P=I^2R=2^2\times 25=100W$

4 (A)。 由分壓定理

$V_1=60\times\frac{R_1}{2+R_1}=40$

$60R_1=80+40R_1$，$20R_1=80 \Rightarrow R_1=4k\Omega$

5 (C)。 由克希荷夫電壓定律寫出迴路方程式，假設 9V 電壓源下方為接地點

$9+12-I_1\times 8-6-I_1\times 3-I_1\times 4=0\Rightarrow 15-15I_1=0 \Rightarrow I_1=1A$

P.31 **6 (B)**。 串聯時電流相等

$\frac{V_{R2}}{V_{R1}}=\frac{I\times R_2}{I\times R_1}=\frac{R_2}{R_1}=\frac{1}{5}$

7 (A)。 $P=I^2R=0.1^2\times(100+200)=3W$

8 (D)。由分壓定理

$$V_3=E\times\frac{R_3}{R_1+R_2+R_3+R_4}=\frac{R_3}{R_T}$$

$$1=9\times\frac{1\Omega}{R_T}\Rightarrow R_T=9\Omega$$

9 (C)。由分壓定理

$$V_A=E\times\frac{R_2}{R_1+R_2}=E\times\frac{2R_1}{R_1+2R_2}=\frac{2}{3}E\ \Rightarrow\ \frac{V_A}{E}=\frac{2}{3}$$

10 (A)。由分壓定理

$$V_a=12\times\frac{2}{2+1}=8V,\ \ V_b=12\times\frac{4}{8+4}=4V\Rightarrow V_a-V_b=8-4=4V$$

P.32 **11 (C)**。總電阻$R_T=8+8//〔6//12+4〕=8+8//(4+4)=8+8//8=8+4=12\Omega$

$$I=\frac{12}{R_T}=\frac{12}{12}=1A$$

12 (B)。由分流定理$3=7\times\frac{R_1}{4+R_1}\Rightarrow 12+3R_1=7R_1\Rightarrow R_1=3\Omega$

13 (C)。由 $P=\frac{V^2}{R}\Rightarrow\frac{P_{串}}{P_{並}}=\frac{\frac{V^2}{R_{串}}}{\frac{V^2}{R_{並}}}=\frac{R_{並}}{R_{串}}=\frac{\frac{R_1R_2}{R_1+R_2}}{R_1+R_2}=\frac{R_1R_2}{(R_1+R_2)^2}$

14 (C)。$R_{並}=300\ //\ 600\ //\ 200=200\ //\ 200=100\Omega$

故 100Ω 上壓降

$$V_{100\Omega}=8\times\frac{100}{100+100}=4V$$

功率 $P_{100\Omega}=\frac{{V_{100\Omega}}^2}{R_{100\Omega}}=\frac{4^2}{100}=0.16W$

15 (D)。由分壓定量　$V_{ac}=72\times\frac{16\ //\ (8+8)}{16+16\ //\ (8+8)}\times\frac{8}{8+8}$

$$=72\times\frac{8}{16+8}\times\frac{8}{16}=72\times\frac{1}{3}\times\frac{1}{2}=12V$$

P.33 **16 (C)**。2 個 1Ω 電阻均流過 $I_1=0.5A$ 電流

由 $I_2=I+I_1+I_1\Rightarrow I=I_2-2I_1=2-2\times0.5=1A$

17 (C)。並聯電壓 $V_{並}=IR=1\times60=60V$

$$I_{總}=\frac{V_{並}}{R_1}+\frac{V_{並}}{R_2}+\frac{V_{並}}{R_3}=\frac{60}{10}+\frac{60}{30}+\frac{60}{60}=6+2+1=9A$$

18 (C)。等效阻抗 $R_T=R+R//R=R+\frac{R}{2}=\frac{3}{2}R$

$$P_{總}=\frac{V^2}{R_T}=\frac{3^2}{\frac{3}{2}R}=\frac{6}{R}=3W \Rightarrow R=2\Omega$$

19 (B)。 $R_{AB}=5+4//〔(2//2)+3〕=5+4//(1+3)=5+4//4$
$=5+2=7\Omega$

20 (C)。 由 $P=IV \Rightarrow$ 電壓 $E=\frac{P}{I}=\frac{108}{9}=12V$

電流 $I=\frac{E}{R}+\frac{E}{R}+\frac{E}{R}=\frac{12}{R}+\frac{12}{R}+\frac{12}{R}=9A \Rightarrow R=4\Omega$

P.34 **21 (B)**。 $R_{ab}=3+2//(1+1)=3+2//2=3+1=4\Omega$

22 (D)。 等效電路如右

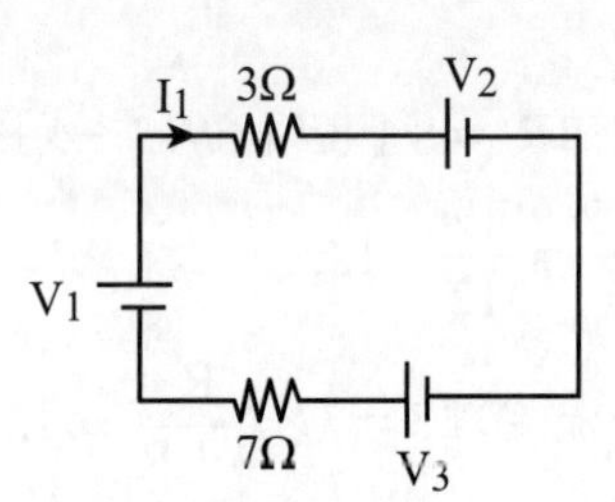

迴路方程式

$V_1-3I_1-V_2+V_3-7I_1=0$

$10-3\times2-V_2+15-7\times2=0$

$V_2-10-6+15-14=5V$

23 (D)。 令 $R_1=8\Omega$，$R_2=12\Omega$，$R_3=24\Omega$

$R_T=R_1R_2+R_2R_3+R_3R_1=8\times12+12\times24+24\times8=576$

$R_A=\frac{R_T}{R_1}=\frac{576}{8}=72\Omega$

$R_B=\frac{R_T}{R_2}=\frac{576}{12}=48\Omega$

$R_C=\frac{R_T}{R_3}=\frac{576}{24}=24\Omega$

$R_{總}=R_A+R_B+R_C=72+48+24=144\Omega$

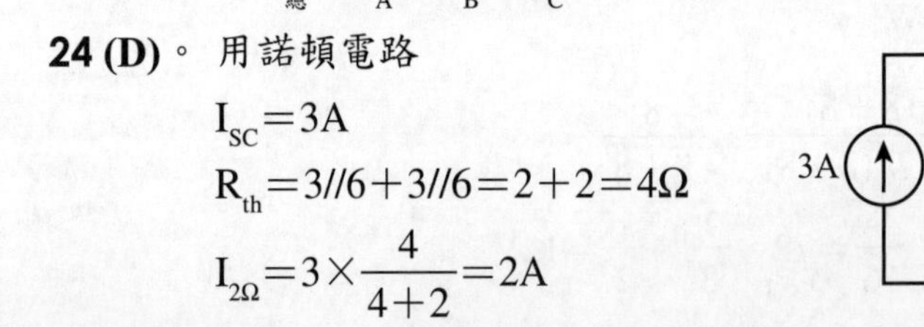

24 (D)。 用諾頓電路

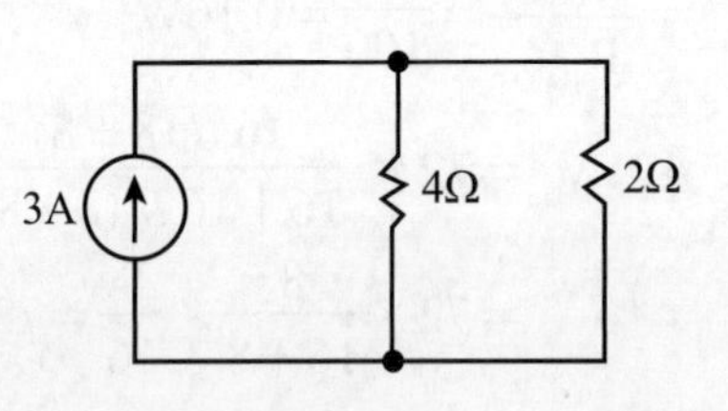

$I_{SC}=3A$

$R_{th}=3//6+3//6=2+2=4\Omega$

$I_{2\Omega}=3\times\frac{4}{4+2}=2A$

25 (D)。 由平衡電橋 $\frac{R_1}{R_3}=\frac{R_2}{R} \Rightarrow \frac{1k}{2k}=\frac{5k}{R} \Rightarrow R=10k$

P.35 **26 (A)**。 等效電路如右

$I_1=\frac{12}{2+2}=\frac{12}{4}=3A$

27 (B)。 $\frac{1}{R_T}=\frac{1}{1}=\frac{1}{4}+\frac{1}{4}+\frac{1}{R} \Rightarrow \frac{1}{R}=1-\frac{1}{4}-\frac{1}{4}=\frac{1}{2} \Rightarrow R=2k\Omega$

28 (A)。 因各組選項所給之答案均未重覆，故算出 R_1 或 R_2 即可選出正確答案

$$V_{並}=\frac{P_{R1}}{I_{R1}}=\frac{100}{2}=50V，R_1=\frac{V_{並}}{I_{R1}}=\frac{50}{2}=25\Omega，R_2=\frac{V_{並}^2}{P_{R2}}=\frac{50^2}{50}=50\Omega$$

29 (B)。 12Ω 電阻右側的等效電阻 R′ 為

$R'=3+6//（2+4）=3+6//6=3+3=6\Omega$

應用分流 $I_{6\Omega}=6\times\frac{12}{12+6}\times\frac{2+4}{6+(2+4)}=6\times\frac{12}{18}\times\frac{6}{12}=2A$

功率 $P=I^2R=2^2\times6=24W$

30 (B)。 總電阻 $R_T=10//20//25//100=10//20//20=10//10=5\Omega$

總功率 $P=\frac{V^2}{R}=\frac{100^2}{5}=\frac{10000}{5}=2000W$

第4章 直流迴路

觀念加強

.37 **1 (A)**。 重疊定理僅能用於線性電路，不可用於非線性電路。

.39 **2 (A)**。 (A)因內部直流電源為有限值，所以短路電流不可能為∞；(B)兩端點開路之開路電壓為∞V 表示為一理想電流源，無並聯電阻，其等效電流為短路電流 4A；(C)短路電流 4A 表示電流源電流值為 4A，開路電壓 5V 表示並聯一電阻 5/4W；(D)短路電流 0A 表示電流源電流值為 0A，亦即無電流源；故(A)之情形不可能存在。

3 (B)。 (A)應用重疊定理時，移去的電壓源兩端以短路取代；(B)正確；(C)節點電壓法係設定節點電壓後，應用克希荷夫電流定律，寫出節點方程式，求出每個節點電壓；(D)迴路分析法係設定迴路電流後，應用克希荷夫電壓定律，寫出迴路方程式，求出每個迴路電流；故選(B)。

4 (A)。 求戴維寧等效電路或諾頓等效電路的等效電阻時，應令獨立電壓源短路，並令獨立電流源開路，故選(A)。

5 (A)。 戴維寧等效電路中電壓源的電壓值為電路開路時所測得之電壓值，故選(A)。

6 (B)。 諾頓等效電路中電流源的電流值為電路短路時所測得之電流值，故選(B)。

.40 **7 (B)**。 由最大功率轉移定理，負載電阻等於電路內阻時轉移功率最大，故選(B)。

8 (D)。 當阻抗匹配滿足最大功率定理時，此時效率定為 50%，故選(D)。

9 (B)。 當阻抗匹配滿足最大功率定理時所消耗之功率最大，故選 (B)。

10 (A)。 電阻左右兩端等電位，故電流值為 0。

經典考題

P.41 **1 (B)**。 4Ω 電阻的電流為（I+3）A

故 $12=6+4(I+3)+2I \Rightarrow 12=18+6I \Rightarrow I=-1A$

2 (C)。 設 C 點為接地點，$V_{ac}=V_a$，$V_{bc}=V_b$

寫出 a 點的節點方程式

$$\frac{V_a-10}{10K}+\frac{V_a-0}{10K}+\frac{V_a-(-10)}{5K}=0$$

$$V_a-10+V_a+2V_a+20=0 \Rightarrow 4V_a=-10 \Rightarrow V_a=-2.5V$$

3 (B)。 用重疊定理：$I=6\times\frac{6}{3+6}+\frac{18}{6+3}=4+2=6A$

4 (B)。 用重疊定理：$I_{2\Omega}=\frac{16}{4+2}+2\times\frac{4}{4+2}=\frac{8}{3}+\frac{4}{3}=4A$

$P_{2\Omega}=I_{2\Omega}{}^2\times R_{2\Omega}=4^2\times 2=32W$

5 (D)。 用重疊定理：$I_1=6\times\frac{6}{3+6}+\frac{18}{3+6}=6\times\frac{2}{3}+2=4+2=6A$

6 (D)。 $V_1=5+3K\Omega\times 1mA=5+3=8V$

P.42 **7 (B)**。 由圖可得 3Ω 並 3Ω，6Ω 並 6Ω

$$I_{12V}=\frac{12}{3/\!/3}+\frac{12-(-6)}{6/\!/6}$$

$$=\frac{12}{1.5}+\frac{18}{3}=8+6=14V$$

$P_{12V}=IV=14\times 12=168W$

8 (D)。 由重疊定理

(1) $I_{3A} \Rightarrow I_1=I_{3A}\times\frac{2\Omega}{1\Omega+2\Omega}$

$=3\times\frac{2}{3}$

$=2A$

(2) $V_{9V} \Rightarrow I_2=\frac{-V_{9V}}{1\Omega+2\Omega}$

$=\frac{-9}{1+2}$

$=-3A$

$I=I_1+I_2=2-3=-1A$

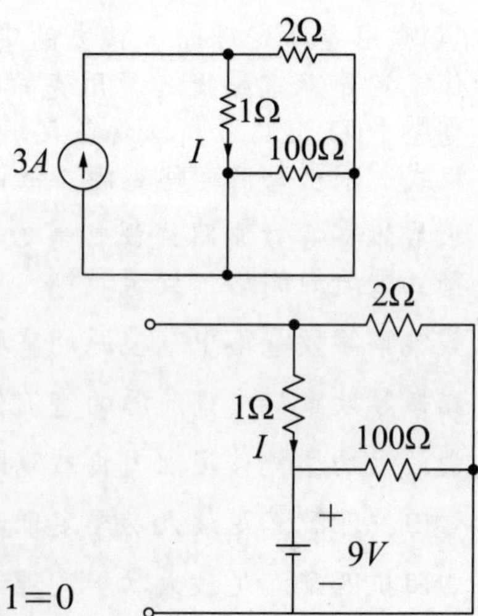

9 (C)。

$$\begin{cases} -(I_1-I_2)\times 10-(I_1-I_3)\times 10+15-I_1\times 1=0 \\ 10-(I_2-I_3)\times 1-(I_2-I_1)\times 10-I_2\times 9=0 \\ -I_3\times 9-(I_3-I_1)\times 10-(I_3-I_2)\times 1-10=0 \end{cases}$$

$$\begin{cases} 21I_1-10I_2-10I_3=15 \\ -10I_1+20I_2-10I_3=10 \\ -10I_1-I_2+20I_3=-10 \end{cases}$$

$a_{11}+a_{22}+a_{33}=21+20+20=61$

10 (D)。

$$\begin{cases} 節點\ 1=-1+\dfrac{V_1-V_3}{1}+\dfrac{V_1-V_2}{10}+\dfrac{V_1-9}{1}=0 \\ 節點\ 2：\dfrac{V_2-V_1}{10}+\dfrac{V_2}{1}+1+\dfrac{V_2-V_3}{10}=0 \\ 節點\ 3：1+\dfrac{V_3-V_1}{1}+\dfrac{V_3-V_2}{10}+\dfrac{V_3-(-9)}{1}=0 \end{cases}$$

$$\Rightarrow \begin{cases} \dfrac{21}{10}V_1-\dfrac{1}{10}V_2-V_3=10 \\ \dfrac{-1}{10}V_1+\dfrac{12}{10}V_2-\dfrac{1}{10}V_3=-1 \\ -V_1-\dfrac{1}{10}V_2+\dfrac{21}{10}V_3=-10 \end{cases}$$

$I_1+I_2+I_3=10-1-10=-1A$

11 (A)。由重疊定理：$V_{6\Omega}=9\times\dfrac{6}{3+6}+3\times(3 /\!/ 6)=6+3\times 2=6+6=12V$

P.43 **12 (B)**。流過 5Ω 電阻的電流為

$I_{5\Omega}=30-5-5=20A$ 由右向左

故$V_S=(-I)\times 10\Omega+20A\times 5\Omega=-5\times 10+20\times 5=-50+100=50V$

13 (D)。由節點方程式

$$\begin{cases} \dfrac{V_1-6}{3}+\dfrac{V_1}{6}+\dfrac{V_1-V_2}{2}=0 \\ \dfrac{V_2-V_1}{2}+\dfrac{V_2-32}{8}+\dfrac{V_2}{8}=0 \end{cases}$$

$$\Rightarrow \begin{cases} 2(V_1-6)+V_1+3(V_1-V_2)=0 \\ 4(V_2-V_1)+V_2-32+V_2=0 \end{cases}$$

$$\Rightarrow \begin{cases} 6V_1-3V_2=12 \\ -4V_1+6V_2=32 \end{cases}$$

$$\Rightarrow \begin{cases} V_1=7V \\ V_2=10V \end{cases}$$

14 (D)。 僅求 E_2 產生的壓降，電壓源 E_1 短路，電流源 I 開路

$$V_{R2}=E_2\times\frac{R_1 // R_2}{R_1 // R_2+R_3}$$
$$=32\times\frac{2.4 // 1.6}{2.4 // 1.6+1.6}$$
$$=32\times\frac{0.96}{0.96+1.6}$$
$$=12V$$

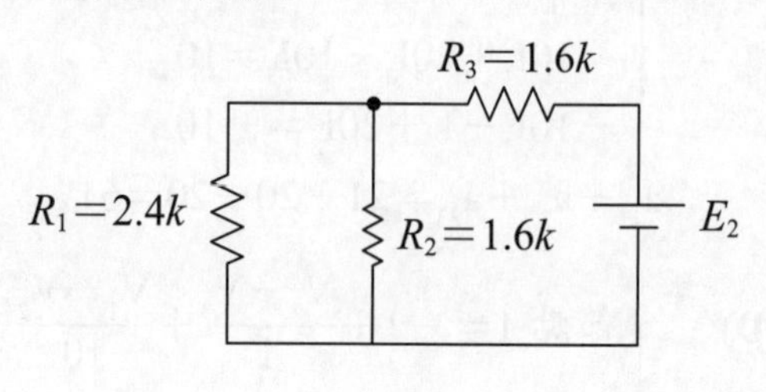

15 (B)。 以中間為接地點

$$I_1+I_2=\frac{9-6}{3}+\frac{9-12}{3}+\frac{15-12}{3}+\frac{15-6}{3}$$
$$=1-1+1+3$$
$$=4A$$

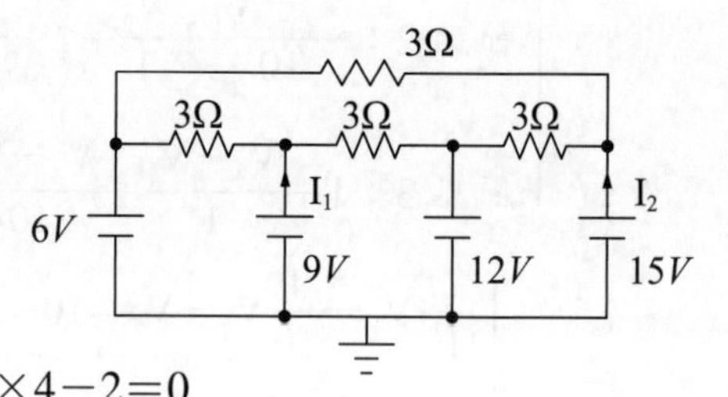

P.44 **16 (B)**。

$$\begin{cases} I_1\text{ 迴圈：}20-(I_1-I_3)\times 3-(I_1-I_2)\times 4-2=0 \\ I_2\text{ 迴圈：}2-(I_2-I_1)\times 4-(I_2-I_3)\times 1-I_2\times 6=0 \\ I_3\text{ 迴圈：}I_3=-5A \end{cases}$$

$$\Rightarrow\begin{cases} I_1：7I_1-4I_2-3I_3=18 \\ I_2：-4I_1+11I_2-I_3=2 \Rightarrow \text{故(B)正確} \\ I_3：I_3=-5 \end{cases}$$

17 (B)。 由最大功率轉移定理

$$X=R_{th}=〔10k // 10k+5k〕// 10k$$
$$=(5k+5k)// 10k$$
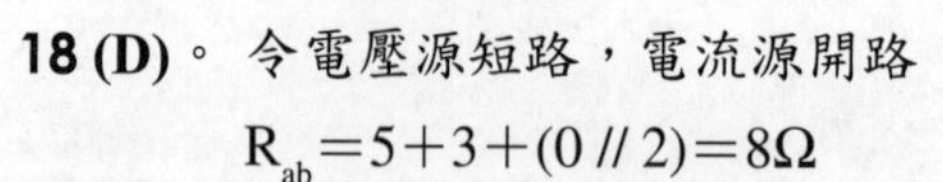
$$=10k // 10k$$
$$=5k\Omega$$

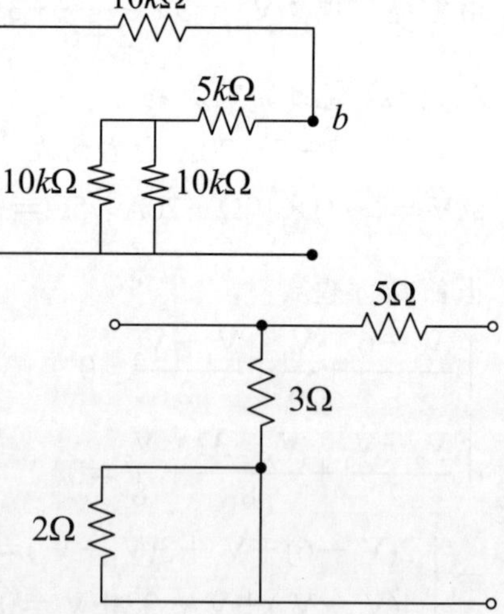

18 (D)。 令電壓源短路，電流源開路

$R_{ab}=5+3+(0 // 2)=8\Omega$

19 (B)。 由最大功率轉移定理

$R_L=R_{th}=3 // 6=2\Omega$

20 (A)。 (1)由最大功率轉移定理

$R_L=R_{th}=6 // 3=2\Omega$

(2)電阻 R_L 兩端的開路電壓

$$V_{th}=V_{oc}=6\times(3 // 6)+27\times\frac{6}{3+6}=6\times 2+27\times\frac{2}{3}=12+18=30V$$

$$P_{L,max}=\frac{1}{4}\frac{V_{oc}^2}{R_L}=\frac{1}{4}\times\frac{30^2}{2}=112.5W$$

P.45 **21 (C)**。 由重疊定理

$$V_0=V_1\times\frac{2\,/\!/\,(1+2)}{2+2\,/\!/\,(1+2)}\times\frac{2}{1+2}+V_2\times\frac{2\,/\!/\,2+1}{2+(2\,/\!/\,2+1)}$$

$$=\frac{1.2}{2+1.2}\times\frac{3}{2}V_1+\frac{2}{2+2}V_2=\frac{1}{4}V_1+\frac{1}{2}V_2$$

$$a+b=\frac{1}{4}+\frac{1}{2}=\frac{3}{4}$$

22 (D)。 由 Y－Δ轉換，電阻相等時，$R_\Delta=3R_Y$

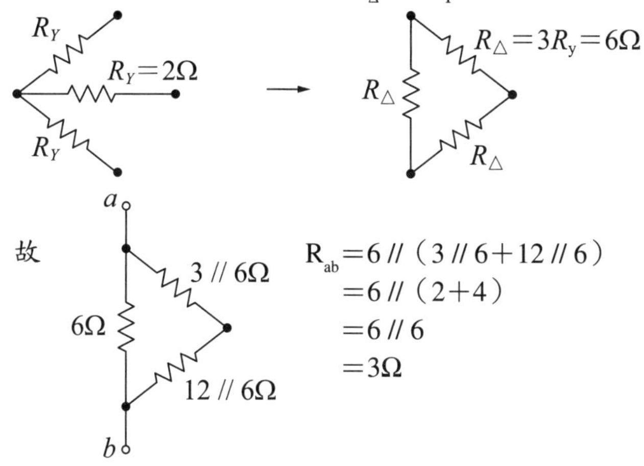

故

$$R_{ab}=6\,/\!/\,(3\,/\!/\,6+12\,/\!/\,6)$$
$$=6\,/\!/\,(2+4)$$
$$=6\,/\!/\,6$$
$$=3\Omega$$

23 (A)。 由 Y－Δ 轉換

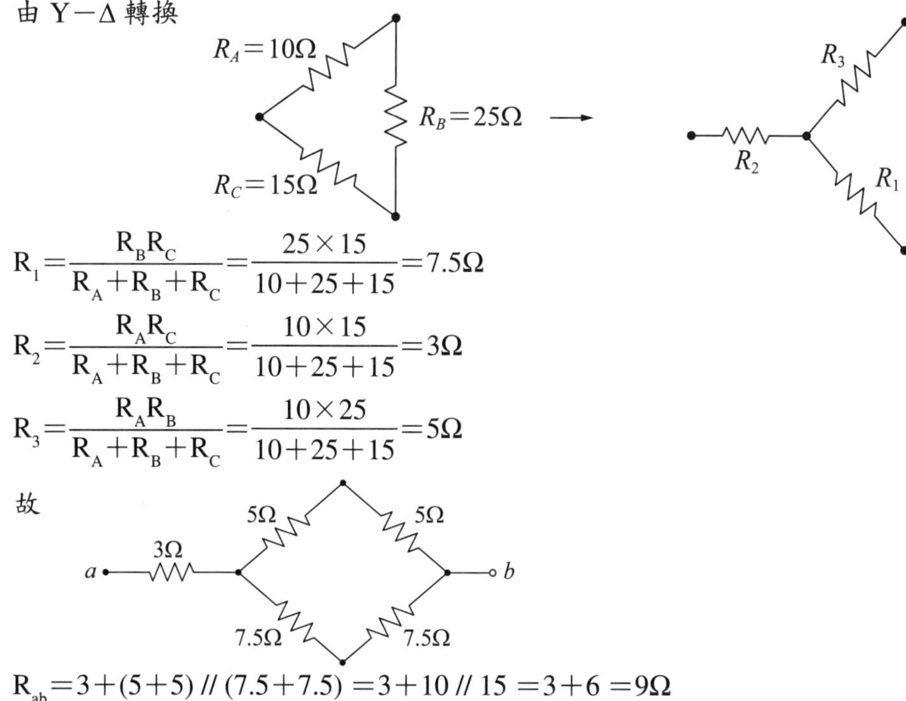

$$R_1=\frac{R_BR_C}{R_A+R_B+R_C}=\frac{25\times15}{10+25+15}=7.5\Omega$$

$$R_2=\frac{R_AR_C}{R_A+R_B+R_C}=\frac{10\times15}{10+25+15}=3\Omega$$

$$R_3=\frac{R_AR_B}{R_A+R_B+R_C}=\frac{10\times25}{10+25+15}=5\Omega$$

故

$$R_{ab}=3+(5+5)\,/\!/\,(7.5+7.5)=3+10\,/\!/\,15=3+6=9\Omega$$

24 (A)。 由重疊定理

$$V_1=6\times\frac{8\,//\,2}{4+8\,//\,2}+25\times\frac{8\,//\,4}{2+8\,//\,4}=6\times\frac{1.6}{4+1.6}+25\times\frac{\frac{8}{3}}{2+\frac{8}{3}}$$

$$=6\times\frac{2}{7}+25\times\frac{4}{7}=\frac{112}{7}=16V$$

25 (B)。 由重疊定理

$$I_b=\frac{V_A}{R_a+R_b}+I_B\times\frac{R_a}{R_a+R_b}=\frac{A+R_aB}{R_a+R_b}$$

P.46 **26 (A)**。 由 Δ-Y 轉換

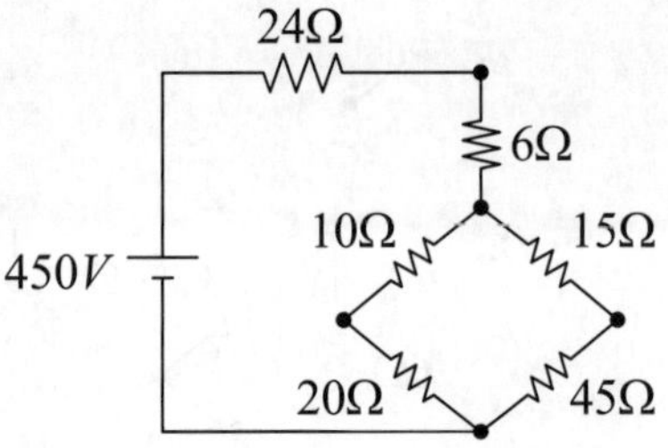

$$R_1=\frac{R_BR_C}{R_A+R_B+R_C}=\frac{20\times30}{50+20+30}=6\Omega$$

$$R_2=\frac{R_CR_A}{R_A+R_B+R_C}=\frac{30\times50}{50+20+30}=15\Omega$$

$$R_3=\frac{R_AR_B}{R_A+R_B+R_C}=\frac{50\times20}{50+20+30}=10\Omega$$

$$i=\frac{450}{24+6+(10+20)\,//\,(15+45)}\times\frac{10+20}{(10+20)+(15+45)}$$

$$=\frac{450}{30+30\,//\,60}\times\frac{30}{30+60}=\frac{450}{50}\times\frac{30}{90}=3A$$

27 (A)。 $I=I_{SC}=\frac{15}{6K}+3mA=2.5mA+3mA=5.5mA$

28 (B)。 右半部! $i_T=20i+\frac{V_T}{25}$

左半部@#$% $i=-\frac{3V_T}{2K}$ 以 $i=-\frac{3V_T}{2K}$ 代入上式

$$i_T=-\frac{20\times3}{2000}V_T+\frac{V_T}{25}=\left(\frac{-30}{1000}+\frac{40}{1000}\right)V_T=\frac{1}{100}V_T$$

$$R_{ab}=\frac{V_T}{i_T}=100\Omega$$

29 (A)。 由最大功率轉移定理

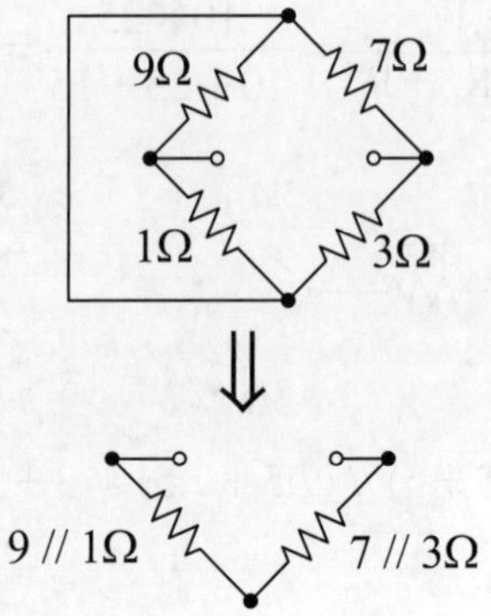

$$R_L=R_{th}=9\,//\,1+7\,//\,3$$

$$=\frac{9\times1}{9+1}+\frac{7\times3}{7+3}$$

$$=\frac{9}{10}+\frac{21}{10}$$

$$=3\Omega$$

30 (A)。 以 2Ω 為負載阻抗，用戴維寧定理

$V_{oc}=18\times(\frac{6}{3+6}-\frac{4}{4+4})=18\times(\frac{2}{3}-\frac{1}{2})=3V$

$R_{th}=(3 // 6)+(4 // 4)=2+2=4\Omega$

$V_{ab}=3\times\frac{2}{4+2}=1V$

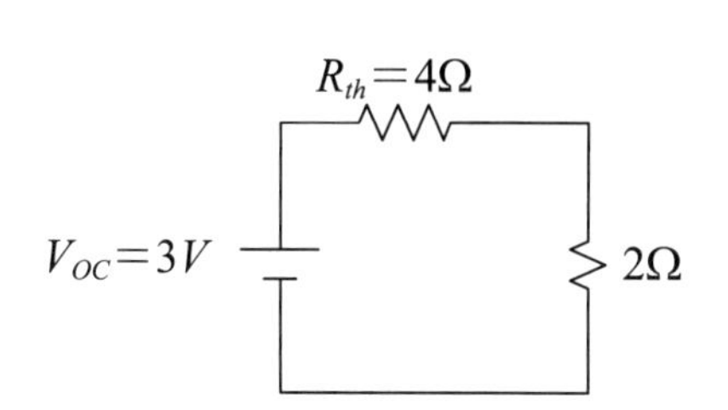

.47 **31 (A)**。 可變電阻器 R_L 的阻值越大，分壓越大，故令 R_L 等於 60kΩ

$I=\frac{100}{40k+60k}=\frac{100}{100k}=1mA$

32 (C)。 $R_{th}=3k // 6k+2k=2k+2k=4k\Omega$

$V_{th}=15\times\frac{6k}{3k+6k}=10V$

33 (A)。 由最大功率轉移定理，$R_L=R_{th}$

接 20Ω時　$V_{20\Omega}=V_{oc}\times\frac{R_{20\Omega}}{R_{th}+R_{20\Omega}}$

$20=30\times\frac{20}{R_{th}+20}\Rightarrow R_L=R_{th}=10\Omega$

34 (B)。 由最大功率轉移定理，$P_{L,max}=\frac{V_{oc}^{\ 2}}{4R_{th}}$

由上題得 $R_{th}=10\Omega$

$P_{L,max}=\frac{V_{oc}^{\ 2}}{4R_{th}}=\frac{30^2}{4\times 10}=22.5W$

35 (D)。 由最大功率轉移定理，$R_L=R_{th}$

故 8 個內阻串並聯後為 $1\Omega=2\times 0.5\Omega=2R$

8 個串聯⇒$R_{th}=8\Omega=4\Omega$

8 個並聯⇒$R_{th}=\frac{R}{8}=\frac{1}{16}\Omega$

2 個串聯再並聯⇒$R_{th}=\frac{2R}{4}=\frac{1}{4}\Omega$

4 個串聯再並聯⇒$R_{th}=\frac{4R}{2}=2\Omega$

.48 **36 (B)**。 (1)求開路電壓，A端為正端

$E_{th}=144\times\frac{4}{4+4}-144\times\frac{3}{6+3}$

$=72-48=24V$

(2)求等效阻抗，電壓源短路

$R_{th}=4//4+6//3=2+2=4\Omega$

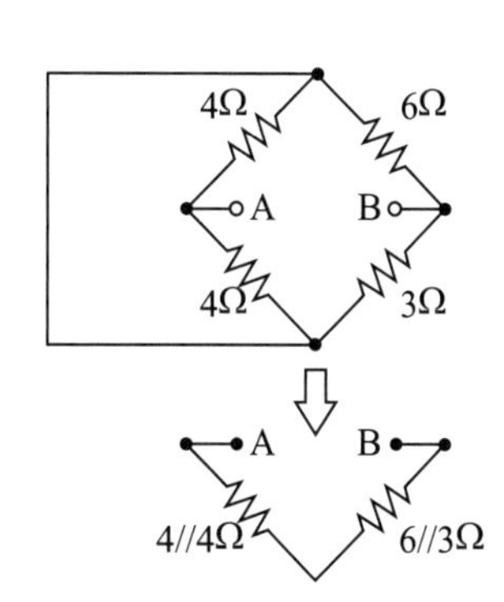

37 (B)。 由最大功率轉移定理

$R_L = R_{th} = 3//6 + 3 = 2 + 3 = 5\Omega$

$V_{th} = 15 \times \frac{6}{3+6} = 10V$，$P_{L,max} = \frac{V_{th}^2}{4R_{th}} = \frac{10^2}{4 \times 5} = 5W$

38 (A)。 求戴維寧等效電阻時，電壓源短路，電流源應開路；其餘(B)(C)(D)皆正確。

39 (B)。 設節點電壓 V

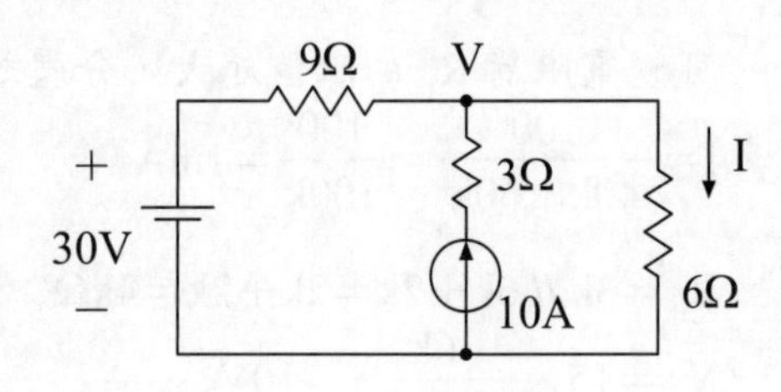

$\frac{V-30}{9} - 10 + \frac{V}{6} = 0$

$2V - 60 - 180 + 3V = 0$

$\Rightarrow V = 48V$

$I = \frac{V}{6} = \frac{48}{6} = 8A$

P.49 **40 (B)**。 由最大功率轉移定理

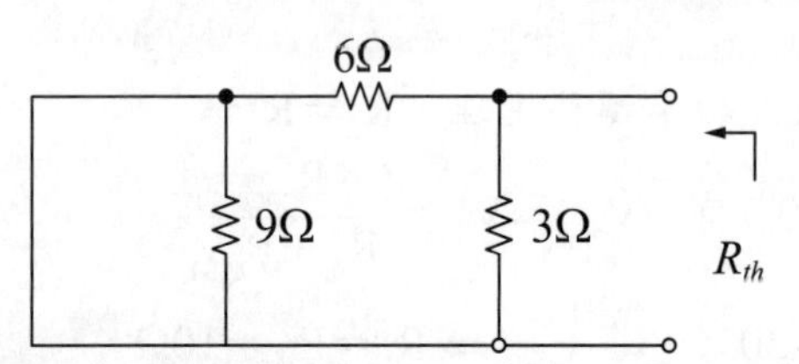

$R_L = R_{th} = \lbrack (0 // 9) + 6 \rbrack // 3$

$= 6 // 3$

$= 2\Omega$

41 (D)。 假設 R_L 短路，R_D 當負載，用戴維寧電路

$R_{th} = 10k // 20k = \frac{200}{30} k\Omega = \frac{20}{3} k\Omega$

$V_{oc} = 10V \times \frac{20k}{10k + 20k} + 2mA \times (10k // 20k)$

$= 10 \times \frac{2}{3} + 2 \times \frac{20}{3} = 20V$

$I_{RD} = \frac{V_{oc}}{R_{th} + R_D} = \frac{20V}{\frac{20}{3}K + R_D} \leq 1mA$

$R_D \geq \frac{20V}{1mA} - \frac{20}{3} k = 20k - \frac{20}{3} k = \frac{40}{3} k \approx 13.3k\Omega$

故選(D)

42 (A)。 由最大功率轉移定理，$P_{L,max} = \frac{V_{oc}^2}{4R_{th}}$

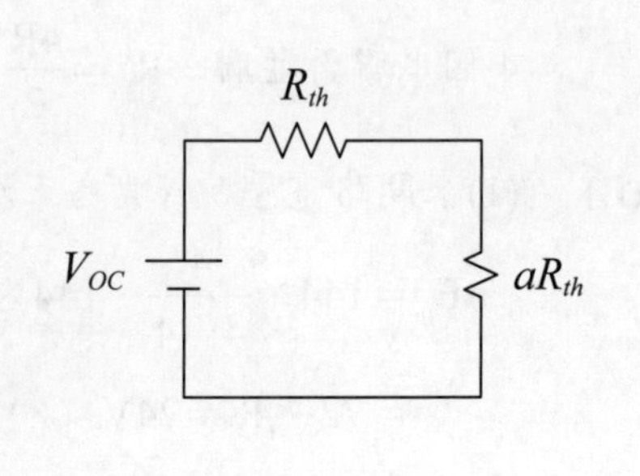

$P_L = \frac{V_{oc}}{R_{th} + aR_{th}} \times \frac{V_{oc} \times aR_{th}}{R_{th} + aR_{th}} = \frac{aV_{oc}^2}{(1+a)^2 R_{th}}$

故 $\frac{P_L}{P_{L,max}} = \frac{\frac{a}{(1+a)^2}}{\frac{1}{4}} = \frac{4a}{(1+a)^2} = 4a：(a+1)^2$

43 (D)。 由克希荷夫電壓定律

$V_A = 3 + 6 - 4 + 1 = 6V$, $V_B = 20 - 5 - V_A + 1 = 20 - 5 - 6 + 1 = 10V$

2.50 **44 (A)**。 由戴維寧電路，$V_{OC}=36V$

$V_{OC}=R_{th}\cdot I+R_L\cdot I$，$36=(R_{th}+5)\times 6 \Rightarrow R_{th}=1\Omega$

故短路時 $I_{SC}=\frac{V_{oc}}{R_{th}}=\frac{36}{1}=36A$

45 (D)。 設節點電壓較快

$\frac{V-2}{2}+\frac{V}{4}+\frac{V-6}{1}=0$

$2V-4+V+4V-24=0$

$\Rightarrow V=4V$

$I_b=\frac{V-6}{1}=\frac{4-6}{1}=-2A$

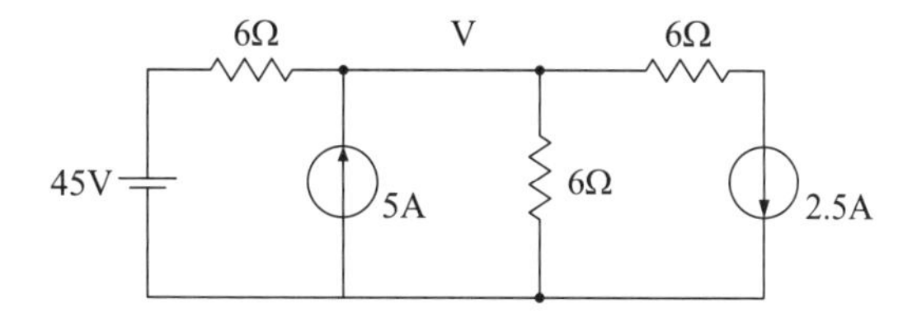

46 (C)。用節點方程式

$\frac{V-45}{6}-5+\frac{V}{6}+2.5=0$

$V-45-30+V+15=0$

$V=30V$

$\Rightarrow I=\frac{V}{6\Omega}=\frac{30}{6}=5A$

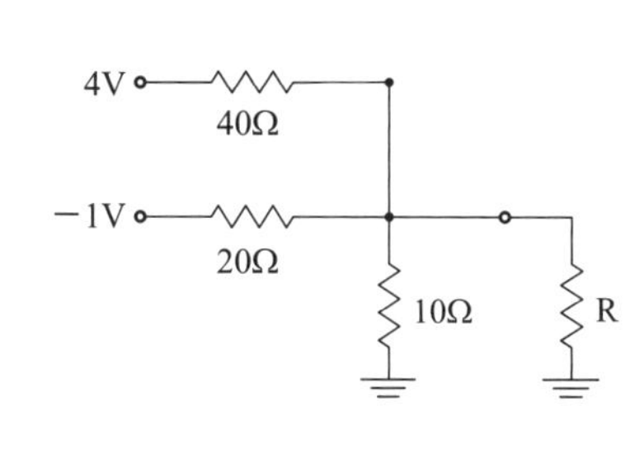

47 (D)。 求等效電路

$V_{OC}=4\times\frac{20//10}{40+20//10}+(-1)\times\frac{40//10}{20+40//10}$

$=4\times\frac{1}{7}-1\times\frac{2}{7}=\frac{2}{7}V$

$R_{th}=40//20//10=\frac{40}{7}\Omega$

$P_{max}=\frac{V_{oc}^2}{4R_{th}}=\frac{(\frac{2}{7})^2}{4\times\frac{40}{7}}=\frac{1}{280}W$

4V
40Ω
−1V
20Ω
10Ω
R

模擬測驗

2.51 **1 (D)**。 此電路重繪如右

$I_1=\frac{4}{2}=2A$

$I_2=\frac{4}{1+2//2}\times\frac{2}{2+2}=1A$

$I=I_1+I_2=2+1=3A$

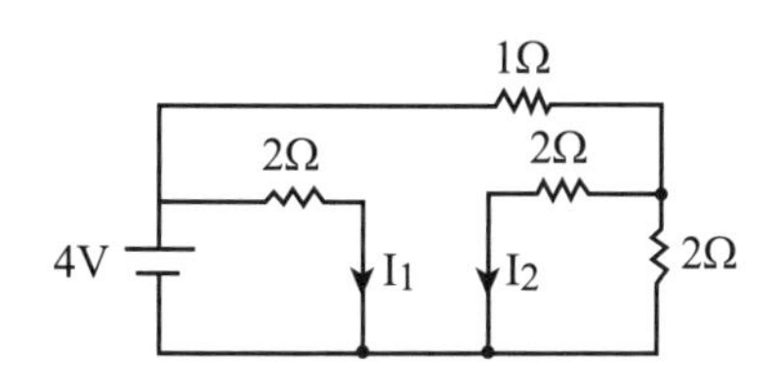

2 (C)。 由重疊定理

$$V_a=40\times\frac{5}{3+2+5}+10\times〔3//(2+5)〕\times\frac{2}{2+5}=20+15=35V$$

3 (C)。 利用重疊定理，8Ω及6Ω可忽略

$$V_a=24\times\frac{2//3}{2+2//3}+12\times\frac{2//2}{3+2//2}$$

$$=24\times\frac{1.2}{2+1.2}+12\times\frac{1}{3+1}=9+3=12V$$

4 (A)。 用重疊定理

$$V_a=8\times\frac{6//3}{2+6//3}+(-9)\times\frac{2//6}{3+2//6}=8\times\frac{2}{2+2}-9\times\frac{1.5}{3+1.5}=4-3=1V$$

5 (D)。 用節點電壓法

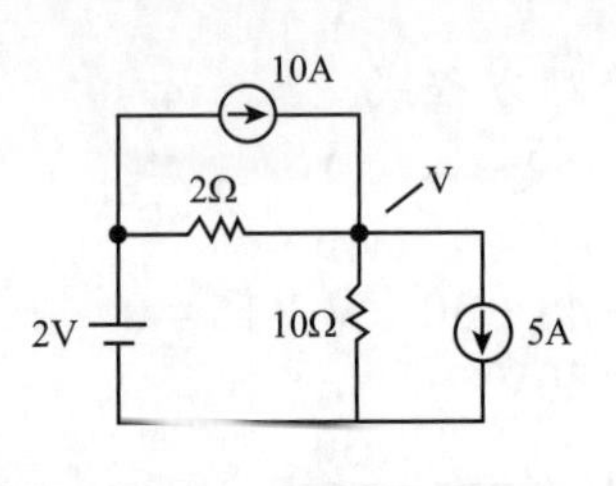

$$10-\frac{V-2}{2}-\frac{V}{10}-5=0$$

$$50-5V+10-V=0\Rightarrow V=10$$

$$I=\frac{V}{10}=1A$$

P.52 **6 (B)**。 $E=V_{ab}=12V$

$$I=\frac{E}{r}$$

$$r=\frac{E}{I}=\frac{12}{0.2}=60\Omega$$

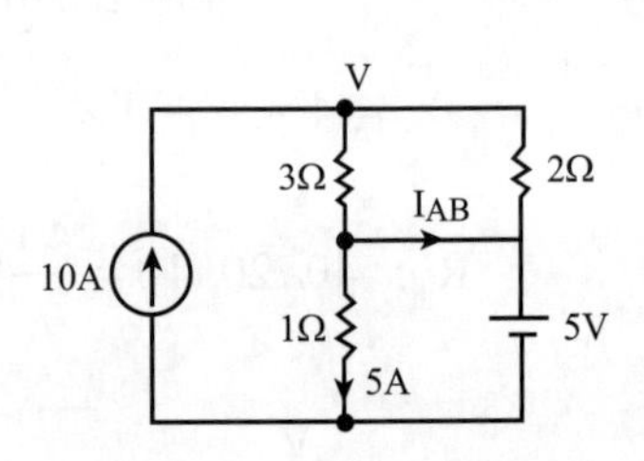

7 (A)。 用重疊定理：$10-\frac{v-5}{3}-\frac{v-5}{2}=0\Rightarrow v=17V$

$$I_{AB}=\frac{v-5}{3}-5=\frac{17-5}{3}-5=-1A$$

8 (B)。 $R_{th}=3//6=2\Omega$

9 (D)。 電壓源短路

$$R_{th}=8//8+6//12=4+4=8\Omega$$

10 (C)。 $P_{R_2}=(\frac{E}{6+R_2})^2\times R_2=(\frac{E}{6+R_2'})^2\times R_2'$

$$\frac{R'_2}{(R'_2+6)^2}=\frac{3}{(6+3)^2}\Rightarrow R'_2=12\Omega$$

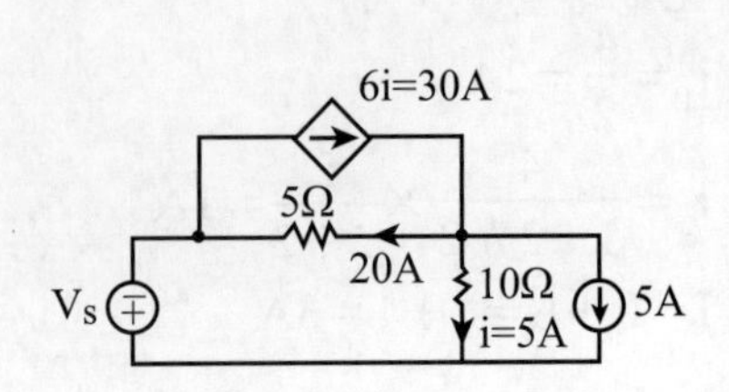

P.53 **11 (C)**。 $V_{5\Omega}=IR=20\times5=100V$

$$P_B=IV=30\times100=3000W$$

12 (D)。 $\begin{cases} 4+2i_1-i_1-\dfrac{V}{2}=0 \\ V=6i_1 \end{cases}$

$\Rightarrow \begin{cases} i_1=2A \\ V=12V \end{cases}$

13 (C)。 $R_{ab}=R//(R+R)=\dfrac{2R^2}{3R}=\dfrac{2}{3}R=6 \Rightarrow R=9\Omega$

14 (B)。 $5+i=3 \Rightarrow i=-2A$

15 (A)。 分支電流如下圖

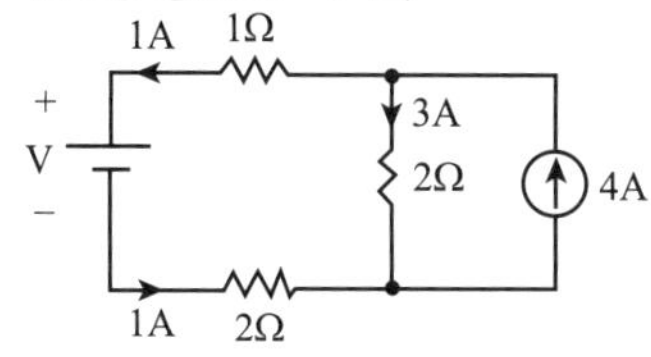

$V=3\times2+(-1)\times1+(-1)\times2=3V$

.54 **16 (C)**。 由最大功率傳輸定理，$R=2\Omega$

$P_{L,max}=\dfrac{V^2}{4R}=\dfrac{60^2}{4\times2}=450W$

17 (C)。 $V=-8+12=4V$

18 (C)。 內阻 $R_{eq}=\dfrac{V}{i}=\dfrac{10}{1}=10\Omega \Rightarrow i_s=\dfrac{110}{4R_{eq}}=\dfrac{110}{10}=11A$

19 (B)。 用重疊定理

$I_{ab}=\dfrac{40}{3+2}-5\times\dfrac{3}{3+2}=8-3=5A$

20 (C)。 用平衡電橋的概念，中間三點等電位，故6Ω及3Ω電阻可視為開路

$I=\dfrac{10}{4+4}+\dfrac{10}{4+4}+\dfrac{10}{2+2}$

$=\dfrac{5}{4}+\dfrac{5}{4}+\dfrac{5}{2}$

$=5A$

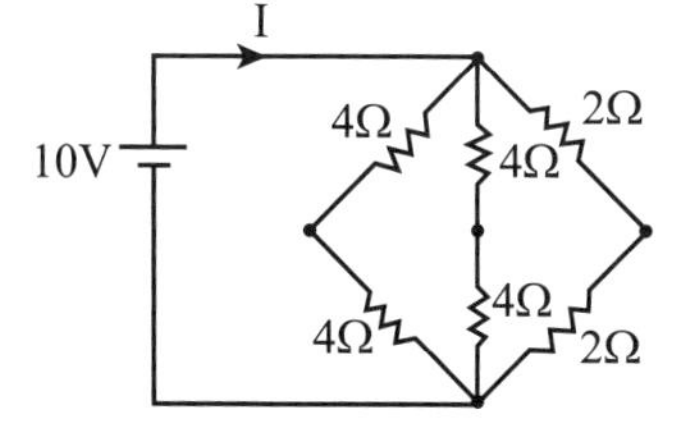

.55 **21 (B)**。 求戴維寧電路

$V_{th}=120\times(\dfrac{6}{2+6}-\dfrac{3}{3+3})=120\times(\dfrac{3}{4}-\dfrac{1}{2})=30V$

$R_{th}=2//6+3//3=\dfrac{3}{2}+\dfrac{3}{2}=3\Omega$

$P_{L,max}=\dfrac{{V_{th}}^2}{4R_{th}}=\dfrac{30^2}{4\times3}=75W$

22 (A)。求戴維寧等效電路

$V_{oc}=15+5\times3=30\text{ V}$

$R_{th}=3+2=5\Omega$

$P_{L,max}=\frac{V_{OC}^{2}}{4R_L}=\frac{30^2}{4\times5}=45\text{W}$

23 (A)。平衡電橋：$\frac{6}{4}=\frac{3}{2}$，故 $V_a=V_b\Rightarrow I_{ab}=0\text{A}$

24 (C)。由最大功率傳輸定理，R 即為戴維寧等效電阻

因電流源開路：$R=6//2=1.5\Omega$

25 (A)。戴維寧電路

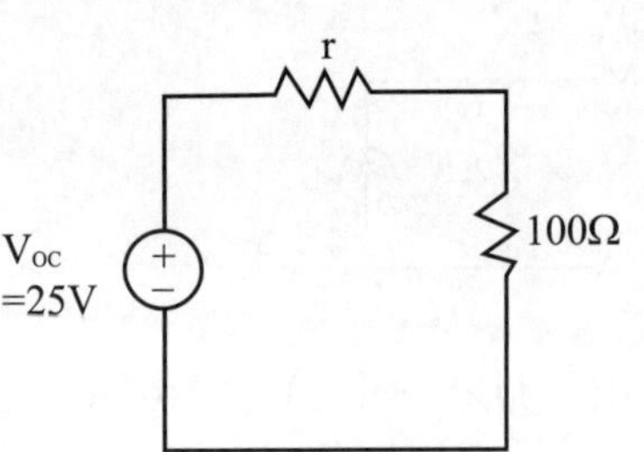

$V_{100\Omega}=25\times\frac{100}{r+100}=20$

$2500=20r+2000$

$r=25\Omega$

26 (C)。$V_{oc}=100\times\frac{30}{20+30}=60\text{V}$

第5章 電容與靜電

觀念加強

P.57 **1 (B)**。平行板電容的電容值 $C=\varepsilon\frac{A}{d}$，可藉由改變介質之介電常數 ε、平行極板的有效面積 A、或平行極板間的距離 d，而在旋轉動片型的可變電容器中，係藉由改變平行極板的有效面積 A 調整電容值，故選(B)。

2 (C)。平行板電容器的公式為 $C=\varepsilon\frac{A}{d}$，其中 A 為平行板電容器的面積，欲求單位面積電容值可令 A=1，故選(C)。

3 (B)。電容的儲能公式為 $W_C=\frac{1}{2}CV^2$，故選(B)。

4 (D)。當多個電容並聯時，其總電容定大於最大的電容；若多個電容串聯時，其總電容必定小於最小的電容，故選(D)。

5 (D)。電容並聯時，等效電容值為所有電容器之電容值相加；若多個電容串聯時，其總電容必定小於最小的電容，故選(D)。

P.58 **6 (D)**。(A)(B)(C)皆正確；(D)庫侖／平方公尺是電通密度的單位，電通量的單位與電荷相同，亦即為庫侖。

7 (D)。由高斯定理可得知，一長導線外 r 米處的電場強度為 $E=\frac{q}{2\pi\varepsilon_0 r^2}$，故選(D)。

P.59 **8 (D)**。若無外力作用，當電荷順著電場移動時電位能一定減少，而由 W=QV 可知對正電荷而言，位能 W 減少時，電位 V 亦下降，故選(D)。

9 (D)。 電位的高低，係由電場決定，順著電場方向移動的電位皆下降，與正電荷或負電荷無關；電位能則視電荷總類而有不同，正電荷在低電位時位能較低，但負電荷在低電位時位能較高，故選(D)。

10 (C)。 由庫侖定律可知越靠近電荷處電場強度越強，再由高斯定律可知金屬球內部電場為零，故(A)球心處電場為零，(B)球體內部電場為零，(D)無窮遠處電場逐漸趨近為零，而(C)球面處電場強度最強。

11 (B)。 (A)電位為純量；(B)正確；(C)愈靠近負電荷處電位愈低；(D)電位為純量，不具方向性。

12 (D)。 此為高斯定理之文字敘述，故選(D)。

13 (B)。 由公式 $F=qE$，單位正電荷即 $q=1$，使所受電力 F 等於電場強度 E，故選(B)。

14 (A)。 直接由公式可知應選(A)。

15 (D)。 由高斯定律可知金屬球內部電場為零，故選(D)。

經典考題

1 (D)。 由 $Q=CV=C_1V_1=(C_1+C_x)V_{\text{穩}}$

$33\times100=(33+C_x)\times75 \Rightarrow 33+C_x=44 \Rightarrow C_x=11\mu F$

2 (C)。 $C=\frac{Q}{V}=\frac{It}{V}$

$C_1=\frac{1\times10^{-3}\times60}{100}=6\times10^{-4}=600\times10^{-6}=600\mu F$

$C_2=\frac{1\times10^{-3}\times60}{200}=3\times10^{-4}=300\times10^{-6}=300\mu F$

並聯 $C_1+C_2=900\mu F$；串聯 $C_1 /\!/ C_2=200\mu F$

3 (B)。 重畫電路如右

$C_{ab}=(C+C+C) /\!/ C=3C /\!/ C=\frac{3}{4}C$

$=\frac{3}{4}\times2=1.5\mu F$

4 (D)。 $W_C=\frac{1}{2}CV^2$

$C=\frac{2W_C}{V^2}=\frac{2\times8}{400^2}=10^{-4}=100\times10^{-6}=100\mu F$

5 (B)。 電力 $F=k\frac{Q_1Q_2}{R^2}\propto\frac{1}{R^2}$

故 $\frac{F'}{F}=\frac{R^2}{(R')^2}=(\frac{2cm}{4cm})^2=\frac{1}{4} \Rightarrow F'=\frac{1}{4}F=\frac{3}{4}=0.75$ 牛頓

6 (A)。 電容串接20V，每個電容分壓10V，在規格內，故串接後

$C_{eq}=\frac{C_1C_2}{C_1+C_2}=\frac{4.7\mu F\times 4.7\mu F}{4.7\mu F+4.7\mu F}=2.35\mu F$

7 (C)。 $F=k\frac{Q_1Q_2}{R^2}\propto\frac{1}{R^2}$，$F_2=(\frac{R_1}{R_2})^2$，$F_1=(\frac{1}{1.5})^2\times 4.5=2$ 牛頓

P.61 **8 (A)**。 穩態時，電容視為開路，$V_C=10V$

9 (B)。 將接線地方短路重畫電路如右

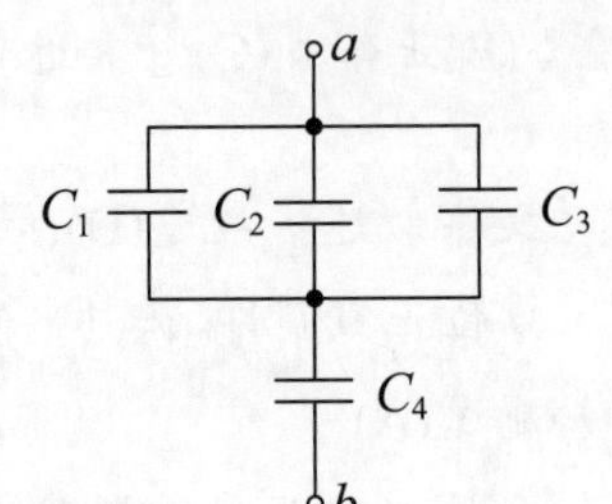

$C_{ab}=(C_1+C_2+C_3)\,//\,C_4$
$=(4+4+4)\,//\,4$
$=12\,//\,4$
$=3\mu F$

10 (C)。 串聯總電容 $C_{eq}=C_1\,//\,C_2=3\,//\,6=2\mu F$

電荷 $Q=C_{eq}\cdot V=2\mu F\times 150V=300\times 10^{-6}C$

電壓 $V_1=\frac{Q}{C_1}=\frac{300\times 10^{-6}}{3\mu F}=100V$

PS：此題若要直接帶分壓公式，要注意電容的公式：

$V_1=V\times\frac{C_2}{C_1+C_2}=150\times\frac{6}{3+6}=100V$

11 (B)。 串聯後分壓

$$\begin{cases} V_1=V_{串}\times\frac{C_2}{C_1+C_2}=\frac{40}{20+40}V_{串}=\frac{2}{3}V_{串}<100V \\ V_2=V_{串}\times\frac{C_1}{C_1+C_2}=\frac{20}{20+40}V_{串}=\frac{1}{3}V_{串}<200V \end{cases}$$

由上兩式得知 $V_{串}<150V$

12 (B)。 $C_{ab}=6\,//\,〔9+4\,//\,12〕=6\,//\,〔9+3〕=6\,//\,12=4\mu F$

13 (D)。 $W=\frac{1}{2}CV^2$

$=\frac{1}{2}\times 50\times 10^{-6}\times 100^2=25\times 10^{-6}\times 10^4=25\times 10^{-2}=0.25$Joul

14 (B)。 串聯的電荷量要相等，並聯的電壓要相等

故 $\begin{cases} Q_{C1}=Q_{C2}+C_{C3} \\ V_{C2}=V_{C3} \end{cases}\Rightarrow\begin{cases} Q_{C1}=Q_{C2}+Q_{C3} \\ \frac{Q_{C2}}{C_2}=\frac{Q_{C3}}{C_3} \end{cases}$

$Q_{C3}=Q_{C1}-Q_{C2}=5000-3000=2000\mu C$

$C_3=\frac{Q_{C3}}{Q_{C2}}\times C_2=\frac{2000}{3000}\times 15=10\mu F$

15 (D)。 電位差為電場的積分，若以曲線表示電場強度，則電位差為曲線下的面積，故(A)錯誤；而電場不為零時，必定有電位差，故(B)錯誤；本題的所有電位差計算如下：

$$V_{total}=V_A+V_B+V_C$$
$$=\frac{1}{2}\times2\times(15-5)+2\times(25-15)+\frac{1}{2}\times(2+6)\times(35-25)$$
$$=10+20+40$$
$$=70V$$

故(C)錯誤，(D)正確

模擬測驗

.62

1 (C)。 $W_c=\frac{1}{2}CV^2=\frac{1}{2}\times100\times10^{-6}\times(200)^2=2J$

2 (A)。 $Q=CV=100\times10^{-6}\times200=2\times10^{-2}=0.02C$

3 (A)。 $C_T=3\mu F//(4\mu F+2\mu F)=3\mu F//6\mu F=2\mu F$

4 (C)。 由電荷量守恆：$C_1V_1+C_2V_2=(C_1+C_2)V'\Rightarrow2\times5+3\times10=(2+3)V'$

$V'=8V$

5 (A)。 穩態時，電容視為開路

$$V_c=10\times\frac{3}{2+3}=6V$$

$$W_c=\frac{1}{2}CV^2=\frac{1}{2}\times2\times6^2=36J$$

6 (C)。 $Q=CV\Rightarrow C=\frac{Q}{V}\Rightarrow\frac{C_A}{C_B}=\frac{\frac{Q_A}{V_A}}{\frac{Q_B}{V_B}}=\frac{\frac{2Q_B}{10V_B}}{\frac{Q_B}{V_B}}=\frac{1}{5}$

.63

7 (A)。 $C_T=C_1//(C_2+C_3)=12//(6+6)=12//12=6\mu F$

8 (C)。 除公式外，尚要注意電位換算。

導體內的電位同導體表面，但此題距球心 3cm 為導體外部

$$V=\frac{Q}{4\pi\varepsilon r}=\frac{3\times10^{-9}}{4\pi\times\frac{\pi}{36}\times10^{-9}\times0.03}=900V$$

9 (A)。 電容相同串聯時，耐壓以較小者為準，故最大耐壓為 $V_1+V_1=2V_1$

10 (B)。 方向往內指電荷，表示電荷為負，故電位為負值

$$\begin{cases} E=\dfrac{Q}{4\pi\varepsilon R^2} \\ V=\dfrac{Q}{4\pi\varepsilon R} \end{cases}$$

$\Rightarrow V=E\cdot R=-50\times0.5=-25V$

11 (C)。 由 $W_c=\dfrac{1}{2}CV^2$

故 $W=\dfrac{1}{2}\times200\times10^{-6}\times(200)^2-\dfrac{1}{2}\times200\times10^{-6}\times100^2$

$=100\times10^{-6}\times[200^2-100^2]$

$=10^{-4}\times[40000-10000]$

$=10^{-4}\times3\times10^4=3J$

12 (C)。 穩態時電容開路：$I=\dfrac{10}{90k+10k}=0.1mA$

P.64 **13 (C)**。電容串並聯公式：$C=2+2//3=2+\dfrac{2\times3}{2+3}=2+\dfrac{6}{5}=\dfrac{16}{5}F$

14 (C)。 $V_{c3}=12-\dfrac{Q}{C_1}-\dfrac{Q}{C_2}=12-\dfrac{10\times10^{-6}}{2\times10^{-6}}-\dfrac{10\times10^{-6}}{5\times10^{-6}}=12-5-2=5V$

$C_3=\dfrac{Q}{V_{c3}}=\dfrac{10\times10^{-6}}{5}=2\mu F$

15 (B)。 $Q=It=CV\Rightarrow V=\dfrac{It}{C}=\dfrac{20\times10^{-6}}{5\times10^{-6}}=40V$

16 (C)。 穩態時電容視為開路：$V_c=20\times\dfrac{R_2}{R_1+R_2}=20\times\dfrac{5}{5+5}=10V$

17 (B)。 $W=\dfrac{1}{2}CV^2\Rightarrow V=\sqrt{\dfrac{2W}{C}}=\sqrt{\dfrac{2\times25}{0.125}}=20V$

$Q=CV=0.125\times20=2.5C$

18 (D)。 因距離球心 30 公分，超過半徑 20 公分

$V=\dfrac{Q}{4\pi\in r}=\dfrac{1\times10^{-8}}{4\pi\times\dfrac{1}{36\pi}\times10^{-9}\times0.3}=300V$

19 (D)。 $F=qE\Rightarrow q=\dfrac{F}{E}=\dfrac{100}{20}=5C$

20 (C)。 串聯時，電容量相同

$Q_{1,max}=C_1V_2=40\times10^{-6}\times600=24000\mu C$

$Q_{2, max}=C_2V_2=60\times10^{-6}\times500=30000\mu C$

$Q_{3, max}=C_3V_3=120\times10^{-6}\times400=48000\mu C$

故取 $Q=24000\mu F$

$C_T=C_1//C_2//C_3=40//60//120=20\mu F$

$V=\frac{Q}{C_T}=\frac{24000}{20}=1200V$

第6章 電感與電磁

觀念加強

P.66

1 (D)。Wb 是磁通量的 SI 單位；Tesla 是磁通密度的 SI 單位；Gauss 是磁通密度的 CGS 單位；他們之間的關係是：(A)$1wb/m^2$=1Tesla=10^4Gauss；(B) 1Tesla=10^4Gauss；(C) $1wb/m^2=10^4$Tesla。(D)正確，故選(D)。

2 (B)。電阻消耗電能產生熱能，電容儲存的能量為電能；電感儲存的能量為磁能，故選(B)。

3 (B)。電感的儲能公式為 $W_L=\frac{1}{2}LI^2$，故選(B)。

4 (B)。感應電壓 v（t）$=N\frac{d\phi}{dt}$，若磁通線性增加時，其微分為定值，感應電壓為定值，故選(B)。

5 (A)。電容所儲存的能量與其端電壓相關，而電感所儲存的能量與其通過之電流相關，故電容電壓及電感電流無法瞬間變化，選(A)。

6 (A)。電感器兩端的感應電壓係與其電流變化率相關，當電流穩定不變時，其兩端之感應電壓為零，故(A)正確，(B)及(C)錯誤；而電感的儲能公式為 $W_L=\frac{1}{2}LI^2$，有電流時即儲存能量，故(D)錯誤。

7 (C)。一般密度指的是單位體積內的量，但通量密度指的卻是單位面積內的量，電通量密度係單位面積內所含之電力線數目，磁通量密度係單位面積內所含之磁力線數目，故選(C)。

P.67

8 (B)。磁通密度係單位面積內所含之磁通量，故選(B)。

9 (A)。韋伯是磁通量的 SI 單位，馬克斯威爾是磁通量的 CGS 單位；泰斯拉是磁通密度的 SI 單位，高斯是磁通密度的 CGS 單位；他們之間的關係是

1 泰斯拉＝1 韋伯／平方公尺

1 高斯＝1 馬克斯威爾／平方公分

1 泰斯拉＝10^4 高斯＝10^4 馬克斯威爾／平方公分＝10^8 馬克斯威爾／平方公尺。故選(A)。

P.68 **10 (B)**。$\vec{F}=q\vec{u}\times\vec{B}$，其中 $\vec{u}$ 為導體內電流方向，$\vec{B}$ 為磁場方向，$\vec{F}$ 為導體受力方向，利用右手定則，以打開的右手四指指向流入紙面的電流方向，以掌心指示由左向右的磁場方向，可得表示導體受力方向的大拇指往下指，故選(B)。

11 (A)。(A)正確；(B)磁場係由電流產生，通有電流的導線周圍才會產生磁場；(C)電場係由電荷或變化的磁場所產生，未通電的電磁鐵與普通的鐵相似，不會自行產生電場及磁場；(D)電荷可有單獨的正電荷或負電荷，但僅帶北極或南極的磁單極目前尚未發現，無論將磁場如何切割，均帶有南極及北極；故選(A)。

12 (D)。冷次定律是說感應電流所產生的磁場恆抵抗原來的磁場變化方向，故選(D)。

13 (C)。(B)歐姆定理係決定電壓電流與電阻之間的關係；(D)高斯定理係決定電荷與電場強度的關係；(A)楞次定律是說感應電流所產生的磁場恆抵抗原來的磁場變化方向。然而楞次定律僅能用來判斷電流方向，若欲進一步判斷感應電動勢的大小時，需應用(C)法拉第定律；電路中所生感應電動勢之大小等於通過電路內磁通量的變化率，且其方向乃在抵抗磁通量變化之方向。

P.69 **14 (D)**。(A)焦耳定律係決定電功率的定律；(B)歐姆定理係決定電壓電流與電阻之間的關係；(C)冷次定律僅能用來判斷感應電流方向；(D)法拉第定律可判斷感應電壓的大小及方向時，故選(D)。

15 (A)。磁力線在磁鐵外部由 N 極到 S 極，在磁鐵內部由 S 極到 N 極，而無論進出均與磁極面垂直，故選(A)。

P.71 **16 (A)**。由黑點極性法則可知，電流同時流入黑點，故互感為正，
總電感 $L_{ab}=(L_1+M)+(L_2+M)=L_1+L_2+2M$，故選(A)。

經典考題

P.72 **1 (B)**。磁場強度 $H=B/\mu$

$$H=\frac{B}{\mu_0}=\frac{0.5}{4\pi\times10^{-7}}=3.98\times10^5\text{At/m}$$

2 (D)。兩條長直導線間的磁力 $F=\frac{\mu_0 I^2}{2\pi d}=K\frac{I^2}{d}$

合力如右圖

$$F_1+F_2=\sqrt{3}\,F=\sqrt{3}\,K\frac{I^2}{d}\text{Nt}$$

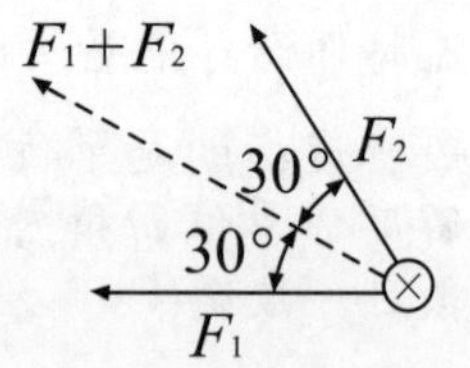

3 (B)。由黑點極性判斷互感方向，假設電流由 a 流入

可知 M_{12} 為正，M_{23} 為負，M_{13} 為負

故 $L_{ab}=L_1+L_2+L_3+2M_{12}-2M_{23}-2M_{13}$

$=5+4+3\times2\times4-2\times2-2\times1=14\text{H}$

4 (B)。自感 $L_1=\frac{N_1\phi_1}{I_1}=\frac{100\times1\times10^{-3}}{1}=0.1\text{H}$

$$L_2=\frac{N_2\phi_2}{I_2}=\frac{100\times4\times10^{-3}}{1}=0.4\text{H}$$

互感 $M=k\sqrt{L_1\times L_2}=0.1\sqrt{0.1\times 0.4}=0.1\times\sqrt{0.04}=0.1\times 0.2=0.02$

總電感 $L_T=L_1+L_2+2M=0.1+0.4+2\times 0.02=0.54H$

.73

5 (A)。自感正比線圈匝數的平方 $\Rightarrow \frac{L_1}{L_2}=\frac{n_1^2}{n_2^2}\Rightarrow\frac{10}{2.5}=\frac{1000^2}{n_2^2}\Rightarrow n_2=500$ 匝

應減少 $n=n_1-n_2=1000-500=500$ 匝

6 (C)。(1) 6H 與 8H 的電感串聯，互感為相加

$$L_{串}=L_1+L_2+2M=6+8+2\times 2=18H$$

(2) 3H 與 6H 的電感並聯，互感為相加

$$L_{並}=\frac{L_1L_2-M^2}{L_1+L_2-2M}=\frac{3\times 6-2^2}{3+6-2\times 2}=\frac{14}{5}=2.8H$$

故 $L_{ab}=L_{串}+L_{並}=18+2.8=20.8H$

7 (B)。互感 $L_{12}=\frac{N_2\phi_{12}}{I_1}=\frac{100\times 8\times 10^{-3}}{2}=0.4H$

8 (B)。$V=L\frac{di}{dt}=50\times 10^{-3}\times\frac{50\times 10^{-3}-10\times 10^{-3}}{0.5\times 10^{-3}}=4000\times 10^{-3}=4V$

9 (C)。$t=0$ 時

電流 $i(0)=10-10e^{-0}\times(3\cos 0+4\sin 0)$

$=10-10\times 1\times(3\times 1+4\times 0)=10-30=-20A$

能量 $W_L=\frac{1}{2}LI^2=\frac{1}{2}\times 3\times 10^{-3}\times(-20)^2$

$=\frac{1}{2}\times 3\times 10^{-3}\times 400=600\times 10^{-3}=600mJ$

.74

10 (C)。由黑點極性法則可知此互感為負值

$L_{ab}=L_1+L_2-2M=6+3-2\times 2=5H$

11 (B)。注意長度要換成公尺

$F=\ell IB\sin\theta=0.5\times 2\times 5\times\sin 30^\circ=5\times\frac{1}{2}=2.5$ 牛頓

12 (C)。電感量正比線圈匝數平方

$\frac{L'}{L}=(\frac{N'}{N})^2\Rightarrow\frac{480\mu H}{120\mu H}=(\frac{N'}{22})^2\Rightarrow 4=(\frac{N'}{22})^2\Rightarrow N'=\sqrt{4}\times 22=44$匝

13 (D)。帶電流的平行導線間有磁力，電流同向時相吸，反向時相斥。

14 (D)。由楞次定律及線圈方向，可知感應電動勢為正

$V=-N\frac{d\phi}{dt}=-100\times\frac{0.4-0.8}{0.2}=200V$

模擬測驗

P.75 **1 (B)**。 由 $L=\dfrac{\lambda}{I}=\dfrac{N\phi}{I}$ 其中 $\lambda=N\phi$ 為磁通交鏈量，ϕ 為磁通

$$L_{甲自}=\frac{N_{甲}\phi_{甲}}{I_{甲}}=\frac{300\times0.09}{5}=\frac{27}{5}=5.4H$$

$$L_{甲互}=L_{乙互}=\frac{N_{乙}\phi_{乙}}{I_{乙}}=\frac{600\times0.03}{5}=\frac{18}{5}=3.6H$$

2 (B)。 電感視為短路 $\Rightarrow I_{6\Omega}=\dfrac{30V}{6\Omega}=5A$

3 (C)。 電感視為短路 $\Rightarrow I=\dfrac{20V}{R_1}=\dfrac{20}{10}=2A$

4 (A)。 互感類似自感 $\Rightarrow V=L\dfrac{di}{dt}\Rightarrow L=\dfrac{V}{\dfrac{di}{dt}}=\dfrac{25}{\dfrac{2.5}{0.1}}=1H$

5 (B)。 $L=\dfrac{N\phi}{I}=\dfrac{100\times0.02}{4}=\dfrac{2}{4}=\dfrac{1}{2}H\Rightarrow W_L=\dfrac{1}{2}LI^2=\dfrac{1}{2}\times\dfrac{1}{2}\times4^2=4J$

6 (D)。 電感串並聯公式，$L=1+0.25=1.25H$

P.76 **7 (B)**。圓形線圈的中心磁場 $H=\dfrac{NI}{2R}=\dfrac{20\times1}{2\times0.05}=200A/m=200$ 安匝 / 米

8 (A)。 $F=IB=3\times2\times10^{-3}\times10=0.06N$

9 (C)。 由黑點判斷出互感為正：$L_{AB}=L_1+L_2+2M=5+3+2=10H$

10 (A)。 由黑點判斷出互感為正：$L_{ab}=L_1+L_2+2M=5+6+2=13mH$

11 (A)。 電感串並聯公式：$L=2\,//\,(1+1)=2\,//\,2=1H$

第7章 直流暫態

觀念加強

P.78 **1 (D)**。 此題並未給 R 值及 C 值，僅由題意得知應選電容充電公式，故選(D)。

2 (A)。 電容器充電時兩端電壓會逐漸上升，在充電之初，電容器視為短路，充電完成達穩態後，電容器視為開路，通過之電流為零，故僅(A)正確。

3 (B)。 直流穩態時，電容器形同開路，與其他元件串聯後等效電路為開路，故選(B)。

P.79 **4 (B)**。 對一階RL電路而言，時間常數t=L/R，欲降低可減少電感或增大電阻，故選(B)。

5 (B)。 當 S 閉合時，因電感上的電流無法瞬間改變，此時電流接近零，燈泡不亮；當時間經過漸達直流穩態時，電感器形同短路，電流最大，燈泡最亮，故選(B)。

經典考題

80 **1 (B)**。 $R_T = R // R // R = \frac{R}{3} = \frac{6k}{3} = 2k\Omega$

$C_T = C + C = 2C = 2 \times 1\mu F = 2\mu F$

$\tau = R_T C_T = 2 \times 10^3 \times 2 \times 10^{-6} = 4 \times 10^{-3} = 4ms$

2 (D)。 瞬間變化時，電感視為開路 $\Rightarrow i = \frac{V}{R} = \frac{10V}{2\Omega + 3\Omega} = \frac{10}{5} = 2A$

3 (B)。 電容放電 $\Rightarrow V_C(t) = V_0 e^{-\frac{t}{\tau}}$

當僅有 RC 的電路時，$V_C(t)$ 即 $V_R(t)$，如右圖

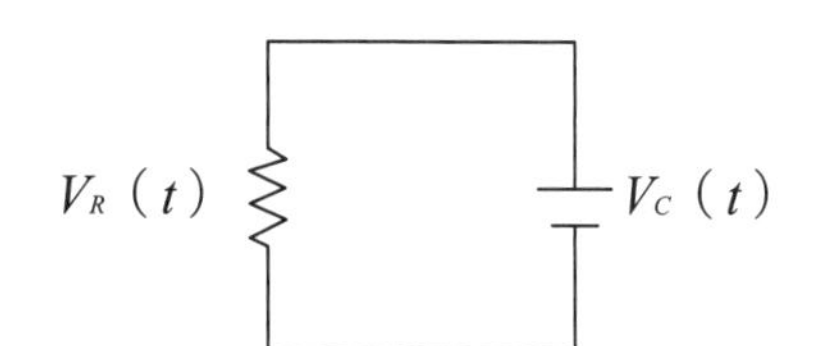

故 $V_R(t=2) = V_0 e^{-2} = 1 \Rightarrow V_0 = e^2$

$V_R(t=4) = e^2 \cdot e^{-4} = e^{-2}V$

4 (A)。 $\tau = RC = (20 \times 10^3 + 30 \times 10^3) \times 0.1 \times 10^{-6} = 5 \times 10^{-3} = 5ms$

5 (A)。 初值 $i(0) = 0A$；終值 $i(\infty) = \frac{E}{R}$；時間常數 $\tau = \frac{L}{R}$

$i(t) = \frac{E}{R} + (0 - \frac{E}{R})e^{-\frac{t}{\tau}} = \frac{E}{R}(1 - e^{-\frac{R}{L}t})$

81 **6 (A)**。 穩態後電容充電至飽和 $\Rightarrow V_C = 120 \times \frac{2k\Omega}{4k\Omega + 2k\Omega} = 40V$

開關打開後，電容放電 $\Rightarrow i = \frac{V_C}{6k\Omega + 2k\Omega} = \frac{40}{8k\Omega} = 5mA$

7 (D)。 時間常數 $t = RC = 100 \times 10^3 \times 0.05 \times 10^{-6} = 5 \times 10^3 = 5ms$

8 (D)。 初值 $V_C(0) = 0V$

穩態 $V_C(\infty) = 90 \times \frac{30}{60 + 30} = 30V$

等效阻抗 $R_T = 60 // 30 + 30 = 20 + 30 = 50\Omega$

時間常數 $\tau = R_T C = 50 \times 10 \times 10^{-6} = 500 \times 10^{-6} = 0.5ms$

$V_C(t) = 30 + (0 - 30)e^{-\frac{t}{\tau}} = 30[1 - e^{-\frac{t}{0.5ms}}]V$

$V_C(5ms) = 30[1 - e^{-\frac{5}{0.5}}] = 30(1 - e^{-10})V$

9 (D)。 $\tau = RC = 100 \times 10^3 \times 5 \times 10^{-6} = 500 \times 10^{-3} = 0.5s$

10 秒後為時間常數 τ 的 20 倍，可視為穩態 $V_C(10) \approx 10V$

10 (A)。 放電 $V_C(t) = V_c e^{-\frac{t}{\tau}}$

$V_C(2\tau) = V_c e^{-\frac{2\tau}{\tau}} = V_c e^{-2} = V_c(0.37)^2 \approx 0.14V_c$

82 **11 (D)**。 穩態時，電容開路，電感短路

故 $V_C = 100V$；$i_L = \frac{100}{100} = 1A$

12 (C)。 $R_T = 6k // 3k = 2k\Omega \Rightarrow \tau = L/R = \frac{6}{2 \times 10^3} = 3 \times 10^{-3} = 3ms$

13 (B)。 穩態時，電容開路，電感短路

故電路如右圖

$$i=\frac{12}{4+0}=3A$$

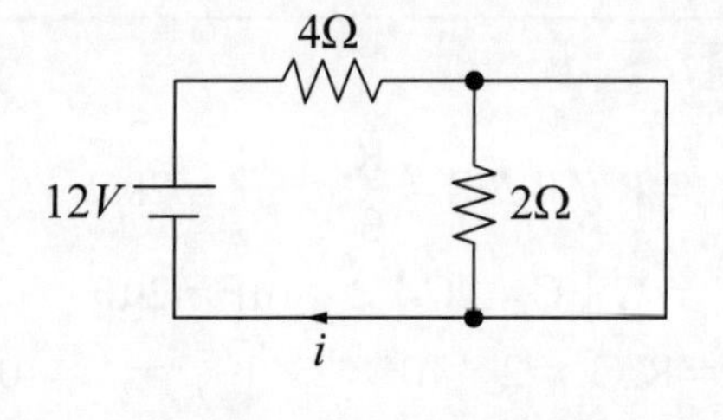

14 (C)。 電容有初值，故閉合時，電阻電壓

$V_R=E-V_C=100-30=70V$

$$I_R=\frac{V_R}{R}=\frac{70}{20K}=3.5mA$$

15 (C)。 穩態時，電容開路，電感短路

電路如右圖

$$I=\frac{20V}{10k+0+4k}=\frac{20}{14k}$$

$\approx 1.43mA$

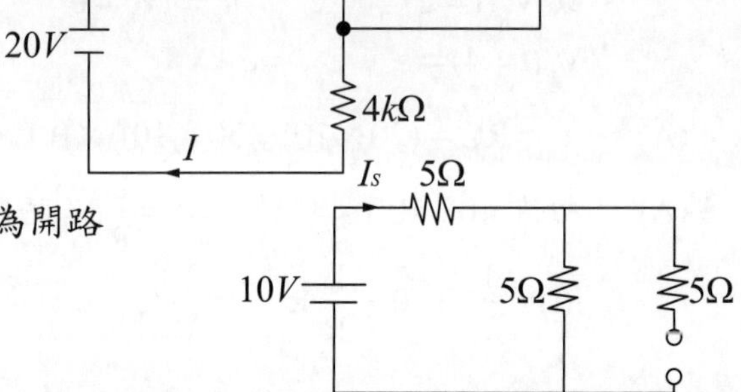

P.83 **16 (B)**。 閉合瞬間，電容視為短路，電感視為開路

$$I_s=\frac{10}{5+5}=\frac{10}{10}=1A$$

17 (A)。 切換前 $V_C(0^-)=100V$

切換後終值 $V_C(\infty)=-50V$

時間常數 $\tau=RC=500\times10\times10^{-6}=5\times10^{-3}sec$

$V_C(t)=V_C(\infty)+〔V_C(0)-V_C(\infty)〕e^{-\frac{t}{\tau}}=-50+150e^{-200t}V$

$V_R(t)=-50-V_C(t)=-50-〔-50+150e^{-200t}〕=-150e^{-200t}V$

18 (D)。 開關 1 時的 $\tau=1\times10^3\times100\times10^{-6}=0.1ms$

可見切到位置 1 在 1 秒後已達穩態，$V_C(t=1)=10V$

(A) $i_2(t=1)=\frac{10}{10k\Omega}=1mA$

(B) $i_c(t=0)=\frac{10}{1k\Omega}=10mA$

(C) $i_c(t=1)=-i_2(t=1)=-1mA$

(D) 穩態 $i_2(t=6)=0mA$

19 (A)。 $R_T=3k\ //\ 6k=2k\Omega$

$\tau=R_TC=2\times10^3\times100\times10^{-6}=200\times10^{-3}=0.2sec$

P.84 **20 (A)**。 穩態時，電容視為開路，充電至 $V_C=10V$

21 (D)。 瞬間變化時，電感視為開路 ⇒ 端電壓分壓為 100V

22 (A)。 初值 $i_L(0)=0A$

終值 $i_L(\infty)=\frac{V}{R}=\frac{100}{50}=2A$

時間常數 $t=\dfrac{L}{R}=\dfrac{0.5}{50}=0.01s$

$i_L(t)=i_L(\infty)+〔i_L(0)-i_L(\infty)〕e^{-\frac{t}{\tau}}=2-2e^{-100t}=2(1-e^{-100t})A$

23 (C)。 此題可計算，但計算機恐怕無法按出指數，故實際上為記憶題。

電容充電

$V_C(t)=V_0[1-e^{-\frac{t}{RC}}]$

$V_C(t=RC)=V_0[1-e^{-1}]=V_0[1-0.368]=0.632V_0=63.2\%V_0$

其中的$e^{-1}=0.368$要背

24 (A)。 RL電路的時間常數 $\tau=\dfrac{L}{R}=\dfrac{10\times10^{-3}}{50\times10^{3}}=0.2\times10^{-6}=0.2\mu s$

故經過$t=1\mu s=5\tau$後，視為穩態，電感視為短路$I=\dfrac{V_{in}}{R}=\dfrac{25V}{50k\Omega}=0.5mA$

25 (C)。 $t=RC=400\times10^{3}\times0.5\times10^{-6}=200\times10^{-3}=0.2$ 秒

模擬測驗

85 **1 (D)**。 穩態時，電容開路，電感短路

等效電路如右：

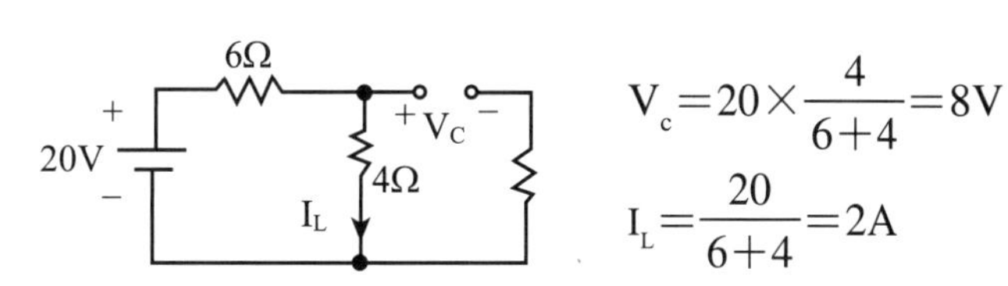

$V_c=20\times\dfrac{4}{6+4}=8V$

$I_L=\dfrac{20}{6+4}=2A$

2 (C)。 穩態時，電容開路，電感短路

等效電路如右：

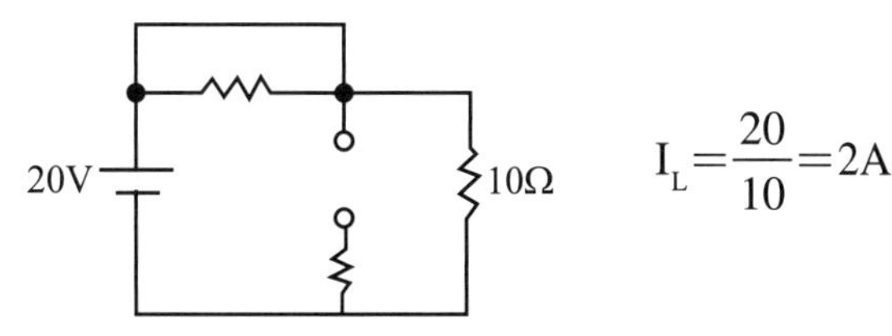

$I_L=\dfrac{20}{10}=2A$

3 (D)。 穩態時，電容開路，電感短路，

等效電路如下：

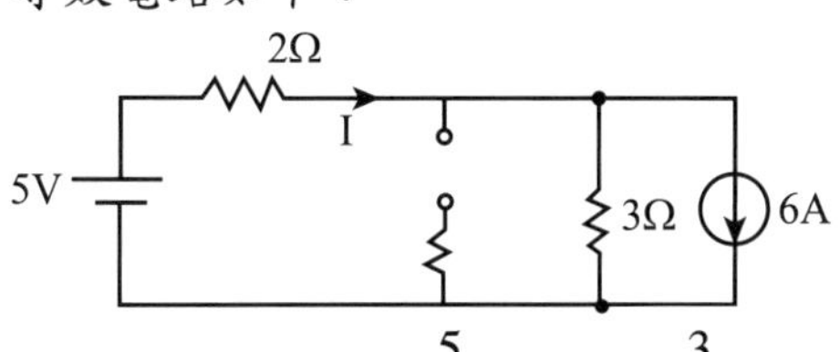

用重疊定理：$I=\dfrac{5}{2+3}+6\times\dfrac{3}{2+3}=1+3.6=4.6A$

4 (A)。 $\tau=R(C//C)=10\times10^{3}\times(20\times10^{-6}//20\times10^{-6})$

$=10\times10^{3}\times10\times10^{-6}=0.1\text{sec}$

P.86 **5 (C)**。 穩態時，電容開路，電感短路

等效電路如下：

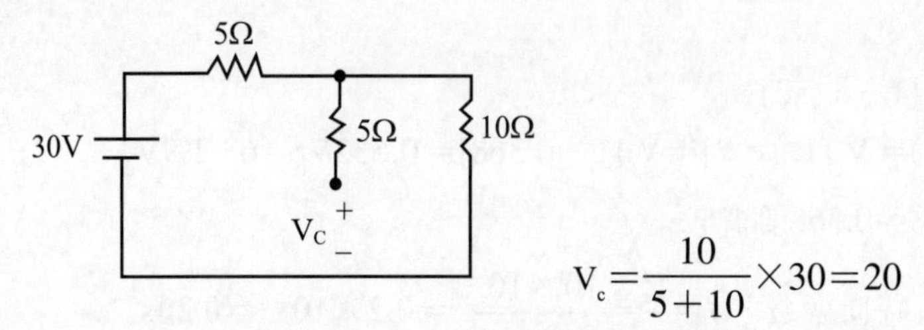

$V_c=\dfrac{10}{5+10}\times30=20$

6 (C)。 $t<0$ 時，$V_c(0^-)=25V$

切換瞬間 $V_c(0^+)=V_c(0^-)=25V$

$\tau=RC=300\times50\times10^{-6}=15000\times10^{-6}=15\times10^{3}=15ms$

$V_c(t)=25e^{-\frac{t}{15\times10^{-3}}}$

$V_c(30ms)=25\times e^{-\frac{30\times10^{-3}}{15\times10^{-3}}}=25e^{-2}V$

7 (C)。 $t<0$ 時　$i(0^-)=\dfrac{50}{100}=0.5A$

切換後穩態時，$i(\infty)=0$

$\tau=\dfrac{L}{R}=\dfrac{2\times10^{-3}}{100}=2\times10^{-5}=20\times10^{-6}\text{sec}$

$i(t)=i(\infty)+[i(0)-i(\infty)]e^{-\frac{t}{\tau}}=0+0.5\times e^{-\frac{40\times10^{-6}}{20\times10^{-6}}}=0.5e^{-2}A$

8 (D)。 $\tau=RC=60\times10^{3}\times(1\times10^{-6}+3\times10^{-6})$

$=60\times10^{3}\times4\times10^{-6}$

$=240\times10^{-3}=0.24\text{ sec}$

9 (B)。 穩態時，電容開路，電感短路

等效電路如右：

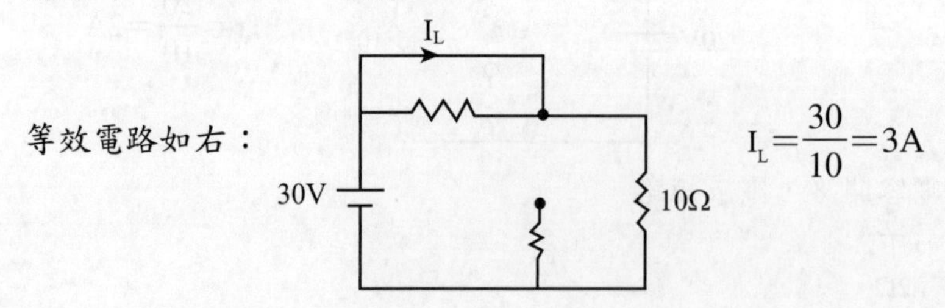

$I_L=\dfrac{30}{10}=3A$

第8章 交流電

觀念加強

89 **1 (C)**。 波峰因數為電壓（或電流）的最大值與其有效值之比，對弦波而言，其波峰因數為$\sqrt{2}$，故選(C)。

2 (A)。 弦波因週期變化有正有負，故平均值為零，選(A)。

3 (B)。 正負部分的電壓值相互抵消，故平均值為零，選(B)。

4 (A)。 直流電壓的峰值電壓、平均電壓及有效電壓皆相同，均為 50V。

91 **5 (A)**。 相量的表示法係省略頻率的數值，故僅能以相同頻率者進行運算，選(A)。

經典考題

92 **1 (C)**。 同為 sin 波，V(t)相位$\angle V(t)=+30^\circ$，i(t)相位$\angle i(t)=-10^\circ$

故 V 超前 i：$\angle V(t)=-\angle i(t)=40^\circ$或 V 滯後 i：$\angle i(t)-\angle V(t)=-40^\circ$

2 (B)。 由 V(t)得 $\omega=377\text{rad/s} \Rightarrow f=\dfrac{\omega}{2\pi}=\dfrac{377}{2\times 3.14}\approx 60\text{Hz}$

3 (B)。 $\overline{B}=2-j2\sqrt{3}=4\left(\dfrac{1}{2}-j\dfrac{\sqrt{3}}{2}\right)=4\angle-60^\circ$

$\dfrac{\overline{A}}{\overline{B}}=\dfrac{4\sqrt{2}<45^\circ}{4\angle-60^\circ}=\sqrt{2}\angle 105^\circ$

4 (C)。 $\omega=2\pi f=2\times 3.14\times 60\approx 377\text{rad/s}$

5 (D)。 由圖可得週期 T＝2ms ⇒ 頻率 $f=\dfrac{1}{T}=\dfrac{1}{2\times 10^{-3}}=500\text{Hz}$

6 (D)。 $\overline{A}=2\sqrt{3}+j2=4\left(\dfrac{\sqrt{3}}{2}+j\dfrac{1}{2}\right)=4\angle 30^\circ$

$\dfrac{1}{\overline{A}}=\dfrac{1}{4\angle 30^\circ}=\dfrac{1}{4}\angle-30^\circ$ ⇒ 故 $C=\dfrac{1}{4}$，$\phi=-30^\circ$

7 (D)。 三角波（或鋸齒波）的有效電壓為峰值的$\dfrac{1}{\sqrt{3}}$，要背，因為考試時用定義算太慢

$V_{rms}=\dfrac{V_m}{\sqrt{3}}=\dfrac{20}{\sqrt{3}}=11.55\text{V}$

8 (C)。 由$V_m=\dfrac{1}{2}V_{pp}$及$V_{rms}=\dfrac{1}{\sqrt{2}}V_m$（弦波）

可得$V_{rms}=\dfrac{1}{\sqrt{2}}\times\dfrac{1}{2}V_{pp}=\dfrac{1}{\sqrt{2}}\times\dfrac{1}{2}\times 440=156\text{V}$

93 **9 (A)**。 $\omega=\dfrac{2\pi}{T}$

$V(0.01)=200\sin(\frac{2\pi}{0.02}\times 0.01+30°)=200\sin(180°+30°)$
$=200\times(-0.5)=-100V$

10 (D)。 $\omega=2\pi f=2\pi\times 60=120\pi\approx 377rad/s$

正半週平均值為最大值的 $\frac{2}{\pi}$ 倍

故 $V_{max}=\frac{2}{\pi}\times 100\approx 157.1V$

故 $V(t)=V_{max}\sin\omega t=157.1\sin 377t$

11 (B)。 由 $V(t)=V_{max}\sin(\omega t+\phi)$

可知 $\omega=314rad/s\Rightarrow f=\frac{\omega}{2\pi}=\frac{314}{2\times 3.14}=50Hz$

12 (D)。 $I_{5\Omega}=\frac{15}{15+5}\times i=\frac{3}{4}i$

$P_{5\Omega}=\frac{1}{3}〔(\frac{3}{4}\times 6)^2\times 5+(\frac{3}{4}\times 4)^2\times 5+(\frac{3}{4}\times 2)^2\times 5〕$
$=\frac{1}{3}〔101.25+45+11.25〕=52.5W$

13 (C)。 $V(t)=V_m\sin(\omega t+\theta)$，$\theta=30°=\frac{\pi}{6}$

最大值 $V_m=100$

$V(0.01)=100\sin(314\times 0.01-\frac{\pi}{6})$
$=100\sin(3.14-\frac{\pi}{6})=100\sin\frac{5}{6}\pi=100\times\frac{1}{2}=50V$

14 (B)。 無線電波之波速即光速，$\mu=3\times 10^8m/s$

週期 $T=\frac{1}{f}=\frac{1}{900\times 10^6}=1.1\times 10^{-9}$ 秒

波長 $\lambda=\frac{\mu}{f}=\frac{3\times 10^8}{900\times 10^6}=\frac{1}{3}$ 公尺

15 (A)。 全波整流的平均值為 $\frac{2}{\pi}V_m$

此題雖為正半週期的平均值，但應視為全波整流

$V_{av}=\frac{2}{\pi}V_m=\frac{2}{\pi}\times 157\approx 100V$

16 (C)。 週期為 6 秒

$V_a=V_{av}=\frac{1}{6}〔6\times 2+(-6)\times 2+(-3)\times 2〕=-1V$

$V_b=V_{rms}=\sqrt{\frac{1}{6}〔6^2\times 2+(-6)^2\times 2+(-3)^2\times 2}=\sqrt{27}=3\sqrt{3}V$

模擬測驗

.94

1 (C)。 由圖可得週期為 12ms。

2 (A)。 $i(t)=2+4\sin(377t-30^\circ)$，之有效值與 $i'(t)=2+4\sin\omega t$ 相同

$$i_{rms}'=\left[\frac{1}{T}\int_0^T(2+4\sin\omega t)^2dt\right]^{\frac{1}{2}}$$

$$=\left[\frac{1}{T}\int_0^T(4+6\sin\omega t+16\sin^2\omega t)dt\right]^{\frac{1}{2}}$$

$$=\left[\frac{1}{T}\int_0^T(4+16\sin\omega t+8-8\cos2\omega t)dt\right]^{\frac{1}{2}}=\left[\frac{1}{T}\cdot12T\right]^{\frac{1}{2}}$$

$$=2\sqrt{3}A$$

3 (D)。 $V_{rms}=\left[\frac{1}{T}\left(\int_0^{\frac{T}{4}}(\frac{40t}{T})^2dt+\int_{\frac{T}{4}}^{\frac{T}{2}}(20-\frac{41t}{T})^2dt\right)\right]^{\frac{1}{2}}$

$$=\left[\frac{2}{T}\int_0^{\frac{T}{4}}(\frac{40t}{T})^2dt)\right]^{\frac{1}{2}}=\left[\frac{2}{T}\times\frac{1600}{T^2}\times\frac{t^3}{3}\Big|_0^{\frac{T}{4}}\right]^{\frac{1}{2}}$$

$$=\left[\frac{3200}{3\times64}\right]^{\frac{1}{2}}=\frac{10}{\sqrt{6}}V$$

$$V_{av}=\frac{1}{T}\left[\int_0^{\frac{T}{4}}\frac{40t}{T}dt+\int_{\frac{T}{4}}^{\frac{T}{2}}(20-\frac{40t}{T})dt)\right]=\frac{2}{T}\int_0^{\frac{T}{4}}\frac{40t}{T}dt$$

$$=\frac{80}{T^2}\times\frac{t^2}{2}\Big|_0^{\frac{T}{4}}=\frac{5}{2}$$

波形因數 $FF=\frac{V_{rms}}{V_{av}}=\frac{\frac{10}{\sqrt{6}}}{\frac{5}{2}}=\frac{4}{\sqrt{6}}$

4 (B)。 $i(t)=10-20\frac{t}{T}A$

$$P(t)=i(t)^2R=(10-20\frac{t}{T})^2\times5$$

$$P_{av}=\frac{1}{T}\int_0^TP(t)dt=\frac{5}{T}\int_0^T(10-20\frac{t}{T})^2dt$$

$$=\frac{5}{T}\int_0^T(100-400\frac{t}{T}+400\frac{t^2}{T^2})^2dt$$

$$=\frac{5}{T}\left[100t-\frac{200}{T}t^2+\frac{400}{3T^2}t^3\right]\Big|_0^T$$

$$=\frac{5}{T}(100T-200T+\frac{400}{3}T)=\frac{5}{T}\times\frac{100}{3}T=\frac{500}{3}W$$

5 (D)。 $Z_1=Z_2=100\angle-60^\circ=100\cos(-60^\circ)+j100\sin(-60^\circ)$

$$Z_1//Z_2=50\cos(-60^\circ)+j50\sin(-60^\circ)=50\angle-60^\circ\Omega$$

6 (C)。 由圖可知週期為 15ms

7 (C)。 $V_{av}=\frac{1}{T}\int_{0}^{T}V(t)dt=\frac{1}{3\pi}\int_{0}^{p}12\sin t dt$

$=\frac{1}{3\pi}\left(-12\cos t\Big|_{0}^{\pi}\right)=\frac{1}{3\pi}\left[-12\left(-1-1\right)\right]=\frac{8}{\pi}V$

8 (D)。 $I=\frac{V}{R}=\frac{100\sin\left(377t-10^{\circ}\right)}{10}=10\sin\left(377t-10^{\circ}\right)A$

9 (D)。 $f=100Hz\Rightarrow T=\frac{1}{f}=\frac{1}{100}sec$，一週期為 360°

18° 為 $\frac{18^{\circ}}{360^{\circ}}\times T=\frac{T}{20}=\frac{1}{2000}=0.5ms$

第9章 基本交流電路

觀念加強

P.95 **1 (D)**。 電容的電壓相位與電流相位相較滯後 90°，故選(D)。

2 (B)。 電容的電流相位超前電壓相位 90°，故選(B)。

P.96 **3 (C)**。 正弦波 sin(t)的相位落後餘弦波 cos(t)的相位 90°，而電容的電壓相位落後電流相位 90°，故選(C)。

4 (A)。 電容的電壓相位滯後電流相位 90°，或電流相位超前電壓相位 90°，故選(A)。

5 (B)。 電感性負載的電壓相位超前電流相位，或電流相位落後電壓相位，故選(B)。

P.97 **6 (D)**。 在交流電路中，電容的阻抗為 $Z_C=\frac{I}{j\omega C}$，而電感的阻抗為 $Z_L=j\omega L$，故選(D)。

7 (B)。 電容的阻抗為 $Z_C=\frac{1}{j\omega C}$，故與電容值大小及外加頻率成反比，但題目限定為外加弦波，選(B)。

8 (B)。 電壓的角度與電流的角度相同，故為電阻性。

9 (B)。 電阻器的電壓和電流有相同的相角，為同相位；在電感器中，正弦電壓與電流滿足 $V=j\omega LI$ 的關係，故電感器的電壓相角領先電流相角 90°，或稱電感器的電流相角落後電壓相角 90°；而在電容器中，正弦電壓與電流滿足$V=\frac{I}{j\omega C}$ 的關係，故電容器的電壓相角落後電流相角 90°，或稱電容器的電流相角領先電壓相角 90°。從圖中可看出電流相位領先電壓相位，為電容器，故選(B)。

10 (C)。 由題目可看出電壓相角領先電流相角，或稱電流相角落後電壓相角，為電感性，故選(C)。

P.98
11 (A)。(A)電感的串聯與並聯公式同電阻；(B)電容的串聯公式與電阻並聯公式相同，電容的並聯公式則與電阻串聯公式相同；(C)電流源並聯時相加同電阻串聯公式，串聯時由最大電流值決定；(D)電壓源串聯時相加同電阻串聯公式，並聯時由最大電壓值決定；故選(A)。

12 (A)。電容的阻抗為 $Z_C=\dfrac{1}{j\omega C}$，與外加頻率成反比，頻率增加時總阻抗變小，電流變大，故選(A)。

P.99
13 (D)。電感器的電壓相角領先電流相角 90°，或稱電感器的電流相角落後電壓相角 90°；電容器的電壓相角落後電流相角 90°，或稱電容器的電流相角領先電壓相角 90°。並聯時，電感及電容之電壓相角相同，而電容器的電流相角領先電壓相角 90°，電感器的電流相角落後電壓相角 90°，故電感器的電流相角落後電容器的電流相角 180°，選(D)。

14 (B)。電導為電阻的倒數，阻抗與導納亦為倒數的關係，故選(B)。

經典考題

P.100
1 (A)。$Z=R+\dfrac{1}{j\omega C}=1+\dfrac{1}{j377\times\dfrac{1}{377}}=1+\dfrac{1}{j}=1-j=\sqrt{2}\angle-45°\Omega$

$V(S)=i(S)\times Z=1\times\sqrt{2}\angle-45°$

故 $V(t)=\sqrt{2}\sin(377t-45°)$ V

2 (C)。因左右兩邊阻抗平衡，C點及D點等電位

$Z_{AB}=(3+j3+1+j)\,//\,(3+j3+1+j)$

$=(4+j4)\,//\,(4+j4)$

$=2+j2\Omega$

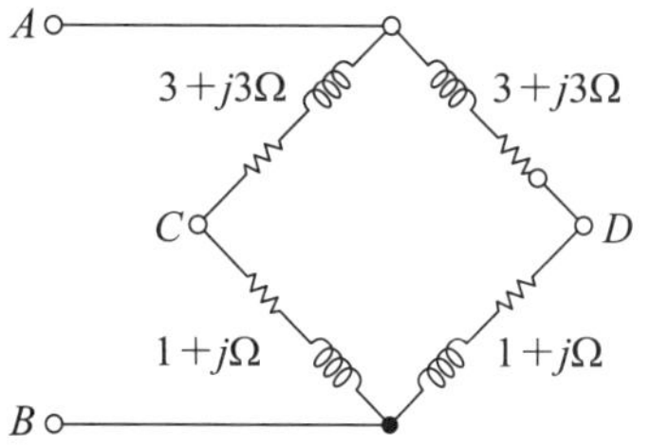

3 (A)。$I_{rms}=V_{R,rms}/R=60/12=5A$

$V_{rms}=\sqrt{V_{R,rms}^2+V_{L,rms}^2}\Rightarrow V_{L,rms}=\sqrt{100^2-60^2}=80V$

$Z_L=\dfrac{V_{L,rms}}{I_{rms}}=\dfrac{80}{5}=16\Omega$

$L=\dfrac{Z_L}{\omega}=\dfrac{Z_L}{2\pi f}=\dfrac{16}{2\times3.14\times60}\approx0.042=42mH$

4 (B)。直流時，電感視為短路，故 $R=\dfrac{40}{10}=4\Omega$

交流時，$I_m=\sqrt{2}I_{rms}=8\sqrt{2}$ A

等效阻抗大小 $|Z|=\dfrac{V_m}{I_m}=\dfrac{40\sqrt{2}}{8\sqrt{2}}=5\Omega$

$$\omega L=\sqrt{Z^2-R^2}=\sqrt{5^2-4^2}=3 \Rightarrow L=\frac{3}{\omega}=\frac{3}{1000}=3mH$$

P.101

5 (C)。 電橋平衡時，阻抗成比例，注意電容阻抗為 $\frac{1}{j\omega C}$

$$\frac{\frac{1}{j\omega C_X}}{R_1}=\frac{\frac{1}{j\omega C_1}}{R_2} \Rightarrow C_X=C_1\frac{R_2}{R_1}=2\mu F\times\frac{3k\Omega}{1k\Omega}=6\mu F$$

6 (A)。 電橋平衡時，阻抗成比例，電感阻抗 $j\omega L$

$$\frac{500}{200}=\frac{100+j\omega\times 5}{R_X+j\omega L_X}$$

故 $R_X+j\omega L_X=\frac{2}{5}(100+j5\omega)=40+j2\omega \Rightarrow R_X=40\Omega$、$L_X=2H$

7 (D)。 電容阻抗為 $\frac{1}{SC}$

電橋平衡條件 $\frac{R_1}{\frac{1}{SC_S}}=\frac{R_2}{\frac{1}{SC_X}} \Rightarrow C_X=\frac{R_1}{R_2}C_S$

8 (D)。 由串並聯公式

$$R\,//\,(-jX_C)=\frac{-jR\cdot X_C}{R+(-jX_C)}=\frac{-jRX_C(R+jX_C)}{R^2+X_C{}^2}$$

$$\Rightarrow\frac{RX_C^2-jR^2X_C}{R^2+X_C{}^2}=10-j20$$

! $RX_C{}^2=10(R^2+X_C{}^2)$
$\Rightarrow$#
% $R^2X_C=20(R^2+X_C{}^2)$

相除得 $\frac{R}{X_C}=2 \Rightarrow R=2X_C$，代入上式得 $R=50\Omega$，$X_C=25\Omega$

P.102

9 (C)。 串聯 $Z=R+jX_L-jX_C=10+j10-j20=10-j10=10\sqrt{2}\angle-45°\Omega$

故 $|Z|=10\sqrt{2}\,\Omega$

10 (D)。 因並聯 $\Rightarrow I=\frac{\overline{V_S}}{R}+\frac{\overline{V_S}}{jX_L}+\frac{\overline{V_S}}{-jX_C}=\frac{200\angle 0°}{10}+\frac{200\angle 0°}{j5}+\frac{200\angle 0°}{-j10}$

$$=20-j40+j20=20-j20=20\sqrt{2}\angle-45°A$$

11 (D)。 $\omega=377$ rad/s

$$X_c=-j\frac{1}{wC}=-j\frac{1}{377\times 53\times 10^{-6}}\approx -j50\,\Omega$$

12 (C)。 穩態時 $V_C=10V$

$W=\frac{1}{2}CV^2=\frac{1}{2}\times 2\times 10^2=100$ 焦耳

13 (B)。電感會使電流相位落後電壓相位，並聯串聯皆然。

14 (C)。$Y=Y_R+Y_L+Y_C=\frac{I_R}{V}-j\frac{I_L}{V}+j\frac{I_C}{V}=\frac{1}{V}〔3-j6+j2〕=\frac{1}{V}〔3-j4〕$

$=\frac{5}{V}\angle-53^\circ$

$Z=\frac{1}{Y}=\frac{V}{5}\angle 53^\circ$，$PF=\cos 53^\circ=0.6$，故為 0.6 落後。

103 **15 (A)**。$V(S)=100\angle 10^\circ \quad I(S)=5\angle 10^\circ$

$Z=\frac{V(S)}{I(S)}=\frac{100\angle 10^\circ}{5\angle 10^\circ}=20\angle 0^\circ\Omega$

16 (D)。$Z_C=\frac{1}{j\omega C}=\frac{1}{j\times 10\times 0.02}=-j\frac{1}{0.2}=-j5=5\angle-90^\circ$

$V(S)=10\angle 0^\circ$，$I(S)=\frac{V(S)}{Z_C}=\frac{10\angle 0^\circ}{5\angle-90^\circ}=2\angle 90^\circ$

$i(t)=2\sin(10t+90^\circ)A$

17 (B)。RL串聯時 $Z=R+j\omega L=R+j2\pi fL$，故頻率加倍則虛部加倍為 $10+j40\Omega$

18 (C)。$Z=R+jX_L=R+j\sqrt{3}R=2R\angle 60^\circ$

$\overline{E_{S(S)}}=\bar{I}_{(S)}\times Z=\bar{I}_{(S)}\times 2R\angle 60^\circ=2R\bar{I}\angle 60^\circ$，故 $\overline{E_{S(S)}}$ 超前 $\bar{I}_{(S)}$ 60°

19 (A)。因並聯，僅考慮電壓源與電阻 $\Rightarrow \bar{I}_R=\frac{\bar{V}}{R}=\frac{100\angle 0^\circ}{20}=5\angle 0^\circ A$

20 (C)。總阻抗 $Z=R-j\frac{1}{\omega C}$，阻抗相角為負值

$\overline{I_C}=\frac{\overline{V_S}}{Z}\Rightarrow \overline{I_C}$ 超前 $\overline{V_S}$（角度為正值）

$\overline{V_R}=\frac{R}{R-j\frac{1}{\omega C}}\overline{V_S}\Rightarrow \overline{V_R}$ 超前 $\overline{V_S}$（角度為正值）

$\overline{V_C}=\frac{-j\frac{1}{\omega C}}{R-j\frac{1}{\omega C}}\overline{V_S}\Rightarrow \overline{V_C}$ 落後 $\overline{V_S}$（角度為負值）

由 $\overline{V_R}$ 超前 $\overline{V_S}$ 超前 $\overline{V_C}$，可得 $\overline{V_s}$ 超前 $\overline{V_C}$

21 (D)。用分壓定理

$\overline{V_C}=\frac{-j6}{6-j6}\times 100\angle 0^\circ=\frac{6\angle-90^\circ}{6\sqrt{2}\angle-45^\circ}\times 100\angle 0^\circ$

$=\frac{100}{\sqrt{2}}\angle[-90^\circ-(-45^\circ)+0^\circ]=70.7\angle-45^\circ V$

模擬測驗

P.104
1 (C)。 $\omega=2\pi f=2\pi\times60=120\ \pi rad/s$
$X_L=\omega L=120\pi\times0.001=0.12\pi\cong0.377\Omega$

2 (D)。 電容阻抗 $Z_c=-jX_c=-j25\Omega$
$V=iZ=5\angle0^\circ\times(-j25)=5\angle0^\circ\times25\angle-90^\circ=125\angle-90^\circ$
$V(t)=125\sin(377t-90^\circ)\ V$

3 (B)。 平衡電橋，$\frac{10}{Z_C}=\frac{4-j3}{5}\Rightarrow Z_c=\frac{5\times10}{4-j3}=\frac{50}{5\angle-37^\circ}=10\angle37^\circ=8+j6\Omega$

4 (A)。 $\omega=400rad/s\Rightarrow$ 容抗 $X_c=\frac{1}{\omega c}=\frac{1}{400\times25\times10^{-6}}=\frac{1}{10^{-2}}=100\Omega$

5 (B)。 $Z=R+jX_L-jX_c=40-j30\Omega\Rightarrow|Z|=\sqrt{40^2+(-30)^2}=50\Omega$

6 (D)。 $\omega=300rad/s$。電感的電抗 $X_L=\omega L=300\times50\times10^{-3}=15\Omega$

P.105
7 (B)。 $Z=4-j3\Rightarrow|Z|=\sqrt{4^2+(-3)^2}=5\Omega$

8 (B)。 左側 2Ω，3Ω 及 6Ω 的壓降相同
$I_{3\Omega}=I_A=2A$；$I_{2\Omega}=\frac{3\times2}{2}=3A$；$I_{6\Omega}=\frac{3\times2}{6}=1A$
故 $I_{AB}=I_{2\Omega}+I_{3\Omega}+I_{6\Omega}=3+2+1=6A$
$V_{AB}=2\times3+6\times(2+j3)=18+j18=18\sqrt{2}\angle45^\circ V$

9 (D)。 $Z=R+jX_L=12+j5$。$|Z|=\sqrt{12^2+5^2}=13\Omega$

10 (B)。 $Z_T=4+(-j6//-j6)=4-j3\Omega\Rightarrow|Z_T|=\sqrt{4^2+(-3)^2}=5\Omega$

11 (A)。 並聯時電壓相等 $V=IZ=\frac{1}{Y}\Rightarrow\frac{I_1}{|Y_1|}=\frac{I_2}{|Y_2|}\Rightarrow\frac{I_1}{I_2}=\frac{|Y_1|}{|Y_2|}$

第10章 交流電功率

觀念加強

P.106
1 (C)。 電阻所消耗的為實功率，不消耗虛功率，故選(C)。

P.107
2 (C)。 (A)負載阻抗為等效阻抗之共軛值時，轉移至負載之功率最大；(B)平均功率是某一週期內瞬時功率的平均值；(C)正確；(D)虛功率係交流電路中在電感或電容上之功率。

3 (B)。 (A)為最大功率轉移定理，正確；(C)(D)敘述亦正確；而平均功率是某一週期內瞬時功率的平均值，故(B)錯誤。

4 (A)。 電抗功率為虛功率，不會有實際的功率消耗及傳遞，淨轉移為零，故選(A)。

5 (B)。 在純電感電路中，功率為正時表示吸收能量，而功率為負時表示放出能量，故選(B)。

6 (D)。 虛阻抗不消耗實功率，平均實功率為零，故選(D)。

108 **7 (B)**。 功率因數 PF＝$\cos\theta$，其中角度的範圍在$-90^\circ \leq \theta \leq +90^\circ$，(A) $0 \leq \cos\theta \leq 1$，$0 \leq PF \leq 1$；(B)純電阻的功率因素角 $\theta = 0^\circ$，PF＝1；(C)純電容的功率因素角 $\theta = 90^\circ$，PF＝0；(D)純電感的功率因素角 $\theta = -90^\circ$，PF＝0；故選(B)。

8 (A)。 若係因電感性負載使功率因數較低，可在負載上並聯一電抗性元件（通常並聯電容）改善之，故選(A)。

109 **9 (B)**。 弦波（無論正弦波或餘弦波）的等效電流值僅直流的 $\frac{1}{\sqrt{2}}$，直流電流所消耗的平均功率為交流電流的兩倍，故選(B)。

10 (D)。 電壓與電流頻率不同時，平均功率為零。

11 (D)。 功率因數係平均功率P與視在功率S的比值，視在功率為複數功率的大小，而視在功率可表示為 $S = \sqrt{P^2 + Q^2}$，故選(D)。

12 (A)。 由最大功率轉移定理可知，當負載阻抗為戴維寧電路或諾頓電路的等效阻抗之共軛值時，轉移至負載之功率最大，此電路之等效阻抗為 $Z_{th} = 5 + j5$，可得負載應為 $Z_L = 5 - j5$，故選(A)。

經典考題

110 **1 (C)**。 由最大功率轉移定理 $\Rightarrow Z_{th} = 5 + j7 - j2 = 5 + j5\Omega$

$Z_L = Z_{th}^* = (5 + j5)^* = 5\Omega - j5\Omega$

2 (A)。 $Z = \frac{V(S)}{I(S)} = \frac{5}{4}\angle 60^\circ$

$P_{av} = \frac{1}{2}V_m I_m \cos\theta = \frac{1}{2} \times 5 \times 4 \times \cos 60^\circ = 5W$

3 (A)。 功率因數 PF＝$\cos\theta = 0.8$

$P = VI\cos\theta$

$I = \frac{P}{V\cos\theta} = \frac{880}{110 \times 0.8} = 10A$

4 (A)。 $|I| = |I_R + jI_C| = \sqrt{I_R^2 + I_C^2}$

$\Rightarrow I_C = \sqrt{I^2 - I_R^2} = \sqrt{20^2 - 10\sqrt{3}^2} = 10A$

電抗 $X_C = \frac{V_{rms}}{I_{C,rms}} = \frac{100}{10} = 10\Omega$

無效功率 $Q=I_{C,rms}{}^2\times X_C=10^2\times 10=1000VAR$

電容量 $C=\dfrac{1}{\omega Xc}=\dfrac{1}{100\times 10}=\dfrac{1}{1000}=0.001F$

5 (B)。 $PF=\cos\theta=\cos(-37^\circ)=0.8$

$S=\dfrac{1}{2}V_mI_m=\dfrac{1}{2}\times 200\sqrt{2}\times 10\sqrt{2}=2000VA$

$P=S\cos\theta=2000\times 0.8=1600W$

$Q=S\sin\theta=2000\times\sin(-37^\circ)=2000\times(-0.6)=-1200VAR$

$|Q|=1200VAR$

P.111 **6 (D)**。 $Z=R+jX_L=6+j8=10(0.6+j0.8)=10(\cos\theta+j\sin\theta)$

故 $\cos\theta=0.6$，另由 $\sin\theta$ 為正值可知為滯後，故選(D)

另 $S=I^2|Z|=10^2\times 10=1000VA$

$P=S\cos\theta=1000\times 0.6=600W$

$V=I|Z|=10\times 10=100V$

7 (D)。 PF 提高到 1，表示阻抗虛部為零

$$Z=(R+jX_L)//(-jX_C)=\frac{X_LX_C-jRX_C}{R+j(X_L-X_C)}$$
$$=\frac{(X_LX_C-jRX_C)[R-j(X_L-X_C)]}{R^2+(X_L-X_C)^2}$$
$$=\frac{RX_LX_C-RX_C(X_L-X_C)-j(R^2X_C+X_L{}^2X_C-X_LX_C{}^2)}{R^2+(X_L-X_C)^2}$$
$$\Rightarrow X_C=\frac{R^2+X_L^2}{X_L}=\frac{6^2+8^2}{8}=\frac{100}{8}=12.5\Omega$$
$$C=\frac{1}{\omega X_C}=\frac{1}{400\times 12.5}=\frac{1}{5000}=200\times 10^{-6}=200\mu F$$

8 (C)。 要用同樣的正弦波或餘弦波才能比較

$v(t)=100\sqrt{2}\sin 377t=100\sqrt{2}\cos(377t-90^\circ)v$

$i(t)=10\sqrt{2}\cos(377t-30^\circ)=10\sqrt{2}\sin(377t+60^\circ)A$

故由 sin 波或 cos 波可知 $\angle V-\angle I=-60^\circ$

$P_{av}=\dfrac{1}{2}V_mI_m\cos\theta=\dfrac{1}{2}\times 100\sqrt{2}\times 10\sqrt{2}\times\cos(-60^\circ)=500W$

9 (A)。 $v(t)=100\sqrt{2}\sin(2\pi\times 60t)=100\sqrt{2}\sin(377t)V$

$i(t)=v(t)/R=2\sqrt{2}\sin(377t)A$

$p(t)=v(t)i(t)=400\sin(377t)\cdot\sin(377t)$

$=400\times\dfrac{1}{2}[\cos(377t-377t)-\cos(377t+377t)]=200(1-\cos 754t)$

故瞬間功率頻率為 $f=\frac{\omega}{2\pi}=\frac{754}{2\pi}=120\text{Hz}$

$p(t)_{max}=200〔1+1〕=400\text{W}$

$p(t)_{min}=200〔1-1〕=0\text{W}$

$p(t)_{av}=200\text{W}$

10 (B)。 由最大功率轉移定理 ⇒ $Z_L=Z_{th}{}^*=(3+j4)^*=3-j4\Omega$

11 (A)。 $\theta=\angle V-\angle I=30°-(-30°)=60°$

$P_{av}=\frac{1}{2}V_mI_m\cos\theta=\frac{1}{2}\times100\sqrt{2}\times10\sqrt{2}\times\cos60°=500\text{W}$

12 (B)。 耗電 24kW為實功率

虛功率 $Q=P\cdot\tan\theta$

原來 $PF=\cos\theta=0.6\Rightarrow\tan\theta=\frac{4}{3}$

改善後 $PF'=\cos\theta'=0.8\Rightarrow\tan\theta'=\frac{4}{3}$

故電容要提供的無效功率為

$\theta-\theta'=P\cdot\tan\theta-P\cdot\tan\theta'=24k(\frac{4}{3}-\frac{3}{4})=24k\times\frac{16-9}{12}=14\text{kVAR}$

13 (D)。 $P_{av}=\frac{1}{2}\times\frac{V_m^2}{R}=\frac{1}{2}\times\frac{(100\sqrt{2})^2}{20}=500\text{W}$

14 (A)。 $\theta=\angle V-\angle I=20°-(-10°)=30°$

$\rho=\frac{1}{2}V_mI_m\sin\theta=\frac{1}{2}\times100\sqrt{2}\times10\sqrt{2}\times\sin30°=500\text{VAR}$

15 (C)。 電阻所消耗的為實功率，不消耗虛功率，故選(C)。

16 (D)。 $P_{av}=\frac{1}{2}\times\frac{V_m^2}{R}=\frac{1}{2}\times\frac{(141.4)^2}{10}=1000\text{W}$

17 (C)。 平均功率為實功率，僅考慮電阻 ⇒ $P_{av}=\frac{V_{rms}{}^2}{R}=\frac{100^2}{20}=500\text{W}$

18 (D)。 $Z=R-jX=10-j10\Omega=10\sqrt{2}\angle-45°\Omega$

$\bar{I}=\frac{\bar{V}}{Z}=\frac{200\angle0°}{10\sqrt{2}\angle-45°}=10\sqrt{2}\angle45°\text{A}$ 故 $I_{rms}=10\sqrt{2}\text{ A}$

$S=\bar{V}\,\bar{I}=200\times10\sqrt{2}=2000\sqrt{2}\text{ VA}$

$P=S\cos\theta=2000\sqrt{2}\cos(-45°)=2000\text{W}$

$|Q|=|S\sin\theta|=|2000\sqrt{2}\sin(-45°)|=2000\text{VAR}$

19 (D)。 $\bar{I}=\sqrt{I_R{}^2+I_L{}^2}=\sqrt{9^2+12^2}=15\text{A}$

$R=\frac{V}{I_{R,rms}}=\frac{36}{9}=4\Omega$

$X_L=\frac{V}{I_{L,rms}}=\frac{36}{12}=3\Omega$

實功率 $P=I_R{}^2 \cdot R=9^2\times 4=324W$

虛功率 $Q=I_L{}^2\times X_L=12^2\times 3=432VAR$

視在功率 $S=\sqrt{P^2+Q^2}=\sqrt{324^2+432^2}=540VA$

功率因數 $PF=\frac{P}{S}=\frac{324}{540}=0.6$

20 (A)。互感為負 $L=2+2-2M=2+2-1=3H$

$Z=R+jwL=4+j1\times 3=4+j3=5\angle 37^\circ$

$I_{rms}=\frac{V_{rms}}{|Z|}=\frac{\frac{1}{\sqrt{2}}V_m}{|Z|}=\frac{\frac{1}{\sqrt{2}}\times 10\sqrt{2}}{5}=2A$

$S=V_{rms}I_{rms}=10\times 2=20VA$

$P-S\cos\theta-20\times\cos 37^\circ=20\times 0.8=16W$

$PF=\cos\theta=\cos 37^\circ=0.8$

21 (D)。$C=1000\mu F // (500\mu F+500\mu F) // 1000\mu F$

$=1000\mu F // 1000\mu F // 1000\mu F=\frac{1000}{3}\mu F$

$Z=R-j\frac{1}{\omega C}=4-j\frac{1}{1000\times\frac{1000}{3}\times 10^{-6}}=4-j3=5\angle -37^\circ$

$S=\frac{1}{2}\frac{V_m^2}{|Z|}=\frac{1}{2}\frac{(25\sqrt{2})^2}{5}=125VA$

$PF=\cos\theta=\cos(-37^\circ)=0.8$

$P=S\cos\theta=125\times 0.8=100W$

$|Q|=|S\sin\theta|=|125\times\sin(-37^\circ)|=|125\times(-0.6)|=75VAR$

22 (C)。伏特計量到的為有效值 $\Rightarrow V_{rms}=\frac{1}{\sqrt{2}}V_m=\frac{1}{\sqrt{2}}\times 100=70.7V$

P.114 **23 (A)**。$Z=R+jX_L=15+j20=25(0.6+j0.8)$

$=25(\cos\theta+j\sin\theta)=25\angle 53^\circ$

功率因數 $PF=\cos\theta=0.6$

24 (B)。電感性為滯後

$PF=\cos\theta=\frac{P}{\sqrt{P^2+Q^2}}$

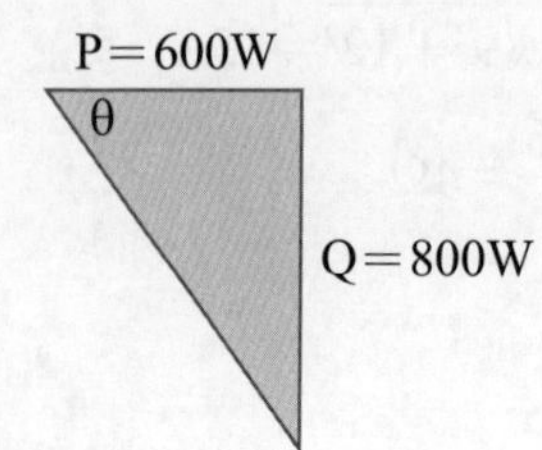

$=\frac{600}{\sqrt{600^2+800^2}}=0.6$滯後

25 (C)。$P_{L,av}=\frac{1}{2}\frac{V^2}{R}=\frac{1}{2}\times\frac{141.4^2}{20}=500W$

26 (B)。$Z=R+jXL//(-jXc)=16+\frac{j12\times(-j6)}{j12+(-j6)}$

$=16+\frac{72}{j6}=16-j12\Omega$

$\bar{I}=\frac{\bar{E}}{Z}=\frac{240\angle 0^\circ}{16-j12}=\frac{240\angle 0^\circ}{20\angle -37^\circ}=12\angle 37^\circ=12(0.8+j0.6)=9.6+j7.2A$

27 (D)。$PF=\cos\theta=\cos 37^\circ=0.8$

模擬測驗

15

1 (A)。(A)(C)的功率因素為0.6，(B)(D)的功率因素為0.8，功率因素滯後的阻抗虛部為正值，故選(A)

2 (D)。由最大功率轉移定理得$Z_L=Z_{th}^*=2-2j\Omega$

$P_{L,max}=\frac{V_{rms}^2}{4Re[Z]}=\frac{100^2}{4\times 2}=1250\ W$

3 (C)。$P=\frac{1}{2}I^2R=\frac{1}{2}\times 6^2\times 5=90W$

4 (C)。實功率不變

$P=VI\cdot PF\Rightarrow V_1I_1PF_1=V_2I_2PF_2\Rightarrow V\times 50\times 0.8=V\times I\times 1\Rightarrow I=40A$

5 (B)。$P=\frac{1}{2}VI\cos\theta=\frac{1}{2}\times 50\times 16\times\cos 30^\circ=200\sqrt{3}\approx 346.4W$

6 (B)。$Z=8+j6$，$PF=\cos\theta=\frac{8}{\sqrt{8^2+6^2}}=0.8$

16

7 (A)。$Z=5+j5$，$PF=\cos\theta=\frac{5}{\sqrt{5^2+5^2}}=\frac{1}{\sqrt{2}}$，阻抗虛部正值為落後

8 (C)。由最大功率轉移定理 $Z_L=Z_{th}^*=4-j2\Omega$

$P_{L,max}=\frac{V^2}{4Re[Z_L]}=\frac{200^2}{4\times 4}=2500W$

9 (C)。調整後 $\cos\theta=0.8\Rightarrow\tan\theta=\frac{3}{4}$

$Q'=p\tan\theta=100\times\frac{3}{4}=75kVAR$

故電容器容量 $Q-Q'=100-75=25kVAR$

10 (D)。 平均功率為實功率，僅考慮電阻，無需考慮電感

$$P=\frac{1}{2}\times\frac{V^2}{R}=\frac{1}{2}\times\frac{100^2}{100}=50W$$

第11章 諧振電路

觀念加強

P.117 **1 (B)**。 (C)當 $X_L>X_C$ 時，呈電感性，電壓相位超前電流相位；(D)當 $X_C>X_L$ 時，呈電容性；(A)(B)當 $X_L=X_C$ 時，呈電阻性，電壓相位同電流相位，功率因素為 1；故選(B)。

2 (C)。 當 $X_L>X_C$ 時，呈電感性，電壓相位超前電流相位，但功率因素為滯後，故選(C)。

3 (C)。 (A)當 $X_L>X_C$ 時，電路呈電感性，電壓相位超前電流相位；(B)當 $X_C>X_L$ 時，電路呈電容性，電壓相位落後電流相位；(C)當 $X_L=X_C$ 時，呈電阻性，電壓相位同電流相位，功率因素為 1；故選(C)。

4 (C)。 串聯時，阻抗為 $Z_{th}=R+jX_L-jX_C$，若 X_L 較大則虛部大於零，呈現電感性，故選(C)。此題若改為並聯，同條件下會呈電容性。

P.118 **5 (C)**。 並聯時，跨於所有元件上的電壓同相位，但(A)電阻上的電流相位於電壓相位同相位，故與並聯電壓同相位；(B)電感上的電流相位落後電壓相位 90 度，故落後並聯電壓相位；(C)電容上的電流相位領先電壓相位 90 度，故領先並聯電壓相位；(D)若電路為電感性，則總電流相位將領先並聯電壓相位；故選(C)。

P.119 **6 (B)**。 串聯電路阻抗為 $Z_{th}=R+j\omega L-j\frac{1}{\omega C}$，當諧振時(A)虛部為零，電路阻抗最小；(B)因電路阻抗最小，故電路電流最大，消耗之電功率最大；(C)電路阻抗最小，故電路電流最大；(D)呈電阻性，功率因素為 1；故選(B)。

7 (C)。 串聯電路阻抗為 $Z_{th}=R+j\omega L-j\frac{1}{\omega C}$，當諧振時虛部為零(A)相當於純電路；(B)串聯諧振時，電路阻抗最小，故電路電流最大，消耗之電功率最大；(C)諧振頻率 $f=\frac{1}{2\pi\sqrt{LC}}$，與 R 無關；(D)諧振時，電感阻抗與電容阻抗相等，而串聯電流相等，故電感電壓與電容電壓的大小相等，但若考慮相位，則相位相差 180 度；故選(C)。

8 (D)。 串聯電路阻抗為 $Z_{th}=R+j\omega L-j\frac{1}{\omega C}$，當輸入頻率小於諧振頻率時，電路呈現電容性，故選(D)。

P.120 **9 (D)**。 直流電源不會振盪，故選(D)。

10 (D)。 無論是 RLC 串聯電路或 RLC 並聯電路，諧振角頻率$\omega=\frac{1}{\sqrt{LC}}$，諧振頻率 $f=\frac{1}{2\pi\sqrt{LC}}$，故選(D)。

11 (C)。 無論是 RLC 串聯電路或 RLC 並聯電路，在諧振時阻抗均呈電阻性，故選(C)。

12 (A)。 (A)(B)無論是 RLC 串聯電路或 RLC 並聯電路，在諧振時阻抗均呈電阻性，電壓與電流同相；(C)在 RLC 串聯電路諧振時電流為最大，若是 RLC 並聯電路諧振時電流為最小；(D)諧振角頻率$\omega=\frac{1}{\sqrt{LC}}$，諧振頻率 $f=\frac{1}{2\pi\sqrt{LC}}$，故選(A)。

13 (D)。 (A) RLC 串聯電路諧振時呈電阻性，功率因數為 1；(D)諧振時阻抗虛部為零，阻抗等於電阻 R；(B)此時阻抗值最小，電流最大；(C)因電流最大，故平均功率最大，應選(D)。

14 (B)。 RLC 電路串聯時，阻抗為 $Z_{th}=R+j\omega L-j\frac{1}{\omega C}$，當諧振時虛部為零，若頻率小於諧振頻率則虛部為負值，呈電容性，故選(B)。

15 (A)。 RLC 串聯諧振時 $Q=\frac{X_L}{R}=\frac{\omega_0 L}{R}=\frac{2\pi f_0 L}{R}=\frac{1}{R}\sqrt{\frac{L}{C}}=\frac{1}{\omega_0 RC}=\frac{1}{2\pi f_0 RC}$，故(B)(C)(D)正確，(A)錯誤。

22 **16 (C)**。 (A) RLC 並聯電路諧振時，阻抗最大；(B) RLC 電路諧振時，功率因素為 1；(C)因阻抗最大，故電流最小；(D)當工作頻率大於諧振頻率時，電路呈現電容性；故選(C)。

17 (A)。 RLC 並聯電路諧振時，呈電阻性，故選(A)。

18 (C)。 當 $X_L=X_C$ 時，表示為諧振，(A)諧振頻率 $f=\frac{1}{2\pi\sqrt{LC}}$；(B)諧振時虛部為零，故電路總導納為零；(C)並聯諧振時電路阻抗最大，故電路輸入電流最小；(D)當輸入頻率小於諧振頻率時，電路呈現電感性，故選(C)。

19 (D)。 LC 並聯電路的阻抗 $Z_{th}=j\omega L\,//\,(j\frac{1}{\omega C})$，(A)其電感抗隨電源頻率增大而增大，但電感納隨電源頻率增大而減小；(B)其電容抗隨電源頻率增大而減小，但電容納隨電源頻率增大而增大；(C)當輸入頻率小於諧振頻率時，電路呈現電感性；(D)當輸入頻率大於諧振頻率時，電路呈現電容性，電流相位超前電壓相位 90 度，故選(D)。

23 **20 (C)**。 RLC 並聯諧振電路中，$Q=\frac{R}{X_C}=R\omega_0 C=RZ\frac{C}{L}$，$BW=\frac{f_0}{Q}$，故 R 越大，則品質因素 Q 越大，BW 頻帶寬度越小，故選(C)。

21 (D)。 RLC 並聯電路諧振時，阻抗最大，電流最小，功率最小，呈電阻性，功率因數為 1，故選(D)。

22 (A)。 並聯 LC 電路諧振時，總導納為零，總電流最小，故選(A)。

經典考題

P.124 **1 (C)**。 $Z=R+jX_L-jX_C=8+j8-j2=8+j6\Omega=10\angle 37^\circ\Omega$

2 (C)。 $\omega=1000\text{rad/s}$

$$Y=\frac{1}{R}+\frac{1}{jX_L}+j\frac{1}{X_C}=\frac{1}{R}+\frac{1}{j\omega L}+j\omega C$$

$$=\frac{1}{5}+\frac{1}{j\,1000\times2\times10^{-3}}+j1000\times250\times10^{-6}$$

$$=\frac{1}{5}-j\frac{1}{2}+j\frac{1}{4}=\frac{1}{5}-j\frac{1}{4}\,S$$

3 (C)。 電阻上的電流相位與電壓相位同相位，電感上的電流相位落後電壓相位 90 度，電容上的電流相位領先電壓相位 90 度，故 I_R 與並聯電壓同相位，I_L 落後並聯電壓相位 90 度，I_C 領先並聯電壓相位 90 度。

總電流 $I=I_R+I_L+I_C$

$$=3+6\angle-90^\circ+2\angle 90^\circ=3-j6+j2=3-j4A=5\angle-53^\circ A$$

$PF=\cos\theta=\cos(53^\circ)=0.6$ 為落後

4 (C)。 諧振時 $Z_0=R=10\Omega$

$$f_0=\frac{1}{2\pi\sqrt{LC}}=\frac{1}{2\pi\sqrt{0.5\times200\times10^{-6}}}=\frac{1}{2\pi\times0.01}$$

$$=\frac{100}{2\pi}\approx16\text{Hz}$$

5 (D)。 RLC 串聯諧振時 $Q=\frac{X_L}{R}=\frac{\omega_0 L}{R}=\frac{2\pi f_0 L}{R}=\frac{1}{R}\sqrt{\frac{L}{C}}=\frac{1}{\omega_0 RC}=\frac{1}{2\pi f_0 RC}$

$$Q=\frac{1}{R}\sqrt{\frac{L}{C}}=\frac{1}{10}\sqrt{\frac{2}{50\times10^{-6}}}=\frac{1}{10}\sqrt{\frac{10^6}{25}}=20$$

P.125 **6 (A)**。 $\omega=1000\text{rad/s}$

$X_L=WL=1000\times10\times10^{-3}=10\Omega$

$V_g(S)=I(S)\times Z_L(s)=I(S)\times jX_L=10\sqrt{2}\angle0^\circ\times10\angle90^\circ$

$=100\sqrt{2}\angle90^\circ$

$V_g(t)=100\sqrt{2}\sin(1000t+90^\circ)=100\sqrt{2}\cos(1000t)\,V$

7 (C)。 $X_C=\frac{1}{\omega C}=\frac{1}{1000\times100\times10^{-6}}=10$

$$I_{C(S)}=\frac{V_{g(S)}}{Z_{c(S)}}=\frac{100\sqrt{2}\angle90^\circ}{10\angle-90^\circ}=10\sqrt{2}\angle-180^\circ=-10\sqrt{2}\,A$$

$I_{A2}=I_{L(S)}+I_{C(S)}=10\sqrt{2}-10\sqrt{2}=0A$

$I_{A1}=\frac{V_{g(S)}}{R}+I_{A2}=\frac{100\sqrt{2}\angle 90^\circ}{10}=10\sqrt{2}\angle 90^\circ$

有效值 $I_{A1, rms}=\frac{1}{\sqrt{2}}I_{A1, m}=\frac{10\sqrt{2}}{\sqrt{2}}=10A$

8 (B)。 電流源開路：$Z_{ab}=j8-j6=j2\Omega$

9 (B)。 $\overline{I}=\overline{I}_R+\overline{I}_L+\overline{I}_C=\frac{\overline{V}}{R}+\frac{\overline{V}}{jX_L}+\frac{\overline{V}}{-jX_C}$

$=\frac{50\angle 0^\circ}{5}+\frac{50\angle 0^\circ}{5\angle 90^\circ}+\frac{50\angle 0^\circ}{2.5\angle -90^\circ}=10\angle 0^\circ+10\angle -90^\circ+20\angle 90^\circ$

$=10-j10+j20=10+j10=10\sqrt{2}\angle 45^\circ$

$\overline{I}_{rms}=10\sqrt{2}$

10 (B)。 $Z=R+jX_L-jX_C=10+j20-j10=10+j10=10\sqrt{2}\angle 45^\circ$

$\overline{I}=I_{rms}=\frac{\overline{V}}{|Z|}=\frac{100\sqrt{2}}{10\sqrt{2}}=10A$

$P=\overline{I}^2R=10^2\times 10=1000W$

$PF=\cos\theta=\cos 45^\circ=\frac{1}{\sqrt{2}}\simeq 0.707$

$S=\overline{I}^2\times|Z|=10^2\times 10\sqrt{2}=1000\sqrt{2}\ VA$

26 **11 (A)**。 RLC 串聯諧振時

$Q=\frac{X_L}{R}=\frac{\omega_0 L}{R}=\frac{2\pi f_0 L}{R}=\frac{1}{R}\sqrt{\frac{L}{C}}=\frac{1}{\omega_0 RC}=\frac{1}{2\pi f_0 RC}$，$BW=\frac{f_0}{Q}$

$f_0=\frac{1}{2\pi\sqrt{LC}}=\frac{1}{2\pi\sqrt{0.5\times 200\times 10^{-6}}}=\frac{100}{2\pi}\approx 16Hz$

$Q=\frac{1}{R}\sqrt{\frac{L}{C}}=\frac{1}{10}\sqrt{\frac{0.5}{200\times 10^{-6}}}=\frac{1}{10}\times\frac{1}{2\times 10^{-2}}=5$

$BW=\frac{f_0}{Q}=\frac{16}{5}=3.2Hz$

12 (C)。 $\omega_r=\frac{1}{\sqrt{LC}}=\frac{1}{\sqrt{100\times 10^{-3}\times 0.1\times 10^{-6}}}=\frac{1}{\sqrt{10\times 10^{-9}}}=\frac{1}{\sqrt{10^{-8}}}=\frac{1}{10^{-4}}$

$=10^4\ rad/s$

13 (B)。 由四個選項均未帶相角可知此電路應諧振

$\omega_0=\frac{1}{\sqrt{LC}}=\frac{1}{\sqrt{0.001\times 0.001}}=\frac{1}{0.001}=1000rad/s$

諧振時阻抗 $Z=R=10\Omega$

$V_m = I_m \times R = 10 \times 10 = 100V$

故 $V(t) = V_m \sin(\omega t) = 100\sin(1000t)$ V

14 (D)。諧振時功率因素 PF=1

阻抗為 R，平均功率與 L 及 C 無關

$P_{av} = \frac{V_{rms}^{\ 2}}{R} = \frac{100^2}{10} = 1000W = 1kW$

15 (C)。$X_L = \omega L \Rightarrow L = \frac{X_L}{\omega} = \frac{X_L}{2\pi f}$

$X_C = \frac{1}{\omega C} \quad C = \frac{1}{\omega X_C} = \frac{1}{2\pi f X_C}$

$f_0 = \frac{1}{2\pi\sqrt{LC}} = \frac{1}{2\pi\sqrt{\frac{X_L}{2\pi f} \cdot \frac{1}{2\pi f X_C}}} = f\sqrt{\frac{X_C}{X_L}} = 50 \times \sqrt{\frac{4}{100}} = 50 \times \frac{1}{5} = 10Hz$

16 (C)。由 $f_0 = f\sqrt{\frac{X_C}{X_L}} = 2 \times 10^3 \times \sqrt{\frac{25}{4}} = 2 \times 10^3 \times \frac{5}{2} = 5 \times 10^3 = 5kHz$

P.127 **17 (D)**。RLC 並聯諧振電路中，$Q = \frac{X_R}{X_C} = R\omega_0 C = R\sqrt{\frac{C}{L}}$

諧振時 $f = \frac{1}{2\pi\sqrt{LC}} = \frac{1}{2\pi\sqrt{4 \times 100 \times 10^{-6}}} = \frac{1}{2\pi \times 2 \times 10^{-2}} \approx 8Hz$

阻抗 $Z_i = R = 50K\Omega$

功率因素 PF=1

品質因素 $Q = R\sqrt{\frac{C}{L}} = 50 \times 10^3 \times \sqrt{\frac{100 \times 10^{-6}}{4}} = 250$

18 (A)。諧振時 PF=1，故選(A)

$f_0 = \frac{1}{2\pi\sqrt{LC}} = \frac{1}{2\pi\sqrt{4 \times 100 \times 10^{-6}}} = \frac{1}{2\pi \times 2 \times 10^{-2}} \approx 8Hz$

19 (D)。因 $X_L = X_C$，故電路諧振，總阻抗 $Z = R = 20\Omega$，故(D)有誤

$I_R = \frac{V}{R} = \frac{100\angle 0^\circ}{20} = 5\angle 0^\circ = 5A$

$I_L = \frac{V}{jX_L} = \frac{100\angle 0^\circ}{20\angle 90^\circ} = 5\angle -90^\circ = -j5A$

$I_C = \frac{V}{-jX_C} = \frac{100\angle 0^\circ}{20\angle -90^\circ} = 5\angle 90^\circ = j5A$

$I = I_R + I_L + I_C = 5A$

20 (A)。 RLC 並聯諧振電路中，$Q=\frac{R}{X_C}=R\omega_0 C=R\sqrt{\frac{C}{L}}$，$BW=\frac{f_0}{Q}$

$$Q=R\sqrt{\frac{C}{L}}=20\times\sqrt{\frac{1\times10^{-3}}{4\times10^{-3}}}=20\times\frac{1}{2}=10$$

$$F_0=\frac{1}{2\pi}\sqrt{\frac{1}{LC}}=\frac{1}{2\pi\sqrt{1\times10^{-3}\times4\times10^{-3}}}=\frac{10^3}{4\pi}\approx 80\text{Hz}$$

$$BW=\frac{f_0}{Q}=\frac{80}{10}=8\text{Hz}$$

28 **21 (B)**。 (1)串聯諧振時，阻抗Z＝R　故$R=\frac{e(t)}{i(t)}=\frac{100}{20}=5\Omega$

(2)諧振頻率$\omega_o=\frac{1}{\sqrt{LC}}$

$$C=\frac{1}{\omega_o^2 L}=\frac{1}{5000^2\times0.02\times10^{-3}}=\frac{1}{500}=2\times10^{-3}=2000\times10^{-6}=2000\mu F$$

22 (D)。 並聯諧振頻率$\omega_o=\frac{1}{\sqrt{LC}}$

$$\Rightarrow C=\frac{1}{\omega_o^2 L}=\frac{1}{2000^2\times1\times10^{-3}}=\frac{1}{4000}=0.25\times10^{-3}=250\times10^{-6}=250\mu F$$

23 (A)。 $Y=\frac{1}{R}-j\frac{1}{X_L}+j\frac{1}{X_C}=\frac{1}{2}+j\left(\frac{1}{X_C}-\frac{1}{10}\right)$

由相角 60° $\Rightarrow \tan60^\circ=\sqrt{3}=\frac{\frac{1}{X_C}\times\frac{1}{X_L}}{\frac{1}{R}}=2\left(\frac{1}{X_C}-\frac{1}{10}\right)$

$$\Rightarrow X_C=\frac{1}{\frac{\sqrt{3}}{2}+0.1}\approx1.035\approx1.04\Omega$$

24 (B)。 $\omega_0=\frac{1}{\sqrt{LC}}$　$f_0=\frac{\omega_0}{2\pi}=\frac{1}{2\pi\sqrt{LC}}$

25 (D)。 $Z=j\omega L//\frac{1}{j\omega C}=\frac{j\omega L\cdot\frac{1}{j\omega C}}{j\omega L+\frac{1}{j\omega C}}=\frac{j\omega L}{1-\omega^2 LC}=\frac{j\omega L}{1-\left(\frac{\omega}{\omega_0}\right)^2}$

當$f>f_0$即$\omega>\omega_0\Rightarrow Z$為電容性；$f<f_0$即$\omega<\omega_0\Rightarrow Z$為電感性

故(A)(B)(C)皆錯，(D)電容性的電流超前電壓 90°，正確。

模擬測驗

29 **1 (B)**。 $Z_{th}=R+jX_L-jX_C=10+j22-j12=10+j10\Omega$

$$Z_{th}=\frac{V}{I}=10+j10=10\sqrt{2}\angle45^\circ$$

2 (C)。 串聯諧振電路在自然頻率 ω_0 時，電流與電壓同相位

$$\omega=\frac{1}{\sqrt{LC}} \Rightarrow \omega^2 LC=1$$

3 (A)。 諧振電路 $BW=\frac{f_0}{Q} \Rightarrow Q_r=\frac{f_0}{BW}=\frac{1\times10^6}{50\times10^3}=20$

4 (B)。 諧振 $\omega_0=\frac{1}{\sqrt{LC}}=\frac{1}{\sqrt{0.04\times0.01}}=\frac{1}{0.02}=50\text{rad/sec}$

5 (B)。 串聯諧振 $Q_s=\frac{X_L}{R}=\frac{X_C}{R}=\frac{1}{R}\sqrt{\frac{L}{C}}=\frac{100}{2}=50$

6 (A)。 因 $X_L=X_C=20\Omega$，故此電路為諧振電路電源看到的阻抗為 $R=5\Omega$

$$\frac{E}{R+jX_L-jX_C}=\frac{V_L}{X_L}$$

$$V_L=\frac{X_L}{R}E=\frac{20}{5}\times100=400V$$

P.130 **7 (C)**。 $Z_{th}=R+jX_L-jX_C=30+j140-j100=30+j40\Omega$

$$|Z_{th}|=\sqrt{30^2+40^2}=50\Omega$$

8 (B)。 $Z=R+jX_L-jX_C$

若 $X_L=X_C$，則 $Z=R$，功率因數為 1

9 (A)。 $Z_T=R+jX_L-jX_c=4+j8-j4=4+j4\Omega$

10 (C)。 $I_1=I\times\frac{-j4}{3+j8-j4}=20\times\frac{-j4}{3+j4}=20\times\frac{4\angle-90^\circ}{5\angle37^\circ}=16\angle-127^\circ A$

故 $|I_1|=16A$

11 (D)。 $Z_{in}=R+jX_L-jX_C=40+j60-j30=40+j30\Omega$

$$|Z_{in}|=\sqrt{40^2+30^2}=50\Omega$$

第12章 交流電源

觀念加強

P.132 **1 (A)**。 當單相三線式電源的兩側負載平衡時，流入中性線的電流大小值相同但相位相差 180°，中性線電流總和為零，故選(A)。

2 (C)。 平衡三相電壓的(A)相位角固定相差 120°，故相位角不同；(B)各相電壓大小值相同，相位角固定相差 120°，故三相電壓的瞬時值總和定為零；(C)各相電壓大小值相同；(D)因大小值相同，頻率相同，故波形相同，但有相位差；故選(C)。

經典考題

36

1 (A)。 由 Y－Δ轉換，注意對應關係

$$Z_A=\frac{Z_1Z_2+Z_2Z_3+Z_3Z_1}{Z_2}=\frac{j2(-j4)+(-j4)8+8(j2)}{-j4}$$

$$=\frac{8-j32+j16}{-j4}=\frac{8-j16}{-j4}=j\frac{8-j16}{4}=j(2-j4)=4+j2\Omega$$

V_C　V_A　V_B　120°　120°

2 (D)。 $V_{bc}=V_{bo}-V_{co}=100\sqrt{3}\angle 270^\circ V$

3 (A)。 $P_{相}=\frac{V_{rms}{}^2}{|Z|}\cos\theta=\frac{220^2}{11}\times\cos 60^\circ=4400\times\frac{1}{2}=2200W$

$P_{總}=3P_{相}=3\times 2200=6600W$

4 (C)。 $\theta=\tan^{-1}\frac{\sqrt{3}(W_A-W_B)}{W_A+W_B}=\tan^{-1}\frac{\sqrt{3}(2W-W)}{2W+W}=\tan^{-1}\frac{1}{\sqrt{3}}=30^\circ$

$PF=\cos\theta=\cos 30^\circ=\frac{\sqrt{3}}{2}\approx 0.866$

5 (B)。 將1Φ2W改為1Φ3W時，每線上的線電流會減少，線路損失會減少；其餘正確。

37

6 (A)。 Δ接時，$V_{相}=V_{線}=200V$，$|I_{相}|=\frac{|V_{相}|}{|Z|}=\frac{200}{\sqrt{6^2+8^2}}=20A$

當以有效值計算時，三相功率

$P_{總}=3V_{相}\cdot I_{相}\cdot\cos\theta=3\times 200\times 20\times\frac{6}{\sqrt{6^2+8^2}}=7200W$

7 (D)。 1Φ2W 供應 110V，1Φ3W 可供應 220V，因負載不變由 P＝IV可得改接 1Φ3W 後，電流 I_8為原先 I 一半，線路損失 $P_1=I_2RI_2\rho\frac{\ell}{A}$故維持損失不變下

$$\frac{(I')^2}{A'}=\frac{I^2}{A}\Rightarrow A8=\left(\frac{I'}{I}\right)2A=\left(\frac{1}{2}\right)2A=0.25A$$

模擬測驗

1 (D)。 求線對中性點電壓可知是 Y 接

$$V_{相}=\frac{1}{\sqrt{3}}V_{線}=\frac{220}{\sqrt{3}}\cong 127V$$

2 (A)。 無論 Y 接或 Δ 接 $P_{總}=\sqrt{3}V_{線}I_{線}\cos\theta$

$$I_{線}=\frac{P_{總}}{\sqrt{3}V_{線}\cos\theta}=\frac{1600}{\sqrt{3}\times200\times0.8}=\frac{10}{\sqrt{3}}A$$

3 (B)。 $Z=3+j4\Omega \Rightarrow \cos\theta=\frac{3}{\sqrt{3^2+4^2}}=0.6$

$V_{相}=I_{相}|Z|=10\times\sqrt{3^2+4^2}=50V$

Y 接時，$V_{線}=\sqrt{3}V_{相}=50\sqrt{3}$

$I_{線}=I_{相}=10A$

$P_{總}=\sqrt{3}V_{線}I_{線}\cos\theta=\sqrt{3}\times50\sqrt{3}\times10\times0.6=900W$

4 (D)。 用 Y－Δ 轉換

$Z_{\Delta}=Z_1+Z_2+Z_3=12+j12-j12=12\Omega$

$Z_a=\frac{Z_2Z_3}{Z_{\Delta}}=\frac{(j12)(-j12)}{12}=-12\Omega$ 負阻抗

$Z_b=\frac{Z_1Z_3}{Z_{\Delta}}=\frac{12(-j12)}{12}=-j12\Omega$ 電容性

$Z_c=\frac{Z_1Z_2}{Z_{\Delta}}=\frac{12\times(j12)}{12}=j12\Omega$ 電感性

第13章 實習基本知識

觀念加強

P.142 1 (B) 2 (A) 3 (B) 4 (D) 5 (D) 6 (B) 7 (C) 8 (C)

P.143 9 (B) 10 (D) 11 (D) 12 (C) 13 (A) 14 (D) 15 (B) 16 (C)

P.149 17 (B) 18 (C) 19 (C) 20 (D) 21 (A) 22 (B) 23 (B) 24 (C)

25 (B) 26 (D)

經典考題

P.150 **1 (D)**。

色碼	黑	棕	紅	橙	黃	綠	藍	紫	灰	白	金	銀
數值	0	1	2	3	4	5	6	7	8	9		
次方	10^0	10^1	10^2	10^3	10^4	10^5	10^6	10^7	10^8	10^9	10^{-1}	10^{-2}
誤差		1%	2%			0.5%	0.25%	0.1%	0.05%		5%	10%

由表可得

$R=47\times10^3\pm5\%=47k\Omega\pm5\%$

2 (A)。 78××系列 IC 為正電壓調整器，79××系列 IC 為負電壓調整器，使用 7815 可得 ＋15V，使用 7915 可得－15V，故選(A)。

3 (D)。 與線性式的電源供應器相比較，交換式電源供應器(A)無變壓器體積相對較小，(B)轉換效率高，(C)輸入電壓範圍大，(D)雜訊大；故選(D)才是正確的缺點。

特性	種類	
	線性式	交換式
功能	直流電壓轉換為直流電壓	直流電壓轉換為交流電，再輸出交流電壓或直流電壓
輸出電壓	小於輸入電壓	可小於或大於輸入電壓
效率	低	高
體積	大（重）	小（輕）
漣波	小	大
雜訊	小	大

4 (A)。 直流電源供應器的內部包括將交流電升、降壓之變壓器，將交流變成脈動直流的整流器，減少脈動直流中漣波的濾波器，以及維持穩壓之電壓或電流的電源調整器，故選(A)。

5 (C)。 78××系列 IC 為正電壓調整器，79××系列 IC 為負電壓調整器；(C)使用 7812 可得 ＋12V，使用 7912 可得－12V，採用兩者可得正負 12V 的雙電源穩壓電路；共餘(A)(B)(D)正確，故選(C)。

51 **6 (D)**。 銲錫的主要成分係錫鉛合金，其中錫約佔六成高於約佔四成的鉛，錫的成分越少熔點越低，故選(D)。

7 (D)。 三用電表測量電壓或電流時，係以外部之電壓或電流源驅動電表得到指數；而測量電阻係利用三用電表內部的電壓通過電阻，才能得到電流驅動電表，故選(D)。

8 (C)。 IC7815 的輸出係直流＋15V，可選用 DCV 50 V 檔或 DCV 250 V 檔，但以 DCV 50 V 檔可讀取較精密之數值，故選(C)。

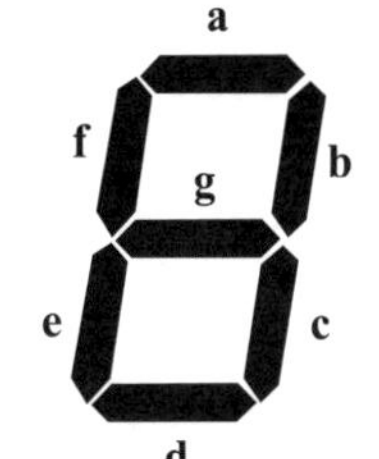

9 (B)。 IC 的第一支接腳標示在黑點 B 處，並依序往下繞至另一邊的最後一支接腳 A 處，故選(B)。

10 (A)。 示波器的水平軸表示時間，垂直軸表示訊號電壓，故選(A)。

11 (B)。 七段顯示器的 7 個 LED 燈編號依順時針方向為 a、b、c、d、e、f、g，如上圖所示，數字 4 與 5 不會用到 e 段，故選(B)。

P.152 **12 (B)**。78××系列 IC 為正電壓調整器，79××系列 IC 為負電壓調整器，由圖可知 IC_1 使用 7815 可得 ＋15V，IC_2 使用 7915 可得－15V，故選(B)。

13 (A)。(A) LM317 為穩壓器，(B) LM380 為功率放大器，(C) LM725 為運算放大器，(D) LM748 為運算放大器，故選(A)。

模擬測驗

1 (D)。

色碼	黑	棕	紅	橙	黃	綠	藍	紫	灰	白	金	銀
數值	0	1	2	3	4	5	6	7	8	9		
次方	10^0	10^1	10^2	10^3	10^4	10^5	10^6	10^7	10^8	10^9	10^{-1}	10^{-2}
誤差		1%	2%			0.5%	0.25%	0.1%	0.05%		5%	10%

由表可得 $R=27\times10^{-1}\pm10\%=2.7\pm10\%\Omega$

2 (A)。

色碼	黑	棕	紅	橙	黃	綠	藍	紫	灰	白	金	銀
數值	0	1	2	3	4	5	6	7	8	9		
次方	10^0	10^1	10^2	10^3	10^4	10^5	10^6	10^7	10^8	10^9	10^{-1}	10^{-2}
誤差		1%	2%			0.5%	0.25%	0.1%	0.05%		5%	10%

由表可得 $R=20\times10^3\pm5\%\Omega$，$R_{min}=20\times10^3\times(1-5\%)=19000\Omega$

$$I_{max}=\frac{V}{R_{min}}=\frac{15}{19000}=789\times10^{-6}=789\mu A$$

3 (D)。(A)電壓表量測時係與待測物並聯，其內阻應為無窮大才不會影響待測物分壓；(B)電流源的內阻係與電流源並聯，理想電流源的內阻應趨近無窮大才不會在接上負載時因分流而改變輸出電流；(C)電壓源的內阻係與電壓源串聯，理想電壓源的內阻應趨近零才不會在接上負載時因分壓而改變輸出電壓；(D)電流表量測時係與待測物串聯，其內阻應為零才不會影響待測物電流，故選(D)。

第14章 直流電路測量與實驗

觀念加強

P.154 **1 (B)**　**2 (B)**　**3 (B)**　**4 (D)**　**5 (B)**

經典考題

P.160 **1 (A)**。(1)由最大功率轉移定理 $\Rightarrow R_L=R_{th}=6\,//\,3=2\Omega$

(2)電阻 R_L 兩端的開路電壓

$$V_{th}=V_{oc}=6\times(3\,/\!/\,6)+27\times\frac{6}{3+6}$$
$$=6\times2+27\times\frac{2}{3}$$
$$=12+18=30V$$
$$P_{L,max}=\frac{1}{4}\frac{V_{oc}^2}{R_L}=\frac{1}{4}\times\frac{30^2}{2}=112.5W$$

2 (A)。 可變電阻器 R_L 的阻值越大，分壓越大，故令 R_L 等於 60kΩ

$$I=\frac{100}{40k+60k}=\frac{100}{100k}=1mA$$

3 (C)。 $R_{th}=3k\,/\!/\,6k+2k=2k+2k=4k\Omega$

$$V_{th}=15\times\frac{6k}{3k+6k}=10V$$

4 (A)。 由最大功率轉移定理，$R_L=R_{th}$

接 20Ω時 $V_{20\Omega}=V_{oc}\times\frac{R_{20\Omega}}{R_{th}+R_{20\Omega}}$

$$20=30\times\frac{20}{R_{th}+20}\Rightarrow R_L=R_{th}=10\Omega$$

5 (B)。 由最大功率轉移定理，$P_{L,max}=\frac{V_{oc}^2}{4R_{th}}$

由上題得 $R_{th}=10\Omega$

$$P_{L,max}=\frac{V_{oc}^2}{4R_{th}}=\frac{30^2}{4\times10}=22.5W$$

161 **6 (D)**。 $E_1-I\times5-E_3+E_2-I\times10=0$

$$E_3=E_1-5I+E_2-10I=200-5\times10+50-10\times10=100V$$

7 (A)。 總電阻 $R_T=5\,/\!/\,[4+6\,/\!/\,3]=5\,/\!/\,(4+2)=5\,/\!/\,6=\frac{30}{11}$

總電流 $I_T=\frac{V}{R_T}=\frac{18}{\frac{30}{11}}=\frac{33}{5}A$

第一次分流 $I_{4\Omega}=\frac{33}{5}\times\frac{5}{(4+6\,/\!/\,3)+5}=3A$

第二次分流 $I=I_{6\Omega}=3\times\frac{3}{6+3}=1A$

8 (B)。 電橋平衡時

$$\frac{R_1}{R_2}=\frac{R_3}{R_x}\Rightarrow R_x=\frac{R_3}{R_1}\times R_2=\frac{200}{100}\times300=600\Omega$$

9 (D)。 由節點方程式

$$\begin{cases} \dfrac{V_1-6}{3}+\dfrac{V_1}{6}+\dfrac{V_1-V_2}{2}=0 \\ \dfrac{V_2-V_1}{2}+\dfrac{V_2-32}{8}+\dfrac{V_2}{8}=0 \end{cases}$$

$$\Rightarrow \begin{cases} 2(V_1-6)+V_1+3(V_1-V_2)=0 \\ 4(V_2-V_1)+V_2-32+V_2=0 \end{cases}$$

$$\Rightarrow \begin{cases} 6V_1-3V_2=12 \\ -4V_1+6V_2=32 \end{cases}$$

$$\Rightarrow \begin{cases} V_1=7V \\ V_2=10V \end{cases}$$

10 (B)。 由最大功率轉移定理 $\Rightarrow R_L=R_{th}=3 // 6=2\Omega$

P.162 **11 (D)**。 $\tau=RC=100\times10^3\times5\times10^{-6}=500\times10^{-3}=0.5s$

10 秒後為時間常數 τ 的 20 倍，可視為穩態 $V_C(10)\approx10V$

12 (D)。 穩態時，電容開路，電感短路

故 $V_C=100V \Rightarrow i_L=\dfrac{100}{100}=1A$

13 (B)。 穩態時，電容開路，電感短路

故電路如右

$i=\dfrac{12}{4+0}=3A$

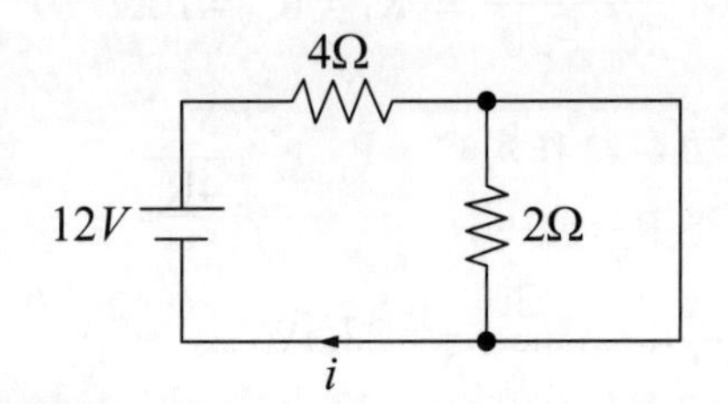

14 (C)。 穩態時，電容開路，電感短路電路如右

$I=\dfrac{20V}{10K+0+4K}$

$=\dfrac{20}{14K}\approx1.43mA$

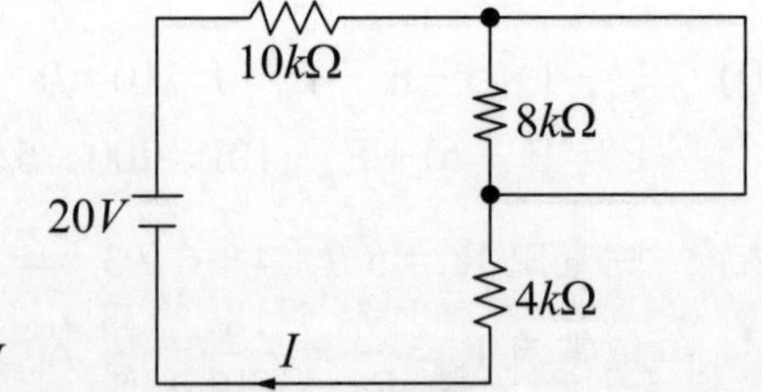

15 (A)。 穩態時，電容視為開路，充電至 V_C=10V

P.163 **16 (A)**。 由 Δ－Y 轉換

$R_1=\dfrac{R_BR_C}{R_A+R_B+R_C}=\dfrac{20\times30}{50+20+30}=6\Omega$

$R_2=\dfrac{R_CR_A}{R_A+R_B+R_C}=\dfrac{30\times50}{50+20+30}=15\Omega$

$R_3=\dfrac{R_AR_B}{R_A+R_B+R_C}=\dfrac{50\times20}{50+20+30}=10\Omega$

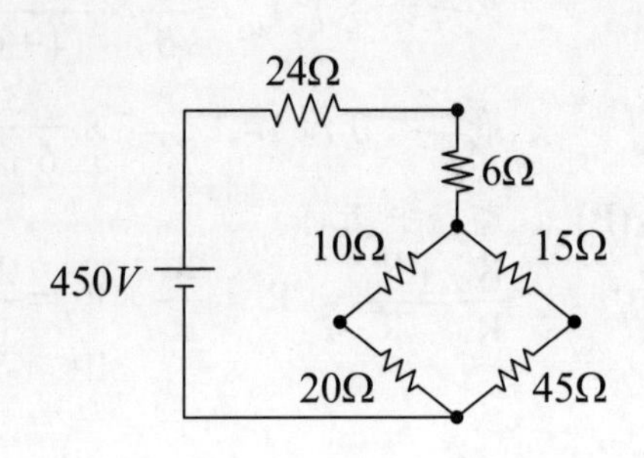

$$i=\frac{450}{24+6+(10+20)\,//\,(15+45)}\times\frac{10+20}{(10+20)+(15+45)}$$

$$=\frac{450}{30+30\,//\,60}\times\frac{30}{30+60}=\frac{450}{50}\times\frac{30}{90}=3A$$

17 (A)。 由最大功率轉移定理

$$R_L=R_{th}=9\,//\,1+7\,//\,3$$

$$=\frac{9\times1}{9+1}+\frac{7\times3}{7+3}$$

$$=\frac{9}{10}+\frac{21}{10}$$

$$=3\Omega$$

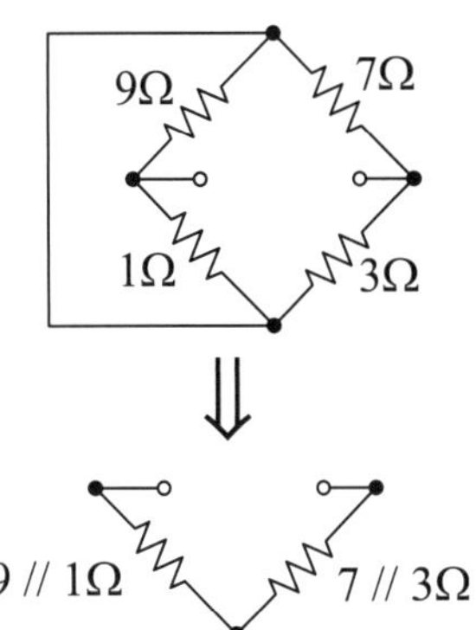

18 (D)。 假設 R_L 短路，R_D 當負載，用戴維寧電路

$$R_{th}=10k\,//\,20k=\frac{200}{30}\,k\Omega=\frac{20}{3}\,k\Omega$$

$$V_{oc}=10V\times\frac{20k}{10k+20k}+2mA\times(10k\,//\,20k)$$

$$=10\times\frac{2}{3}+2\times\frac{20}{3}=20V$$

$$I_{RD}=\frac{V_{oc}}{R_{th}+R_D}=\frac{20V}{\frac{20}{3}k+R_D}\leq 1mA$$

$$R_D\geq\frac{20V}{1mA}-\frac{20}{3}\,k=20k-\frac{20}{3}\,k=\frac{40}{3}\,k\approx 13.3k\Omega$$

故選(D)

$R_{th}=\frac{20}{3}\,k\Omega$

$V_{OC}=20V$

R_D

19 (A)。 穩態後電容充電至 $V_C=120\times\frac{2k\Omega}{4k\Omega+2k\Omega}=40V$

開關打開後，電容放電 $i=\frac{V_C}{6k\Omega+2k\Omega}=\frac{40}{8k\Omega}=5mA$

20 (D)。 初值 $V_C(0)=0V$

穩態 $V_C(\infty)=90\times\frac{30}{60+30}+30=30V$

等效阻抗 $R_T=60\,//\,30+30=20+30=50\Omega$

時間常數 $\tau=R_TC=50\times10\times10^{-6}=500\times10^{-6}=0.5ms$

$V_C(t)=30+(0-30)\,e^{-\frac{t}{\tau}}=30\left[1-e^{-\frac{t}{0.5ms}}\right]V$

$V_C(5ms)=30\left[1-e^{-\frac{5}{0.5}}\right]=30\left(1-e^{-10}\right)V$

模擬測驗

P.164 **1 (C)**。 穩態時電容開路 $I=\frac{10}{90k+10k}=0.1mA$

2 (C)。 由電荷量守恆 $C_1V_1+C_2V_2=(C_1+C_2)V'$

$2\times5+3\times10=(2+3)V' \Rightarrow V'=8V$

3 (B)。 $Q=It=CV \Rightarrow V=\frac{It}{C}=\frac{20\times10^{-6}}{5\times10^{-6}}=40V$

4 (C)。 穩態時電容視為開路 $V_c=20\times\frac{R_2}{R_1+R_2}=20\times\frac{5}{5+5}=10V$

5 (D)。 $I=\frac{V}{R}=\frac{100\sin(377t-10^\circ)}{10}=10\sin(377t-10^\circ)A$

6 (D)。 $f=100Hz \Rightarrow T=\frac{1}{f}=\frac{1}{100}sec$，一週期為 360°

18° 為 $\frac{18^\circ}{360^\circ}\times T=\frac{T}{20}=\frac{1}{2000}=0.5ms$

7 (C)。 利用電橋測量電阻，係以電阻成同比例，令分壓相等而使通過電表之電流為零，再依比例推算出待測電阻，故選(C)。

P.165 **8 (A)**。 由平衡電橋 $\frac{1k}{R_S}=\frac{2k}{R_x} \Rightarrow R_x=2R_S$

9 (A)。 由分壓定理 $V_1=60\times\frac{R_1}{2+R_1}=40$

$60R_1=80+40R_1 \Rightarrow 20R_1=80 \Rightarrow R_1=4k\Omega$

10 (B)。 $R_{AB}=5+4//[(2//2)+3]=5+4//(1+3)=5+4//4=5+2=7\Omega$

11 (B)。 總電阻 $R_T=10//20//25//100=10//20//20=10//10=5\Omega$

總功率 $P=\frac{V^2}{R}=\frac{100^2}{5}=\frac{10000}{5}=2000W$

12 (B)。 $R_{ab}=3+2//(1+1)=3+2//2=3+1=4\Omega$

13 (D)。 等效電路如右

迴路方程式 $V_1-3I_1-V_2+V_3-7I_1=0$

$10-3\times2-V_2+15-7\times2=0$

$V_2=10-6+15-14=5V$

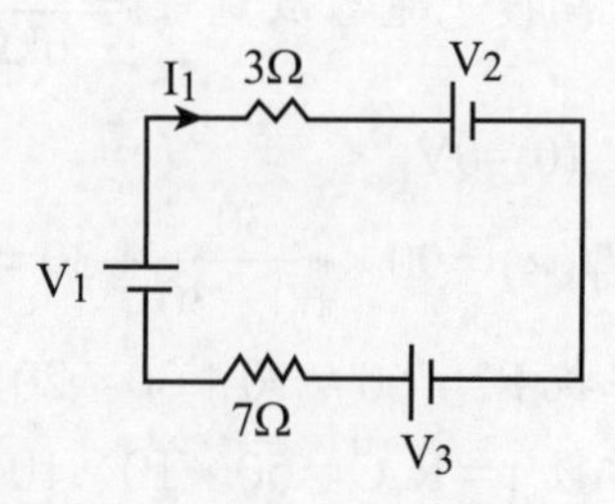

第15章 交流電路與功率實驗

觀念加強

67 **1 (A)**

69 **2 (C)**。 (A)當$X_L > X_C$時，電路呈電感性，電壓相位超前電流相位；(B)當$X_L < X_C$時，電路呈電容性，電壓相位落後電流相位；(C)當$X_L = X_C$時，呈電阻性，電壓相位同電流相位，功率因素為1；故選(C)。

3 (C)。 串聯時，阻抗為$Z_{th} = R + jX_L - jX_C$，若X_L較大則虛部大於零，呈現電感性，故選(C)。此題若改為並聯，同條件下會呈電容性。

4 (C)。 並聯時，跨於所有元件上的電壓同相位，但(A)電阻上的電流相位與電壓相位同相位，故與並聯電壓同相位；(B)電感上的電流相位落後電壓相位 90 度，故落後並聯電壓相位；(C)電容上的電流相位領先電壓相位 90 度，故領先並聯電壓相位；(D)若電路為電感性，則總電流相位將落後並聯電壓相位；故選(C)。

71 **5 (B)**。 串聯電路阻抗為$Z_{th} = R + j\omega L - j\dfrac{1}{\omega C}$，當諧振時(A)虛部為零，電路阻抗最小；(B) 因電路阻抗最小，故電路電流最大，消耗之電功率最大；(C)電路阻抗最小，故電路電流最大；(D)呈電阻性，功率因素為1；故選(B)。

6 (C)。 串聯電路阻抗為$Z_{th} = R + j\omega L - j\dfrac{1}{\omega C}$，當諧振時虛部為零(A)相當於純電阻；(B)串聯諧振時，電路阻抗最小，故電路電流最大，消耗之電功率最大；(C)諧振頻率$f = \dfrac{1}{2\pi\sqrt{LC}}$，與R無關；(D)諧振時，電感阻抗與電容阻抗相等，而串聯電流相等，故電感電壓與電容電壓的大小相等，但若考慮相位，則相位相差 180 度；故選(C)。

7 (D)。 串聯電路阻抗為$Z_{th} = R + j\omega L - j\dfrac{1}{\omega C}$，當輸入頻率小於諧振頻率時，電路呈現電容性，故選(D)。

8 (D)。 直流電源不會振盪，故選(D)。

9 (D)。 無論是 RLC 串聯電路或 RLC 並聯電路，諧振角頻率$\omega = \dfrac{1}{\sqrt{LC}}$，諧振頻率$f = \dfrac{1}{2\pi\sqrt{LC}}$，故選(D)。

10 (C)。 無論是 RLC 串聯電路或 RLC 並聯電路，在諧振時阻抗均呈電阻性，故選(C)。

72 **11 (A)**。 (A)(B)無論是 RLC 串聯電路或 RLC 並聯電路，在諧振時阻抗均呈電阻性，電壓與電流同相；(C)在 RLC 串聯電路諧振時電流為最大，若是 RLC 並聯電路諧振時電流為最小；(D)諧振角頻率$\omega = \dfrac{1}{\sqrt{LC}}$，諧振頻率$f = \dfrac{1}{2\pi\sqrt{LC}}$，故選(A)。

12 (D)。(A) RLC 串聯電路諧振時呈電阻性，功率因素為 1；(B)此時阻抗值最小，電流最大；(C)因電流最大，故平均功率最大；(D)諧振時阻抗虛部為零，阻抗等於電阻 R；應選(D)。

13 (B)。RLC 電路串聯時，阻抗為 $Z_{th}=R+j\omega L-j\frac{1}{\omega C}$，當諧振時虛部為零，若頻率小於諧振頻率則虛部為負值，呈電容性，故選(B)。

14 (A)。RLC 串聯諧振時 $Q=\frac{X_L}{R}=\frac{\omega_0 L}{R}=\frac{2\pi f_0 L}{R}=\frac{1}{R}Z\frac{L}{C}=\frac{1}{\omega_0 RC}=\frac{1}{2\pi f_0 RC}$，故(B)(C)(D)正確，(A)錯誤。

15 (C)。(A) RLC 並聯電路諧振時，阻抗最大；(B) RLC 電路諧振時，功率因素為 1；(C)因阻抗最大，故電流最小；(D)當工作頻率大於諧振頻率時，電路呈現電容性；故選(C)。

16 (A)。RLC 並聯電路諧振時，呈電阻性，故選(A)。

P.173 **17 (C)**。當 $X_L=X_C$ 時，表示為諧振，(A)諧振頻率 $f=\frac{1}{2\pi\sqrt{LC}}$；(B)諧振時虛部為零，故電路總導納為零；(C)並聯諧振時電路阻抗最大，故電路輸入電流最小；(D) 當輸入頻率小於諧振頻率時，電路呈現電感性；故選(C)。

18 (D)。LC 並聯電路的阻抗 $Z_{th}=j\omega L//(-j\frac{1}{\omega C})$，(A)其電感抗隨電源頻率增大而增大，但電感納隨電源頻率增大而減小；(B)其電容抗隨電源頻率增大而減小，但電容納隨電源頻率增大而增大；(C)當輸入頻率小於諧振頻率時，電路呈現電感性；(D)當輸入頻率大於諧振頻率時，電路呈現電容性，電流相位超前電壓相位 90 度；故選(D)。

19 (C)。RLC 並聯諧振電路中，$Q=\frac{R}{X_C}=R\omega_0 C=R\sqrt{\frac{C}{L}}$，$BW=\frac{f_0}{Q}$，故 R 越大，則品質因素 Q 越大，BW 頻帶寬度越小，故選(C)。

20 (D)。RLC 並聯電路諧振時，阻抗最大，電流最小，功率最小，呈電阻性，功率因素為 1，故選(D)。

21 (A)。並聯 LC 電路諧振時，總導納為零，總電流最小，故選(A)。

22 (C)。RLC 並聯電路諧振時，阻抗最大，電流最小，呈電阻性功素因素為 1；當頻率大於諧振頻率時阻抗 $Z_{th}=R//j\omega L//(-j\frac{1}{\omega C})$ 呈電容性，故(C)錯誤。

P.179 **23 (D)** **24 (C)** **25 (D)** **26 (B)**

P.180 **27 (C)**。(A)焦耳為能量的單位；(B)焦耳／庫侖亦可視為電壓的單位，由 W=QV 可得；(C)焦耳／秒為功率的單位，即瓦特；(D) 庫侖／秒為電流的單位，即安培。

28 (D)。 $1kW \cdot hr = 1000 \cdot 3600W \cdot sec = 3.6\times10^6 J$

29 (C) **30 (C)** **31 (A)** **32 (C)** **33 (C)** **34 (A)** **35 (B)**

經典考題

81

1 (C)。 電橋平衡時，阻抗成比例，注意電容阻抗為 $\dfrac{1}{j\omega C}$

$$\frac{\frac{1}{j\omega C_X}}{R_1} = \frac{\frac{1}{j\omega C_1}}{R_2} \Rightarrow C_X = C_1\frac{R_2}{R_1} = 2\mu F \times \frac{3K\Omega}{1K\Omega} = 6\mu F$$

2 (A)。 電橋平衡時，阻抗成比例，電感阻抗 $j\omega L$

$$\frac{500}{200} = \frac{100 + j\omega\times5}{R_X + j\omega L_X}$$

故 $R_X + j\omega L_X = \dfrac{2}{5}(100 + j5\omega) = 40 + j2\omega \Rightarrow R_X = 40\Omega \quad L_X = 2H$

3 (C)。由最大功率轉移定理

$Z_{th} = 5 + j7 - j2 = 5 + j5\Omega$

$Z_L = Z_{th}^* = (5 + j5)^* = 5\Omega - j5\Omega$

4 (A)。功率因數 $PF = \cos\theta = 0.8$

$P = VI\cos\theta$

$$I = \frac{P}{V\cos\theta} = \frac{880}{110\times0.8} = 10A$$

5 (C)。平均功率為實功率，僅考慮電阻 $P_{av} = \dfrac{V_{rms}^2}{R} = \dfrac{100^2}{20} = 500W$

82

6 (B)。 $\bar{I} = \bar{I}_R + \bar{I}_L + \bar{I}_C = \dfrac{\bar{V}}{R} + \dfrac{\bar{V}}{jX_L} + \dfrac{\bar{V}}{-jX_C}$

$$= \frac{50\angle0^\circ}{5} + \frac{50\angle0^\circ}{5\angle90^\circ} + \frac{50\angle0^\circ}{2.5\angle-90^\circ}$$

$$= 10\angle0^\circ + 10\angle-90^\circ + 20\angle90^\circ$$

$$= 10 - j10 + j20 = 10 + j10 = 10\sqrt{2}\angle45^\circ$$

$\bar{I}_{rms} = 10\sqrt{2}$

7 (B)。 $Z = R + jX_L - jX_C = 10 + j20 - j10 = 10 + j10 = 10\sqrt{2}\angle45^\circ$

$$\bar{I} = I_{rms} = \frac{\bar{V}}{|Z|} = \frac{100\sqrt{2}}{10\sqrt{2}} = 10A \Rightarrow P = \bar{I}^2R = 10^2\times10 = 1000W$$

$$PF = \cos\theta = \cos45^\circ = \frac{1}{\sqrt{2}} \simeq 0.707$$

$S = \bar{I}^2 \times |Z| = 10^2 \times 10\sqrt{2} = 1000\sqrt{2}\ VA$

8 (A)。 諧振時 PF＝1，故選(A)

$$f_0=\frac{1}{2\pi\sqrt{LC}}=\frac{1}{2\pi\sqrt{4\times100\times10^{-6}}}=\frac{1}{2\pi\times2\times10^{-2}}\approx 8Hz$$

9 (D)。求線對中性點電壓可知是 Y 接

$$V_{相}=\frac{1}{\sqrt{3}}V_{線}=\frac{220}{\sqrt{3}}\cong 127V$$

模擬測驗

1 (C)。 因一般交流電路為電感性，想提高功率因素可在負載側並聯電容以減少電抗。

2 (C)。 瓦特表示用來測量電功率，其額定值由電流線圈和電壓線圈共同決定；其中，電流線圈需與電路串聯，阻值要小，線徑較粗，電壓線圈需與電路並聯，阻值要大，線徑較細。

3 (A)。 功率因素改善可降低線路電流以降低線路損耗。

4 (D)。 電容或電感所產生的為虛功率，或稱無效功率；平均功率即有效功率，由電阻產生；視在功率為有效功率與無效功率兩者所構成。

第16章 用電設備 (含照明、電熱器具及低壓工業配線)

觀念加強

P.185 **1 (C)**。 此題雖然有給數值，但實際上有正確觀念即可輕易解決。因$P=\frac{V^2}{R}$，故當電壓相同時，電阻值較高者消耗之功率較小。

2 (D) **3 (A)** **4 (D)** **5 (B)** **6 (D)** **7 (A)**

P.187 **8 (D)**。 電熱線剪短後電阻減少，由$P=\frac{V^2}{R}$可知功率會變大，發熱量增加，故選(D)

9 (D)。 直接由公式$P=\frac{V^2}{R}$可得。

10 (B) **11 (B)** **12 (C)** **13 (D)** **14 (B)** **15 (B)** **16 (B)**

17 (B) **18 (B)**

經典考題

190 **1 (C)**。 $P=\frac{V^2}{R}\Rightarrow\frac{P'}{P}=\frac{\frac{V^2}{(1-0.2)R}}{\frac{V^2}{R}}=\frac{5}{4}\Rightarrow P'=\frac{5}{4}P=\frac{5}{4}\times1000=1250$（W）

2 (A)。 $P=\frac{V^2}{R}\propto V^2\Rightarrow\frac{P'}{P}=\frac{(1.05V)^2}{V^2}=1.1025\cong1.1$，故約增加 10%

3 (A)。 1 卡等於 4.18 焦耳，或 1 焦耳等於 0.24 卡

$P=I^2R=5^2\times20=500W$

$W=Pt=500\times5$ 分 $\times60$ 秒／分 $=150000J=\frac{150000}{4.18}\cong35885$ 卡

溫度增加 $\Delta T=\frac{35885}{3600}=10^\circ C$

最後水溫 $T=20+10=30^\circ C$

4 (B)。 1 卡等於 4.18 焦耳，或1焦耳等於 0.24 卡

$P=I^2R=10^2\times5=500J$

$W=Pt=500\times1=500W=\frac{500}{4.18}\cong120cal$

5 (A)。 框架容量為容許流過這個框架的最大容量，也就是可以通過無熔絲開關的最大電流；跳脫容量代表電流達到此數值時會跳脫切斷電路以保障設備安全；啟斷容量表示能容許故障時的最大短路電流；應為啟斷容量大於框架容量，且大於跳脫容量。

6 (D)。 當電動機以Δ形接線運轉時，MCD動作，MCS跳脫；其餘皆正確。

91 **7 (A)**。 無論 Y 接或Δ接，任意變換兩相電源即可讓三相感應電動機逆轉。

模擬測驗

1 (D)。 應用原規格之保險絲才符合原先規範。

2 (B)。 安定器在燈管點亮後穩定電流變化；點亮燈管則靠起動器。

3 (A)。 白熾燈泡屬電熱器具，與頻率無關。

4 (D)。 Y接時的起動電流較低，待電動機起動完畢改為Δ接全壓供電。

第17章 最新試題

104年基本電學

P.192

1 (A)。 W＝QV＝10庫侖×（30V－10V）＝200焦耳

2 (C)。 每小時消耗

$W=1.5V\times0.019A\times10分\times60^{秒}/_{分}+1.5V\times200\times10^{-6}A\times50分\times60^{秒}/_{分}=18J$

$T=\dfrac{5400J}{18J}=300小時$

3 (B)。 拉長後，截面積與長度成反比，假設拉長n倍，截面積為$\dfrac{1}{n}$倍

$$\frac{R'}{R}=\frac{\rho(\frac{\ell'}{s'})}{\rho(\frac{\ell}{s})}=(\frac{\ell'}{\ell})(\frac{s}{s'})=n\cdot\frac{1}{\frac{1}{n}}=9倍\Rightarrow n=3$$

故長度為300公尺

4 (B)。 $V=\sqrt{P\cdot R}=\sqrt{18\cdot2}=6V$由分壓$E=6V\times\dfrac{2\Omega+3\Omega+4\Omega}{2\Omega}=27V$

5 (B)。 $V_1=10V$，電阻2Ω，可知其上有電流5A向左

利用KCL可得 $I_1+5A=4A+2A\Rightarrow I1=1A$

取超節點$I_1+7A+3A+I=4A+1A+6A+5A\Rightarrow I=5A$

6 (C)。 由$I_2=0A$可知電橋電阻成比例

$\dfrac{R}{9}=\dfrac{4}{6}\Rightarrow R=6\Omega$

$I_1=\dfrac{30V}{(4\Omega+6\Omega)//(6\Omega+9\Omega)+4\Omega}=\dfrac{30}{10//15+4}=3A$

P.193

7 (C)。 開路電壓

$V_{OC}=18V\times\dfrac{3\Omega}{6\Omega+3\Omega}+3A\times(6\Omega//3\Omega)=12V$

等效阻抗 $R_{eg}=6\Omega//3\Omega+3\Omega=5\Omega$

諾頓電流$I_{SC}=\dfrac{V_{OC}}{Reg}=\dfrac{12V}{5\Omega}=2.4A$

8 (C)。 利用等效電路，把等效阻抗5Ω分成3Ω及2Ω

$V_C=V_{OC}\times\dfrac{3\Omega+R_L}{2\Omega+3\Omega+R_L}$

$9=12\times\dfrac{3+R_L}{5+R_L}\Rightarrow R_L=3\Omega$

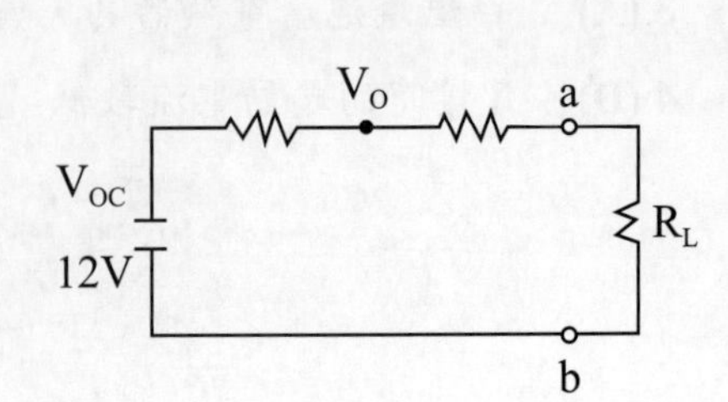

9 (A)。 由KCL

$$\begin{cases} \dfrac{60-V_1}{4}+\dfrac{V_2-V_1}{4}=\dfrac{V_1}{5} \\ \dfrac{V_1-V_2}{4}+\dfrac{60-V_2}{5}=\dfrac{V_2-10}{2} \end{cases} \quad \begin{cases} 300-5V_1+5V_2-5V_1=4V_1 \\ 5V_1-5V_2+240-4V_2=10V_2-100 \end{cases}$$

$$\begin{cases} 14V_1-5V_2=300 \\ 5V_1-19V_2=-340 \end{cases} \Rightarrow \begin{matrix} 0.7V_1-0.25V_2=15 \\ -0.25V_1+0.95V_2=17 \end{matrix}$$

10 (D)。 電容串聯

$$C_{總}=\frac{C_X \cdot C_Y}{C_X+C_Y} \quad 20\mu F=\frac{60\mu F \cdot C_Y}{60\mu F+C_Y} \Rightarrow C_Y=30\mu F$$

電容Y的分壓

$$V_Y=V_{總}\times\frac{C_X}{C_X+C_Y}=300\times\frac{60\mu F}{60\mu F+30\mu F}=200V$$

11 (A)。 磁能$W_L=\frac{1}{2}LI^2=\frac{1}{2}\times 0.5\times 4^2=4$焦耳

$$匝數N=\frac{0.5H}{\frac{0.01wb}{4A}}=200匝$$

12 (D)。 自感$L=\dfrac{4\times 10^{-4}Wb\times 500匝}{5A}=0.04=40mH$

$$互感M=\frac{4\times 10^{-4}Wb\times 90\%\times 1000匝}{5A}=0.072=72mH$$

94 **13 (A)**。 不看電容的等效電路

$$V_{OC}=60V\times\frac{6k\Omega}{3k\Omega+6k\Omega}=40V$$

$R_{eg}=3K\Omega//6K\Omega+2K\Omega=4K\Omega$

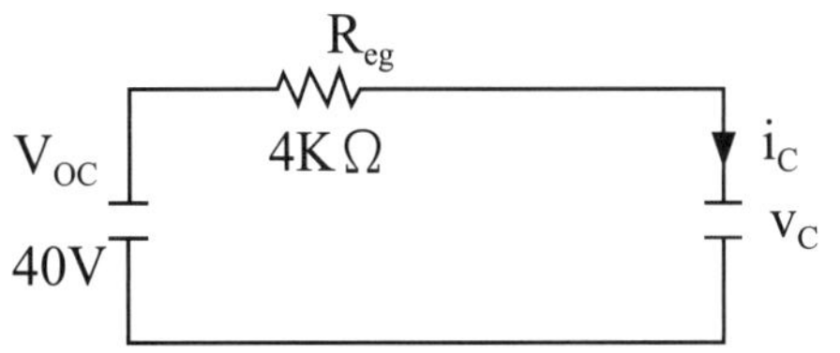

開關接上瞬間

$$i_c=\frac{V_{OC}-V_C}{R_{eg}}=\frac{40V-12V}{4k\Omega}=7mA$$

時間常數$\tau=R_{eg}\cdot C=4\times 10^3\times 50\times 10^{-6}=200\times 10^{-3}=0.2$秒

14 (B)。 $R_{eg}=6//6+2=5\Omega$

閉合瞬間，電感視為開路$i_L(O)=OA$

$$i_L(\infty)=\frac{12}{6+6//2}\times\frac{6}{6+2}=1.2A$$

$$時間常數\tau=\frac{L}{Reg}=\frac{5\times 10^{-3}}{5}=1ms$$

經過1秒後遠大於時間常數，視為穩態$i_L=i_L(\infty)=1.2A$

15 (D)。 $V(t)=V_m\sin(\omega t+\theta)V$

頻率$f=\frac{\omega}{2\pi}=\frac{157}{2\pi}\cong 25Hz$

有效值$Vrms=\frac{Vm}{\sqrt{2}}=\frac{100\sqrt{2}}{\sqrt{2}}=100V$

16 (C)。 題目以$\sin\omega t$為標準，且換為有效值$i(t)=10\cos(\omega t-45^\circ)=10\sin(\omega t+45^\circ)A$

故$\bar{I}=\frac{10}{\sqrt{2}}\angle 45^\circ=5\sqrt{2}\angle 45^\circ A$

17 (D)。 $Z=\frac{V}{I}=\frac{4\angle 0^\circ}{\sqrt{2}\angle 45^\circ}=2\sqrt{2}\angle -45^\circ$

$=2\sqrt{2}(\frac{1}{\sqrt{2}}-j\frac{1}{\sqrt{2}})=2-j2\Omega$

故電阻為$R=Re\{Z\}=2\Omega$

18 (A)。 $I_R=8\angle 0^\circ\times\frac{j3}{3+j3}=8\angle 0^\circ\ \frac{3\angle 90^\circ}{3\sqrt{2}\angle 45^\circ}=4\sqrt{2}\angle 45^\circ$

$i_R(t)=4\sqrt{2}\sin(377t+45^\circ)A$

19 (D)。 三個元件並聯的等效阻抗

$Z_1=\frac{1}{\frac{1}{10}+\frac{1}{j20}+\frac{1}{-j4}}=\frac{1}{0.1+j(-0.05+0.25)}=\frac{10}{1+j2}=2-j4$

$V_1=V_S\times\frac{Z_1}{10+Z_1}=100\sqrt{2}\angle 0^\circ\frac{2-j4}{10+2-j4}$

$=100\sqrt{2}\angle 0^\circ\times\frac{1-j2}{6-j2}=100\sqrt{2}\times\frac{10-j10}{40}$

$=50(\frac{1}{\sqrt{2}}-j\frac{1}{\sqrt{2}})=50\angle -45^\circ V$

$V_1(t)=50\sin(377t-45)^\circ V$

P.195 **20 (D)**。 有效電壓$\overline{V}=110V$

有效電流$\bar{I}=5A$　視在功率$S=\overline{V}\,\overline{I}=550VA$

21 (B)。 並聯組抗$Z=\frac{jR\cdot X_L}{R+jX_L}=\frac{RX_L^2+jR^2X_L}{R^2+X_L^2}$

$|Z|=\frac{V^2}{S}=\frac{40^2}{500}=\frac{16}{5}\Omega$

$$|Z|=\left|\frac{RX_L{}^2+jR^2X_L}{R^2+X_L2}\right|=\frac{\sqrt{R^2X_L{}^4+R^4X_L{}^2}}{R^1+X_L{}^2}$$

$$=\frac{RX_L}{\sqrt{R^2+X_L{}^2}}\quad\frac{4X_L}{\sqrt{4^2+X_L{}^2}}=\frac{16}{5}$$

$$\frac{X_L{}^2}{16+X_L{}^2}=\frac{16}{25}\quad 9XL2=256\quad XL=\frac{16}{5}\cong 5.33\Omega$$

22 (B)。 諧振時，功率因數為1；而串聯諧振時的阻抗最小，並聯諧振則反之。

23 (C)。 諧振時，總阻抗即R　$P=I^2R=4^2\times10=160W$

24 (D)。 $1\phi 2W$系統中，電源電流$\frac{2000W}{100V}=20A$

$1\phi 3W$系統中，電源電流$\frac{2000W}{200V}=10A$

$1\phi 3W$系統中，雖有3等效電阻r，但中性電流為零，故僅2電阻消耗功率

$$\frac{P_{3W}}{P_{2W}}=\frac{2\times I^2{}_{3W}r}{2\times I^2{}_{2W}r}=\frac{2\times10^2\times r}{2\times20^2\times r}=\frac{1}{4}\Rightarrow P3W=0.25P_{2W}$$

25 (A)。 如右圖$\overline{V}_{bn}=\frac{220\sqrt{3}}{3}\angle150^\circ$

$=220\angle150^\circ V$

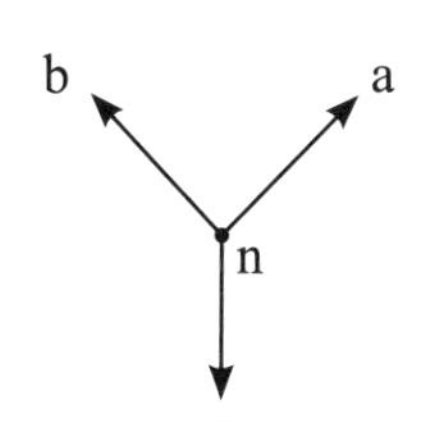

104年基本電學實習

1 (A)。 無塑膠隔絕且無漏電斷電器保護，最易觸電。

2 (B)。 $R=33\times10=330\Omega$，而金色誤差5%，故(B)合理。

3 (C)。 $I=\frac{P}{V}=\frac{440W}{110V}=4A$

壓降$\Delta V=IR=4A\times2\times50m\times5.65\,\Omega/km\times10^{-3}\,m/km=4A\times0.565\Omega=2.26V$

$V'=V_0-\Delta V=110-2.26=107.74V$，故選(C)。

4 (B)。 $R_{eg}=\frac{10V}{1A}=10\Omega$

兩電阻R並聯，故$R=2Reg=20\Omega$。

5 (C)。 $V_G=30\times\left(\frac{10\Omega}{10\Omega+5\Omega}-\frac{R_X}{R_X+20\Omega}\right)V$

$Reg=(10//5)+(R_X//20)$

$I_G=\frac{V_G}{R_{eg}}$

(i)當$R_X=40\Omega$時

$V_G=30\times\left(\frac{10}{10+5}-\frac{40}{40+20}\right)=0V$

$I_G=\frac{V_G}{Reg}=\frac{0}{Reg}=0A$

(ii)當$R_X=20\Omega$時

$V_G=30\times\left(\frac{10}{10+5}-\frac{20}{20+20}\right)=5V$

$Reg=10//5+20//20=\frac{50}{15}+10=\frac{40}{3}\ \Omega$

$I_G=\frac{V_G}{Reg}=\frac{5}{\frac{40}{3}}=\frac{3}{8}A$，故(C)錯誤。

P.197

6 (C)。 交連PE的電線為選項中安全規格最高的。

7 (D)。 應該用二個三路開關及二個四路開關。

8 (B)。 前兩位數 ，第三位次方，單位pF
$C=10\times10^4pF=10^5pF=0.1\mu F$。

9 (C)。 時間常數$\tau=\frac{L}{R}$，R減小或L變大，選(C)。

10 (D)。 (C)$Z=\frac{V}{i}=\frac{110\sqrt{2}\angle-15^\circ}{5\sqrt{2}\angle15^\circ}=22\angle-30^\circ\ \Omega$

(A)$\angle-30^\circ$為電容性

(B)$Pav=\frac{1}{2}V_mI_m\cos\theta=\frac{1}{2}\times110\sqrt{2}\times5\sqrt{2}\times\cos30^\circ=476W$

(D)$PF=\cos\theta=\cos30^\circ=0.866$ 正確。

11 (C)。 每小時60分/時×60秒/分×$\frac{1}{5}$轉/秒＝720轉/時

電表1000轉/千瓦＝1轉/瓦
故720轉/時＝720瓦。

12 (A)。 (A)40W燈管應用4P起動器。

13 (D)。 (A)電磁爐是感應電流的熱效應
(B)微波頻率2.45GHz
(C)鎳鉻合金為高電阻係數，低溫度係數
(D)正確。

14 (A)。 激磁線圈應接2.7接角。

15 (A)。 應降為$\frac{1}{3}$倍。

105年基本電學

1 (C)。 $W=QV=Pt=I^2Rt=\frac{V^2}{R}t$，而$\frac{VI}{Q}t=\frac{VQ}{Q}=V$。

2 (D)。 (800kW×8時＋400kW×4時)×5元/度×24＝(6400度＋1600度)×5元/度×24＝960000元。

3 (A)。 $R=60K//30K=20K\Omega=20\times10^3$
⇒紅黑橙(金為誤差值)。

4 (C)。 重畫如下

3//6Ω
7Ω
12Ω
4//12Ω
a
b

$R_{ab}=12//[3//6+7+4//12]=12//[2+7+3]=12//12=6\Omega$。

5 (B)。 利用KVL

$2\Omega\times(i-2)-3+1\Omega\cdot i$

$-2\Omega\times(i-2)-3-1\Omega\times i-3\Omega\times(i+1)=0$

$-2i+4-3-i-3i-3=0$

$-6i-2=0$

$i=-\frac{1}{3}A$

$V_a=3\Omega\times(-\frac{1}{3}+1)=2V$。

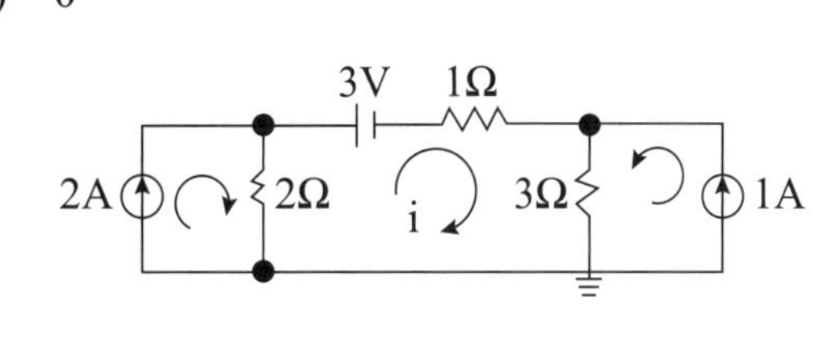

6 (D)。 利用KCL

$\begin{cases}6=1+i_1+(-2)\\1+i_1+i_2=3\end{cases}\Rightarrow\begin{cases}i_1=7A\\i_2=-5A\end{cases}$，可選出(D)。

P.200 **7 (C)**。 重畫電路

取3V左右兩端為超節點

$$-3+\frac{V_a}{4}+\frac{V_a+3}{6}+\frac{(V_a+3)-18}{3}=0$$

$-36+3V_a+2V_a+6+4V_a-60=0$

$\Rightarrow V_a=10V$。

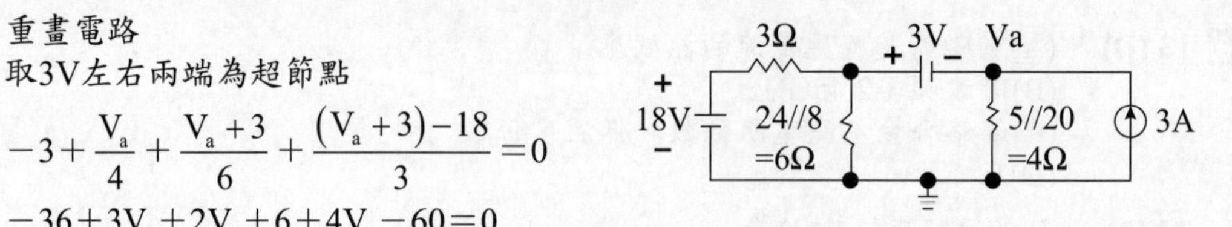

8 (A)。 由V_1節點取KCL可知中間2Ω電阻的電流為5A向右(V_2節點流向V_1)，再由V_2節點取KCL

$$\frac{12V-V_2}{2\Omega}+\frac{-2V-V_2}{3\Omega}+\frac{4V-V_2}{6\Omega}=5A$$

$\Rightarrow V_2=1V$

$V_1=V_2-5A\cdot 2\Omega=1-10=-9V$。

9 (B)。 $R_{TH}=7+(4+8)//6=7+4=11\Omega$

利用VI轉換

$$V_{TH}=36V\times\frac{4+8}{6+4+8}+12V\times\frac{6}{6+4+8}+48V\times\frac{6}{6+4+8}=44V$$

$$P_{L,max}=\frac{1}{4}\frac{V_{TH}^2}{R_{TH}}=\frac{1}{4}\times\frac{44^2}{11}=44W$$。

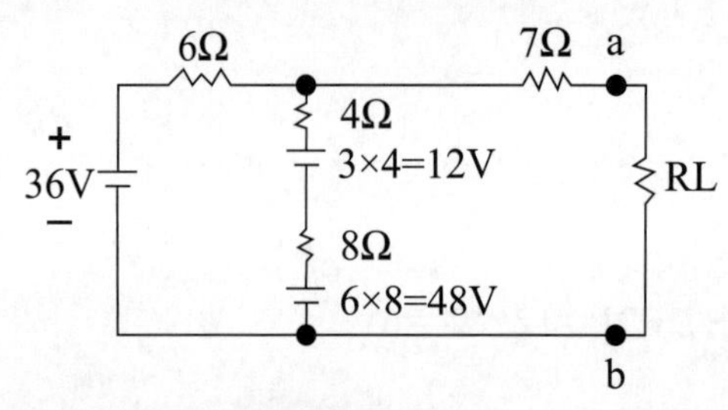

10 (D)。 (A)電力線不相交

(B)$C=10\times10^4pF=0.1\mu F$

(C)成距離平方反比。

11 (C)。 $C_{總}=C_1//C_2=9//18=6\mu F$

$Q_{C1}=Q_{C2}=24V\times6\mu F=144\mu C$

$$V_{C1}=\frac{Q_{C1}}{C_1}=\frac{144\mu C}{9\mu F}=16V$$

$$V_{C2}=\frac{Q_{C2}}{C_2}=\frac{144\mu C}{18\mu F}=8V$$。

12 (C)。(A)互感最大為$M_{12}=\sqrt{L_1\times L_2}=\sqrt{16\times 9}=12mH$

(B)串聯後等效電感最大為$L_1+L_2+2M_{12}=49mH$

(C)(D)並聯互感時$L_{eq}=\dfrac{L_1L_2-M^2}{L_1+L_2\pm 2M}$，其最大值為$L_1$，$L_2$中較小者9mH

故(A)(B)(D)定錯，僅(C)有可能。

13 (B)。$V_{ab}=L\dfrac{di}{dt}$

(A)$V_{ab}(2)=1mH\times\dfrac{5-0}{4-0}=1.25mV$

(B)(C)$V_{ab}(6)=V_{ab}(7)=0mV$

(D)$V_{ab}(9)=1mH\times\dfrac{0-5}{10-8}=-2.5mV$。

14 (A)。(A) $\tau=RC=(R_1//R_3+R_2)C=(10//10+10)\times 10\mu=15\times 10\times 10^{-6}=150\times 10^{-6}=0.15\times 10^{-3}=0.15mS$。

15 (B)。$i_L(\infty)=\dfrac{E}{R_1}=\dfrac{24}{3}=8A$

$i_L(O)=0A$

$\tau=\dfrac{L}{R}=\dfrac{L}{R_1//R_2}=\dfrac{5\times 10^{-3}}{3//6}=2.5\times 10^{-3}s$

$i_L(A)=i_L(\infty)+[i_L(O)-i_L(\infty)]e^{-\frac{t}{\tau}}=8-8e^{-\frac{t}{2.5\times 10^{-3}}}=8-8e^{-400t}A$。

16 (A)。$i(t)=10\sin(377t+30^\circ)=10\cos(377t-60^\circ)$，故v(t)超前i(t)30°或i(t)落後v(t)30°。

17 (D)。$V_{av}=\dfrac{1}{20}[10\times 100+5\times(-40)+5\times 0]=40V$。

18 (B)。$Z=R+j(\omega L-\dfrac{1}{\omega C})=20+j[1000\times 10\times 10^{-3}-\dfrac{1}{1000\times 100\times 10^{-6}}]=20\Omega$

(A)Z為實數，故電流與電壓同相位

(B)$v_R(t)=v(t)$，正確

(C)$Z=20\Omega$

(D)$i(t)=\dfrac{v(t)}{Z}=1.0\sin(1000t+30^\circ)A$。

19 (C)。(C)由導納角度45°可知為電容性正確

另外$Y=\dfrac{1}{R}+j[\omega C-\dfrac{1}{\omega L}]$

$\dfrac{\sqrt{2}}{10}\angle 45^\circ=\dfrac{1}{10}+j[1000C-\dfrac{1}{1000\times 10\times 10^{-3}}]$

$\frac{1}{10}+j\frac{1}{10}=\frac{1}{10}+j[1000C-\frac{1}{10}]$

虛部相等 $\frac{1}{10}=1000C-\frac{1}{10}\Rightarrow C=2\times10^{-4}F$

(A) $i_L(t)=v(t)\frac{1}{j\omega L}=v(t)\frac{1}{j1000\times10\times10^{-3}}=1\sin(1000t-60^\circ)A$

(B) $C=200\mu F$

(D) $i(t)=v(t)\cdot Y=10\sin(1000t+30^\circ)\frac{\sqrt{2}}{10}\angle45^\circ=\sqrt{2}\sin(1000t+75^\circ)A$。

20 (A)。 ab兩端的等效阻抗

$Z_{eq}=j6//(-j6)=\frac{j6\times(-j6)}{j6+(-j6)}\to\infty$ 等效開路

(B) $V_{ab}=V=12\angle0^\circ V$

(A) $I_L=\frac{V}{j6}=\frac{12\angle0^\circ}{j6}=2\angle-90^\circ A$

(D) $Z=4+j3+Z_{eq}\to\infty$ 開路

(C) $I=0A$。

21 (D)。 (A) $P(t)=120\sin(314t+30^\circ)\times2\sin(314t-15^\circ)=120[\cos(628t+15^\circ)-\cos(45^\circ)]$

$P_{min}=120[1-\frac{1}{\sqrt{2}}]\simeq35W$

(B) $P_{av}=\frac{1}{2}\times120\times2\times\cos[30^\circ-(-15^\circ)]=\frac{120}{\sqrt{2}}\simeq85W$

(C) $Q=\frac{1}{2}\times120\times2\times\sin[30^\circ-(-15^\circ)]=\frac{120}{\sqrt{2}}\simeq85VAR$

(D)由(A) $P(t)=120[\cos(628t+15^\circ)-\cos45^\circ]$

$f_P=\frac{\omega}{2\pi}=\frac{628}{2\times3.14}=100Hz$。

22 (A)。 $v(t)=200\sin377t=200\cos(377t-90^\circ)V$

$pF=\cos[-90^\circ-(-30^\circ)]=0.5$

且i(t)超前v(t)，故pF=0.5超前。

P.203 **23 (C)**。 (A) $\omega_o=\frac{1}{\sqrt{LC}}=\frac{1}{\sqrt{20\times10^{-3}\times200\times10^{-6}}}=500rad/s$

$f_o=\frac{\omega_o}{2\pi}=\frac{500}{2\times3.14}\simeq80Hz$

$pF=1$

(B) $Q=\frac{1}{R}\sqrt{\frac{L}{C}}=\frac{1}{10}\sqrt{\frac{20\times10^{-3}}{200\times10^{-6}}}=1$

$$BW=\frac{f_o}{Q}=\frac{80}{1}=80Hz$$

$$(C)X_C=\frac{1}{\omega_o C}=\frac{1}{500\times200\times10^{-6}}=10\Omega$$

$$X_L=\omega L=500\times20\times10^{-3}=10\Omega$$

$$電源電流I=\frac{V}{R+j(X_L-X_C)}=\frac{100}{10+j(10-10)}=10A$$

$V_R=I\cdot R=10\times10=100V$

$V_C=I\cdot X_C=10\times10=100V$

(D)$I=10A$

$$P_{av}=\frac{1}{2}I^2R=\frac{1}{2}\times10^2\times10=500W。$$

24 (B)。 $\omega_o=\frac{1}{\sqrt{LC}}\Rightarrow L=\frac{1}{\omega_o^{\ 2}C}=\frac{1}{5000^2\times40\times10^{-6}}=10^{-3}=1mH$

且並聯諧振時，阻抗無限大，電源電流為零，故(B)正確。

25 (D)。 $Z=5+j8.66=5+j5\sqrt{3}=10\angle30^\circ$

三相總功率

$$P_{總}=\sqrt{3}VI^*=\sqrt{3}\frac{V^2}{|Z|}\cos\theta=\sqrt{3}\times\frac{220^2}{10}\cos30^\circ=\sqrt{3}\times4840\times\frac{\sqrt{3}}{2}=7260W。$$

105年基本電學實習

1 (A)。 非帶電金屬殼接地可避免形成電壓差而感電。

2 (A)。 指針三用電表無測量交流電流之功能。

3 (D)。 $E=12V\times\frac{4\Omega+6\Omega+8\Omega}{8\Omega}=27V$。

4 (A)。 $R_{TH}=\frac{V_{OC}}{I_{SC}}=\frac{20V}{5A}=4\Omega$

$$P_{L,max}=\frac{1}{4}I_{SC}^{\ 2}\times R_{TH}=\frac{1}{4}\times5^2\times4=25W。$$

5 (D)。 IC＞AF＞AT，故(D)正確。

6 (B)。 接地電阻低與大地的導電效果才佳。

P.205

7 (D)。(A)線徑要細，並聯時電阻才大
(B)線徑要粗，串聯時電阻才小
(C)(D)移動磁場才正確。

8 (C)。一、二位為數值，第三位次方，英文代表誤差單位為pF
故$C=10\times10^2$pF$=1000$pF，丁誤差5%，選(C)。

9 (A)。穩態時，電容開路，電感短路

$$V_C=\frac{(30+10)//10}{5+(30+10)//10}\times\frac{10}{30+10}\times3.4=\frac{8}{5+8}\times\frac{10}{40}\times3.4=0.52V。$$

10 (D)。電壓表要並聯量，測到有效 220V。

11 (B)。$\omega=5$rad/s

$$Z=\frac{1}{\frac{1}{R}+\frac{1}{jwL}+jwc}=\frac{1}{\frac{1}{2}+\frac{1}{j\times5\times0.4}+j5\times0.2}=\frac{1}{\frac{1}{2}-j\frac{1}{2}+j1}=\frac{1}{\frac{1}{2}+j\frac{1}{2}}=\frac{2}{1+j}=\sqrt{2}\angle-45^\circ\Omega$$

$$S=\frac{1}{2}V_m\cdot I_m=\frac{{V_m}^2}{2|Z|}=\frac{200^2}{2\times\sqrt{2}}=10000\sqrt{2}VA=10\sqrt{2}kVA。$$

12 (D)。(A)功因落後為電感性
(B)功因超前為電容性
(C)如(A)(B)，可判斷。

P.206

13 (B)。$pF=\frac{39.6W}{110V\times0.6A}=0.6$。

14 (A)。因為電的熱效應而動作。

15 (D)。Y—Δ起動為降壓起動的方式起動電流為Δ接的$\frac{1}{3}$倍。

106年基本電學

P.207

1 (B)。(A)電量單位，(C)(D)功率單位。

2 (A)。靜電力隨距離平方成反比，距離加倍則靜電力為1/4倍，故選(A)6N。

3 (D)。$R=\frac{V}{I}=\frac{1.5}{0.15}=10\Omega=10\times10^0\Omega$，前兩碼的數值10色碼為棕黑，第三碼10的0次方的色碼為黑。故選(D)棕黑黑銀。

4 (B)。(A)(B)(C)功率較大的電熱器之電阻較小，故$R_{100W}<R_{50W}$；當兩電阻串聯使用時，小電阻消耗的功率較少，故(B)正確。(D)兩電熱器串聯時，分壓一定小於110V，兩者均不可能超過額定功率。

5 (C)。 (i)開啟時，

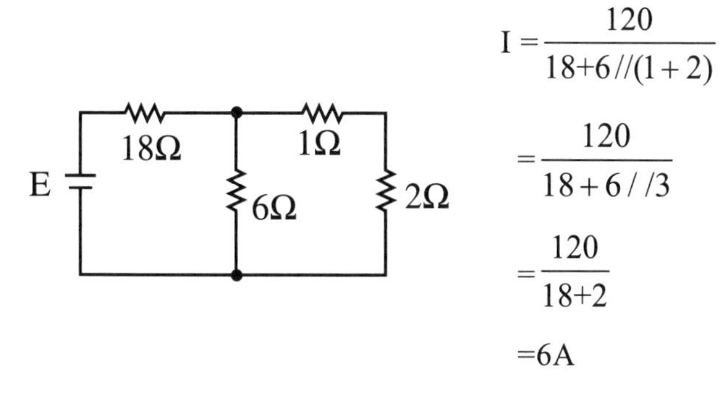

$$I=\frac{120}{18+6//(1+2)}$$

$$=\frac{120}{18+6//3}$$

$$=\frac{120}{18+2}$$

$$=6A$$

(ii)閉合時

6Ω
2I₁
6I₂ 1Ω
I↑ 18Ω ↓I₂ ↓I₁
E
=120V 6Ω 2Ω

兩個節點的電壓為$2I_1, 6I_2$

由KCL $\dfrac{120-6I_2}{18\Omega}+\dfrac{120-2I_1}{6\Omega}=I_1+I_2$

$160-2I_2-2I_1=6I_1+6I_2$

$\rightarrow I=I_1+I_2=20A$

6 (D)。 $I_1:I_2:I_3=\dfrac{1}{R_1}:\dfrac{1}{R_2}:\dfrac{1}{R_3}=\dfrac{1}{1}:\dfrac{1}{2}:\dfrac{1}{3}=6:3:2$

7 (C)。 $R_{th}=3//6=2\Omega$

$E_{th}=10\times 3//6=20V$

8 (A)。 利用重疊定理

$$V_a=6A\times〔3//(3+3//2)〕\times\frac{3//2}{3+3//2}+10V\times\frac{3//(3+3)}{2+3//(3+3)}$$

$$=6\times〔3//(3+1.2)〕\times\frac{1.2}{3+1.2}+10\times\frac{3//6}{2+3//6}$$

$$=6\times〔3//4.2〕\times\frac{2}{7}+10\times\frac{2}{2+2}$$

$$=6\times\frac{12.6}{7.2}\times\frac{2}{7}+5$$

$$=8V$$

9 (D)。 $R_{th}=6\,//\,9\,//\,18=6\,//\,6=3\Omega$

$$E_{th}=12\times\frac{9//18}{6+9//18}=12\times\frac{6}{6+6}=6V$$

$$P_{L,max}=\frac{E_{th}^2}{4R_L}=\frac{6^2}{4\times 3}=3W$$

10 (B)。 由Q=CV以及W=$\frac{1}{2}$CV^2，可得W=$\frac{Q^2}{2C}$

$$C=\frac{Q^2}{2W}=\frac{(3000\times10^{-6})^2}{2\times150\times10^{-3}}=\frac{9\times10^{-6}}{300\times10^{-3}}=30\times10\text{-}6=30\,\mu F$$

11 (C)。 由$V=9\times10^9\frac{Q}{R}$

可得$R=9\times10^9\frac{Q}{V}=9\times10^9\times\frac{0.04\times10^{-6}}{144}=\frac{360}{144}=2.5m$

12 (B)。

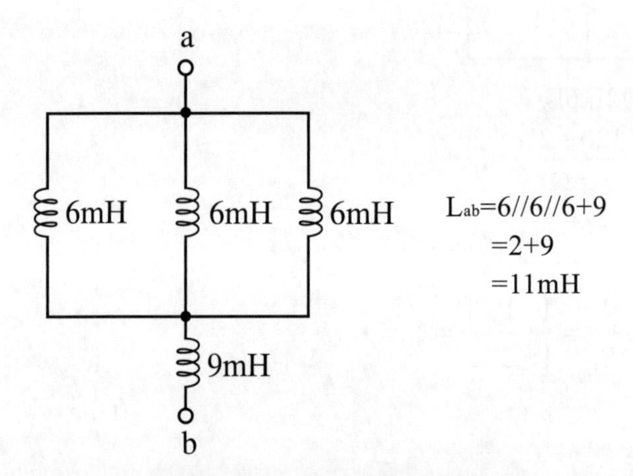

L_{ab}=6//6//6+9
=2+9
=11mH

13 (A)。 $L=N\frac{\Lambda}{I}=300\times\frac{0.3-0.2}{5}=6H$

P.209 **14 (D)**。 閉合時，R_{short}=20+30//60=20+20=40kΩ，$\tau=R_{short}C$=40×103×5×10－6=0.2s
啟斷後，$\tau=R_{open}$=20+60=80kΩ，$\tau=R_{open}C=80\times10^3\times5\times10^{-6}=0.4s$
注意，求出電阻後可知充電時間常數及放電時間常數為1:2，可知應選(D)。

15 (C)。 電感電流不會瞬間變化，故開關剛閉合時電流為0A，可先排除(D)；穩定後，電感電流為電源電流5A，故可選出(C)。

16 (A)。 $V\left(t=\frac{1}{240}\right)=220\sqrt{2}\sin\left(377\times\frac{1}{240}-45^\circ\right)$

$=220\sqrt{2}\sin(1.57-45^\circ)$

$=220\sqrt{2}\sin(180^\circ-45^\circ)$

$=220\sqrt{2}\sin(135^\circ)$

$=220\sqrt{2}\times\frac{1}{\sqrt{2}}$

$=220V$

17 (D)。 $v_1(t)+v_2(t)=30\sqrt{2}\cos(377t-45^\circ)+30\sqrt{2}\cos(377t-135^\circ)$

$=30\sqrt{2}\cos(377t-45^\circ)-30\sqrt{2}\cos(377t+45^\circ)$

$=30\sqrt{2}\times2\sin\left(\frac{377t-45^\circ+377t+45^\circ}{2}\right)\sin\left(\frac{377t+45^\circ-(377t-45^\circ)}{2}\right)$

$=60\sqrt{2}\sin(377t)\sin(45^\circ)$

$=60\sin(377t)V$

18 (B)。 $\bar{V}=V_{rms}=\frac{200}{\sqrt{2}}=100\sqrt{2}V$

總阻抗 $|Z|=\frac{100\sqrt{2}}{10}=10\sqrt{2}\Omega$

因為電阻及電感上的電壓有效值相同，可知該電路阻抗的實部與虛部相同

$X_L=\frac{|Z|}{\sqrt{2}}=\frac{10\sqrt{2}}{\sqrt{2}}=10\Omega$

$L=\frac{X_L}{\omega}=\frac{10}{100}=0.1=100mH$

19 (A)。 $\bar{V}_2=\frac{Z_2}{Z_1+Z_2}\bar{V}_S$

$=\frac{6+j8}{5\angle53^\circ+6+j8}150\angle0^\circ=\frac{6+j8}{5(0.6+j0.8)+6+j8}150\angle0^\circ$

$=\frac{6+j8}{3+j4+6+j8}150\angle0^\circ=\frac{6+j8}{9+j12}150\angle0^\circ$

$=\frac{10\angle53^\circ}{15\angle53^\circ}150\angle0^\circ=100\angle0^\circ V$

P.210 **20 (A)**。 此題僅判斷相位，不用實際計算出阻抗。因為並聯時受阻抗小的影響較大，此題電感阻抗小於電容阻抗，為電感性，故電流相位落後電壓相位。

21 (C)。 $Z = R_P // jX_P = 10 // j10$

$$= \frac{j10 \cdot 10}{10 + j10} = \frac{j10 \cdot 10(10 - j10)}{(10 + j10)(10 - j10)} = \frac{1000 + j1000}{100 + 100}$$

$$= 5 + j5 = R_S + jX_S$$

22 (D)。 $\overline{S} = \overline{VI}^* = (5 + j2)(3 - j4) = 15 + 8 + j6 - j20 = 23 - j14VA$

23 (C)。 $f_0 = f\sqrt{\frac{X_C}{X_L}} = 1000\sqrt{\frac{16}{4}} = 1000\sqrt{4} = 2000Hz$

24 (D)。 諧振時總電流最小，故此題實際上考諧振時的性質

(A)$f_0 = \frac{1}{2\pi}\sqrt{\frac{1}{LC}} = \frac{1}{2\pi}\sqrt{\frac{1}{40\times10^{-3}\times100\times10^{-6}}} = \frac{1}{2\pi}\sqrt{\frac{1}{4\times10^{-6}}} = \frac{500}{2\pi} \approx 80Hz$

(B) $X_L = \omega L = 2\pi\times80\times40\times10^{-3} = 500\times40\times10^{-3} = 20\Omega$

$I_L = \frac{V}{X_L} = \frac{100}{20} = 5A$

(C)因為諧振 $X_C = X_L$，$I_C = I_L = 5A$

(D) $P = \frac{V^2}{R} = \frac{100^2}{50} = 200W$，正確。

25 (B)。 由相序及 $\overline{V}_{AB}$ 的相位角，可得

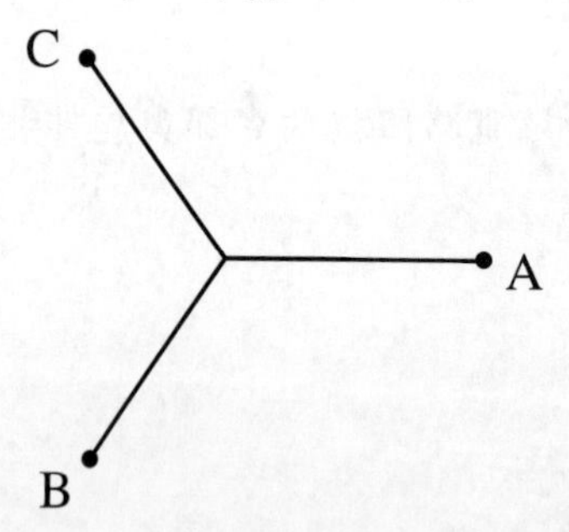

表示V_A的相位角為$0°$

故功率因數角$\angle V - \angle I = 0° -(-30°) = 30°$

106年基本電學實習

1 (D)。 正確解法為使用題目的標示值計算出額定電阻，再用此電阻求出電流。

不過，因為量測電壓與標示電壓差距不大，故直接用 $I=\dfrac{W}{V}=\dfrac{55}{12}=4.58A$ 可選出此時合理的電流值約為(D)4.5A。

2 (D)。 (D)量測消耗功率需同時量測電壓及電流，但電流需斷開電路才能量測，無法直接量測。

3 (B)。

由KVL　$V_M+8(1+\dfrac{V_M}{4})=20V$

$V_M+8+2V_M=20$

$V_M=4V$

又 $\dfrac{V_M}{8}+\dfrac{V_M}{R}=1$

$\dfrac{4}{8}+\dfrac{4}{R}=1$

$\rightarrow R=8\,\Omega$

4 (A)。 打開時V_M=12V代表直流電路的開路電壓12V

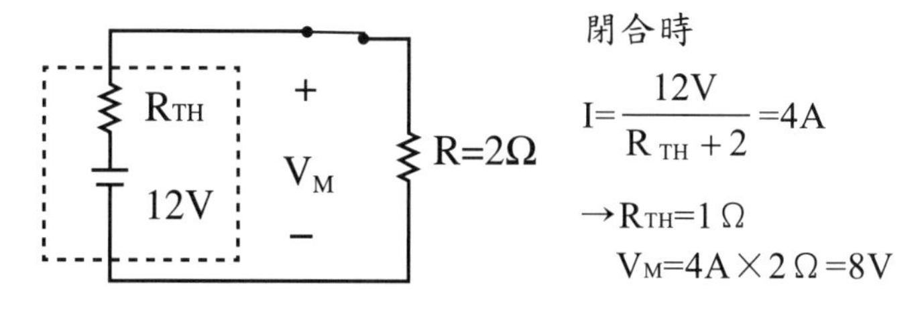

5 (A)。 (A)線徑越大則集膚效應越大，故當需要截面積較大的導線時，應改用絞線。

6 (A)。 (A)應該使用一個雙極（2P）的無熔絲斷路器（NFB）控制兩條火線，中性線以銅板端子連接。

7 (C)。 (A)(B)(C)E（Earth）待測接地極；P（Potential）輔助電位電極；C（Current）輔助電流電極；(D)量測時三個電極均要連接。

8 (C)。 10kHz代表週期為0.1ms，若水平軸刻度為0.01ms/DIV，則一個週期佔滿10格。10:1的電壓探棒影響振幅的讀值，不影響週期。

9 (C)。 (A)(B)$\tau = RC$
(C)(D)τ與R成正比，也與C成正比

10 (B)。 (A)諧振頻率與電阻值大小無關。
(C)RLC並聯諧振電路在發生諧振時，電路阻抗最大，即R。
(D)RLC並聯諧振電路在發生諧振時，流經電感器及電容器的電流和為零。

11 (B)。 RLC串聯諧振的品質因數 $Q = \frac{1}{R}\sqrt{\frac{L}{C}} = \frac{\omega_0}{BW}$，故(B)正確。

P.213 **12 (A)**。 (A)視在功率為電流有效值與電壓有效值之乘積。

13 (B)。 電壓值不改變功率因數，頻率才會；故功率因數仍為0.8。

14 (D)。 (D)穩流電感器係在安定器內部。

15 (A)。 (A)Y-Δ起動時線電流為全壓起動線電流的1/3倍；Y-Δ起動時繞組電流為全壓起動繞組電流的$1/\sqrt{3}$倍。

107年基本電學

P.214 **1 (B)**。 待機時間$T = \frac{3200mAh - 200mA \cdot 10h}{10mA} = \frac{1200}{10} = 120$時

2 (C)。 $P_{損} = P\frac{1-\eta}{\eta} = 10kW\frac{1-0.8}{0.8} = 2.5kW$

每月損失電費$M_{損} = 2.5kW \cdot T 時/天 \cdot 20 天/月 \cdot 4 元/度 = 1200$ 元

$\Rightarrow T = \frac{1200}{2.5 \cdot 20 \cdot 4} = 6$時

3 (A)。 剪斷後電阻為1Ω，並聯後為0.5Ω
消耗功率$P = I^2R = 2^2 \times 0.5 = 2W$

4 (D)。 $R_L = \frac{V^2}{P} = \frac{12^2}{24} = 6\Omega$

選擇S_1、S_2、S_4的開關閉合，其電阻串並聯後等於6Ω

5 (C)。 $I = \frac{24V}{R_i + R_L} = \frac{24}{R_i + 6} = 1.8 \Rightarrow R_i = \frac{24}{1.8} - 6 = \frac{22}{3}\Omega$

選擇S_1、S_3、S_4的開關閉合，其電阻串並聯後等於$\frac{22}{3}\Omega$

6 (D)。 電路畫得很複雜，但仔細觀察可看出，兩個4Ω、一個6Ω和兩個12Ω電阻構成H型的平衡電橋，故該6Ω電阻可視為開路，忽略不記。

電源端看入的總電阻為

$R=2+8//(4+12)//(4+12)=2+8//16//16=2+8//8=2+4=6\Omega$

$E=IR=3A\times 6\Omega=18V$

15

7 (C)。 由1A及2A電流源可知中間2Ω通過3A電流，故中間節點的電壓為V_1-6，另假設2A電流源右側節點電壓為V_2

利用節點電壓寫出KCL

$$\begin{cases}\dfrac{V_1-6-5}{1\Omega}+\dfrac{V_1-6-6}{4\Omega}+\dfrac{V_1-6-V_2}{2\Omega}=3A\\ \dfrac{V_1-6-V_2}{2\Omega}=2+\dfrac{V_2-21}{1\Omega}\end{cases}$$

$$\begin{cases}4(V_1-11)+(V_1-12)+2(V_1-V_2-6)=12\\ (V_1-6-V_2)=4+2(V_2-21)\end{cases}$$

$$\begin{cases}7V_1-2V_2=80\\ V_1-3V_2=-32\end{cases}$$

$$\begin{cases}V_1=16V\\ V_2=16V\end{cases}$$

8 (D)。 在考基本電學的時候，若看到不直觀的電路網路，更要定下心來好好化簡，通常或比想像中容易。仔細觀察電路中間的四個電阻，可看出2Ω、12Ω、6Ω及4Ω四個電阻實際上為並聯電路，其等效電阻為

$R=2//12//6//4=2//4//4=2//2=1\Omega$

電路圖化簡為

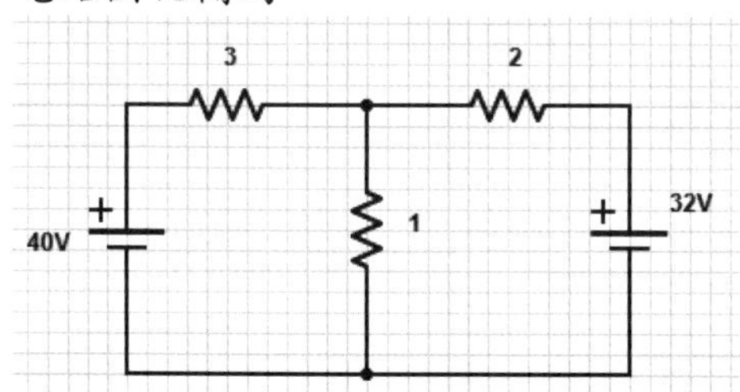

注意，化簡後的電路圖，因節點連接的關係，右側電壓源的正負電壓值與原本題目反向，故電流I_2也會反向。接著用迴路電流寫出KVL

$$\begin{cases}3\Omega\cdot I_1+1\Omega\cdot(I_1+I_2)=40V\\ 2\Omega\cdot I_2+1\Omega\cdot(I_1+I_2)=32V\end{cases}$$

$$\begin{cases}4I_1+I_2=40V\\ I_1+3I_2=32V\end{cases}$$

$$\begin{cases}I_1=8A\\ I_2=8A\end{cases}$$

9 (A)。 在求戴維寧等效電阻時先把電路中電壓源短路及電流源開路，不過9Ω和18Ω構成平衡電橋，把電壓源的部分視為開路。

$$R_{ab}=(9+18)//[9+(2+7)//(9+18)+18]$$

$$=27//[9+9//27+18]=27//[27+\frac{27}{4}]=15\Omega$$

10 (B)。 平行板電容器的電容值正比面積且與極板間距成反比，$C=\varepsilon\frac{A}{d}$

$$\frac{C'}{C}=\frac{\frac{A'}{d'}}{\frac{A}{d}}=\frac{A'}{A}\cdot\frac{d}{d'}=2\frac{A'}{A}=8\Rightarrow\frac{A'}{A}=4$$

11 (D)。 $V=Ed=30kV/cm\times0.3cm=9kV$

12 (C)。 1韋伯＝10^8線，也就是1線＝10^{-8}韋伯

再代入電感與磁力線的關係，N為匝數，I是電流

$$L=\frac{N\Phi}{I}=\frac{100\times2\times10^6\times10^{-8}}{10}=0.2H$$

P.216 **13 (D)**。 $F=\frac{\mu_0I_1I_2L}{2\pi d}=\frac{2\times10^{-7}I_1I_2L}{d}\Rightarrow0.016=\frac{2\times10^{-7}\times2I_2\times I_2\times8}{0.02}$

$I_2=10A$，$I_2=20A$

14 (A)。 $V_C=\left(1-e^{-\frac{t}{RC}}\right)E$，$V_R=e^{-\frac{t}{RC}}E$

(A)經過一個時間常數的充電時間後，電容電壓約為

$$V_C=\left(1-e^{-1}\right)E=\left(1-0.368\right)E=0.632E$$

(C)$V_R=e^{-\frac{3RC}{RC}}\cdot E=e^{-3}\cdot E\approx0.05E$

(B)(D)皆正確

15 (B)。 電感看到的等效電阻為$R=2//6+3=\frac{4}{3}+3=\frac{13}{3}\Omega$

時間常數$\tau=\frac{L}{R}=\frac{90\times10^{-3}}{\frac{13}{3}}=\frac{0.27}{13}\approx0.02$

開關閉合時，電阻3Ω的初始電壓為$v(t=0)=0V$

電阻3Ω的穩態電壓為$v(t=\infty)=40V\times\frac{3\Omega//6\Omega}{2\Omega+3\Omega//6\Omega}=40\times\frac{2}{2+2}=20V$

$$v(t)=v(\infty)+\left[v(0)-v(\infty)\right]e^{-\frac{t}{\tau}}=20+[0-20]e^{-\frac{t}{0.02}}=20\left(1-e^{-50t}\right)V$$

16 (A)。有效值及方均根值

$$V_{rms}=\sqrt{\frac{6^2+12^2+(-4)^2}{3}}=\sqrt{\frac{36+144+16}{3}}=\sqrt{65.33}V$$

17 (C)。$\sqrt[4]{\overline{A}}+(\overline{B})^3=\sqrt[4]{64\angle180°}+(\sqrt{2}\angle45°)^3=2\sqrt{2}\angle45°+2\sqrt{2}\angle135°$

$=(2+j2)+(-2+j2)=j4=4\angle90°$

18 (D)。**(A)** $\overline{Z}=R-jX_C=R-j\frac{1}{\omega C}=40-j\frac{1}{2500\times10\times10^{-6}}=40-j\frac{1}{0.025}=40-j40\Omega$

(B) $|\overline{Z}|=\sqrt{40^2+(-40)^2}=40\sqrt{2}\Omega$

(C) $v_R(t)=v_s(t)\times\frac{R}{R-jX_C}=100\sqrt{2}\cos(2500t-30°)\times\frac{40}{40-j40}$

$=100\sqrt{2}\cos(2500t-30°)\times\frac{40}{40\sqrt{2}\angle-45°}$

$=100\sqrt{2}\cos(2500t-30°)\times\frac{1}{\sqrt{2}}\angle45°$

$=100\cos(2500t+15°)V$

(D) $v_C(t)=v_s(t)\times\frac{-jX_C}{R-jX_C}=100\sqrt{2}\cos(2500t-30°)\times\frac{-j40}{40-j40}$

$=100\sqrt{2}\cos(2500t-30°)\times\frac{40\angle-90°}{40\sqrt{2}\angle-45°}$

$=100\sqrt{2}\cos(2500t-30°)\times\frac{1}{\sqrt{2}}\angle-45°$

$=100\cos(2500t-75°)V$

19 (C)。$\overline{I_R}=\frac{\overline{V}}{R}=\frac{100\angle30°}{20}=5\angle30°A$

$\overline{I_C}=\frac{\overline{V}}{-jX_C}=\frac{100\angle30°}{-j20}=\frac{100\angle30°}{20\angle-90°}=5\angle120°A$

$\overline{I_L}=\frac{\overline{V}}{jX_L}=\frac{100\angle30°}{j10}=\frac{100\angle30°}{10\angle90°}=10\angle-60°A$

$\overline{I}=\overline{I_R}+\overline{I_C}+\overline{I_L}=5\angle30°+5\angle120°+10\angle-60°$

$=\frac{5}{2}\sqrt{3}+j\frac{5}{2}+\left(-\frac{5}{2}+j\frac{5}{2}\sqrt{3}\right)+5-j5\sqrt{3}=\frac{5}{2}(\sqrt{3}+1)+j\frac{5}{2}(1-\sqrt{3})$

$=5\sqrt{2}\left(\frac{\sqrt{6}+\sqrt{2}}{4}\right)-j5\sqrt{2}\left(\frac{\sqrt{6}-\sqrt{2}}{4}\right)=5\sqrt{2}\cos15°-j5\sqrt{2}\sin15°$

$=5\sqrt{2}\angle-15°A$

(A) $\overline{I_R}$ 超前 $\overline{I_L}$ 90°

(B) $\overline{I_C}$ 超前 $\overline{I_L}$ 180°

(C)正確

20 (C)。 $\overline{I_3}=\overline{I}-\overline{I_1}-\overline{I_2}=200\sqrt{2}\angle45°-100-100\angle90°$

$=200+j200-100-j100=100+j100=100\sqrt{2}\angle45°\Omega$

(A)(D) $Z_1=\frac{\overline{V}}{\overline{I_1}}=\frac{100\sqrt{2}\angle45°}{100}=\sqrt{2}\angle45°\Omega$，電感性但非純電感性

(B) $Z_2=\frac{\overline{V}}{\overline{I_2}}=\frac{100\sqrt{2}\angle45°}{100\angle90°}=\sqrt{2}\angle-45°\Omega$，電容性但非純電容性

(C) $Z_3=\frac{\overline{V}}{\overline{I_3}}=\frac{100\sqrt{2}\angle45°}{100\sqrt{2}\angle45°}=1\Omega$，純電阻性

21 (D)。 $P=i(t)v(t)=10\cos(120\pi t-30°)\cdot110\sqrt{2}\cos(120\pi t+30°)$

$=1100\sqrt{2}\cos(120\pi t+30°)\cdot\cos(120\pi t-30°)$

$=\frac{1100\sqrt{2}}{2}\left\{\cos\left[(120\pi t+30°)+(120\pi t-30°)\right]+\cos\left[(120\pi t+30°)-(120\pi t-30°)\right]\right\}$

$=550\sqrt{2}\left[\cos(240\pi t)+\cos(60°)\right]$

(A)(B)瞬間功率最大值 $P_{max}=550\sqrt{2}\left[1+\cos(60°)\right]=550\sqrt{2}[1+0.5]=825\sqrt{2}W$

(C)(D)瞬間功率的頻率 $f_P=\frac{\omega}{2\pi}=\frac{240\pi}{2\pi}=120Hz$

22 (A)。 $Z=R+jX_L-jX_C=40+j60-j30=40+j30=50\angle37°\Omega$

$\bar{I}=\frac{\overline{V}}{|Z|}=\frac{200}{50}=4A$

(A) $PF=\cos37°=0.8$

(D)視在功率 $S=\overline{IV}=4\times200=800VA$

(B)平均功率 $P=S\cos\theta=800\cos37°=640W$

(C)虛功率 $Q=S\sin\theta=800\sin37°=480Var$

18 **23 (A)**。 (A)(B) $\omega_0=\omega\sqrt{\frac{X_C}{X_L}}=500\sqrt{\frac{4}{25}}=500\times\frac{2}{5}=200/sec$

(C)(D) $\bar{I}=\frac{\bar{V}}{R}=\frac{110}{10}=11A$

24 (B)。 $I=\frac{\bar{V}}{R+j\omega L}+\frac{\bar{V}}{-j\frac{1}{\omega C}}=\left[\frac{1}{R+j\omega L}+j\omega C\right]\bar{V}=\left[\frac{R-j\omega L}{R^2+\omega^2L^2}+j\omega C\right]\bar{V}$

$=\left[\frac{R-j\omega L+j\omega R^2C+j\omega^3L^2C}{R^2+\omega^2L^2}\right]\bar{V}$

要求出諧振頻率，需讓電流表示式的虛部為零，即

$-j\omega L+j\omega R^2C+j\omega^3L^2C=0$

$\Rightarrow \omega^2L^2C+R^2C-L=0$

$\Rightarrow \omega^2=\frac{1}{LC}-\left(\frac{R}{L}\right)^2$

$\omega_0=\sqrt{\frac{1}{LC}-\left(\frac{R}{L}\right)^2}=\sqrt{\frac{1}{1\times10^{-3}\times10\times10^{-6}}-\left(\frac{8}{1\times10^{-3}}\right)^2}$

$=\sqrt{10^8-64\times10^6}=\sqrt{36\times10^6}=6000rad/s$

接著將諧振頻率帶回電流表示式的實部

$I=\frac{R}{R^2+\omega^2L^2}\bar{V}=\frac{8}{8^2+6000^2\times\left(1\times10^{-3}\right)}\times100=\frac{8}{64+36}\times100=8A$

25 (B)。 $\bar{I_L}=\frac{\bar{V_L}}{Z}=\frac{220}{11\angle60°}=20\angle-60°$

總平均功率 $P=3\bar{I_L}\bar{V_L}\cos\theta=3\times220\times20\cos60°=6600W$

107年基本電學實習

19 **1 (B)**。 長度拉長三倍，截面積縮為1/3倍，電阻為原電阻值9倍，$R'=9R=9\times5=45\Omega$

2 (B)。 平衡電橋，電阻成比例，$\frac{2k\Omega}{7k\Omega}=\frac{5k\Omega}{R}\Rightarrow R=17.5k\Omega$

3 (A)。 $V=\sqrt{PR}=\sqrt{250W\times10\Omega}=50V$，已可選出(A)正確，$I=\frac{V}{R}=\frac{50V}{10\Omega}=5A$

4 (C)。 利用最大功率轉移定理 $R=20//20+5=10+5=15\Omega$

5 (C)。 多層導線的中心線有1股，其餘外層股數則為6的倍數遞增，故共有 $1+6+2\times6=19$ 股。

6 (D)。 美國線規AWG的號數係表示在一定截面積之下能放入的電線數，故號數越大線徑越小。(D)錯誤，其餘正確。

P.220 **7 (A)**。 金屬管切斷後有毛邊或銳利切口，可用絞刀或銼刀修整管口內外緣，(A)正確。

8 (A)。 (A)電感值為零時等效短路，電容值為零時等效開路。

9 (B)。 (A)(B)電源送入瞬間，電流 $I=\frac{V}{R}=\frac{10V}{10k\Omega}=1mA$；電容器開始充電，電容器兩端壓降為0V，電阻器兩端壓降為10V

(C)(D)時間常數 $\tau=RC=10\times10^3\times10\times10^{-6}=0.1s$，故10秒後已達穩態，電流為0A，電容器兩端壓降為10V，電阻器兩端壓降為0V

10 (D)。 各阻抗間有相位差，總電流為 $I=I_R-jI_L+jI_C=10-j10+j10=10A$

11 (A)。 RLC串聯諧振的諧振頻率 $f_0=LC1$，品質因數 $Q=R\sqrt{\frac{C}{L}}$

當R增加時 f_0 不變Q增加，故(A)正確。

P.221 **12 (A)**。 $|Z|=\frac{V}{I}=\frac{110V}{11A}=10\Omega$

因 $|Z|=\sqrt{X_L^2+R^2}\Rightarrow10=\sqrt{X_L^2+8^2}\Rightarrow$ 電感抗 $X_L=6\Omega$

功率因數 $pF=\frac{R}{\sqrt{X_L^2+R^2}}=\frac{8}{\sqrt{8^2+6^2}}=0.8$

13 (C)。 $W=500W\times0.5$ 時/次 $\times6$次 $=1500$瓦時 $=1.5$千瓦時 $=1.5$度

14 (B)。 功率較小電熱線的電阻值較大。當兩電阻串聯時，電阻大的分壓較高，故電阻較大的0.5kW電熱線分壓會超過110V，故功率會高於額定值。

15 (C)。 Y－Δ起動控制係在三相電動機起動之初用Y型接線，阻抗較大，故起動相電壓下降，起動電流下降，以避免電路的電流大量改變，但轉矩較小；等開始運轉後改用Δ型接線，阻抗較小，電流大，轉矩大。故(C)正確。

108年基本電學

222 **1 (A)**。 注意電容分壓公式與電阻分壓公式的不同，當$C_a = 4\mu F$且SW打開時，

$$V_{ab} = \frac{2\mu F}{4\mu F + 2\mu F} E = 40V \Rightarrow E=120V$$

當 $C_a = 4\mu F$ 且 SW 閉合時，$V_{ab} = \frac{2\mu F + C_x}{4\mu F + (2\mu F + C_x)} \times 120V = 80V \Rightarrow C_x = 6\mu F$

故欲使 V_{ab} 與 V_{bc} 相同，則 $C_a = 2\mu F + C_x = 2\mu F + 6\mu F = 8\mu F$

2 (A)。 注意，距離d的單位要換成公尺

$$C = 8.85 \times 10^{-12} \varepsilon_r \frac{A}{d} = 8.85 \times 10^{-12} \times \frac{100}{8.85} \times \frac{10}{0.001} = 10^{-6} F$$

時間常數 $\tau = RC = 100 \times 10^3 \times 10^{-6} = 0.1s$

電容電壓充電公式 $v(t) = 10(1 - e^{-\frac{t}{\tau}})$

所以開關閉合 0.1 秒時，

電容電壓 $v(0.1) = 10\ (1 - e^{-\frac{0.1}{0.1}}) = 10(1 - e^{-1}) = 10 \times \frac{e-1}{e} = 10 \times \frac{2.718 - 1}{2.718} = 6.32V$

電場 $E = \frac{V}{d} = \frac{6.32}{0.001} = 6320V/m$

3 (C)。 $V_L = -N\frac{d\Phi}{dt} = -1000\frac{0.9 - 0.8}{1} = -100V$，取其大小值100V。

4 (D)。 (A)電感器為儲能元件；(B)(C)(D)電感器之感應電壓可能為正或負。

5 (A)。 不用管充放電公式，注意清楚題目中元件電壓的極性方向在$0 \le t < 5\tau$之間，
$v_R(t) + v_C(t) = E$，$v_R(t)$ 與 $v_C(t)$ 各自的電壓無需計算，
當 $t > 5\tau$ 時，$v_R(t) + v_C(t) = 0$，$v_R(t)$ 與 $v_C(t)$ 各自的電壓也無需計算，
故 $v_R(\tau) + v_C(\tau) + v_R(6\tau) + v_C(6\tau) = [v_R(\tau) + v_C(\tau)] + [v_R(6\tau) + v_C(6\tau)]$
$= E + 0 = E$

223 **6 (B)**。 流過電感器的電流不會瞬間改變，開關SW閉合達穩態時，

電感電流 $i_L = \frac{50V}{(20 + 10//10)\Omega} \times \frac{10\Omega}{10\Omega + 10\Omega} = \frac{50}{25} \times \frac{1}{2} = 1A$。

當開關 SW 切離的瞬間，電感電流為 1A，也就是整個電路的迴路電流為 1A，
$v_L = 50V - 1A \times (20\Omega + 10\Omega) = 50 - 30 = 20V$

7 (C)。 從最小值到0V需往前或往後1/4個週期，因選項的數字較小，故用減的

$$t = \frac{0.1}{9} - \frac{T}{4} = \frac{1}{90} - \frac{\frac{1}{60}}{4} = \frac{1}{90} - \frac{1}{240} = \frac{5}{720} = \frac{1}{144} \text{ 秒}$$

8 (B)。 用極式表示，$V = 20\sqrt{2}\angle 0^\circ$

$$Z = R + j\omega L // \frac{1}{j\omega C} = 10 + j5 // \frac{1}{j5\times 0.02} = 10 + j5 // \frac{1}{j0.1}$$

$$= 10 + j5 // (-j10) = 10 + \frac{j5\times(-j10)}{j5+(-j10)} = 10 + \frac{50}{-j5}$$

$= 10+j10 = 10\sqrt{2}\angle 45^\circ$

$I = \frac{V}{Z} = \frac{20\sqrt{2}\angle 0^\circ}{10\sqrt{2}\angle 45^\circ} = 2\angle -45^\circ$，故 $i(t) = 2\sin(5t - 45^\circ)A$

9 (C)。總阻抗 $Z = R + (-jX_{C1}) // (jX_L + (-jX_{C1})) = 2 + (-j2) // (j2 - j2) = 2\Omega$

電路電流 $I = \frac{V}{Z} = \frac{20}{2} = 10A$，此電流會通過 R、$X_L$ 及 X_{C2}

故 $V_{XL} = IX_L = 10\times 2 = 20V$

10 (A)。$Z = R // jX_L = \frac{jRX_L}{R + jX_L} = \frac{jRX_L(R - jX_L)}{(R + jX_L)(R - jX_L)} = \frac{RX_L^2 + jR^2X_L}{R^2 + X_L^2}$

$PF = \frac{Re\{Z\}}{|Z|} = \frac{RX_L^2}{\sqrt{R^2X_L^4 + R^4X_L^2}} = \frac{X_L}{\sqrt{X_L^2 + R^2}} = \frac{6}{\sqrt{6^2 + R^2}} = 0.6$

可得 $R = 8\Omega$

11 (D)。$V_m = 100V$，$I_m = 10A$

相位角 $\theta = -10^\circ - 50^\circ = -60^\circ$

功率因數 $pF = \cos\theta = 0.5$

實功率 $P = V_mI_m\cos\theta = 100\times 10\times 0.5 = 500W$

虛功率 $Q = V_mI_m\sqrt{1-\cos\theta^2} = 100\cdot 10\cdot\sqrt{1-0.5^2} = 886VAR$

P.224 **12 (A)**。實功率僅需考慮有R的分支，

其複數功率 $S_1 = \frac{V_m^2}{|Z|^2}Z = \frac{V_m^2}{R^2 + X_L^2}(R + jX_L) = \frac{100^2}{6^2 + 8^2}(6 + j8) = 600+j800VA$

實功率 $P = Re\{S_1\} = 600W$

虛功率則兩個分支都有

虛功率 $Q = Im\{S_1\} + \frac{V_m^2}{-X_C} = 800 + \frac{100^2}{-5} = 800 - 2000 = -1200VAR$

取大小值，選 (A)。

13 (C)。(A)串聯諧振時，電路消耗功率最大；(B)電路電阻愈小，則頻率響應愈好，選擇性愈佳；(D)電路之工作頻率大於諧振頻率時電路呈電感性。

14 (B)。 $\omega_0=\sqrt{\dfrac{1}{LC}}\Rightarrow L=\dfrac{1}{\omega_0{}^2C}=\dfrac{1}{1000^2\cdot 20\times10^{-6}}=0.05\text{H}$

15 (C)。 截止頻率為3dB頻率，消耗功率為諧振時的$\dfrac{1}{2}$，故諧振時P=1000W。

16 (D)。 $P_\Delta=3P_Y=4800\text{W}$

17 (C)。 $W=QV\Rightarrow V_b=V_a+\dfrac{W}{Q}=2.5+\dfrac{2}{1}=4.5\text{V}$

18 (D)。 電場$E=\dfrac{V}{d}=\dfrac{(20-10)\text{V}}{0.05\text{m}}=200\text{V/m}$

力$F=qE=1.6\times10^{-19}\cdot200=3.2\times10^{-17}\text{N}$

功率$P=\dfrac{W}{t}=\dfrac{qV}{t}=\dfrac{1.6\times10^{-19}\times(20-10)}{0.05}=3.2\times10^{-17}\text{W}$

225 **19 (A)**。 耗電$W=Pt=IVt=10\text{A}\times100\text{V}\times60$分$\times60$秒/分$=3.6\times10^5$瓦$=1$度

水溫 $T=10^\circ\text{C}+\dfrac{3.6\times10^5\text{ 瓦}}{4.18\times10\times10^3\text{ 克}}=(10+86.1)^\circ\text{C}=96.1^\circ\text{C}$

20 (C)。 仔細觀察迴路，開關SW與題目所要求V_{ab}跨過的電阻為並聯電路，故開關SW打開或閉合無影響，選(C)。

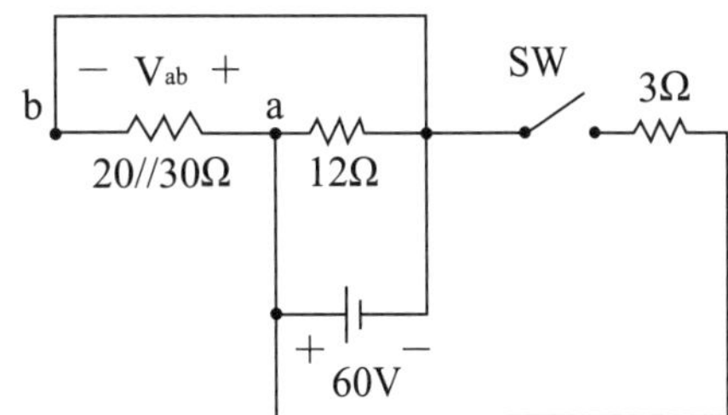

21 (B)。 把短路的點連接，重繪電路，

$E=3\text{A}\times12\Omega=36\text{V}$

$I=\dfrac{36\text{V}}{36\Omega}+\dfrac{36\text{V}}{6\Omega}+\dfrac{36\text{V}}{12\Omega}+\dfrac{36\text{V}}{18\Omega}+\dfrac{36\text{V}}{6\Omega}+\dfrac{36\text{V}}{2\Omega}$

$=1+6+3+2+6+18=36\text{V}$

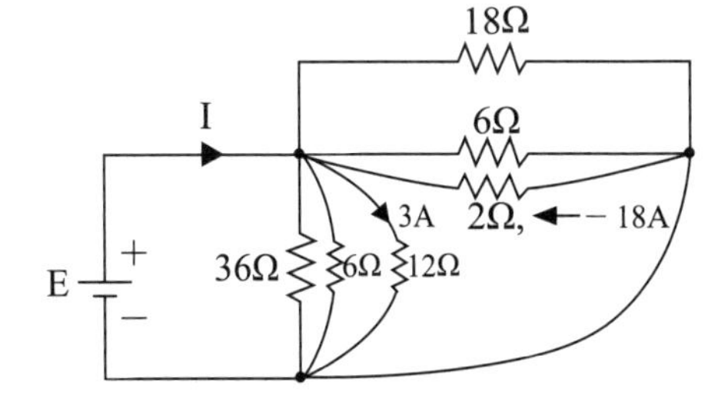

22 (B)。 三個垂直分支的上下電阻均相同，故電阻4Ω兩端電位相同，可移除4Ω電阻。I_2分支電阻為I_1分支電阻的6倍，故$I_1=6I_2$。

23 (A)。 $E_{th}=V_a-V_b=\dfrac{6\Omega}{12\Omega+6\Omega}\times18\text{V}-4\text{A}\times6\Omega=6-24=-18\text{V}$

求等效電阻時把電壓源短路、電流源開路 $R_{th}=12//6+6=4+6=10\Omega$

24 (D)。 求戴維寧等效電路

$V_{th}=12\text{V}+4\text{A}\times18\Omega=84\text{V}$

$R_{th} = 6+12//0+18 = 24\Omega$

$P_L = I_L V_L = \frac{V_{th}}{R_{th}+R_L} \cdot \frac{R_L}{R_{th}+R_L} V_{th} = \frac{84}{24+24} \cdot \frac{24}{24+24}\ 84 = 73.5W$

25 (A)。 求戴維寧等效電路

$R_{th} = 4\Omega$

用重疊定理求等效電壓

$V_{th} = 20V+5A\times4\Omega = 40V$

$P_{L,max} = \frac{{V_{th}}^2}{4R_L} = \frac{40^2}{4\cdot4} = 100W$

108年基本電學實習

P.226 **1 (B)**。 (B)需考慮極性，故選(B)。

2 (D)。 (A)Ⓥ₁變大；(B)Ⓥ₂變小；(C)Ⓐ₁變大，故選(D)。

3 (C)。 (A)圖表示左邊電源提供1A電流；(B)圖表示右邊電源提供(3-1)A電流 ∴(C)圖僅右邊電源提供(3-1)=2A電流，故選(C)。

4 (A)。 $R = \frac{12}{3} = 4(\Omega), V_{ab} = 12\times\frac{4}{4+4} = 6(V)$

$W = \frac{6^2}{4} = 9(W)$，故選(A)。

P.227 **5 (C)**。絕緣外皮需15mm以上，故選(C)。

6 (D)。須電流及動作時間越小越好，故選(D)。

7 (B)。中性線n斷線，A及B不再發亮，故選(B)。

8 (A)。內徑應在19mm以上，故選(A)。

9 (A)。$102J=10\times10^2\pm5\%(pF)$，故選(A)。

10 (B)。$\tau=RC=(1+2//2)k\times1\mu=2\times10^{-3}(S)$

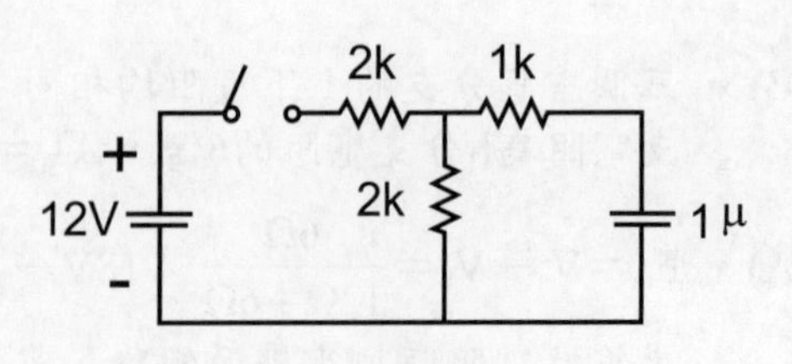

$V_{th} = 12\times\frac{2}{2+2} = 6(V)$

$Vc(t) = 6\times(1-e^{-\frac{t}{2\times10^{-3}}}) = 6(1-e^{-500t})$

$Vc(t=1) = 6(1-e^{-500}) \cong 6(V)$

$I_{R_2}(t=1) \cong \frac{6}{2} = 3(mA)$，故選(B)。

28 **11 (B)**。$W=\frac{1}{\sqrt{LC}}=\frac{1}{\sqrt{100\times10^{-3}\times0.1\times10^{-6}}}=10^4(rad)$

$f_0=\frac{W}{2\pi}=\frac{5000}{\pi}(Hz)$，$I_R=\frac{10}{1k}=10(mA)$，故選(B)。

12 (C)。$W_1=W_2\Rightarrow\cos\theta=\cos0°=1, P_T=2W_1, Q_T=0$，故選(C)。

13 (D)。(D)電阻一樣，故選(D)。

14 (D)。ON按鈕並聯一MC之a接點，稱為自保持電路，故選(D)。

29 **15 (C)**。E_1、E_2、E_3為水位偵測電極棒接點，E_2為偵測低水位，故選(C)。

109年基本電學

30 **1 (D)**。兩電容串聯後等效電容$C_S=C_1//C_2=\frac{2\mu F\cdot6\mu F}{2\mu F+6\mu F}=1.5\mu F$

$Q_1=C_1V_1=2\mu F\cdot300V=600\mu C$，$Q_2=C_2V_2=6\mu F\cdot500V=3000\mu C$

取電容量較小者600μC

總耐壓 $V=\frac{Q_S}{C_S}=\frac{600\mu C}{1.5\mu F}=400V$

2 (D)。注意單位問題

$$E=\frac{V}{d}=\frac{100\times10^3}{2\times10^{-3}}=50\times10^6=50MV/m$$

3 (D)。感應電動勢與磁通變化量成正比，故磁通不變時感應電動勢為零。

4 (B)。互消時，耦合係數越高，總電感量越小。

5 (A)。閉合瞬間，電容視為短路

$$I=\frac{10V}{15k\Omega//10k\Omega+4k\Omega//2k\Omega}\times\frac{2k\Omega}{4k\Omega+2k\Omega}=\frac{10}{6k+\frac{4}{3}k}\times\frac{2}{6}=\frac{10}{\frac{22}{3}}\times\frac{1}{3}=0.454mA$$

穩態時，電容視為開路

$$I=\frac{10V}{15k\Omega//10k\Omega+4k\Omega}=\frac{10}{6k+4k}=1mA$$

6 (C)。穩態時，電容視為開路，電感視為短路

$$I=\frac{28V}{10k\Omega+8k\Omega//0k\Omega+4k\Omega}=\frac{28}{10k\Omega+0k\Omega+4k\Omega}=\frac{28}{14k}=2mA$$

7 (C)。$v(t)=121.2\cos(1000t)=121.2\sin(1000t+90°)$

電抗值 $Z=\frac{v(t)}{i(t)}=\frac{121.2\angle 90^\circ}{12.12\angle 0^\circ}=10\angle 90^\circ$，電壓相位領先90°，為電感

電感值 $L=\frac{|Z|}{\omega}=\frac{10}{1000}=0.001=10mH$

P.231 **8 (A)**。 (B)(C)(D) $\overline{Z}=(10-j10)//(10+j10)=\frac{(10-j10)(10+j10)}{(10-j10)+(10+j10)}=\frac{200}{20}=10\Omega$，

電阻性，電流與電壓同相位

(A) $\overline{I}=\frac{\overline{V}}{\overline{Z}}=\frac{100\angle 0^\circ}{10}=10\angle 0^\circ A$，正確。

註：本題求出阻抗後，已可確定(B)(C)(D)非正確選項，可選出(A)。

9 (B)。 原子由原子核及外圍分層的電子所組成，電子由內而外的層名依序定為K、L、M、N、O、P，其可包含的最大電子容量為$2(2\times 1^2)$、$8(2\times 2^2)$、$18(2\times 3^2)$、$32(2\times 4^2)$、$50(2\times 5^2)$、$72(2\times 6^2)$

(A)現原子序32 = 2+8+18+4，可知最外層價電子為4個。

(B)L層有8個，總帶電量 $8\times(-1.6\times 10^{-19})=-1.28\times 10^{-18}$ 庫倫。

(C)溫度升高時，導電性一定增加，不會變絕緣體；實際上此物質為鍺，屬半導體，溫度升高時成導體。

(D)原子核帶正電，總帶電量 $32\times(1.6\times 10^{-19})=5.1\times 10^{-18}$ 庫倫。

10 (A)。 $1eV=1.6\times 10^{-19}J$

(A)(B) $V_{AB}=\frac{W}{Q}=\frac{3.2\times 10^{-19}J}{1.6\times 10^{-19}Q}=2V$，故 $V_{BA}=-2V$

(D) $V_B=\frac{W}{Q}=\frac{3.2eV}{1}=3.2V$

(C) $V_A=V_{AB}+V_B=2+3.2=5.2V$

11 (D)。 注意單位，除了求面積時直徑要換算成半徑，D的單位為毫米也要換成公尺

(A)不考慮溫度係數時

$$R=\rho\frac{l}{S}=\rho\frac{l}{\pi\left(\frac{D\times 10^{-3}}{2}\right)^2}=\rho\frac{4l}{\pi D^2\times 10^{-6}}=\frac{4\rho l}{\pi D^2}\times 10^6\Omega=\frac{4\rho l}{\pi D^2}M\Omega$$

(B)減1/4，$R'=\frac{3}{4}R'=\frac{3\rho l}{\pi D^2}M\Omega$

(C)拉長N倍後，電阻值為N^2倍，$R''=N^2R=\frac{4N^2\rho l}{\pi D^2}M\Omega$

(D)正確。

12 (C)。 由 $V_1=0.25V_S$，$V_S=4V_1$，可得總阻抗 $R_T=4\times 10k\Omega=40k\Omega$

(C) $R = 40k\Omega - 8k\Omega - 10k\Omega - 12k\Omega = 10k\Omega$

(B) $V_S = \sqrt{P_S \cdot R_T} = \sqrt{40m \cdot 40k} = \sqrt{1600} = 40V$

(A) $I_S = \frac{V_S}{R_T} = \frac{40}{40k} = 1mA$

(D) $P_R = I^2R = \left(1\times10^{-3}\right)^2 \times 10\times10^3 = 10mW$

32 **13 (D)**。 $I_{20\Omega} = \sqrt{\frac{P}{R}} = \sqrt{\frac{20W}{20\Omega}} = 1A$

$V_{20\Omega} = 1A \cdot 20\Omega = 20V$

右半側電阻

$R_X = (2+8//8)//30 = 6//30 = 5\Omega$

(B) $V_x = 20V \times \frac{5\Omega}{5\Omega + 5\Omega} = 10V$

(A) $P_{5\Omega} = \frac{V^2}{R} = \frac{(20V - 10V)^2}{5\Omega} = 20W$

(C) $I = \frac{10V}{2+8//8} \times \frac{8}{8+8} = \frac{10}{6} \times \frac{8}{16} = \frac{5}{6}A$

(D) $I_{5\Omega} = \sqrt{\frac{P}{R}} = \sqrt{\frac{20W}{5\Omega}} = 2A$

$I_R = I_{20\Omega} + I_{5\Omega} = 1 + 2 = 3A$

$R = \frac{50V - 20V}{3A} = 10\Omega$

14 (C)。 元件A、B、C的電流方向為逆時針，10A

$V_A = 10 + 20 - 6 = 24V$，電壓方向下負上正

由電壓及電流方向知元件A、B供應功率，其餘元件消耗功率

(A) $P_A = 24V \times 10A = 240\,W$

(B) $P_B = 6V \times 10A = 60\,W$

(C)總供應 $P_A + P_B = 240 + 60 = 300\,W$

(D)總消耗300W

15 (B)。 無窮級數的電阻串並聯組合

$R_{eq} = R + R//R_{eq} + R$

$R_{eq} = 2R + \frac{R \cdot R_{eq}}{R + R_{eq}}$

$R \cdot R_{eq} + R_{eq}^{\ 2} = 2R^2 + 2R \cdot R_{eq} + R \cdot R_{eq}$

$$R_{eq}{}^2 - 2R \cdot R_{eq} - 2R^2 = 0$$

$$R_{eq} = \left(1 \pm \sqrt{3}\right)R \quad \text{（負的不合）}$$

16 (D)。 $R_5 // R_6 // R_7 = 4 // 6 // 12 = 4 // 4 = 2\,\Omega$

簡化電路

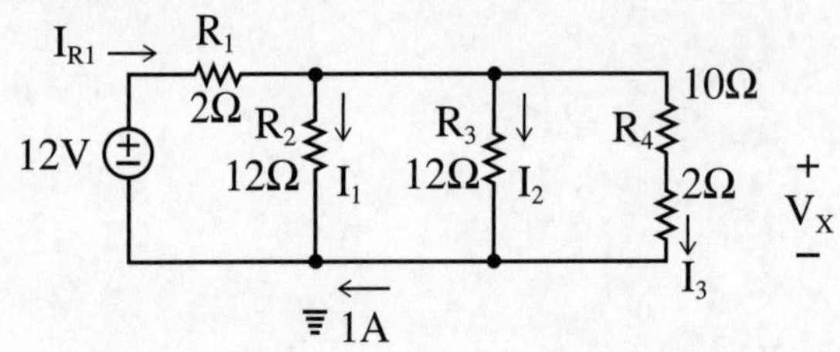

(A) $I_{R1} = I_1 + I_2 + I_3 = \dfrac{12V}{2 + 12//12//(10+2)\Omega} = \dfrac{12}{2+4} = 2A$

(B) $I_{R3} = \dfrac{I_{R1}}{3} = \dfrac{2}{3}A$

$$P_{R3} = I_2{}^2 R_3 = (\frac{2}{3}A)^2 \cdot 12\Omega = \frac{16}{3}W$$

(C) $V_X = I_3 \cdot 2\Omega = \dfrac{2}{3}A \cdot 2\Omega = \dfrac{4}{3}V$

(D) $I_N = \dfrac{12V}{2 + 12//0//(10+2)\Omega} = \dfrac{12}{2} = 6A$

17 (A)。 在4Ω電阻另一端設節點電壓V_Y

$$\begin{cases} \dfrac{V_X - 12}{3} - 3 + \dfrac{V_X}{6} + 2.5 + \dfrac{V_X - V_Y}{4} = 0 \\ \dfrac{V_Y}{6} - 2.5 - \dfrac{V_X - V_Y}{4} = 0 \end{cases}$$

$$\begin{cases} 4V_X - 48 - 36 + 2V_X + 30 + 3V_X - 3V_Y = 0 \\ 2V_Y - 30 - 3V_X + 3V_Y = 0 \end{cases}$$

$$\begin{cases} 9V_X - 3V_Y = 54 \\ 3V_X - 5V_Y = -30 \end{cases}$$

$$\Rightarrow \begin{cases} V_X = 10V \\ V_Y = 12V \end{cases}$$

(A) $P_{2.5A} = 2.5A \times (V_Y - V_X) = 2.5 \times 2 = 5W$

(B) $I_{12V} = \dfrac{12V - V_X}{3\Omega} = \dfrac{12-10}{3} = \dfrac{2}{3}A$

$P_{12V}=\frac{2}{3}A\cdot 12V=8W$

(C) $V_X=10V$

(D) $P_R=(\frac{2}{3}A)^2\times 3\Omega+\frac{(10V)^2}{6\Omega}+\frac{(12V-10V)^2}{4\Omega}+\frac{(12V)^2}{6\Omega}$

$=\frac{4}{9}\times 3+\frac{100}{6}+\frac{4}{4}+\frac{144}{6}$

$=\frac{4}{3}+\frac{50}{3}+1+24$

$=43W$

33 **18 (D)**。 有效值110V，表示最大值$110\sqrt{2}V$，先排除(A)(B)

輸出弦波的頻率為$f=\frac{8\times 750}{2\times 60}=50Hz$

週期$T=\frac{1}{f}=\frac{1}{50}=0.02s=20ms$，選(D)。注意：(C)(D)選項中圖形有兩個週期波。

19 (C)。 週期為5

$V_1=V_{av}=\frac{2+(-1)}{5}=\frac{1}{5}V$

$V_2=V_{rms}=\sqrt{\frac{2^2+(-1)^2}{5}}=\sqrt{\frac{5}{5}}=1V$，故$\frac{V_2}{V_1}=5$

20 (B)。 (D) $Z=\frac{1}{j\omega C}=\frac{1}{j200\times 50\times 10^{-6}}=-j100=100\angle-90°\Omega$，電容的電壓相位落後電流相位90°

(C)電容為儲能元件，平均功率為0W

(A) $i(t)=\frac{v(t)}{Z}=\frac{100\sqrt{2}\sin(200t-30°)}{100\angle-90°}=\sqrt{2}\sin(200t+30°)A$

$P=\frac{1}{2}VI^*=\frac{1}{2}\cdot 100\sqrt{2}\angle-30°\cdot(\sqrt{2}\angle 30°)^*$

$=\frac{1}{2}\cdot 100\sqrt{2}\angle-30°\cdot\sqrt{2}\angle-30°=100\angle-60°W$

$P_{max}=|P|=200W$

(B)瞬間功率的角頻率為電壓角頻率的兩倍，為400rad/s

21 (B)。 電壓有效值$\bar{V}=100V$

$I_R=\sqrt{{I_1}^2-{I_C}^2}=\sqrt{10^2-8^2}=6A$

$$R=\frac{V}{I_R}=\frac{100}{6}=\frac{50}{3}\Omega$$

$$X_C=\frac{V}{I_C}=\frac{100}{8}=\frac{25}{2}\Omega$$

$$X_L=\omega L=1000\times50\times10^{-3}=50\Omega$$

$$Z=jX_L//(-jX_C)//R=\frac{1}{\frac{1}{jX_L}+\frac{1}{-jX_C}+\frac{1}{R}}=\frac{1}{-j\frac{1}{50}+j\frac{1}{\frac{25}{2}}+\frac{1}{\frac{50}{3}}}$$

$$=\frac{1}{-j\frac{1}{50}+j\frac{2}{25}+\frac{3}{50}}=\frac{1}{j\frac{3}{50}+\frac{3}{50}}=\frac{1}{\frac{3}{50}\sqrt{2}\angle45^\circ}=\frac{50}{3\sqrt{2}}\angle-45^\circ\Omega$$

功率因數 $PF=\cos(-45^\circ)=\cos(45^\circ)=0.707$

22 (A)。 $i(t)$與$v(t)$同相位，代表此電路為諧振，諧振頻率 $\omega=\frac{1}{\sqrt{LC}}=\frac{1}{\sqrt{4\times1}}=0.5\text{rad/s}$

故 $i(t)=\frac{v(t)}{R}=\frac{100\sqrt{2}\sin(\omega t-45^\circ)}{5}=20\sqrt{2}\sin(\omega t-45^\circ)=20\sqrt{2}\sin(0.5t-45^\circ)\text{A}$

帶入

$i(4\pi)=20\sqrt{2}\sin(0.5\times4\pi-45^\circ)=20\sqrt{2}\sin(2\pi-45^\circ)=20\sqrt{2}\sin(-45^\circ)=-20\text{A}$

P.234 **23 (D)**。 功率因數為1，表示在諧振

電阻 $R=\frac{V^2}{P}=\frac{50^2}{25}=100\Omega$

品質因數 $Q=R\cdot C=100\times10\times10^{-3}=1$

24 (B)。 $\begin{cases}110=0.1I_1+2I_1+0.1(I_1-I_2)\\110=0.1(I_2-I_1)+0.1I_2\end{cases}\Rightarrow\begin{cases}I_1=76.7\text{A}\\I_2=588.4\text{A}\end{cases}$

25 (A)。 $\bar{I}_A=\frac{240\angle0^\circ}{12\angle60^\circ}-\frac{240\angle120^\circ}{12\angle60^\circ}$

$=20\angle-60^\circ-20\angle60^\circ$

$=20[\cos(60^\circ)+j\sin(-60^\circ)]-20[\cos60^\circ+j\sin60^\circ]$

$=20\left[\frac{1}{2}-j\frac{\sqrt{3}}{2}\right]-20\left[\frac{1}{2}+j\frac{\sqrt{3}}{2}\right]$

$=-j20\sqrt{3}$

$=20\sqrt{3}\angle-90^\circ\text{A}$

109年基本電學實習

235

1 (C)。(A)助銲劑扮演還原劑的角色，可清除氧化膜、降低表面張力。
(B)早期使用含鉛銲錫時，RH63為63%錫、37%鉛；現因環保不用鉛，改用多種金屬合金，可能含銅，但含量遠低於37%。
(C)正確，不宜使用瓦數過高的烙鐵，雖然加熱較快。
(D)用海綿降溫。

2 (C)。五碼電阻的前三碼為量值，第四碼為次方，第五碼為誤差
故棕橙紅棕$R = 132 \times 10^1 = 1320 = 1.32k\Omega$

誤差為$\left|\dfrac{1.22k - 1.32k}{1.32k}\right| \times 100\% = 7.6\%$

3 (B)。扣除I_b及R_a取戴維寧電路

$$V_{th} = 30V \times (\frac{12\Omega}{6\Omega + 12\Omega} - \frac{12\Omega}{6\Omega + 12\Omega}) = 0V$$

$$R_{th} = 6//12 + 6//12 = 4 + 4 = 8\Omega$$

簡化電路為

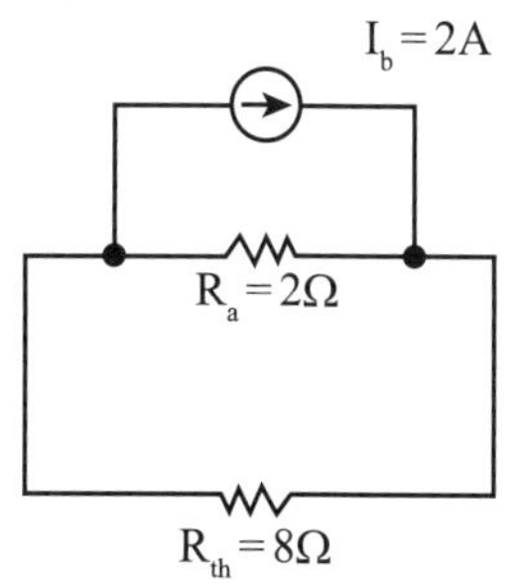

$$I_{R_a} = I_b \times \frac{R_{th}}{R_a + R_{th}} = 2 \times \frac{8}{2+8} = 1.6A$$

4 (A)。取戴維寧電路

$$V_{th} = 6V + 6A \times (2//2) + 3A \cdot 0 = 6 + 6 = 12V$$

$$R_X = R_{th} = 2//2 = 1\Omega$$

$$P_{max} = \frac{V_{th}^2}{4R_{th}} = \frac{12^2}{4 \times 1} = 36W$$

5 (A)。直刻度盤讀數11，$\dfrac{25mm}{50等分} \times 11 = 5.5mm$

圓刻度盤讀數19，$0.01mm \times 19 = 0.19mm$
$5.5 + 0.19 = 5.69mm$

236

6 (D)。(A)為電力分電盤，為電燈總配電盤，為電力總配電盤
(B)單相三線可供應110V及220V

(C)高低壓用電設備非帶電金屬部分之接地稱為設備接地
(D)正確。PVC管的分法有兩種，以管厚度分類，可分為：
A管：室內配電管。
B管：管壁較A管厚，適用於有壓力的給水管。
S管：管壁最薄，使用在不受壓力之處的配管。
以用途分類，可分為：
D管：排水用管。
E管：導線用管。
O管：工業及一般用管。
W管：自來水用管。

7 (D)。 瓦時計的鋁質圓盤上鑽小圓孔，其目的是為了防止圓盤之潛動。

8 (A)。 前面兩位是數值大小，第三位為次方，單位是μH
$L=50\times10^2\mu H=5000\mu H=5mH$

9 (B)。 時間常數$\tau=RC=5\times10^3\times1000\times10^{-6}=5000\times10^{-3}=5$ ses
$v(t)=E_1\left(1-e^{-\frac{t}{\tau}}\right)=E_1\times\left(1-e^{-\frac{t}{\tau}}\right)=10\times\left(1-e^{-\frac{t}{\tau}}\right)v(5)=10\times\left(1-e^{-\frac{5}{5}}\right)=10\times\left(1-e^{-1}\right)$
$=10\times(1-0.368)=10\times0.632=6.32V$

10 (C)。 週期4格，$T=4\times0.5ms=2ms$，頻率$f=\frac{1}{T}=\frac{1}{0.002}=500Hz$
峰對峰4格，代表振福2格，又衰減10倍，故振幅$2\times2V\times10=40V$
有效值$V_{rms}=\frac{V_m}{\sqrt{2}}=\frac{40}{\sqrt{2}}=20\sqrt{2}$ V

P.237 **11 (D)**。 電容端電壓$V_C=\sqrt{E^2-{V_R}^2}=\sqrt{100^2-60^2}=80V$，已可選出答案(D)
電容抗$X_C=\frac{V_C}{V_R}R=\frac{80V}{60V}\times15\Omega=20\Omega$

12 (A)。 兩者皆正時，總實功率$P=P_1+P_2=800+600=1400W$

13 (B)。 $R=\frac{V^2}{P}=\frac{110^2}{1k}=\frac{12100}{1000}=12.1\Omega$

14 (C)。 電磁接觸器a接點為常開接點（Normal Open），又稱NO接點；b接點為常閉接點（Normal Close），又稱NC接點。
(A)(B)(D)為b接點，常閉接點符號。
(C)正確。

15 (D)。 接法不只一種，依各選項接法讓端點連結選出正確者即可。
(A)三個定子繞組分別短路。
(B)（T、W、Z）短路，（R、U、Y）及（S、V、X）成一組。
(C)（S、V、Y）短路，（R、U、Z）及（T、W、X）成一組。
(D)正確。

110年基本電學

238

1 (C)。 注意單位，公分換成公尺

I＝nqus

$$u=\frac{I}{nqs}=\frac{16\times10^{-3}}{10^{29}\times1.6\times10^{-19}\times0.1\times10^{-4}}$$

$=10^{-7}$公尺/秒

2 (D)。 電壓差與接地點無關

$V_{ac}=2-4=-2V$

$V_{ae}=6-8+2-4=-4V$

(D)正確

3 (A)。 溫度係數$=\dfrac{\frac{6\Omega-3\Omega}{3\Omega}}{150°C-30°C}=\dfrac{1}{120}\ °C^{-1}$

4 (A)。 電壓源短路，電流源開路，電路圖等效為

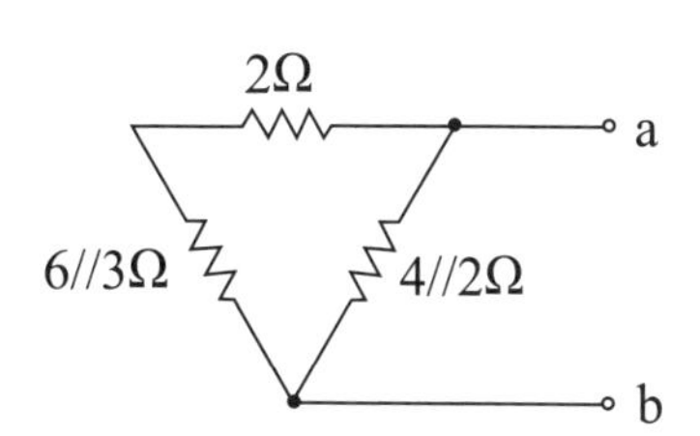

$R_{ab}=[6//3+2]//(4//2)$

$=4//\frac{4}{3}$

$=1\Omega$

5 (B)。 先別套用Y△或△Y轉換，雖然也能解。注意電阻左右對稱，且R_6兩端短路，可得等效電路如下：

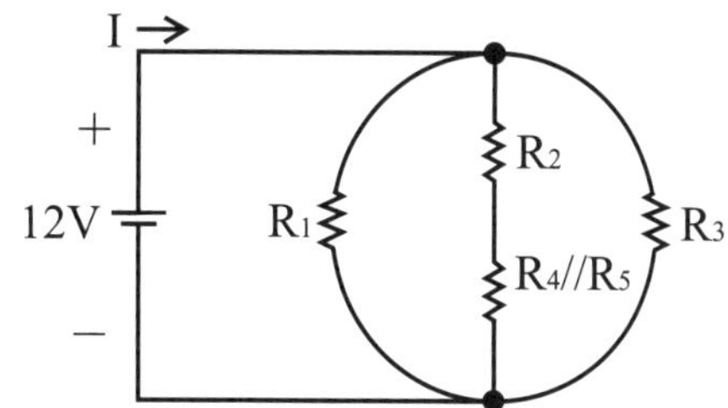

$R_{eq}=8//(2+4//4)//8$

$=8//4//8$

$=4//4$

$=2\Omega$

$I=\frac{12V}{2\Omega}=6A$

39

6 (D)。 由KCL$\begin{cases}I_3=12A\\I_2=12-9=3A\\I_4=I_1+I_2=I_1+3\end{cases}$

再由KVL　$9=3I_4+6I_1=3I_1+9+6I_1=9I_1+9$

$\Rightarrow\begin{cases}I_1=0A\\I_4=3A\end{cases}$

7 (C)。 已知$I_3=5A$，由下方兩迴圈的KVL

$$\begin{cases}-12-2I_1-2(I_1-I_3)-2(I_1-I_2)-8=0\\8-2(I_2-I_1)-2(I_2-I_3)-4I_2=0\end{cases}$$

$$\begin{cases}-6I_1+2I_2+2I_3=20\\2I_1-8I_2+2I_3=-8\end{cases}$$

$$\begin{cases}-6I_1+2I_2=10\\2I_1-8I_2=-18\end{cases}\Rightarrow\begin{cases}I_1=-1A\\I_2=2A\end{cases}$$

8 (A)。出題老師佛心，求等效電阻即有解

$R_N=6//3=2\Omega$，選(A)

這題求諾頓電流可能會難倒一些人，把ab端短路，電阻3Ω可移除

由ab短路，可知6Ω電阻跨壓為6V（上負下正）

$$I_N=\frac{6V}{6\Omega}+6A=7A$$

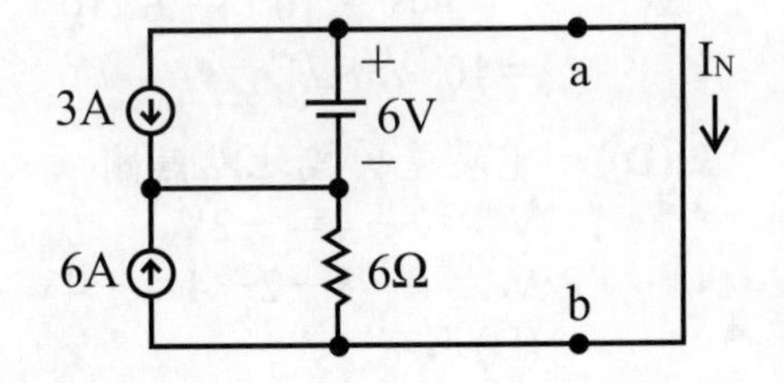

9 (B)。先求除R_L外的等效電路，假設上方節點電壓為V_x，由KCL

$$\frac{V_x-60}{3}+\frac{V_x-30}{6}=12\quad\Rightarrow V_x=74V$$

(i) $V_{TH}=60-(74-30)=16V$

(ii) $R_{TH}=3//6=2\Omega$

故$P_{L,max}=\frac{V_{TH}^2}{4R_{TH}}=\frac{16^2}{4\times2}=32W$

10 (D)。用$C_{eq}=C_1//(C_2+C_3)$，分別把答案帶入可得(D)

$C_{eq}=120//(30+30)=120//60=40\mu F$

P.240 **11 (A)**。電感值正比匝數平方

$$L'=5mH\times(\frac{100匝}{50匝})^2=20mH$$

12 (A)。穩態時，電感短路

$$I_L=\frac{E_1}{R_1}=\frac{100V}{5\Omega}=20A$$

$$W_L=\frac{1}{2}LI^2=\frac{1}{2}\times100\times10^{-3}\times20^2=20J$$

13 (B)。時間常數$\tau=RC$

$$R=\frac{\tau}{C}=\frac{50\times10^{-3}}{20\times10^{-6}}=2.5\times10^3=2.5k\Omega$$

14 (C)。由電流關係式得穩態電流10A，時間常數$\tau=\frac{1}{20}$

$I_L=\frac{E_1}{R_1}=10A$，可知(A)(B)錯

$\tau=\frac{L}{R}=\frac{1}{20}=0.05$，可得(C)正確

15 (B)。 $V_{rms}=\frac{V_m}{\sqrt{2}}=\frac{200}{\sqrt{2}}=100\sqrt{2}$ V

$f=\frac{1}{10ms}=\frac{1}{0.01}=100Hz$

16 (D)。 $i_2=50\cos(2000t)=50\sin(2000t+90^o)$ A

$i_T=i_1+i_2=50\sin(2000t)+50\sin(2000t+90^o)$

$=50\times2\times\sin(\frac{2000t+2000t+90^\circ}{2})\cos(\frac{2000t-2000t-90^\circ}{2})$

$=100\sin(2000t+45^o)\cos(-45^o)$

$=50\sqrt{2}\sin(2000t+45^o)$

可知i_T領先i_1 45°，但落後i_2 45°

41 **17 (C)**。 $\bar{I}=\frac{\bar{V}}{|R_1+jX_L|}=\frac{200}{\sqrt{40^2+30^2}}=\frac{200}{50}=4A$

18 (C)。 $I_S=I_R-jI_L+jI_C$

$|I_S|=\sqrt{I_R^2+(I_C-I_L)^2}$

$30^2=\sqrt{24^2+(6-I_L)^2}$

$\Rightarrow(6-I_L)^2=30^2-24^2=18^2$

$\Rightarrow I_L=24A$ (取I_L為正值的解)

19 (B)。 $Z=\frac{V}{I}=\frac{120\sqrt{2}\angle-15^\circ}{6\sqrt{2}\angle30^\circ}=20\angle-45^o$

$=20[\cos(-45^o)+j\sin(-45^o)]=10\sqrt{2}-j10\sqrt{2}\ \Omega$

$R=Re\{Z\}=10\sqrt{2}\ \Omega$

$V_R=I_m\cdot R=6\sqrt{2}\times10\sqrt{2}=120V$

20 (A)。 頻率較大，電容等效阻抗變小。

(A)虛部電流變大，功率因數變低。

(B)電源電流變大。

(C)電容電流變大。

(D)電阻電流不變。

21 (D)。 電壓及電流取有效值，並以相量計算

$S=\frac{240\sqrt{2}}{\sqrt{2}}\times[\frac{10\sqrt{2}}{\sqrt{2}}\angle-45^o+\frac{20}{\sqrt{2}}\angle90^o]$

$=240\times[10(\frac{1}{\sqrt{2}}-j\frac{1}{\sqrt{2}})+10\sqrt{2}(j)]$

$=240\times[5\sqrt{2}-j5\sqrt{2}+j5\sqrt{2}]$
$=240[5\sqrt{2}+j5\sqrt{2}]$
$=240\times 10\angle 45^{\circ}$
$=2400\angle 45^{\circ}$
$|S|=2400VA$

P.242 **22 (B)**。 $Z=R-jX_C=24-j18\Omega=30\angle-37^{\circ}\Omega$

$P(t)=V(t)\,I(t)=V(t)\dfrac{V(t)}{Z}$

$=120\cos(377t+30^{\circ})\times\dfrac{120}{30}\cos(377t+30^{\circ}-(-37^{\circ}))$

$=480\cos(377t+30^{\circ})\times\cos(377t+67^{\circ})$

$=480\times\dfrac{\cos(744t+97^{\circ})+\cos(-37^{\circ})}{2}$

$=240\times[\cos(744t+90^{\circ})+0.8]$

其中$\cos(744t+97^{\circ})$最大值為1

故$P(t)_{max}=240\times[1+0.8]=432W$

23 (C)。 諧振頻率$f_0=f\sqrt{\dfrac{X_C}{X_L}}=60\times\sqrt{\dfrac{10}{0.4}}=300Hz$

24 (D)。 (A)諧振時，電阻電流等於電源電流。
(B)小於諧振頻率時為電感性。
(C)諧振時，電源電流最小，大於諧振頻率時，電源電流隨頻率增加。
(D)諧振時，總阻抗最大。

25 (A)。 無論Y接或△接

$P_{相}=\dfrac{1}{\sqrt{3}}P_{線}=\dfrac{1}{\sqrt{3}}V_{線}I_{線}pF$

$=\dfrac{1}{\sqrt{3}}\times 220\times 10\times 0.866=\dfrac{1}{\sqrt{3}}\times 2200\times\dfrac{\sqrt{3}}{2}$

$=1100W$

110年基本電學實習

P.243 **1 (A)**。 (A)正確。
(B)CV是固定電壓。
(C)CC是固定電流。
(D)TRACKING表示追蹤，由一邊控制兩組輸出。

2 (D)。 棕黑紅表示$R=10\times10^{2}=1000=1K$

依題意$R_A+R_B+R_C=\frac{R}{3}+\frac{R}{2}+R=\frac{11}{6}R\simeq1830\Omega$

3 (A)。 檢流計G讀值零，代表R_5兩端等電位，即電橋平衡

$\frac{R_3}{R_4}=\frac{R_1}{R_2}=\frac{100}{200}=\frac{1}{2}$

選項(A)符合

4 (A)。 開路電壓$V_{TH}=12.9V$

等效電阻$R_{TH}=\frac{12.9-10.9}{100A}=0.02\Omega$

44 **5 (D)**。 (A)(B)(C)均影響溫度，影響安全電流大小。

6 (D)。 三處控制需三路開關2只，四路開關1只
二處控制需三路開關2只
一處控制需一路開關1只
故(D)正確

7 (B)。 (A)×10檔位表示信號衰減10倍。
(B)黑色接地，內部相連，正確。
(C)會影響。
(D)輸出1k Hz方波。

8 (B)。 (A)上浮球懸空應低於高水位上限，否則無法停止馬達。
(B)正確。
(C)上下浮球懸空時，馬達啟動抽水。
(D)下浮球懸空應高於低水位下限，否則無法及時啟動馬達。

9 (B)。 (B)分路5 ELCB才是漏電斷路器。

45 **10 (B)**。 因電阻的電壓與電流同相位，且電阻與電容電流串聯，故可用電阻電壓表示電容電流相位。
量此兩者電壓的一種接法是CH1接X點，CH1黑色鱷魚夾接Y點，而CH2接Y點，CH2黑色鱷魚夾接Z點。
(A)CH2波形不用相反。
(B)正確。
(C)CH2接法不合理。
(D)CH1接法不合理。

11 (B)。 (B)充電時間常數為$\tau_{充}=(R_1//R_2)C\simeq R_1C=50\times10\times10^{-6}=0.5$毫秒
(D)放電時間常數$\tau_{放}=R_2C=10\times10^{3}\times10\times10^{-6}=0.1$秒。
(A)(C)因時間常數小於充放電週期，為指數波形。

12 (A)。 (A)三安培表法的外加電阻與負載並聯，阻值要大，影響才小。
(B)三伏特表法的外加電阻與負載串聯，阻值要小，影響才小。

(C)小負載代表小電流高阻抗，負載先串聯電流線圈再並聯電壓線圈。
(D)大負載代表大電流低阻抗，負載先並聯電壓線圈再串聯電流線圈。

P.246 **13 (C)**。 啟動時，需先按PB2啟動MC1，才能按PB4啟動MC2；停止時，需先按PB1停止MC1，才能按PB3停止MC2。故(C)正確。

14 (A)。 依題意接法，M1正轉，排除(C)(D)。因接三相電路，排除全正轉的(B)項。

15 (D)。 (A)運轉繞組的電阻值較小。
(B)極性會影響轉向及繞組串聯。
(C)220V時，運轉繞組串聯。
(D)正確。

111年基本電學／基本電學實習

P.247 **1 (C)**。 由圖可得$V_a=-3V$，$V_b=V_d=0V$，$V_c=-6V$
(A)$V_{ab}=3V$，$V_{bc}=6V$
(B)$V_{ab}=-3V$，$V_{ac}=3V$
(C)$V_{bc}=6V$，$V_{ac}=3V$，正確
(D)$V_{ca}=-3V$，$V_{ba}=3V$

2 (D)。 $I_{R1}=\sqrt{\frac{P_1}{R_1}}=\sqrt{\frac{180}{20}}=3A$

R_2與R_1的電流相同，功率加倍，其阻值加倍，故$R_2=2R_1=40\Omega$

$I_{R3}=\sqrt{\frac{P_3}{R_3}}=\sqrt{\frac{60}{60}}=1A$

$I_{R4}=I_{R1}-I_{R3}=3-1=2A$
因R_3與R_4並聯，電流加倍代表阻值減半，故$R_4=0.5R_3=30\Omega$
電源壓降$E=I_{R1}(R_1+R_2)+I_{R3}\cdot R_3$
$=3\times(20+40)+1\times 60$
$=240V$

3 (C)。 剪掉－代表電阻$R'=\frac{2}{3}R$

因為功率$P=\frac{V^2}{R}$

故$P'=600W\times\frac{\frac{48^2}{\frac{2}{3}R}}{\frac{120^2}{R}}=600\times(\frac{2}{5})^2\times\frac{3}{2}$

$=144W$

4 (B)。 以電路左側中心為參考點，右側中心節點取KVL

$$-5mA+\frac{V_a}{10k\Omega}+\frac{V_a-(-10V)}{10k\Omega+10k\Omega}=0$$

$$-100+2V_a+V_a+10=0$$

$$\Rightarrow V_a=30V$$

$$I=\frac{V_a}{10k\Omega}=\frac{30V}{10k\Omega}=3mA$$

48 **5 (B)**。 把兩個△接電阻轉Y接

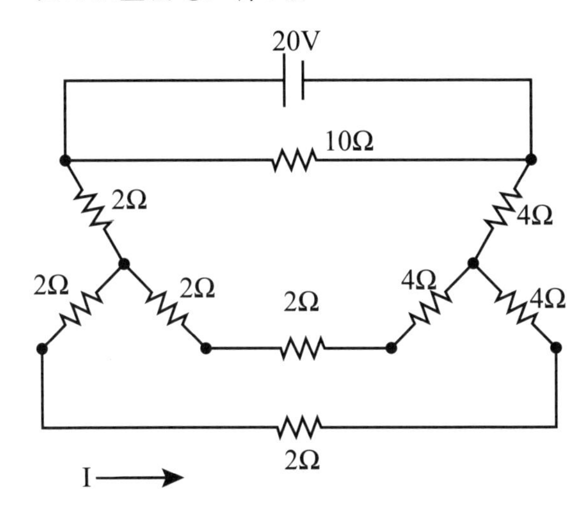

上面10Ω電阻不影響電流I，可忽略，再化簡為

$$I=\frac{20V}{2+8//8+4}\times\frac{10}{10+10}=\frac{20}{10}\times\frac{1}{2}=1A$$

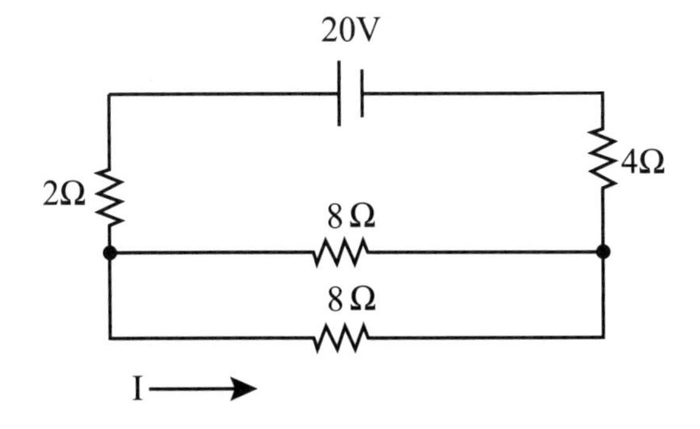

6 (C)。 由KCL得知，下方10kΩ電阻應有電流I向左，設參考點於左下角，可得各節點電壓如圖

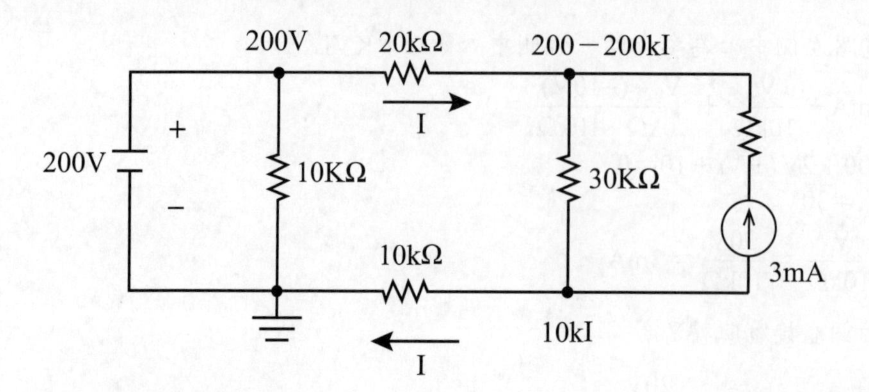

取右上方節點的KVL

$$I-\frac{200-20kI-10kI}{30k\Omega}+3mA=0$$

$30kI-(200-30kI)+90=0$

$60kI=110$

$$I=\frac{110}{60}mA\simeq 1.8mA$$

7 (A)。 $R_N=18\Omega//9\Omega//6\Omega=6//6=\Omega$

用重疊定理求I_N

$$I_N=\frac{18V}{18\Omega//9\Omega+6\Omega//0\Omega}+2A\times\frac{18\Omega//9\Omega//6\Omega}{18\Omega//9\Omega//6\Omega+0}=\frac{18}{6}+2=5A$$

8 (D)。 電容$C=\epsilon\frac{A}{d}$

面積減半，電容減半，距離加倍電容也減半，故為0.25倍。

P.249 **9 (D)**。 由線圈擺放知為串聯，線圈繞線方向相反為互感相消，其黑點極性不同，選(D)。

P.250 **10 (A)**。 週期T＝3S

$$I_{av}=\frac{1}{3}[4\times 1+1\times 1+(-2)\times 1]=1A$$

已可選出答案(A)

$$I_{rms}=\sqrt{\frac{4^2+1^2+(-2)^2}{3}}=\sqrt{\frac{21}{3}}=\sqrt{7}A$$

11 (B)。 閉合後，電容看到等效電阻為

$R_C=60k\Omega//30k\Omega+20k\Omega$

$=20k\Omega+20k\Omega=40k\Omega$

時間常數$\tau=R_c\cdot C=40\times 10^3\times 50\times 10^{-6}=2sec$

初始電壓$V_c(0)=60V\times\dfrac{30k\Omega}{60k\Omega+30k\Omega}=20V$

由$V_c(t)=V_c(0)[1-e^{-\frac{t}{\tau}}]$可選出(B)。

12 (D)。電感電流不會瞬間改變，故初始電流為零，時間常數$\tau=\dfrac{L}{R}=\dfrac{4\times10^{-3}}{20}=$ $0.2\times10^{-3}s=0.2ms$

13 (A)。換成相量$V=200\sqrt{2}\angle0^\circ$，$I=10\angle45^\circ$

阻抗$Z=\dfrac{V}{I}=\dfrac{200\sqrt{2}\angle0^\circ}{10\angle45^\circ}=20\sqrt{2}\angle-45^\circ$

$=20\sqrt{2}[\cos(-45^\circ)+j\sin(-45^\circ)]$

$=20\sqrt{2}[\dfrac{1}{\sqrt{2}}-j\dfrac{1}{\sqrt{2}}]$

$=20-j20\Omega$

實部$R=20\Omega$

虛部$Q=-j\dfrac{1}{\omega c}=-j20$

$\Rightarrow C=\dfrac{1}{\omega\cdot20}=\dfrac{1}{500\times20}=10^{-4}=100\mu F$

14 (A)。$\overline{I_S}=\dfrac{\overline{V_S}}{R}+\dfrac{\overline{V_S}}{Z_L}=\dfrac{240\angle0^\circ}{16}+\dfrac{240\angle0^\circ}{12\angle90^\circ}$

$15+20\angle-90^\circ=15-j20A$

15 (C)。$\overline{Z_{ab}}=(4+j4)//(-j4)=\dfrac{(4+j4)(-j4)}{4+j4-j4}=\dfrac{16-j16}{4}=4-j4\Omega$

16 (D)。換成有效值$\overline{V}=200\sqrt{2}\angle0^\circ$ V，$\bar{I}=20\sqrt{2}\angle-60^\circ$ A

$S=\overline{V}\,\bar{I}=200\sqrt{2}\angle0^\circ\times20\sqrt{2}\angle-60^\circ$

$=8000\angle-60^\circ=8000(\dfrac{\sqrt{3}}{2}-j\dfrac{1}{2})$

$=4000\sqrt{3}-j4000$

(A)視在功率$S=8000=8kVA$

(B)實功率$P=4000\sqrt{3}=4\sqrt{3}\,kW$

(C)虛功率$Q=4000=4kVAR$

(D)瞬時功率$P(t)=400\sin(377t)\times40\sin(377t-60^\circ)$

$=\dfrac{1}{2}\times16000[\cos(757t-60^\circ)-\cos60^\circ]$

$=8000[\cos(757t-60^o)-\frac{1}{2}]$

最大值發生在$\cos(757t-60^o)=-1$時

$|P(t)_{max}|=|8000[-1-\frac{1}{2}]|=12000W=12kW$

注：即便不記得三角函數的積化和差，從(A)(B)(C)錯誤亦可選出答案。

17 (D)。直接從答案觀察，僅(D)符合功率因數0.6

實功率$P=\frac{V_{線}^2}{|Z|}\times pF$

$\Rightarrow|Z|=\frac{V_{線}^2}{P}\times pF=\frac{400}{4800}\times0.6=20\Omega$

$Z=20(\cos53^\circ+j\sin53^\circ)=12+j16\Omega$

P.252 **18 (B)**。電源功率因數為1，代表此電容抗作功率因素數補償

負載端的虛功率$Q=\sqrt{S^2-P^2}=\sqrt{5^2-3^2}=4kVAR$

補償電容抗$X_C=\frac{\overline{V}^2}{Q}=\frac{200^2}{4000}=10W$

19 (C)。棕棕黑橙對應$R=110\times10^3=110k\Omega$

$I=\frac{V}{R}=\frac{110V}{110k\Omega}=1mA$

20 (A)。I_G為零，表示電橋平衡

$\frac{R_1}{R_3}=\frac{R_2}{R_x}$

$\Rightarrow R_x=\frac{R_3}{R_1}\times R_2=\frac{2k\Omega}{10k\Omega}\times100k\Omega=20k\Omega$

21 (A)。電容數字前兩位為數值，第三位為次方，單位為pF，K代表誤差10%
故$C=20\times10^3pF=20nF=0.02\mu F$
考慮誤差，(A)合理

22 (B)。LEVEL指得是TRIG LEVEL，調整觸發準位

P.253 **23 (D)**。(A)(B)功率較大者，電阻值較小

(C)$I_{煮}=\frac{P}{V}=\frac{800}{110}\simeq7.27A$

(D)$I_{保}=\frac{P}{V}=\frac{40}{110}\simeq0.36A$

24 (B)。 串聯諧振，$Q=\frac{\omega L}{R}=\frac{1}{\omega RC}=5$

$L=\frac{QR}{\omega}=\frac{5\times4}{2000}=\frac{20}{2000}=\frac{1}{100}=10mH$

$C=\frac{1}{\omega QR}=\frac{1}{2000\times5\times4}=0.25\times10^{-4}=25\mu F$

25 (C)。 電源有效電壓$\overline{V}_S=50V$

諧振時電容端有效電壓$\overline{V}_C=Q\overline{V}_S=5\times50=250V$

26 (A)。 交流部分$8\sqrt{2}\sin(10t)$的有效值為8

有效值$V_{rms}=\sqrt{6^2+8^2}=10V$

平均值$V_{av}=6V$

$\frac{V_{rms}}{V_{av}}=\frac{10}{6}\cong1.67$

112年基本電學／基本電學實習

54

1 (B)。 $V_{ab}=\frac{W}{Q}=V_a-V_b$

$60-V_b=\frac{0.1}{2\times10^{-3}}=\frac{100\times10^{-3}}{2\times10^{-3}}=50V$

$\Rightarrow V_b=10V$

2 (A)。 $R=\rho\frac{\ell}{S}$

$R_a：R_b=\rho\frac{\ell_a}{S_a}：\rho\frac{\ell_b}{S_b}=\rho\frac{2}{4}：\rho\frac{1}{1}=1：2$

3 (D)。 (A)$V_{ac}=-2-1=-3V$，$V_{ad}=4-1=3V$

(B)$V_{dn}=-3-4=-7V$，$V_{cn}=-3+2=-1V$

(C)$V_{dn}=-7V$，$V_{ac}=-3V$

(D)$V_{ad}=3V$，$V_{ac}=-3V$，正確

4 (C)。 設迴路電流為I

$\begin{cases}E=I(R_1+R_2)\\V_2=IR_2\end{cases}$

$\Rightarrow E=\frac{V_2}{R_2}(R_1+R_2)$

代入題目數字

$$\begin{cases} E = \frac{10}{2}(R_1 + 2) \\ E = \frac{16}{8}(R_1 + 8) \end{cases}$$

$$\begin{cases} E = 5R_1 + 10 \\ E = 2R_1 + 16 \end{cases}$$

$$\Rightarrow \begin{cases} R_1 = 2\Omega \\ E = 20V \end{cases}$$

當$R_2 = 18\Omega$時

$$20V = \frac{V_2}{18\Omega}(2\Omega + 18\Omega)$$

$\Rightarrow V_2 = 18V$

5 (C)。 先用KCL解出分支電流

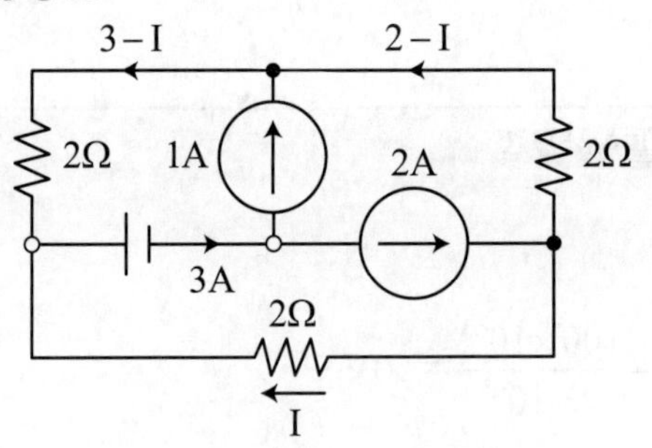

以最外圍迴路取KVL，避開電流源

$-2I + 2(3 - I) + 2(2 - I) = 0$

$-2I + 6 - 2I + 4 - 2I = 0$

$10 = 6I$

$I = \frac{5}{3} = 1.67A$

6 (A)。 由KCL知，$I_a = 1 + 2 - I_b = 3 - I_b$

4V的電流由右至左設為$I_x = 2 - I_b$

取KVL

$2I_a + 4 + 1I_x - 3I_b = 0$

$2(3 - I_b) + 4 + 2 - I_b - 3I_b = 0$

$\Rightarrow I_b = 2A$

$\Rightarrow I_a = 3 - 2 = 1A$

7 (D)。 解分支電流如圖

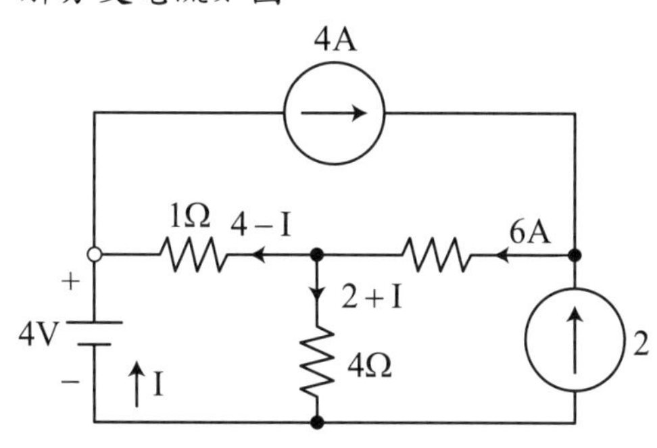

左下角迴路取KVL

$4+1(4-I)-4(2+I)=0$

$\Rightarrow I=0A$

8 (D)。 電容並聯時電容值相加

電容串聯時，分壓與電容值成反比

故$V_1=V_S\times\dfrac{C_2+C_3}{C_1+C_2+C_3}=120\times\dfrac{20+30}{10+20+30}=100V$

$V_2=V_S\times\dfrac{C_1}{C_1+C_2+C_3}=120\times\dfrac{10}{10+20+30}=20V$

9 (C)。 $L_{總}=L_1+L_2=12+8=20mH$

$W_L=\dfrac{1}{2}LI^2=\dfrac{1}{2}\times20\times10^{-3}\times20^2=4$焦耳

10 (C)。 $\tau=RC=2\times10^3\times25\times10^{-6}=50\times10^{-3}=50ms$

11 (B)。 皆換為sin比較

(A)$V_2(t)=20\sin(314t+30°)$，V_1落後60°

(B)$V_1(t)=20\sin(314t+30°)$，正確

(C)V_1超前30°

(D)$V_1(t)=20\sin(314t+60°)$，V_1超前120°

12 (A)。 電感等效阻值$X_L=j\omega L=j2\times2=j4\Omega$

電容等效阻值$X_C=-j\dfrac{1}{\omega C}=-j\dfrac{1}{2\times\frac{1}{8}}=-j4\Omega$

j4Ω　j4Ω　12Ω　－j4Ω　4Ω　⇒　j4Ω　12//4 = 3Ω

有效電壓$V=\frac{V_m}{\sqrt{2}}=\frac{10\sqrt{2}}{\sqrt{2}}=10V$

$I_{12\Omega}=\frac{10V}{|3+j4|}\times\frac{4\Omega}{12\Omega+4\Omega}=2\times\frac{1}{4}=0.5A$

P.256 **13 (C)**。 $Z_{串}=R+jX_L-jX_C=6+j20-j12=6+j8\Omega$

$i(t)=\frac{V(t)}{Z}=\frac{V(t)}{6+j8}=\frac{100\sqrt{2}\sin(377t)}{10\angle 53°}=10\sqrt{2}\sin(377t-53°)$

$P(t)=V(t)i(t)$

$=100\sqrt{2}\sin(377t)\times 10\sqrt{2}\sin(377t-53°)$

$=2000[-\frac{\cos(754t-53°)-\cos(53°)}{2}]$

$=1000[-\cos(754t-53°)-0.6]$

$|P(t)|_{max}$發生在cos值為1時

$|P(t)|_{max}=1000\times(1+0.6)=1600W$

14 (B)。 電源電壓$V=10A\times|8-j6|=10\times 10=100V$

電路導納$Y=\frac{1}{3+j4}+\frac{1}{8-j6}$

$=\frac{1}{5}(0.6-j0.8)+\frac{1}{10}(0.8+j0.6)$

$=0.12-j0.16+0.08+j0.06$

$=0.2-j0.1℧$

$P=V^2Re\{Y\}=100^2\times 0.2=2000W$

$Q=V^2I_m\{Y\}=100^2\times 0.1=1000VAR$

15 (A)。 $X_L=\omega L=1000\times 6\times 10^{-3}=6\Omega$

$i(t)=\frac{V(t)}{R+jX_L}=\frac{V(t)}{6+j6}=\frac{120\sin(1000t+60°)}{6\sqrt{2}\angle 45°}=10\sqrt{2}\sin(1000t+15°)A$

16 (C)。 電感抗$X_L=\omega L$，電容阻$X_C=\frac{1}{\omega C}$

令$X_L=X_C$

$\Rightarrow C=\frac{1}{\omega^2 L}=\frac{1}{2000^2\times 20\times 10^{-3}}=\frac{1}{8\times 10^4}$

$=\frac{100}{8\times 10^{-6}}=12.5\times 10^{-6}=12.5\mu F$

17 (D)。 (A)(C)並聯諧振時，總阻抗最大，總導納最小，總電流最小

(B)$BW=\frac{\omega_o}{Q}$，Q越大，BW越小

(D)正確

18 (C)。 $R=\frac{V}{I}=\frac{12.4V}{20\times10^{-3}A}=620=620\times10^{0}\Omega$

前三環620為藍紅黑，第四環0為黑

19 (D)。 重繪電路

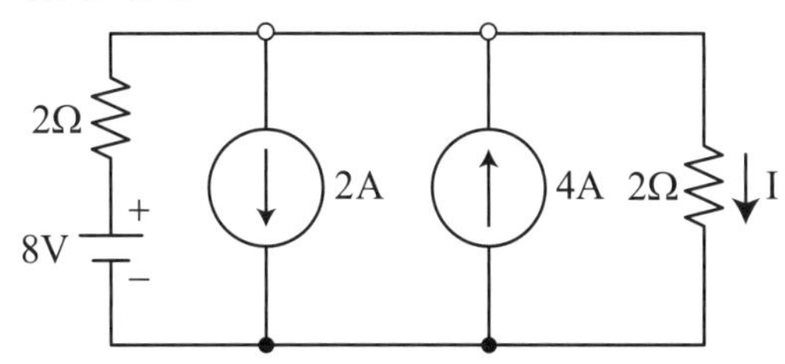

由KCL

$$\frac{V-8}{2}+2-4+\frac{V}{2}=0$$

$\Rightarrow V=6V$

$$I=\frac{6V}{2\Omega}=3A$$

20 (A)。 時間常數$\tau=\frac{L}{R}=0.02$秒

$L_S=\tau R=0.02\times2=0.04=40mH$

$E_S=I_SR=10\times2=20V$

21 (D)。 峰對峰有四格，故每格為5V

周期$T=\frac{1}{f}=\frac{1}{500}=2ms$

一周期有四格，每格為0.5ms

22 (D)。 $P_{總}=3\frac{V^2}{|Z|}\times PF=3\times\frac{100^2}{\sqrt{3^2+4^2}}\times\frac{3}{\sqrt{3^2+4^2}}=3\times2000\times0.6=3600W$

23 (A)。 V斷路後，UW端的等效電阻為

$$Z=(3+j4)//(3+j4+3+j4)=\frac{2}{3}(3+j4)\Omega$$

$$P=\frac{V^2}{|Z|}\times PF=\frac{100^2}{\frac{2}{3}\sqrt{3^2+4^2}}\times0.6=1800W$$

24 (A)。 用導納求分流

$$I_1 = I_S \times \frac{\frac{1}{R_1}}{\frac{1}{R_1}+\frac{1}{R_2}+\frac{1}{R_3+R_L}} = 60 \times \frac{\frac{1}{6}}{\frac{1}{6}+\frac{1}{12}+\frac{1}{6}} = 24A$$

$$I_2 = I_S \times \frac{\frac{1}{R_2}}{\frac{1}{R_1}+\frac{1}{R_2}+\frac{1}{R_3+R_L}} = 60 \times \frac{\frac{1}{12}}{\frac{1}{6}+\frac{1}{12}+\frac{1}{6}} = 12A$$

25 (B)。 從R_L看入的等效電阻

$R_{TH} = R_1 // R_2 + R_3 = 6//12 + 4 = 8\Omega$

等效電壓

$V_{TH} = I_S \times (R_1 // R_2) = 60 \times (6//12) = 240V$

最大功率時$R_L = R_{TH} = 8\Omega$

$$P_{max} = \frac{1}{4} \times \frac{{V_{TH}}^2}{R_{TH}} = \frac{1}{4} \times \frac{240^2}{8} = 1800W$$

113年基本電學／基本電學實習

P.259 **1 (B)**。 電荷量$Q = \frac{W_{cb}}{V_{cb}} = \frac{-20J}{20V-10V} = -2C$

電位差$V_{ca} = \frac{W_{ca}}{Q} = \frac{W_{cb}+W_{ba}}{Q} = \frac{W_{cb}-W_{ab}}{Q} = \frac{-20-64}{-2} = 42V$

2 (A)。 $\frac{40°C-20°C}{11\Omega-10\Omega} = \frac{80°C-20°C}{R-10\Omega} \Rightarrow R = 13\Omega$

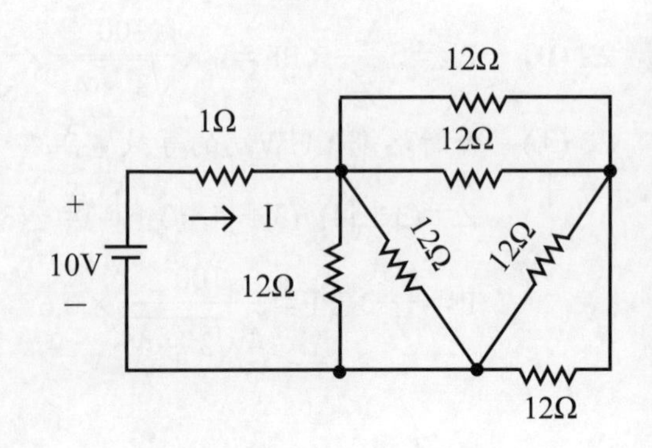

3 (C)。 以中心節點為地

$V_a = -2V - 2V + 1V + 3V = 0V$

4 (C)。 4Ω電阻成Y接，換成Δ接為12Ω

$$I = \frac{10V}{[1+(12//12)//(12//12+12//12)]\Omega}$$

$$= \frac{10V}{[1+6//12]\Omega}$$

$$= \frac{10V}{(1+4)\Omega}$$

$= 2A$

5 (B)。 $I_1R_1 = I_3R \Rightarrow R = \frac{I_1}{I_3}R_1 = \frac{5}{2} \times 6\Omega = 15\Omega$

6 (C)。 設迴路電流

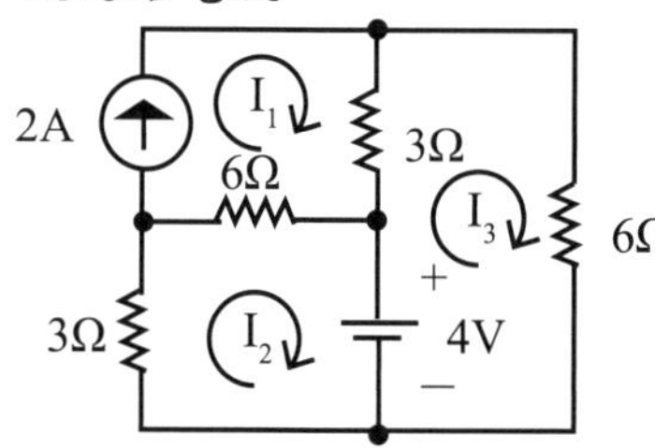

$$\begin{cases} 4-3(I_3-I_1)-6I_3=0 \\ -3I_2-6(I_2-I_1)-4=0 \\ I_1=2 \end{cases}$$

$$\begin{cases} I_1=2 \\ -9I_3=-10 \\ -9I_2=-8 \end{cases}$$

$$\Rightarrow \begin{cases} I_1=2A \\ I_2=\frac{8}{9}A \\ I_3=\frac{10}{9}A \end{cases}$$

4V電壓源的功率為$P = 4V(I_3 - I_2) = 4 \times (\frac{10}{9} - \frac{8}{9})$

$= 4 \times \frac{2}{9} = \frac{8}{9}w = 0.89w$正值為供應

7 (B)。 由KCL求出分支電流

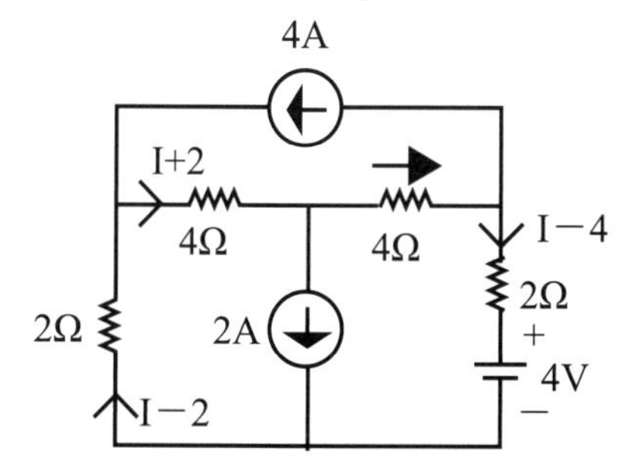

避開電流源求KVL

$-2(I-2)-4(I+2)-4I-2(I-4)-4=0$

$12I=0$

$I=0A$

8 (C)。 $V_{Th}=V_{oc}=2A\times3\Omega+12V=18V$

$R_{Th}=3\Omega$（因電流源開路）

9 (A)。 由黑點極性法則，M_{12}為負，M_{23}為負，M_{31}為正

$L_{總}=L_1+L_2+L_3-2M_{12}-2M_{23}+2M_{31}=4+6+8-2\times3-2\times5+2\times4=10H$

$W_{總}=\frac{1}{2}L_{總}I^2=\frac{1}{2}\times10\times2^2=20J$

10 (D)。 穩態時，電感電流$I_L=\frac{12V}{2\Omega}=6A$

切換瞬間，電感電流不變，$V_R=-6A\times\frac{6\Omega}{3\Omega+9\Omega+6\Omega}\times9\Omega=-18V$

注意，I_L電流往下，I_R電流往上

11 (B)。 $i(t)=-5\cos(100t+30°)=-5\sin(90°-100t-30°)$

$=-5\sin(-100t+60°)=5\sin(100t-60°)A$

(B)正確，電流落後電壓30°或電壓超前電流30°

P.261 **12 (A)**。 $E_{av}=E\times\frac{T_{ON}}{T_{ON}+T_{OFF}}=15\times\frac{3}{3+2}=9V$

13 (D)。 bc端阻抗$Z_{bc}=(3-j4)//(j5-j5)=0\Omega$

故壓降全落在ab端，$\overline{V_{ab}}=12\angle0°V$

$\overline{I_2}=-\overline{I_1}=-\frac{12\angle0°}{4}=-3\angle0°=3\angle180°A$

14 (C)。 電感抗正比頻率，電容抗反比頻率，目前感抗為容抗4倍

故諧振頻率為$f_0=\frac{240}{\sqrt{4}}=120Hz$

15 (B)。 並聯的品質因數$Q=\frac{R}{X_L}=\frac{R}{\omega_0 L}$

頻帶寬度$B\omega=\frac{\omega_0}{Q}=\frac{\omega_0^2 L}{R}(rad/S)$

(A) 諧振頻率$\omega_0=\sqrt{\frac{R}{L}BW}=\sqrt{\frac{200}{0.001}\times\frac{250}{\pi}\times2\pi}=\sqrt{10^8}=10^4\ rad/S$

$f_0=\frac{\omega_0}{2\pi}=\frac{10000}{2\pi}=\frac{5000}{\pi}Hz$

(B) $Q=\frac{R}{\omega_0 L}=\frac{200}{10^4\times0.001}=20$

(C) 上截止頻率為$f_2=f_0+\frac{BW}{2}=\frac{5000}{\pi}+\frac{250}{2\pi}=\frac{5125}{\pi}\approx1631Hz$

(D) $Q=\omega_0 RC\Rightarrow C=\frac{Q}{\omega_0 R}=\frac{20}{10^4\times200}=10^{-5}=10\mu F$

16 (A)。 $I_{相}=\frac{1}{\sqrt{3}}I_{線}=\frac{8.66}{\sqrt{3}}=5A$

$V_{相}=I|Z|=I\sqrt{R^2+X_L^2}=5\sqrt{3^2+4^2}=25V$

(A) 總平均功率$P=3I_{相}^2R=3\times5^2\times3=225\omega$

(B) 總虛功率$Q=3I_{相}^2X_L=3\times5^2\times4=300VAR$

(C) 總視在功率$S=3I_{相}V_{相}=3\times5\times25=375VA$

(D) 電表指示25V

262 **17 (C)**。 $\overline{Z}=3+(-j4)//j8+j10=3+\frac{j4\cdot j8}{-j4+j8}+j10=3+\frac{32}{j4}+j10$

$=3-j8+j10=3+j2\Omega$

18 (B)。 分支電壓降相等，$-j4\Omega$流過4A，代表$j8\Omega$流$-2A$

總電流$4-2=2A$

(A) 平均功率$P=I^2R_e\{\overline{Z}\}=2^2\times3=12\omega$

(B) 虛功率$Q=I^2I_m\{\overline{Z}\}=2^2\times2=8VAR$

(C) 視在功率$S=\sqrt{P^2+Q^2}=\sqrt{12^2+8^2}=\sqrt{208}VA$

(D) 功率因數$PF=\frac{R}{\sqrt{R^2+X^2}}=\frac{3}{\sqrt{3^2+2^2}}=0.83$

但虛部正值為落後

19 (C)。 紅綠黑黑得$R=250\times10^0\Omega=250\Omega$

$P=\frac{V^2}{R}=\frac{5^2}{250}=0.1W$

20 (D)。 右側節點電壓可表為V_a+4

把兩節點合併取超節點，

再由KCL

$4+\frac{V_a}{4}+\frac{V_a+4}{4}-10=0$

$2V_a+4=24\Rightarrow V_a=10V$

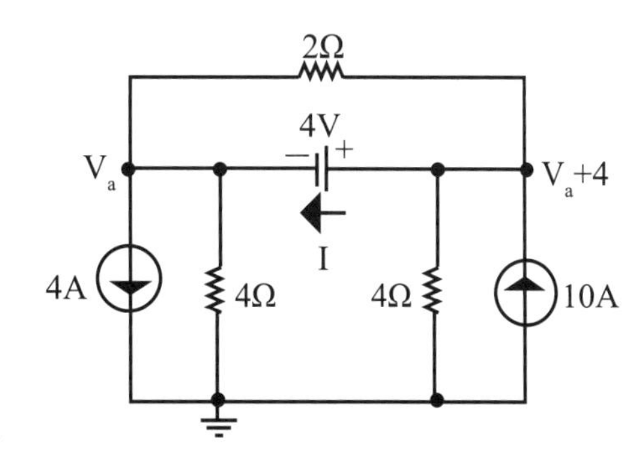

21 (D)。 垂直振幅6V，有3格，故垂直刻度$2V/DIV$

頻率$f=\frac{\omega}{2\pi}=\frac{157}{2\times3.14}=25Hz$

週期$T=\frac{1}{f}=\frac{1}{25}=0.04=40ms$

因水平一週期有8格，故水平刻度$5ms/DIV$

P.263 **22 (B)**。 電源開路$C_{ab}=3//[(4+2)//6+9]//12$
$=3//[6//6+9]//12$
$=3//[3+9]//12$
$=3//6$
$=2\mu F$

23 (A)。 除3μF及12μF之外的等效電容
$C'=(4+2)//6+9=6//6+9=12\mu F$

$$V_{C'}=24V\times\frac{\frac{1}{12\mu F}}{\frac{1}{3\mu F}+\frac{1}{12\mu F}+\frac{1}{12\mu F}}=4V$$

$$V=4V\times\frac{\frac{1}{6\mu F}}{\frac{1}{4\mu F+2\mu F}+\frac{1}{6\mu F}}=2V$$

24 (D)。 i_R與V_S同相位，i_L落後V_S90°，i_S則落後V_S 0°~90°之間，故(D)正確

25 (A)。 (A)指示燈和電鍋加熱電路獨立，此處故障不影響加熱

千華會員享有最值優惠!

立即加入會員

會員等級	一般會員	VIP 會員	上榜考生
條件	免費加入	1. 直接付費 1500 元 2. 單筆購物滿 5000 元 3. 一年內購物金額累計滿 8000 元	提供國考、證照相關考試上榜及教材使用證明
折價券	200 元	500 元	
購物折扣	‧平時購書 9 折 ‧新書 79 折 (兩周)	‧書籍 75 折　‧函授 5 折	
生日驚喜		●	●
任選書籍三本		●	●
學習診斷測驗(5科)		●	●
電子書(1本)		●	●
名師面對面		●	

facebook
公職 · 證照考試資訊
專業考用書籍｜數位學習課程｜考試經驗分享
千華公職證照粉絲團
按讚送E-coupon
Step1. 於FB「千華公職證照粉絲團」按
Step2. 請在粉絲團的訊息，留下您的千華會員帳號
Step3. 粉絲團管理者核對您的會員帳號後，將立即回贈e-coupon 200元。
E-coupon
壹佰圓

國家圖書館出版品預行編目(CIP)資料

基本電學(含實習)完全攻略/陸冠奇編著. -- 第四版. --
新北市 : 千華數位文化股份有限公司, 2024.07
面 ; 公分
升科大四技
ISBN 978-626-380-529-3(平裝)
1.CST: 電學 2.CST: 電路
337 113009029

國家圖書館出版品預行編目(CIP)資料

基本電學(含實習)完全攻略/陸冠奇編著. -- 第四版. --

新北市 : 千華數位文化股份有限公司, 2024.07

面 ; 公分

升科大四技

ISBN 978-626-380-529-3(平裝)

1.CST: 電學 2.CST: 電路

337 113009029

[升科大四技] **基本電學(含實習) 完全攻略**

編 著 者：陸 冠 奇

發 行 人：廖 雪 鳳
登 記 證：行政院新聞局局版台業字第 3388 號
出 版 者：千華數位文化股份有限公司
地址／新北市中和區中山路三段 136 巷 10 弄 17 號
電話／ (02)2228-9070　傳真／ (02)2228-9076
郵撥／第 19924628 號　千華數位文化公司帳戶
千華公職資訊網：http://www.chienhua.com.tw
千華網路書店：http://www.chienhua.com.tw/bookstore
網路客服信箱：chienhua@chienhua.com.tw

法律顧問：永然聯合法律事務所
編輯經理：甯開遠
主　　編：甯開遠
執行編輯：廖信凱
校　　對：千華資深編輯群
設計主任：陳春花
編排設計：林婕瀅

出版日期：2024 年 7 月 1 日　　第四版／第一刷

本書如有勘誤或其他補充資料，
將刊於千華公職資訊網　http://www.chienhua.com.tw
歡迎上網下載。